Überhuber · Computer-Numerik 2

Springer
Berlin
Heidelberg
New York
Barcelona
Budapest
Hong Kong
London
Mailand
Paris
Tokyo

Christoph Überhuber

COMPUTER-NUMERIK 2

Mit 73 Abbildungen

Springer

Christoph Überhuber

TU Wien
Institut für Angewandte
und Numerische Mathematik
Wiedner Hauptstraße 8–10/115
A-1040 Wien

Einbandmotiv: Einzelaufnahme (Ausschnitt) aus dem Videofilm von Margot Pilz „Gasoline Tango", 1988.

Mathematics Subject Classification: 65-00, 65-01, 65-04, 65Dxx, 65Fxx, 65Hxx, 65Yxx, 65Y15, 65Y20

ISBN 3-540-59152-4 Springer-Verlag Berlin Heidelberg New York

Die Deutsche Bibliothek – CIP-Einheitsaufnahme
Überhuber, Christoph: Computer-Numerik / Christoph Überhuber.
Berlin; Heidelberg; New York; Barcelona; Budapest; Hong Kong; London; Mailand; Paris; Tokyo: Springer
2. – (1995) ISBN 3-540-59152-4

Umschlaggestaltung: Konzept & Design, Ilvesheim
Satz: Mit $\TeX$ erstellte reproduktionsfertige Vorlage vom Autor
SPIN 10484206 44/3143-5 4 3 2 1 0 – Gedruckt auf säurefreiem Papier

Vorwort

Das vorliegende Buch erörtert – ohne Anspruch auf Vollständigkeit – zahlreiche Aspekte des computerunterstützten numerischen Lösens natur- und ingenieurwissenschaftlicher Aufgaben. Dem multidisziplinären Charakter der Computer-Numerik entsprechend werden dabei verschiedene Gebiete angesprochen: von der Angewandten und Numerischen Mathematik über die Numerische Datenverarbeitung bis zur Systemsoftware und Rechnerarchitektur.

Angewandte Mathematik
Numerische Mathematik
Symbolische Mathematik
Numerische Datenverarbeitung
Symbolische Datenverarbeitung
Systemsoftware
Hardware

Die Behandlung der verschiedenen Themen der Computer-Numerik ist am Anfang jedes Abschnitts eine induktive: Von speziellen praktischen Beispielen ausgehend wird zu allgemeingültigen mathematischen Problemformulierungen übergeleitet. Auf dieser abstrakten Ebene werden dann Prinzipien und Methoden zur algorithmisch-numerischen Lösung der entsprechenden mathematischen Probleme behandelt, Genauigkeit und Effizienz relevanter Algorithmen diskutiert sowie existierende Implementierungen in vorhandener numerischer Software vorgestellt und bewertet. In deduktiver Weise wird anhand von etwa 500 Beispielen erläutert, wie man die allgemeinen Gesetzmäßigkeiten und methodischen Prinzipien auf spezielle Aufgaben anwendet und wie man algorithmisch und durch den Einsatz geeigneter Numerik-Software nach praktisch brauchbaren Lösungen sucht. Es wird auch eingehend darauf hingewiesen, welche Schwierigkeiten dabei unter Umständen auftreten können und wie man diese überwindet.

Der Umfang und die Vielfalt der verfügbaren Software auf dem Gebiet der Numerik ist so groß, daß man einen strukturierten Überblick und gute Hintergrundinformation benötigt, um im konkreten Anwendungsfall eine sinnvolle Auswahl treffen zu können. Unterstützung in dieser schwierigen Situation bietet das vorliegende Buch durch eine überblicksartige Darstellung der verfügbaren numerischen Software. Strukturiert durch die inhaltliche Kapitel- und Abschnittsgliederung werden Verfahren, Algorithmen und Konzepte diskutiert, die den Programmen zugrundeliegen. Vorteilhafte Eigenschaften werden betont, und vor inhärenten Schwachstellen wird gewarnt. An die 100 besonders gekennzeichnete sachgebietsorientierte Softwarehinweise liefern dem Leser sowohl Information über die kommerziell angebotenen Softwarebibliotheken (IMSL, NAG etc.) als auch über frei verfügbare Numerik-Software (Netlib, eLib etc.), auf die man über das Internet zugreifen kann.

Das Buch wendet sich in gleicher Weise an Studenten natur- und ingenieurwissenschaftlicher Studienfächer wie an Entwickler und Anwender numerischer Software, die sich mit den grundlegenden Konzepten algorithmischer Lösungsmethoden auseinandersetzen wollen und an der überlegten Auswahl und dem effizienten Einsatz von Fremdsoftware interessiert sind. Es ist einerseits als Lehrbuch für Vorlesungen oder Seminare konzipiert, die das numerische Lösen mathematischer Probleme mit Computerunterstützung zum Inhalt haben; es ist aber auch als allgemeine Monographie angelegt, die von Wissenschaftlern und Ingenieuren nutzbringend verwendet werden kann.

Band I beginnt nach einer kurzen Einführung in den Modellbegriff mit einem Überblick über die beim numerischen Problemlösen am Computer unvermeidlichen Finitisierungen – Verwendung von Gleitpunktzahlen, Diskretisierung kontinuierlicher Modelle etc. – und deren Auswirkungen auf die numerischen Algorithmen und die Genauigkeit der erhaltenen Resultate.

Die potentielle Leistungsfähigkeit moderner Computer-Hardware für numerische Anwendungen ist jetzt schon beachtlich hoch und verdoppelt sich darüber hinaus noch von Jahr zu Jahr. Allerdings gibt es zwischen der theoretisch verfügbaren Maximalleistung, mit der geworben wird, und der praktisch beobachtbaren Leistung eine erhebliche Diskrepanz, die ständig weiter wächst. Ursachen dieses Phänomens und grundsätzliche Möglichkeiten zum Erzielen besserer Wirkungsgrade werden in Kapitel 3 aufgezeigt.

Gegenstand aller numerischen Problemlösungen sind numerische Daten und Operationen, welche den Inhalt von Kapitel 4 bilden. Einen besonderen Schwerpunkt stellen dabei die international genormten Gleitpunkt-Zahlensysteme dar, die man heute auf fast jedem Rechner antrifft. Auf die Erstellung portabler Programme, die sich problemspezifisch an die Besonderheiten des jeweiligen Zahlensystems anpassen, wird im besonderen eingegangen.

Im anschließenden Kapitel werden Grundlagen der Algorithmentheorie behandelt, soweit diese für den Numerik-Bereich von Bedeutung sind. Einen weiteren Schwerpunkt dieses Kapitels bilden die auf der Gleitpunktarithmetik moderner Computer aufbauenden arithmetischen Algorithmen, aus denen sich letzten Endes alle numerischen Verfahren zusammensetzen.

Im Zentrum von Kapitel 6 stehen Qualitätskriterien numerischer Programme. Breiter Raum ist auch der Effizienzsteigerung numerischer Programme gewidmet. Die behandelten Techniken sollen es dem Leser ermöglichen, große Probleme auf modernen Computersystemen ohne Vergeudung von Ressourcen zu lösen.

Kapitel 7 gibt einen Überblick über das aktuelle Angebot an kommerziell oder frei verfügbarer Fertigsoftware: Softwarebibliotheken, Softwarepakete (LAPACK, QUADPACK etc.) und Einzelprogramme (TOMS etc.). Der Softwarezugang über elektronische Netze (netlib, eLib etc.) bildet dabei einen Schwerpunkt.

Eine zentrale Methodik numerischer Verfahren wird in Kapitel 8 behandelt: Modellierung durch Approximation. Ihre Bedeutung reicht von der Datenanalyse bis zu automatisch ablaufenden Modellierungsvorgängen im Inneren numerischer Programme (z. B. bei der numerischen Integration oder der Lösung nichtlinearer

Gleichungen). Kapitel 8 behandelt eine Vielzahl von Aspekten und Kriterien, die bei der Auswahl von Modellfunktionen relevant sind.

Der algorithmisch effizienteste Zugang zur Gewinnung von Approximationsfunktionen ist die Interpolation. In Kapitel 9 wird sowohl der theoretische Hintergrund behandelt, der für das Verständnis konkreter Interpolationsverfahren benötigt wird, als auch die praktisch-algorithmische Verwendung von Polynomen, Splinefunktionen und trigonometrischen Polynomen gezeigt.

Band II beginnt in Kapitel 10 mit Methoden der Bestapproximation, mit denen lineare oder nichtlineare Funktionen bestimmt werden können, die von gegebenen Datenpunkten oder Funktionen minimalen Abstand besitzen.

Die Fourier-Transformation ist ein Spezialfall der Approximationsmethoden. Ihr, und im speziellen der diskreten Fourier-Transformation (DFT), ist das Kapitel 11 gewidmet.

Kapitel 12 behandelt Algorithmen und Programme zur numerischen Integration. Das große Software-Angebot für univariate Integrationsprobleme wird systematisch und umfassend dargestellt. Dort, wo es wenig oder gar keine Fremdsoftware gibt – z. B. bei hochdimensionalen Integrationsproblemen –, werden aktuelle numerische Methoden, wie z. B. Gittermethoden (*lattice rules*), theoretisch und praktisch besprochen, um Software-Eigenentwicklungen zu ermöglichen.

Das Lösen linearer Gleichungssysteme ist jenes Gebiet der Numerik mit der größten praktischen Bedeutung und dem umfassendsten Angebot an fertiger Software. Kapitel 13 geht auf viele Fragen ein, die für den Anwender von Bedeutung sind: Wie wählt man passende Algorithmen, und wie findet man geeignete Softwareprodukte zur Lösung konkreter Probleme? Auf welche Eigenschaften des Gleichungssystems (bzw. der Systemmatrix) ist zu achten, wenn man die effizientesten Programme sucht? Wie findet man heraus, ob man von einem Programm eine dem Problem angemessene Lösung erhalten hat? Was tut man, wenn ein Programm *nicht* die erwartete Lösung liefert?

Kapitel 14 behandelt nichtlineare Gleichungen. Durch die individuelle Verschiedenartigkeit nichtlinearer Systeme und die Notwendigkeit zur iterativen Lösung ergibt sich eine Reihe von Schwierigkeiten, für deren Überwindung Möglichkeiten aufgezeigt werden.

Das folgende Kapitel ist einem speziellen nichtlinearen Problem gewidmet – der numerischen Ermittlung von Eigenwerten und Eigenvektoren –, für das es eine Vielzahl von Algorithmen und Computerprogrammen gibt.

Im Kapitel 16 werden die Inhalte der vorangegangenen Kapitel auf große schwach besetzte Matrizen spezialisiert, wie sie bei großen Anwendungspoblemen auftreten. Da dieses Gebiet nicht durch Black-box-Software abgedeckt ist, werden besondere Hinweise zur Algorithmenauswahl und Vorverarbeitung (Präkonditionierung) gegeben.

(Pseudo-) Zufallszahlen sind die Grundlage von Monte-Carlo-Verfahren, die sowohl bei numerischen Problemlösungen als auch bei Sensitivitätsuntersuchungen eine wichtige Rolle spielen. Den Schluß des Buches bildet daher eine kurze Einführung in die Welt der Zufallszahlen und ihrer Erzeugung.

Dank möchte ich an dieser Stelle all jenen aussprechen, die zur Entstehung dieses Buches beigetragen haben.

An erster Stelle ist Arnold Krommer zu nennen, der an mehreren Teilen des Buches intensiv mitgearbeitet hat; vor allem am Kapitel über numerische Integration, einem Thema, dem seit Jahren unser gemeinsames Interesse gilt. Aber auch am Zustandekommen der Kapitel über Computer-Hardware und effiziente Programmierung, verschiedener Software-Abschnitte und der das Internet betreffenden Textteile hat er entscheidenden Anteil.

Der Mitarbeit von Bernhard Bodenstorfer habe ich wichtige Beiträge zu den einleitenden Kapiteln von Band I zu verdanken. Roman Augustyn, Wilfried Gansterer, Michael Karg und Ernst Haunschmid haben zu den Kapiteln über Computer-Hardware und effiziente Programmierung wesentlich beigetragen; Stefan Pittner zum Kapitel über Fourier-Transformationen.

Christoph Zenger von der TU München, Peter Marksteiner von der Universität Wien sowie Winfried Auzinger, Josef Schneid und Hans J. Stetter vom Institut für Angewandte und Numerische Mathematik der TU Wien haben Teile des Manuskripts gelesen und dessen endgültige Gestalt durch Kritik und Verbesserungsvorschläge beeinflußt.

Viele Studenten der TU Wien haben durch Mitarbeit, Anregungen und Korrekturen dabei geholfen, aus meinem Skriptum über Numerische Datenverarbeitung und einem später daraus entstandenen Rohtext ein Buchmanuskript zu schaffen. Vor allem durch die Beiträge von Christian Almeder, Arno Berger, Stefan Dörfler, Florian Frommlet, Herbert Karner, Robert Matzinger und Norbert Preining konnte das Manuskript in vielen Punkten erweitert und verbessert werden. Ihnen allen – auch den nicht namentlich Genannten – möchte ich für ihre Hilfe und Unterstützung herzlich danken.

Meine besondere Anerkennung möchte ich schließlich Christoph Schmid und Thomas Wihan aussprechen, denen – so meine ich – eine höchst ansprechende Text- und Bildgestaltung gelungen ist. Sie waren es auch, die mit großem persönlichen Einsatz die endgültige LaTeX-Version des Textes erstellt haben. Das Korrekturlesen des letzten Probeausdrucks besorgte Peter Meditz.

Bei Martin Peters vom Springer-Verlag in Heidelberg möchte ich mich für die angenehme Zusammenarbeit bedanken.

Das Entstehen dieses Buches wurde nicht zuletzt durch die Unterstützung des österreichischen Fonds zur Förderung der wissenschaftlichen Forschung (FWF) ermöglicht.

Wien, im Februar 1995 CHRISTOPH ÜBERHUBER

Inhaltsverzeichnis

IV Algebraische Modelle

V Stochastische Modelle

Kapitel 10

Optimale Approximation

Far better an approximate answer to the right question,
which is often vague,
than an exact answer to the wrong question,
which can always be made precise.

JOHN W. TUKEY

Bei der in Kapitel 9 behandelten Interpolation war die Anzahl N der Parameter der approximierenden Funktion bzw. Funktionenklasse stets identisch mit der Anzahl k der Datenpunkte. Hier wird nun der Fall $k > N$ behandelt, bei dem mehr Datenpunkte als Parameter vorhanden sind und dessen Lösung im allgemeinen *nicht* durch $D(\Delta_k g, y) = 0$, also die Forderung nach Übereinstimmung von k Werten der approximierenden Funktion mit den entsprechenden k vorgegebenen Datenpunkten, herbeigeführt werden kann.

Die Approximationsfunktion $g^* : B \subset \mathbb{R}^n \to \mathbb{R}$ wird in diesem Kapitel in solcher Weise aus einer Funktionenklasse $\mathcal{G}_N$ gesucht, daß der Abstand $D(g^*, y)$ zwar optimal, d. h. so klein wie möglich, aber im allgemeinen nicht Null wird.

Je nach Art der verfügbaren Daten handelt es sich um diskrete Approximation (Datenapproximation) oder Funktionsapproximation.

Mathematisch definierte Funktionen: Zu approximieren sind in diesem Fall z. B. mathematische „Standardfunktionen“ (*sin, exp, log* etc.), statistische Verteilungsfunktionen oder höhere transzendente Funktionen (elliptische Integrale, Bessel-Funktionen, Legendre-Funktionen etc.), die in den Naturwissenschaften und der Technik eine wichtige Rolle spielen.

Über die Funktionen dieser Klasse gibt es meist eine Fülle qualitativer und quantitativer Information (Lage der Nullstellen, Extremwerte und Wendepunkte; asymptotisches Verhalten etc.).

Durch Unterprogramme definierte Funktionen treten meist als vom Anwender gelieferte Black-box-Programme zur Definition analytischer Daten im Rahmen numerischer Problemstellungen auf. Außer den vom Unterprogramm für vorgegebene Argumentwerte gelieferten Funktionswerten ist oft keine Information über die zu approximierende Funktion vorhanden.

Durch diskrete Daten definierte Funktionen treten im allgemeinen bei der Auswertung von empirisch gewonnenen Daten auf. Sie sind oft fehlerbehaftet, und brauchbare „Zusatzinformation“ ist meist nicht verfügbar.

Die Anwendungen der Approximationsverfahren dieses Kapitels sind vielfältig:

Modellbildung für die *Datenanalyse* (Informationsextraktion) und *Datensynthese* z. B. für Prognosezwecke bei Zeitreihendaten:

- Ermittlung von Parametern mit konkreter Bedeutung: So entsprechen z. B. den Koeffizienten einer Exponentialsumme als Zerfallsmodell die Halbwertszeiten der zerfallenden Substanzen.
- Ermittlung von Parametern ohne konkrete Bedeutung, wie z. B. das „Lernen" neuronaler Netze, was nichts anderes ist als die Parameterbestimmung von speziellen Funktionen durch Approximationsmethoden.
- Analyse von deterministischem Chaos.
- Trennung des systematischen Anteils (Nutzanteil) und des stochastischen Anteils (Störung) von Daten (*smoothing*, Verwendung einer Filterfunktion). Anwendungsgebiete sind z. B. die Signalverarbeitung, statistische und ökonometrische Untersuchungen etc.

Beispiel (Durchschnittlicher Temperaturverlauf) Um ein einfaches Modell für den durchschnittlichen Temperaturverlauf an einem geographischen Ort zu erhalten, kann man gegebene Temperaturdaten z. B. durch ein trigonometrisches Polynom S_d approximieren. So erhält man etwa den in Abb. 10.1 dargestellten Verlauf einer trigonometrischen Modellfunktion (—), wenn man die Wiener Temperatur- Tagesmittelwerte des Jahres 1990 im l_2-Sinn durch ein trigonometrisches Polynom

$$S_1(t) = a_0/2 + a_1 \cos\tau + b_1 \sin\tau \qquad \text{mit} \quad \tau := \pi\frac{t+1}{365}$$

approximiert.

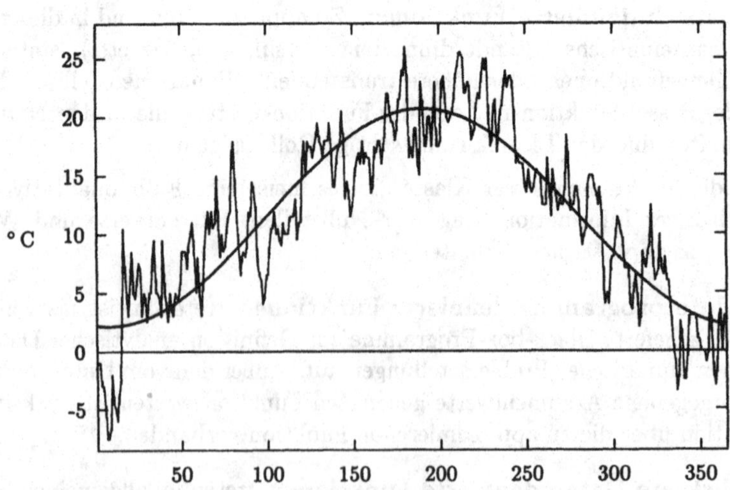

Abb. 10.1: Temperatur-Tagesmittelwerte (—) in Wien 1990 und trigonometrische Approximationsfunktion (—)

Datenkompression: Elimination von redundanter Information.

Computergraphik: Glatte Kurven oder Flächen werden durch einige wenige Datenpunkte definiert, die im Gegensatz zur Interpolation nicht auf der Kurve oder Fläche liegen müssen.

Homogenisierung diskreter Daten: Daten, die als einzelne Punkte vorliegen, werden zu analytischen Daten (Funktionen) umgeformt, die weitere Manipulationen (z. B. die Extremwertbestimmung oder Integration) gestatten.

10.1 Mathematische Grundlagen

Bei der Approximation nach dem Interpolationsprinzip (siehe Kapitel 9) werden Modellfunktionen so bestimmt, daß sie an *vorgegebenen* Stellen mit der zu approximierenden Funktion übereinstimmen.

Wenn man die Darstellungsfunktion g aus einer gegebenen Funktionenklasse $\mathcal{G}$ nicht nach dem Kriterium der Übereinstimmung einer endlichen Menge von Funktionswerten an bestimmten Stellen (oder einer endlichen Menge anderer linearer Funktionale) auswählt, sondern direkt nach der „bestmöglichen“ Approximationsfunktion aus der Klasse $\mathcal{G}$ sucht, so hat die Lösungsfunktion des Approximationsproblems fast immer eine *geringere* Anzahl von Parametern.

In einem normierten Raum ist es naheliegend, als *optimale* oder *beste Approximationsfunktion* $g^* \in \mathcal{G}$ jene zu bezeichnen, bei der die Norm des Approximationsfehlers am kleinsten ist:

$$\|g^* - f\| \le \|g - f\| \qquad \text{für alle} \quad g \in \mathcal{G}.$$

Als Approximationsfunktionen kommen in diesem Abschnitt nur Funktionen aus einem endlichdimensionalen linearen Teilraum $\mathcal{G}_N$ eines normierten Raumes in Betracht, es werden also nur *lineare* Approximationsprobleme behandelt.

Satz 10.1.1 (Existenz der besten linearen Approximation) *Es sei $\mathcal{G}_N$ ein N-dimensionaler Teilraum eines normierten Raumes $\mathcal{F} \supset \mathcal{G}_N$. Dann gibt es zu jedem $f \in \mathcal{F}$ eine beste lineare Approximation $g^* \in \mathcal{G}_N$, d. h. ein Element g^* mit der Eigenschaft*

$$\|g^* - f\| \le \|g - f\| \qquad \textit{für alle} \quad g \in \mathcal{G}_N.$$

Beweis: Werner, Schaback [77].

Das Problem der Bestapproximation besteht also (im linearen Fall) anschaulich darin, jenes Element g^* des Vektorraumes $\mathcal{G}_N$ zu finden, das den kürzesten Abstand von f hat. Das kann man sich so vorstellen, daß man um f eine Kugel

$$S(f,r) := f + r \cdot S(0,1) \qquad \text{mit} \quad S(0,1) := \{\bar{f} \in \mathcal{F} : \|\bar{f}\| \le 1\}$$

des Raumes $\mathcal{F}$ legt (siehe Abb. 10.2), und deren Radius r so lange verändert, bis sie den Unterraum $\mathcal{G}_N$ „berührt“. Jeder Berührungspunkt ist dann gerade die gesuchte Funktion g^* (siehe Abb. 10.3).

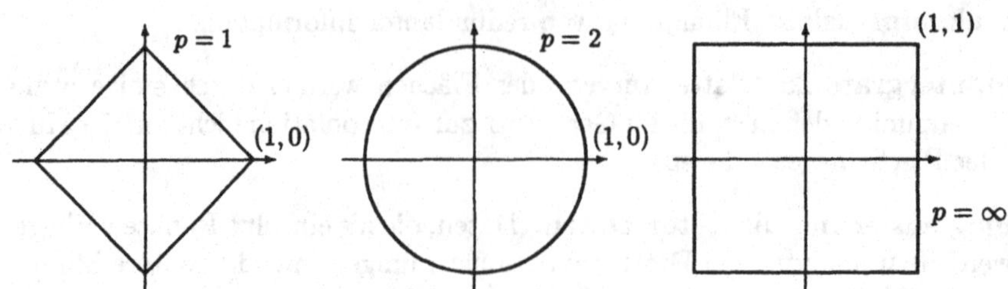

Abb. 10.2: Einheitskugel $S(0,1)$ **im** $\mathbb{R}^2$ **bezüglich der Norm** $\|\cdot\|_p$, $p=1,2,\infty$ **(Betragssummennorm** $\|\cdot\|_1$, **Euklidische Norm** $\|\cdot\|_2$ **und Maximumnorm** $\|\cdot\|_\infty$**).**

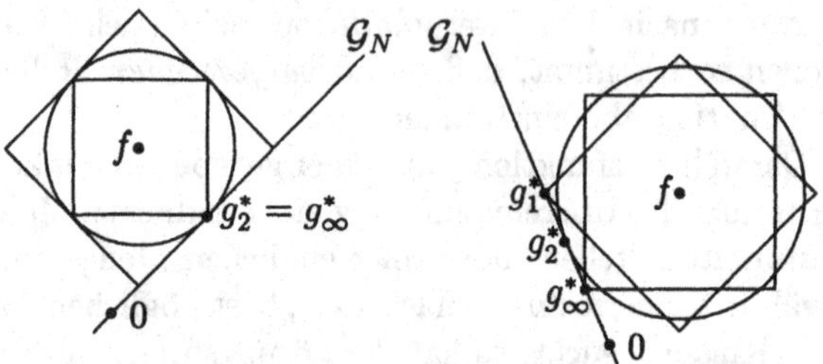

Abb. 10.3: Approximation von $f \in \mathcal{F}$ **durch Elemente aus** $\mathcal{G}_N$

Daraus folgt insbesondere, daß die Bestapproximierenden bezüglich verschiedener Normen im allgemeinen nicht übereinstimmen und die Bestapproximierende bezüglich einer bestimmten Norm (etwa der L_1- oder L_∞-Norm) *nicht eindeutig* zu sein braucht. Die Eindeutigkeit der Bestapproximierenden kann offensichtlich nur dann gewährleistet werden, wenn die Einheitskugel $S(0,1)$ bezüglich der betreffenden Norm streng konvex ist, wenn also die Verbindungsstrecke von zwei beliebigen, verschiedenen Punkten der Einheitskugel (mit Ausnahme der Endpunkte) im Inneren der Kugel liegt (vgl. Abb. 10.2). Allgemeiner führt dies zu folgender Definition:

Definition 10.1.1 (Streng konvexe Norm) *Ein normierter Raum $\mathcal{F}$ besitzt eine streng konvexe Norm, wenn aus*

$$\|f_1\| = \|f_2\| = 1 \quad \textit{und} \quad f_1 \neq f_2 \qquad \textit{stets} \qquad \|f_1 + f_2\| < 2$$

folgt.

Diese Definition ermöglicht eine Rechtfertigung der obigen heuristischen Argumentation in Form des folgenden Satzes:

Satz 10.1.2 *Die Lösung des linearen Approximationsproblems ist bei streng konvexer Norm stets eindeutig bestimmt.*

Beweis: Angenommen, es gäbe zwei verschiedene bestapproximierende Elemente g_1^* und g_2^* mit

$$\|g_1^* - f\| = \|g_2^* - f\| =: E^*(f),$$

so entstünde durch $g_3^* := (g_1^* + g_2^*)/2$ mit

$$\|g_3^* - f\| = \|(g_1^* + g_2^*)/2 - f\| = \|(g_1^* - f) + (g_2^* - f)\|/2 < E^*(f)$$

ein Widerspruch. □

Kondition

Selbst wenn Existenz und Eindeutigkeit gesichert sind, bleibt noch die Frage der Kondition des Bestapproximationsproblems. Wie ändert sich die Bestapproximierende, wenn man statt der Funktion f eine gestörte (fehlerbehaftete) Funktion $\tilde{f}$ approximiert? Darüber gibt der folgende Satz Aufschluß.

Satz 10.1.3 *Es sei $\mathcal{G}_N$ ein N-dimensionaler Teilraum eines normierten Raumes $\mathcal{F}$. Für die Elemente $f, \tilde{f} \in \mathcal{F}$ gilt für die Fehler der Bestapproximierenden*

$$E_N^*(f) := \|g^* - f\| \qquad \textit{und} \qquad E_N^*(\tilde{f}) := \|\tilde{g}^* - \tilde{f}\|$$

die Konditionsabschätzung

$$|E_N^*(\tilde{f}) - E_N^*(f)| \le \|\tilde{f} - f\|. \tag{10.1}$$

Beweis: Da g^* Bestapproximierende für f ist, gilt

$$\|g^* - f\| \le \|\tilde{g}^* - f\| \le \|\tilde{g}^* - \tilde{f}\| + \|\tilde{f} - f\|$$

und damit

$$E_N^*(f) \le E_N^*(\tilde{f}) + \|\tilde{f} - f\|.$$

Analog erhält man die Ungleichung

$$E_N^*(\tilde{f}) \le E_N^*(f) + \|\tilde{f} - f\|.$$ □

Da im Beweis nur die Dreiecksungleichung verwendet wurde, gilt die Aussage dieses Satzes sowohl für lineare als auch für *nichtlineare* Approximationsprobleme.

Man sieht aus Ungleichung (10.1), daß die Vergrößerung des Fehlers $E_N^*(f)$ der Bestapproximierenden durch eine Störung der Funktionen f nie größer als die Norm der Störung $\|\tilde{f} - f\|$ ist. Das Problem ist also sehr gut konditioniert.

Man darf daraus jedoch *nicht* schließen, daß auch die Bestimmung der *Parameter* (der Koeffizienten) einer bestapproximierenden Funktion immer ein gut konditioniertes Problem sein muß; die Exponentialsummenapproximation – die bezüglich der Parameterbestimmung notorisch schlecht konditioniert ist – zeigt dies deutlich.

10.2 Bestapproximation im Quadratmittel – L_2-Approximation

Bei der Diskussion der Distanzfunktionen wurde bereits festgestellt, daß weder die L_2-Norm bei der Funktionsapproximation noch die l_2-Norm bei der Datenapproximation (vom Standpunkt des Anwenders aus) eine ideale Wahl darstellt. Im einen Fall ist man eher an den absoluten Abweichungen der Darstellungsfunktion von der zu approximierenden Funktion interessiert (was der L_∞-Norm entspricht), im anderen Fall ist ein robustes Abstandsmaß erwünscht, das unempfindlich gegenüber „Ausreißern" ist (und dieser Vorstellung kommt z. B. die l_1-Norm eher entgegen). Was jedoch in beiden Fällen *für* eine Verwendung der Euklidischen Norm spricht, ist der vergleichsweise geringe Aufwand, den man zur Berechnung von Bestapproximationen im Sinne der quadratischen Mittelbildung benötigt. Im Falle der Funktionsapproximation besteht außerdem die Möglichkeit, die *Berechnung* einer bestapproximierenden Darstellungsfunktion bezüglich der L_2-Norm durchzuführen und die *Fehlerschätzung* mit einer anderen Abstandsfunktion (z. B. der L_∞- bzw. der l_∞-Norm) zu bewerten.

10.2.1 Grundlagen der L_2-Approximation

Innere Produkte (Skalarprodukte)

Zusätzlich zu den Annahmen von Abschnitt 10.1 wird nun eine weitere Voraussetzung gemacht, die für Bestapproximationsprobleme im quadratischen Mittel (bezüglich der L_2-Norm) typisch ist: es wird angenommen, daß in dem linearen Raum $\mathcal{F}$ ein *inneres Produkt* (ein *Skalarprodukt*)

$$\langle f, g\rangle \in \mathbb{R} \qquad \text{für alle} \quad f, g \in \mathcal{F}$$

definiert ist.

Definition 10.2.1 (Inneres Produkt) *Eine Funktion, die je zwei Vektoren u und v eines reellen linearen Raumes M eine eindeutige reelle Zahl $\langle u, v\rangle$ zuordnet, heißt inneres Produkt (Skalarprodukt), wenn sie für alle $u, u_1, u_2, v \in M$ und beliebige $\alpha \in \mathbb{R}$ folgende Eigenschaften besitzt:*

1. $\langle u_1 + u_2, v\rangle = \langle u_1, v\rangle + \langle u_2, v\rangle$ (*Additivität*),
2. $\langle \alpha u, v\rangle = \alpha\langle u, v\rangle$ (*Homogenität*),
3. $\langle u, v\rangle = \langle v, u\rangle$ (*Symmetrie*),
4. $\langle u, u\rangle \geq 0$
   $\langle u, u\rangle = 0$ *dann und nur dann, wenn* $u = 0$ (*Positivität*).

Notation (Skalarprodukt) Statt der Schreibweise $\langle\cdot,\cdot\rangle$ wird fallweise auch $(\cdot,\cdot)$ verwendet.

Die zweite Additivitätseigenschaft

$$\langle u, v_1 + v_2 \rangle = \langle u, v_1 \rangle + \langle u, v_2 \rangle$$

folgt aus der ersten Additivitätseigenschaft und aus der Symmetrie; sie muß daher nicht gesondert gefordert werden.

Im Falle komplexer linearer Räume muß die Symmetrieforderung an

$$\langle \cdot, \cdot \rangle : \ M \times M \to \mathbb{C}$$

durch

$$\langle u, v \rangle = \overline{\langle v, u \rangle} \qquad (\textit{Hermitesche Symmetrie})$$

ersetzt werden.

Beispiel (Skalarprodukte für n-Vektoren) Im $\mathbb{R}^n$, dem linearen Raum der reellen n-Tupel $(\alpha_1, \ldots, \alpha_n)^\top$, wird durch

$$\langle a, b \rangle := a^\top b = \alpha_1\beta_1 + \alpha_2\beta_2 + \cdots + \alpha_n\beta_n \tag{10.2}$$

ein skalares Produkt, das *Euklidische Skalarprodukt* zweier Vektoren, definiert. Aber auch durch

$$\langle a, b \rangle_B := \langle a, Bb \rangle = a^\top Bb \qquad \text{mit} \quad B \in \mathbb{R}^{n\times n} \tag{10.3}$$

wird ein inneres Produkt im $\mathbb{R}^n$ definiert, soferne B symmetrisch und positiv definit ist. Man kann sogar zeigen, daß sich jedes Skalarprodukt auf $\mathbb{R}^n$ in dieser Form darstellen läßt.

Beispiel (Skalarprodukte für stetige Funktionen) Auf dem linearen Raum $\mathcal{F} := C[a, b]$ der auf dem Intervall $[a, b] \subset \mathbb{R}$ stetigen Funktionen wird durch

$$\langle f, g \rangle := \int_a^b f(x)g(x)\,dx \qquad f, g \in C[a, b] \tag{10.4}$$

ein inneres Produkt definiert. Aber auch durch

$$\langle f, g \rangle_w := \int_a^b w(x)f(x)g(x)\,dx \qquad f, g \in C[a, b]$$

wird ein inneres Produkt in $C[a, b]$ definiert, soferne $w(x) > 0$ für alle $x \in [a, b]$ gilt, oder höchstens in isolierten Punkten verschwindet.

Für jedes innere Produkt gilt die (Cauchy-) Schwarzsche Ungleichung.

Satz 10.2.1 (Schwarzsche Ungleichung) *In einem linearen Raum M mit innerem Produkt gilt für je zwei Elemente u und v*

$$|\langle u, v \rangle|^2 \le \langle u, u \rangle \langle v, v \rangle.$$

Gleichheit gilt genau dann, wenn u und v linear abhängig sind.

Beweis: Davis [38].

Euklidische Norm

Die Schwarzsche Ungleichung liefert die Grundlage für die Definition einer Norm durch das innere Produkt.

Satz 10.2.2 (Euklidische Norm, Euklidischer Raum) *Durch*

$$\|u\|_2 := \sqrt{\langle u, u\rangle} \tag{10.5}$$

wird auf dem linearen Raum M eine strikt konvexe Norm, die Euklidische Norm, definiert. M heißt dann ein Euklidischer Raum.

Beweis: Werner, Schaback [77].

Beispiel (Euklidische Norm für n-Vektoren) Im $\mathbb{R}^n$ mit dem inneren Produkt (10.2) wird durch (10.5) die l_2-Norm

$$\|u\|_2 = \sqrt{\langle u, u\rangle} = \sqrt{u_1^2 + u_2^2 + \cdots + u_n^2}$$

definiert (vgl. Abschnitt 8.6.2). Ebenso induziert auch das allgemeine Skalarprodukt (10.3) eine Norm

$$\|u\|_B := \sqrt{\langle u, u\rangle_B}.$$

Geometrisch kann man sich den Unterschied zwischen der Euklidischen Norm $\|\cdot\|_2$ und der B-Norm $\|\cdot\|_B$ durch die Verformung der Einheitskugel

$$S_n := \{u \in \mathbb{R}^n : \|u\|_2^2 = u^\top u \le 1\}$$

in das Ellipsoid

$$E_n(B) := \{u \in \mathbb{R}^n : \|u\|_B^2 = u^\top Bu \le 1\}$$

veranschaulichen.

Beispiel (Euklidische Norm für stetige Funktionen) Im linearen Raum $C[a, b]$ mit dem inneren Produkt (10.4) wird durch (10.5) die L_2-Norm definiert:

$$\|f\|_2 = \sqrt{\langle f, f\rangle} = \left(\int_a^b (f(x))^2\, dx\right)^{1/2}.$$

Notation (Euklidische Norm) Soferne aus dem Zusammenhang klar ist, daß es sich um die Euklidische Norm handelt, wird auch das Symbol $\|\cdot\|$ anstelle von $\|\cdot\|_2$ verwendet.

Winkel zwischen Vektoren

In einem reellen linearen Raum M mit innerem Produkt gilt auf Grund der Schwarzschen Ungleichung

$$-1 \le \frac{\langle u, v\rangle}{\|u\|\,\|v\|} \le 1 \qquad \text{für alle} \quad u, v \in M \setminus \{0\}.$$

Es gibt daher einen eindeutigen Wert $\varphi \in [0, \pi]$ mit $\cos\varphi = \langle u, v\rangle / \|u\|\,\|v\|$, der Anlaß zu folgender Definition gibt:

Definition 10.2.2 (Winkel zwischen zwei Vektoren) *Der Winkel φ zwischen zwei Elementen eines reellen linearen Raumes mit innerem Produkt wird durch*

$$\cos\varphi := \frac{\langle u, v\rangle}{\|u\|\,\|v\|}, \qquad \varphi \in [0, \pi] \tag{10.6}$$

definiert.

Beispiel (Winkel zwischen zwei Vektoren) Für den Winkel φ zwischen den Vektoren

$$u = (u_1, u_2, u_3)^\top \in \mathbb{R}^3 \qquad \text{und} \qquad v = (v_1, v_2, v_3)^\top \in \mathbb{R}^3$$

erhält man aus (10.6) die aus der analytischen Geometrie bekannte Formel

$$\cos\varphi = \frac{u_1 v_1 + u_2 v_2 + u_3 v_3}{\sqrt{u_1^2 + u_2^2 + u_3^2}\sqrt{v_1^2 + v_2^2 + v_3^2}}.$$

Parallelität und Orthogonalität von Vektoren

Zwei Spezialfälle der Winkel zwischen Vektoren sind besonders beachtenswert:

Definition 10.2.3 (Parallele Vektoren) *Für $\varphi = 0$ ist $\cos\varphi = 1$ und $|\langle u, v\rangle| = \|u\|\,\|v\|$. Nach Satz 10.2.1 folgt daraus die lineare Abhängigkeit von u und v. Man spricht in diesem Fall von der Parallelität der Vektoren u und v.*

Definition 10.2.4 (Orthogonale Vektoren) *Zwei Elemente $u \neq 0$ und $v \neq 0$ heißen orthogonal, wenn*

$$\cos\varphi = \frac{\langle u, v\rangle}{\|u\|\,\|v\|} = 0 \qquad \textit{bzw.} \qquad \langle u, v\rangle = 0$$

gilt.

Beispiel (Orthogonalität von zwei n-Vektoren) Zwei Vektoren $u, v \in \mathbb{R}^n \setminus \{0\}$ sind orthogonal, wenn deren Euklidisches Skalarprodukt verschwindet:

$$\langle u, v\rangle = u^\top v = 0.$$

Beispiel (B-Orthogonalität von zwei n-Vektoren) Zwei Vektoren $u, v \in \mathbb{R}^n \setminus \{0\}$ nennt man *B-orthogonal* (*konjugiert*), wenn das Skalarprodukt (10.3) verschwindet:

$$\langle u, v\rangle_B = u^\top B v = 0.$$

Diese verallgemeinerte Orthogonalität entspricht nicht mehr der üblichen geometrischen Vorstellung. Zwei B-orthogonale Vektoren sind im allgemeinen nicht zueinander senkrecht.

Beispiel (Orthogonale Funktionen) Die Funktionen $f(x) := \sin x$ und $g(x) := \cos x$ sind über dem Intervall $[0, 2\pi]$ orthogonal:

$$\langle f, g\rangle = \int_0^{2\pi} \sin x \cos x \, dx = \frac{1}{2}\sin^2 x \Big|_0^{2\pi} = 0.$$

Wie man bei diesen beiden Funktionen sieht, hat die Eigenschaft der Orthogonalität nichts damit zu tun, daß sich die Kurven

$$\{(x, y) : y = f(x)\} \qquad \text{und} \qquad \{(x, y) : y = g(x)\}$$

in irgendwelchen Punkten senkrecht schneiden müssen.

Definition 10.2.5 (w-orthogonale Funktionen) *Zwei Funktionen f und g heißen w-orthogonal (über dem Intervall $[a,b]$ und bezüglich der Gewichtsfunktion w), falls*

$$\langle f,g\rangle_w = 0$$

gilt. Für $w(x) \equiv 1$ spricht man von orthogonalen Funktionen schlechthin.

Beispiel (w-orthogonale Funktionen) Die Funktionen $f(x) := x$ und $g(x) := 2x^2 - 1$ sind über dem Intervall $[-1,1]$ bezüglich der Gewichtsfunktion $w(x) := (1-x^2)^{-1/2}$ orthogonal:

$$\langle f,g\rangle_w = \int_{-1}^{1} \frac{x(2x^2-1)}{\sqrt{1-x^2}}\,dx = \int_0^{\pi} (2\cos^3 t - \cos t)\,dt = 0.$$

Die Orthogonalität von zwei Funktionen auf einem bestimmten Intervall $[a,b]$ und bezüglich einer speziellen Gewichtsfunktion w zieht im allgemeinen *nicht* die Orthogonalität auf anderen Intervallen und bezüglich anderer Gewichtsfunktionen nach sich.

10.2.2 Optimale Approximation durch Orthogonalität

Die Lösung des Bestapproximationsproblems bezüglich der Euklidischen Norm ergibt sich durch eine Verallgemeinerung der im $\mathbb{R}^2$ anschaulichen Tatsache, daß die kürzeste Verbindungsstrecke zwischen einem Punkt und einem linearen Unterraum auf letzteren senkrecht steht (siehe Abb. 10.4).

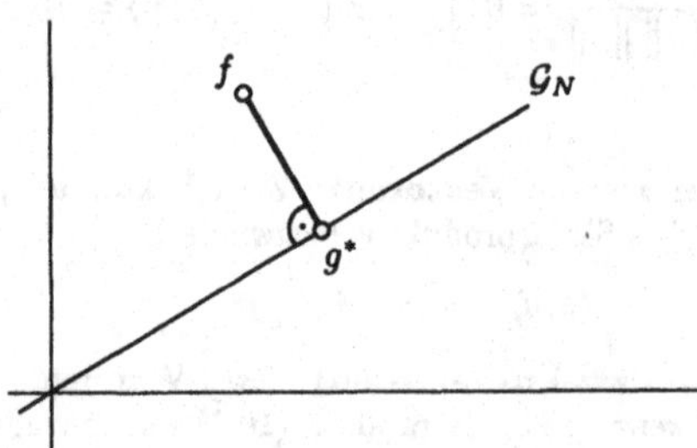

Abb. 10.4: Die kürzeste Verbindungsstrecke zwischen f und $\mathcal{G}_N$ steht senkrecht auf $\mathcal{G}_N$.

Satz 10.2.3 (Charakterisierungssatz) *Es sei $\mathcal{G}_N$ ein endlich-dimensionaler Teilraum des Euklidischen Raumes $\mathcal{F}$. Ein Element $g^* \in \mathcal{G}_N$ ist genau dann die beste Approximation eines Elementes $f \in \mathcal{F}$ durch ein Element aus $\mathcal{G}_N$, wenn*

$$\langle g^* - f, g\rangle = 0 \qquad \text{für alle} \quad g \in \mathcal{G}_N \tag{10.7}$$

gilt, d. h. wenn die Fehlerfunktion, also die Differenz $g^* - f$, orthogonal zu allen Funktionen aus $\mathcal{G}_N$ ist.

Beweis: Hämmerlin, Hoffmann [50].

10.2.3 Normalgleichungen

Die Bestapproximierende g^* von f kann man als Linearkombination von Basisfunktionen $g_1, \ldots, g_N$ des Teilraums $\mathcal{G}_N$ ansetzen:

$$g^* = \sum_{j=1}^{N} c_j^* g_j. \tag{10.8}$$

Die Orthogonalitätsrelation (10.7) des Charakterisierungssatzes muß für *alle* Funktionen $g \in \mathcal{G}_N$ gelten, also speziell auch für die N Basisfunktionen $g_1, \ldots, g_N$:

$$\langle f - g^*, g_i \rangle = \langle f, g_i \rangle - \sum_{j=1}^{N} c_j^* \langle g_j, g_i \rangle = 0, \qquad i = 1, 2, \ldots, N.$$

Die Koeffizienten $c_1^*, \ldots, c_N^*$ der Bestapproximierenden-Darstellung (10.8) erhält man somit als Lösung des linearen Gleichungssystems

$$\begin{array}{ccccccc} \langle g_1, g_1 \rangle \cdot c_1 &+& \langle g_2, g_1 \rangle \cdot c_2 &+ \cdots +& \langle g_N, g_1 \rangle \cdot c_N &=& \langle f, g_1 \rangle \\ \langle g_1, g_2 \rangle \cdot c_1 &+& \langle g_2, g_2 \rangle \cdot c_2 &+ \cdots +& \langle g_N, g_2 \rangle \cdot c_N &=& \langle f, g_2 \rangle \\ \vdots & & \vdots & & \vdots & & \vdots \\ \langle g_1, g_N \rangle \cdot c_1 &+& \langle g_2, g_N \rangle \cdot c_2 &+ \cdots +& \langle g_N, g_N \rangle \cdot c_N &=& \langle f, g_N \rangle, \end{array} \tag{10.9}$$

des Systems der (Gaußschen) *Normalgleichungen*. Die Koeffizientenmatrix des Gleichungssystems (10.9), die als *Gramsche Matrix* bezeichnet wird, ist genau dann regulär, wenn die Elemente $g_1, \ldots, g_N$ linear unabhängig sind. Wenn die Elemente $g_1, \ldots, g_N$ eine Basis des Teilraums $\mathcal{G}_N$ bilden, dann besitzt das Gleichungssystem (10.9) somit stets eine eindeutige Lösung.

Beispiel (Hilbert-Matrizen) Im Raum $L^2[0,1]$ kann man ein inneres Produkt durch

$$\langle u, v \rangle := \int_0^1 u(t)v(t)\, dt$$

definieren. Wählt man die Monome vom Maximalgrad d $g_i(x) := x^i$, $i = 0, 1, \ldots, d$ als Basis eines $(d+1)$-dimensionalen Unterraums $\mathbb{P}_d$, dann gilt

$$\langle g_i, g_j \rangle = \frac{1}{i+j+1}, \qquad i = 0, 1, \ldots, d, \quad j = 0, 1, \ldots, d.$$

Das bedeutet, daß die Gramsche Matrix des Normalgleichungssystems die $(d+1)\times(d+1)$-*Hilbert-Matrix* H_{d+1} ist, die für alle $d \in \mathbb{N}_0$ regulär ist. Wegen der extrem schlechten Kondition dieser Matrizen selbst für kleine Werte von d

d	3	4	5	6	7	8
$\text{cond}_2(H_d)$	$5.24 \cdot 10^2$	$1.55 \cdot 10^4$	$4.77 \cdot 10^5$	$1.50 \cdot 10^7$	$4.75 \cdot 10^8$	$1.53 \cdot 10^{10}$

ist die praktische Berechnung des bestapproximierenden Polynoms bezüglich der L_2-Norm *unter Verwendung der Monombasis* $\{1, x, \ldots, x^d\}$ mit sehr großen numerischen Schwierigkeiten verbunden. Dies ist darauf zurückzuführen, daß – abhängig von der Maschinenarithmetik – bereits für kleine Werte von d die Matrix $(\langle g_i, g_j \rangle) = H_{d+1}$ *numerisch singulär* ist, oder anders ausgedrückt, daß die Basiselemente $1, x, \ldots, x^d$ *numerisch linear abhängig* sind.

Optimale Wahl der Basis

Vom Standpunkt der praktisch-numerischen Durchführung einer Approximation im L_2-Sinn ist eine Basis des Unterraums $\mathcal{G}_N$ dann besonders günstig, wenn für sie das System der Normalgleichungen gut konditioniert und einfach zu lösen ist. Optimale Kondition (cond = 1) und einfachste Lösbarkeit ist genau dann gegeben, wenn

$$\langle g_i, g_j\rangle = \delta_{ij} := \begin{cases} 1 & \text{für} \quad i = j \\ 0 & \text{sonst} \end{cases}$$

gilt, d. h. wenn die Basis $\{g_1, \ldots, g_N\}$ ein *Orthonormalsystem*, die Gramsche Matrix also die Einheitsmatrix I_N ist. In diesem Fall erhält man die Koeffizienten c_i^* der Bestapproximierenden-Darstellung (10.8) aus

$$c_i^* = \langle f, g_i\rangle, \qquad i = 1, 2, \ldots, N.$$

Die bestapproximierende Funktion g^* von f hat die sehr einfache Darstellung

$$g^* = \sum_{i=1}^{N} \langle f, g_i\rangle \cdot g_i.$$

In einer geometrischen Betrachtungsweise kann man die Koeffizienten $c_i^* = \langle f, g_i\rangle$ einer Entwicklung von f nach dem Orthonormalsystem $\{g_1, \ldots, g_N\}$ als rechtwinkelige Koordinaten in einem Funktionenraum auffassen. Man erkennt daraus auch einen weiteren Vorteil einer orthonormalen Basis: Beim Übergang von $\mathcal{G}_N$ zu $\mathcal{G}_{N+1} \supset \mathcal{G}_N$ können die bereits berechneten Koeffizienten $c_1^*, \ldots, c_N^*$ weiter verwendet werden, und es genügt, c_{N+1}^* neu zu berechnen.

Wenn die Basis $\{g_1, \ldots, g_N\}$ nur ein Ortho*gonal*system und kein Ortho*normal*system bildet, so erhält man die Koeffizienten c_i^* der Bestapproximierenden aus

$$c_i^* = \frac{\langle f, g_i\rangle}{\langle g_i, g_i\rangle} = \frac{\langle f, g_i\rangle}{\|g_i\|^2}, \quad i = 1, 2, \ldots, N. \tag{10.10}$$

Definition 10.2.6 (Fourier-Reihe, Fourier-Polynom) *Sei $g_1, g_2, \ldots$ eine endliche oder unendliche Folge von paarweise orthonormalen Elementen eines Euklidischen Raumes $\mathcal{F}$. Dann bezeichnet man jede Reihe*

$$\sum_{j=1}^{\infty} \langle f, g_j\rangle \cdot g_j$$

als Fourier-Reihe von $f \in \mathcal{F}$ (bezüglich des Orthonormalsystems $\{g_j\}$) und die Werte $c_j := \langle f, g_j\rangle$ als die Fourier-Koeffizienten der Funktion f bezüglich der Basisfunktionen g_j. Eine endliche Fourier-Reihe (eine abgebrochene unendliche Fourier-Reihe)

$$\sum_{j=1}^{N} \langle f, g_j\rangle \cdot g_j$$

wird auch als Fourier-Polynom bezeichnet.

Da $\langle f, g_j\rangle \cdot g_j$ die orthogonale Projektion von f auf den von g_j aufgespannten Unterraum ist, stellt das Fourier-Polynom die orthogonale Projektion von f auf den von $\{g_1, \ldots, g_N\}$ aufgespannten Teilraum dar und ist somit die Bestapproximierende von f *im Sinne der Euklidischen Norm.*

Fourier-Entwicklung

Der $(2d+1)$-dimensionale Raum aller trigonometrischen Polynome

$$S_d(x) = \frac{a_0}{2} + \sum_{k=1}^{d} (a_k \cos kx + b_k \sin kx)$$

besitzt mit den Funktionen

$$\begin{aligned} g_0(x) \equiv 1, \quad g_1(x) &:= \sin x, \quad g_3(x) := \sin 2x, \; \ldots, \; g_{2d-1}(x) := \sin(d\cdot x), \\ g_2(x) &:= \cos x, \quad g_4(x) := \cos 2x, \; \ldots, \; g_{2d}(x) := \cos(d\cdot x) \end{aligned}$$

bezüglich des Skalarproduktes

$$\langle f, g\rangle := \int_0^{2\pi} f(t)g(t)\,dt$$

auf dem Intervall $[0, 2\pi]$ eine orthogonale Basis:

$$\langle g_k, g_l\rangle = \begin{cases} 2\pi & \text{für} \quad k = l = 0 \\ \pi & \text{für} \quad k = l = 1, 2, \ldots, d \\ 0 & \text{für} \quad k \neq l. \end{cases}$$

Das bestapproximierende trigonometrische Polynom S_d^* wird also in der Form

$$S_d^*(x) = \sum_{j=0}^{2d}{}' c_j^* g_j(x) = \frac{a_0^*}{2} + \sum_{k=1}^{d} (a_k^* \cos kx + b_k^* \sin kx)$$

angesetzt. Die Koeffizienten c_j^* ergeben sich aus (10.10):

$$\begin{aligned} c_{2k}^* = a_k^* &= \frac{1}{\pi}\int_0^{2\pi} f(t)\cos kt\,dt, \quad k = 0, 1, \ldots, d, \\ c_{2k-1}^* = b_k^* &= \frac{1}{\pi}\int_0^{2\pi} f(t)\sin kt\,dt, \quad k = 1, 2, \ldots, d. \end{aligned}$$

Das im Sinne der L_2-Norm bestapproximierende trigonometrische Polynom S_d^* ergibt sich auch durch Abbrechen der unendlichen Fourier-Reihe

$$S(x) := \frac{a_0}{2} + \sum_{k=1}^{\infty} (a_k \cos kx + b_k \sin kx)$$

mit

$$
\begin{aligned}
a_k &= \frac{1}{\pi}\int_0^{2\pi} f(t)\cos kt\,dt, \quad k = 0,1,2,\ldots \\
b_k &= \frac{1}{\pi}\int_0^{2\pi} f(t)\sin kt\,dt, \quad k = 1,2,3,\ldots .
\end{aligned}
$$

Tschebyscheff-Entwicklung

Der Raum $\mathbb{P}_d$ der Polynome vom Maximalgrad d besitzt mit den Tschebyscheff-Polynomen T_k, $k = 0,1,\ldots,d$, bezüglich des Skalarproduktes

$$\langle f,g\rangle_w := \int_{-1}^{1} \frac{1}{\sqrt{1-t^2}} f(t)g(t)\,dt$$

auf $[-1,1]$ eine orthogonale Basis (siehe Formel (10.11)). Der Ansatz

$$P_d^*(x) = \sum_{k=0}^{d}{}' c_k^* T_k(x)$$

für das bestapproximierende Polynom P_d^* führt mittels (10.10) durch die Substitution $x := \cos\tau$ auf Grund der Beziehungen

$$T_k(\cos x) = \cos kx$$

und

$$\cos x = \cos(2\pi - x)$$

auf die Koeffizienten

$$
\begin{aligned}
c_k^* &= \frac{\langle f,g_k\rangle}{\langle g_k,g_k\rangle} = \frac{2}{\pi}\int_{-1}^{1} \frac{1}{\sqrt{1-t^2}} f(t)T_k(t)\,dt = \\
&= \frac{2}{\pi}\int_0^{\pi} f(\cos t)\cos kt\,dt = \frac{1}{\pi}\int_0^{2\pi} f(\cos t)\cos kt\,dt, \quad k = 0,1,\ldots,d.
\end{aligned}
$$

Die Tschebyscheff-Koeffizienten für die Funktion f erhält man also, indem man die *Fourier*-Koeffizienten a_k^* der periodischen Funktion $f(\cos x)$ bestimmt.

10.2.4 Approximationsfehler

Für die Bestapproximierende g^* kann man die *Norm des Approximationsfehlers* folgendermaßen erhalten:

$$
\begin{aligned}
\|f - g^*\|^2 &= \langle f - g^*, f - g^*\rangle = \\
&= \langle f - g^*, f\rangle - \langle f - g^*, g^*\rangle = \langle f - g^*, f\rangle = \\
&= \|f\|^2 - \langle g^*, f\rangle = \|f\|^2 - \sum_{j=1}^{N} c_j^* \langle f, g_j\rangle .
\end{aligned}
$$

Bei einer Orthonormalbasis gilt speziell

$$\|f - g^*\|^2 = \|f\|^2 - \sum_{j=1}^{N} \langle f, g_j \rangle^2,$$

woraus sich wegen $\|f - g^*\|^2 \geq 0$ die *Besselsche Ungleichung*

$$\sum_{j=1}^{N} (c_j^*)^2 = \sum_{j=1}^{N} \langle f, g_j \rangle^2 \leq \|f\|^2$$

und weiters für $N \to \infty$

$$\sum_{j=1}^{\infty} (c_j^*)^2 = \sum_{j=1}^{\infty} \langle f, g_j \rangle^2 \leq \|f\|^2$$

ergibt. Dies bedeutet

$$\lim_{j \to \infty} \langle f, g_j \rangle = 0$$

für alle Funktionen $f \in \mathcal{F}$, was jedoch *nicht* die Konvergenz der Fourier-Polynome gegen f (bezüglich der Euklidischen Norm) zur Folge haben muß (Lanczos [274]).

Beispiel (Keine Konvergenz) Die Funktionen

$$g_j = \frac{1}{\sqrt{\pi}} \sin jx, \quad j = 1, 2, \ldots$$

sind auf dem Intervall $[-\pi, \pi]$ bezüglich des inneren Produktes

$$\langle u, v \rangle := \int_{-\pi}^{\pi} u(t) v(t)\, dt$$

orthonormal. Da diese Funktionen jedoch alle ungerade sind, können die Partialsummen der Fourier-Reihe - bezüglich *dieses* Orthonormalsystems - nicht gegen f konvergieren, wenn f eine gerade Funktion $\neq 0$ ist. Das Funktionensystem $\{g_1, g_2, \ldots\}$ ist somit *keine* Basis von $\mathcal{F}$, wenn $\mathcal{F}$ gerade Funktionen $\neq 0$ enthält (daher läßt sich nicht jedes Element des normierten Raumes $\mathcal{F}$ als Reihe $\sum_{j=1}^{\infty} c_j g_j$ darstellen).

Satz 10.2.4 *Wenn das Orthonormalsystem* $\{g_1, g_2, \ldots\}$ *eine* Basis *von* $\mathcal{F}$ *ist, dann gilt:*

1) Für jedes $f \in \mathcal{F}$ *konvergiert die Fourier-Reihe gegen* f*:*

$$\lim_{N \to \infty} \|f - \sum_{j=1}^{N} \langle f, g_j \rangle g_j\| = 0.$$

2) Die Parsevalsche Gleichung

$$\|f\|^2 = \sum_{j=1}^{\infty} \langle f, g_j \rangle^2$$

und die erweiterte Parsevalsche Gleichung

$$\langle f_1, f_2 \rangle = \sum_{j=1}^{\infty} \langle f_1, g_j \rangle \langle f_2, g_j \rangle$$

gelten für beliebige $f_1, f_2 \in \mathcal{F}$.

3) Falls $\langle f, g_j \rangle = 0$ *für alle* $j = 1, 2, \ldots$ *gilt, dann verschwindet* f *identisch.*

4) Jedes Element aus $\mathcal{F}$ *ist eindeutig durch seine Fourier-Koeffizienten charakterisiert, d. h., aus*

$$\langle f_1, g_j \rangle = \langle f_2, g_j \rangle \qquad \text{für alle} \quad j = 1, 2, \ldots$$

folgt $f_1 = f_2$.

Beweis: Davis [38].

Die Schwierigkeit bei der praktischen Anwendung dieses Satzes liegt darin, festzustellen, ob eine Menge $\{g_1, g_2, \ldots\}$ tatsächlich eine Basis für $\mathcal{F}$ ist.

10.2.5 Orthogonale Polynome

Soll eine Funktion $f \in C[a, b]$ durch ein Polynom vom Grad d approximiert werden, dann erhält man eine optimal konditionierte Darstellung, wenn man im Raum $\mathbb{P}_d$ zu einer Basis übergeht, die aus w-orthogonalen Polynomen besteht. Nach Satz 10.2.3 ist das bestapproximierende Polynom $P_d^* \in \mathbb{P}_d$ dadurch gekennzeichnet, daß die Fehlerfunktion $f - P_d^*$ w-orthogonal zu $\mathbb{P}_d$ ist. Wie der folgende Satz zeigt, stimmt P_d^* an $d+1$ Stellen aus $[a, b]$ mit f überein; man kann P_d^* also auch als ein Interpolationspolynom der Funktion f auffassen.

Satz 10.2.5 *Eine Funktion* $g \in C[a, b]$, *die* w*-orthogonal zum Raum* $\mathbb{P}_d$ *ist, verschwindet entweder identisch oder hat mindestens* $d + 1$ *Nullstellen in* $[a, b]$ *mit Vorzeichenwechsel von* g.

Beweis: Indirekt. Man nimmt an, daß g nur $k \le d$ Nullstellen $z_1 < z_2 < \ldots < z_k$ mit Vorzeichenwechsel hat. Definiert man das Polynom $P \in \mathbb{P}_d$ durch

$$P(x) := (x - z_1)(x - z_2) \cdots (x - z_k),$$

dann hat die Funktion $g(x) \cdot P(x)$ in allen Intervallen $(a, z_1), (z_1, z_2), \ldots, (z_k, b)$ das gleiche Vorzeichen, und das Skalarprodukt

$$\langle g, P \rangle_w = \int_a^b w(x) g(x) P(x)\, dx$$

kann nicht verschwinden, was im Widerspruch zu den Voraussetzungen steht. □

Die Eigenschaft des bestapproximierenden Polynoms P_d^*, mit der zu approximierenden Funktion f an (mindestens) $d+1$ Stellen übereinzustimmen, kann man algorithmisch *nicht* ausnutzen, da man diese Stellen im allgemeinen nicht kennt.

Um zu einer w-orthogonalen Folge von Polynomen $\{P_d \in \mathbb{P}_d,\ d = 0, 1, 2, \ldots\}$ mit der Eigenschaft

$$P_{d+1} \quad \text{ist } w\text{-orthogonal zu} \quad \mathbb{P}_d, \qquad d = 0, 1, 2, \ldots$$

zu gelangen, könnte man etwa auf die Menge $\{1, x, x^2, \ldots\}$ das *Schmidtsche Orthogonalisierungsverfahren* anwenden (Isaacson, Keller [58]).

Jede Folge w-orthogonaler Polynome läßt sich aber auch mit Hilfe einer *Drei-Terme-Rekursion* generieren, wie der folgende Satz zeigt:

Satz 10.2.6 *Alle bezüglich einer beliebigen Gewichtsfunktion w paarweise orthogonalen und nicht identisch verschwindenden Polynome $P_0, P_1, \ldots$ genügen einer Drei-Terme-Rekursion der Gestalt*

$$P_{d+1} = (a_{d+1}x + b_{d+1})P_d - c_{d+1}P_{d-1}, \qquad d = 1, 2, 3, \ldots,$$

mit $a_{d+1}, b_{d+1}, c_{d+1} \in \mathbb{R}$, und es gilt

$$a_{d+1} = c_{d+1}a_d \frac{\|P_{d-1}\|^2}{\|P_d\|^2}.$$

Beweis: Werner, Schaback [77].

Im folgenden werden einige besonders wichtige Klassen von orthogonalen Polynomen diskutiert.

Legendre-Polynome

Die Legendre-Polynome sind dadurch gekennzeichnet, daß sie bezüglich der Gewichtsfunktion $w(x) \equiv 1$ auf $[-1, 1]$ orthogonal sind.

Rekursionsformel:

$$\begin{aligned} P_{d+1} &:= \frac{2d+1}{d+1} x P_d - \frac{d}{d+1} P_{d-1}, \qquad d = 1, 2, 3, \ldots \\ P_0(x) &:= 1, \quad P_1(x) := x, \quad P_2(x) = \frac{1}{2}(3x^2 - 1), \ldots . \end{aligned}$$

Orthogonalität:

$$\langle P_i, P_j \rangle = \int_{-1}^{1} P_i(x) P_j(x)\, dx = \begin{cases} 0 & i \neq j \\ 2/(2i+1) & i = j. \end{cases}$$

Es handelt sich bei den Legendre-Polynomen also um ein Ortho*gonal*system, aber *kein* Ortho*normal*system.

Tschebyscheff-Polynome

Dieses auf $[-1, 1]$ bezüglich der Gewichtsfunktion $w(x) = (1 - x^2)^{-1/2}$ orthogonale System von Polynomen spielt in der Numerischen Mathematik und Datenverarbeitung eine besonders wichtige Rolle.

Rekursionsformel:

$$\begin{aligned} T_{d+1} &:= 2xT_d - T_{d-1}, \qquad d = 1, 2, 3, \ldots \\ T_0(x) &:= 1, \quad T_1(x) := x, \quad T_2(x) = 2x^2 - 1, \ldots \end{aligned}$$

Orthogonalität:

$$\langle T_i, T_j\rangle_w = \int\limits_{-1}^{1} \frac{1}{\sqrt{1-x^2}} T_i(x)T_j(x)\,dx = \begin{cases} 0 & i \neq j \\ \pi/2 & i = j = 1,2,3,\ldots \\ \pi & i = j = 0, \end{cases} \tag{10.11}$$

d. h., die Tschebyscheff-Polynome bilden bezüglich $w(x) = (1-x^2)^{-1/2}$ ein Orthogonal-, aber kein Orthonormalsystem.

Diskrete Orthogonalität: Die Tschebyscheff-Polynome besitzen nicht nur die Eigenschaft der kontinuierlichen Orthogonalität (10.11), sondern sind auch bezüglich der diskreten inneren Produkte (9.18) und (9.20) orthogonal, wie bereits in Abschnitt 9.3.2 erläutert wurde.

Die Häufung der Knotenpunkte ξ_k beim diskreten inneren Produkt $\langle\cdot,\cdot\rangle_T$ bzw. der Punkte η_k bei $\langle\cdot,\cdot\rangle_U$ an den Rändern des Intervalls $[-1,1]$ entspricht der stärkeren Gewichtung der Randzonen durch die Gewichtsfunktion

$$w(x) = (1-x^2)^{-1/2}$$

im Falle des kontinuierlichen inneren Produkts $\langle\cdot,\cdot\rangle_w$. Diese spezielle Gewichtung der im allgemeinen (bezüglich des „Überschwingens“) kritischen Randbereiche des Approximationsintervalls ist, anschaulich gesprochen, die Ursache der besonders vorteilhaften Eigenschaften der Tschebyscheff-Polynome.

Die Besonderheit der Tschebyscheff-Polynome, im kontinuierlichen *und* im diskreten Fall analoge Orthogonalitätseigenschaften aufzuweisen, hat sonst keine Klasse von orthogonalen Polynomen. Nur die mit den Tschebyscheff-Polynomen auf das Engste verbundenen trigonometrischen Polynome S_d besitzen ebenfalls die Eigenschaft, sowohl im kontinuierlichen als auch im diskreten Fall orthogonal zu sein. Dabei gilt die diskrete Orthogonalität bezüglich N *äquidistanter* Stützstellen auf dem Intervall $[0, 2\pi)$.

Die Entwicklung einer Funktion nach Tschebyscheff-Polynomen

$$f(x) = \sum_{j=0}^{\infty}{}' a_j T_j(x) \tag{10.12}$$

hat den Vorteil des schnellsten Abklingverhaltens der Koeffizienten; dies gilt vor allem auch im Vergleich zur Taylorentwicklung. Für $f : [-1,1] \to \mathbb{R}$ sind die Koeffizienten der Tschebyscheff-Reihe (Entwicklung von f nach Tschebyscheff-Polynomen) durch

$$\begin{aligned} a_j = \frac{\langle f, T_j\rangle}{\langle T_j, T_j\rangle} &= \frac{2}{\pi}\int\limits_{-1}^{1} f(t)T_j(t)\sqrt{\frac{1}{1-t^2}}\,dt = \\ &= \frac{2}{\pi}\int\limits_{0}^{\pi} f(\cos\vartheta)\cos j\vartheta\,d\vartheta, \qquad j = 0,1,2,\ldots \end{aligned} \tag{10.13}$$

gegeben. Bricht man die Tschebyscheff-Reihe (10.12) ab, so erhält man durch

$$P_d(x) := \sum_{j=0}^{d}{}' a_j T_j(x)$$

wegen der schnellen Konvergenz der a_j gegen 0 eine sehr gute Approximation für f; der Approximationsfehler e_d läßt sich durch

$$|e_d(x)| = |P_d(x) - f(x)| = \left| \sum_{j=d+1}^{\infty} a_j T_j(x) \right| \leq \sum_{j=d+1}^{\infty} |a_j|$$

abschätzen.

Das Integral (10.13) in der Definition der Koeffizienten a_j muß bei praktischen Anwendungen im allgemeinen numerisch berechnet werden. Verwendet man die zusammengesetzte Trapezregel, so erhält man

$$a_j^U = \frac{2}{d} \sum_{k=0}^{d-1} f(\cos \vartheta_k) \cos j\vartheta_k, \qquad \vartheta_k := \frac{k\pi}{d}, \qquad j = 0, 1, \ldots, d,$$

wobei es sich wegen $\eta_k = \cos \frac{k\pi}{d}$ genau um die Formel zur Bestimmung der Koeffizienten des *Interpolations*polynoms zu den Tschebyscheff-Extrema bezüglich der Basis $\{T_0, \ldots, T_d\}$ handelt. Analog erhält man bei Verwendung der Rechtecksregel das Interpolationspolynom zu den Tschebyscheff-Nullstellen mit den Koeffizienten a_j^T. Zwischen a_j, a_j^U und a_j^T, $j = 0, 1, \ldots, d$, besteht folgender Zusammenhang:

$$\begin{aligned} a_j^U &= a_j + (a_{2d-j} + a_{2d+j}) + (a_{4d-j} + a_{4d+j}) + \cdots \\ a_j^T &= a_j + (a_{2d+2-j} + a_{2d+2+j}) + (a_{4d+4-j} + a_{4d+4+j}) + \cdots . \end{aligned}$$

Wenn die abgebrochene Tschebyscheff-Reihe einen Approximationsfehler aufweist, der im Sinne einer geforderten Toleranz vernachlässigt werden kann, dann sieht man aus der obigen Darstellung von a_j^U und a_j^T, daß auch die Abweichungen $a_j^U - a_j$ und $a_j^T - a_j$ vernachlässigbar sind und daß man die angenäherte Berechnung der abgebrochenen Tschebyscheff-Reihe am besten durch die Bestimmung eines Interpolationspolynoms zu Tschebyscheff-Knoten ausführt.

Alle hier angeführten Eigenschaften der Tschebyscheff-Polynome findet man samt Beweisen z. B. in den Büchern von Rivlin [341] sowie von Fox und Parker [199].

Laguerre-Polynome

Die Laguerre-Polynome bilden ein System von orthogonalen Polynomen, das auf dem unendlichen Intervall $[0, \infty)$ definiert ist. *Orthonormalität* dieser Polynome besteht bezüglich der Gewichtsfunktion $w(x) = \exp(-x)$.

Rekursionsformel:

$$\begin{aligned} L_{d+1}(x) &:= \left(\frac{2d+1}{d+1} - \frac{1}{d+1} x \right) L_d(x) - \frac{d}{d+1} L_{d-1}(x), \\ L_0(x) &:= 1, \qquad L_1(x) := 1 - x. \end{aligned}$$

Hermite-Polynome

Die Hermite-Polynome bilden ein Orthogonalsystem, das auf $(-\infty, \infty)$ definiert ist. Die Gewichtsfunktion ist $w(x) = \exp(-x^2)$.

Rekursionsformel:

$$H_{d+1}(x) := 2xH_d(x) - 2dH_{d-1}(x), \qquad H_0(x) := 1, \quad H_1(x) := 2x.$$

10.3 Diskrete l_2-Approximation – Methode der kleinsten Quadrate

Die diskrete Methode der kleinsten Quadrate kommt vor allem bei der Analyse diskreter (durch Punkte gegebener) Daten zur Anwendung.

10.3.1 Lineare l_2-Approximation

Hat man bei der Bestimmung der Parameter eines linearen Modells mehr Beobachtungen (Gleichungen) als Parameter (Unbekannte), so liegt ein überbestimmtes lineares Gleichungssystem

$$Ax = \begin{pmatrix} a_{11}x_1 + a_{12}x_2 + \cdots + a_{1n}x_n \\ a_{21}x_1 + a_{22}x_2 + \cdots + a_{2n}x_n \\ \vdots \qquad \vdots \qquad \vdots \\ a_{m1}x_1 + a_{m2}x_2 + \cdots + a_{mn}x_n \end{pmatrix} = \begin{pmatrix} b_1 \\ b_2 \\ \vdots \\ b_m \end{pmatrix} = b \tag{10.14}$$

mit $m > n$ vor. Im Sinne der Bestapproximation löst man ein solches Problem, indem man im Bildraum

$$\mathcal{R}(A) := \operatorname{span}\{a_1, a_2, \ldots, a_n\},$$

dem von den Spaltenvektoren $a_1, \ldots, a_n$ der Matrix A aufgespannten Teilraum, jenen Vektor der Form $Ax^* \in \mathbb{R}^m$ sucht, der von b den geringsten Abstand hat.

Normalgleichungen

Nach dem Charakterisierungssatz 10.2.3 erhält man $x^* \in \mathbb{R}^n$ als jenen Vektor, für den das Residuum $Ax^* - b$ orthogonal zu $\mathcal{R}(A)$ ist (siehe Abb. 10.5). Wie bei der Funktionsapproximation in Abschnitt 10.2 erhält man auch im Fall der diskreten Approximation die Bestapproximation x^* als Lösung der (Gaußschen) Normalgleichungen

$$\begin{aligned} \langle a_1, a_1\rangle \cdot x_1 + \langle a_2, a_1\rangle \cdot x_2 + \cdots + \langle a_n, a_1\rangle \cdot x_n &= \langle b, a_1\rangle \\ \langle a_1, a_2\rangle \cdot x_1 + \langle a_2, a_2\rangle \cdot x_2 + \cdots + \langle a_n, a_2\rangle \cdot x_n &= \langle b, a_2\rangle \\ \vdots \qquad\qquad \vdots \qquad\qquad\qquad \vdots \quad &\quad \vdots \\ \langle a_1, a_n\rangle \cdot x_1 + \langle a_2, a_n\rangle \cdot x_2 + \cdots + \langle a_n, a_n\rangle \cdot x_n &= \langle b, a_n\rangle \end{aligned}$$

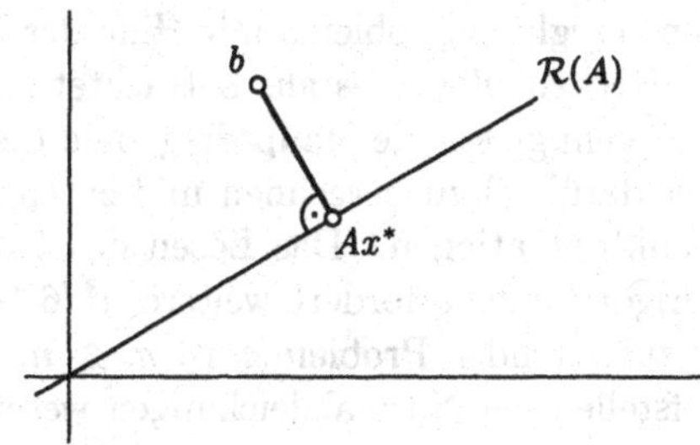

Abb. 10.5: Lösung eines linearen Ausgleichsproblems im l_2-Sinn

bzw. in Matrixschreibweise

$$A^\top Ax = A^\top b. \tag{10.15}$$

Beispiel (Ausgleichsgerade) Will man an gegebene Datenpunkte

$$(x_1, y_1),\ (x_2, y_2),\ \ldots,\ (x_m, y_m) \in \mathbb{R}^2$$

eine Gerade $f(x) = c_0 + c_1 x$ anpassen, sodaß der Abstand

$$D_2(\Delta_m f, y) = \left(\sum_{i=1}^{m} (c_0 + c_1 x_i - y_i)^2 \right)^{1/2}$$

minimal wird, muß man die Euklidische Norm des Residuenvektors des Gleichungssystems

$$\begin{array}{rcl} c_0 + c_1 x_1 &=& y_1 \\ c_0 + c_1 x_2 &=& y_2 \\ \vdots \quad \vdots && \vdots \\ c_0 + c_1 x_m &=& y_m \end{array} \quad \text{bzw.} \quad Ax = b \quad \text{mit} \quad A := \begin{pmatrix} 1 & x_1 \\ 1 & x_2 \\ \vdots & \vdots \\ 1 & x_m \end{pmatrix},\ b := \begin{pmatrix} y_1 \\ y_2 \\ \vdots \\ y_m \end{pmatrix},\ x := \begin{pmatrix} c_0 \\ c_1 \end{pmatrix}$$

minimieren. Dies führt auf die Normalgleichungen

$$\begin{pmatrix} m & \sum\limits_{i=1}^{m} x_i \\ \sum\limits_{i=1}^{m} x_i & \sum\limits_{i=1}^{m} x_i^2 \end{pmatrix} \begin{pmatrix} c_0 \\ c_1 \end{pmatrix} = \begin{pmatrix} \sum\limits_{i=1}^{m} y_i \\ \sum\limits_{i=1}^{m} x_i y_i \end{pmatrix}$$

mit der Lösung

$$c_0^* = \frac{\sum\limits_{i=1}^{m} x_i^2 \sum\limits_{i=1}^{m} y_i - \sum\limits_{i=1}^{m} x_i y_i \sum\limits_{i=1}^{m} x_i}{m \sum\limits_{i=1}^{m} x_i^2 - \left(\sum\limits_{i=1}^{m} x_i \right)^2}, \qquad c_1^* = \frac{m \sum\limits_{i=1}^{m} x_i y_i - \sum\limits_{i=1}^{m} x_i \sum\limits_{i=1}^{m} y_i}{m \sum\limits_{i=1}^{m} x_i^2 - \left(\sum\limits_{i=1}^{m} x_i \right)^2}.$$

Die Koeffizientenmatrix $A^\top A$ der Normalgleichungen in der allgemeinen Form ist symmetrisch und im Fall $\text{rang}(A) = n$ auch positiv definit. Diese Eigenschaft ermöglicht die Lösung von (10.15) mit dem Cholesky-Verfahren (siehe Abschnitt 13.12.1) oder der Methode der konjugierten Gradienten (siehe Abschnitte 16.7.4 und 16.9.1).

Die Lösung eines linearen Ausgleichsproblems mit Hilfe der Normalgleichungen ist vom Standpunkt des Rechenaufwandes aus betrachtet sehr günstig: Wegen der Symmetrie von $A^{\top}A$ genügt es, die Hauptdiagonale dieser Matrix und alle Elemente darunter (oder darüber) zu berechnen und zu speichern. Dies erfordert etwa $mn^2/2$ Gleitpunktoperationen. Das Lösen des Gleichungssystems (10.15) mit dem Cholesky-Algorithmus erfordert weitere $n^3/6$ Gleitpunktoperationen. Bei vielen praktisch auftretenden Problemen ist $m \gg n$. In diesen Fällen ist der Aufwand für das Aufstellen der Normalgleichungen wesentlich größer als jener für deren Lösung.

Faktorisieren der Matrix eines Ausgleichsproblems

Aufstellen und Lösen der Normalgleichungen ist eine sehr einfache und naheliegende Methode für die lineare l_2-Approximation. Sie besitzt allerdings einen wesentlichen Nachteil: Die Parameterbestimmung eines linearen Modells – die Ermittlung des Vektors x^* – ist auf diesem Weg viel störungsanfälliger bezüglich Daten- und Rechenfehlern als bei jenen Methoden, die auf der Faktorisierung von A mittels orthogonaler Matrizen beruhen. Die

QR-Zerlegung $A = QR$ und die

Singulärwertzerlegung $A = USV^{\top}$,

die in Kapitel 13 behandelt werden, lassen die Kondition des ursprünglichen Problems (10.14) unverändert, während die Konditionszahl der Normalgleichungen das *Quadrat* der ursprünglichen Konditionszahl ist. Diese ist dann groß, wenn die Spaltenvektoren $a_1, \ldots, a_n$ von A „nahezu linear abhängig" sind, ein Fall, der bei der Modellbildung sehr oft auftritt.

Beispiel (Sozio-ökonomisches Modell) Wenn man die monatlichen Pro-Kopf-Ausgaben für Konsumgüter (z. B. der Bewohner einer europäischen Stadt) als lineares Modell ansetzt, könnte man z. B. folgende Einflußfaktoren verwenden: persönliches Netto-Monatseinkommen, Haushaltseinkommen, Alter, Dauer der Berufsausbildung und die monatlichen Ausgaben für Wohnzwecke.

Die Matrix A, deren Koeffizienten, die konkreten Werte der Einflußfaktoren, z. B. aus einer Stichprobenerhebung stammen können, wird in diesem Fall sehr schlecht konditioniert sein. Die Ursache liegt in der starken Korrelation zwischen einigen der Einflußfaktoren und der daraus resultierenden „weitgehenden linearen Abhängigkeit" der zugeordneten Spaltenvektoren von A.

Die durch das Beispiel zum Ausdruck gebrachte Situation ist nicht untypisch für das Anfangsstadium eines Modellierungsprozesses. Es wird oft versucht, alle Einflußfaktoren, über die Daten vorliegen bzw. beschafft werden können, in einen ersten Modellansatz mit einzubeziehen (vgl. Kapitel 1).

Software für lineare Ausgleichsprobleme

Programme für überbestimmte lineare Gleichungssysteme, die im l_2-Sinn gelöst werden sollen, gibt es im LAPACK (siehe Abschnitt 13.16.2).

Software für die Anpassung verschiedener (in ihren Parametern linearen) Funktionen gibt es in den IMSL- und NAG-Bibliotheken:

Polynome: `IMSL/rcurv`, `NAG/e02adf`
Polynome mit Nebenbedingungen: `NAG/e02agf`

kubische Splines: `NAG/e02baf`, `NAG/e02bef`
Splines allg. Ordnung: `IMSL/bslsq`, `IMSL/bsvls`
Splines mit Nebenbedingungen: `IMSL/conft`

vorgebbare Basisfunktionen: `IMSL/fnlsq`

bikubische Splines: `NAG/e02daf`, `NAG/e02dcf`, `NAG/e02ddf`
2D-Tensorprodukt-Splines allg. Ordnung: `IMSL/bsls2`
3D-Tensorprodukt-Splines allg. Ordnung: `IMSL/bsls3`

10.3.2 Nichtlineare l_2-Approximation

Bei Approximationsfunktionen, die nichtlinear in den Parametern sind, erfordert die Parameter*bestimmung* die Lösung einer nichtlinearen Minimierungsaufgabe, d. h., die Parameter der Approximationsfunktion sind so zu bestimmen, daß der Abstand zwischen der Approximationsfunktion und den Daten minimal wird. Dieses Minimierungsproblem muß numerisch gelöst werden (siehe Abschnitt 14.4) – dementsprechend kann es zu unerwünschten Phänomenen kommen:

1. Die zu minimierende Abstandsfunktion kann mehrere *lokale* Minima besitzen – es gibt jedoch keine Algorithmen, die mit absoluter Sicherheit das *globale* Minimum finden, das die Lösung des Approximationsproblems darstellt; die meisten Algorithmen machen nicht einmal den Versuch, dieses globale Minimum zu bestimmen, und geben sich mit der Bestimmung eines *lokalen* Minimums zufrieden.

2. Der noch schlimmere Fall der *Divergenz* kann eintreten, bei dem der Minimierungsalgorithmus nicht einmal gegen ein lokales Minimum konvergiert.

10.4 Gleichmäßige Bestapproximation – L_∞-Approximation

Die Berechnung von bestapproximierenden Funktionen bezüglich einer L_p-Norm mit $p \neq 2$ ist stets mit einem deutlich höheren Aufwand verbunden als die Approximation nach dem Prinzip der kleinsten Quadrate (deren Lösung mit Hilfe *linearer* Gleichungssysteme ermittelt werden kann). Darüber hinaus ist für Approximationsprobleme bezüglich $\|\cdot\|_p$, $p \neq 2$, nur wenig mathematische Software verfügbar. Bevor man derartige Probleme praktisch in Angriff nimmt, sollte man daher überlegen, ob nicht auch eine Approximation nach dem Interpolationsprinzip oder eine Approximation nach dem Prinzip der kleinsten Quadrate zu einer zufriedenstellenden Lösung führt.

Wie bereits im Abschnitt über robuste Abstandsmaße (Kapitel 8) ausgeführt wurde, hat die Maximumnorm $\|\cdot\|_\infty$ bei der Datenapproximation den entscheidenden Nachteil, in sehr starkem Maß von Datenpunkten in „extremer Lage“ („Ausreißern“) abzuhängen. Bei der Approximation von fehlerbehafteten Daten kann man daher die Verwendung der Maximumnorm ausschließen. Man könnte evtl. bei exakten Daten, die bezüglich der „Welligkeit“ der zugrundeliegenden Funktion sehr dicht liegen, an die Verwendung der Maximumnorm denken; die Verwendung eines (stückweisen) Interpolationspolynoms ist jedoch im allgemeinen vorzuziehen.

Große Bedeutung hat die Maximumnorm bei der *Funktionsapproximation*, da bei diesem Problemkreis der absolute Fehler sehr oft eine natürliche Maßzahl für die Approximationsqualität ist. Die bezüglich der Maximumnorm bestapproximierende Funktion einer k-parametrigen Funktionenklasse stellt somit das Optimum bezüglich des größten absoluten Fehlers dar. In einer Folge bestapproximierender Funktionen (bzgl. der Maximumnorm) wird man somit jene Funktion aus den gegebenen Funktionenklassen suchen, die mit der geringsten Zahl von Parametern $c = (c_1, \dots, c_k)$ eine Genauigkeitsforderung der Art

$$D(g, f) = \|g - f\|_\infty = \max\{|g(x; c) - f(x)| : x \in [a, b]\} \leq \tau$$

erfüllt. Da es im allgemeinen das Ziel jeder Funktionsapproximation ist, eine leicht zu handhabende Darstellungsfunktion g zu erhalten, stellt die Darstellungsfunktion mit der geringsten Parameterzahl die günstigste Wahl aus der gegebenen Funktionenmenge $\mathcal{G}$ dar.

Software (Gleichmäßig bestapproximierende Funktionen) Für eine allgemein vorgebbare Funktion, die linear in ihren Parametern ist, gibt es zur Ermittlung der im L_∞-Sinn optimalen Parameter das Unterprogramm `NAG/e02gcf`. Für rationale Funktionen mit vorgebbarem Zähler- und Nennergrad gibt es für diese Aufgabenstellung das Programm `IMSL/ratch`.

10.4.1 Polynome als L_∞-Approximationsfunktionen

Bei den Polynomen wächst der Aufwand für die Berechnung eines Funktionswertes (mittels Horner-Schema) linear mit dem Polynomgrad; analog verhält es sich mit dem Aufwand zur Differentiation oder Integration eines Polynoms. Ein im L_∞-Sinn bestapproximierendes Polynom P_d^* stellt somit unter allen Polynomen $P \in \mathbb{P}_d$ eine Art Qualitätsmaßstab bezüglich der Bestimmung eines möglichst einfachen Approximationspolynoms dar.

Auf Grund der Vorzüge der L_∞-bestapproximierenden Polynome könnte man auf die Idee kommen, für ein gegebenes Approximationsproblem tatsächlich $P_1^*, P_2^*, \dots$ zu berechnen, bis eine Abschätzung des Fehlers $P_k^* - f$ der geforderten Genauigkeit entspricht. Es gibt Algorithmen, die bei festem Grad d zur iterativen Berechnung des bestapproximierenden Polynoms $P_d^* \in \mathbb{P}_d$ dienen. Die Grundlage für alle Algorithmen zur Ermittlung von P_d^* ist der folgende Satz:

Satz 10.4.1 (Tschebyscheff) *Für jede Funktion $f \in C[a, b]$ gibt es genau ein L_∞-bestapproximierendes Polynom P_d^* vom Grad d, das dadurch gekennzeichnet* *ist, daß es $d+2$ Punkte*

$$a \le x_0 < \cdots < x_{d+1} \le b \tag{10.16}$$

gibt, für die

$$(-1)^i[P_d^*(x_i) - f(x_i)] = \sigma \|P_d^* - f\|_\infty, \qquad i = 0, 1, \ldots, d{+}1, \tag{10.17}$$

gilt, wobei $\sigma := \operatorname{sgn}(P_d^*(x_0) - f(x_0))$.

Beweis: Davis [38].

Beispiel (Quadratwurzelfunktion) Das L_∞-bestapproximierende Polynom P_1^* für die Funktion $f(x) = \sqrt{x}$ auf $[a,b] \subset \mathbb{R}_+$ soll ermittelt werden. Mit dem Ansatz

$$P_1^*(x) = c_0 + c_1 x$$

erhält man die Fehlerfunktion

$$e_1(x) = c_0 + c_1 x - \sqrt{x}$$

und deren Ableitung

$$e_1{}'(x) = c_1 - \frac{1}{2\sqrt{x}}.$$

Nullsetzen von $e_1{}'$ zeigt, daß an der Stelle

$$x_m = \frac{1}{4c_1^2}$$

der einzige Extremwert in (a,b) angenommen wird. Da nach Satz 10.4.1 die Maximalabweichung $E_1 = \pm\|e_1\|_\infty$ an 3 Stellen des Intervalls $[a,b]$ angenommen wird, müssen 2 Randextrema vorhanden sein:

$$\begin{aligned} c_0 + c_1 a - \sqrt{a} &= E_1 \\ c_0 + \frac{1}{4c_1} - \frac{1}{2c_1} &= -E_1 \\ c_0 + c_1 b - \sqrt{b} &= E_1. \end{aligned}$$

Aus diesem System von nichtlinearen Gleichungen erhält man:

$$\begin{aligned} c_0 &= \frac{1}{2}\left[\sqrt{a} - \frac{a}{\sqrt{a}+\sqrt{b}} + \frac{\sqrt{a}+\sqrt{b}}{4}\right] \\ c_1 &= \frac{1}{\sqrt{a}+\sqrt{b}} \\ E_1 &= c_0 + c_1 a - \sqrt{a}. \end{aligned}$$

Berechnung des L_∞-bestapproximierenden Polynoms

Die Berechnung von P_d^* auf Grund des Satzes 10.4.1 ist für größere Polynomgrade und kompliziertere Funktionen als in obigem Beispiel keine triviale Aufgabe. Wenn man $f \in C^1[a,b]$ annimmt, kann man aus dem nichtlinearen Gleichungssystem

$$\begin{aligned} P_d^*(x_i) - f(x_i) &= (-1)^i \delta, \quad i = 0, 1, \ldots, d+1 \\ (P_d^*)'(x_i) - f'(x_i) &= 0, \quad i = 1, 2, \ldots, d \end{aligned} \tag{10.18}$$

die $d+1$ Koeffizienten von P_d^*, die d inneren Extrema $x_1, \dots, x_d$ sowie die Zahl $\delta := \pm\|P_d^* - f\|_\infty$ unter der Nebenbedingung (10.16) bestimmen.

Der *Remez-Algorithmus* wendet das Newton-Verfahren in einer an das spezielle Problem angepaßten Variante auf das nichtlineare Gleichungssystem (10.18) an. Der Aufwand für die Berechnung von P_d^* (was ja nur eine Teilaufgabe bei der Lösung des Approximationsproblems darstellt) ist beträchtlich. Dieser Rechenaufwand lohnt sich *nicht*, wenn man berücksichtigt, daß – dem Satz 9.3.6 entsprechend – für Interpolationspolynome P_d zu einer Knotenmatrix K die Abschätzung

$$E_d(f) = \|P_d - f\|_\infty \le E_d^*(f)[1 + \Lambda_d(K)]$$

gilt. Bei Interpolation an den Tschebyscheff-Nullstellen oder Tschebyscheff-Extremwerten kommt man daher mit relativ geringem Rechenaufwand (es besteht, wie erwähnt, die Möglichkeit zur Verwendung der Fast Fourier Transform) zu einem *fast* bestapproximierenden Polynom P_d.

Beispiel (Bestapproximation der Exponentialfunktion) Die Funktion $f(t) = e^t$ soll auf $[-1, 1]$ durch ein Polynom vom Grad $d = 3$ approximiert werden. Das L_∞-bestapproximierende Polynom P_3^* hat einen Fehler $E_3^*(f) = 5.53 \cdot 10^{-3}$. Das Interpolationspolynom P_3 zu den Tschebyscheff-Nullstellen kann daher wegen $\Lambda_3(K^T) = 1.85$ schlimmstenfalls einen Fehler $E_3(f)$ besitzen, der um den Faktor 2.85 größer ist als $E_3^*(f)$. Tatsächlich liegt der Fehler $E_3(f) = 6.66 \cdot 10^{-3}$ nur um 20% über dem optimalen Fehler $E_3^*(f)$.

Bis zu $d = 111$ verliert man durch Verwendung des Interpolationspolynoms P_d zu den Tschebyscheff-Nullstellen gegenüber dem bestapproximierenden Polynom P_d^* *ungünstigstenfalls* eine „halbe Dezimalstelle"; denn wegen $\Lambda_{111}(K^T) \le 4$ gilt $E_{111}(f) \le 5E_{111}^*(f)$.

Das obige Beispiel ist insoferne typisch, als der Faktor $[1+\Lambda_d(K)]$ im allgemeinen stark unterschritten wird. Den geringfügigen Unterschied der Approximationsqualität von P_d und P_d^* kann man in den meisten Fällen durch eine Erhöhung des Grades des Interpolationspolynoms um 1 oder 2 wieder wettmachen. Bei der praktischen Behandlung von Approximationsproblemen wird man daher die Berechnung von P_d^* überhaupt nicht versuchen, sondern sofort mit (eventuell stückweisen) *Interpolationspolynomen* arbeiten.

Konvergenz

Die Konvergenz $P_d^* \to f$ für $d \to \infty$ folgt sofort aus dem Satz von Weierstraß: Da es für jedes $\varepsilon > 0$ und hinreichend großen Polynomgrad d ein Polynom P_d gibt, das

$$\|P_d - f\|_\infty = \max\{|P_d(x) - f(x)| : x \in [a, b]\} \le \varepsilon$$

erfüllt, gilt dies speziell auch für das bestapproximierende Polynom P_d^*

$$\|P_d^* - f\|_\infty \le \|P_d - f\|_\infty \le \varepsilon.$$

Wegen der Oszillationseigenschaft (10.17) der Fehlerfunktion $e = P_d^* - f$ stimmt P_d^* im Intervall $[a, b]$ mit f an $d+1$ Stellen überein. P_d^* ist daher ein *Interpolationspolynom*; allerdings mit Interpolationsknoten, deren Lage man – im Gegensatz zur Situation bei der Polynominterpolation – *nicht* a priori kennt. Die Folge

$\{P_d^* : d \in \mathbb{N}\}$ ist somit für jede zu approximierende Funktion f eine konvergente Folge von Interpolationspolynomen. Es existiert jedoch nach Satz 9.3.5 (Faber) *keine* zugehörige universelle Knotenmatrix.

10.5 Approximationsalgorithmen

Von E. Grosse stammt eine Datenbank [221], die eine große Anzahl von Verweisen auf Literaturstellen enthält, in denen man Approximationsalgorithmen und zum Teil auch Softwareprodukte findet. Publikationen, die neben analytischen Ausführungen keine Approximations*algorithmen* oder *-programme* enthalten, scheinen in dieser Datenbank nur dann auf, wenn sie Grundlagen für die Entscheidung zwischen verschiedenen Algorithmen oder Computerprogrammen liefern. Bei der Auswahl der aufgenommenen Einträge wurde darauf geachtet, nur qualitativ hochstehende Algorithmen und Software zu berücksichtigen. Algorithmen, für die es qualitativ bessere Ersatzalgorithmen gibt, wurden nicht aufgenommen.

Kommerzielle Softwareprodukte, deren Erwerb mit hohen Kosten verbunden ist, wurden ebenfalls nicht berücksichtigt. Im Bereich der Approximationssoftware liegt dementsprechend der Schwerpunkt bei den *Public-domain*-Produkten.

Die Datenbank verwendet ein baumförmiges Schema von Klassifikationsmerkmalen, um die große Anzahl von Literaturstellen zu kategorisieren. Die Wurzeln des Baumes entsprechen folgenden Hauptklassifikationsmerkmalen:

Form beschreibt den bei der Lösung der Approximationsaufgabe zu verwendenden Raum von Modellfunktionen. So enthält etwa die Kategorie `polyrat` jene Approximationsalgorithmen, die auf polynomialen oder rationalen Ansatzfunktionen beruhen, während in `sfem` Splinefunktionen oder Finite-Elemente-Räume verwendet werden.

Norm legt das zugrundeliegende Abstandsmaß fest. Selektion von `lp` liefert z. B. jene Approximationsalgorithmen, bei denen eine der l_p-Normen zugrundegelegt wird. In der Kategorie `interp` wiederum interpoliert die Approximationsfunktion die gegebene Funktion an vorgegebenen Stützstellen, der Abstand von den Datenpunkten ist in diesem Fall Null.

Variable spezifiziert die konkrete Wahl (Lage) der Datenpunkte (*sampling points*) oder des Approximationsbereiches bzw. gibt eventuelle Koordinatentransformationen an. So z. B. sind in der Kategorie `geometry` jene Algorithmen enthalten, bei denen die gegebene Funktion auf bestimmten einoder mehrdimensionalen Bereichen (kartesischen Produktbereichen, Kugeloberflächen etc.) approximiert wird. Dem Klassifikationsmerkmal `mesh` werden dagegen all jene Algorithmen untergeordnet, in denen es um die Approximation von Funktionen mit gitterförmig angeordneten Datenpunkten bzw. um die Erzeugung derartiger Gitter geht.

Neben diesen Merkmalen gibt es noch andere Hauptklassifikationsmerkmale, die aber auf Literaturstellen führen, die zwar im Zusammenhang mit Approximationsalgorithmen unter Umständen nützlich sein können, mit diesen aber nur mittelbar zu tun haben. Die Blätter des Baumes werden von Listen gebildet, die jene Literaturzitate enthalten, die dem entsprechenden Satz von Klassifikationsmerkmalen untergeordnet werden können. Diese Literaturverweise sind annotiert, d. h. enthalten Hinweise darauf, was im Zusammenhang mit den konkreten Klassifikationsmerkmalen in einer Literaturstelle interessant ist.

Bei der Suche nach geeigneten Zitaten durchläuft der Benutzer den Baum von einer Wurzel bis zu einem Knoten, der nur noch Blätter (Literaturverweise) als unmittelbare Nachfolger enthält, wobei er bei jeder Verzweigung des Klassifikationsbaumes jenen Ast wählt, der den gewünschten Klassifikationsmerkmalen entspricht.

Die beschriebene Datenbank ist in der Datei `netlib/a/catalog.html` allgemein zugänglich. Die das Datei-Format kennzeichnende *Extension* `html` ist dabei ein Akronym für *Hyper-Text Markup Language* (HTML). Dieses Datei-Format wird im WWW-System (vgl. Abschnitt 7.3.5) zur inhaltlichen Vernetzung verschiedener Teile von (unter Umständen verschiedenen) Dokumenten verwendet. Im vorliegenden Fall wird die HTML dazu benützt, die Baumstruktur der Klassifikationsmerkmale der Datenbank abzubilden. Der Benutzer kann dadurch mit Hilfe von graphischen Benutzeroberflächen des WWW (z. B. MOSAIC) durch Selektion (d. h. Anklicken) der jeweils gewünschten Klassifikationsmerkmale die Datenbank durchlaufen.

Dieser Vorgang wird im folgenden an Hand von Beispielen illustriert. Zunächst wird eine WWW-Verbindung zur Datenbank mit der WWW-Adresse

`ftp://netlib.att.com/netlib/a/catalog.html`

hergestellt. Daraufhin erscheint im aktuellen Fenster jener Teil der Datei, in dem die Wurzeln des Klassifikationsbaumes gespeichert sind (vgl. Abb. 10.6). Klickt man nun einen Baumknoten (d. h. ein durch Unterstreichung gekennzeichnetes Wort) an, so wird umgehend jener Teil des Dokuments auf dem Bildschirm dargestellt, in dem sich die unmittelbaren Nachfolger des angeklickten Knotens befinden. Klickt man z. B. `form` an, so erhält man das in Abb. 10.7 dargestellte Fenster. Durch fortgesetztes Anklicken gelangt man schließlich zu einem Knoten, der nur noch auf Blätter des Baumes verweist. So erhält man durch Anklicken der Knoten `form`, `polyrat`, `poly`, `Cheby` und `Cheby-12` Literatur zur optimalen polynomialen Approximierenden bezüglich der l_2-Norm mit den Tschebyscheff-Polynomen als Basis (vgl. Abb. 10.8). Klickt man diese Verweise an, so erhält man die genauen Literaturzitate (vgl. Abb. 10.9).

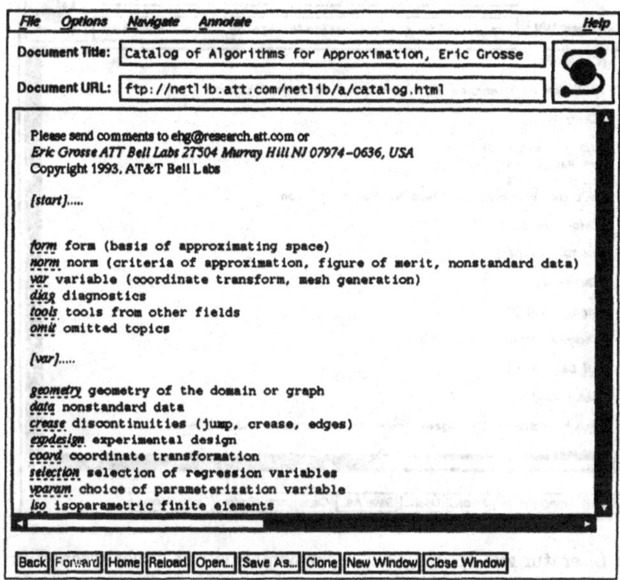

Abb. 10.6: Wurzeln des Klassifikationsbaumes der Grosse-Datenbank [221]

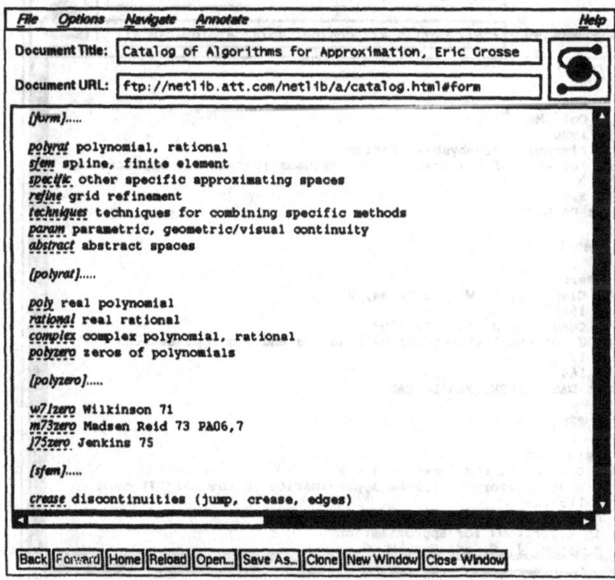

Abb. 10.7: Unmittelbares Nachfolgefenster (von Abb. 10.6) bei Auswahl von `form`

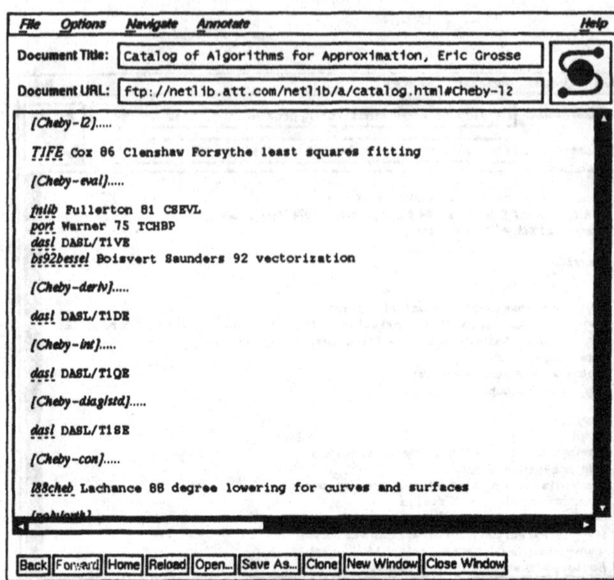

Abb. 10.8: Literatur zur optimalen l_2-Approximation mit Tschebyscheff-Polynomen

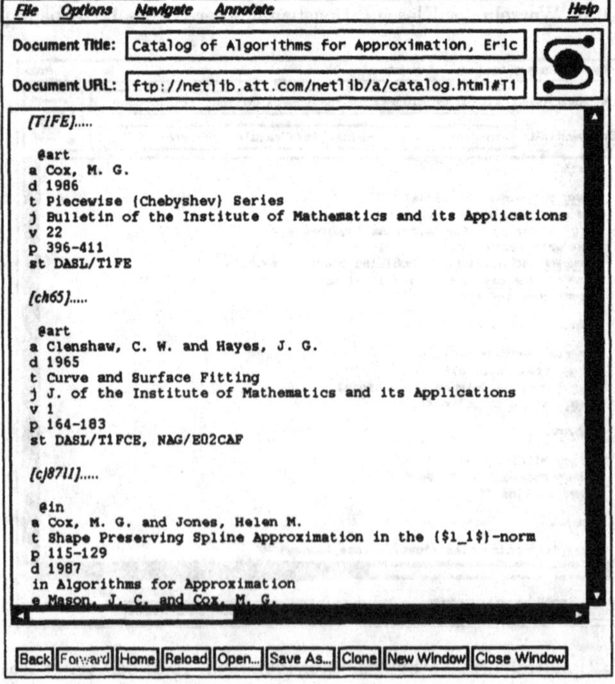

Abb. 10.9: Fenster mit genauen Literaturzitaten der Grosse-Datenbank [221]

10.6 Approximationssoftware für spezielle Funktionen

10.6.1 Standardfunktionen

Eine Reihe von elementaren Funktionen spielt in der Angewandten Mathematik eine zentrale Rolle. Um dieser Bedeutung Rechnung zu tragen, hat man die wichtigsten dieser Funktionen in die Programmiersprachen der Numerischen Datenverarbeitung in Form von vordefinierten Unterprogrammen aufgenommen.

Beispiel (Fortran 90) In Fortran 90 (siehe z. B. Überhuber, Meditz [76]) gibt es folgende vordefinierte Funktionsunterprogramme:

Quadratwurzelfunktion:	SQRT
Trigonometrische Funktionen:	SIN, COS, TAN
Arkusfunktionen:	ASIN, ACOS, ATAN, ATAN2
Exponentialfunktion:	EXP
Logarithmusfunktionen:	LOG, LOG10
Hyperbelfunktionen:	SINH, COSH, TANH

Die Implementierung dieser Unterprogramme erfolgt meist mit großer Sorgfalt. So liegt z. B. die Genauigkeit der als Ausgangsgrößen gelieferten Näherungswerte bei oder knapp über der relativen Maschinengenauigkeit. Auch die Laufzeiteffizienz dieser Funktionsunterprogramme ist so weit wie möglich optimiert. Für eine Selbstentwicklung besteht daher kein Grund.

Sollte man trotzdem einmal in die Lage versetzt werden, Unterprogramme für die Standardfunktionen selbst entwickeln zu müssen, so ist es sehr empfehlenswert, sich an ausgereifte Algorithmen zu halten. Das Buch von Cody und Waite [9] ist z. B. eine Quelle ausgezeichneter Algorithmen für die Werteberechnung elementarer Funktionen.

Normung

Im Gegensatz zu den seit vielen Jahren etablierten Normen für Gleitpunkt-Zahlensysteme gibt es derzeit weder für die Implementierung von Standardfunktionen noch für deren Behandlung in den Programmiersprachen eine Normung. Eine Erweiterung der ISO/IEC-Norm [247] um die mathematischen Standardfunktionen – *Part 2: Mathematical Procedures* – ist aber in Vorbereitung.

10.6.2 FUNPACK

Das FUNPACK (Cody [142]) war neben dem EISPACK (Smith et al. [30]) eines der ersten qualitativ hochwertigen Softwarepakete, das in den siebziger Jahren im Rahmen des NATS-Projekts (*National Activity to Test Software*) von amerikanischen Universitäten und Forschungsinstitutionen entwickelt wurde (siehe Cowell [11], Kapitel 3). Es umfaßt unter anderem Fortran-Unterprogramme für die Berechnung von Werten folgender spezieller Funktionen:

Bessel-Funktionen:	J_0, J_1, I_0, I_1, K_0, K_1, Y_ν
Vollständige elliptische Integrale:	$K(m)$, $E(m)$
Exponential-Integral:	Ei
Psifunktion:	Ψ
Dawson-Integral:	$e^{-x^2} \int_0^x e^{t^2} dt$

Das FUNPACK kann vom *National Energy Software Center, Argonne National Laboratory, 9700 South Cass Avenue, Argonne, Illinois 60439, USA* gegen eine geringe Gebühr bezogen werden.

10.6.3 IMSL

Der *Special-Functions*-Teil der IMSL-Bibliothek enthält ca. 160 Unterprogramme, die unter anderem folgenden Funktionen gewidmet sind:

komplexe Elementarfunktionen:	sin, cos, tan, ...
komplexe Hyperbelfunktionen:	sinh, cosh, tanh, ...
Exponential-Integrale u. ä.:	Ei, li, Si, Cin, ...
Gammafunktion u. ä.:	Γ, γ, Ψ
Fehlerfunktionen:	erf, erfc
Fresnel-Integrale:	S, C
Bessel-Funktionen:	J_0, J_1, I_0, I_1, K_0, K_1, Y_0, Y_1, ...
Kelvin-Funktionen:	ber, bei
Airy-Funktionen:	Ai, Bi, Ai′, Bi′
Elliptische Integrale:	K, E, R_C, R_F, R_D, R_J
Dichte- und Verteilungsfunktionen	

10.6.4 NAG

Die NAG-Bibliothek enthält ca. 60 Unterprogramme für die Berechnung von Werten folgender (und einer Reihe anderer) Funktionen:

Hyperbelfunktionen:	sinh, cosh, tanh, Arsinh, Arcosh, Artanh
Bessel-Funktionen:	$J_{\nu+a}$, $Y_{\nu+a}$, $a \geq 0$, $\nu = 0, 1, 2, \ldots$,
	$I_{\nu+a}$, $K_{\nu+a}$, $a \geq 0$, $\nu = 0, 1, 2, \ldots$
Elliptische Integrale:	R_C, R_F, R_D, R_J
Airy-Funktionen:	Ai, Bi, Ai′, Bi′
Hankel-Funktionen:	$H^{(1)}_{\nu+a}$, $H^{(2)}_{\nu+a}$, $a \geq 0$, $\nu = 0, 1, 2, \ldots$
Fresnel-Integrale:	S, C
Kelvin-Funktionen:	ber, bei, ker, kei

Kapitel 11

Fourier-Transformation

Wir waren wahrlich auch nicht dumm
und taten oft, was wir nicht sollten;
Doch jetzo kehrt sich alles um und um,
und eben da wirs fest erhalten wollten.

JOHANN WOLFGANG VON GOETHE

Schwingungen, d. h. regelmäßige zeitliche oder räumliche Schwankungen von Zustandsgrößen, treten in der Natur und in allen Bereichen der Technik auf. Eine besondere Rolle spielen dabei Vorgänge, bei denen sich die Zustandsgrößen *periodisch* ändern, also eine Zustandsgröße durch eine univariate periodische Funktion f beschrieben werden kann:

$$f(t+\tau) = f(t) \qquad \text{für alle} \quad t \in \mathbb{R}. \tag{11.1}$$

Die kleinste Zahl $\tau > 0$, mit der die Gleichung (11.1) erfüllt ist, bezeichnet man als die *Periode* der Funktion f, ihren Reziprokwert $1/\tau$ als die *Frequenz* der Schwingung und $\omega := 2\pi/\tau$ als die *Kreisfrequenz*.

In vielen Bereichen der Technik und der Naturwissenschaften werden Differentialgleichungen als Modelle solcher Schwingungen verwendet. Die einfachste derartige Gleichung ist jene des harmonischen Oszillators (mit dem z. B. schwingende Systeme der technischen Mechanik oder elektrische Schwingkreise modelliert werden):

$$\frac{\mathrm{d}^2 x(t)}{\mathrm{d}t^2} = -\omega_0^2 x(t)$$

mit der allgemeinen Lösung

$$x(t) = A\cos\omega_0 t + B\sin\omega_0 t = C\sin(\omega_0 t + \varphi).$$

Ein anderes bekanntes Beispiel ist die Wellengleichung

$$\frac{\partial^2 \Psi(z,t)}{\partial t^2} = \left(\frac{\lambda\omega}{2\pi}\right)^2 \frac{\partial^2 \Psi(z,t)}{\partial z^2}. \tag{11.2}$$

Die Größe z stellt hierbei die Ortskoordinate dar, während t die Zeit symbolisiert. Die Funktion $\Psi(z,t)$ beschreibt daher die Amplitude einer Welle zum Zeitpunkt t an einer bestimmten Stelle z. Die Gleichung (11.2) ist eine lineare partielle Differentialgleichung. Bei Verwendung eines Separationsansatzes erhält man für jeden festen Wert ω die Lösungsschar

$$\Psi(z,t) = \cos(\omega t + \varphi) \cdot [A\sin(2\pi z/\lambda) + B\cos(2\pi z/\lambda)]. \tag{11.3}$$

Der erste Faktor der Lösung stellt die zeitliche Schwingung der Welle dar, wobei ω deren Kreisfrequenz und φ die sogenannte *Phase* ist. Der zweite Term stellt die räumliche Veränderung der Welle dar, wobei λ die *Wellenlänge* ist.

In den meisten Fällen steht in der Wellengleichung (11.2) an Stelle von $\lambda\omega/2\pi$ ein anderer vom modellierten System bedingter Ausdruck, der den Zusammenhang von λ und ω beschreibt. Weiters ist man im allgemeinen weniger am Verhalten einer sinusförmigen Welle als vielmehr am Verhalten von Wellen allgemeinerer Form interessiert; wenn man z. B. die Form einer Welle zum Zeitpunkt $t=0$ kennt, ist es interessant zu wissen, wie sie zu einem späteren Zeitpunkt aussieht.

Auf Grund der Linearität von (11.2) können endlich viele Lösungen der Form (11.3) addiert werden, und die Summe repräsentiert wieder eine Lösung der Wellengleichung (11.2). Außerdem bilden die Terme der Form

$$A\sin(2\pi z/\lambda) + B\cos(2\pi z/\lambda)$$

bei variablem λ ein vollständiges Funktionensystem, mit dem man jede beliebige periodische Funktion $f(z)$ nachbilden kann (siehe Abschnitt 11.1.1). Das Werkzeug hierfür ist die *Fourier-Transformation*!

Den obigen und zahlreichen weiteren Beispielen ist gemeinsam, daß man bei geeigneter Skalierung *trigonometrische Reihen* oder *trigonometrische Polynome*

$$S_d(t) = \frac{a_0}{2} + \sum_{k=1}^{d}(a_k \cos kt + b_k \sin kt)$$

als Lösung erhält. Es werden daher häufig Daten, die von solchen Problemen stammen, durch trigonometrische Polynome interpoliert oder approximiert.

Historische Entwicklung (Fourier-Transformation) Außer J. de Fourier (1768–1830), dem „Namenspatron" des ganzen Gebietes, haben sich vor und nach ihm viele andere Mathematiker mit der Funktions- und Datenanalyse durch trigonometrische Funktionen beschäftigt. Die erste Verwendung trigonometrischer Reihen in der Analysis geht auf L. Euler (1707–1783) zurück. Er benutzte sie, um die Fortpflanzung von Schallwellen in einem elastischen Medium zu beschreiben. So entwickelte er z. B. eine Formel zur Berechnung der Koeffizienten einer Reihe von Sinusfunktionen aus *Abtastwerten* (*Samples*) der durch diese Reihe dargestellten Funktion. Seine Formel war eine diskrete Fourier-Transformation für eine reine Sinus-Reihe.

Im 18. Jahrhundert wurden die Formeln der diskreten Fourier-Transformation auch durch andere Mathematiker beschrieben: durch A.-C. Clairaut (1713–1765) für reine Kosinus-Reihen und durch J. L. Lagrange (1736–1813) für reine Sinus-Reihen. Beide untersuchten die Bewegungen von Himmelskörpern und wollten Details ihrer Umlaufbahn aus einer begrenzten Anzahl von Beobachtungen berechnen.

C. F. Gauß (1777–1855) untersuchte ebenfalls Umlaufbahnen bestimmter Asteroiden anhand von einzelnen Meßdaten. Er erweiterte die oben angeführten Arbeiten zur trigonometrischen Interpolation auf periodische Funktionen, die weder gerade (Kosinus-Reihen) noch ungerade (Sinus-Reihen) waren. Er gelangte als erster zu einer Formel der Form (11.7), zur diskreten Fourier-Transformation. Außerdem verwendete er bereits die Zerlegung einer „großen" Fourier-Transformation in mehrere „kleinere" und nahm damit die heute als *schnelle Fourier-Transformation* (*FFT-Algorithmus*) bekannte Methode bereits im 19. Jahrhundert vorweg.

Unabhängig von der Gaußschen Methode wurde im Jahre 1965 von J. W. Cooley und J. W. Tukey [143] der FFT-Algorithmus (siehe Abschnitt 11.5.1) publiziert und erlangte erst damit die große praktische Bedeutung, die er heute hat. Mit FFT-Programmen ist die Berechnung von diskreten Fourier-Transformationen (siehe Abschnitt 11.1) mit $N = 2^{12} = 4\,096$ Punkten zur Routine geworden, und auch für sehr große Datenmengen – z. B. $N = 2^{26} = 67\,108\,864$ – sind sogenannte *Giant Fourier Transforms* (Bershader, Kraay, Holland [114]) durchführbar.

Anwendungen der Fourier-Transformation

Fragestellungen, die sich mit Hilfe der Fourier-Transformation leichter untersuchen lassen, kommen beispielsweise aus folgenden Gebieten:

Signalverarbeitung: Fragestellungen der Signalverarbeitung sind etwa: Wie sieht ein vorgegebenes Signal aus, nachdem es durch einen bestimmten Filter geschickt wurde? Wie kann man ein Signal, das durch einen Übertragungskanal verfälscht wurde, möglichst genau rekonstruieren?

Bildverarbeitende Systeme: Bei der digitalen Bildverarbeitung kann man ein (zweidimensionales) Bildsignal mit Hilfe der diskreten Fourier-Transformation in seine Raumfrequenzen zerlegen, das so erhaltene Spektrum modifizieren und mit Hilfe der inversen Transformation wieder ein Bildsignal generieren. So gestattet z. B. eine Dämpfung der niedrigen Raumfrequenzen die Reduktion „langsamer" Signaländerungen und damit eine wesentliche Kontrastverstärkung und eine Verbesserung der Erkennbarkeit von Kanten und kleinen Details. Damit kann etwa bei bekannter Art der Unschärfe des aufzeichnenden Gerätes das Bild verbessert werden.

Beispiel (Astronomie) Beim *Hubble Space Telescope* wurde bei der Produktion ein Spiegel falsch hergestellt. Wegen dieses Produktionsfehlers (der mittlerweile behoben ist) waren die ursprünglichen Bilder des Teleskops unscharf. Es wurde daraufhin versucht, diesen Mangel mit Methoden der digitalen Bildverarbeitung auszugleichen.

Differentialgleichungen: Bestimmte Differentialgleichungen – wie z. B. die Wellengleichung (11.2) – sind leichter im Frequenzbereich als im Ortsbereich zu untersuchen. Auch einige Methoden zur numerischen Lösung von Differentialgleichungen (vor allem von Randwertproblemen) beruhen auf der Entwicklung der gesuchten Lösung in ihre Spektralkomponenten.

Spracherkennung und Akustik: Mit Hilfe der Frequenzanalyse ist es leichter, die personenspezifischen Eigenschaften einer Sprachinformation (den Klang der Stimme) von der „eigentlichen" Information (den Wörtern) zu trennen. Je nach Anwendungsfall wird meist nur eine dieser Informationen gewünscht.

Analyse und Synthese

Bei der Interpolation bzw. Approximation periodischer Funktionen sollte man vor der Wahl der Funktionenklasse $\mathcal{G}$ (der approximierenden Funktionen) feststellen, welchem Typ das zugrundeliegende Modellierungsproblem zuzuordnen ist:

Syntheseproblem: Es soll eine Ersatzfunktion $g \in \mathcal{G}$ für f gefunden werden, die mit möglichst einfachen und möglichst wenigen Basisfunktionen darstellbar ist, um etwa einen Datenreduktionseffekt zu erzielen oder eine Näherung zu erhalten, die (z. B. mit elektronischen Geräten) leicht zu generieren ist. Für die Lösung derartiger Problemstellungen kommen nicht nur die trigonometrischen Funktionen dieses Kapitels in Frage, sondern auch andere Funktionenklassen wie z. B. die *Wavelets* (Pittner, Schneid, Überhuber [24]).

Analyseproblem: Es sollen die Koeffizienten einer Entwicklung von f bezüglich eines *bestimmten* Funktionensystems ermittelt werden. Diese Koeffizienten ermöglichen eine konkrete Interpretation und geben wichtige Aufschlüsse über *anwendungsrelevante* Eigenschaften der Funktion f (vor allem solche, die direkt aus dem Spektrum abgelesen werden können; siehe Abschnitt 11.1.2).

Beispiel (Thyristor) Mit Hilfe eines Thyristors (eines elektronischen Schalters) kann man zu Regelungszwecken eine sinusförmige Spannung umformen. Nach jedem Nulldurchgang wird die Spannung erst mit einer (variablen) Zeitverzögerung δ „eingeschaltet" (siehe Abb. 11.1).

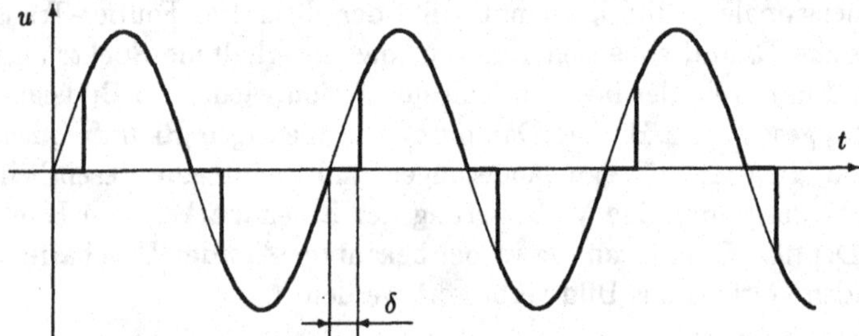

Abb. 11.1: Schematische Darstellung des Spannungsverlaufs bei einer Thyristorsteuerung

Die Anwendungen dieser elektronischen Schalter reichen von der Haushaltselektronik („Dimmer", Steuerung von Motoren in Haushaltsgeräten, ...) bis zur Leistungselektronik (z. B. Steuerung der Motoren von Elektrolokomotiven). Will man diesen Spannungsverlauf simulieren, um z. B. Entstörmaßnahmen zu untersuchen, wird man eine möglichst einfache Modellfunktion suchen (Syntheseproblem). Die einfachste Modellfunktion für den gegebenen Spannungsverlauf ist eine stückweise definierte Funktion mit der Amplitude $u_{\max}$:

$$\bar{u}(t) := \begin{cases} u_{\max} \sin(\omega t + \varphi) & t \in \left[\dfrac{k\pi + \delta - \varphi}{\omega}, \dfrac{k\pi + \pi - \varphi}{\omega}\right] \\ 0 & t \in \left(\dfrac{k\pi - \varphi}{\omega}, \dfrac{k\pi + \delta - \varphi}{\omega}\right) \end{cases} \quad \text{mit} \quad k \in \mathbb{Z}.$$

Da der gegebene Spannungsverlauf in den Intervallen

$$[(k\pi + \delta - \varphi)/\omega, (k\pi + \pi - \varphi)/\omega] \qquad \text{für} \quad k \in \mathbb{Z}$$

im allgemeinen nicht exakt sinusförmig sein wird, ist hier von einer *Modellfunktion* die Rede. Die Funktion $\bar{u}$ kann problemlos mit Hilfe eines elektronischen Funktionsgenerators erzeugt werden. Ist der Anwender jedoch z. B. daran interessiert, den Anteil der Oberschwingungen im Frequenzbereich des Mittelwellenrundfunks (ca. 0.5 - 1.5 MHz) rechnerisch zu ermitteln, wird er die Funktion $\bar{u}$ in Grund- und Oberschwingungen zerlegen müssen (Analyseproblem):

$$\bar{u}(t) = \sum_{k=0}^{\infty} d_k \sin(k\omega t + \varphi_k).$$

Die Koeffizienten jener Summanden, deren Frequenz in den zu untersuchenden Bereich fällt, liefern die gewünschte Information.

Signale

In nachrichtentechnischer Terminologie bezeichnet man Funktionen der Zeit oder des Ortes, die Information tragen, als *Signale*.

Terminologie (Signal) In diesem Kapitel wird oft die Bezeichnung „Signal“ für eine zu untersuchende Funktion verwendet, *ohne* auf deren Informationsgehalt besonders einzugehen.

Signale werden übertragen, gespeichert, auf verschiedene Arten verarbeitet oder auf ihren Informationsgehalt hin ausgewertet (Achilles [79], Proakis, Manolakis [331]). Man kann auch hier die beiden erwähnten Problemtypen unterscheiden: Für die Übertragung und Speicherung eines Signals wird man eine „möglichst einfache“ Darstellung suchen (Syntheseproblem), während sich der Informationsgehalt im allgemeinen aus einer anderen Darstellungsform (z. B. aus einer Entwicklung nach einem Orthogonalsystem) leichter auswerten läßt (Analyseproblem).

Bei der Entwicklung nach einem Orthogonalsystem ist die Information des Signals in den Entwicklungskoeffizienten enthalten. Unter den vielen Orthogonalsystemen, die zur Signaldarstellung verwendet werden, nehmen die trigonometrischen Funktionen $\sin kt$, $\cos kt$, $k=0,1,2,\ldots$, eine Sonderstellung ein, denn

- die Abbildung des Signals in den *Frequenzbereich*, die durch eine derartige Entwicklung definiert ist, hat eine unmittelbare physikalische Bedeutung;
- die trigonometrischen Funktionen sind Eigenfunktionen linearer zeitinvarianter Systeme[1] und bilden somit eine natürliche Basis für die Darstellung periodischer Schwingungen;
- für die algorithmische Durchführung der Signalabbildung in den Frequenzbereich gibt es das außergewöhnlich effiziente Hilfsmittel der schnellen Fourier-Transformation (FFT). Mit deren Hilfe kann man z. B. Faltungen und Korrelationen mit sehr geringem Rechenaufwand ermitteln, da sich diese Operationen im Frequenzbereich als Multiplikationen ausführen lassen.

11.1 Mathematische Grundlagen

Die *Fourier-Transformation* $F(\omega)$ einer Funktion $f(t)$ ist folgendermaßen definiert (soferne das Integral für jeden Wert $\omega \in \mathbb{R}$ existiert):

$$F(\omega) := \int_{-\infty}^{\infty} f(t)e^{2\pi i\omega t}dt. \qquad (11.4)$$

Diese Transformation führt die Funktion $f(t)$, ein Signal als Funktion der Zeit, in eine komplexwertige Funktion $F(\omega)$ über, die das Signal als Funktion der Frequenz darstellt.

[1] Zeitinvariante Systeme kommen oft in ersten und einfachsten Modellbildungen zum Einsatz. *Zeitinvarianz* eines Systems besagt, daß bei einer zeitlichen Verschiebung des Eingangssignals um eine beliebige Zeit t_0 das Ausgangssignal um die gleiche Zeit t_0 verschoben wird.

Die Umkehroperation von (11.4) ist die *inverse Fourier-Transformation*:

$$f(t) = \int_{-\infty}^{\infty} F(\omega) e^{-2\pi i \omega t}\, d\omega. \tag{11.5}$$

Mit ihrer Hilfe kann man viele Signale wieder vom Frequenzbereich in den Zeitbereich (zurück) überführen.

Die Darstellung eines Signals als Funktion der Zeit bezeichnet man auch als Darstellung im *Zeitbereich*; die Darstellung als Funktion der Frequenz als Darstellung im *Frequenzbereich*. Beide Darstellungen geben dasselbe Signal wieder, jedoch erscheint die Darstellung im Zeitbereich oft als die „natürlichere" (wenn das Signal z. B. in dieser Form aufgenommen oder gemessen wird), während sich die Darstellung im Frequenzbereich besser für die Filterung – Manipulationen am Spektrum – eignet (siehe Abschnitt 11.1.2 und Abschnitt 11.4).

In technischen Anwendungen hat man es meist nicht mit einer kontinuierlichen Funktion $f(t)$ zu tun, sondern ist auf einzelne Meßwerte (Abtastwerte, *samples*) dieser Funktion zu bestimmten Zeitpunkten angewiesen. In der Folge wird davon ausgegangen, daß die Abtastung von f im jeweils gleichen zeitlichen Abstand Δ durchgeführt wird. Die Größe $1/\Delta$ wird als Abtastrate (*sampling*-Rate) bezeichnet und gibt die Anzahl der diskreten Werte von f pro Zeiteinheit an.

Definition 11.1.1 (Nyquist-Frequenz) *Für jede Abtastintervallänge Δ bezeichnet man*

$$\omega_c := \frac{1}{2\Delta}$$

als Nyquist-Frequenz.

Die Bedeutung dieser Größe wird im folgenden Abschnitt verdeutlicht.

Diskrete Fourier-Transformation (DFT)

Es wird nun versucht, eine Fourier-Transformation von diskreten („gesampelten") Daten sinnvoll festzulegen. Angenommen, man hat N Datenpunkte, wobei zur Vereinfachung vorausgesetzt wird, daß N gerade ist (obwohl sämtliche Überlegungen natürlich auch mit einer ungeraden Anzahl N angestellt werden können):

$$f_k := f(t_k), \qquad t_k := (k_0 N + k)\Delta, \qquad k = 0, 1, \ldots, N-1.$$

Für die Translations- (Verschiebungs-) Konstante wurde aus beweistechnischen Gründen die spezielle Form $k_0 N$ gewählt.

Für stückweise stetige Funktionen f mit

$$\int_{-\infty}^{\infty} |f(t)|\, dt < \infty$$

existiert stets die Fourier-Transformation F. In diesem Fall kann man auch das uneigentliche Integral (11.4) bei geeigneter Wahl von N, Δ und k_0 mit Hilfe von numerischen Integrationsformeln durch eine endliche Summe approximieren:

$$F(f) = \int_{-\infty}^{\infty} f(t)e^{2\pi i\omega t}dt \approx \sum_{k=0}^{N-1} f_k e^{2\pi i\omega t_k}\Delta.$$

Ferner läßt sich f gemäß Satz 11.1.1 durch eine stetige Funktion g mit den Eigenschaften

$$\lim_{t\to\pm\infty} g(t) = 0$$

und

$$G(\omega) = 0 \quad \text{für} \quad \omega \notin (-\omega_c, \omega_c)$$

in den Punkten t_k interpolieren, d. h.

$$f(t_k) = g(t_k), \qquad k = 0, 1, \ldots, N-1\,.$$

Die Fourier-Transformierte F von f sollte somit durch Schätzungen für ihre Funktionswerte an den Punkten

$$\omega_n := \frac{n}{N\Delta}, \qquad n = -\frac{N}{2}, -\frac{N}{2}+1, \ldots, \frac{N}{2}-1,$$

näherungsweise wiederzugeben sein:

$$F(\omega_n) \approx \Delta \sum_{k=0}^{N-1} f_k e^{2\pi i \frac{n}{N\Delta}(k_0 N+k)\Delta} = \Delta \sum_{k=0}^{N-1} f_k e^{2\pi i k n/N}. \tag{11.6}$$

Aus N diskreten Funktionswerten f_k erhält man mit dieser Formel N Resultatwerte (für die diskreten Frequenzen ω_n). Anstatt also die gesamte Fourier-Transformierte $F(\omega)$ im Bereich $[-\omega_c, \omega_c]$ zu ermitteln, berechnet man sie nur für die diskreten Frequenzen

$$\omega_n := \frac{n}{N\Delta}, \qquad n = -\frac{N}{2}, -\frac{N}{2}+1, \ldots, \frac{N}{2}-1.$$

Die letzte Summe in (11.6) wird *diskrete Fourier-Transformation* (DFT) genannt und in der Folge immer mit F_n bezeichnet (der Faktor Δ wird weggelassen):

$$F_n := \sum_{k=0}^{N-1} f_k e^{2\pi i k n/N}. \tag{11.7}$$

Diese Transformation ist in n mit der Periode N periodisch. Dies bedeutet, daß $F_{N+n} = F_n$ für jeden Index $n \in \mathbb{Z}$ gilt.

Die Beziehung zwischen der kontinuierlichen Fourier-Transformation F der Funktion f und der diskreten Fourier-Transformation F_n von Daten f_k, die durch Abtastung von f im Abstand Δ erhalten wurden, stellt sich also wie folgt dar:

$$F(\omega_n) \approx \Delta F_n. \tag{11.8}$$

In (11.8) korrespondiert $n = 0$ mit der Frequenz $\omega = 0$, die positiven Frequenzen $0 < \omega < \omega_c$ mit $1 \le n \le N/2 - 1$ und die negativen Frequenzen $-\omega_c < \omega < 0$ mit den Werten $N/2 + 1 \le n \le N - 1$. Für $n = N/2$ tritt der Sonderfall ein, daß n sowohl mit der Frequenz ω_c als auch mit $-\omega_c$ korrespondiert.

Die *inverse diskrete Fourier-Transformation* (inverse DFT) zu (11.7) ist, wie man aus (11.5) analog zu (11.6) herleiten kann,

$$f_k = \frac{1}{N} \sum_{n=0}^{N-1} F_n e^{-2\pi i k n/N} . \tag{11.9}$$

Wie man sieht, sind die einzigen Unterschiede von (11.9) gegenüber (11.7) das negative Vorzeichen in der Exponentialfunktion und die Division durch N. Für die Berechnung der diskreten Fourier-Transformation und ihrer Inversen können daher weitgehend dieselben Routinen verwendet werden.

Für eine Sinuswelle ist die Nyquist-Frequenz ω_c die größte Frequenz, welche durch eine feste Abtastintervallänge Δ noch rekonstruierbar ist. Denn einerseits kann sich das Argument eines Ausdrucks der Form $\sin(2\pi\omega_0 t)$ mit einer Frequenz $\omega_0 \le \frac{1}{2\Delta}$ von einer Messung zur nächsten am Einheitskreis um maximal 2 Quadranten weiterbewegen. Gibt es andererseits zu gegebenen Meßpunkten eine Sinuskurve mit einer Frequenz $> \frac{1}{2\Delta}$, so muß auch stets eine mit einer Frequenz $< \frac{1}{2\Delta}$ existieren, da

$$\sin\left(2\pi\left(\frac{1}{2\Delta} + \varepsilon\right)(t_0 + k\Delta)\right) = -\sin\left[2\pi\left(\frac{1}{2\Delta} - \varepsilon\right)\left(\frac{t_0}{\varepsilon\Delta - \frac{1}{2}} + (t_0 + k\Delta)\right)\right]$$

für alle Werte $t_0, \varepsilon \in \mathbb{R}$ und $k \in \mathbb{Z}$ gilt. Man benötigt somit mindestens diese zwei Abtastwerte pro Periode, um eine Sinuswelle korrekt rekonstruieren zu können.

Eine andere Beschränkung des Abtastens einer Funktion mit der Frequenz ω tritt auf, wenn $N\omega/2\omega_c$ keine ganze Zahl ist. Es wird dann bei der diskreten Fourier-Transformation keine der möglichen diskreten Frequenzen $\omega_n = 2\omega_c n/N$ „getroffen". Die Frequenz des diskreten Spektrums, die sich am nächsten der ursprünglichen Frequenz ω befindet, ist zwar deutlich die größte, aber auch alle anderen Frequenzen des Spektrums treten mehr oder weniger stark auf. Dieses Phänomen wird als *Leakage* bezeichnet.

Satz 11.1.1 (Shannonsches Abtasttheorem) *f bezeichne eine beschränkte Funktion, welche die Bedingung $\int_{-\infty}^{\infty} |f(t)|\,dt < \infty$ erfüllt und die im Abstand Δ abgetastet wird. Wenn f in ihrem kontinuierlichen Frequenzspektrum durch die Nyquist-Frequenz $\omega_c = 1/(2\Delta)$ beschränkt ist, d. h., daß für die Fourier-Transformierte F die Beziehung $F(\omega) = 0$ für alle ω mit $|\omega| \ge \omega_c$ gilt, so ist die Funktion f komplett durch die folgende Formel bestimmt:*

$$f(t) = \Delta \sum_{n=-\infty}^{\infty} f_n \frac{\sin(2\pi\omega_c(t - n\Delta))}{\pi(t - n\Delta)}, \qquad f_n := f(n\Delta). \tag{11.10}$$

Ist die Funktion f aber nicht in ihrem Frequenzspektrum beschränkt, so werden bei der Fourier-Transformation der rechten Seite der Identität (11.10) alle Teile des Frequenzspektrums von f, die außerhalb des Bereichs $[-\omega_c, \omega_c]$ liegen, in diesen Frequenzbereich hineinbewegt. Diese spektrale Überschneidung wird als *Aliasing* bezeichnet. Die Funktion ist dann aus den diskreten Daten (den Abtastwerten) nicht vollständig rekonstruierbar.

Die Länge Δ des Abtastintervalls muß also so gewählt werden, daß die kritische Frequenz ω_c größer als alle im Spektrum der untersuchten Daten auftretenden Frequenzen ist. Ob diese Bedingung bei den jeweils vorliegenden Daten zutrifft, kann daran erkannt werden, ob das Frequenzspektrum $F(\omega)$ der Daten gegen 0 geht, wenn die Frequenz ω gegen ω_c geht. Sollte dies nicht der Fall sein, so kann man Abhilfe schaffen, indem man das Abtastintervall verkürzt oder das Signal vor der Diskretisierung in seinem Frequenzspektrum einschränkt (beispielsweise durch geeignete Filterung).

11.1.1 Trigonometrische Approximation

Als Approximationsfunktionen für periodische Funktionen spielen *trigonometrische Polynome* der Ordnung d,

$$S_d(t) = \frac{a_0}{2} + \sum_{k=1}^{d} (a_k \cos kt + b_k \sin kt), \tag{11.11}$$

eine ausgezeichnete Rolle. Die Koeffizienten $a_0, a_1, \ldots, a_d, b_1, b_2, \ldots, b_d$ von S_d werden im folgenden stets als reell angenommen. Ein trigonometrisches Polynom dieser Form ist 2π-periodisch. Wenn eine τ-periodische Funktion f mit $\tau \neq 2\pi$ durch ein trigonometrisches Polynom der Form (11.11) approximiert werden soll, kann man z. B. die 2π-periodische Funktion

$$\hat{f}(t) := f\left(\frac{\tau}{2\pi} t\right)$$

durch S_d approximieren. Ein τ-periodisches trigonometrisches Polynom S_d^τ, das f approximiert, erhält man dann durch

$$S_d^\tau(t) := S_d\left(\frac{2\pi}{\tau} t\right).$$

Ein trigonometrisches Polynom S_d kann auf verschiedene äquivalente Arten dargestellt werden. Wegen der *Eulerschen Identitäten*

$$\sin t = \frac{e^{it} - e^{-it}}{2i}, \qquad \cos t = \frac{e^{it} + e^{-it}}{2}$$

erhält S_d die einfache Form

$$S_d(t) = \sum_{k=-d}^{d} c_k e^{ikt} \tag{11.12}$$

mit den Koeffizienten

$$c_k = \begin{cases} (a_{-k} + ib_{-k})/2, & k = -d, -d+1, \ldots, -1 \\ a_0/2, & k = 0 \\ (a_k - ib_k)/2, & k = 1, 2, \ldots, d. \end{cases}$$

Diese Relationen lassen sich invertieren:

$$\begin{aligned} a_k &= c_k + c_{-k}, & k &= 0, 1, \ldots, d \\ b_k &= i(c_k - c_{-k}), & k &= 1, 2, \ldots, d. \end{aligned} \tag{11.13}$$

Jede komplexe Größe z hat genau dann einen verschwindenden Imaginärteil $\mathrm{Im}(z) = 0$, d. h. z ist reell, wenn z mit der konjugiert komplexen Größe $\bar{z}$ übereinstimmt. Für den Ausdruck (11.12) gilt

$$\overline{\sum_{k=-d}^{d} c_k e^{ikt}} = \sum_{k=-d}^{d} \bar{c}_k e^{-ikt} = \sum_{k=-d}^{d} \bar{c}_{-k} e^{ikt},$$

d. h. (11.12) ist wegen der linearen Unabhängigkeit der Menge $\{e^{ikt} : k \in \mathbb{Z}\}$ genau dann reell, wenn

$$c_k = \bar{c}_{-k}, \qquad k = 0, 1, \ldots, d,$$

erfüllt ist. Da in (11.11) von einer reellen Funktion ausgegangen wurde, und (11.12) als äquivalente Darstellung daher auch reell sein muß, vereinfacht sich die Beziehung (11.13) zu

$$\begin{aligned} a_k &= 2 \cdot \mathrm{Re}(c_k), & k &= 0, 1, \ldots, d \\ b_k &= -2 \cdot \mathrm{Im}(c_k), & k &= 1, 2, \ldots, d. \end{aligned}$$

Die trigonometrische Approximation ist auf das engste mit der Entwicklung einer periodischen Funktion in eine *Fourier-Reihe*

$$f(t) = \sum_{k=-\infty}^{\infty} c_k e^{ikt} \tag{11.14}$$

verknüpft.

Terminologie (Fourier-Reihe) Im folgenden wird stets eine Reihe der speziellen Form (11.14) als Fourier-Reihe bezeichnet; im Gegensatz zu Abschnitt 10.2, wo *jede* Entwicklung nach einem Orthonormalsystem als Fourier-Reihe bezeichnet wurde.

Für das System der komplexen Exponentialfunktionen e^{ikt} ist die „natürliche" Definition eines inneren Produktes für zwei stückweise stetige komplexwertige Funktionen f und g mit der Periode 2π durch

$$\langle f, g \rangle := \frac{1}{2\pi} \int_0^{2\pi} f(t)\bar{g}(t)dt$$

gegeben. Denn bezüglich dieses inneren Produktes bilden diese komplexwertigen Exponentialfunktionen ein Orthonormalsystem:

$$\langle e^{ikt}, e^{ijt} \rangle = \frac{1}{2\pi} \int_0^{2\pi} e^{ikt}\, \overline{e^{ijt}}\, dt = \frac{1}{2\pi} \int_0^{2\pi} e^{i(k-j)t}\, dt =$$

$$= \begin{cases} \dfrac{1}{2\pi} \displaystyle\int_0^{2\pi} 1\, dt = 1 & \text{für} \quad k = j \\[2ex] \dfrac{1}{2\pi} \dfrac{1}{i(k-j)} e^{i(k-j)t} \Big|_0^{2\pi} = 0 & \text{für} \quad k \neq j. \end{cases}$$

Dementsprechend folgt aus den Ergebnissen von Abschnitt 10.2, daß die Partialsumme (das *Fourier-Polynom*)

$$\sum_{k=-d}^{d} \langle f(t), e^{ikt} \rangle \cdot e^{ikt} \tag{11.15}$$

der Fourier-Reihe

$$\sum_{k=-\infty}^{\infty} \langle f(t), e^{ikt} \rangle \cdot e^{ikt} \tag{11.16}$$

von f das bestapproximierende trigonometrische Polynom der Ordnung d bezüglich der L_2-Norm

$$\|g\| := \|g\|_2 = \sqrt{\langle g, g \rangle} = \left(\frac{1}{2\pi} \int_0^{2\pi} |g(t)|^2 dt \right)^{\frac{1}{2}}$$

ist. Das trigonometrische Polynom (11.15) ist aber im allgemeinen *nicht* bestapproximierend im Sinne der Maximumnorm (der L_∞-Norm). Es gilt nämlich einerseits der Satz von Weierstraß auch für trigonometrische Polynome:

Satz 11.1.2 (Weierstraß) *Für jede stetige 2π-periodische Funktion f existiert für jedes beliebige $\varepsilon > 0$ ein $d = d(\varepsilon) \in \mathbb{N}$ und ein S_d derart, daß*

$$|S_d(t) - f(t)| < \varepsilon \qquad \textit{für alle} \quad t \in \mathbb{R}$$

gilt.

Andererseits gibt es *stetige* 2π-periodische Funktionen, die durch ihre Fourier-Reihe *nicht* dargestellt werden. Dieses Phänomen tritt durch Divergenz der Fourier-Reihe in einzelnen Punkten auf (bei Fourier-Reihen stetiger Funktionen hat Konvergenz stets Übereinstimmung des Reihengrenzwertes mit dem zugehörigen Funktionswert zur Folge).

Man kann also die Partialsummen der Fourier-Reihe von f nicht zur Konstruktion des trigonometrischen Polynoms S_d aus Satz 11.1.2 verwenden; insbesondere wird diese Partialsumme im allgemeinen *nicht* mit dem L_∞-bestapproximierenden trigonometrischen Polynom übereinstimmen.

Beispiel („Sägezahnfunktion") Die 2π-periodische Funktion f, definiert auf $[-\pi, \pi)$ durch $f(t) = t$, ist eine ungerade Funktion. Es sind daher alle ihre Koeffizienten a_k gleich Null. Die Werte b_k ergeben sich aus (11.19) zu

$$b_k = \frac{(-1)^{k-1} \cdot 2}{k}, \qquad k = 1, 2, 3, \dots,$$

es gilt also $|c_k| = k^{-1}$ für alle $k \in \mathbb{Z}$ in Übereinstimmung mit (11.27), da f zwar auf $(-\pi, \pi)$ beliebig oft differenzierbar ist, als periodische Funktion jedoch Sprungstellen aufweist.

Man sieht an diesem Beispiel die Diskrepanz zwischen einer effizienten Approximation (Syntheseproblem) und einer Zerlegung eines Signals in Grund- und Oberschwingungen (Analyseproblem). Wegen der langsam abklingenden Fourier-Koeffizienten wird man bei vorgegebener Approximationstoleranz ε eine sehr große Zahl von Termen einer Partialsumme S_d benötigen, um f gleichmäßig durch S_d mit der Genauigkeit ε approximieren zu können. Vom Standpunkt des reinen Approximationsproblems ist ein trigonometrisches Polynom somit in diesem Fall eine extrem ungünstige Approximationsfunktion. Eine *stückweise* definierte (periodische) Näherungsfunktion löst dieses und ähnliche Approximationsprobleme erheblich effizienter.

11.1.2 Das Spektrum

Die Koeffizienten

$$c_k = \frac{1}{2\pi} \int_0^{2\pi} f(t) e^{-ikt}\, dt, \quad k \in \mathbb{Z}, \tag{11.17}$$

der komplexen Form der Fourier-Reihe (11.16) bzw. die Koeffizienten

$$a_k = \frac{1}{\pi} \int_0^{2\pi} f(t) \cos(kt)\, dt, \qquad k = 0, 1, 2, \dots, \tag{11.18}$$

$$b_k = \frac{1}{\pi} \int_0^{2\pi} f(t) \sin(kt)\, dt, \qquad k = 1, 2, 3, \dots, \tag{11.19}$$

der reellen Form

$$\frac{a_0}{2} + \sum_{k=1}^{\infty} (a_k \cos kt + b_k \sin kt)$$

sind Träger der in der Funktion (dem Signal) f enthaltenen Information. Für die praktische Auswertung dieses Informationsgehaltes – der unabhängig von einer speziellen Wahl des Koordinatensystems sein soll – besitzen beide Darstellungen einen wesentlichen Nachteil: Die Koeffizienten sind von der Wahl des Ursprungs (bei der Berechnung der Integrale (11.17) bzw. (11.18) und (11.19)) abhängig, d. h. sie sind *nicht* translationsinvariant. Führt man etwa die Substitution

$$t_s := t + s$$

aus, so erhält man z. B. anstelle des Koeffizienten a_k für $f(t)$ den Koeffizienten a_k^s für die Funktion $f_s(t) := f(t_s) = f(t+s)$:

$$a_k^s = \frac{1}{\pi}\int_0^{2\pi} f(t+s)\cos(kt)\,dt = \frac{1}{\pi}\int_s^{s+2\pi} f(t_s)\cos[k(t_s-s)]\,dt_s.$$

Wegen der 2π-Periodizität des Integranden erhält man

$$\begin{aligned} a_k^s &= \frac{1}{\pi}\int_0^{2\pi} f(t_s)[\cos(kt_s)\cos(ks)+\sin(kt_s)\sin(ks)]\,dt_s = \\ &= a_k\cos(ks)+b_k\sin(ks), \end{aligned}$$

und analog gilt

$$b_k^s = b_k\cos(ks) - a_k\sin(ks).$$

Es gilt also im allgemeinen $a_k^s \neq a_k$ und $b_k^s \neq b_k$, d. h. die Koeffizienten $a_0, a_1, \ldots$ und $b_1, b_2, \ldots$ sind *nicht* translationsinvariant und somit *nicht* gut für eine Auswertung des Informationsgehalts geeignet.

Zu einer günstigeren Darstellung gelangt man durch die Exponentialform der komplexen Koeffizienten

$$c_k = |c_k|e^{i\varphi_k},$$

mit der sich die zugehörige Fourier-Reihe in folgender Form darstellen läßt:

$$f(t) = |c_0|\cos\varphi_0 + 2\sum_{k=1}^{\infty}|c_k|\cos(kt+\varphi_k). \tag{11.20}$$

Die Größen $2|c_k|^2 = 2|c_{-k}|^2 = (a_k^2+b_k^2)/2$ $(k \in \mathbb{N})$ sowie $c_0^2 = a_0^2/4$ sind translationsinvariant,

$$\begin{aligned} (a_k^s)^2+(b_k^s)^2 &= a_k^2\cos^2(ks)+2a_kb_k\cos(ks)\sin(ks)+b_k^2\sin^2(ks)\,+ \\ &\quad + a_k^2\sin^2(ks)-2a_kb_k\cos(ks)\sin(ks)+b_k^2\cos^2(ks) = \\ &= a_k^2+b_k^2, \end{aligned}$$

und haben darüber hinaus, wie aus dem nächsten Absatz ersichtlich ist, die physikalische Bedeutung der *Leistung* der k-ten Komponente der Reihe (11.20). Sie werden oft in der Form eines *diskreten Leistungsspektrums* graphisch dargestellt.

Wenn ein 2π-periodisches Signal f den Strom durch oder die Spannung an einem Einheitswiderstand darstellt, so ist die Leistung durch

$$\frac{1}{2\pi}\int_0^{2\pi} f^2(t)dt = \langle f,f\rangle = \|f\|^2$$

gegeben. Die Leistung der k-ten Fourier-Komponente ist für $k \in \mathbb{N}$ somit

$$\|2|c_k|\cos(kt+\varphi_k)\|^2 = 2|c_k|^2 = \frac{a_k^2+b_k^2}{2}.$$

Aus der Parsevalschen Gleichung

$$\|f\|^2 = \sum_{k=-\infty}^{\infty} \left|\langle f, e^{ikt}\rangle\right|^2 = \sum_{k=-\infty}^{\infty} |c_k|^2 = |c_0|^2 + 2\sum_{k=1}^{\infty} |c_k|^2$$

sieht man, daß die Leistung eines periodischen Signals gleich der Summe der Leistungen seiner Fourier-Komponenten ist. Die Darstellung der Größen $|c_k|^2$ in Abhängigkeit von $k = 0, 1, 2, \ldots$ bezeichnet man daher als *Leistungsspektrum* der Funktion f. Das Leistungsspektrum allein enthält nicht die volle Information der Fourier-Zerlegung, da es keine Information über die *Phasenwinkel* φ_k der Koeffizienten c_k enthält. In manchen Anwendungen (z. B. in der Akustik) haben die Phasenwinkel tatsächlich eine untergeordnete Bedeutung, während sie in anderen Gebieten (z. B. in der Optik) nicht unberücksichtigt bleiben dürfen.

Durch (11.20) wird der periodische Vorgang, den die Funktion f beschreibt, durch eine Reihe von harmonischen Schwingungen dargestellt. Die k-te Teilschwingung (Oberschwingung) $2|c_k|\cos(kt + \varphi_k)$ hat folgende Kenngrößen:

1. *Amplitude* $2|c_k|$,
2. *Phasenwinkel* φ_k,
3. *Frequenz* $k/(2\pi)$,
4. *Kreisfrequenz* k,
5. *Periode* (Wellenlänge) $2\pi/k$.

Amplitude und Phasenwinkel sind die „freien" Parameter, Frequenz, Kreisfrequenz und Periode sind von k abgeleitete Größen.

Die Größe $|c_k|$ ist eine Maßzahl für den Anteil, den die harmonische Schwingung mit Kreisfrequenz k an der gegebenen Schwingung f hat. Die Menge $\{|c_0|, |c_1|, \ldots\}$ bezeichnet man als das *Spektrum* von f.

11.2 Trigonometrische Interpolation

Wenn die Anzahl der zu interpolierenden Punkte relativ klein ist oder die Aufgabenstellung es erfordert, so kann man ein trigonometrisches Interpolationspolynom direkt berechnen.

Die diskrete Fourier-Analyse geht von einer Menge äquidistanter Punkte in einem Intervall aus, die außerhalb dieses Intervalls periodisch fortgesetzt werden. Zur Vereinfachung der Berechnungen setzt man voraus, daß diese Punkte im Intervall $[-\pi, \pi)$ liegen. (Jede endliche Menge äquidistanter Punkte kann durch eine lineare Transformation in das Intervall $[-\pi, \pi)$ verschoben werden.) Daraus ergibt sich dann für $2N$ gegebene Punkte $\{(x_j, y_j) : j = 0, 1, \ldots, 2N-1\}$ folgende Darstellung:

$$x_j = -\pi + j\frac{\pi}{N} \qquad \text{für} \quad j = 0, 1, \ldots, 2N-1.$$

Nach der Theorie der diskreten Fourier-Transformation wird das durch diese Punkte gegebene Interpolationsproblem von genau einem Polynom der Form

$$S_N(x) = \frac{a_0 + a_N \cos Nx}{2} + \sum_{k=1}^{N-1} (a_k \cos kx + b_k \sin kx)$$

gelöst. (Die Koeffizienten a_0 und a_N werden halbiert, um die Berechnungsformeln zu vereinheitlichen.) Mit den Formeln (11.7) und (11.9) ergibt sich

$$y_j = \frac{1}{2N} \left(\sum_{n=0}^{N-1} (-1)^n Y_n e^{-inx_j} + \sum_{n=1}^{N} (-1)^n \overline{Y_n} e^{inx_j} \right),$$

wobei

$$(-1)^n Y_n = \sum_{j=0}^{2N-1} y_j e^{inx_j}$$

gilt. Daraus ergeben sich die Koeffizienten zu

$$\begin{aligned} a_0 &= \frac{1}{N} \sum_{j=0}^{2N-1} y_j, \quad a_N = \frac{1}{N} \sum_{j=0}^{2N-1} (-1)^{j-N} y_j \\ a_k &= \frac{1}{N} \sum_{j=0}^{2N-1} y_j \cos kx_j \qquad \text{für} \quad k = 1, 2, \ldots, N-1 \\ b_k &= \frac{1}{N} \sum_{j=0}^{2N-1} y_j \sin kx_j \qquad \text{für} \quad k = 1, 2, \ldots, N-1 \,. \end{aligned}$$

Beispiel (Approximation einer nicht-periodischen Funktion) Die Funktion

$$f(x) = 0.2x^2 \exp(\sin x^2) \tag{11.21}$$

soll im Intervall $[-\pi, \pi]$ durch ein trigonometrisches Polynom approximiert werden, wobei 8 äquidistante Punkte $\{(x_j, y_j) : j = 0, 1, \ldots, 7\}$ mit $x_j := -\pi + j\frac{\pi}{4}$ und $y_j := f(x_j)$ als Stützpunkte gewählt werden. Für die Koeffizienten erhält man

$$\begin{aligned} a_k &= \frac{1}{4} \sum_{j=0}^{7} \frac{1}{5} \left((-\pi + j\pi/4)^2 e^{\sin(-\pi + j\pi/4)^2} \right) \cos k(-\pi + j\pi/4) \qquad \text{für} \quad k = 0, 1, 2, 3, 4 \\ b_k &= \frac{1}{4} \sum_{j=0}^{7} \frac{1}{5} \left((-\pi + j\pi/4)^2 e^{\sin(-\pi + j\pi/4)^2} \right) \sin k(-\pi + j\pi/4) \qquad \text{für} \quad k = 1, 2, 3. \end{aligned}$$

Somit ergibt sich das trigonometrische Interpolationspolynom

$$\begin{aligned} S_4(x) \approx\; & 0.58810 - 4.4409 \cdot 10^{-17} \sin x - 0.44441 \cos x + 8.8818 \cdot 10^{-17} \sin 2x - \\ & - 0.13972 \cos 2x - 1.1102 \cdot 10^{-17} \sin 3x - 0.19742 \cos 3x + 0.19345 \cos 4x. \end{aligned}$$

Da man von einer geraden Funktion ausgegangen ist, sind die Koeffizienten der Sinusfunktionen sehr klein. Sinnvollerweise könnte man in diesem Fall die Sinusterme vernachlässigen.

Im nächsten Beispiel liegt eine Funktion vor, die an einzelnen Stellen nicht differenzierbar ist. Nun ist aber jedes trigonometrische Polynom überall beliebig oft differenzierbar. Es stellt sich also die Frage, ob die trigonometrische Interpolation in solchen Fällen überhaupt brauchbare Ergebnisse liefert, und wenn ja, wie groß der Aufwand ist.

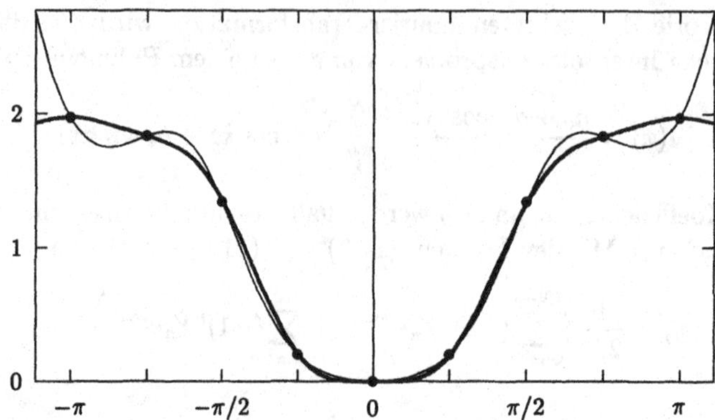

Abb. 11.2: Interpolation der nicht-periodischen Funktion (11.21) (—) durch das trigonometrische Polynom S_4 (**—**) an acht äquidistanten Punkten (•) in $[-\pi, \pi)$

Beispiel (Approximation einer periodischen, nicht differenzierbaren Funktion) Als stark vereinfachtes Modell für die Ausströmgeschwindigkeit des Blutes aus dem Herzen kann man (mit geeigneten Konstanten a und b) folgende Funktion verwenden:

$$f(t) = \begin{cases} a \sin bt & \text{für} \quad t \in [0, \pi/b] \\ 0 & \text{für} \quad t \in (\pi/b, 2\pi/b]. \end{cases} \tag{11.22}$$

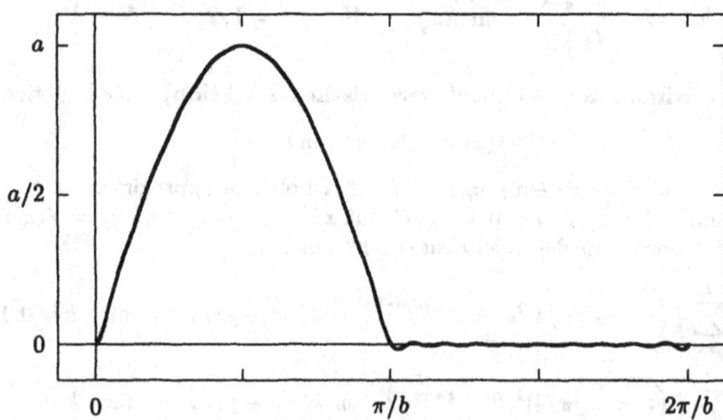

Abb. 11.3: Approximation von (11.22) durch ein trigonometrisches Polynom S_{20} (**—**)

Das trigonometrische Interpolationspolynom S_{20} zeigt in der Nähe der Stellen $t = \pi/b$ und $t = 2\pi/b$, wo die Funktion (11.22) nicht differenzierbar ist, ein unerwünschtes Überschwingen (siehe Abb. 11.3). An diesen Stellen erreicht man erst bei Verwendung sehr vieler Abtastwerte eine gute Approximation.

Die Fourier-Transformation eignet sich besonders zur Interpolation von Daten, die von Natur aus periodisch sind, wie im nachfolgenden Beispiel anhand von über den Zeitraum eines Jahres periodischen Daten gezeigt wird.

Beispiel (CO-Konzentration) Es ist anhand der Monatsmittelwerte eines Jahres der Verlauf der Kohlenmonoxidkonzentration in der Luft durch eine Funktion $\mathrm{CO}(x)$ zu beschreiben.

Da Hausbrand und Autoverkehr die beiden Hauptverursacher erhöhter CO-Konzentration sind, unterliegen die Werte saisonbedingten Schwankungen (siehe Tabelle 11.1).

Tabelle 11.1: CO-Monatsmittelwerte der Luft in Wien 1993 (Quelle: MA 22 Wien)

Monat	1	2	3	4	5	6	7	8	9	10	11	12
CO [mg/m^3]	1.3	1.4	1.0	0.8	0.7	0.6	0.5	0.6	0.7	1.1	1.2	1.3

Man könnte jetzt ein trigonometrisches Polynom bestimmen, welches diese Daten interpoliert. Aber diese Daten sind in der Regel nicht periodisch, denn wie man aus der Tabelle 11.2 der Jahresmittel ersehen kann, gibt es einen langjährigen Trend, der sich natürlich auch innerhalb eines Jahres auf die Messungen auswirkt.

Tabelle 11.2: CO-Jahresmittelwerte der Luft in Wien 1988–93 (Quelle: MA 22 Wien)

Jahr	1988	1989	1990	1991	1992	1993
CO [mg/m^3]	1.2	1.3	1.3	1.2	0.9	0.9

Man muß zuerst eine Trendfunktion berechnen, mit der man dann die einzelnen Messungen ausgleichen kann. Die auf diese Weise modifizierten Daten können dann interpoliert und das erhaltene trigonometrische Polynom wieder mittels der Trendfunktion an die ursprünglichen Daten angepaßt werden. In Abb. 11.4 erkennt man deutlich den Einfluß der Trendfunktion am

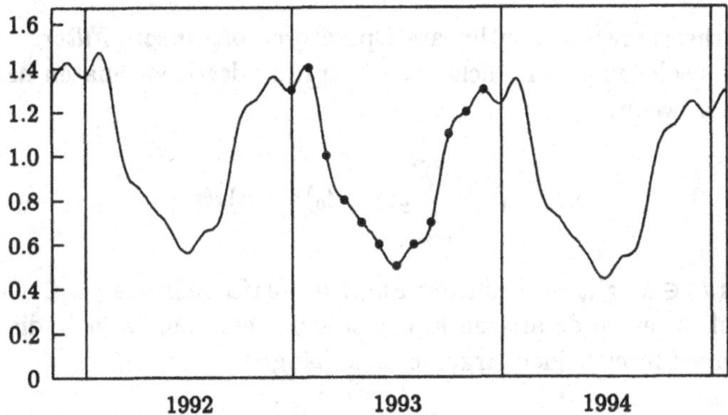

Abb. 11.4: Gemessene Monatsmittelwerte (•) der CO-Konzentration [mg/m^3] in Wien 1993 interpoliert durch ein trigonometrisches Polynom und eine Trendfunktion

Abfallen der erhaltenen Funktion. Auffällig sind auch die starken Schwankungen in den Wintermonaten. Der Grund für diese Schwankungen ist in der Verwendung der Daten von lediglich einem Jahr zu suchen, das nie repräsentativ für den durchschnittlichen Verlauf der CO-Konzentrationen sein kann. Durch Verwendung der Daten mehrerer Jahre und der Berechnung eines „statistisch signifikanten Jahres" könnte man diese Schwankungen abschwächen.

Die trigonometrische Interpolation bietet – im Gegensatz zur herkömmlichen Polynominterpolation – die Möglichkeit, durch Weglassen hochfrequenter Terme im Interpolationspolynom eine „Glättung" der zugehörigen Kurve zu erreichen (siehe z. B. Abb. 11.5). Die so erhaltenen Funktionen werden nicht mehr so stark von

„Ausreißern“ unter den Meßwerten beeinflußt und eignen sich daher für Prognosen, wenn nur wenige Daten zur Verfügung stehen.

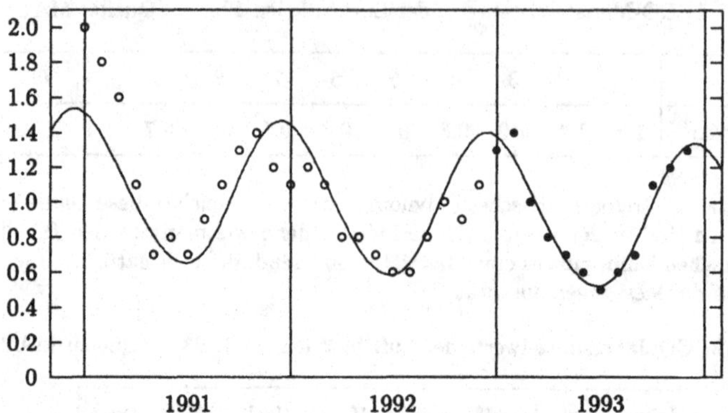

Abb. 11.5: Gemessene Monatsmittelwerte (∘ und •) der CO-Konzentration [mg/m³] approximiert durch ein trigonometrisches Polynom S_2, das mit Hilfe der Daten von 1993 (•) und einer Trendfunktion ermittelt wurde

11.3 Faltung

In der Signaltheorie nennt man lineare Operatoren oft *lineare Filter*. Wenn der Output b eines solchen Filters nicht vom Ursprung der Koordinaten des Signals g abhängt, d. h. wenn

$$b(t+t_0) = \int_{-\infty}^{+\infty} g(\tau + t_0) h(t,\tau)\, d\tau$$

für beliebiges $t_0 \in \mathbb{R}$ gilt, so heißt der Filter *verschiebungsinvariant*. Eine naheliegende Wahl für einen derartigen Filter ist somit eine Funktion h, die lediglich von der Differenz ihrer beiden Argumente abhängt:

$$b(t) = \int_{-\infty}^{+\infty} g(\tau) h(t-\tau)\, d\tau.$$

Diese Operation nennt man *Faltung*. Eine wichtige Anwendung der Fourier-Transformation ist die (näherungsweise) Berechnung dieses *Faltungsintegrals*:

$$(g * h)(t) := \int_{-\infty}^{\infty} g(\tau) h(t-\tau) d\tau . \tag{11.23}$$

Die Faltung (*convolution*) der Funktionen g und h an einer Stelle t ist also die Grundfunktion h, die durch die Funktion g im Abstand τ „gewichtet“ integriert wird. Im Fall der Signalverarbeitung kann h z. B. ein zu messendes Signal sein und g die Reaktion eines nicht perfekten Meßgerätes auf irgendein Signal. Die Faltung $g * h$ beschreibt dann das durch den Meßvorgang „verfälschte" Signal.

Natürlich könnte das Faltungsintegral auch entsprechend der in (11.23) angeschriebenen Form für zwei Folgen $\{g_j\}$ und $\{h_j\}$ der Länge N berechnet werden:

$$(g * h)_l := \sum_{j=0}^{N-1} g_j h_{l-j}, \qquad l = 0, 1, \ldots, N-1. \tag{11.24}$$

Hierbei muß die Folge $\{h_j\}$ für die Indizes $j = -1, -2, \ldots, -(N-1)$ periodisch fortgesetzt werden.

Das Berechnen der gesamten Folge $\{(g*h)_l\}$ gemäß Definition (11.24) würde einen Rechenaufwand von $O(N^2)$ Multiplikationen erfordern. Für viele Anwendungen wäre dies aber bei weitem zu aufwendig. Hier hilft das *Faltungstheorem* weiter, welches besagt, daß das punktweise Produkt der Fourier-Transformierten G und H der Fourier-Transformierten der Faltung gleich ist:

$$g * h \leftrightarrow GH. \tag{11.25}$$

Zur Berechnung der Faltung muß man also nur die beiden Funktionen (Folgen) transformieren, die Transformierten dann punktweise (gliedweise) multiplizieren, und das Ergebnis zurücktransformieren. Dies ergibt nur einen Aufwand[2] von

$$2O(N \log N) + O(N) + O(N \log N) = O(N \log N)$$

Multiplikationen. Aus der bisherigen Beschreibung geht hervor, daß durch die Faltung eine Funktion in spezieller Weise einer gewichteten Glättung unterzogen wird. Diese Eigenschaft der Faltung kann z. B. dazu verwendet werden, Funktionen (näherungsweise) zu rekonstruieren, die mit stochastischen Störungen („Rauschen") überlagert wurden.

In Abb. 11.6 sieht man den glättenden Effekt bei einer (ab der Mitte des Beobachtungsintervalls) stark verrauschten Funktion. Diese Vorgangsweise entspricht einer Tiefpaßfilterung, welche bekanntlich hohe Frequenzen abschwächt, niedere Frequenzen aber (nahezu) unverändert läßt.

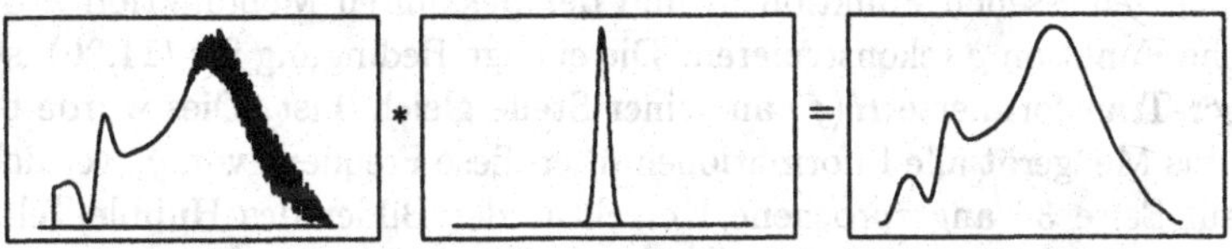

Abb. 11.6: *Glättung* **(Tiefpaßfilterung) einer Funktion durch Faltung mit Gauß-Kurve**

In Abb. 11.7 wird die bekannte Grundfunktion „differenziert", indem man sie mit einer diskreten Funktion faltet, die an zwei „unmittelbar aufeinanderfolgenden"

[2]Zur Berechnung der Transformierten kann nämlich die FFT (siehe Abschnitt 11.5.1) herangezogen werden, die nur einen Aufwand von $O(N \log N)$ Multiplikationen erfordert.

Stellen die Werte -1 und $+1$ annimmt. Durch diese Faltung werden nun jeweils die unmittelbar aufeinanderfolgenden Funktionswerte der Grundfunktion voneinander subtrahiert. Diese Vorgangsweise läßt, wie man im dritten Rahmen der Abbildung sieht, auch die Sprünge in der Grundfunktion sehr gut erkennen[3].

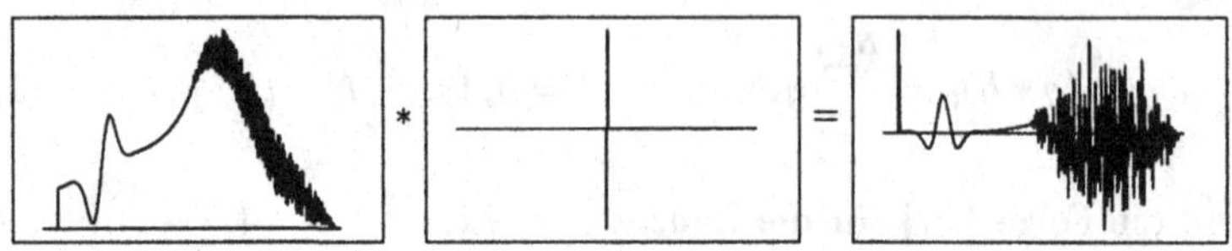

Abb. 11.7: ***Differentiation*** **einer Funktion durch Faltung**

Der Abb. 11.8 liegt eine ähnliche Funktion zugrunde: $h(t) = -te^{-t^2}$. Diese Funktion ergibt einen ähnlichen „differenzierenden" Effekt, bei dem die „Ableitung" weiter verschmiert wird. Diese Vorgangsweise entspricht einer Bandpaßfilterung.

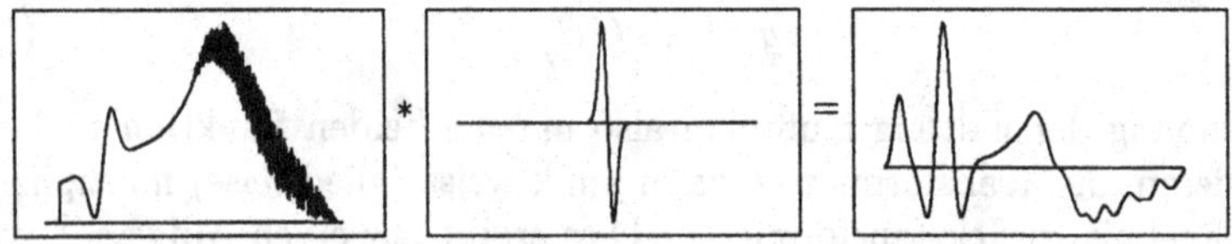

Abb. 11.8: ***Bandpaßfilterung*** **einer Funktion durch Faltung**

Ist umgekehrt m eine gemessene Funktion, die aus einer ursprünglichen Funktion g (die eigentlich zu messen wäre) durch ein Meßgerät erhalten wurde, dessen Verfälschung durch Faltung mit einer bekannten Funktion h definiert ist, so läßt sich die ursprüngliche Funktion durch *Entfaltung* (*deconvolution*) rekonstruieren. Die Verfälschung ist nichts anderes als die Faltung $m = g * h$. Nach (11.25) bedeutet dies im Frequenzraum

$$M(f) = G(f)H(f) \qquad \text{bzw.} \qquad G(f) = M(f)/H(f)\,. \tag{11.26}$$

Man kann also durch einfache komponentenweise Division der Fourier-Transformierten der gemessenen Funktion m und der bekannten Meßfunktion h die ursprüngliche Funktion g rekonstruieren. Die einzige Bedingung für (11.26) ist, daß die Fourier-Transformierte $H(f)$ an keiner Stelle gleich 0 ist. Dies würde bedeuten, daß das Meßgerät alle Informationen über diese Frequenz von g „vernichtet".

Die auf Seite 35 angesprochene Korrektur der Bilder des Hubble-Teleskops ist ein gutes Beispiel für die Grenzen dieser Methode: Die Darstellung heller Objekte kann zwar verbessert werden, aber wenn die Objekte zu geringe Intensität besitzen oder zu wenige Abtastwerte dieser Objekte vorhanden sind, erhält man keine Verbesserung.

---

[3]Das menschliche Gehör arbeitet z. B. durch Messung der Veränderung des Luftdruckes, nicht aber durch Messung des Absolutdruckes. Es könnte daher der Impuls im Nerv durch eine Faltung dieser Gestalt dargestellt werden.

11.4 Manipulationen am Signalspektrum

Eine wichtige Art der Verarbeitung eines Signals bezüglich seines Informationsgehalts ist die Trennung von Nutzinformation und Störinformation. Bei einer „glatten" Funktion klingt das Spektrum mit steigendem k schnell ab, während stochastische Störungen[4] ein langsam abklingendes Spektrum besitzen.

Die Schnelligkeit des Abklingens des Spektrums einer periodischen Funktion f hängt eng mit den Differenzierbarkeitseigenschaften von f zusammen: Es läßt sich nämlich zeigen, daß

$$|c_k| = O(|k|^{-j}) \qquad \text{für} \quad k \to \infty \tag{11.27}$$

gilt, falls f (als periodische Funktion) $j-1$ stetige Ableitungen besitzt und die j-te Ableitung stückweise stetig (oder von beschränkter Schwankung) ist.

Ist eine glatte Funktion durch ein additiv überlagertes Rauschen gestört, dann erscheint das Signal bei fortschreitender Reduktion des Störanteils immer „glatter". Man spricht daher in diesem Zusammenhang von *Glättung* (*smoothing*). Eine häufig verwendete Glättungsmethode besteht im Berechnen der Fourier-Koeffizienten des gestörten Signals, dem *Filtern*[5] dieser Koeffizienten (d. h. dem Unterdrücken bestimmter, häufig hoher Frequenzen), und der anschließenden Synthese mit jener Funktion, die den gefilterten Fourier-Koeffizienten entspricht. Solche Filterungen können durch einfache Funktionen auf den einzelnen Spektralkomponenten eines Signals dargestellt werden.

Beispiel (Filtern eines verrauschten Signales) In einem Computerexperiment wurden 1024 Abtastwerte der Funktion

$$f(t) = 2\sin(2\pi t/500) + \cos(2\pi t/200) - \frac{1}{2}\sin(2\pi t/50)$$

im Abstand von 2π als ungestörtes Signal verwendet. Die Werte über dem Bereich von 0 bis 1023 und ihre diskrete Fourier-Transformierte sind in Abb. 11.9 a zu sehen. Diesen Werten wurde zufälliges Rauschen überlagert, dessen Amplitude genauso groß wie jene des ursprünglichen Signals war. Das verrauschte Signal und seine Fourier-Transformierte sind in Abb. 11.9 b zu sehen. Am Spektrum des verrauschten Meßsignals ist die fast gleichmäßige Verteilung der Störung über den gesamten Frequenzbereich auffallend.

Um aus einem stochastisch gestörten (verrauschten) Signal die ursprünglichen Daten möglichst gut zu rekonstruieren, gibt es (unter anderem) die folgenden zwei Möglichkeiten:

1. Die erste Methode macht es sich zunutze, daß sich die Störung im Frequenzbereich über das gesamte Spektrum verteilt, die Fourier-Komponenten der eigentlichen Daten aber meist relativ groß gegen dieses „kontinuierliche" Spektrum sind. Aus dem „verrauschten" Spektrum werden nun alle Werte entfernt, die unter einem gewissen Schwellwert liegen. Dieses

[4]Stochastische Störungen bezeichnet man in Anlehnung an nachrichtentechnische Phänomene auch als *Rauschen*.

[5]Die Bezeichnungsweise „Filterung" wird hier in Anlehnung an den entsprechenden nachrichtentechnischen Ausdruck gebraucht. In der Nachrichtentechnik bezeichnet man als *Filter* einen elektrischen Schaltkreis, dessen Widerstand frequenzabhängig ist. In der Unterhaltungselektronik werden z. B. Rauschfilter und Rumpelfilter im Verstärkerteil von Stereoanlagen verwendet, deren Einsatz der hier besprochenen Glättung entspricht.

bereinigte Spektrum ist in Abb. 11.9 c rechts zu sehen; das rücktransformierte Signal ist links davon abgebildet. Die Struktur des ursprünglichen Signals ist deutlich erkennbar. Allerdings sieht man bei näherem Betrachten der Daten, daß diese nicht genau jenen des ursprünglichen Signals gleichen. Das kommt daher, daß auch Frequenzen des ursprünglichen Spektrums (siehe Abb. 11.9 a), die vom *Leakage* herrühren, unterhalb der Toleranzschwelle liegen und daher abgeschnitten werden.

2. Die zweite Methode geht davon aus, daß das ursprüngliche Signal in seinem Frequenzspektrum beschränkt ist, das ursprüngliche Signal also oberhalb einer gewissen Frequenz zum Spektrum keinen Beitrag mehr leistet. Bei vielen technischen Anwendungen ist diese Schranke bekannt, oder es können Annahmen über sie getroffen werden. Man kann nun einfach alle Frequenzen außerhalb dieses Fensters (der Bereich oberhalb dieser Schranke) auf 0 setzen, da sie keinen Beitrag zum ursprünglichen Signal liefern. Das modifizierte Spektrum wird dann rücktransformiert (siehe Abb. 11.9 d). Wieder ist die Grobstruktur des Signals deutlich erkennbar, es sind aber auch deutliche Unterschiede feststellbar.

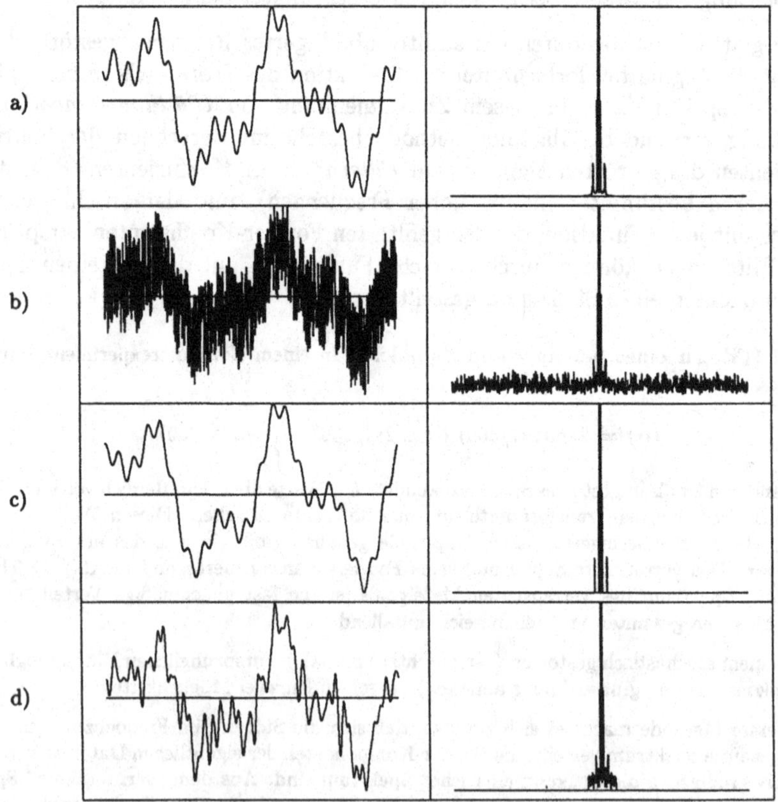

Abb. 11.9: Filterung eines stochastisch gestörten (verrauschten) Signals

Generell erkennt man, daß beide Methoden ihre Grenzen haben. Man kann diese Grenzen zwar durch verschiedene Maßnahmen (z. B. durch Abtasten über einen längeren Bereich) oder Verbesserung der Methoden (z. B. durch Verwendung von anderen Funktionen innerhalb des Fensters) weiter hinausschieben, aber die Qualität des ursprünglichen Signals kann nicht wieder erreicht werden.

11.5 DFT-Algorithmen

Mit der komplexen Zahl $W := e^{2\pi i/N}$ kann man (11.7) in

$$H_n = \sum_{k=0}^{N-1} W^{kn} h_k \tag{11.28}$$

umschreiben.

Man kann nun versuchen, die diskrete Fourier-Transformation einfach durch die Summe in (11.28) zu implementieren. Dabei müssen für die Berechnung eines H_n insgesamt $O(N)$ arithmetische Operationen durchgeführt werden. Das gesamte Verfahren hat daher einen Aufwand von $O(N^2)$ Multiplikationen, der für viele Anwendungsgebiete zu groß ist. Es existiert aber ein Verfahren zur diskreten Fourier-Transformation, das lediglich mit einem Aufwand von $O(N \log N)$ arithmetischen Operationen arbeitet: die *schnelle Fourier-Transformation* (siehe z. B. Brigham [130], Elliot, Rao [184], Nussbaumer [313]).

11.5.1 Schnelle Fourier-Transformation (FFT)

Das in diesem Abschnitt beschriebene Verfahren beruht auf dem folgenden Beweis des *Danielson-Lanczos Lemmas*, der es gestattet, eine diskrete Fourier-Transformation der Länge N (Voraussetzung: N ist gerade) als Summe zweier diskreter Fourier-Transformationen der Länge $N/2$ (daher die Voraussetzung) zu schreiben:

$$\begin{aligned} F_k &= \sum_{j=0}^{N-1} e^{2\pi ijk/N} f_j = \sum_{j=0}^{N/2-1} e^{2\pi ik(2j)/N} f_{2j} + \sum_{j=0}^{N/2-1} e^{2\pi ik(2j+1)/N} f_{2j+1} = \\ &= \sum_{j=0}^{N/2-1} e^{2\pi ikj/(N/2)} f_{2j} + W^k \sum_{j=0}^{N/2-1} e^{2\pi ikj/(N/2)} f_{2j+1} = \\ &= F_k^e + W^k F_k^o . \end{aligned} \tag{11.29}$$

F_k^e (F_k^o) ist die k-te Komponente der Fourier-Transformation der $N/2$ Abtastwerte f_j mit geraden (ungeraden) Indizes j. Die beiden Folgen F_k^e und F_k^o sind periodisch über k mit der Periodenlänge $N/2$ definiert, sodaß man wieder auf die benötigten N Komponenten für F_k kommt.

Falls $N/2$ gerade ist, kann man z. B. (11.29) wieder auf F_k^e und F_k^o anwenden. Aus F_k^e werden nun die beiden Fourier-Transformationen F_k^{ee} und F_k^{eo} der Länge $N/4$. Für $N = 2^r$ mit r als natürlicher Zahl kann man dies r-mal rekursiv durchführen, bis man zu Identitäten der Form $F_k^{eooe\cdots oee} = f_n$ für irgendein n kommt. Man dreht nun die Muster der e und o um und setzt $e = 0$ und $o = 1$. Diese Operation wird in der Folge als *Bitumkehr* bezeichnet. Wenn man die dabei erhaltene Zeichenkette nun als Binärzahl interpretiert, so ist sie genau n. Dies kommt daher, daß die Aufteilung in gerade und ungerade Werte j dem Testen des niedrigsten Bits der Binärdarstellung von n äquivalent ist.

Der erste Schritt des Algorithmus muß daher sein, die f_n durch Bitumkehr zu vertauschen. Dadurch hat man die unterste Rekursionsebene hergestellt. Danach muß man die einzelnen Unter-Fourier-Transformationen nach (11.29) summieren. Jedes Summieren benötigt $O(N)$ arithmetische Operationen. Da die Länge der Fourier-Transformation laut Voraussetzung eine ganzzahlige Potenz von 2 ist, liegen $\log_2 N$ Rekursionsebenen vor, und man muß ebensooft summieren. Der gesamte Aufwand des Algorithmus ist daher gleich $O(N \log N)$ Multiplikationen.

Die r Berechnungsstufen des FFT-Algorithmus werden mit $j = 1, 2, \ldots, r$ bezeichnet. Jede dieser Stufen berechnet die N Operationen

$$\begin{aligned} d_n^j &= d_n^{j-1} + W^e d_{n+2^{j-1}}^{j-1} \\ d_{n+2^{j-1}}^j &= d_n^{j-1} - W^e d_{n+2^{j-1}}^{j-1} \end{aligned}$$

mit $0 \leq n \bmod 2^j < 2^{j-1}$ und dem Exponenten $e = n \bmod 2^{j-1}$, wobei d_k^{j-1} und d_k^j $(k = 0, 1, \ldots, N)$ die Input- respektive Outputdaten der j-ten Stufe darstellen. Der folgende einfache FFT-Algorithmus (im Pseudocode) dient der Transformation einer Folge $\{d_i\}$, wobei die Resultatausgabe wieder in $\{d_i\}$ erfolgt:

```
Vertauschung durch Bitumkehr
m_max := 1
do while N > m_max
    i_step := 2m_max
    ϑ := 2π/N
    W_p := e^(iϑ)
    W := 1
    do m := 0, 1, ..., m_max − 1
        do i = m, m + i_step, ..., N−1
            j := i + m_max
            t := W · d_j
            d_j := d_i − t
            d_i := d_i + t
        end do
        W := W · W_p
    end do
    m_max := i_step
end do
```

Die FFT für 8 Daten $d_0, d_1, \ldots, d_7$ verläuft folgendermaßen: Zu Beginn stehen im Feld d die ursprünglichen Daten. In der ersten Spalte wird die Bitumkehr durchgeführt. Es steht nun in jeder Zeile eine Fourier-Transformation der Länge 1 (die Striche zwischen den Zeilen geben die Abgrenzungen zwischen den einzelnen Fourier-Transformationen an). In der nächsten Spalte werden diese Fourier-Transformationen der Länge 1 in Fourier-Transformationen der Länge 2 übergeführt. Die nächsten beiden Spalten stellen die Übergänge von der Länge 2 zur Länge 4 und schließlich von 4 zu 8 dar. Am Schluß steht im Feld d die Fourier-Transformierte der ursprünglichen Daten.

$d_0 := d_0$	$d_0 := d_0 + d_1W^0$	$d_0 := d_0 + d_2W^0$	$d_0 := d_0 + d_4W^0$
$d_1 := d_4$	$d_1 := d_0 - d_1W^0$	$d_1 := d_1 + d_3W^1$	$d_1 := d_1 + d_5W^1$
$d_2 := d_2$	$d_2 := d_2 + d_3W^0$	$d_2 := d_0 - d_2W^0$	$d_2 := d_2 + d_6W^2$
$d_3 := d_6$	$d_3 := d_2 - d_3W^0$	$d_3 := d_1 - d_3W^1$	$d_3 := d_3 + d_7W^3$
$d_4 := d_1$	$d_4 := d_4 + d_5W^0$	$d_4 := d_4 + d_6W^0$	$d_4 := d_0 - d_4W^0$
$d_5 := d_5$	$d_5 := d_4 - d_5W^0$	$d_5 := d_5 + d_7W^1$	$d_5 := d_1 - d_5W^1$
$d_6 := d_3$	$d_6 := d_6 + d_7W^0$	$d_6 := d_4 - d_6W^0$	$d_6 := d_2 - d_6W^2$
$d_7 := d_7$	$d_7 := d_6 - d_7W^0$	$d_7 := d_5 - d_7W^1$	$d_7 := d_3 - d_7W^3$

In den obigen Betrachtungen wurde davon ausgegangen, daß die Länge N des zu transformierenden Datenvektors die Bedingung $N = 2^n$ mit $n \in \mathbb{N}$ erfüllt. Dies stellt für viele praktische Anwendungen jedoch eine starke Einschränkung dar.

Das Prinzip der FFT ist nur anwendbar, wenn N *keine* Primzahl ist, wenn also N in Primfaktoren $p_1^{n_1}p_2^{n_2}\cdots p_i^{n_i}$ zerlegt werden kann. Hohe Effizienz erreicht man aber nur für Werte von N, die in viele Primfaktoren zerlegt werden können, wie das im obigen Beispiel mit $N = 2^n$ der Fall war. FFT-Algorithmen dieses Typs bezeichnet man auch als *Cooley-Tukey-Radix-2-FFT-Algorithmen*.

Eine andere Klasse von FFT-Algorithmen bilden die *Mixed-Radix-FFT-Algorithmen*, welche der Einschränkung $N = 2^n$ nicht unterliegen. Sie werden aus diesem Grund auch für die meisten FFT-Routinen, die in den Softwarebibliotheken enthalten sind, verwendet. So können z. B. die in der IBM ESSL (Engineering and Scientific Software Library) enthaltenen FFT-Programme Transformationen von Datenvektoren der Länge

$$N = 2^h 3^i 5^j 7^k 11^m \qquad \text{mit} \quad h \in \{1,2,\ldots,25\}, \quad i \in \{0,1,2\}, \quad j,k,m \in \{0,1\}$$

durchführen, solange die Einschränkung $N \leq 37\,748\,736$ erfüllt ist.

Beispiel (FFT-Algorithmen und -Programme) Um die Komplexität von FFT-Algorithmen zu untersuchen, wurde in drei FFT-Programmen – von den Autoren D. Fulker, P. N. Swarztrauber und C. Temperton – die Anzahl $a(N)$ der arithmetischen Operationen „gezählt“ und mit der asymptotischen Komplexität $N \log_2 N$ der FFT-Algorithmen in Beziehung gesetzt (siehe Abb. 11.10). Wie man dem annähernd konstanten Verlauf der normalisierten Komplexitäten entnehmen kann, ist im untersuchten Bereich – Datenvektoren mit den Längen $N = 32, 64, \ldots, 1\,048\,576$ – die beobachtete Komplexität $a(N)$ annähernd proportional zur asymptotischen Komplexität. Das Programm von Swarztrauber erfordert für die untersuchten Vektorlängen (speziell für kurze Vektoren) die niedrigste Zahl an arithmetischen Operationen.

Beim Vergleich der Rechenzeiten $T(N)$ (siehe Abb. 11.11) fällt auf, daß sich die (speziell für lange Vektoren) größere Komplexität des Temperton-Algorithmus nicht in entsprechend längeren Rechenzeiten niederschlägt. Die Ursache sieht man in Abb. 11.12. Das Temperton-Programm erzielt bei großen Vektorlängen die beste Gleitpunktleistung aller drei Programme

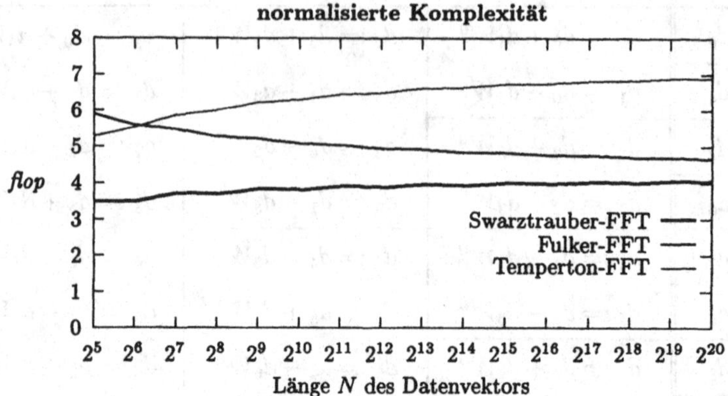

Abb. 11.10: Normalisierte Anzahl $a(N)/(N \log_2 N)$ der arithmetischen Operationen [*flop*] von drei FFT-Programmen: `FFTPACK/cfftf` von P. N. Swarztrauber, einem Programm von D. Fulker und einem von C. Temperton

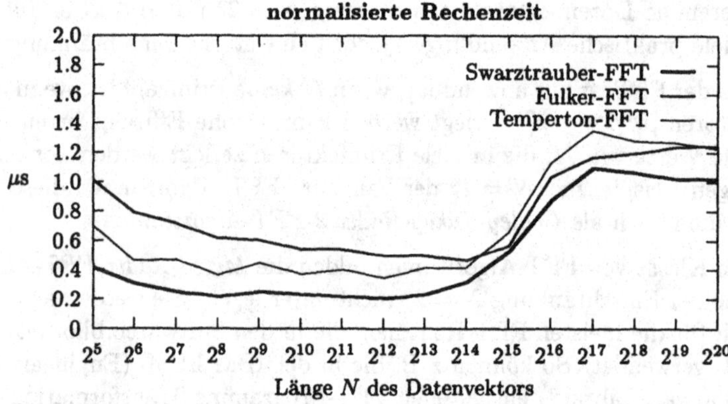

Abb. 11.11: Normalisierte Rechenzeit $T(N)/(N \log_2 N)$ in Mikrosekunden

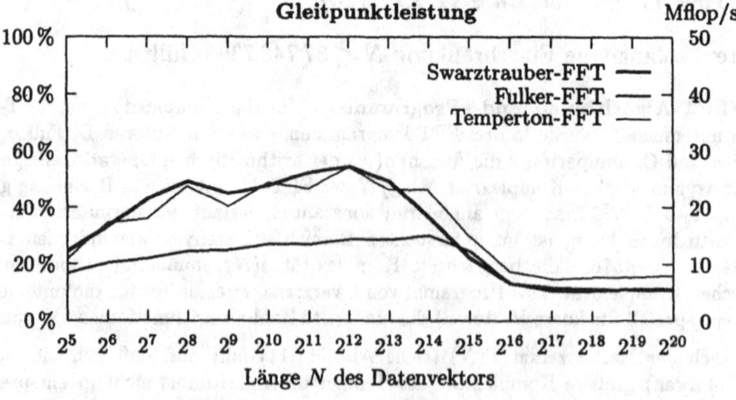

Abb. 11.12: Gleitpunktleistung [Mflop/s] und Wirkungsgrad [%]

und ist bei kürzeren Datenvektoren ungefähr gleich gut wie das Programm von Swarztrauber. Die *Implementierung* des Temperton-Algorithmus führt zur effizientesten Berechnung der FFT (vgl. Kapitel 6).

Der Leistungseinbruch bzw. der Rechenzeitanstieg ab ca. $N = 2^{15} = 32\,768$ hängt mit der Größe des Cache-Speichers der verwendeten Workstation zusammen.

11.5.2 FFT von reellen Funktionen

Bei den meisten Anwendungen liegen die Daten in reeller Form vor. Es ist dann zu aufwendig, die komplette Transformation für komplexe Daten durchzuführen, sondern man kann auf Grund von Eigenschaften der Fourier-Transformation reeller Funktionen Vereinfachungen vornehmen.

FFT von zwei reellen Funktionen

Für die kontinuierliche Fourier-Transformation gelten einige Symmetriebeziehungen: Für eine reellwertige Funktion h gilt, daß ihre Fourier-Transformation H der Beziehung $H(-f) = \overline{H(f)}$ genügt. Diese Beziehung läßt sich für die diskrete Fourier-Transformation H_n diskreter Daten h_n anwenden:

$$H_{N-n} = \overline{H_n} \qquad \text{für alle} \quad n \in \mathbb{Z}\,. \tag{11.30}$$

Für die Fourier-Transformation G einer rein imaginären Funktion g gilt, daß $G(-f) = -\overline{G(f)}$. Die analoge Beziehung für diskrete, rein imaginäre Daten g_n lautet

$$G_{N-n} = -\overline{G_n} \qquad \text{für alle} \quad n \in \mathbb{Z}\,. \tag{11.31}$$

Liegen zwei reelle Datenreihen vor, so wird die eine als Realteil und die andere als Imaginärteil einer komplexen Datenreihe aufgefaßt. Die Fourier-Transformierte dieser entstehenden Folge kann man nun mit Hilfe der Beziehungen (11.30) und (11.31) in die beiden Fourier-Transformierten $\{A_i\}$ und $\{B_i\}$ der beiden ursprünglichen Folgen $\{a_i\}$ und $\{b_i\}$ separieren.

FFT einer reellen Funktion

Bei einigen Anwendungen (vor allem bei Faltungen) werden die Fourier-Transformierten von zwei Funktionen benötigt. Meistens wird aber nur die Fourier-Transformierte einer Funktion gesucht.

Hierzu nimmt man die ursprünglichen Daten f_i und bildet daraus eine komplexe Folge $\{h_j\}$:

$$h_j = f_{2j} + i f_{2j+1}, \qquad j = 0, 1, \ldots, N/2 - 1.$$

Darauf wendet man nun eine „normale" Fourier-Transformation wie oben an. Man erhält die komplexe Transformierte H_n, die man sich in zwei komplexe Folgen $\{F_n^e\}$ und $\{F_n^o\}$ zerlegt denken kann:

$$H_n \;=\; F_n^e + i F_n^o, \qquad n = 0, 1, \ldots, N/2 - 1$$

$$\begin{aligned} F_n^e &= \sum_{k=0}^{N/2-1} f_{2k} e^{2\pi ikn/(N/2)} \\ F_n^o &= \sum_{k=0}^{N/2-1} f_{2k+1} e^{2\pi ikn/(N/2)}. \end{aligned}$$

Die beiden Folgen $\{F_n^e\}$ und $\{F_n^o\}$ können wie oben bei der Transformation zweier reeller Funktionen beschrieben separiert werden. Aus den beiden Folgen kann man die Fourier-Transformation F_n der ursprünglichen Funktion f_i mit Hilfe der Beziehung

$$F_n = F_n^e + e^{2\pi in/N} F_n^o, \qquad n = 0, 1, \ldots, N-1,$$

gewinnen. Direkt mit Termen von H_n ausgedrückt ergibt sich F_n zu

$$F_n = \frac{1}{2}(H_n + \overline{H_{N/2-n}}) - \frac{i}{2}(H_n - \overline{H_{N/2-n}}) e^{2\pi in/N}.$$

Schnelle Sinus- und Kosinus-Transformation

Bei manchen Anwendungen benötigt man in der Darstellung (11.12) nur jeweils die Real- oder Imaginärteile der in den Summanden enthaltenen komplexen Exponentialfunktionen. So ist z. B. bei einer Differentialgleichung für $y(x)$ mit den Randbedingungen $y(0) = 0$ und $y(2\pi) = 0$ eine Summe von Ausdrücken der Form $a_n \sin(nx)$ $(n \in \mathbb{N})$ ein möglicher Ansatz. Genauso kann für die Randbedingungen $\dot{y}(0) = 0$ und $\dot{y}(2\pi) = 0$ eine Summe von Ausdrücken der Form $b_n \cos(nx)$ $(n \in \mathbb{N}_0)$ ein passender Ansatz sein. Unter den obigen Bedingungen muß keine komplette Fourier-Analyse durchgeführt werden, sondern es genügt eine Analyse nach Termen der Form $\sin(nx)$ bzw. $\cos(nx)$.

Sinus-Transformation

Die Sinus-Transformation einer Folge $\{f_j\}$ mit $j = 0, 1, \ldots, N-1$ und $f_0 := 0$ ist definiert als

$$F_k := \sum_{j=1}^{N-1} f_j \sin(\pi jk/N) \tag{11.32}$$

und sieht, bis auf einen Faktor 2 im Sinus, wie der Imaginärteil von (11.7) aus.

Um nun $\{f_j\}$ mit Hilfe der diskreten Fourier-Transformation transformieren zu können, muß man sie zu einer ungeraden diskreten Funktion der doppelten Länge „umbauen". Dabei sei $f_N = 0$ und $f_{2N-j} := -f_j$ für $j = 0, 1, \ldots, N-1$. Damit kann man die „obere Hälfte" ($j = N, N+1, \ldots, 2N-1$) der Summe der Fourier-Transformation durch die Transformation $j' := 2N - j$ folgendermaßen umschreiben:

$$\sum_{j=N}^{2N-1} f_j e^{2\pi ijk/(2N)} = \sum_{j'=1}^{N} f_{2N-j'} e^{2\pi i(2N-j')k/(2N)} = -\sum_{j'=0}^{N-1} f_{j'} e^{-2\pi ij'k/(2N)},$$

sodaß sich die Fourier-Transformation der umgebauten Funktion als

$$F_k = \sum_{j=0}^{N-1} f_j \left[e^{2\pi ijk/(2N)} - e^{-2\pi ijk/(2N)} \right] = 2i \sum_{j=0}^{N-1} f_j \sin(\pi jk/N)$$

schreiben läßt. Das bedeutet, daß man die Sinus-Transformation (bis auf den Faktor $2i$) aus der diskreten Fourier-Transformation der erweiterten Folge $\{f_j\}$ erhalten kann. Der einzige Nachteil dieser Methode ist, daß die transformierte Folge doppelt so lang ist wie die ursprüngliche Datenreihe. Dadurch wird auch die Rechenzeit ungefähr verdoppelt. Um diesem Nachteil abzuhelfen, kann, da die Folge meist rein reell ist, das vorhin beschriebene Verfahren zur Fourier-Transformation rein reeller Funktionen angewendet werden.

Die Transformation (11.32) ist quasi ihre eigene Inverse. Durch Betrachtung der Hintereinanderausführung der letzten diskreten Fourier-Transformation der Länge $2N$ erkennt man, daß die zweimalige Anwendung der Sinus-Transformation (11.32) die ursprünglichen Daten multipliziert mit $N/2$ wiedergibt.

Kosinus-Transformation

Bei der diskreten Kosinus-Transformation (DCT) ist die Sache nicht ganz so eindeutig. Die Transformation kann nämlich auf mehrere Arten definiert werden. Zwei davon werden hier vorgestellt.

Die erste Art erhält man, indem man eine Datenreihe von $N+1$ Datenpunkten zu einer geraden Datenreihe der Länge $2N$ um $j = N$ mit der Bedingung

$$f_{2N-j} := f_j, \qquad j = 0, 1, \ldots, N-1,$$

erweitert. Die so erhaltene Kosinus-Transformation lautet:

$$F_k = \tfrac{1}{2}\left(f_0 + (-1)^k f_N\right) + \sum_{j=1}^{N-1} f_j \cos(\pi jk/N). \tag{11.33}$$

Auch diese Transformation ist ihre eigene Inverse. Eine Argumentation analog zu jener bei der Sinus-Transformation zeigt, daß eine zweimalige Anwendung des Verfahrens in (11.33) die Inputdaten multipliziert mit $N/2$ zurückliefert.

Zur zweiten Art gelangt man, indem man die Datenreihe f_j vom Bereich $j = 0, 1, \ldots, N-1$ auf den Bereich $j = N, N+1, \ldots, 2N-1$ so erweitert, daß sie um den Punkt $N - \frac{1}{2}$ gerade ist. Diese Transformation ist

$$F_k = \sum_{j=0}^{N-1} f_j \cos\left(\pi k(j + \tfrac{1}{2})/N\right),$$

ihre inverse Transformation ergibt sich zu

$$f_j = \frac{2}{N} \sum_{k=0}^{N-1}{}' F_k \cos\left(\pi k(j + \tfrac{1}{2})/N\right).$$

Der Strich (′) über der Summation bedeutet, daß für $k = 0$ der Koeffizient halbiert werden muß.

Bei beiden Arten der Kosinus-Transformation ist es möglich, den Aufwand um den Faktor 2 zu reduzieren.

Beispiel (Bildkompression) Die ständig wachsende Verbreitung digitaler Bildtechniken (*digital imaging*) in Multi-Media-Systemen, im digitalen Fernsehen (*high definition television*, HDTV) etc. hat die Notwendigkeit der Vereinheitlichung und technischen Normung von Verfahren zur komprimierten Speicherung digitaler Bilder mit sich gebracht. Alle drei Standards

JPEG	zur Speicherung von Einzelbildern,
MPEG	zur Speicherung von Video-Bildsequenzen und
CCITT H.261 (Px64)	für Bildtelefone etc.

verwenden die diskrete Kosinus-Transformation (DCT) als Hilfsmittel zur Kompression der digitalen Bilddaten (Watson [389]).

11.5.3 FFT in zwei und mehr Dimensionen

In vielen Anwendungen (vor allem in der Bildverarbeitung) müssen mehrdimensionale Datenfelder untersucht werden.

Wenn eine Funktion $h(k_1, k_2)$ vorliegt, die auf einem Gitter mit den Koordinaten $0 \le k_1 \le N_1 - 1$, $0 \le k_2 \le N_2 - 1$ erklärt ist, so ist die Fourier-Transformierte $H(n_1, n_2)$ auf einem Gitter der selben Größe als

$$H(n_1, n_2) := \sum_{k_2=0}^{N_2-1} \sum_{k_1=0}^{N_1-1} e^{2\pi i k_2 n_2/N_2} e^{2\pi i k_1 n_1/N_1} h(k_1, k_2) \tag{11.34}$$

definiert. Da man in (11.34) die Reihenfolge der Summationen vertauschen kann, läßt sich auch die Reihenfolge der Fourier-Transformationen vertauschen. Die Fourier-Transformation für zwei Dimensionen läßt sich also auf eindimensionale Fourier-Transformationen reduzieren, für die man bereits einen schnellen Algorithmus kennt.

Für eine Fourier-Transformation über L Dimensionen

$$H(n_1, n_2, \ldots, n_L) :=$$

$$:= \sum_{k_L=0}^{N_L-1} \sum_{k_{L-1}=0}^{N_{L-1}-1} \cdots \sum_{k_1=0}^{N_1-1} e^{2\pi i k_L n_L/N_L} e^{2\pi i k_{L-1} n_{L-1}/N_{L-1}} \cdot \ldots \cdot e^{2\pi i k_1 n_1/N_1} h(k_1, \ldots, k_L)$$

kann diese Vorgangsweise sinngemäß verallgemeinert werden.

In vielen Anwendungen (z. B. in der digitalen Bildverarbeitung) sollten große mehrdimensionale FFTs möglichst schnell durchgeführt werden. Es liegt daher nahe, diese Aufgaben einem Parallelrechner zu übertragen. Mehrdimensionale FFTs sind hierfür besonders gut geeignet, da bei ihnen, wie oben beschrieben, viele eindimensionale FFTs unabhängig voneinander durchzuführen sind, die sehr einfach verschiedenen Prozessoren zugewiesen werden können.

11.6 FFT-Softwarepakete

11.6.1 FFTPACK

FFTPACK ist ein von P. N. Swarztrauber (*National Center for Atmospheric Research*, USA) entwickeltes Paket zur Berechnung verschiedener Formen der schnellen Fourier-Transformation sowie der entsprechenden inversen Transformationen.

Das Unterprogramm `FFTPACK/rfftf` dient der FFT-Berechnung einer reellen Funktion, `FFTPACK/sint` bzw. `FFTPACK/cost` der Sinus- bzw. Kosinus-Transformation und `FFTPACK/cfftf` zur Bestimmung der komplexen FFT.

Weiters ermitteln `FFTPACK/sinqf` und `FFTPACK/cosqf` die schnelle Sinus- und Kosinus-Transformation mit nur ungeraden Kreisfrequenzen. Zu allen Transformationen sind auch die entsprechenden Inversen – soferne sie nicht ohnedies mit der ursprünglichen Transformation zusammenfallen – verfügbar, die Namen dieser Unterprogramme erhält man durch Ersetzen des letzten Buchstabens `f` (für *forward*) der ursprünglichen Transformation durch `b` (für *backward*).

In allen FFTPACK-Unterprogrammen kann für die Anzahl N der Datenpunkte eine beliebige natürliche Zahl (nicht nur eine Zweierpotenz) gewählt werden. Allerdings erweisen sich die Algorithmen dann als am effizientesten, wenn N ein Produkt kleiner Primzahlen ist. Eine Zweierpotenz ist in diesem Zusammenhang optimal, eine große Primzahl am ungünstigsten.

Erhältlich ist das FFTPACK in der NETLIB im Verzeichnis **`fftpack`**. Es wurde auch in die CMLIB, IMSL, SLATEC und andere Bibliotheken übernommen.

11.6.2 VFFTPK

VFFTPK ist völlig analog zum FFTPACK aufgebaut und unterscheidet sich von diesem nur dadurch, daß in allen Unterprogrammen FFTs von M verschiedenen Folgen gleichzeitig (durch *einen* Unterprogramm-Aufruf) berechnet werden können. Die Namen der VFFTPK-Unterprogramme erhält man, indem man den Namen der FFTPACK-Routinen den Buchstaben `v` voranstellt.

Tritt in den Programmen eine Schleifenschachtelung auf, so befindet sich die Schleife $m = 1, 2, \ldots, M$ über die verschiedenen Folgen dabei stets an der *innersten* Stelle. Da die Berechnungen für die verschiedenen Folgen völlig unabhängig voneinander sind, erhält man so – falls die Anzahl M der Folgen groß genug ist – gut vektorisierbare Code-Sequenzen (vgl. Kapitel 6).

Erhältlich ist das Softwarepaket VFFTPK in der NETLIB im Verzeichnis **`vfftpk`**.

11.7 FFT in Softwarebibliotheken

11.7.1 IMSL-Softwarebibliotheken

In die IMSL-Fortran-Bibliothek wurden zunächst einmal die Unterprogramme des FFTPACK übernommen, dabei aber deren Namen geändert. Einzelheiten können der zugehörigen IMSL-Dokumentation [18] entnommen werden.

Die Programme **IMSL/MATH-LIBRARY/fft2d** und **IMSL/MATH-LIBRARY/fft2b** berechnen zweidimensionale komplexe FFTs bzw. deren Inverse. Für den Fall dreidimensionaler komplexer FFTs stehen analog **IMSL/MATH-LIBRARY/fft3d** und **IMSL/MATH-LIBRARY/fft3b** zur Verfügung. Die Anzahl der Datenpunkte in jeder Dimension kann dabei beliebig gewählt werden. Allerdings sind Produkte von kleinen Primzahlen für die Effizienz der Programme besonders günstig.

In der IMSL-Fortran-Bibliothek gibt es auch Unterprogramme zur schnellen Berechnung von Faltungen und Korrelationen: **IMSL/MATH-LIBRARY/rconv** liefert die Faltung zweier reeller, **IMSL/MATH-LIBRARY/cconv** die zweier komplexer Vektoren. Die Korrelation von Vektoren kann mittels **IMSL/MATH-LIBRARY/rcorl** bzw. **IMSL/MATH-LIBRARY/ccorl** berechnet werden.

11.7.2 NAG-Softwarebibliotheken

Die NAG-Fortran-Bibliothek enthält eine Reihe von Unterprogrammen zur Berechnung von FFTs. Bei allen NAG-Programmen ist die Wahl der Anzahl N der Datenpunkte in einer Dimension folgendermaßen eingeschränkt: In der Primfaktorzerlegung von N dürfen nicht mehr als 20 Faktoren auftreten (jeder Primfaktor wird dabei mit seiner Vielfachheit gezählt) und der größte Primfaktor darf nicht größer als 19 sein.

Zunächst stehen in der NAG-Fortran-Bibliothek die zwei Unterprogramme **NAG/c06eaf** und **NAG/c06ebf** zur Verfügung, die die FFT einer reellen Folge bzw. die entsprechende inverse Transformation berechnen. **NAG/c06ecf** ermittelt die FFT für komplexe Daten. Für die inverse Transformation steht im Fall komplexer Daten kein eigenes Unterprogramm zur Verfügung. Sie kann aber mittels der FFT und der Bildung des konjugiert komplexen Vektors (Unterprogramm **NAG/c06gcf**) leicht implementiert werden. Die entsprechenden Unterprogramme **NAG/c06faf**, **NAG/c06fbf** und **NAG/c06fcf** implementieren die gleichen Funktionen, sind aber bezüglich ihrer Laufzeit optimiert, wofür zusätzlicher Speicherplatz (in Form eines Arbeitsfeldes) benötigt wird.

In der NAG-Fortran-Bibliothek steht auch ein analoger Satz von Unterprogrammen – **NAG/c06fpf**, **NAG/c06fqf** und **NAG/c06frf** – zur Verfügung, bei denen die jeweilige Transformation für M verschiedene Datenvektoren gleichzeitig ausgeführt wird, was eine bessere Vektorisierbarkeit mit sich bringt.

Die Sinus- und die Kosinus-Transformationen (für einen oder mehrere Datenvektoren) können mit Hilfe der Unterprogramme **NAG/c06haf** und **NAG/c06hbf** berechnet werden. Für deren Varianten mit nur ungeraden Kreisfrequenzen stehen **NAG/c06hcf** und **NAG/c06hdf** zur Verfügung.

Für die Berechnung mehrdimensionaler FFTs mit komplexen Daten gibt es das Unterprogramm **NAG/c06fjf**, mit dem eine allgemeine, L-dimensionale FFT berechnet werden kann. Speziell für zweidimensionale FFTs gibt es die Routine **NAG/c06fuf**, die ihrerseits intern **NAG/c06frf** aufruft. Dadurch kann **NAG/c06fuf** bei Vektorisierung eine deutlich höhere Leistung als **NAG/c06fjf** erzielen. Das Unterprogramm **NAG/c06fff** berechnet alle eindimensionalen FFTs für eine vorgegebene Dimension eines L-dimensionalen Feldes.

11.8 Sonstige FFT-Programme

Über anonymous-FTP kann noch eine Reihe weiterer Programme zur Berechnung von FFTs bezogen werden. Dazu gehört etwa das von D. Fulker (*National Center for Atmospheric Research*, USA) entwickelte FFT-Paket. Es enthält FFT-Programme für reelle und komplexe Daten sowie – im ersteren Fall – auch zur Ermittlung der inversen Transformation. Das Paket ist z. B. auf **ftp.tuwien.ac.at** im Verzeichnis **Sources/Numath/fft** erhältlich.

Dort ist auch das von C. Temperton (*European Centre for Medium-Range Weather Forecasts*, England) erstellte „Paket" CFFT99 vorhanden. Es enthält (bis auf eine Initialisations-Routine) nur ein einziges Unterprogramm, mit dem die FFT oder deren Inverse für mehrere komplexe Datenvektoren gleichzeitig berechnet werden kann.

11.8.1 TOMS-Sammlung

NETLIB/TOMS/545 enthält Unterprogramme zur Berechnung reeller und komplexer FFTs. Die Besonderheit dieser FFT-Implementierung ist die Minimierung der Lese-/Schreib-Operationen für den Fall, daß die Daten nicht in den Hauptspeicher passen, also auf sekundäre Speichermedien ausgelagert werden müssen.

Der Benutzer kann auch durch die Implementierung eigener Lese-/Schreib-Operationen – die dann die *Swap*-Operationen ersetzen – die Programme noch zusätzlich beschleunigen.

11.8.2 Diverse NETLIB-Software

In der NETLIB findet man im Verzeichnis **go** die Dateien **fft.f** und **realtr.f**, die die Unterprogramme **fft** bzw. **realtr** enthalten. Mit Hilfe dieser Unterprogramme können sowohl die komplexe als auch die reelle FFT und die zugehörigen inversen Transformation berechnet werden. Die Unterprogramme eignen sich auch zur gleichzeitigen Berechnung mehrerer FFTs und können auch Folgen bearbeiten, deren Elemente nicht unmittelbar hintereinander in einem eindimensionalen Feld abgespeichert sind. Dadurch lassen sich mehrdimensionale FFTs mit Hilfe dieser Unterprogramme sehr leicht implementieren.

Im Verzeichnis **misc** ist die Datei **fft.f** enthalten, deren einziges Unterprogramm **fft** eine einfache Implementierung der komplexen FFT enthält. Dieses Unterprogramm eignet sich nur für Zweierpotenzen als Vektorlängen.

Im Verzeichnis **napack** sind die Dateien **fft.f** und **ffc.f** enthalten. Die dort gespeicherten Unterprogramme **fft** und **ffc** berechnen die komplexe FFT und deren Inverse, wobei die Länge N der Folge beliebig sein kann.

Kapitel 12

Numerische Integration

Da ich Ihre Abhandlung über die genäherten Integrationen erhalten habe, so kann ich nicht länger unterlassen, Ihnen für den großen, mir dadurch bereiteten Genuß meinen herzlichen Dank zu bringen.

Aus einem Brief von BESSEL an GAUSS

Flächen- und Volumsberechnungen gehören zu den ältesten Aufgaben der Mathematik. Bereits im antiken Griechenland beschäftigten sich Mathematiker mit der „Quadratur", der Verwandlung von Flächen in flächengleiche Quadrate.

Im modernen *Scientific Computing* erfordern viele Aufgabenstellungen und Methoden die Berechnung von Integralen – von den Finite-Elemente-Methoden über Integraltransformationen bis zur Statistik.

Zum Thema „Numerische Integration" gibt es weit über tausend Artikel in Fachzeitschriften, einige Bücher (Braß [126], Davis, Rabinowitz [39], Engels [43], Evans [44], Krommer, Überhuber [267], Krylov [269], Stroud [377]), Dutzende von veröffentlichten Algorithmen und Programmen (z. B. in den ACM Transactions on Mathematical Software), ein spezielles Softwarepaket (QUADPACK [23]) und umfangreiche Teile in den universellen mathematisch-numerischen Programmbibliotheken (IMSL [18], [19]; NAG [22], etc.). Dieses umfassende Material dokumentiert, wie intensiv die Bearbeitung verschiedenster theoretischer und praktischer Aspekte der numerischen Integration bereits war. Man könnte meinen, daß damit alle Probleme dieses Fachgebiets gelöst seien und es genüge, zu einem der ausgereiften Softwareprodukte zu greifen, um jedes praktisch auftretende Integral mit ausreichender Genauigkeit und hoher Effizienz numerisch berechnen zu können. Dies ist jedoch *nicht* der Fall.

Obwohl es für manche Arten von Integrationsproblemen – vor allem für univariate Integranden (eindimensionale Probleme) – fertige Software von hoher Qualität gibt, muß man für deren sinnvollen Einsatz und speziell für die Interpretation unerwartet fehlerhafter Resultate die Prinzipien kennen, die ihrer Konstruktion zugrundeliegen. Je größer außerdem die Dimension des Integrationsproblems wird, desto weniger kann man sich auf fertige Software stützen. Bei hochdimensionalen Problemen ist man oft gezwungen, passende numerische Algorithmen selbst auszuwählen und zu implementieren.

Dieses Kapitel ist nur den *numerischen* Integrationsmethoden gewidmet. Zur Berechnung von in der Praxis auftretenden Integralen können selbstverständlich auch nicht-numerische (z. B. symbolische) Methoden herangezogen werden.

Für *spezielle* Integrale können auch numerische Verfahren verwendet werden, die *nicht* auf numerischer Integration beruhen. Solche Integrale treten insbesondere bei der Definition bestimmter mathematischer Funktionen wie z. B. der Gamma-Funktion, der Bessel-Funktionen etc. auf.

Software (Multivariate Normalverteilung) Ein typisches Beispiel eines speziellen Integrals ist die Verteilungsfunktion der standardisierten n-dimensionalen Normalverteilung

$$F(b_1,\ldots,b_n) := \frac{1}{\sqrt{(2\pi)^n \det V}} \int_{-\infty}^{b_1} \ldots \int_{-\infty}^{b_n} \exp\left(-\frac{1}{2}x^\top V^{-1}x\right) dx_n \cdots dx_1, \tag{12.1}$$

wobei $V \in \mathbb{R}^{n \times n}$ deren symmetrische, positiv definite Kovarianzmatrix ist. Programme zur Berechnung von (12.1) gibt es in der IMSL/STAT-LIBRARY für die Fälle $n = 1$ und $n = 2$.

Für $n \geq 3$ ist zuverlässige und effiziente Spezialsoftware für die Auswertung von F derzeit nicht verfügbar. Kürzlich veröffentlichte Berechnungsmethoden (Genz [217], Drezner [177]) basieren auf numerischen Integrationsverfahren.

Software (Spezielle Integrale) Die meisten mit Hilfe von Integralen definierten speziellen Funktionen gehören einer der folgenden Klassen an: exponentielle und logarithmische Integrale, Kosinus- und Sinus-Integrale, Gamma-Funktion, Fehler-Funktion, Bessel-Funktionen, elliptische Integrale und Verteilungsfunktionen.

Sowohl in der IMSL/MATH-LIBRARY als auch in der NAG-Bibliothek findet man zu den meisten praktisch relevanten, mit Hilfe von Integralen definierten speziellen Funktionen entsprechende Auswertungsprogramme. Eine weitere wichtige Quelle von Software für derartige Funktionen sind die ACM *Transactions on Mathematical Software* (TOMS).

12.1 Grundprinzipien der Integration

Das *mathematische Problem*, das diesem Kapitel zugrundeliegt, ist die Ermittlung des Wertes $\mathrm{I}f \in \mathbb{R}$ eines bestimmten Integrals

$$\mathrm{I}f := \int_B f(x)\,dx \tag{12.2}$$

für eine gegebene Integrandenfunktion

$$f\colon B \subseteq \mathbb{R}^n \to \mathbb{R}$$

und einen gegebenen Integrationsbereich B. Es wird dabei generell vorausgesetzt, daß das Integral (12.2) im Riemannschen Sinn entweder als eigentliches oder wenigstens als uneigentliches Integral existiert.[1]

Oft tritt im Integral eine zusätzliche *Gewichtsfunktion* $w\colon B \subseteq \mathbb{R}^n \to \mathbb{R}$ auf,

$$\mathrm{I}f = \int_B w(x)f(x)\,dx,$$

die meist nichtnegativ – $w(x) \geq 0$ für alle $x \in B$ – oder oszillierend ist.

[1] Für manche Anwendungen ist es notwendig, Integrale zu berechnen, die nur in einem verallgemeinerten Sinn, etwa als *Cauchy-Hauptwerte*, existieren. Derartige Fälle werden im folgenden nur dann behandelt, wenn entsprechende Software verfügbar ist.

Manchmal wird die gleichzeitige Berechnung mehrerer Integrale gefordert. Dabei treten m verschiedene Integrandenfunktionen $f_1, f_2, \ldots, f_m : B \to \mathbb{R}$, aber meist dieselbe Gewichtsfunktion w und derselbe Integrationsbereich B auf:

$$
\begin{aligned}
\mathrm{I}f_1 &= \int_B w(x) f_1(x)\, dx, \\
&\vdots \\
\mathrm{I}f_m &= \int_B w(x) f_m(x)\, dx.
\end{aligned}
$$

12.1.1 Integrationsbereiche

Die meisten numerischen Verfahren zur näherungsweisen Auswertung von Integralen beziehen sich auf einen „Standard"-Integrationsbereich. Tritt ein Integrationsbereich B auf, der mit keinem der Standardbereiche identisch ist, so ist es oft zweckmäßig, ihn durch geeignete Transformation zunächst in einen der Standardbereiche überzuführen (siehe Abschnitt 12.2).

Die folgende Aufstellung enthält jene Standardbereiche, für die die meisten numerischen Integrationsverfahren existieren (Stroud [377]):

Bereich	**Notation**	**Definition**
Gesamter Raum	E_n	$\mathbb{R}^n$
Einheitswürfel	C_n	$\{x \in \mathbb{R}^n : \|x\|_\infty \le 1\}$
Einheitswürfel	W_n	$C_n \cap \left(\mathbb{R}_0^+\right)^n$
Würfelschale	$C_n^{\text{shell}}(K_1, K_2)$	$\{x \in \mathbb{R}^n : K_1 \le \|x\|_\infty \le K_2\}$
Einheitskugel	S_n	$\{x \in \mathbb{R}^n : \|x\|_2 \le 1\}$
Kugelschale	$S_n^{\text{shell}}(K_1, K_2)$	$\{x \in \mathbb{R}^n : K_1 \le \|x\|_2 \le K_2\}$
Einheitskugeloberfläche	U_n	$\{x \in \mathbb{R}^n : \|x\|_2 = 1\}$
Einheitsoktaeder	G_n	$\{x \in \mathbb{R}^n : \|x\|_1 \le 1\}$
Einheitssimplex	T_n	$G_n \cap \left(\mathbb{R}_0^+\right)^n$

12.1.2 Gewichtsfunktionen

Spezielle numerische Integrationsverfahren existieren auch für Gewichtsfunktionen von wesentlicher praktischer Bedeutung. Für *eindimensionale* Integrationsbereiche, also für endliche oder unendliche Intervalle, sind folgende Gewichtsfunktionen von besonderer Bedeutung (Piessens [326]):

Intervall	Gewichtsfunktion $w(x)$	Name
$[-1,1]$	1	Legendre
$[-1,1]$	$(1-x^2)^{-1/2}$	Tschebyscheff, erster Art
$[-1,1]$	$(1-x^2)^{1/2}$	Tschebyscheff, zweiter Art
$[-1,1]$	$(1-x)^\alpha(1+x)^\beta,\ \alpha,\beta>-1$	Jacobi
$[0,\infty)$	$\exp(-x)$	Laguerre
$[0,\infty)$	$x^\alpha \exp(-x),\ \alpha>-1$	Laguerre, verallgemeinert
$(-\infty,\infty)$	$\exp(-x^2)$	Hermite
$(-\infty,\infty)$	$1/\cosh(x)$	Cosinus hyperbolicus
$(-\infty,\infty)$	$\cos(\omega x),\ \sin(\omega x),\ \omega\in\mathbb{R}$	trigonometrisch
$[0,2\pi]$	$\cos(kx),\ \sin(kx),\ k\in\mathbb{N}$	trigonometrisch, diskret

Standard-Gewichtsfunktionen für mehrdimensionale Integrationsprobleme lassen sich bei geeigneter Parametrisierung des Integrationsbereiches B meist als Produkt von n eindimensionalen Standard-Gewichtsfunktionen darstellen.

Beispiel (Sphärische Koordinaten) Der zweidimensionale Raum $E_2 = \mathbb{R}^2$ kann folgendermaßen parametrisiert werden:

$$x_1 = r\cos\varphi, \qquad x_2 = r\sin\varphi \qquad \text{mit} \quad (r,\varphi)\in B := [0,\infty)\times[0,2\pi).$$

Versieht man das Intervall $[0,\infty)$ mit der Laguerre-Gewichtsfunktion $w_1(r) := \exp(-r)$ und das Intervall $[0,2\pi)$ mit der Legendre-Gewichtsfunktion $w_2(\varphi)\equiv 1$, so erhält man als deren Produkt die folgende Gewichtsfunktion für E_2:

$$w(x_1,x_2) := \exp\left(-\sqrt{x_1^2+x_2^2}\right).$$

12.1.3 Integrationsmethoden

Der leichteren Verständlichkeit wegen wird in diesem Abschnitt hauptsächlich das *eindimensionale* Integrations- (Quadratur-)problem behandelt:

$$If := \int_a^b f(x)\,dx \qquad \text{mit} \quad f\colon [a,b]\subset\mathbb{R}\to\mathbb{R}.$$

Manuelle analytische Integration

Wenn es gelingt, ein *unbestimmtes Integral* (eine *Stammfunktion*) F von f zu finden, das sich durch elementare Funktionen darstellen läßt, dann erhält man den Wert des bestimmten Integrals direkt aus dem Hauptsatz der Differential- und Integralrechnung:

$$If = F(b) - F(a).$$

Beispiel (Partialbruchzerlegung) Das Integral

$$\int_0^1 \frac{1}{1+x^4}\,dx \tag{12.3}$$

läßt sich durch einfache Manipulationen berechnen. Durch Partialbruchzerlegung kann man den Integranden so umformen, daß sich F aus „einfachen" unbestimmten Integralen zusammensetzen läßt; man erhält auf diese Weise

$$\int \frac{1}{1+x^4}\,dx = \frac{1}{4\sqrt{2}}\log\frac{x^2+x\sqrt{2}+1}{x^2-x\sqrt{2}+1} + \frac{1}{2\sqrt{2}}\arctan\frac{x\sqrt{2}}{1-x^2} + \text{const.} \tag{12.4}$$

Diese Formel ist aber nicht unmittelbar zur Berechnung von (12.3) verwendbar, da bei $x = 1$ eine „Division durch Null" auftritt. Erst durch Umformungen gelangt man zu der Darstellung

$$\int_0^1 \frac{1}{1+x^4}\,dx = \frac{1}{4\sqrt{2}}\log\frac{2+\sqrt{2}}{2-\sqrt{2}} + \frac{1}{2\sqrt{2}}\left[\arctan\frac{1}{\sqrt{2}-1} + \arctan\frac{1}{\sqrt{2}+1}\right],$$

die auch numerisch ausgewertet werden kann.

Man beachte die Tatsache, daß man zwar jetzt über eine „exakte" Formel verfügt, die elementaren Funktionen $\sqrt{\ }$, *log* und *arctan* in dieser Formel jedoch nur mit einer bestimmten Genauigkeit numerisch auswertbar sind.

Um die Nachteile der „manuellen" Integration (großen Zeitaufwand und beträchtliche Irrtumswahrscheinlichkeit) zu vermeiden, bot sich lange Zeit als Alternative die Verwendung von Tabellenwerken an (siehe z. B. Brytschkow et al. [5] oder auch allgemeine Nachschlagewerke, wie jenes von Bronstein et al. [4]). Die Wahrscheinlichkeit eines Irrtums war aber auch bei Verwendung einschlägiger Literatur nicht vernachlässigbar. In einer Untersuchung von acht weitverbreiteten Integraltafeln wurde eine bemerkenswert hohe Fehlerhäufigkeit von über 5 % festgestellt (Klerer, Grossman [262]).

Bei der „analytischen" Integration stößt man auf eine prinzipielle Schwierigkeit: Für viele praktisch auftretende Funktionen (auch für viele elementare Funktionen) gibt es keine expliziten Formeln für die unbestimmten Integrale.

Beispiel (Nicht integrierbare Funktion) Die Integration von $f(x) = \exp(-x^2)$ führt auf eine Funktion, die sich *nicht* durch eine endliche Anzahl von algebraischen, logarithmischen oder Exponentialausdrücken darstellen läßt (Rosenlicht [343]).

Bei vielen Problemen ist der Integrand nicht „genau" (als Formel) bekannt, sondern etwa durch eine Tabelle von Datenpunkten gegeben oder als Lösung einer Differentialgleichung definiert, die sich nicht explizit lösen läßt. Das gleiche kann auch für den Integrationsbereich $B \subset \mathbb{R}^n$ gelten, der unter Umständen nur in einer *impliziten* Darstellung gegeben ist, die sich nicht in eine explizite Form überführen läßt. Derartige Probleme können analytisch nicht gelöst werden.

Software (Unbestimmte Integrale) Das Unterprogramm `NAG/e01gbe` berechnet das *unbestimmte* Integral eines Polynoms, das als Linearkombination von Tschebyscheff-Polynomen gegeben ist. Es eignet sich daher für jene Fälle, wo man die Integrandenfunktion zunächst durch ein Polynom in Tschebyscheff-Darstellung approximiert.

Symbolische Integration

Wenn der Integrand in geschlossener Form analytisch (als Formel) gegeben ist, kann man Computer-Algebrasysteme zur symbolischen Integration verwenden.

Beispiel (Mathematica) Das Computer-Algebra-System MATHEMATICA (Wolfram [31]) kann dazu verwendet werden, das unbestimmte Integral

$$\int \frac{1}{1+x^4}\,dx$$

zu berechnen. Der Befehl

```
Integrate[(1+x^4)^(-1),x]
```

liefert die – zu (12.4) äquivalente – Formel

$$\begin{aligned}\int \frac{1}{1+x^4}\,dx &= \frac{\arctan\left(\frac{-\sqrt{2}+2x}{\sqrt{2}}\right)}{2^{3/2}} + \frac{\arctan\left(\frac{\sqrt{2}+2x}{\sqrt{2}}\right)}{2^{3/2}} - \\ &\quad - \frac{\log(1-\sqrt{2}x+x^2)}{2^{5/2}} + \frac{\log(1+\sqrt{2}x+x^2)}{2^{5/2}}.\end{aligned} \tag{12.5}$$

Dieses unbestimmte Integral kann leicht an den Grenzen des Intervalls $[0,1]$ ausgewertet werden:

$$\int_0^1 \frac{1}{1+x^4}\,dx = \frac{\arctan\left(\frac{2-\sqrt{2}}{\sqrt{2}}\right)}{2^{3/2}} + \frac{\arctan\left(\frac{2+\sqrt{2}}{\sqrt{2}}\right)}{2^{3/2}} - \frac{\log(2-\sqrt{2})}{2^{5/2}} + \frac{\log(2+\sqrt{2})}{2^{5/2}}.$$

Es gelten bei der symbolischen Integration beinahe dieselben Einschränkungen wie bei der manuellen Integration:

1. Es existieren für viele Funktionen keine elementar darstellbaren Stammfunktionen. Diese Fälle können allerdings von Computer-Algebrasystemen automatisch erkannt werden. Es gibt Algorithmen, die für jede elementare Funktion entscheiden, ob deren unbestimmtes Integral sich wieder als elementare Funktion ausdrücken läßt, und gegebenenfalls dieses unbestimmte Integral als Resultat liefern (Bronstein [132]).

   Beispiel (Mathematica, Maple) Das unbestimmte Integral

   $$\int \sin(\sin x)\,dx$$

   ist keine elementare Funktion. Diese Tatsache wird z. B. von den Computer-Algebrasystemen MATHEMATICA und MAPLE (Char et. al. [6]) automatisch erkannt.

2. Mehrdimensionale Integrationsprobleme sind nur dann symbolisch lösbar, wenn sie durch *iterierte Integrale* (siehe Abschnitt 12.2.3) ausgedrückt werden können, wobei sowohl der Integrand als auch die Integrationsgrenzen explizit analytisch gegeben sein müssen. Wenn z. B. der Integrationsbereich B nur in einer impliziten Darstellung gegeben ist, die sich nicht in eine explizite formelmäßige Gestalt überführen läßt, dann kann ein Integrationsproblem über B *nicht* symbolisch gelöst werden.

3. Computer-Algebrasysteme liefern manchmal die Stammfunktion F in einer Form, die auf dem Integrationsbereich unnötige Unstetigkeiten aufweist.

   Beispiel (Maple) Bei der Berechnung von

$$\int_{\pi/3}^{3\pi/2} (\cot x + \operatorname{cosec} x)\, dx = \ln 2$$

   erhält man vom System MAPLE folgenden Ausdruck für die Stammfunktion:

$$F(x) = \ln \sin x + \ln(\operatorname{cosec} x - \cot x).$$

   Wegen der Unstetigkeit von F an der Stelle $x = \pi$ liefert die Auswertung $\ln 2 + 2\pi i$.

   Beispiel (Maple, Mathematica, Macsyma, Axiom) Bei der Berechnung von

$$\mathrm{I}(f; [a,b]) = \int_a^b \frac{3}{5 - 4\cos x}\, dx$$

   kann man die Stammfunktion des Integranden ermitteln. Man erhält folgende Ausdrücke:

MAPLE, MATHEMATICA:	$F(x) = 2\arctan(3\tan x/2)$,
MACSYMA:	$F(x) = 2\arctan(3\sin x/(\cos x + 1))$,
AXIOM:	$F(x) = -\arctan(-3\sin x/(5\cos x - 4))$.

   Keiner dieser Ausdrücke ist überall stetig.

4. Selbst wenn durch ein Programm zur Symbolmanipulation das unbestimmte Integral korrekt bestimmt wird, treten oft bei der Auswertung der Stammfunktion F numerische Schwierigkeiten auf (z. B. katastrophale Auslöschungseffekte, Divisionen durch Null etc.).

5. Die symbolische Ermittlung der Stammfunktion F und die nachfolgende Auswertung von F an den Endpunkten des Integrationsintervalls sind gewöhnlich bei weitem aufwendiger als die Berechnung des entsprechenden bestimmten Integrals durch numerische Methoden.

   Beispiel (Mathematica) Die symbolische Bestimmung des unbestimmten Integrals (12.5) benötigte auf einer konkreten Workstation etwa 6 Sekunden Rechenzeit.

   Zu Vergleichszwecken wurde auf derselben Workstation das bestimmte Integral für $B = [0,1]$ in doppelter Genauigkeit mit einem relativen Fehler von $6.2 \cdot 10^{-15}$ mit Hilfe der in `QUADPACK/dqk15` implementierten 15-punktigen Gauß-Kronrod-Formel bestimmt. Die zur Auswertung dieser Formel benötigte Rechenzeit war um mehrere Zehnerpotenzen kleiner als bei der symbolischen Integration. Tatsächlich lag die Zeit für die numerische Auswertung unter 10 Millisekunden, der Auflösung der verfügbaren Zeitmeßroutinen.

Trotz dieser Nachteile sind symbolische Integrationsmethoden von großer Bedeutung, wenn *unbestimmte* statt bestimmter Integrale – d. h. Formeln statt numerischer Werte – ermittelt werden sollen. In diesem Fall können *numerische* Integrationsmethoden grundsätzlich *nicht* angewendet werden.

Die Prinzipien, auf denen symbolische Integrationsalgorithmen beruhen, sind Teil der Computer-Algebra und nicht der Computer-Numerik. Sie werden im folgenden daher nicht erörtert. Einschlägige Informationen findet man z. B. bei Davenport [150], [151], Davenport et al. [152] und Geddes et al. [214].

Numerische Integration

Aus all den oben genannten Gründen ist es oft zweckmäßig oder unvermeidbar, eine Lösung Qf des *numerischen Problems*

$$\begin{aligned} &\textit{Input-Daten:} && f,\ B,\ \varepsilon \\ &\textit{Output-Daten:} && Qf \quad \text{mit} \quad |Qf - If| \le \varepsilon \end{aligned} \tag{12.6}$$

zu berechnen, anstatt das mathematische Problem (12.2) durch analytische oder symbolische Methoden – z. B. mit Computer-Algebrasystemen – zu lösen.

Terminologie (Quadratur, Kubatur) Im Zusammenhang mit dem numerischen Integrationsproblem (12.6) wird oft die Bezeichnung numerische *Quadratur* verwendet, soferne es sich um eindimensionale (univariate) Problemstellungen handelt. Für mehrdimensionale (multivariate) Probleme ist die Bezeichnung *Kubatur* gebräuchlich. Durch diese Ausdrucksweise wird eine terminologische Abgrenzung zur „Integration von Differentialgleichungen" hergestellt.

Die Wahl einer passenden Methode zur Lösung eines speziellen numerischen Integrationsproblems hängt sehr stark davon ab, in welcher Form Information über den Integranden zur Verfügung steht:

Datenpunkte: Werte $f(x_1), \ldots, f(x_N)$ des Integranden $f: B \subseteq \mathbb{R}^n \to \mathbb{R}$ sind nur für eine fest vorgegebene endliche Punktmenge $\{x_i \in B,\ i = 1, 2, \ldots, N\}$ verfügbar. Diese Datenpunkte können regelmäßig, aber auch völlig regellos auf dem Bereich B verteilt sein.

In diesem Fall kann es sich bei den Werten $\{f(x_i)\}$ z. B. um Meßergebnisse handeln, die das Resultat eines Versuchs beschreiben. Derartigen Daten sind oft beträchtliche stochastische Störungen überlagert.

Unterprogramm: Die Funktion f ist für jeden Punkt $x \in B$ definiert und auswertbar. Das ist jener Fall, für den eine Vielzahl von Computer-Programmen zur Lösung des numerischen Problems (12.6) existiert. Der Struktur dieser Programme entsprechend, muß der Integrand durch ein Unterprogramm beschrieben werden, das zu einer beliebigen Stelle $x \in B$ den Wert $f(x)$ des Integranden liefert.

Beispiel (Fortran) Der Integrand $f(x) = 1/(1 + x^4)$ wird z. B. durch das folgende Fortran 90-Unterprogramm beschrieben:

```
FUNCTION f(x) RESULT (f_integrand)
   REAL, INTENT (IN) :: x
   REAL              :: f_integrand

   f_integrand = 1./(1. + x**4)

END FUNCTION f
```

Der Name des Unterprogramms – in diesem Fall `f` – wird dem Integrationsprogramm als Parameter übergeben. Dieses wählt dann geeignete Punkte $x_1, x_2, \ldots, x_N$, an denen es durch Aufruf von `f` die Werte $f(x_1), f(x_2), \ldots, f(x_N)$ des Integranden ermittelt.

Symbolische Darstellung: Eine explizite Darstellung des Integranden, die sich zur symbolischen Verarbeitung eignet, ist gegeben. In diesem Fall kann das Integrationsproblem unter Umständen mit Hilfe von Computer-Algebrasystemen gelöst werden. Dennoch werden auch in solchen Situationen – aus den oben genannten Gründen – häufig numerische Integrationsmethoden zur Lösung des Problems (12.6) bevorzugt.

Integration bei vorgegebenen Datenpunkten

Zur Lösung von Integrationsproblemen mit fest vorgegebenen Datenpunkten

$$\{(x_1, f(x_1)), \dots, (x_N, f(x_N)) : x_i \in B \subseteq \mathbb{R}^n,\ i = 1, 2, \dots, N\}$$

werden diese im allgemeinen durch eine Funktion g aus einem passend gewählten linearen Raum $\mathcal{M}$ von Modellfunktionen interpoliert bzw. approximiert. Der Integralwert Ig dient dann als Näherungswert für If.

Wie es der Konstruktion von Integralnäherungen durch Approximation (vgl. Abschnitt 12.3.1) entspricht, ist die bei dieser Vorgangsweise erreichbare Integrationsgenauigkeit im wesentlichen von der Güte der Approximation g für f und damit auch von den gegebenen Datenpunkten abhängig. Die Berechnung des Integralwerts Ig bei gegebener Funktion g ist im Vergleich zur Bestimmung von geeigneten Räumen $\mathcal{M}$ von Modellfunktionen und der konkreten Bestimmung der Interpolationsfunktion g meist eine verhältnismäßig einfache Aufgabe. Integrationsprobleme dieses Typs sind daher in erster Linie Interpolations- bzw. Approximationsprobleme (vgl. Kapitel 9 und 10).

Gebräuchlich sind im Zusammenhang mit numerischen Integrationsaufgaben vor allem Räume stückweise polynomialer Modellfunktionen, und hier insbesondere polynomiale Splinefunktionen (vgl. Abschnitt 9.5).

Software (Univariate Integration bei vorgegebenen Datenpunkten) Die nahezu äquivalenten Unterprogramme `IMSL/MATH-LIBRARY/bsitg` ≈ `CMLIB/bsqad` ≈ `SLATEC/bsqad` sowie `IMSL/MATH-LIBRARY/csitg` und `IMSL/MATH-LIBRARY/ppitg` berechnen bestimmte Integrale von B-Splines, kubischen Splinefunktionen bzw. allgemeinen stückweise polynomialen Funktionen über beschränkten Intervallen. Die Programme `CMLIB/ppqad` ≈ `SLATEC/ppqad` berechnen ebenfalls bestimmte Integrale von B-Splines. Der einzige Unterschied zu Routinen wie `IMSL/MATH-LIBRARY/bsitg` besteht in einer anderen Art der Darstellung der B-Splines.

Die Unterprogramme `NAG/e02aje` und `NAG/e02bde` berechnen bestimmte Integrale von stückweise kubischen Hermite-Interpolationspolynomen bzw. kubischen Splinefunktionen.

Das Unterprogramm `NAG/d01gae` berechnet für vorgegebene Datenpunkte

$$\{(x_i, f(x_i)),\ i = 1, 2, \dots, N\} \qquad \text{mit} \quad x_1 < x_2 < \cdots < x_N$$

einen Näherungswert für das Integral von f auf $[x_1, x_N]$. Dabei wird der Integrand f auf jedem Teilintervall $[x_i, x_{i+1}]$, $i = 2, 3, \dots, N-2$, durch jenes Polynom dritten Grades approximiert, welches die Datenpunkte

$$(x_{i-1}, f(x_{i-1})), \quad (x_i, f(x_i)), \quad (x_{i+1}, f(x_{i+1})), \quad (x_{i+2}, f(x_{i+2}))$$

interpoliert. Für die Randintervalle $[x_1, x_2]$ und $[x_{N-1}, x_N]$ werden die Interpolationspunkte

$$\{(x_j, f(x_j)),\ j = 1, 2, 3, 4\} \quad \text{bzw.} \quad \{(x_j, f(x_j)),\ j = N-3, N-2, N-1, N\}$$

verwendet. Eine ähnliche Methode wird auch in `SLATEC/avint` verwendet.

Software (Multivariate Integration bei vorgegebenen Datenpunkten) Die Unterprogramme `IMSL/MATH-LIBRARY/bs2ig` und `IMSL/MATH-LIBRARY/bs3ig` berechnen bestimmte Integrale von Tensorprodukt-Spline-Funktionen über zwei- bzw. drei-dimensionalen achsenparallelen Quaderbereichen.

Integration durch Abtastung

Im folgenden wird nur mehr die Lösung jener numerischen Probleme diskutiert, bei denen die Integrandenfunktion durch ein vom Anwender bereitzustellendes Unterprogramm definiert wird. Es werden dabei nur numerische Integrationsverfahren betrachtet, die auf Grund einer endlichen Menge von Werten, der *Stichprobeninformation* über f

$$S(f) := (f(x_1), f(x_2), \ldots, f(x_N)),$$

einen Näherungswert Qf für If ermitteln, der die Ungleichung

$$|Qf - If| \leq \varepsilon$$

für eine vorgegebene Fehlertoleranz $\varepsilon > 0$ erfüllen soll. Wie im Fall der vorgegebenen Datenpunkte findet also auch hier nur eine endliche Menge von Werten des Integranden Verwendung. Allerdings sind die Abtastpunkte $x_1, \ldots, x_N$, an denen die Werte $f(x_1), \ldots, f(x_N)$ ermittelt werden, nicht a priori festgelegt: Sie können vom Algorithmus gewählt werden.

Unter den Möglichkeiten, Qf zu definieren, werden in diesem Kapitel in erster Linie *lineare Formeln* oder *Algorithmen*

$$Qf := \sum_{i=1}^{N} c_i f(x_i) \tag{12.7}$$

betrachtet. Alle Verfahren, die nicht in diese Kategorie fallen (mit Ausnahme jener, die auf nichtlinearer Extrapolation beruhen), spielen in der Praxis eine untergeordnete Rolle.

12.1.4 Kondition des Integrationsproblems

Änderungen der Integrandenfunktion

Die *absolute Kondition* des Integralwerts If bezüglich Änderungen der Integrandenfunktion f kann man durch Abschätzungen der Form

$$|I\tilde{f} - If| \leq l \cdot \|\tilde{f} - f\|_\infty \tag{12.8}$$

charakterisieren. Die (absolute) *Konditionszahl* K_f ist die kleinste Zahl, die (12.8) erfüllt. Man erhält sie als das Volumen $\mathrm{vol}(B)$ des n-dimensionalen Integrationsbereiches; also durch eine Kenngröße für die Skalierung des Problems:

$$\begin{aligned} |I\tilde{f} - If| &= \left|\int_B \tilde{f}(x)\,dx - \int_B f(x)\,dx\right| \leq \int_B |\tilde{f}(x) - f(x)|\,dx \leq \\ &\leq \mathrm{vol}(B) \cdot \|\tilde{f} - f\|_\infty. \end{aligned} \tag{12.9}$$

Daß vol(B) tatsächlich die kleinste Zahl ist, die (12.8) erfüllt, sieht man, wenn man $f \equiv 0$ und $\tilde{f} \equiv c$ wählt.

Die Konditionsabschätzung (12.9) zeigt, daß das *mathematische* Problem der Integration bezüglich einer Änderung des Integranden eine *sehr gut* konditionierte Aufgabenstellung ist. Die Abschätzung (12.9) dient auch als Rechtfertigung dafür, die Integrandenfunktion f zum Zwecke der numerischen Integration durch eine einfach integrierbare Funktion g (z. B. ein Polynom) zu ersetzen, wenn sich g im Sinne der Maximumnorm $\|\cdot\|_\infty$ hinreichend wenig von f unterscheidet.

Bei manchen Integrationsproblemen kann es vorkommen, daß der Integralwert $\mathrm{I}f$ einer deutlich von Null verschiedenen Integrandenfunktion f einen sehr kleinen Betrag hat. Derartige Probleme weisen eine schlechte *relative* Kondition auf, d. h., daß die relative Konditionszahl K_f^{rel} in

$$\frac{|\mathrm{I}\tilde{f} - \mathrm{I}f|}{|\mathrm{I}f|} \le K_f^{\mathrm{rel}} \cdot \frac{\|\tilde{f} - f\|_\infty}{\|f\|_\infty} \tag{12.10}$$

groß ist. Kleine Änderungen in der Integrandenfunktion – verursacht etwa durch Rundungsfehler – können zu großen relativen Fehlern des Resultats $\mathrm{I}\tilde{f}$ führen.

Beispiel (Schlechte relative Kondition) Das Integral

$$\mathrm{I}f := \int_0^1 \cos(m\pi x)\,dx$$

nimmt für $m = 2, 4, 6, \ldots$ exakt den Wert 0 an. Ermittelt man gemäß (12.10) die von m abhängige relative Empfindlichkeit des Integralwerts bezüglich additiver Störungen des Integranden $\tilde{f} := f + \delta$, $\delta \in \mathbb{R}$, so ergibt sich

$$K_f^{\mathrm{rel}} = \left|\frac{m\pi}{\sin(m\pi)}\right|.$$

Für $m \approx 2k$, $k \in \mathbb{N}$, gilt die asymptotische Näherung

$$K_f^{\mathrm{rel}} \approx \left|\frac{2k}{2k - m}\right|.$$

Konkret ergeben sich z. B. für $m \approx 20$ die Werte in folgender Tabelle.

m	19.90	19.92	19.94	19.96	19.98	20
K_f^{rel}	202.3	251.6	333.3	500.3	999.7	∞

Die (absolute) Kondition des Näherungsfunktionals $\mathrm{Q}f$ bezüglich einer Änderung der Integrandenfunktion,

$$|\mathrm{Q}\tilde{f} - \mathrm{Q}f| \le \overline{K}_f \cdot \|\tilde{f} - f\|_\infty,$$

ist durch die (absolute) Konditionszahl $\overline{K}_f := \sum |c_i|$ charakterisiert:

$$\begin{aligned} |\mathrm{Q}\tilde{f} - \mathrm{Q}f| &= |\mathrm{Q}(\tilde{f} - f)| \le \sum_{i=1}^{N} |c_i| \cdot |\tilde{f}(x_i) - f(x_i)| \le \\ &\le \left(\sum_{i=1}^{N} |c_i|\right) \cdot \|\tilde{f} - f\|_\infty. \end{aligned}$$

Wenn Q für konstante Funktionen $f(x) \equiv c$ immer den exakten Wert If liefert, d. h., wenn Qf = If = vol$(B) \cdot c$ gilt, dann ist

$$\sum_{i=1}^{N} c_i = \text{vol}(B).$$

Die Konditionszahl $\overline{K}_f$ des Näherungsfunktionals Q ist in diesem Fall genau dann mit jener des ursprünglichen Funktionals I identisch, wenn

$$\overline{K}_f = \sum_{i=1}^{N} |c_i| = \sum_{i=1}^{N} c_i = \text{vol}(B) = K_f$$

gilt, d. h., wenn alle Gewichte c_i von Q *nichtnegativ* sind. Unter dieser Voraussetzung ist das Problem der numerischen Integration bezüglich einer Änderung des Integranden ebenfalls eine *sehr gut* konditionierte Aufgabenstellung.

Alle praktisch verwendeten Integrationsformeln haben entweder positive Gewichte, oder ihre Konditionszahl $\overline{K}_f = \sum |c_i|$ ist nur geringfügig größer als die optimale Konditionszahl $K_f = \text{vol}(B)$.

Änderungen des Integrationsbereichs

Zu den Input-Daten $\mathcal{D}$ eines Integrationsproblems zählt neben der Integrandenfunktion f auch der Integrationsbereich B. Hier ist die Konditionssituation unter Umständen bedeutend ungünstiger. Um die möglichen Schwierigkeiten zu demonstrieren, werden im folgenden endliche, eindimensionale Integrationsbereiche, d. h. Intervalle $[a, b] \subset \mathbb{R}$, betrachtet. Die Änderungen der Integrationsgrenzen werden durch eine Distanzfunktion dist : $\mathbb{R}^2 \times \mathbb{R}^2 \to \mathbb{R}_+$ gemessen, die man z. B. durch

$$\text{dist}\left((\tilde{a}, \tilde{b}), (a, b)\right) := |\tilde{a} - a| + |\tilde{b} - b|$$

festlegen kann. Die (absolute) Konditionszahl $K_{a,b}$ des Integralwerts I$(f; a, b)$ bezüglich Änderungen der Integrationsgrenzen a und b,

$$|\text{I}(f; [\tilde{a}, \tilde{b}]) - \text{I}(f; [a, b])| \le K_{a,b} \cdot \text{dist}\left((\tilde{a}, \tilde{b}), (a, b)\right),$$

wird auf Grund des Hauptsatzes der Analysis durch $f(a)$ und $f(b)$ charakterisiert.

Satz 12.1.1 (Hauptsatz der Analysis) *Ist $f \in C[a, b]$, so existiert die Ableitung von*

$$F(t) := \int_a^t f(x)\,dx, \qquad t \in [a, b],$$

und für $t \in (a, b)$ gilt

$$F'(t) = \frac{d}{dt} \int_a^t f(x)\,dx = f(t).$$

Wie zu erwarten war, ist die Konditionszahl $K_{a,b}$ dann groß, wenn f auf (oder nahe) dem Rand des Integrationsbereichs eine Singularität besitzt.

Beispiel (Schlechtkonditioniertes Quadraturproblem) Das Integral

$$\mathrm{I}(f;[0,b]) := \int_0^b (1-x)^{-0.9}\,dx = -10(1-b)^{0.1} + 10 \tag{12.11}$$

reagiert empfindlich auf Änderungen der oberen Grenze b, falls sich diese nahe bei 1 befindet.

b	$1-10^{-5}$	$1-10^{-10}$	$1-10^{-15}$	$1-10^{-20}$
$\mathrm{I}(f;[0,b])$	6.8377	9.0000	9.6838	9.9000
$K_{0,b} = f(b)$	$3.16 \cdot 10^4$	$1.00 \cdot 10^9$	$3.16 \cdot 10^{13}$	$1.00 \cdot 10^{18}$

Auf einem Computer mit IEC/IEEE-Gleitpunktarithmetik ist die Distanz der Maschinenzahlen in der Nähe von 1 durch

$$\begin{aligned} \Delta x &= 2^{-24} \approx 5.96 \cdot 10^{-8} \quad (\textit{einfache Genauigkeit}) \text{ oder} \\ \Delta x &= 2^{-53} \approx 1.11 \cdot 10^{-16} \quad (\textit{doppelte Genauigkeit}) \end{aligned}$$

gegeben. Optimale Rundung von b auf die nächste Maschinenzahl resultiert im ungünstigsten Fall in einem Rundungsfehler von $2.98 \cdot 10^{-8}$ bzw. $5.55 \cdot 10^{-17}$. Dieser Datenfehler hat eine um die Konditionszahl verstärkte Änderung von $\mathrm{I}(f;[0,b])$ zur Folge. Das Resultat einer numerischen Berechnung von (12.11) weist daher unter Umständen *keine* einzige richtige Stelle auf.

12.1.5 Inhärente Unsicherheit numerischer Integration

Die Konditionsabschätzung (12.9) zeigt, daß sich „kleine" Änderungen des Integranden nur schwach auf den Integralwert auswirken. Die verfügbare *diskrete* Information $S(f)$ gestattet aber *keine* Abschätzung, *wie* groß der Abstand $\|\tilde{f} - f\|_\infty$ tatsächlich ist. Die Menge

$$V(f;\mathcal{R},S) := \{\tilde{f} \in \mathcal{R} \;:\; S(\tilde{f}) = S(f)\}$$

aller Riemann-integrierbaren Funktionen, die bezüglich der Information S nicht von f unterscheidbar sind, ist eine *unendliche* Menge.

Die Integralwerte der Funktionen aus $V(f;\mathcal{R},S)$ sind reelle Zahlen; die Menge dieser Werte ist die Menge *aller* reellen Zahlen $\mathbb{R}$. Um sich das zu verdeutlichen, kann man z. B. die Funktionenfamilie

$$g_c(x) := f(x) + c \cdot \prod_{i=1}^{N} \|x - x_i\|_2^2, \quad c \in \mathbb{R},$$

betrachten. Für alle diese Funktionen gilt $S(g_c) = S(f)$, d. h., sie können an den Diskretisierungspunkten $x_1, x_2, \ldots, x_N$ nicht von f unterschieden werden:

$$g_c(x_i) = f(x_i), \quad i = 1, 2, \ldots, N.$$

Die entsprechenden Integrale

$$\mathrm{I}\,g_c = \mathrm{I}f + c \cdot \int_B \prod_{i=1}^{N} \|x - x_i\|_2^2\,dx,$$

können aber *jeden* beliebigen reellen Wert annehmen, d. h., der Abstand $\|\tilde{f}-f\|_\infty$ kann für $\tilde{f} \in V(f;\mathcal{R},S)$ *beliebig groß* werden.

Auch eine gute Kondition bezüglich $\Delta f := \tilde{f} - f$ kann nichts an der völligen Unsicherheit des numerischen Integrationsproblems ändern. Die Menge der Integralwerte

$$\{\mathrm{I}\tilde{f} \ : \ \tilde{f} \in V(f;\mathcal{F},S)\}$$

kann nur dann auf ein endliches Intervall $[\mathrm{I}_{\min}, \mathrm{I}_{\max}] \subset \mathbb{R}$ reduziert werden, wenn die Menge der zulässigen Funktionen $\mathcal{F}$ geeignet eingeschränkt wird. Für Integrale auf endlichen Intervallen $B = [a,b]$ kann man das etwa durch Einführung einer Ableitungsschranke

$$\mathcal{F} := \left\{ f \in C^k[a,b] \ : \ |f^{(k)}(x)| \le M_k, \ \forall x \in [a,b] \right\}, \quad k \in \mathbb{N}, \tag{12.12}$$

erreichen. Offenbar kann dann bestenfalls eine Genauigkeit

$$r(S) := \frac{\mathrm{I}_{\max} - \mathrm{I}_{\min}}{2}$$

sicher erreicht werden. Die Größe $r(S)$ bezeichnet man als *Informationsradius* (Wozniakowski [398]). Eine Einschränkung der Art (12.12) ist aber in fast allen Anwendungsfällen nicht praktikabel.

12.2 Vorverarbeitung von Integrationsproblemen

Numerische Formeln und Verfahren für die näherungsweise Berechnung von Integralen sind oft nicht direkt – oder jedenfalls nicht *effektiv* – auf die in der Praxis auftretenden Integrationsprobleme anwendbar. In vielen mehrdimensionalen Integrationsproblemen ist z. B. der gegebene Integrationsbereich nicht unter den in Abschnitt 12.1.1 beschriebenen Standard-Integrationsbereichen zu finden. Algorithmen zur adaptiven Unterteilung des Integrationsbereichs (siehe Abschnitt 12.5.2) können aber im allgemeinen nur dann angewendet werden, wenn der Integrationsbereich ein beschränkter n-dimensionaler Quader ist. Um die adaptive Unterteilung von unbeschränkten und/oder nicht quaderförmigen Integrationsbereichen zu ermöglichen, muß das Integrationsproblem zunächst in einer (manuellen oder automatischen) *Vorverarbeitungsphase* in ein äquivalentes Problem übergeführt werden, auf das sich die numerischen Verfahren (besser) anwenden lassen.

In diesem Abschnitt werden die wichtigsten Vorverarbeitungsmethoden vorgestellt, die auch oft bei der Entwicklung von Integrationsformeln eine zentrale Rolle spielen (siehe auch die Abschnitte 12.3.1, 12.3.3 und 12.4.1).

12.2.1 Transformation von Integralen

Im folgenden sei $\psi : \mathbb{R}^n \to \mathbb{R}^n$ eine stetig differenzierbare bijektive Abbildung von $\overline{B}$ auf B und J deren Funktionalmatrix (*Jacobi-Matrix*)

$$J(\overline{x}) := \begin{pmatrix} \frac{\partial\psi_1}{\partial\overline{x}_1}(\overline{x}) & \frac{\partial\psi_1}{\partial\overline{x}_2}(\overline{x}) & \cdots & \frac{\partial\psi_1}{\partial\overline{x}_n}(\overline{x}) \\ \frac{\partial\psi_2}{\partial\overline{x}_1}(\overline{x}) & \frac{\partial\psi_2}{\partial\overline{x}_2}(\overline{x}) & \cdots & \frac{\partial\psi_2}{\partial\overline{x}_n}(\overline{x}) \\ \vdots & \vdots & & \vdots \\ \frac{\partial\psi_n}{\partial\overline{x}_1}(\overline{x}) & \frac{\partial\psi_n}{\partial\overline{x}_2}(\overline{x}) & \cdots & \frac{\partial\psi_n}{\partial\overline{x}_n}(\overline{x}) \end{pmatrix}.$$

Satz 12.2.1 (Mehrdimensionale Transformationsregel) *Falls J an keiner Stelle von $\overline{B}$ singulär ist, also*

$$\det J(\overline{x}) \neq 0 \quad \textit{für alle} \quad \overline{x} \in \overline{B},$$

so gilt

$$\mathrm{I}f = \int_B f(x)\,dx = \int_{\overline{B}} f(\psi(\overline{x}))\cdot|\det J(\overline{x})|\,d\overline{x} = \int_{\overline{B}} \overline{f}(\overline{x})\,d\overline{x} \tag{12.13}$$

mit

$$\overline{f}(\overline{x}) := f(\psi(\overline{x}))\cdot|\det J(\overline{x})|, \quad \overline{x} \in \overline{B}.$$

Eine besonders einfache Gestalt nimmt die Transformationsregel dann an, wenn ψ eine *affine Transformation* ist:

$$\psi(\overline{x}) := A\overline{x} + b$$

mit einer regulären Matrix $A \in \mathbb{R}^{n\times n}$ und einem beliebigen Vektor $b \in \mathbb{R}^n$. Die Jacobi-Matrix von ψ ist dann unabhängig von $\overline{x}$, und es gilt

$$\det J(\overline{x}) \equiv \det A.$$

Die Transformationsregel vereinfacht sich dementsprechend zu

$$\mathrm{I}f = \int_B f(x)\,dx = |\det A| \int_{\overline{B}} f(\psi(\overline{x}))\,d\overline{x}.$$

Auch im wichtigen Spezialfall univariater Funktionen vereinfacht sich die Transformationsregel (12.13) beträchtlich. Wegen $\det J = \psi'$ erhält man

$$\int_B f(x)\,dx = \int_{\overline{B}} f(\psi(\overline{x}))\cdot|\psi'(\overline{x})|\,d\overline{x}.$$

Wenn $\overline{B} \subset \mathbb{R}$ ein Intervall ist, dann ist die Funktion ψ' auf Grund ihrer Stetigkeit entweder strikt positiv oder strikt negativ auf $\overline{B}$. Die resultierenden univariaten Transformationsregeln lauten dementsprechend

$$\begin{aligned}\int_B f(x)\,dx &= \int_{\overline{B}} f(\psi(\overline{x}))\cdot\psi'(\overline{x})\,d\overline{x} \qquad \text{für} \quad \psi' > 0,\\ \int_B f(x)\,dx &= -\int_{\overline{B}} f(\psi(\overline{x}))\cdot\psi'(\overline{x})\,d\overline{x} \qquad \text{für} \quad \psi' < 0.\end{aligned}$$

Transformation auf Standardbereiche

Die Vorverarbeitung von Integralen durch geeignete Transformationen wird oft im Zusammenhang mit der Konstruktion von Integrationsformeln für Integrationsbereiche B verwendet, die von den in Abschnitt 12.1.1 beschriebenen Standardbereichen $\overline{B}$ verschieden sind. Wenn

$$\overline{Q}_N\overline{f} = \sum_{i=1}^{N} \overline{c}_i\overline{f}(\overline{x}_i)$$

eine Formel für die numerische Integration von Funktionen $\overline{f}: \overline{B} \to \mathbb{R}$ ist, dann erhält man für Funktionen $f: B \to \mathbb{R}$ die transformierte Integrationsformel Q_N

$$Q_N f = \sum_{i=1}^{N} c_i f(x_i)$$

mit folgenden Abszissen und Gewichten (siehe Abschnitt 12.4.1):

$$x_i := \psi(\overline{x}_i), \quad c_i := \overline{c}_i \cdot |\det J(\overline{x}_i)|, \quad i = 1, 2, \ldots, N.$$

Die Abszissen von Q_N sind also einfach die Bilder der Abszissen von $\overline{Q}_N$ unter der Abbildung ψ, während man die Gewichte von Q_N durch Multiplikation der entsprechenden Gewichte von $\overline{Q}_N$ mit den Absolutbeträgen der Funktionaldeterminante an den jeweiligen Abszissen erhält.

Die Anwendung der transformierten Integrationsformel Q_N auf $f: B \to \mathbb{R}$ kann aber auch als Anwendung der ursprünglichen Integrationsformel $\overline{Q}_N$ auf die transformierte Integrandenfunktion $\overline{f}: \overline{B} \to \mathbb{R}$

$$\overline{f} = |\det J(\overline{x})| \cdot f(\psi(\overline{x}))$$

gedeutet werden (siehe Abschnitt 12.4.1). Diese Darstellung eignet sich besser für eine Analyse des Fehlerverhaltens von $Q_N f = \overline{Q}_N\overline{f}$.

Man kann erwarten, daß der Verfahrensfehler $Q_N f - If$ klein ist, wenn der transformierte Integrand $\overline{f}$ zu jener Klasse $\overline{\mathcal{F}}$ von Funktionen gehört, für die die ursprüngliche Integrationsformel $\overline{Q}_N$ gut geeignet ist. Ob das nun der Fall ist, hängt sowohl vom ursprünglichen Integranden f als auch von der Transformation ψ (bzw. ihrer Funktionalmatrix J) ab. So entspricht $\overline{\mathcal{F}}$ gewöhnlich einem der Räume stetig differenzierbarer Funktionen $C^k(\overline{B})$, $k \in \mathbb{N}$. Die Jacobi-Matrizen

J von Transformationen ψ, welche beschränkte Bereiche $\overline{B}$ auf unbeschränkte Bereiche B abbilden, haben jedoch Singularitäten auf dem Rand von B, sodaß man in diesem Fall nicht $\overline{f} \in \overline{\mathcal{F}}$ erwarten kann.

Ein tieferes Verständnis der Besonderheiten eines konkret vorliegenden Integrationsproblems ermöglicht oft die Konstruktion *problemspezifischer* Transformationen. In Genz [217] werden z. B. eine Reihe von Transformationen für spezielle statistische Integrationsprobleme angeführt. Im folgenden werden aber auch zwei Klassen von *allgemein verwendbaren* Transformationen beschrieben.

Wenn das Integrationsproblem in analytischer Form gegeben ist, kann die Transformation von Integralen durch die Verwendung von Computer-Algebrasystemen erleichtert werden.

Beispiel (Allgemein verwendbare und problemspezifische Transformationen) Im folgenden wird das Integral

$$\mathrm{I}f = \int_{-\infty}^{\infty} \exp(-x^2) f(x)\, dx, \tag{12.14}$$

also die Integration von f bezüglich der Hermite-Gewichtsfunktion $w(x) := \exp(-x^2)$ betrachtet. Das unendliche Integrationsintervall $(-\infty, \infty)$ kann mit der allgemein verwendbaren Transformation

$$\psi(\overline{x}) := \frac{\overline{x}}{1 - |\overline{x}|}, \quad -1 < \overline{x} < 1,$$

auf ein endliches Intervall abgebildet werden. Wegen

$$\psi'(\overline{x}) = \frac{1}{(1 - |\overline{x}|)^2}$$

wird das Integral (12.14) in

$$\mathrm{I}f = \int_{-1}^{1} \frac{1}{(1 - |\overline{x}|)^2} \exp\left(-\left(\frac{\overline{x}}{1 - |\overline{x}|}\right)^2\right) f\left(\frac{\overline{x}}{1 - |\overline{x}|}\right) d\overline{x} \tag{12.15}$$

übergeführt. Andererseits kann man (12.14) durch die Substitution $x = t/\sqrt{2}$ zunächst in die Form

$$\mathrm{I}f = \frac{1}{\sqrt{2}} \int_{-\infty}^{\infty} \exp(-t^2/2) f(t/\sqrt{2})\, dt.$$

bringen. Das unendliche Integrationsintervall $(-\infty, \infty)$ kann dann durch die Substitution

$$t = \psi(\overline{x}) = \Phi^{-1}(\overline{x})$$

transformiert werden, wobei

$$\Phi(t) = \frac{1}{\sqrt{2\pi}} \int_{-\infty}^{t} \exp(-u^2/2)\, du$$

die Verteilungsfunktion der standardisierten Normalverteilung ist. Wegen

$$\psi'(\overline{x}) = \frac{1}{\Phi'(t)} = \sqrt{2\pi} \exp(t^2/2)$$

wird das Integral (12.14) in

$$\mathrm{I}f = \sqrt{\pi} \int_0^1 f\left(\Phi^{-1}(\overline{x})/\sqrt{2}\right) d\overline{x} \qquad (12.16)$$

übergeführt. Vergleicht man (12.15) und (12.16), so sieht man, daß der Integrand in (12.16) von wesentlich einfacherer Bauart ist. Andererseits enthält der Integrand in (12.15) nur elementare Funktionen, während für die Auswertung des Integranden in (12.16) auch die Berechnung der nicht-elementaren Funktion Φ^{-1} notwendig ist. Diese kann allerdings mit Hilfe geeigneter Software, z. B. mit dem Unterprogramm `IMSL/STAT-LIBRARY/anorin`, in sehr effizienter Weise numerisch ausgewertet werden. Es ist daher nicht unmittelbar ersichtlich, welche der äquivalenten Formen (12.15) und (12.16) für die numerische Integration vorzuziehen ist.

Software (Transformation unendlicher auf endliche Intervalle) Die Unterprogramme `CMLIB/qk15i` ≈ `QUADPACK/qk15i` ≈ `SLATEC/qk15i` transformieren unendliche Intervalle

$$B = [a, \infty) \qquad \text{bzw.} \qquad B = (-\infty, \infty)$$

auf das Einheitsintervall $\overline{B} = [0, 1]$. Im ersten Fall wird die Transformation

$$x = \psi(\overline{x}) = a + \overline{x}/(1 - \overline{x}) \qquad (12.17)$$

verwendet, im zweiten der Integrationsbereich an der Stelle $a := 0$ geteilt und anschließend die Transformation (12.17) auf die Teilbereiche $(-\infty, 0]$ und $[0, \infty)$ angewendet. Der transformierte Integrand wird dann mit einer 15-Punkt-Gauß-Kronrod-Formel integriert.

Periodisierende Transformationen für univariate Integranden

Manche Integrationsformeln sind für periodische (bzw. ohne Verlust ihrer Differenzierbarkeitseigenschaften periodisch fortsetzbare) Integranden wesentlich effizienter als für nicht-periodische Integranden. Um die Genauigkeit derartiger Formeln für nicht-periodische Integranden zu erhöhen, kann man diese in einem Vorverarbeitungsschritt einer *periodisierenden Transformation* unterwerfen.

Für eindimensionale Integrationsprobleme ist – von der Transformationsregel für Integrale ausgehend – eine Reihe solcher Transformationen vorgeschlagen worden. In diesen Transformationen wird die unabhängige Variable x durch

$$x = \psi(\overline{x})$$

substituiert, wobei die Funktion ψ das Intervall $[0, 1]$ streng monoton wachsend auf sich selbst abbildet. Dadurch ergibt sich

$$\int_0^1 f(x)\, dx = \int_0^1 f(\psi(\overline{x}))\psi'(\overline{x})\, d\overline{x}.$$

Definition 12.2.1 (Polynomiale Transformationen) *Die polynomialen Transformationen (Hua, Wang [240]) sind durch*

$$\psi(\overline{x}) := D_\alpha \int_0^{\overline{x}} (t(1-t))^{\alpha-1}\, dt, \quad \alpha \in \{2, 3, 4, \ldots\} \qquad (12.18)$$

gegeben. D_α *ist eine Skalierungskonstante*

$$D_\alpha := \left(\int_0^1 (t(1-t))^{\alpha-1} dt \right)^{-1}.$$

Die Funktion ψ hat die Eigenschaft

$$\psi^{(k)}(0) = \psi^{(k)}(1) = 0 \qquad \text{für} \quad k = 1, 2, \ldots, \alpha - 2.$$

Wenn daher der Integrand f der Funktionenklasse $C^{\alpha-2}[0,1]$ angehört, so trifft dies auch auf den transformierten Integranden $(f \circ \psi)\psi'$ zu, dessen Ableitungen bis zur Ordnung $\alpha - 2$ an den Intervallgrenzen verschwinden. Der transformierte Integrand $(f \circ \psi)\psi'$ kann somit ohne Verlust von Differenzierbarkeitseigenschaften periodisch fortgesetzt werden. Mit dem Parameter α kann die Differenzierbarkeit des transformierten Integranden an den Intervallgrenzen gesteuert werden.

Von den Japanern Iri, Moriguti und Takasawa [245] wurde die Klasse der (nach ihnen benannten) periodisierenden *IMT-Transformationen* vorgeschlagen.

Definition 12.2.2 (IMT-Transformationen) *Durch*

$$\psi(\overline{x}) := D_c \int_0^{\overline{x}} \exp\left(-\frac{c}{t(1-t)} \right) dt \tag{12.19}$$

werden die IMT-Transformationen definiert, deren Parameter c aus $\mathbb{R}_+$ *gewählt werden kann.* D_c *ist eine Skalierungskonstante*

$$D_c := \left(\int_0^1 \exp\left(-\frac{c}{t(1-t)} \right) dt \right)^{-1}.$$

Eine IMT-Transformation bewirkt, daß *alle* Ableitungen von ψ an den Grenzen 0 und 1 des Integrationsintervalls verschwinden:

$$\psi^{(k)}(0) = \psi^{(k)}(1) = 0, \quad k = 1, 2, 3, \ldots.$$

Wenn daher der Integrand f der Funktionenklasse $C^\infty[0,1]$ angehört, so trifft dies auch auf den transformierten Integranden $(f \circ \psi)\psi'$ zu, dessen sämtliche Ableitungen an den Intervallgrenzen verschwinden. Der transformierte Integrand kann damit ohne Verlust an Differenzierbarkeitseigenschaften periodisch fortgesetzt werden. Mit dem Parameter c kann gesteuert werden, wie rasch die Ableitungen von ψ an den Intervallgrenzen abklingen.

Definition 12.2.3 (tanh-Transformationen) *tanh-Transformationen sind durch folgende Formel definiert (Sag, Szekeres [350]):*

$$\psi(\overline{x}) := \frac{1}{2}\left(1 + \tanh\left(\frac{c}{2} \left(\frac{1}{1-\overline{x}} - \frac{1}{\overline{x}} \right) \right) \right). \tag{12.20}$$

Definition 12.2.4 (Doppelt-exponentielle Transformationen) *Doppelt-exponentielle Transformationen (Beckers, Haegemans [111]) sind durch*

$$\psi(\overline{x}) := \frac{1}{2}\left(1 + \tanh\left(c \cdot \sinh\left(d\left(\frac{1}{1-\overline{x}} - \frac{1}{\overline{x}}\right)\right)\right)\right)$$

gegeben.

Sowohl die *tanh*-Transformationen als auch die doppelt-exponentiellen Transformationen haben wie die IMT-Transformationen die wichtige Eigenschaft, daß *alle* Ableitungen von ψ an den Intervallgrenzen 0 und 1 verschwinden. Die Parameter c und d bestimmen, wie rasch die Ableitungen von ψ nahe den Intervallgrenzen abklingen. Auf Grund dieser Eigenschaften spricht man auch von „IMT-artigen Transformationen".

Software (Doppelt-exponentielle Transformationen) Doppelt-exponentielle Transformationen werden in den Integrationsprogrammen `JACM/defint` und `JACM/dehint` verwendet.

Ein besonderer Vorteil der IMT-artigen Transformationen ist, daß – auf Grund des raschen Abklingens von ψ' in der Nähe der Intervallgrenzen – der transformierte Integrand $(f \circ \psi)\psi'$ oft sogar dann beliebig oft differenzierbar ist, wenn der ursprüngliche Integrand f Randsingularitäten aufweist. Dadurch verbessert sich die Genauigkeit der verwendeten Integrationsformel oft beträchtlich. Allerdings können periodisierende Transformationen im Zusammenhang mit Randsingularitäten unter Umständen zu numerischer Instabilität führen.

Beispiel (Numerische Instabilität durch periodisierende Transformation) Das uneigentliche Integral

$$If := \int_0^1 (1-x)^{-0.9}\, dx$$

soll mit Hilfe einer 26-punktigen zusammengesetzten Trapezregel (Abschnitt 12.3.3) berechnet werden:

$$T_{25}f := \frac{1}{25}\left(\frac{1}{2}f(0) + \sum_{i=1}^{24} f\left(\frac{i}{25}\right) + \frac{1}{2}f(1)\right).$$

Der ursprüngliche Integrand $f(x) = (1-x)^{-0.9}$ ist am rechten Intervallrandpunkt $x = 1$ singulär. Diese Singularität wird durch Anwendung der *tanh*-Transformation behoben.

Für die Wahl von $c = 4$ in (12.20) ergibt sich der Wert von ψ an $\overline{x}_1 = 0.04$ zu $\psi(\overline{x}_1) = 1.0 \cdot 10^{-21}$. Aus Symmetriegründen gilt $\psi(\overline{x}_{24}) = 1 - \psi(\overline{x}_1) = 1 - 1.0 \cdot 10^{-21}$. Das Problem besteht nun darin, daß $\psi(\overline{x}_{24})$ durch eine Maschinenzahl < 1 dargestellt wird. Wenn man von einer *doppelt genauen* IEC/IEEE-Arithmetik ausgeht, so wird $\psi(\overline{x}_{24})$ durch eine Maschinenzahl $\Box\psi(\overline{x}_{24}) \approx 1 - 1.1 \cdot 10^{-16}$ repräsentiert. Das bedeutet, daß man $f(\Box\psi(\overline{x}_{24})) \approx 2.3 \cdot 10^{14}$ anstelle von $f(\psi(\overline{x}_{24})) = 7.9 \cdot 10^{18}$ erhält. Für das Gewicht $c_{24} := \psi'(\overline{x}_{24})/25$ ergibt sich $c_{24} = 7.8 \cdot 10^{-20}$, was zu einem Fehler von

$$c_{24} \cdot [f(\psi(\overline{x}_{24})) - f(\Box\psi(\overline{x}_{24}))] \approx 4.2 \cdot 10^{-1}$$

führt. Da der exakte Integralwert $If = 10$ ist, tritt der große relative Fehler von $4.2 \cdot 10^{-2}$ auf.

Periodisierende Transformationen für multivariate Integranden

Mehrdimensionale Integrale müssen vor einer Transformation durch eine geeignete Parametrisierung in Integrale über dem Integrationsbereich $B = [0,1]^n$ übergeführt werden. Die bereits beschriebenen univariaten Transformationen werden dann auf jede einzelne unabhängige Variable angewendet:

$$x_1 = \psi_1(\overline{x}_1),\ x_2 = \psi_2(\overline{x}_2),\ \ldots\ ,\ x_n = \psi_n(\overline{x}_n).$$

Die Transformationsregel (12.13) für mehrdimensionale Integrale ergibt dann

$$\int\limits_{[0,1]^n} f(x_1, x_2, \ldots, x_n)\, dx_1 dx_2 \cdots dx_n = \tag{12.21}$$

$$= \int\limits_{[0,1]^n} f(\psi_1(\overline{x}_1), \psi_2(\overline{x}_2), \ldots, \psi_n(\overline{x}_n))\, \psi_1'(\overline{x}_1)\psi_2'(\overline{x}_2)\cdots\psi_n'(\overline{x}_n)\, d\overline{x}_1 d\overline{x}_2 \cdots d\overline{x}_n.$$

Beispiel (Eingebettete Gitter-Formeln) In Joe und Sloan [252] wird die Konstruktion eingebetteter Folgen von Gitter-Formeln behandelt (siehe Abschnitt 12.4.5):

$$Q_{N_0} \subset Q_{N_1} \subset \cdots \subset Q_{N_n},$$

wobei jede der Formeln Q_{N_j}, $j = 0, 1, \ldots, n$, $N_j = 2^j r$ verschiedene Abszissen hat. In numerischen Experimenten wurden diese Gitter-Formeln für die Berechnung des Integrals

$$\int\limits_{[0,1]^6} \cos(-5.5 + 2\|x\|_1)\, dx = \cos(0.5)\sin^6(1) \approx 0.312 \tag{12.22}$$

verwendet. Man beachte, daß sich die Integrandenfunktion *nicht* stetig über $[0,1]^n$ hinaus periodisch fortsetzen läßt.

Die folgende Tabelle zeigt die Absolutbeträge des relativen Integrationsfehlers für eine von Joe und Sloan [252] vorgeschlagene Folge von Gitter-Formeln, angewendet sowohl auf den ursprünglichen (untransformierten) als auch auf den auf zwei Arten transformierten Integranden.

		Transformation		
j	N	—	polynomial	*tanh*
0	619	$4.3 \cdot 10^{-2}$	$2.4 \cdot 10^{-3}$	$1.6 \cdot 10^{-1}$
1	1238	$3.3 \cdot 10^{-2}$	$1.8 \cdot 10^{-3}$	$1.1 \cdot 10^{-1}$
2	2476	$1.9 \cdot 10^{-2}$	$1.5 \cdot 10^{-3}$	$5.3 \cdot 10^{-2}$
3	4952	$1.8 \cdot 10^{-2}$	$5.6 \cdot 10^{-4}$	$1.4 \cdot 10^{-2}$
4	9904	$2.6 \cdot 10^{-2}$	$7.2 \cdot 10^{-4}$	$1.4 \cdot 10^{-2}$
5	19808	$1.4 \cdot 10^{-2}$	$2.8 \cdot 10^{-4}$	$1.0 \cdot 10^{-3}$
6	39616	$9.9 \cdot 10^{-3}$	$2.2 \cdot 10^{-5}$	$3.1 \cdot 10^{-4}$

Bemerkenswert langsam ist die Verringerung des Fehlers für den untransformierten Integranden: Die Erhöhung der Abszissenanzahl N um den Faktor 64 ($= 2^6$) bewirkt lediglich eine Reduktion des relativen Fehlers um den Faktor 4.3.

Um anstelle des nichtperiodischen Integranden einen periodischen zu erhalten, wurde die spezielle polynomiale Transformation

$$x_k := 3\overline{x}_k^2 - 2\overline{x}_k^3, \quad \overline{x}_k \in [0,1], \qquad k = 1, 2, \ldots, 6,$$

angewendet. Die besseren Glattheitseigenschaften des transformierten Integranden bewirken, wie die Tabelle zeigt, daß die Ergebnisse aller Formeln genauer sind als die Ergebnisse derselben Formeln für den untransformierten Integranden. Noch wichtiger ist die Beobachtung, daß sich der Integrationsfehler zwischen den Formeln mit der geringsten und der höchsten Genauigkeit um einen Faktor 109 verringert.

Als zweite Transformation wurde die spezielle *tanh*-Transformation (12.20) mit $c = 1$,

$$x_k := \frac{1}{2}\left(1 + \tanh\left(\frac{1}{2}\left(\frac{1}{1-\bar{x}_k} - \frac{1}{\bar{x}_k}\right)\right)\right), \quad \bar{x}_k \in [0,1], \qquad k = 1,2,\ldots,6, \tag{12.23}$$

verwendet, die eine beliebig oft differenzierbare, periodische Integrandenfunktion liefert. Diese optimale Glattheit des transformierten Integranden wirkt sich in einer Fehlerreduktion um einen Faktor 516 zwischen der ungenauesten und der genauesten Formel aus. Allerdings ist das Fehlerniveau generell *höher* als beim polynomial transformierten Integranden.

Erst bei sehr großen Abszissenzahlen ($N \gg 39\,616$) erweist sich die *tanh*-Transformation (12.23) als überlegen. Für kleine Werte von N sind die Integrationsfehler, die man nach der *tanh*-Transformation erhält, sogar größer als die entsprechenden Integrationsfehler für den untransformierten Integranden.

Transformationen unbeschränkter auf beschränkte Bereiche

Eine Möglichkeit, Integrale über unbeschränkten Bereichen zu behandeln, ist deren Überführung in Integrale über beschränkten Bereichen. Die folgende Tabelle enthält die wichtigsten Transformationen, deren Umkehrfunktionen das einseitig unbeschränkte Integrationsintervall $[0,\infty)$ in $[0,1)$ überführen.

$\psi(\bar{x})$	$\psi'(\bar{x})$
$-\alpha\log(1-\bar{x}),\ \alpha > 0$	$\alpha/(1-\bar{x})$
$\bar{x}/(1-\bar{x})$	$1/(1-\bar{x})^2$
$(\bar{x}/(1-\bar{x}))^2$	$2\bar{x}/(1-\bar{x})^3$

Das unbeschränkte Intervall $(-\infty,\infty)$ wird durch die Inversen folgender Funktionen auf $(-1,1)$ abgebildet:

$\psi(\bar{x})$	$\psi'(\bar{x})$
$\bar{x}/(1-\lvert\bar{x}\rvert)$	$1/(1-\lvert\bar{x}\rvert)^2$
$\tan(\pi\bar{x}/2)$	$(\pi/2)\cdot(1+\tan^2(\pi\bar{x}/2))$

Weitere Transformationen für unbeschränkte Bereiche findet man z. B. in Genz [217]. Man beachte, daß ψ' an jenen Punkten $\bar{x}$, für die $\psi(\bar{x}) = \pm\infty$ gilt, singulär ist. Daraus resultiert im allgemeinen eine entsprechende Singularität des transformierten Integranden $(f\circ\psi)\psi'$.

Beispiel (Singularität durch Transformation) Wendet man auf das konvergente Integral

$$\int_{-\infty}^{+\infty} \frac{1}{1+|x|^\alpha}\,dx, \quad 1 < \alpha < 2,$$

die Transformation

$$x = \psi(\overline{x}) = \overline{x}/(1 - |\overline{x}|) \quad \text{mit} \quad \psi'(\overline{x}) = 1/(1 - |\overline{x}|)^2$$

an, so erhält man das Integral

$$\int_{-1}^{1} \frac{1}{(1 - |\overline{x}|)^2 + (1 - |\overline{x}|)^{2-\alpha}|\overline{x}|^\alpha} \, d\overline{x},$$

dessen Integrand wegen $\alpha < 2$ an beiden Endpunkten des Intervalls $(-1, 1)$ singulär ist.

Mehrdimensionale unbeschränkte Integrationsbereiche müssen zunächst durch eine geeignete Parametrisierung als kartesische Produkte (unbeschränkter) Intervalle dargestellt werden. Die bereits beschriebenen eindimensionalen Transformationen werden dann auf jede einzelne Koordinate angewendet.

12.2.2 Zerlegung von Integrationsbereichen

Integrale sind *additiv* bezüglich der Zerlegung des Integrationsbereichs B in paarweise disjunkte Teilbereiche $B_1, B_2, \ldots, B_L$:

$$\int_B f(\mathbf{x})\, d\mathbf{x} = \int_{B_1} f(\mathbf{x})\, d\mathbf{x} + \int_{B_2} f(\mathbf{x})\, d\mathbf{x} + \cdots + \int_{B_L} f(\mathbf{x})\, d\mathbf{x}.$$

Eine derartige Zerlegung kann dann von Nutzen sein, wenn der Integrationsbereich B so kompliziert ist, daß eine direkte Anwendung vorhandener Integrationsverfahren nicht möglich ist. In diesem Fall kann man die Teilbereiche $B_1, \ldots, B_L$ so wählen, daß sie jeweils von geometrisch einfacherer Form als der ursprüngliche Bereich B sind. So werden z. B. Integrale auf Polyedern B meist in Integrale auf Simplexen und/oder Quadern $B_1, \ldots, B_L$ zerlegt. Für die so erhaltenen simplex- und quaderförmige Integrationsbereiche existieren eine Reihe von numerischen Integrationsverfahren.

Das nichttriviale Problem, mit welcher Genauigkeit man die Integrale auf den Teilbereichen $B_1, \ldots, B_L$ berechnen muß, damit das Gesamtintegral einer vorgegebenen Fehlertoleranz genügt, wird im Rahmen adaptiver numerischer Integrationsverfahren behandelt (siehe Abschnitt 12.5.2).

12.2.3 Iteration von Integralen

Durch die Zerlegung eines Integrationsbereichs kann man eine Menge von Teilbereichen $B_1, B_2, \ldots, B_L$ erhalten, die alle geometrisch einfacher sind als der ursprüngliche Bereich B, aber dieselbe Dimension n besitzen wie dieser. Bei der *Iteration* von Integralen strebt man hingegen das Zurückführen von mehrdimensionalen Integrationsproblemen auf Integrale geringerer Dimension an.

Für $n = n_1 + n_2$ – und $\mathbb{R}^n = \mathbb{R}^{n_1} \times \mathbb{R}^{n_2}$ – seien B_1 und B_2 definiert durch

$$\begin{aligned} B_1 &:= \{ x_1 \in \mathbb{R}^{n_1} : (\{x_1\} \times \mathbb{R}^{n_2}) \cap B \neq \emptyset \}, \\ B_2(x_1) &:= \{ x_2 \in \mathbb{R}^{n_2} : (x_1, x_2) \in B \}, \quad x_1 \in B_1. \end{aligned}$$

Das Integral If kann nun wie folgt *iteriert* werden:

$$If = \int_B f(x)\,dx = \int_{B_1} \int_{B_2(x_1)} f(x_1,x_2)\,dx_2\,dx_1. \tag{12.24}$$

Diese Vorgangsweise kann sowohl für das äußere als auch für das innere Integral in (12.24) so lange fortgesetzt werden, bis If auf eine verschachtelte Folge *ein*dimensionaler Integrale zurückgeführt ist:

$$\begin{aligned} If &= \int_B f(x)\,dx = \\ &= \int_{B_1} \int_{B_2(x_1)} \int_{B_3(x_1,x_2)} \cdots \int_{B_n(x_1,x_2,\ldots,x_{n-1})} f(x_1,x_2,\ldots,x_n)\,dx_n dx_{n-1}\cdots dx_1. \end{aligned}$$

Die Iterations*reihenfolge* hat oft einen entscheidenden Einfluß auf den Aufwand, der zur numerischen Berechnung des iterierten Integrals erforderlich ist.

Beispiel (Iterationsreihenfolge) Das zweidimensionale Integral

$$If := \int_B 1\,dx$$

mit

$$B := \{\,(x_1,x_2) \in [0,1]^2 \;:\; 0 \le x_1 \le (1-x_2)^{1/2}\,\}$$

kann als

$$If = \int_0^1 \int_0^{(1-x_2)^{1/2}} dx_1 dx_2 = \int_0^1 (1-x_2)^{1/2}\,dx_2, \tag{12.25}$$

aber auch in der Form

$$If = \int_0^1 \int_0^{1-x_1^2} dx_2 dx_1 = \int_0^1 (1-x_1^2)\,dx_1 \tag{12.26}$$

als iteriertes Integral dargestellt werden. Der Integrand $(1-x_2)^{1/2}$ in (12.25) hat eine „Spitze" an der Stelle $x_2 = 1$, die bei der numerischen Integration einen größeren Aufwand erfordert als der Integrand $1 - x_1^2$ in (12.26), der ein einfach zu integrierendes Polynom ist.

Ein nichttriviales Problem ist auch die Entscheidung der Frage, mit welcher Genauigkeit die inneren Integrale berechnet werden müssen, damit das Gesamtintegral einer vorgegebenen Fehlertoleranz genügt. Dieses Problem wird z. B. von Fritsch, Kahaner und Lyness [209] behandelt.

Software (Iterierte Integrale) `NAG/d01dae` sowie `IMSL/MATH-LIBRARY/twodq` berechnen zweidimensionale iterierte Integrale.

12.3 Univariate Integrationsformeln

Definition 12.3.1 (Integrationsformel) *Eine gewichtete Summe*

$$Q_N f = \sum_{i=1}^{N} c_i f(x_i) \tag{12.27}$$

bezeichnet man als eine numerische N-Punkt-Integrationsformel, wenn sie als Approximation für If verwendet werden kann.

Die N voneinander verschiedenen Punkte $x_1, x_2, \dots, x_N$ werden als Integrationsabszissen (Integrationsknoten, Integrationsstützstellen) und die Werte $c_1, c_2, \dots, c_N$ als Integrationsgewichte (Integrationskoeffizienten) bezeichnet.

Damit eine Integrationsformel für die effiziente Lösung numerischer Integrationsprobleme brauchbar ist, sollten die Abszissen und Gewichte so gewählt werden, daß ein bestimmtes Genauigkeitsniveau mit möglichst kleinem N erreicht wird.

Diese Aufgabenstellung wird im folgenden in verschiedenen Stufen behandelt. Zuerst wird der Frage nachgegangen, welche Konstruktionsprinzipien man zur Bestimmung einer Integrationsformel (12.7) anwenden kann und ob die so generierten Formeln prinzipiell geeignet sind, numerische Integrationsprobleme (12.6) zu lösen; mit anderen Worten: ob man bei jedem beliebigen ε und f aus einer bestimmten Funktionenklasse stets ein N und die dazugehörigen Abszissen und Gewichte finden kann, sodaß (12.6) gelöst wird. Dieser Abschnitt wird also Konstruktions- und Konvergenzfragen behandeln.

Die Frage, wie in einer konkreten Situation N, die Abszissen $x_1, x_2, \dots, x_N$ und die Gewichte $c_1, c_2, \dots, c_N$ möglichst aufwandsgünstig zu wählen sind bzw. wie man diese Wahl in Computerprogrammen automatisieren kann, wird im Abschnitt 12.5.2 besprochen.

12.3.1 Konstruktion von Integrationsformeln

Eine Folge von Integrationsformeln $\{Q_N\}$ stellt nur dann eine geeignete Grundlage für die Konstruktion von Integrationsalgorithmen für eine Funktionenmenge $\mathcal{F}$ dar, wenn für alle $f \in \mathcal{F}$ und für jedes $\varepsilon > 0$ ein $N \in \mathbb{N}$ existiert, sodaß

$$|Q_N f - If| \le \varepsilon$$

gilt. Um möglichst effiziente Methoden zu erhalten, sollten die Abszissen und Gewichte der Formeln Q_N so gewählt werden, daß ein gefordertes Genauigkeitsniveau ε mit möglichst wenigen Funktionsauswertungen erreicht wird.

Riemann-Summen

Riemann-Integrale univariater Funktionen $f : [a, b] \subset \mathbb{R} \to \mathbb{R}$ werden mit Hilfe von Riemann-Summen definiert.

Definition 12.3.2 (Univariate Riemann-Summe) *Durch jede Unterteilung (Zerlegung) des Integrationsintervalls $[a,b]$ in N Teilintervalle,*

$$a = x_1 < x_2 < \ldots < x_N < x_{N+1} = b,$$

und jede Auswahl von N Punkten

$$\xi_i \in [x_i, x_{i+1}], \quad i = 1, 2, \ldots, N,$$

wird eine Riemann-Summe definiert:

$$R_N := \sum_{i=1}^{N} (x_{i+1} - x_i) f(\xi_i). \tag{12.28}$$

Definition 12.3.3 (Riemann-Integral) *Falls alle Folgen $\{R_N\}$ von Riemann-Summen mit*

$$\Delta_N := \max\{x_2 - x_1, x_3 - x_2, \ldots, x_{N+1} - x_N\} \to 0 \qquad \text{für} \quad N \to \infty$$

einen gemeinsamen Grenzwert R besitzen, dann bezeichnet man f als Riemann-integrierbar auf $[a,b]$ und definiert das Riemann-Integral als diesen Grenzwert

$$\int_a^b f(x)\,dx := R.$$

Es liegt nun nahe, zur Lösung des numerischen Problems (12.6) eine Riemann-Summe (12.28) als Integrationsformel zu verwenden. Damit ist es (unter Vernachlässigung von Daten- und Rundungsfehlereffekten etc.) prinzipiell möglich, *jedes* Riemann-Integral *beliebig genau* zu approximieren.

Einfache Riemann-Summen

Die einfachste Art, zu einer Folge von Riemann-Summen zu gelangen, ist die folgende: Man unterteilt das Intervall $[a,b]$ in N *gleichlange* Teilintervalle

$$x_i := a + ih, \quad i = 0, 1, \ldots, N \qquad \text{mit} \quad h := (b-a)/N$$

und wählt ξ_i entweder als den rechten oder als den linken Endpunkt des jeweiligen Teilintervalls $[x_{i-1}, x_i]$. Im ersten Fall, mit $\xi_i := x_i$, erhält man

$$R_N^r f := \sum_{i=1}^{N} (x_i - x_{i-1}) f(x_i) = h \sum_{i=1}^{N} f(x_i)$$

und im anderen Fall, mit $\xi_i := x_{i-1}$,

$$R_N^l f := \sum_{i=1}^{N} (x_i - x_{i-1}) f(x_{i-1}) = h \sum_{i=1}^{N} f(x_{i-1}).$$

Damit sind bereits zwei Quadraturformeln mit $c_1 = c_2 = \cdots = c_N = h$ gefunden. Da es sich um Riemann-Summen handelt, folgt sofort die Konvergenz

$$R_N^r f \to \mathrm{I}f, \quad N \to \infty, \qquad \text{und} \qquad R_N^l f \to \mathrm{I}f, \quad N \to \infty,$$

für jede Riemann-integrierbare Funktion f. Damit ist die prinzipielle Tauglichkeit von R_N^r bzw. R_N^l zur Lösung des numerischen Integrationsproblems (12.6) gegeben. Die Effizienz dieser Riemann-Summen, gemessen an der Anzahl N der benötigten f-Werte für ein bestimmtes Genauigkeitsniveau, läßt sich jedoch erst auf Grund von Schranken für den Verfahrensfehler $\mathrm{Q}_N f - \mathrm{I}f$ in Abhängigkeit von N und von Eigenschaften des Integranden f beurteilen.

Für *stetige* Integranden f kann man z. B. deren *Stetigkeitsmodul*

$$\omega(f;\delta) := \max\{|f(x_1) - f(x_2)| \;:\; x_1, x_2 \in [a,b],\ |x_1 - x_2| \le \delta\}$$

zur Abschätzung des Diskretisierungsfehlers verwenden.

Satz 12.3.1 *Für $f \in C[a,b]$ gilt*

$$|R_N^r f - \mathrm{I}f| \le (b-a)\,\omega\left(f; \frac{b-a}{N}\right). \tag{12.29}$$

Beweis: Davis, Rabinowitz [39].

Für die Riemann-Summen R_N^l läßt sich der Fehler $R_N^l f - \mathrm{I}f$ durch die gleiche Schranke abschätzen. Diese Schranke gibt natürlich nur an, mit welcher Geschwindigkeit die Folgen $\{R_N^r f\}$ und $\{R_N^l f\}$ im *ungünstigsten* Fall gegen $\mathrm{I}f$ konvergieren. Erst wenn man zusätzliche Einschränkungen für die Klasse $\mathcal{F}$ der Integrandenfunktionen macht (z. B. hinsichtlich der Differenzierbarkeitseigenschaften), kann man die Konvergenzgeschwindigkeit noch besser charakterisieren.

Beispiel (Einfache Riemann-Summen) Die einfachen Riemann-Summen $R_N^l f_i$ wurden für die Integrandenfunktionen $f_1(x) := x$, $f_2(x) := \sqrt{x}$ und $f_3(x) := \sin \pi x$ jeweils bezüglich des Integrationsintervalls $[0,1]$ berechnet (siehe Tabelle 12.1 und Abb. 12.1).

Tabelle 12.1: Werte von Riemann-Summen R_N^l

N	$R_N^l f_1$	$R_N^l f_2$	$R_N^l f_3$
4	0.3750 000	0.5182 831	0.6035 534
16	0.4687 500	0.6323 312	0.6345 732
64	0.4921 875	0.6584 584	0.6364 920
256	0.4980 469	0.6646 632	0.6366 118
1024	0.4995 117	0.6661 723	0.6366 193
4096	0.4998 779	0.6665 431	0.6366 200
exakt	*0.5000 000*	*0.6666 666*	*0.6366 198*

Für den Integranden f_1 ist der exakte Fehler $R_N^l f_1 - \mathrm{I}f_1 = -(2N)^{-1}$. Für $N = 4096$ tritt mit $-1.221 \cdot 10^{-4}$ genau der mit $-1/8192$ zu erwartende Fehler auf.

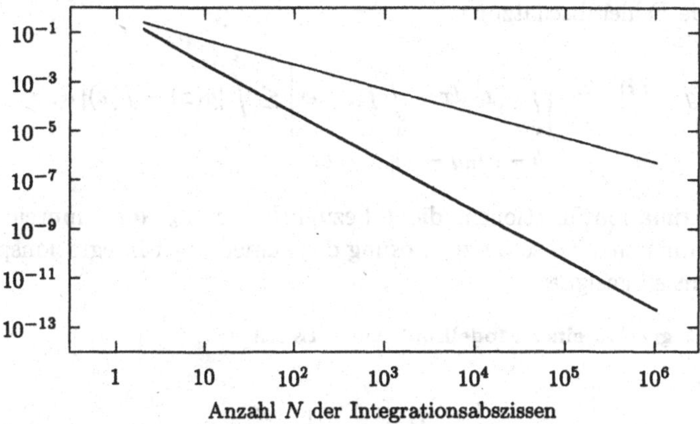

Abb. 12.1: (Riemann-Summen) Beträge der absoluten Fehler der einfachen Riemann-Summen R_N^l für die Integranden $f_2(x) := \sqrt{x}$ (—) und $f_3(x) := \sin \pi x$ (—) auf $[0, 1]$.

Der Integrand f_2 hat auf $[0, 1]$ den Stetigkeitsmodul $\omega(f_2; \delta) = \sqrt{\delta}$, d. h., die Fehlerschranke für $|R_N^l f_2 - \mathrm{I} f_2|$ ergibt sich als $1/\sqrt{N}$. Für $N = 4$ steht einer Fehler*schranke* von 0.5 ein tatsächlicher Fehler von -0.1484 gegenüber, bei $N = 4096$ beträgt er bei einer Fehlerschranke von $1.563 \cdot 10^{-2}$ nur mehr $-1.221 \cdot 10^{-4}$. Die praktisch beobachtete Konvergenz ist also erheblich schneller, als man auf Grund der Fehlerschranke vermuten würde. Dies liegt daran, daß in (12.29) der Stetigkeitsmodul bezüglich des *gesamten* Integrationsintervalls $[a, b]$ zur Abschätzung verwendet wird. Das ungünstige Verhalten des Integranden f an der Stelle $x = 0$ wirkt sich jedoch *nicht* global auf $[0, 1]$, sondern nur *lokal* in der Nähe von 0 aus.

Die höchste Genauigkeit weist $R_N^l f_3$ auf. Hier wird bereits bei $N = 1024$ ein Fehler von $-5 \cdot 10^{-7}$ erreicht, der bei Verwendung einfach genauer Arithmetik auf dem konkreten Rechner auch durch weiteres Erhöhen von N praktisch nicht mehr verbessert werden kann.

Die Konvergenz der Riemann-Summen R_N^r und R_N^l ist in den meisten praktisch auftretenden Fällen unakzeptabel langsam. Es gibt aber Folgen von Quadraturformeln $\{\mathrm{Q}_N f\}$, die erheblich schneller gegen $\mathrm{I}f$ konvergieren als $R_N^r f$ und $R_N^l f$ und von denen sich nachweisen läßt, daß sie auch Riemann-Summen sind, z. B. die Gauß-Formeln (siehe Abschnitt 12.3.2). Aus der Definition der Riemann-Summe erhält man jedoch keine Anhaltspunkte zur Konstruktion derartiger Formeln.

Konstruktion durch Approximation

Unter den *konstruktiven* Methoden zur Gewinnung von effizienten Quadraturformeln spielt das Approximationsprinzip eine zentrale Rolle. Die grundlegende Idee dieses Zugangs besteht darin, den Integranden f durch eine Modellfunktion g zu ersetzen, für die man eine einfache explizite Formel für das unbestimmte Integral kennt. Man berechnet dann das bestimmte Integral $\mathrm{I}\, g$ der Ersatzfunktion g und verwendet es als Näherungswert für das gesuchte Integral $\mathrm{I}f$.

Erfüllt die Approximationsfunktion g die Ungleichung

$$\|g - f\|_\infty \le \frac{\varepsilon}{b - a},$$

dann gilt die Fehlerabschätzung

$$\begin{aligned} |\mathrm{I}g - \mathrm{I}f| &= \left| \int_a^b g(x)\,dx - \int_a^b f(x)\,dx \right| \le \int_a^b |g(x) - f(x)|\,dx \le \\ &\le (b-a)\|g - f\|_\infty \le \varepsilon. \end{aligned}$$

Alle Approximationsfunktionen, die f bezüglich der L_∞-Norm hinreichend genau approximieren, sind somit zur Lösung des numerischen Integrationsproblems (12.6) potentiell geeignet.

Beispiel (Integration einer Modellfunktion) Es soll

$$\mathrm{I} := \int_0^1 \sqrt{x} \cdot \Gamma(x+1)\,dx$$

näherungsweise mit $\varepsilon = 10^{-3}$ berechnet werden. Einem Tabellenwerk (Hart et al. [16]) kann man z. B. folgende Approximation entnehmen:

$$\Gamma(x+1) = a_0 + a_1 x + a_2 x^2 + a_3 x^3 + e(x),$$

$$a_0 = 0.9991\,0836, \; a_1 = 0.4497\,361, \; a_2 = 0.2855\,737, \; a_3 = 0.2646\,888,$$

mit

$$|e(x)| \le 9 \cdot 10^{-4} \quad \text{für alle} \quad x \in [0,1].$$

Infolgedessen erhält man

$$\mathrm{I} = \frac{2}{3}a_0 + \frac{2}{5}a_1 + \frac{2}{7}a_2 + \frac{2}{9}a_3 + \int_0^1 \sqrt{x} \cdot e(x)\,dx = 0.9863\,789 + \eta$$

mit der Fehlerabschätzung

$$|\eta| \le \frac{2}{3} \cdot 9 \cdot 10^{-4} < \varepsilon,$$

d. h. $\mathrm{I} \in [0.9857, 0.9870]$.

Besonders attraktiv als Modellfunktionen sind Polynome

$$g(x) = P_d(x) = \sum_{i=0}^{d} \alpha_i x^i,$$

da sie sich sehr einfach formelmäßig integrieren lassen:

$$\int_a^b P_d(x)\,dx = \sum_{i=0}^{d} \frac{\alpha_i}{i+1}(b^{i+1} - a^{i+1}).$$

Um Integrationsalgorithmen zu konstruieren, muß es möglich sein, beliebige Genauigkeitsforderungen (unter Vernachlässigung von Rechenfehlereffekten) erfüllen zu können. Dazu muß man über eine *Folge* von Ersatzfunktionen $\{P_d\}$ verfügen, von der die Konvergenz gegen den Integranden f gewährleistet ist:

$$P_d \to f \qquad \text{für} \qquad d \to \infty.$$

Beispiel (Bernstein-Polynome) Die Bernstein-Polynome $b_{d,i} \in \mathbb{P}_d$ (vgl. Kapitel 9) spielen in der Approximationstheorie eine wichtige Rolle, da man mit ihrer Hilfe stetige Funktionen auf kompakten Intervallen beliebig gut gleichmäßig approximieren kann. Für $f \in C[0,1]$ konvergiert für $d \to \infty$ die durch

$$B_d(f)(x) := \sum_{i=0}^{d} f\left(\frac{i}{d}\right) \cdot b_{d,i}(x) = \sum_{i=0}^{d} f\left(\frac{i}{d}\right) \binom{d}{i} x^i (1-x)^{d-i}$$

definierte Folge $\{B_d(f)\}$ auf $[0,1]$ *gleichmäßig* gegen f. Die durch Integration

$$\int_0^1 B_d(f)(x)\,dx = \sum_{i=0}^{d} f\left(\frac{i}{d}\right) \binom{d}{i} \int_0^1 x^i(1-x)^{d-i}\,dx = \frac{1}{d+1} \sum_{i=0}^{d} f\left(\frac{i}{d}\right) \tag{12.30}$$

erhaltene Quadraturformel

$$x_i = \frac{i-1}{d}, \quad c_i = \frac{1}{d+1}, \qquad i = 1, 2, \ldots, d+1,$$

die einer Mittelbildung des Integranden an äquidistanten Teilungspunkten des Integrationsintervalles $[0,1]$ entspricht, stellt jedoch wegen der geringen Konvergenzgeschwindigkeit $B_d(f) \to f$ gegenüber den einfachen Riemann-Summen R_N^r und R_N^l *keine* Verbesserung dar. Die Integrationsformel (12.30) unterscheidet sich auch nur unwesentlich von den einfachen Riemann-Summen für das Intervall $[0,1]$

$$R_N^r f = \frac{1}{N} \sum_{i=1}^{N} f\left(\frac{i}{N}\right), \qquad R_N^l f = \frac{1}{N} \sum_{i=0}^{N-1} f\left(\frac{i}{N}\right).$$

Interpolatorische Quadraturformeln

Die wichtigste Rolle bei der Konstruktion von Quadraturformeln spielt die Approximation durch *Interpolations*polynome. Ein Approximationspolynom $P_{N-1} \in \mathbb{P}_{N-1}$, das durch die Interpolationsforderung an den (voneinander verschiedenen) Abszissen $x_1, x_2, \ldots, x_N$ definiert ist (vgl. Kapitel 9),

$$P_{N-1}(x_i) = f(x_i), \quad i = 1, 2, \ldots, N,$$

läßt sich mit Hilfe der Lagrangeschen Elementarpolynome $\varphi_{N-1,i}$ darstellen:

$$P_{N-1}(x) = \sum_{i=1}^{N} f(x_i)\varphi_{N-1,i}(x), \qquad \varphi_{N-1,i}(x) := \prod_{\substack{j=1 \\ j \neq i}}^{N} \frac{x - x_j}{x_i - x_j}.$$

Berechnet man das Integral von P_{N-1},

$$\mathrm{I}P_{N-1} = \int_a^b P_{N-1}(x)\,dx = \sum_{i=1}^{N} f(x_i) \int_a^b \varphi_{N-1,i}(x)\,dx,$$

so erhält man mit

$$c_i := \int_a^b \varphi_{N-1,i}(x)\,dx$$

die Quadraturformel

$$\mathrm{Q}_N f = \mathrm{I}P_{N-1} = \sum_{i=1}^{N} c_i f(x_i).$$

Zu derselben Quadraturformel kann man auch auf einem anderen Weg gelangen: Zu den vorgegebenen Abszissen $x_1, x_2, \ldots, x_N$ wählt man die Gewichte $c_1, c_2, \ldots, c_N$ so, daß die Formel $\mathrm{Q}_N f$ die Elemente einer Basis $\{b_0, b_1, \ldots, b_{N-1}\}$ des Raums der Polynome $\mathbb{P}_{N-1}$, z. B. $\{1, x, x^2, \ldots, x^{N-1}\}$, *exakt* integriert. Die Gewichte ergeben sich dann als Lösung eines linearen Gleichungssystems:

$$\begin{aligned}
c_1 \quad + c_2 \quad + \cdots + c_N \quad &= \int_a^b 1\,dx = b - a \\
c_1 x_1 + c_2 x_2 + \cdots + c_N x_N &= \int_a^b x\,dx = \frac{1}{2}(b^2 - a^2) \\
&\ \vdots \\
c_1 x_1^{N-1} + c_2 x_2^{N-1} + \cdots + c_N x_N^{N-1} &= \int_a^b x^{N-1}\,dx = \frac{1}{N}(b^N - a^N).
\end{aligned} \qquad (12.31)$$

Die Koeffizientenmatrix dieses Gleichungssystems ist die $N \times N$-*Vandermonde-Matrix* $V(x_1, x_2, \ldots, x_N)$, deren Determinante bekannt ist (Davis [38]):

$$\det V(x_1, \ldots, x_N) = \prod_{i=2}^{N} \prod_{j=1}^{i-1} (x_i - x_j). \qquad (12.32)$$

Wenn – was angenommen wurde – alle Abszissen $x_1, \ldots, x_N$ voneinander verschieden sind, dann folgt aus (12.32), daß $V(x_1, \ldots, x_N)$ nichtsingulär ist. Es gibt also einen eindeutigen Vektor von Integrationsgewichten $c_1, c_2, \ldots, c_N$, den man durch Lösung des Gleichungssystems (12.31) ermitteln kann.

Definition 12.3.4 (Interpolatorische Quadraturformeln) *Alle Quadraturformeln, die man auf eine der oben besprochenen äquivalenten Arten erhält und die man als Integral eines Interpolationspolynoms von f an den Quadraturabszissen auffassen kann, nennt man interpolatorische Quadraturformeln.*

Der absolute *Verfahrensfehler* (*Diskretisierungsfehler*) einer interpolatorischen Quadraturformel läßt sich durch den Approximationsfehler $P_{N-1} - f$ abschätzen:

$$\begin{aligned}
|\mathrm{Q}_N f - \mathrm{I}f| &= |\mathrm{I}P_{N-1} - \mathrm{I}f| = |\mathrm{I}(P_{N-1} - f)| \le \\
&\le |b - a| \cdot \|P_{N-1} - f\|_\infty = \\
&= |b - a| \cdot e_{N-1}(f).
\end{aligned}$$

$e_{N-1}(f) := \|P_{N-1} - f\|_\infty$ charakterisiert also die Konvergenz $\mathrm{Q}_N f \to \mathrm{I}f$.

Bei der Polynominterpolation gibt es zwei verschiedene Wege, um den Approximationsfehler $e_{N-1}(f)$ unter eine vorgegebene Schranke zu bringen:

1. Erhöhen des Polynomgrades und

2. Verwendung stückweiser Polynome und Erhöhung der Anzahl der Teilpolynome bei *gleichbleibendem* Polynomgrad.

Beide Wege werden auch zur Gewinnung von Quadraturformeln verwendet. Bei der ersteren Vorgangsweise spricht man von *einfachen* Quadraturformeln, bei Formeln des zweiten Typs von *zusammengesetzten* Quadraturformeln.

Die Freiheiten bei der Wahl der Quadraturabszissen führen erwartungsgemäß zu einer Vielzahl numerischer Quadraturformeln. Um Anhaltspunkte für die Entscheidung zu liefern, welche Formel in einem konkreten Fall am besten anzuwenden ist, werden in den Abschnitten 12.3.2 und 12.3.3 die Eigenschaften der wichtigsten einfachen und zusammengesetzten Formeln besprochen.

Konstruktion durch Beschleunigungsalgorithmen

Wenn man sich die Folge der Näherungswerte $\{R_N^l\}$ mit $N = 2^2, 2^4, 2^6, \ldots$ Quadraturabszissen in Tabelle 12.1 (Seite 92) genauer ansieht, dann merkt man, daß bei f_1 und f_2 bei einer Vervierfachung der Punktezahl N der Fehler näherungsweise auf ein Viertel zurückgeht, d. h., es gilt die Beziehung

$$R_N^l f - \mathrm{I}f \approx \frac{A}{N}, \tag{12.33}$$

$$R_{4N}^l f - \mathrm{I}f \approx \frac{A}{4N} \tag{12.34}$$

mit $A = const$. Multipliziert man (12.34) mit 4 und subtrahiert dann (12.33), so erhält man

$$(4R_{4N}^l f - R_N^l f)/3 - \mathrm{I}f \approx 0.$$

Es ist zu erwarten, daß man mit $(4R_{4N}^l f - R_N^l f)/3$ einen noch besseren Näherungswert für $\mathrm{I}f$ als $R_{4N}^l f$ erhält. Dies ist tatsächlich der Fall. Der Wert

$$(4R_{64}^l f_2 - R_{16}^l f_2)/3 = 0.6671\,674$$

hat einen Fehler von $5.01 \cdot 10^{-4}$, der in der gleichen Größenordnung ist wie jener von $R_{1024}^l f_2$. Es war also möglich, auf Grund der Kenntnis der Fehlerstruktur – die in (12.33) und (12.34) zum Ausdruck kommt – eine neue Quadraturformel

$$\mathrm{Q}_{4N} f := (4R_{4N}^l f - R_N^l f)/3$$

zu konstruieren, deren Verfahrensfehler viel kleiner als jener von $R_{4N}^l f$ ist.

Definition 12.3.5 (Beschleunigungsalgorithmus) *Jedes Verfahren, das durch eine geeignete Umformung einer konvergenten Folge $\{Q_N\}$ eine schneller konvergierende Folge $\{\hat{Q}_N\}$ liefert, nennt man Beschleunigungsalgorithmus.*

Die oben angeführte Elimination des ersten Fehlerterms einer Entwicklung

$$\mathrm{Q}_N - \mathrm{Q} = AN^{-\alpha} + BN^{-\beta} + CN^{-\gamma} + \cdots, \tag{12.35}$$

bei der die Exponenten $0<\alpha<\beta<\gamma<\cdots$ bekannt sind, während die Koeffizienten $A, B, C, \ldots$ im allgemeinen unbekannt sind, ist ein Spezialfall eines allgemeinen Beschleunigungsverfahrens, der *Richardson-Extrapolation*.

Angenommen, es gilt für zwei verschiedene Werte N_1 und N_2

$$\begin{aligned} \mathrm{Q} &= \mathrm{Q}_{N_1} - AN_1^{-\alpha} + O(N_1^{-\beta}) \\ \mathrm{Q} &= \mathrm{Q}_{N_2} - AN_2^{-\alpha} + O(N_2^{-\beta}) \end{aligned}$$

bzw. (nach Weglassen der Terme höherer Ordnung)

$$\overline{\mathrm{Q}} = \mathrm{Q}_{N_1} - AN_1^{-\alpha} \tag{12.36}$$

$$\overline{\mathrm{Q}} = \mathrm{Q}_{N_2} - AN_2^{-\alpha} = \mathrm{Q}_{N_2} - A\left(\frac{N_2}{N_1}\right)^{-\alpha} N_1^{-\alpha}. \tag{12.37}$$

Multipliziert man (12.36) mit $(N_2/N_1)^{-\alpha}$ und zieht diese Gleichung von (12.37) ab, so ergibt sich

$$\overline{\mathrm{Q}} - \overline{\mathrm{Q}}\left(\frac{N_2}{N_1}\right)^{-\alpha} = \mathrm{Q}_{N_2} - \left(\frac{N_2}{N_1}\right)^{-\alpha} \mathrm{Q}_{N_1}$$

bzw.

$$\overline{\mathrm{Q}} = \frac{\mathrm{Q}_{N_2} - (N_2/N_1)^{-\alpha}\mathrm{Q}_{N_1}}{1-(N_2/N_1)^{-\alpha}} = \frac{(N_2/N_1)^{\alpha}\mathrm{Q}_{N_2} - \mathrm{Q}_{N_1}}{(N_2/N_1)^{\alpha} - 1}. \tag{12.38}$$

Die Formel (12.38) kann somit zur Definition einer neuen Folge von Näherungswerten verwendet werden, bei der in der Fehlerentwicklung (12.35) der Term $AN^{-\alpha}$ eliminiert ist. Wendet man auf diese neudefinierte Folge wieder (12.38) an, diesmal mit dem Exponenten β, so wird der Term $BN^{-\beta}$ eliminiert usw.

Da die Richardson-Extrapolation immer einer Linearkombination von Quadraturformeln entspricht, kann man das Ergebnis dieses Beschleunigungsverfahrens selbst wieder als Quadraturformel deuten:

$$\hat{\mathrm{Q}}_N := \sum_{j=1}^{J} a_j \mathrm{Q}_{N_j} = \sum_{j=1}^{J} a_j \sum_{i=1}^{N_j} c_i^j f(x_i^j) =: \sum_{i=1}^{\hat{N}} \hat{c}_i f(\hat{x}_i).$$

Auch wenn man in der praktischen Rechnung nicht auf eine *explizite* Darstellung dieser Form zurückgreift, stellt die Richardson-Extrapolation ein Mittel zur Konstruktion von neuen Quadraturformeln dar.

Für den Spezialfall der zusammengesetzten Trapezregel erhält man als Resultat der Richardson-Extrapolation die *Romberg-Formeln*, die in Abschnitt 12.3.4 diskutiert werden.

Für *zusammengesetzte* Quadraturformeln $k \times \mathrm{Q}$ (vgl. Abschnitt 12.3.3) kann man – für gewisse Klassen von Integranden – asymptotische Entwicklungen

$$(k \times \mathrm{Q})f - \mathrm{I}f = Ak^{-\alpha} + Bk^{-\beta} + Ck^{-\gamma} + \cdots \tag{12.39}$$

ableiten. Wenn der Integrand hinreichend „glatt“ ist, dann zeigt die Euler-Maclaurinsche Summenformel (Satz 12.3.10), daß die Exponenten für die zusammengesetzte Trapezregel durch $\alpha = 2$, $\beta = 4$, $\gamma = 6, \ldots$ gegeben sind. Für Integranden mit einem geringeren Grad an Stetigkeit bzw. Differenzierbarkeit (mit algebraischen oder logarithmischen Singularitäten etc.) hängen die Exponenten von den analytischen Eigenschaften des Integranden ab (Lyness, Ninham [285]).

Die Richardson-Extrapolation kann nur dann angewendet werden, wenn die Exponenten $\alpha, \beta, \gamma, \ldots$ *explizit* bekannt sind. In der Praxis ist man aber oft nicht in der Lage, sich diese Information zu beschaffen. Man kann aber die Exponenten in Gleichung (12.39) als zu bestimmende Unbekannte ansehen. Allerdings unterscheidet sich die algorithmische Bestimmung der Exponenten wesentlich von der der Koeffizienten $A, B, C, \ldots$, da (12.39) in den Exponenten *nichtlinear* ist. Daher müssen *nichtlineare* Extrapolationsmethoden wie z. B. der ε-Algorithmus (Kahaner [255]) verwendet werden.

Nichtlineare Extrapolationsverfahren bilden nichtlineare Kombinationen von Quadraturformeln. Solche Verfahren kann man nicht mehr als Quadraturformeln im eigentlichen Sinn bezeichnen. Quadraturverfahren, die auf nichtlinearer Extrapolation beruhen, werden daher separat in Abschnitt 12.3.5 behandelt.

Software (Lineare Extrapolation) Das Unterprogramm NAG/d01pae berechnet eine Folge von Trapezregeln für n-dimensionale Simplizes und verwendet die Richardson-Extrapolation zur Konvergenzbeschleunigung.

Lineare Transformation von Quadraturformeln

Viele Quadraturformeln werden für spezielle Integrationsintervalle spezifiziert, z. B. die Gauß-Formeln für das Intervall $[-1, 1]$. Um eine derartige Formel auf einem anderen Intervall anwenden zu können, muß sie zunächst geeignet transformiert werden. Da je zwei endliche Intervalle $[a, b]$ und $[c, d]$ mit Hilfe von affinen Transformationen aufeinander abgebildet werden können, werden in diesem Abschnitt nur solche Transformationen betrachtet.

Nichtlineare Transformationen sind nur im Zusammenhang mit IMT-Formeln von Bedeutung (siehe Abschnitt 12.3.3).

$\overline{x} \in [\overline{a}, \overline{b}]$ wird durch folgende affine Transformation auf $x \in [a, b]$ abgebildet:

$$x = \gamma\overline{x} + \beta, \qquad \overline{x} = \frac{1}{\gamma}\big(x - \beta\big), \tag{12.40}$$

mit

$$\gamma := \frac{b-a}{\overline{b}-\overline{a}}, \qquad \beta := \frac{a\overline{b} - \overline{a}b}{\overline{b}-\overline{a}}.$$

Daraus ergibt sich

$$\int_a^b w(x) f(x) dx = \gamma \int_{\overline{a}}^{\overline{b}} \overline{w}(\overline{x}) \overline{f}(\overline{x}) d\overline{x}$$

mit

$$\overline{w}(\overline{x}) := w(\gamma\overline{x} + \beta), \qquad \overline{f}(\overline{x}) := f(\gamma\overline{x} + \beta).$$

Eine Quadraturformel

$$\int_{\overline{a}}^{\overline{b}} \overline{w}(\overline{x})\overline{f}(\overline{x})d\overline{x} = \sum_{i=1}^{N} \overline{c}_i \overline{f}(\overline{x}_i) + \overline{E}(\overline{f})$$

geht durch die affine Transformation (12.40) über in die Formel

$$\int_{a}^{b} w(x)f(x)dx = \sum_{i=1}^{N} c_i f(x_i) + E(f)$$

mit den Abszissen und Gewichten

$$x_i := \gamma\overline{x}_i + \beta, \quad c_i := \gamma\overline{c}_i, \quad i = 1, 2, \dots, N,$$

und dem Verfahrensfehler $E(f) = \gamma\overline{E}(\overline{f})$ (siehe z. B. Stroud [75]).

12.3.2 Einfache interpolatorische Quadraturformeln

Alle interpolatorischen Quadraturformeln Q_N sind durch die Wahl ihrer Abszissen $x_1, x_2, \dots, x_N$ eindeutig charakterisiert. Die wichtigsten Möglichkeiten für die Wahl der Quadraturabszissen und die daraus resultierenden Formelfamilien sind in der folgenden Übersicht zusammengestellt:

Abszissen	**Formelfamilie**
äquidistante Unterteilung	*Newton-Cotes*-Formeln
mit Endpunkten	*abgeschlossene* Newton-Cotes-Formeln
ohne Endpunkte	*offene* Newton-Cotes-Formeln
Nullstellen der	*Gauß*-Formeln
Legendre-Polynome P_N	Gauß-(*Legendre*-)Formeln
Laguerre-Polynome L_N	Gauß-*Laguerre*-Formeln
Hermite-Polynome H_N	Gauß-*Hermite*-Formeln
Jacobi-Polynome $P_N^{\alpha,\beta}$	Gauß-*Jacobi*-Formeln
Nullstellen von	
$[P_{N-1}(x) + P_N(x)]$	*Radau*-Formeln
$(x^2 - 1) \cdot P'_{N-1}$	*Lobatto*-Formeln
Tschebyscheff-Extrema	(praktische) *Clenshaw-Curtis*-Formeln
Tschebyscheff-Nullstellen	(klassische) *Clenshaw-Curtis*-Formeln

Alle Nullstellen bzw. Extrema von orthogonalen Polynomen, die als Quadraturabszissen Verwendung finden, müssen vom üblichen Definitionsbereich $\overline{B} = [-1, 1]$ orthogonaler Polynome auf den allgemeinen Integrationsbereich $B = [a, b]$ transformiert werden:

$$x_i := \overline{x}_i \frac{b-a}{2} + \frac{a+b}{2}. \tag{12.41}$$

Die entsprechende Transformation der Quadraturgewichte lautet $c_i := \overline{c}_i \cdot (b-a)/2$.

Genauigkeitsgrad

Ein wichtiges Charakteristikum jeder Quadraturformel ist ihr *Genauigkeitsgrad*.

Definition 12.3.6 (Genauigkeitsgrad) *Eine Quadraturformel Q_N hat den Genauigkeitsgrad D, wenn*

$$\begin{aligned} Q_N x^k &= I x^k, \qquad k = 0, 1, \ldots, D, \\ Q_N x^{D+1} &\neq I x^{D+1} \end{aligned}$$

gilt, d. h., falls Q_N alle Polynome bis zum Maximalgrad D exakt integriert und es ein Polynom vom Grad $D+1$ gibt, das von Q_N nicht exakt integriert wird.

Jede interpolatorische Formel Q_N hat auf Grund ihrer Konstruktion einen Genauigkeitsgrad $D \geq N-1$. Es gilt jedoch auch die Umkehrung dieser Tatsache, wie der folgende Satz zeigt.

Satz 12.3.2 *Jede N-punktige Quadraturformel Q_N mit einem Genauigkeitsgrad $D \geq N-1$ ist eine interpolatorische Formel.*

Beweis: Engels [43].

Die besondere Bedeutung des Genauigkeitsgrades liegt in der Möglichkeit, zwischen dem Verfahrensfehler der Quadratur und dem Fehler des bezüglich der L_∞-Norm bestapproximierenden Polynoms P_D^* eine Beziehung herzustellen.

Satz 12.3.3 *Für eine interpolatorische Quadraturformel Q_N mit dem Genauigkeitsgrad D gilt die Fehlerschätzung*

$$|Q_N f - If| \leq \left(|b-a| + \sum_{i=1}^{N} |c_i| \right) \cdot e_D^*(f), \tag{12.42}$$

mit

$$e_D^*(f) := \inf\{\|P_D - f\|_\infty : P_D \in \mathbb{P}_D\}.$$

Falls Q_N nur positive Quadraturgewichte besitzt, gilt

$$|Q_N f - If| \leq 2|b-a| \cdot e_D^*(f). \tag{12.43}$$

Beweis: Davis, Rabinowitz [39].

Konvergenz

Für eine Folge von interpolatorischen Quadraturformeln $\{Q_N\}$ mit *positiven* Gewichten für alle N kann man auf Grund von (12.43) sofort auf die Konvergenz für alle $f \in C[a, b]$

$$Q_N f \to If \qquad \text{für} \qquad N \to \infty$$

schließen, da in diesem Fall (nach dem Satz von Weierstraß; Davis [38])

$$e_D^*(f) \to 0 \qquad \text{für} \qquad D \to \infty$$

gilt. Da insbesondere

$$e^*_{D+1}(f) \le e^*_D(f)$$

gilt, folgt aus (12.43), daß (bei gleicher Stützstellenzahl) Formeln mit höherem Genauigkeitsgrad im allgemeinen eine kleinere Fehler*schranke* besitzen.

Unter allen N-punktigen interpolatorischen Quadraturformeln sind daher jene mit positiven Gewichten und maximalem Genauigkeitsgrad ausgezeichnet. Es wird sich herausstellen, daß es sich dabei um jene Formeln handelt, deren Quadraturabszissen die Nullstellen der Legendre-Polynome sind, d. h. um die *Gauß-*(Legendre)-*Formeln* (siehe Abschnitt „Gauß-Formeln" auf Seite 107).

Abschließend soll noch darauf hingewiesen werden, daß man ohne zusätzliche Information über Ableitungsschranken oder den Stetigkeitsmodul von f *keine* Aussagen über die Konvergenz*geschwindigkeit* der Folge $\{Q_N f\}$ machen kann. Der folgende Satz zeigt, daß deren Konvergenz sogar beliebig langsam sein kann.

Satz 12.3.4 *Angenommen, die Folge $\{Q_N f\}$ von Quadraturformeln konvergiert für beliebige $f \in C[a,b]$ gegen $\mathrm{I}f$,*

$$Q_N f \to \mathrm{I}f \qquad \textit{für} \quad N \to \infty,$$

dann gibt es für jede – beliebig langsam – konvergente Folge $\{\lambda_N\}$ mit

$$\lambda_N \in \mathbb{R}, \quad \lambda_N \ge 0, \quad \lim_{N\to\infty} \lambda_N = 0,$$

eine Funktion $f \in C[a,b]$, für die der Verfahrensfehler von $\{Q_N f\}$ noch langsamer konvergiert:

$$|Q_N f - \mathrm{I}f| \ge \lambda_N \quad \text{für alle} \quad N \in \mathbb{N}.$$

Beweis: Lipow, Stenger [278].

Software (Interpolatorische Quadraturformeln) TOMS/655 enthält Unterprogramme, die für die meisten in Abschnitt 12.1.2 genannten positiven Gewichtsfunktionen und für beliebig vorgegebene Abszissen $x_1, x_2, \ldots, x_N$ die Gewichte $c_1, c_2, \ldots, c_N$ der entsprechenden interpolatorischen Quadraturformel Q_N berechnen. Dabei müssen die vorgegebenen Abszissen nicht notwendigerweise verschieden sein. Tritt eine Stelle x_i genau k_i-mal als Abszisse auf ($k_i \in \{2,3,4,\ldots\}$), so wird an der Stelle x_i nicht nur der Funktionswert interpoliert, sondern auch die Ableitungen $f', f'', \ldots, f^{(k_i-1)}$ (*Hermite-Birkhoff-Interpolation*).

Ferner werden in TOMS/655 Unterprogramme zur Verfügung gestellt, welche die ermittelte Quadraturformel auch für eine vom Benutzer vorgegebene Integrandenfunktion f auswerten. Die genannten Funktionen können auch für jede positive Gewichtsfunktion w ausgeführt werden, soferne der Benutzer den Wert

$$\mathrm{I}(w;[a,b]) = \int_a^b w(x)\,dx$$

und die Folge der bezüglich w orthogonalen Polynome in Form der Koeffizienten der dreistelligen Rekursion (siehe Abschnitt 10.2.5) angibt.

Abgeschlossene Newton-Cotes-Formeln

Die *abgeschlossenen* Newton-Cotes-Formeln Q_N, $N = 2, 3, 4, \ldots$, sind die interpolatorischen Quadraturformeln zu den äquidistanten Abszissen

$$x_i = a + (i-1)h, \quad i = 1, 2, \ldots, N \qquad \text{mit} \qquad h := \frac{b-a}{N-1}.$$

Die Bezeichnung „abgeschlossen" bringt zum Ausdruck, daß die Endpunkte a und b des Integrationsintervalls die äußeren Abszissen der jeweiligen Quadraturformel sind. Die Gewichte c_i der Newton-Cotes-Formeln ergeben sich durch Integration der entsprechenden Lagrangeschen Elementarpolynome.

Beispiel (Trapezregel) Die einfachste und zugleich wichtigste Formel unter den abgeschlossenen Newton-Cotes-Formeln ist die *Trapezregel*

$$Q_2(f; a, b) = \frac{b-a}{2}[f(a) + f(b)] \approx \int_a^b f(x)\, dx.$$

Durch Interpolation mit einem Polynom $P_1(x) = \alpha_0 + \alpha_1 x$ entsteht ein Trapez, das von den Geraden $x = a$, $x = b$, der x-Achse und der Sehne zwischen $(a, f(a))$ und $(b, f(b))$ begrenzt wird. Die Fläche dieses Trapezes wird als Näherung für den gesuchten Integralwert verwendet.

Die ersten drei abgeschlossenen Newton-Cotes-Formeln lauten (unter Verwendung der Notation $f_i := f(x_i)$):

$$\begin{aligned} Q_2 f &= \frac{h}{2}(f_1 + f_2) && (\textit{Trapezregel}), \\ Q_3 f &= \frac{2h}{6}(f_1 + 4f_2 + f_3) && (\textit{Simpson-Regel}) \quad \text{und} \\ Q_4 f &= \frac{3h}{8}(f_1 + 3f_2 + 3f_3 + f_4). \end{aligned}$$

Bei den abgeschlossenen Newton-Cotes-Formeln treten bei $D = N-1 = 8$, also

$$Q_9 f = \frac{8h}{28350}(989f_1 + 5888f_2 - 928f_3 + 10496f_4 - 4540f_5 + \cdots),$$

und bei *allen* Formeln mit $D \geq 10$ *negative* Koeffizienten auf. Während bei interpolatorischen Quadraturformeln mit *positiven* Koeffizienten die Beziehung

$$\sum_{i=1}^{N} |c_i| = \sum_{i=1}^{N} c_i = |b-a|$$

gilt (da $f \equiv 1$ exakt integriert wird), ist dies bei den höheren Newton-Cotes-Formeln *nicht* der Fall; bei Q_9 ist z. B.

$$\sum |c_i| \approx 1.45|b-a|.$$

Es gilt sogar der folgende Satz:

Satz 12.3.5 (Kusmin) *Für die Koeffizienten $c_1^N, c_2^N, \ldots, c_N^N$ der Newton-Cotes-Formeln Q_N gilt*

$$\sum_{i=1}^{N} |c_i^N| \to \infty, \qquad N \to \infty.$$

Beweis: Werner, Schaback [77].

Das Anwachsen der Summe der Beträge der Koeffizienten für steigendes N führt u. a. dazu, daß Fehler (Störungen) des Funktionswertes $f(x_i)$ um den Faktor c_i^N verstärkt in das Resultat $Q_N f$ Eingang finden. Die Newton-Cotes-Formeln sind daher für große Werte von N numerisch *nicht stabil*.

Um den Verfahrensfehler unter jede vorgebbare Toleranz bringen zu können, muß *Konvergenz* $Q_N f \to If$ für $N \to \infty$ gewährleistet sein. Die Konvergenz der Newton-Cotes-Formeln kann aber *nicht* aus (12.43) abgeleitet werden, da negative Quadraturgewichte auftreten; wegen des Anwachsens der absoluten Werte der Koeffizienten (siehe Satz 12.3.5) kann auch (12.42) nicht verwendet werden.

Selbst für analytische Integrandenfunktionen f ist die Konvergenz $Q_N f \to If$ für $N \to \infty$ *nicht* in jedem Fall sichergestellt. Nur für solche analytischen Funktionen, die in einem „ovalen" Gebiet der komplexen Ebene um das reelle Intervall $[a, b]$ keine Pole aufweisen, kann Konvergenz gewährleistet werden (Krylov [269]). Dies ist nicht weiter verwunderlich, wenn man sich an die starken Voraussetzungen erinnert, die erforderlich sind, um die Konvergenz der Folge von Interpolationspolynomen $P_1, P_2, P_3, \ldots$ bezüglich äquidistanter Stützstellen gegen f zu garantieren (vgl. Kapitel 9).

Die praktische Bedeutung der Newton-Cotes-Formeln liegt in deren Verwendung in zusammengesetzten Quadraturformeln. In diesem Zusammenhang ist es wichtig, über genauere Ausdrücke zur Charakterisierung des Verfahrensfehlers $Q_N f - If$ zu verfügen, da sich der *Integrations*fehler einer interpolatorischen Quadraturformel auf den *Approximations*fehler (9.35) zurückführen läßt.

Beispiel (Verfahrensfehler der Trapezregel) Für die Trapezregel, die durch Integration des Interpolationspolynoms $P_1 \in \mathbb{P}_1$ zu den Abszissen $x_1 = a$ und $x_2 = b$ zustandekommt, ergibt sich unter Verwendung von

$$e_1(f) = \|P_1 - f\|_\infty \le \frac{(b-a)^2}{8} M_2 \qquad \text{mit} \quad M_2 := \max\{|f''(x)| : x \in [a, b]\}$$

die Abschätzung

$$|Q_2 f - If| \le \frac{(b-a)^3}{8} M_2 = \frac{h^3}{8} M_2.$$

Dieses Resultat läßt sich durch eine genauere Untersuchung noch verbessern:

$$Q_2 f - If = \frac{h^3}{12} f''(\xi), \quad \xi \in [a, b], \qquad \text{bzw.} \qquad |Q_2 f - If| \le \frac{h^3}{12} M_2.$$

Wie bei der Trapezregel läßt sich für alle Newton-Cotes-Formeln eine genaue Fehlerdarstellung angeben (Isaacson, Keller [58]).

Offene Newton-Cotes-Formeln

Den *offenen* Newton-Cotes-Formeln Q_N, $N = 1, 2, 3, \ldots$, liegen folgende Quadraturabszissen zugrunde:

$$x_i = a + ih, \quad i = 1, 2, \ldots, N \qquad \text{mit} \qquad h := \frac{b-a}{N+1}.$$

Die Bezeichnung „offen" weist darauf hin, daß die Endpunkte a und b des Integrationsintervalles in diesem Fall *keine* Quadraturabszissen sind. Mit der Bezeichnungsweise $f_i := f(x_i)$ lauten die ersten drei offenen Newton-Cotes-Formeln:

$$\begin{aligned} Q_1 f &= 2hf_1 && \text{(\textit{Rechteck-Regel})}, \\ Q_2 f &= \frac{3h}{2}(f_1 + f_2) && \text{und} \\ Q_3 f &= \frac{4h}{3}(2f_1 - f_2 + 2f_3). \end{aligned}$$

Beispiel (Fehler der Rechteckregel) Für die Rechteckregel gibt es die Fehlerdarstellung

$$Q_1 f - If = -\frac{h^3}{3} f''(\xi), \quad \xi \in (a, b) \qquad \text{bzw.} \qquad |Q_2 f - If| \le \frac{h^3}{3} M_2.$$

Software (Newton-Cotes-Formeln) Zur Auswertung der gebräuchlichsten Newton-Cotes-Formeln kann man etwa `HARWELL/qa01` verwenden.

In den IMSL- und NAG-Bibliotheken kommen überhaupt *keine* Newton-Cotes-Formeln vor, da sie nicht so effizient sind wie z. B. die Gauß-Kronrod-Formeln.

Clenshaw-Curtis-Formeln

Bei der Approximation durch Interpolationspolynome ist die Wahl der Tschebyscheff-Abszissen den äquidistanten Abszissen deutlich überlegen. Es ist daher zu erwarten, daß sich die Tschebyscheff-Nullstellen und Extrema auch als Quadraturabszissen gut bewähren. Dies ist tatsächlich der Fall; sowohl die Tschebyscheff-Nullstellen

$$x_i = \cos \frac{(2i-1)\pi}{2N}, \quad i = 1, 2, \ldots, N,$$

als auch die Tschebyscheff-Extrema

$$x_i = \cos \frac{(i-1)\pi}{N-1}, \quad i = 1, 2, \ldots, N,$$

führen auf interpolatorische Quadraturformeln mit *positiven* Gewichten (Fejér [192], Imhof [244]). In beiden Fällen ist somit die Konvergenz

$$Q_N f \to If, \quad N \to \infty,$$

für alle $f \in C[a, b]$ gesichert. Der Genauigkeitsgrad ist allerdings nur $D = N-1$.

Die Tschebyscheff-Extrema sind den Tschebyscheff-Nullstellen praktisch überlegen, da sie beim Übergang von Q_N auf Q_{2N-1} nur die Ermittlung von N–1 zusätzlichen Werten von f erfordern; bei Verwendung der Tschebyscheff-Nullstellen müßte man hingegen beim Übergang von Q_N auf Q_{2N} alle $2N$ f-Werte neu berechnen. Man bezeichnet daher die Tschebyscheff-Extrema als die „praktischen" Clenshaw-Curtis-Abszissen.[2]

Die Berechnung der Gewichte der Clenshaw-Curtis Formeln Q_N erfordert $O(N^2)$ arithmetische Operationen (Davis, Rabinowitz [39]). Bei effizienten Implementierungen der Clenshaw-Curtis-Formeln werden aber die Gewichte nicht explizit ermittelt. Statt dessen geht man von der Darstellung des Interpolationspolynoms P_d, $d = N - 1$, in der Basis der Tschebyscheff-Polynome,

$$P_d(x) = \sum_{i=0}^{d}{}' c_i T_i(x) := \frac{c_0}{2} + c_1 T_1(x) + \cdots + c_d T_d(x),$$

aus. Wegen

$$Q_N f = \mathrm{I}P_d = \sum_{i=0}^{d}{}' c_i \cdot \mathrm{I}T_i$$

erfordert die Berechnung von $Q_N f$ sowohl die Berechnung der Koeffizienten $c_0, c_1, \ldots, c_d$ als auch der sogenannten *Momente* $\mathrm{I}T_0, \mathrm{I}T_1, \ldots, \mathrm{I}T_d$.

Für die Tschebyscheff-Extrema bzw. die Tschebyscheff-Nullstellen als Interpolationsabszissen, d. h. bei den praktischen und klassischen Clenshaw-Curtis-Formeln, erhält man die Koeffizienten $c_0, c_1, \ldots, c_d$ aus (9.25) bzw. (9.26). In beiden Fällen können sämtliche Koeffizienten (mit Hilfe einer Variante der *Fast Fourier Transform*) mit nur $O(N \log N)$ arithmetischen Operationen berechnet werden (Gentleman [216]).

Für die Momente $\mathrm{I}T_0, \mathrm{I}T_1, \ldots, \mathrm{I}T_d$ lassen sich für eine Reihe in der Praxis häufig auftretender Gewichtsfunktionen[3] w Rekursionsformeln angeben, die eine effiziente und numerisch stabile Auswertung gestatten (Piessens et al. [23]).

Software (Clenshaw-Curtis-Formeln) Die Integrationsunterprogramme `CMLIB/qc25s` ≈ `QUADPACK/qc25s` ≈ `SLATEC/qc25s` werten für einen Integranden f die modifizierte 25-Punkt-Clenshaw-Curtis-Formel für Gewichtsfunktionen mit algebraischen oder algebraisch-logarithmischen Endpunktsingularitäten aus. Zusätzlich wird mit Hilfe der 13-Punkt-Clenshaw-Curtis-Formel eine Fehlerabschätzung ermittelt.

Die Unterprogramme `CMLIB/qc25f` ≈ `QUADPACK/qc25f` ≈ `SLATEC/qc25f` leisten Analoges für die trigonometrischen Gewichtsfunktionen $\cos(\omega x)$ und $\sin(\omega x)$.

Die Unterprogramme `CMLIB/qc25c` ≈ `QUADPACK/qc25c` ≈ `SLATEC/qc25c` verwenden die Cauchy-Hauptwert-Gewichtsfunktion $1/(x - c)$.

Das Unterprogramm `IMSL/MATH-LIBRARY/fqrul` berechnet Abszissen und Gewichte der Fejér-Formel (der klassischen Clenshaw-Curtis-Formel) für eine beliebige, vom Benutzer vorzugebende Anzahl von Abszissen N. Ferner können auch Abszissen und Gewichte der *modifizierten* Fejér-Formel für Gewichtsfunktionen mit algebraischen oder algebraisch-logarithmischen Endpunktsingularitäten sowie für die Cauchy-Hauptwert-Gewichtsfunktion berechnet werden.

[2] Die klassischen Clenshaw-Curtis-Formeln werden auch als *Fejér-Formeln* bezeichnet.

[3] Im Fall $w \not\equiv 1$ spricht man auch von *modifizierten* Momenten.

Gauß-Formeln

Zu beliebig vorgegebenen N Abszissen hat die zugehörige interpolatorische Quadraturformel Q_N einen Genauigkeitsgrad $D \geq N-1$. Sie wird aber im allgemeinen keinen höheren Genauigkeitsgrad als $N-1$ besitzen, da man bei *vorgegebenen* Abszissen lediglich die verbleibenden N Parameter (die Integrationskoeffizienten) so wählen kann, daß Polynome mit maximal N Parametern (den Polynomkoeffizienten), d. h. Polynome vom Maximalgrad $N-1$, exakt integriert werden.

Den größtmöglichen Genauigkeitsgrad einer N-punktigen Formel kann man erreichen, wenn *alle* $2N$ Parameter – N Koeffizienten *und* N Abszissen – geeignet gewählt werden. Auf diese Weise kann man Polynome mit maximal $2N$ Parametern (d. h. Polynome vom Maximalgrad $2N-1$) exakt integrieren.

Satz 12.3.6 *Eine N-punktige Quadraturformel*

$$Q_N f = \sum_{i=1}^{N} c_i f(x_i)$$

kann höchstens den Genauigkeitsgrad $D = 2N-1$ haben. Diesen Genauigkeitsgrad erreicht man, wenn man als Abszissen $x_1, x_2, \ldots, x_N$ die Nullstellen des N-ten orthogonalen Polynoms (vom Grad $d = N$) bezüglich der Gewichtsfunktion w in $[a, b]$ wählt und die Formel interpolatorisch ist.

Beweis: Davis, Rabinowitz [39].

Für $[a, b] = [-1, 1]$ und $w(x) \equiv 1$ sind die „optimalen" Abszissen $x_1, x_2, \ldots, x_N$ die Nullstellen des Legendre-Polynoms vom Grad $d = N$. Für ein beliebiges Intervall $[a, b]$ müssen die Abszissen und Gewichte entsprechend (12.41) transformiert werden. Die so erhaltenen Quadraturformeln G_N nennt man *Gauß-Formeln* oder *Gauß-Legendre-Formeln*.

Terminologie (Gauß-Legendre-Formeln) Die Bezeichnung Gauß-*Legendre*-Formeln dient dazu, Verwechslungen mit den Gauß-*Laguerre*-, Gauß-*Hermite*- und Gauß-*Jacobi*-Formeln zu vermeiden, die man mit den Laguerre-, Hermite- bzw. Jacobi-Gewichtsfunktionen (siehe Abschnitt 12.1.2) erhält.

Satz 12.3.7 *Die Koeffizienten $c_1^N, c_2^N, \ldots, c_N^N$ der Gauß-Formeln G_N sind alle positiv:*

$$c_i^N > 0, \quad i = 1, 2, \ldots, N, \quad N = 1, 2, 3, \ldots.$$

Beweis: Engels [43].

Auf Grund der positiven Gewichte der Gauß-Formeln läßt sich sofort mit Hilfe von Satz 12.3.3 auf die Konvergenz

$$G_N f \to If, \quad N \to \infty,$$

für alle $f \in C[a, b]$ schließen. Die Konvergenz der Gauß-Formeln ist sogar für alle auf $[a, b]$ Riemann-integrierbaren Funktionen f gewährleistet:

Satz 12.3.8 *Alle Gauß-Formeln G_N, $N = 1, 2, 3, \ldots$, sind Riemann-Summen.*

Beweis: Stroud [75].

Software (Gauß-Formeln) Das Unterprogramm `IMSL/MATH-LIBRARY/gqrul` liefert Abszissen und Gewichte der Gauß-Formeln für jede in Abschnitt 12.1.2 genannte positive Gewichtsfunktion und für jede beliebige vorgegebene Anzahl von Abszissen N.

Mit `IMSL/MATH-LIBRARY/gqrcf` lassen sich Abszissen und Gewichte der Gauß-Formeln sogar für jede beliebige Gewichtsfunktion berechnen. Der Benutzer kann dabei allerdings *nicht* direkt die Gewichtsfunktion w vorgeben, sondern er muß die Folge der bezüglich w orthogonalen Polynome in Form der Koeffizienten der dreistelligen Rekursion (10.2.6) spezifizieren.

Umgekehrt funktioniert das Unterprogramm `IMSL/MATH-LIBRARY/recqr`: Es berechnet bei einer durch N Abszissen und Gewichte vorgegebenen Gauß-Integrationsformel die Folge der ersten N zugehörigen Rekursionskoeffizienten. Für die in Abschnitt 12.1.2 genannten positiven Gewichtsfunktionen kann die Folge der Rekursionskoeffizienten auch mit Hilfe von `IMSL/MATH-LIBRARY/reccf` bestimmt werden.

Das Unterprogramm `NAG/d01bae` wertet für eine vorgegebene Integrandenfunktion f Gauß-Formeln aus. Der Benutzer kann dabei sowohl beim Typ der Formel (Gauß-Legendre, Gauß-Laguerre etc.) als auch bei der Anzahl der Abszissen N unter einer Reihe von Möglichkeiten wählen. Das Unterprogramm `NAG/d01bbe` liefert die Gewichte und Abszissen der genannten Formeln. Zur Berechnung der genannten Gauß-Formeln für eine *beliebige* Anzahl N von Abszissen steht `NAG/d01bce` zur Verfügung.

`TOMS/655` enthält Unterprogramme, die für die meisten in Abschnitt 12.1.2 genannten positiven Gewichtsfunktionen und für jede beliebige vorgegebene Abszissenzahl N Gewichte und Abszissen der entsprechenden Gauß-Formel berechnen. Die berechnete Gauß-Formel kann auch gleichzeitig für eine vom Benutzer vorgegebene Integrandenfunktion f ausgewertet werden. Die bisher genannten Funktionen können für jede positive Gewichtsfunktion w ausgeführt werden, soferne der Benutzer die zur Gewichtsfunktion gehörenden Rekursionskoeffizienten angibt.

Radau- und Lobatto-Formeln

Während bei den Gauß-Formeln alle $2N$ zur Verfügung stehenden Parameter (N Gewichte und N Abszissen) einer N-Punkt Quadraturformel genutzt wurden, um den maximalen Genauigkeitsgrad $D = 2N - 1$ zu erreichen, werden bei den Radau- und Lobatto-Formeln einzelne Abszissen a priori vorgeschrieben. Die verbleibenden Abszissen und sämtliche Gewichte werden so bestimmt, daß die entstehenden Formeln größtmöglichen Genauigkeitsgrad D erhalten.

Bei den *Radau*-Formeln wird *eine* Abszisse vorgeschrieben, und zwar entweder der linke Randpunkt $x_1 = a$ oder der rechte Randpunkt $x_N = b$. Mit den verbleibenden $2N - 1$ Parametern werden Formeln vom Genauigkeitsgrad $D = 2N - 2$ konstruiert. Bei den *Lobatto*-Formeln werden *zwei* Abszissen vorgeschrieben: die beiden Randpunkte $x_1 = a$ *und* $x_N = b$. Man erhält auf diese Weise Formeln vom Genauigkeitsgrad $D = 2N - 3$.

Da sowohl Radau- als auch Lobatto-Formeln wegen ihres hohen Genauigkeitsgrades interpolatorisch sein müssen, sind diese Formeln durch die Angabe ihrer Abszissen eindeutig charakterisiert.

Die Bedeutung der Radau- und der Lobatto-Formeln liegt nicht so sehr im Bereich der Quadratur, sondern eher bei der Integration von Differentialgleichungen und bei der Lösung von Integralgleichungen, wo sie die Grundlage wichtiger Verfahren mit hoher Konvergenzordnung bilden.

Software (Radau- und Lobatto-Formeln) Für jede vorgegebene Anzahl N von Abszissen ermittelt das Unterprogramm `IMSL/MATH-LIBRARY/gqrul` für die in Abschnitt 12.1.2 genannten positiven Gewichtsfunktionen Abszissen und Gewichte der Quadraturformeln mit maximalem Genauigkeitsgrad (vgl. den Software-Abschnitt über Gauß-Formeln). Dabei ist es möglich, maximal zwei Abszissen der zu bestimmenden Quadraturformel fest vorzugeben. Legt man z. B. bezüglich der Legendre-Gewichtsfunktion einen der Intervallendpunkte von $[-1,1]$ als Abszisse fest, so erhält man die entsprechende Radau-Formel. Wählt man beide Intervallendpunkte von $[-1,1]$ als Abszissen, so erhält man die jeweilige Lobatto-Formel. Mit Hilfe des Unterprogramms `IMSL/MATH-LIBRARY/gqrcf` läßt sich diese Konstruktion für jede beliebige Gewichtsfunktion w durchführen, wobei die Gewichtsfunktion implizit mittels der Folge der bezüglich w orthogonalen Polynome spezifiziert wird.

Gauß-Kronrod-Formeln

Bei der praktischen Lösung von Integrationsproblemen haben Gauß-Formeln einen gravierenden Nachteil: Zwei beliebige Gauß-Formeln G_N und G_K mit $N > K$ haben *keine* Abszissen gemeinsam (außer eventuell den Intervallmittelpunkt). Es gibt daher keine effiziente Methode, um zu einer praktisch berechenbaren Fehlerabschätzung zu gelangen. Die übliche Vorgangsweise, Formeln mit verschiedener Punktezahl auszuwerten und die Differenz als Fehlerschätzung zu verwenden, würde zu viele Werte des Integranden benötigen und damit einen zu hohen Aufwand verursachen.

Dieser Nachteil der Gauß-Formeln konnte durch eine naheliegende (aber erst 1965 durch A. S. Kronrod [268] publizierte) Vorgangsweise überwunden werden: Man gibt (ähnlich wie bei der Konstruktion der Radau- und Lobatto-Formeln) die N Abszissen von G_N fest vor und konstruiert eine $(2N+1)$-Punktformel, die den größtmöglichen Genauigkeitsgrad $D = 3N+1$ (N gerade) bzw. $D = 3N+2$ (N ungerade) besitzt. Die neuen Abszissen liegen in den Intervallen

$$(a, x_1),\ (x_1, x_2),\ (x_2, x_3), \ldots, (x_N, b),$$

wobei $x_1, x_2, \ldots, x_N$ die Abszissen von G_N sind.

Software (Gauß-Kronrod-Formeln) Die Unterprogramme `CMLIB/qk`N $\approx$ `QUADPACK/qk`N $\approx$ `SLATEC/qk`N, $N = 15, 21, 31, 41, 51, 61$ werten für einen Integranden f die N-Punkt Gauß-Kronrod-Formel aus. Zusätzlich wird mit Hilfe der entsprechenden Gauß-Formel eine Fehlerabschätzung ermittelt.

Die Unterprogramme `CMLIB/qk15w` $\approx$ `QUADPACK/qk15w` $\approx$ `SLATEC/qk15w` ermöglichen die Vorgabe einer zusätzlichen Gewichtsfunktion.

Piessens und Branders [327] haben ein Fortran-Programm publiziert, das sowohl die Gauß-Abszissen und Gewichte als auch die Kronrod-Abszissen und Gewichte für eine beliebig vorgegebene Abszissenzahl N berechnet.

Patterson-Formeln

Die von Kronrod stammende Idee der Erweiterung von Gauß-Formeln wurde von Patterson aufgegriffen, der auf die erste Erweiterung von G_N auf K_{2N+1} noch eine Erweiterung um $2N+2$ zusätzliche Abszissen folgen ließ, um so eine Formel vom Genauigkeitsgrad $6N+4$ zu erhalten. Auf diese Weise wurde z. B. eine Folge von 3-, 7-, 15-, 31-, 63-, 127- und 255-Punkt-Formeln konstruiert (Patterson [325]).

Software (Patterson-Formeln) TOMS/672 enthält ein Unterprogramm, das für eine beliebige positive Gewichtsfunktion w, für beliebig vorgegebene Abszissen $x_1, x_2, \ldots, x_N$ und eine natürliche Zahl M die Gewichte $c_1, c_2, \ldots c_N, c_{N+1}, \ldots, c_{N+M}$ und die zusätzlichen Abszissen $x_{N+1}, x_{N+2}, \ldots, x_{N+M}$ so bestimmt, daß die entsprechende Quadraturformel Q_{N+M} maximalen Genauigkeitsgrad hat. Die Gewichtsfunktion wird dabei indirekt mit Hilfe der Rekursionsformel ihrer orthogonalen Polynome vorgegeben.

Im nichtadaptiven Integrationsprogramm NETLIB/QUADPACK/qng wird die Folge der 10-, 21-, 43- und 87-Punkt-Patterson-Formeln verwendet, während in TOMS/699 die von Patterson konstruierte Folge der 3-, 7-, 15-, 31-, 63-, 127- und 255-Punkt-Formeln Verwendung findet.

12.3.3 Zusammengesetzte Quadraturformeln

Im Abschnitt 12.3.2 wurden verschiedene *einfache* interpolatorische Quadraturformeln besprochen, also solche, die durch Integration *eines* Interpolationspolynoms auf dem Integrationsintervall zustande kamen. In diesem Abschnitt sollen nun Formeln diskutiert werden, die man durch Integration eines *stückweisen* Polynoms erhält. Äquivalent zu diesem Zugang ist die Unterteilung des Intervalls $[a, b]$ in Teilintervalle, auf die dann jeweils eine einfache interpolatorische Formel angewendet wird.

Von zentraler Bedeutung für die numerische Integration ist der Umstand, daß ein bestimmtes Integral über einem Intervall $[a, b]$ aus Integralen über disjunkte Teilintervalle additiv zusammengesetzt werden kann:

$$\int_a^b f(x)\,dx = \int_a^{\bar{x}_1} f(x)\,dx + \int_{\bar{x}_1}^{\bar{x}_2} f(x)\,dx + \cdots + \int_{\bar{x}_{k-1}}^{b} f(x)\,dx.$$

In diesem Abschnitt wird angenommen, daß $[a, b]$ durch die Teilungspunkte

$$a = \bar{x}_0 < \bar{x}_1 < \cdots < \bar{x}_k = b$$

in k *äquidistante* Teilintervalle zerlegt wird.[4] In jedem dieser k Teilintervalle wird die gleiche einfache N-Punkt-Quadraturformel Q_N angewendet. Die sich damit ergebende zusammengesetzte Quadraturformel wird mit $k \times Q_N$ bezeichnet.

In jenen Fällen, wo Q_N eine *abgeschlossene* Formel ist – bei der also *beide* Intervallendpunkte Quadraturabszissen sind – ist die Anzahl $k(N-1)+1$ der Abszissen der zusammengesetzten Formel $k \times Q_N$ niedriger als $k \cdot N$, da die Abszissen an den Intervallgrenzen $\bar{x}_1, \bar{x}_2, \ldots, \bar{x}_{k-1}$ nur einmal zu zählen sind, weil dort nur *ein* f-Wert benötigt wird.

Konvergenz

Im Gegensatz zu den einfachen Quadraturformeln konvergieren zusammengesetzte Quadraturformeln für *alle* Riemann-integrierbaren Funktionen.

[4]Nichtäquidistante Unterteilungen von $[a, b]$ werden im Zusammenhang mit Integrationsalgorithmen im Abschnitt 12.5 behandelt.

Satz 12.3.9 *Sei Q_N eine N-Punkt-Quadraturformel mit einem Genauigkeitsgrad $D \geq 0$, d. h. $f \equiv 1$ wird von Q_N exakt integriert. Dann gilt für jede auf $[a,b]$ beschränkte, Riemann-integrierbare Funktion*

$$(k \times \mathrm{Q}_N)f \to \mathrm{I}f \qquad \text{für} \qquad k \to \infty.$$

Beweis: Davis, Rabinowitz [39].

Dieser Satz liefert ein starkes Argument für die Verwendung zusammengesetzter Formeln. Ein weiterer Vorteil des Formelzusammensetzens ist die Möglichkeit der *ungleichmäßigen* adaptiven Gitterverfeinerung, die in Abschnitt 12.5.2 noch genau besprochen wird. Fast alle Computerprogramme zur numerischen Quadratur beruhen in irgendeiner Form auf zusammengesetzten Formeln.

Zusammengesetzte Trapezregel

Eine wichtige Integrationsformel ist die zusammengesetzte Trapezregel $T_l := l \times T$,

$$T_l f = h\left[\frac{1}{2}f(a) + f(a+h) + \ldots + f(a+(l-1)h) + \frac{1}{2}f(b)\right].$$

Den Fehler der $(l+1)$-Punkt-Formel T_l kann man – bei ausreichender Differenzierbarkeit der Integrandenfunktion f – sehr genau charakterisieren.

Satz 12.3.10 (Euler-Maclaurinsche Summenformel) *Für $f \in C^{2k+1}[a,b]$ gilt die Fehlerformel*

$$\begin{aligned} T_l f - \mathrm{I}f &= \frac{B_2}{2!}h^2[f'(b) - f'(a)] + \frac{B_4}{4!}h^4[f^{(3)}(b) - f^{(3)}(a)] + \cdots \\ &\cdots + \frac{B_{2k}}{(2k)!}h^{2k}[f^{(2k-1)}(b) - f^{(2k-1)}(a)] + \\ &+ h^{2k+1}\int_a^b \overline{P}_{2k+1}\left(l\frac{x-a}{b-a}\right) f^{(2k+1)}(x)\,dx, \end{aligned} \tag{12.44}$$

wobei die Konstanten die Bernoulli-Zahlen

$$B_2 = 1/6, \quad B_4 = -1/30, \quad B_6 = 1/42, \quad B_8 = -1/30, \quad B_{10} = 5/66, \quad \ldots$$

sind. Die Funktion $\overline{P}_{2k+1}$ ist durch folgende Reihe definiert:

$$\overline{P}_{2k+1}(x) := (-1)^{k-1}\sum_{i=1}^{\infty} 2(2i\pi)^{-2k-1}\sin(2\pi i x).$$

Beweis: Davis, Rabinowitz [39].

Der Fehlerformel (12.44) kann man insbesondere entnehmen, daß für Integranden, deren ungerade Ableitungen an den beiden Endpunkten des Integrationsintervalls übereinstimmen, z. B. bei allen $(b-a)$-periodischen Integranden, die zusammengesetzte Trapezregel T_l besonders genaue Resultate liefert.

Wendet man T_l auf Integranden $f \in C^{2k+1}[a,b]$ mit

$$f'(a) = f'(b), \quad f^{(3)}(a) = f^{(3)}(b), \quad \dots, f^{(2k-1)}(a) = f^{(2k-1)}(b)$$

und

$$|f^{(2k+1)}(x)| \leq M_{2k+1} \qquad \text{für alle } x \in [a,b]$$

an, dann gibt

$$|T_l f - \mathrm{I}f| \leq Ch^{2k+1}, \qquad h = (b-a)/l,$$

die Konvergenzordnung von $T_l f \to \mathrm{I}f$ an. Aussagen über die Konvergenzgeschwindigkeit für analytische Integrandenfunktionen findet man z. B. bei Davis, Rabinowitz [39].

Beispiel (Trapezregel für periodische Integranden) Die Funktion

$$f(x) := \frac{1}{1 + r\sin(2j\pi x)}, \qquad |r| < 1, \quad j \in \mathbb{Z}, \tag{12.45}$$

hat die Periode 1 und ist beliebig oft differenzierbar. Die Konvergenz der zusammengesetzten Trapezregel T_l ist daher in diesem Fall schneller als l^{-k} für *jeden* Wert $k \in \mathbb{N}$.

Für $r = 0.5$, $j = 5$, $a = 0$, $b = 1$ erhält man den in Abb. 12.2 dargestellten Verlauf des absoluten Fehlers $|T_l f - \mathrm{I}f|$. Die vier Kurven sind – von links nach rechts – folgende Fehlerverläufe: l ist eine ungerade Zahl, aber kein Vielfaches von 5; l ist eine gerade Zahl, aber kein Vielfaches von 5; l ist ein ungerades Vielfaches von 5; l ist ein gerades Vielfaches von 5. Die besondere Bedeutung des Faktors 5 für den Fehlerverlauf hängt mit den Nullstellen von $\sin(10\pi x)$ zusammen.

Integriert man zum Vergleich diese Funktion mit den Gauß-Formeln gleicher Abszissenzahl, so erhält man wesentlich ungünstigere Fehlerwerte (—).

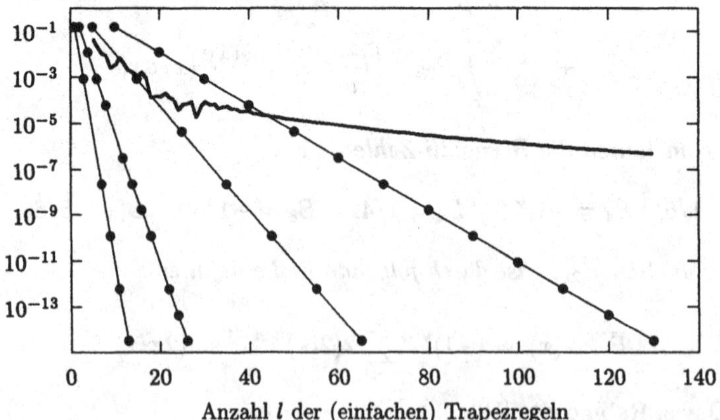

Abb. 12.2: (Trapezregel) Beträge der absoluten Fehler der 1-, 2-, 3-, ..., 130-fach zusammengesetzten Trapezregel (—) und der Gauß-Formeln (—) mit gleicher Abszissenzahl für die Integrandenfunktion (12.45).

IMT-Formeln

Die rasche Konvergenz der zusammengesetzten Trapezregel kann man auch für *nicht*periodische Integrandenfunktionen erreichen, wenn man eine geeignete periodisierende Variablentransformation durchführt (siehe Abschnitt 12.2.1).

Eine Substitution, die der transformierten Funktion g die Eigenschaft

$$g^{(j)}(-1) = g^{(j)}(1) = 0, \qquad j = 0, 1, 2, \ldots ,$$

gibt, ist die – geeignet skalierte – IMT-Transformation (12.19)

$$\psi(\overline{x}) := a + \frac{b-a}{\gamma} \int_{-1}^{\overline{x}} \exp\left(\frac{-c}{1-t^2}\right) dt \qquad \text{mit} \quad \gamma := \int_{-1}^{1} \exp\left(\frac{-c}{1-t^2}\right) dt. \quad (12.46)$$

Der Parameter c kann aus $\mathbb{R}_+$ gewählt werden, wobei sich der Wert $c = 4$ praktisch bewährt hat. Mit der Transformation (12.46) erhält man

$$\int_a^b f(x)dx = \int_{-1}^{1} f(\psi(\overline{x}))\psi'(\overline{x})\, d\overline{x} = \int_{-1}^{1} g(\overline{x})\, d\overline{x}.$$

Drückt man $T_l g$ in f aus, so erhält man Quadraturformeln Q_N mit $N = l + 1$ Abszissen, die trotz ihrer Herkunft von der l-fach zusammengesetzten Trapezregel T_l *einfach* und nicht zusammengesetzt sind. Sie werden wegen Verwendung der IMT-Transformation als *IMT-Formeln* bezeichnet und haben folgende *Vorteile*:

1. Auf Grund der speziellen Transformation ψ und des Nichtauftretens der Randabszissen in Q_N sind sie für Integranden mit (integrierbaren) Singularitäten an den Intervallgrenzen a und b gut geeignet. Dies gilt insbesondere auch für Integrale auf unendlichen Bereichen ($a = -\infty$ und/oder $b = \infty$), die auf einen endlichen Bereich transformiert wurden, wodurch sich im allgemeinen Endpunktsingularitäten einstellen (siehe Abschnitt 12.2.1).

2. Für eine Folge $\{Q_N\}$ von Formeln mit $N = 1, 3, 5, \ldots$ können bei der Auswertung von Q_N alle Funktionswerte der vorangegangenen Formeln der Folge wiederverwendet werden, was sich günstig auf die Effizienz auswirkt.

12.3.4 Romberg-Formeln

Von der zusammengesetzten Trapezregel T_l weiß man auf Grund der Euler-Maclaurinschen Summenformel (12.44), daß bei hinreichend differenzierbaren Integrandenfunktionen der Verfahrensfehler $T_l f - \mathrm{I} f$ die Struktur

$$T_l f - \mathrm{I} f = C_2 h^2 + C_4 h^4 + C_6 h^6 + \cdots \qquad (12.47)$$

hat, wobei die Konstanten $C_2, C_4, \ldots$ nur von der Integrandenfunktion f, nicht jedoch von der Schrittweite $h = (b-a)/l$ abhängen. Berechnet man nicht nur

T_l, sondern auch T_{2l}, dann kann man den ersten Term der Fehlerentwicklung eliminieren und erhält die neue Formel

$$T_l^1 f := \frac{4T_{2l}f - T_l f}{3}$$

mit der Fehlerstruktur

$$T_l^1 f - \mathrm{I}f = C_4^1 h^4 + C_6^1 h^6 + \cdots .$$

Diesen Vorgang kann man rekursiv fortsetzen,

$$T_l^k := \frac{4^k T_{2l}^{k-1} - T_l^{k-1}}{4^k - 1},$$

wobei $T_l^0 := T_l$ die ursprünglichen Trapezsummen bezeichnet (vgl. (12.38)). Dabei erhält man folgendes Schema, bei dem jeder Wert T_l^k Linearkombination des links davon und des schräg links oberhalb stehenden Wertes ist:

$$\begin{array}{lcllll} T_1 & = & T_1^0 & & & \\ T_2 & = & T_2^0 & T_1^1 & & \\ T_4 & = & T_4^0 & T_2^1 & T_1^2 & \\ T_8 & = & T_8^0 & T_4^1 & T_2^2 & T_1^3 \\ & \vdots & & & & \end{array}$$

$T_l^1, T_l^2, T_l^3, \ldots$ bezeichnet man als *Romberg-Formeln*. Da es sich bei T_l^k um eine Linearkombination von Formeln der Gestalt

$$T_l f = \sum_{i=1}^{l+1} c_i f(x_i)$$

handelt, kann man auch T_l^k in dieser Gestalt darstellen:

$$T_l^k f = \sum_{i=1}^{N+1} c_i^k f(x_i^k), \qquad N = l \cdot 2^k.$$

Die Romberg-Formeln $T_1^k, T_2^k, T_4^k, \ldots$ haben den Genauigkeitsgrad $D = 2k + 1$ (Bauer, Rutishauser, Stiefel [108]). Wegen $D = 2k + 1 < 2^k$ für $k \geq 3$ sind die Rombergformeln $T_l^3, T_l^4, \ldots$ *keine* interpolatorischen Formeln. Trotzdem sind sie Riemann-Summen (Baker [103]).

Effizienz der Romberg-Formeln

Mit den Romberg-Formeln lassen sich Integrale glatter Funktionen effizient und mit hoher Genauigkeit numerisch berechnen. Die Effektivität dieser Formeln nimmt jedoch mit abnehmender Glattheit des Integranden sehr rasch ab.

Beispiel (Romberg-Formeln) Die Abb. 12.3 zeigt die Beträge der absoluten Fehler der Romberg-Formeln $T_1^0, T_1^1, \ldots, T_1^9$ bei näherungsweiser Berechnung der Integrale

$$\mathrm{I}f_k := \int_0^1 (k+3/2)x^{k+1/2}\,dx = 1, \qquad k = 0, 1, \ldots, 4. \tag{12.48}$$

Die Fehlerkurven zeigen deutlich die Abhängigkeit der Konvergenzrate der Romberg-Formeln von der Glattheit des Integranden. Für den viermal stetig differenzierbaren Integranden f_4 ist der Fehler erheblich kleiner als für den lediglich stetigen Integranden f_0.

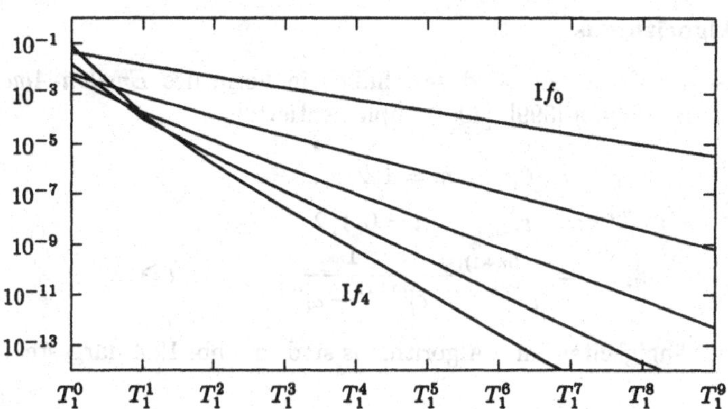

Abb. 12.3: (Romberg-Formeln) Beträge der absoluten Fehler der Romberg-Formeln für die fünf Integrale (12.48).

Software (Romberg-Formeln) `RECIPES/qromb` und `RECIPES/qromo` sind Programme, die auf der Romberg-Integration beruhen.

12.3.5 Nichtlineare Extrapolation

Die Euler-Maclaurinsche Summenformel kann hinsichtlich der Klasse von Integranden f, auf die sie angewendet werden kann, verallgemeinert werden. Wenn z. B. f eine *algebraische Endpunkt-Singularität* besitzt,

$$f(x) = x^\beta h(x), \quad -1 < \beta \le 0, \quad h \in C^{p+1}[a,b],$$

dann gilt (Lyness, Ninham [285])

$$(k \times \mathrm{Q}_N)f - \mathrm{I}f = \sum_{q=1}^{p} a_q k^{-\beta-q} + \sum_{q=1}^{p} b_q k^{-q} + O(k^{-p-1}). \tag{12.49}$$

Ähnliche – wenn auch kompliziertere – Entwicklungen erhält man für Integranden mit algebraisch-logarithmischen Endpunkt-Singularitäten und für Integranden mit inneren algebraischen Singularitäten (Lyness, Ninham [285]).

Man beachte, daß die (lineare) Richardson-Extrapolation nur dann zur Konvergenzbeschleunigung herangezogen werden kann, wenn der Exponent β *explizit* bekannt ist. Wenn dies nicht der Fall ist, müssen *nichtlineare* Extrapolationsmethoden verwendet werden, um die Konvergenz von $(k \times Q_N)f$ zu beschleunigen.

Für die Beschleunigung der Konvergenz

$$s_k := (k \times Q_N)f \to \mathrm{I}f \qquad \text{für} \quad k \to \infty$$

erweist sich – unter der Voraussetzung, daß die Entwicklung (12.49) zutrifft – die *Shanks-Transformation* (Shanks [362]) als besonders geeignet.

Epsilon-Algorithmus

Die Shanks-Transformation wird gewöhnlich in Form des *Epsilon-Algorithmus* (ε*-Algorithmus*) (Wynn [399], [400]) implementiert:

$$\begin{aligned}
\varepsilon_{-1}^{(m)} &:= 0, \qquad m = 1,2,3,\ldots \\
\varepsilon_{0}^{(m)} &:= s_m, \qquad m = 0,1,2\ldots \\
\varepsilon_{l+1}^{(m)} &:= \varepsilon_{l-1}^{(m+1)} + \frac{1}{\varepsilon_{l}^{(m+1)} - \varepsilon_{l}^{(m)}}, \qquad m,l \geq 0.
\end{aligned}$$

Die Datenabhängigkeiten im ε-Algorithmus sind in Abb. 12.4 dargestellt.

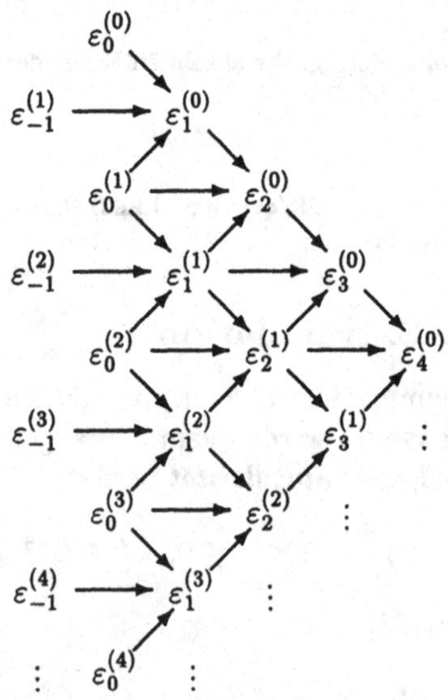

Abb. 12.4: Datenabhängigkeiten im ε-Algorithmus

Der ε-Algorithmus ist – abgesehen von der Richardson-Extrapolation – das wichtigste Extrapolationsverfahren im Bereich der numerischen Integration. So beruhen z. B. alle Konvergenzbeschleunigungsverfahren des QUADPACK [23] auf diesem Algorithmus.

Beispiel (Epsilon-Algorithmus) In Abb. 12.5 sind die bei der numerischen Berechnung des Integrals

$$\int_0^1 3/2\sqrt{x}\,dx = 1 \tag{12.50}$$

mit Hilfe der Romberg-Formeln T_2^k, $k = 0,1,\ldots,15$ und der auf denselben Trapezregeln beruhenden Werte $\varepsilon_k^{(0)}$, $k = 0,1,\ldots,15$ des ε-Algorithmus auftretenden Beträge der absoluten Fehler gegenübergestellt. Der Fehler von $\varepsilon_5^{(0)}$ ist im Rahmen der verwendeten Rechengenauigkeit (doppelt genaue IEC/IEEE-Arithmetik) bereits in der Größenordnung der Rundungsfehler. Ein wesentlich genaueres Ergebnis ist also auch bei Verwendung von einer größeren Anzahl von Abszissen mit dieser Maschinenarithmetik nicht zu erwarten.

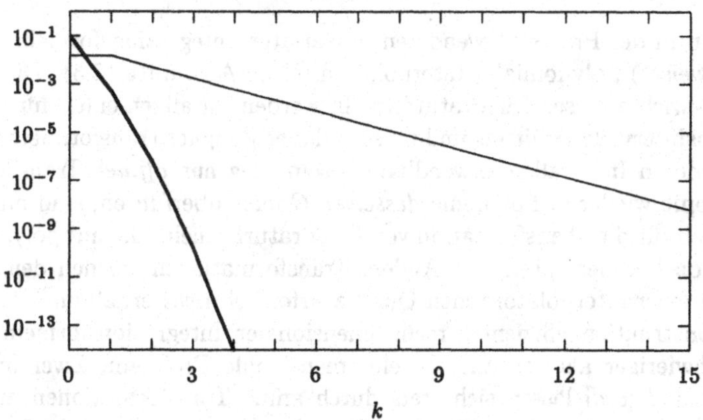

Abb. 12.5: (Epsilon-Algorithmus) Beträge der absoluten Fehler der Romberg-Formeln (—) und des Epsilon-Algorithmus (**—**) bei der numerischen Berechnung von (12.50).

Software (Epsilon-Algorithmus) Eine Implementierung des ε-Algorithmus findet man z. B. in **CMLIB/ea**.

12.3.6 Spezielle Methoden

Außer den bereits behandelten Integrationsverfahren gibt es noch eine Reihe spezieller numerischer Quadraturmethoden, die im Rahmen dieses Buches nicht systematisch dargestellt werden können.

Zunächst seien z. B. die *sinc-Methoden* genannt. Diese sind für Integranden, die auf einem das jeweilige Integrationsintervall enthaltenden Teilbereich der komplexen Zahlenebene analytisch sind, besonders geeignet (Lund, Bowers [281]).

Software (sinc-Methoden) Integrationsformeln, die auf sinc-Methoden beruhen, findet man in **TOMS/614**.

Die Konvergenz alternierender Reihen kann oft mit Hilfe der *Euler-Transformation* beschleunigt werden (Davis, Rabinowitz [39]). Integrale periodisch oszillierender Funktionen kann man daher dadurch effizient berechnen, daß man das Integrationsintervall in eine Folge von Teilintervallen zerlegt, auf denen der Integrand alternierend positives bzw. negatives Vorzeichen annimmt. Da die Reihe der Teilintegrale alternierend ist, konvergiert die mit Hilfe der Euler-Transformation ermittelte Folge meist sehr schnell gegen den Integralwert über das gesamte Intervall. Dieses Verfahren ist insbesondere im Zusammenhang mit Integralen über unbeschränkten Bereichen vorteilhaft.

Software (Euler-Transformation) Das Unterprogramm `TOMS/639/oscint` berechnet Integrale bestimmter oszillierender Funktionen mit Hilfe der Euler-Transformation.

12.4 Multivariate Integrationsformeln

Die meisten in der Praxis verwendeten univariaten Integrationsformeln beruhen auf (stückweiser) polynomialer Interpolation (siehe Abschnitt 12.3). Die Abszissen und Gewichte dieser Quadraturformeln werden im allgemeinen für spezielle Integrationsintervalle ermittelt und müssen daher geeignet transformiert werden, um auf anderen Intervallen anwendbar zu sein. Da nur *affine*[5] Transformationen Polynome wieder in Polynome *desselben Grades* überführen, sind nur solche Abbildungen für die Transformation von Quadraturformeln, die auf polynomialer Interpolation beruhen, geeignet. Andere Transformationen würden den Genauigkeitsgrad einer interpolatorischen Quadraturformel *nicht* erhalten.

Die Konstruktion effizienter mehrdimensionaler Integrationsformeln ist bei weitem schwieriger als das analoge eindimensionale Problem: Zwei Intervalle $[a, b] \subset \mathbb{R}$ und $[c, d]$ lassen sich stets durch affine Transformationen aufeinander abbilden (vgl. Abschnitt 12.3.1). Hingegen existieren für jede Dimension $n \geq 2$ unendlich viele meßbare und zusammenhängende Bereiche im $\mathbb{R}^n$, die *nicht* äquivalent sind unter affinen Transformationen, die also nicht durch affine Transformationen ineinander übergeführt werden können (Stroud [377]). Polynomiale Kubaturformeln sind für jeden dieser Bereiche grundsätzlich verschieden.

Beispiel (Affin nicht-äquivalente Bereiche) Die Einheitskreisscheibe

$$S_2 := \{\, (x_1, x_2) \;:\; x_1^2 + x_2^2 \leq 1 \,\}$$

kann mittels der *nicht*-affinen Transformation

$$x_1 \;=\; r\cos(2\pi\varphi), \qquad x_2 \;=\; r\sin(2\pi\varphi)$$

in das Einheitsquadrat

$$C_2 := \{\, (r, \varphi) \;:\; 0 \leq r \leq 1, 0 \leq \varphi \leq 1 \,\}$$

abgebildet werden. Da jede affine Abbildung C_2 auf ein Parallelogramm abbildet, ist eine affine Abbildung von C_2 auf S_2 grundsätzlich nicht möglich.

Die Theorie der polynomialen Integrationsformeln ist außerdem eng mit jener der orthogonalen Polynome verbunden, die sich für Polynome in mehreren Variablen wesentlich schwieriger gestaltet als im univariaten Fall (Cools [144]).

[5]Eine Abbildung $H: \mathbb{R}^n \to \mathbb{R}^n$ nennt man *affin*, wenn sie durch $H(x) := Ax + b$ definiert wird und die zugehörige Matrix $A \in \mathbb{R}^{n\times n}$ regulär ist.

Aus all diesen Gründen werden bei der Konstruktion von multivariaten Integrationsformeln neue Wege beschritten, die *nicht* auf polynomialer Interpolation beruhen. Diese Integrationsverfahren, wie z. B. *Monte-Carlo-Verfahren* und *zahlentheoretische Methoden*, besitzen nur im Bereich der mehrdimensionalen Integrationsprobleme praktische Bedeutung.

12.4.1 Allgemeine Konstruktionsprinzipien

Wie im univariaten Fall ist man an einer Folge von Integrationsformeln interessiert, die auf Grund ihrer Konvergenzeigenschaften prinzipiell zur Lösung von numerischen Integrationsproblemen geeignet sind und die ein bestimmtes Genauigkeitsniveau mit möglichst geringem Aufwand erreichen.

Riemann-Summen

Riemann-Integrale multivariater Funktionen $f: B \subset \mathbb{R}^n \to \mathbb{R}$, $n \geq 2$

$$\mathrm{I}f = \int_B f(x)\,dx$$

werden für n-dimensionale Quader

$$B = [a_1, b_1] \times [a_2, b_2] \times \cdots \times [a_n, b_n] \subset \mathbb{R}^n$$

folgendermaßen definiert: Die Zerlegungen

$$a_k = x_1^{(k)} < x_2^{(k)} < \cdots < x_{N_k+1}^{(k)} = b_k, \qquad k = 1, 2, \ldots, n,$$

der Intervalle $[a_k, b_k]$, $k = 1, 2, \ldots, n$, in jeweils N_k Teilintervalle verwendet man, um Teilquader von B zu definieren:

$$[x_{l_1}^{(1)}, x_{l_1+1}^{(1)}] \times [x_{l_2}^{(2)}, x_{l_2+1}^{(2)}] \times \cdots \times [x_{l_n}^{(n)}, x_{l_n+1}^{(n)}], \quad l_k = 1, 2, \ldots, N_k, \quad k = 1, 2, \ldots, n.$$

Die Menge $\{C_{l_1,l_2,\ldots,l_n}\}$ der dabei entstandenen $N = N_1 \cdot N_2 \cdots N_n$ Quader stellt eine Zerlegung $\mathcal{P}$ des gegebenen Quaders B dar.

Definition 12.4.1 (Multivariate Riemann-Summe) *Für jede Auswahl von N Punkten*

$$x_{l_1,l_2,\ldots,l_n} \in C_{l_1,l_2,\ldots,l_n}, \qquad C_{l_1,l_2,\ldots,l_n} \in \mathcal{P},$$

kann man eine multivariate Riemann-Summe definieren:

$$R_N := \sum_{C_{l_1,l_2,\ldots,l_n} \in \mathcal{P}} \mathrm{vol}(C_{l_1,l_2,\ldots,l_n}) f(x_{l_1,l_2,\ldots,l_n}). \tag{12.51}$$

Definition 12.4.2 (Multivariates Riemann-Integral) *Falls alle Folgen $\{R_N\}$ von multivariaten Riemann-Summen mit*

$$\Delta_N := \max\{\mathrm{vol}(C_{l_1,l_2,\ldots,l_n}) \ : \ C_{l_1,l_2,\ldots,l_n} \in \mathcal{P}\} \to 0 \qquad \text{für} \quad N \to \infty$$

einen gemeinsamen Grenzwert R besitzen, dann bezeichnet man die Funktion f als Riemann-integrierbar auf B und definiert das multivariate Riemann-Integral

$$\int_B f(x)\,dx := R. \tag{12.52}$$

Einen allgemeinen (nicht quaderförmigen), beschränkten Integrationsbereich B kann man zunächst in einen n-dimensionalen Quader $[a_1,b_1]\times[a_2,b_2]\times\cdots\times[a_n,b_n]$ einbetten:

$$B \subseteq [a_1,b_1]\times[a_2,b_2]\times\cdots\times[a_n,b_n].$$

Das Riemann-Integral von f über B definiert man dann durch das Riemann-Integral der Funktion $c_B f$ über dem Quader $[a_1,b_1]\times[a_2,b_2]\times\cdots\times[a_n,b_n]$, wobei c_B die *charakteristische Funktion* des Bereiches B bezeichnet:

$$c_B(x) := \begin{cases} 1 & \text{für} \quad x \in B \\ 0 & \text{sonst.} \end{cases}$$

Existiert das letztere Riemann-Integral, so ist f auf B Riemann-integrierbar.

So wie eindimensionale Riemann-Summen (vgl. Abschnitt 12.3.1) können auch mehrdimensionale Riemann-Summen (12.51) als erster Ansatz zur Lösung numerischer Integrationsprobleme verwendet werden. Es ist auf diese Art – unter Umständen allerdings extrem ineffizient – möglich, *jedes* Riemann-Integral (12.52) *beliebig* genau zu berechnen.

Für *stetige* Integranden f und achsenparallele Quaderbereiche B kann man den Diskretisierungsfehler durch einen *mehrdimensionalen Stetigkeitsmodul* charakterisieren. Allerdings sind – im Gegensatz zum univariaten Fall – für $n \geq 2$ die in der Praxis auftretenden Integrationsbereiche oft *keine* achsenparallelen Quader. Beim Übergang von f zu $c_B f$ – wie dies bei der Definition des Riemann-Integrals über nicht-quaderförmige Bereiche B notwendig ist – erhält sich aber die Stetigkeitseigenschaft *nicht*, $c_B f$ ist im allgemeinen am Rand von B unstetig. Daher ist eine Charakterisierung des Diskretisierungsfehlers durch den Stetigkeitsmodul von $c_B f$ nicht sinnvoll.

Die Methode, Integrale über nicht-elementare Integrationsbereiche B in Integrale über elementare Integrationsbereiche B' überzuführen, indem man vom ursprünglichen Integranden f über B zum Integranden $c_B f$ über B' übergeht, hat nur sehr eingeschränkte praktische Bedeutung. Integrationsverfahren, die auf polynomialer oder trigonometrischer Approximation beruhen (vgl. Abschnitte 12.4.2 und 12.4.5), erweisen sich nur für hinreichend glatte Integranden als effizient. Auf Grund des beim Übergang von f zu $c_B f$ im allgemeinen eintretenden Verlustes an Stetigkeit bzw. Glattheit erfordern diese Verfahren für den Integranden $c_B f$ oft eine extrem große Anzahl von f-Auswertungen, um auch nur mäßige Genauigkeitsanforderungen zu erfüllen. Die in Abschnitt 12.2 beschriebenen Vorverarbeitungsmethoden (Transformation, Iteration und Zerlegung) sind dem Übergang von f zu $c_B f$ bei weitem vorzuziehen.

Anders ist die Situation bei den pseudozufälligen und zahlentheoretischen Methoden (vgl. Abschnitte 12.4.4 und 12.4.3), bei denen die analytische Glattheit des Integranden keinen wesentlichen Einfluß auf den Diskretisierungsfehler hat. Hier ist die oben beschriebene Vorgangsweise im Fall nicht-elementarer Integrationsbereiche durchaus sinnvoll.

Wie im eindimensionalen Fall ist auch bei multivariaten Integrationsformeln, die auf einfachen Riemann-Summen beruhen, die Konvergenz in den meisten praktischen Anwendungsfällen viel zu langsam, um eine effiziente Lösung von Integrationsproblemen zu ermöglichen. Einfache Riemann-Summen sind daher nur von geringer Bedeutung für die Konstruktion praktikabler multivariater Integrationsformeln und -algorithmen.

Konstruktion durch Approximation

Die Konstruktion von Integrationsformeln durch Approximation beruht auf der Fehlerabschätzung (12.9), also der Formel

$$|\mathrm{I}g - \mathrm{I}f| \leq \mathrm{vol}(B)\, \|g - f\|_\infty,$$

die nicht von der Dimension des Integrationsproblems abhängt. Der Approximationsansatz kann daher auch für die Konstruktion von multivariaten Integrationsformeln verwendet werden. Jede Approximationsfunktion g, die

$$\|g - f\|_\infty \leq \frac{\varepsilon}{\mathrm{vol}(B)}$$

erfüllt, ist zur Lösung des numerischen Problems (12.6) geeignet.

(Stückweise) Polynome sind die einzige Funktionenklasse, die tatsächlich zur Konstruktion von multivariaten Integrationsformeln nach dem Approximationsprinzip herangezogen wird. Die daraus resultierenden Formeln werden in Abschnitt 12.4.2 behandelt.

Konstruktion durch Transformation

Im Abschnitt 12.2.1 wurde bereits darauf hingewiesen, daß in manchen Fällen die numerische Berechnung vereinfacht werden kann, wenn man das Integral durch mehrdimensionale Transformation vorverarbeitet. In diesem Abschnitt wird nun gezeigt, daß die Transformationsregel (12.13) auch zur Modifikation von Kubaturformeln für Nicht-Standardbereiche herangezogen werden kann.

Kubaturformeln $\overline{\mathrm{Q}}_N$ werden meist für spezielle Integrationsbereiche $\overline{B}$ – gewöhnlich für einen der in Abschnitt 12.1.1 beschriebenen Standardbereiche – entwickelt und müssen daher geeignet transformiert werden, um auf einem Bereich B anderer Gestalt anwendbar zu sein.

Im folgenden sei $\psi = (\psi_1, \psi_2, \ldots, \psi_n)$ eine stetig differenzierbare bijektive Abbildung von $\overline{B}$ auf B, deren Jacobi-Matrix auf $\overline{B}$ nichtsingulär ist, d. h.,

$$\det J(\overline{x}) \neq 0 \quad \text{für alle} \quad \overline{x} \in \overline{B}$$

wird vorausgesetzt. Die mehrdimensionale Transformationsregel (12.13) liefert

$$\int\limits_{\overline{B}} |\det J(\overline{x})| \cdot \overline{w}(\overline{x}) \cdot \overline{f}(\overline{x})\, d\overline{x} = \int\limits_{B} w(x) f(x)\, dx$$

mit $\overline{w}(\overline{x}) := w(\psi(\overline{x}))$ und $\overline{f}(\overline{x}) := f(\psi(\overline{x}))$.
Eine Kubaturformel

$$\int\limits_{\overline{B}} |\det J(\overline{x})| \cdot \overline{w}(\overline{x}) \cdot \overline{f}(\overline{x})\, d\overline{x} = \sum_{i=1}^{N} \overline{c}_i \cdot |\det J(\overline{x}_i)| \cdot \overline{f}(\overline{x}_i) \; + \; \overline{E}(|\det J| \overline{f})$$

geht durch die Transformation ψ über in die modifizierte Formel

$$\int\limits_{B} w(x) f(x)\, dx = \sum_{i=1}^{N} c_i f(x_i) + E(f),$$

deren Abszissen und Gewichte durch

$$x_i := \psi(\overline{x}_i), \quad c_i := \overline{c}_i \cdot |\det J(\overline{x}_i)|, \quad i = 1, 2, \ldots, N,$$

gegeben sind, ihr Diskretisierungsfehler durch $E(f) := \overline{E}\left(|\det J| \overline{f}\right)$.
Für affine Transformationen

$$\psi(\overline{x}) = A\overline{x} + b, \quad A \in \mathbb{R}^{n \times n}, \quad b \in \mathbb{R}^n,$$

bei denen $\det J(\overline{x}) = \det A$ für alle $\overline{x} \in \overline{B}$ gilt, vereinfachen sich diese Beziehungen beträchtlich:

$$x_i := A\overline{x}_i + b, \quad c_i := |\det A| \cdot \overline{c}_i, \quad i = 1, 2, \ldots, N; \qquad E(f) := |\det A| \cdot \overline{E}(\overline{f}).$$

Konstruktion durch Iteration

Wie in Abschnitt 12.2.3 gezeigt wurde, kann die Iteration von Integralen zur Vorverarbeitung von multivariaten Integrationsproblemen verwendet werden. Die Iteration von Integralen kann aber auch – wie im folgenden beschrieben – für die Konstruktion von mehrdimensionalen Integrationsformeln verwendet werden.

Definition 12.4.3 (Produktformel) *Wenn der Integrationsbereich $B \subseteq \mathbb{R}^n$ das kartesische Produkt $B = B_1 \times B_2 \times \cdots \times B_K$ von K Bereichen*

$$B_1 \subseteq \mathbb{R}^{n_1}, \quad B_2 \subseteq \mathbb{R}^{n_2}, \quad \ldots \quad B_K \subseteq \mathbb{R}^{n_K}$$

ist, so kann man ausgehend von K multivariaten Integrationsformeln

$$\mathrm{Q}^k_{N_k} f_k = \sum_{i_k=1}^{N_k} w^k_{i_k} f_k(x^k_{i_k}), \quad k = 1, 2, \ldots, K,$$

für die Integrale

$$\mathrm{I}_k f_k := \int\limits_{B_k} f_k(x^k)\, dx^k, \quad k = 1, 2, \ldots, K,$$

deren Produktformel $(\mathrm{Q}^1_{N_1} \times \mathrm{Q}^2_{N_2} \times \cdots \times \mathrm{Q}^K_{N_K})f$ für das Integral If definieren:

$$(\mathrm{Q}^1_{N_1} \times \mathrm{Q}^2_{N_2} \times \cdots \times \mathrm{Q}^K_{N_K})f := \sum_{i_1=1}^{N_1} \sum_{i_2=1}^{N_2} \cdots \sum_{i_K=1}^{N_K} w^1_{i_1} \cdot w^2_{i_2} \cdots w^K_{i_K} f(x^1_{i_1}, x^2_{i_2}, \ldots, x^K_{i_K}).$$

Satz 12.4.1 *Wenn f_k durch $Q^k_{N_k}$ auf B_k für $k = 1, 2, \ldots, K$ exakt integriert wird, dann ist die Produktformel $Q^1_{N_1} \times \cdots \times Q^K_{N_K}$ auf $B := B_1 \times \cdots \times B_K$ exakt für*

$$f(x^1, x^2, \ldots, x^K) := f_1(x^1) \cdot f_2(x^2) \cdots f_K(x^K), \quad x^k \in B_k, \ k = 1, 2, \ldots, K.$$

Beweis: Davis, Rabinowitz [39].

Beispiel (Zweidimensionale Produktformel) Das bivariate Integral

$$\mathrm{I}f = \int_{C_2} f(x_1, x_2)\, dx_1 dx_2 \tag{12.53}$$

hat das Einheitsquadrat $C_2 = [-1, 1] \times [-1, 1]$ als Integrationsbereich. Sind $Q^1_{N_1}$ und $Q^2_{N_2}$ zwei eindimensionale Formeln für das Einheitsintervall $[-1, 1]$, so ist deren Produktformel $Q^1_{N_1} \times Q^2_{N_2}$ eine multivariate Formel für (12.53).

Wählt man z. B. $Q^1_{N_1}$ und $Q^2_{N_2}$ als die Gauß-Legendre-Formeln (vgl. Abschnitt 12.3.2) G_{N_1} und G_{N_2}, dann ergibt sich – da G_{N_1} und G_{N_2} alle Polynome mit dem maximalen Grad $d = 2N_1 - 1$ bzw. $d = 2N_2 - 1$ exakt integrieren –, daß die Produktformel $G_{N_1} \times G_{N_2}$ für alle Polynome

$$P \in \operatorname{span}\{\, x_1^{k_1} x_2^{k_2} \; : \; k_1 = 0, 1, \ldots, 2N_1 - 1, \ k_2 = 0, 1, \ldots, 2N_2 - 1 \,\}$$

exakt ist.[6] Insbesondere ist $G_{N_1} \times G_{N_2}$ exakt für alle Polynome $P \in \mathbb{P}^2$ mit dem maximalen Grad $d \le 2\min\{N_1, N_2\} - 1$ (vgl. Abschnitt 9.10).

Eine charakteristische Eigenschaft von Produktformeln $Q^1_{N_1} \times Q^2_{N_2} \times \cdots \times Q^K_{N_K}$ ist es, daß die Anzahl N ihrer Abszissen das Produkt $N = N_1 \cdot N_2 \cdots N_K$ der Abszissenzahlen der einzelnen Formeln ist.

Wenn man die Faktorformeln als univariate Integrationsformeln wählt, so steigt die Anzahl der Abszissen der Produktformel sehr rasch mit der Dimension $n = K$ des Integrationsproblems an. Diese „explosive" Zunahme des Rechenaufwands verhindert im allgemeinen den Einsatz von Produktformeln für Integrationsprobleme mit Dimensionen $n > 4$.

Falls eine Produktformel aus n *identischen* eindimensionalen Faktorformeln zusammengesetzt ist,

$$Q^1_{N_1} = Q^2_{N_2} = \cdots = Q^n_{N_n} = Q_N,$$

wird die Produktformel auch einfacher als $(Q_N)^n$ geschrieben.

Die Formel $(Q_N)^n$ besitzt N^n Abszissen, d. h., beim Übergang von n auf die nächsthöhere Dimension $n+1$ steigt die Anzahl der Abszissen um den Faktor N. Selbst für den relativ kleinen Wert $N = 10$ steigt die Anzahl der Abszissen mit jeder zusätzlichen Dimension um eine Größenordnung. Der sogenannte „Fluch der Dimensionalität" tritt hier erschreckend in Erscheinung.

Software (Produktformeln) Das Unterprogramm `NAG/d01fbe` ermöglicht die Auswertung von Produktformeln $Q^1_{N_1} \times Q^2_{N_2} \times \cdots \times Q^K_{N_K}$ mit *univariaten* Faktorformeln $Q^k_{N_k}$, $k = 1, 2, \ldots, K$. Der Benutzer muß dabei die Gewichte und Abszissen der Formeln $Q^k_{N_k}$ vorgeben. Die Anzahl K der Faktorformeln (= Dimension n des Integrals) kann zwischen 1 und 20 gewählt werden.

---

[6] $\operatorname{span}\{a_1, a_2, \ldots, a_k\}$ bezeichnet die Menge aller Linearkombinationen von $a_1, a_2, \ldots, a_k$.

Produktformeln von eindimensionalen Gauß-Formeln werden in `IMSL/MATH-LIBRARY/qand` zur Integration über n-dimensionalen ($n \le 20$) achsenparallelen Quaderbereichen verwendet.

In `JCAM/dtria` werden Produktformeln von eindimensionalen Gauß-Formeln zur Berechnung von Integralen über Dreiecksbereichen verwendet.

Konstruktion durch Zerlegung

Wie in Abschnitt 12.2.2 gezeigt wurde, kann man die Zerlegung eines Integrationsbereichs B in paarweise disjunkte Teilbereiche $B_1, B_2, \ldots, B_L$, und damit

$$\mathrm{I}f = \int\limits_B f(x)\,dx = \int\limits_{B_1} f(x)\,dx + \int\limits_{B_2} f(x)\,dx + \cdots + \int\limits_{B_L} f(x)\,dx,$$

zur Vorverarbeitung von multivariaten Integrationsproblemen verwenden. Eine derartige Zerlegung ist im allgemeinen dann von Nutzen, wenn der Integrationsbereich B zu kompliziert ist, um eine direkte Anwendung von numerischen Integrationsverfahren zu ermöglichen. Die Bereichszerlegung kann aber auch – wie im folgenden beschrieben – zur Konstruktion von Integrationsformeln verwendet werden.

Definition 12.4.4 (Zusammengesetzte multivariate Integrationsformel) *Aus Integrationsformeln*

$$\mathrm{Q}^l_{N_l} f = \sum_{i_l=1}^{N_l} c^l_{i_l} f(x^l_{i_l}), \quad l = 1, 2, \ldots, L,$$

für die Teilintegrale

$$\int\limits_{B_l} f(x)\,dx = \mathrm{Q}^l_{N_l} f + E^l(f), \quad l = 1, 2, \ldots, L$$

kann man eine zusammengesetzte Integrationsformel für $\mathrm{I}f$ *definieren:*

$$(\mathrm{Q}^1_{N_1} + \mathrm{Q}^2_{N_2} + \cdots + \mathrm{Q}^L_{N_L}) f := \sum_{l=1}^{L} \sum_{i_l=1}^{N_l} c^l_{i_l} f(x^l_{i_l}). \tag{12.54}$$

Der Verfahrensfehler dieser zusammengesetzten Integrationsformel ergibt sich aus

$$(\mathrm{Q}^1_{N_1} + \mathrm{Q}^2_{N_2} + \cdots + \mathrm{Q}^L_{N_L}) f - \mathrm{I}f = E^1(f) + E^2(f) + \cdots + E^L(f).$$

Ohne zusätzliche Annahmen über B, die Teilbereiche $B_1, B_2, \ldots, B_L$ und die Integrationsformeln $\mathrm{Q}^1_{N_1}, \mathrm{Q}^2_{N_2}, \ldots, \mathrm{Q}^L_{N_L}$ sind keine weitreichenden Aussagen über den Fehler der zusammengesetzten multivariaten Formel (12.54) möglich.

Der Fehler zusammengesetzter *univariater* Formeln kann hingegen viel genauer charakterisiert werden (vgl. Abschnitte 12.3.3, 12.3.4 und 12.3.5). Vor allem liefert die Euler-Maclaurinsche Summenformel (12.44) eine asymptotische Fehlerentwicklung für die zusammengesetzte Trapezregel T_l und ermöglicht damit eine Anwendung von Extrapolationsmethoden zur Konvergenzbeschleunigung.

Asymptotische Fehlerentwicklungen für univariate zusammengesetzte Formeln existieren nur unter bestimmten einschränkenden Voraussetzungen, z. B. dann, wenn das Integrationsintervall $[a, b]$ durch *äquidistante* Teilungspunkte zerlegt wird und die gleiche Quadraturformel auf jedes der resultierenden Teilintervalle angewendet wird.

Auch im Fall multivariater zusammengesetzter Formeln können asymptotische Fehlerentwicklungen nur unter ähnlichen Bedingungen abgeleitet werden. Vor allem die Unterteilung des Integrationsbereichs B in disjunkte Teilbereiche $B_1, \ldots, B_L$ muß in hohem Maß regulär sein, und es muß auf jeden der Teilbereiche dieselbe – geeignet transformierte – Kubaturformel angewendet werden.

Im folgenden wird der Einheitswürfel C_n als Integrationsbereich gewählt. Die meisten Resultate lassen sich auf den Fall des Einheitssimplex T_n als Integrationsbereich übertragen. Zunächst wird das Intervall $[-1, 1]$ durch $k + 1$ äquidistante Teilungspunkte in k Teilintervalle zerlegt:

$$-1 = \overline{x}_0 < \overline{x}_1 < \ldots < \overline{x}_{k-1} < \overline{x}_k = 1.$$

Die mit dieser Unterteilung erhaltenen k^n Teilwürfel

$$[\overline{x}_{l_1}, \overline{x}_{l_1+1}] \times [\overline{x}_{l_2}, \overline{x}_{l_2+1}] \times \cdots \times [\overline{x}_{l_n}, \overline{x}_{l_n+1}], \quad l_j \in \{0, 1, \ldots, k-1\}, \quad j = 1, 2, \ldots, n,$$

stellen eine Zerlegung $\mathcal{P}$ des Würfels C_n dar. Wendet man nun auf jedem dieser Teilwürfel eine geeignet transformierte Version einer N-Punkt-Kubaturformel Q_N für $[-1, 1]^n$ an, so erhält man die zusammengesetzte Formel $k^n \times \mathrm{Q}_N$, die als k^n-*copy-rule* von Q_N bezeichnet wird.

Unter der sehr schwachen Voraussetzung, daß die Basisformel Q_N wenigstens alle konstanten Polynome P_0 exakt integriert, kann bereits die Konvergenz

$$(k^n \times \mathrm{Q}_N)f \to \mathrm{I}f \qquad \text{für} \qquad k \to \infty$$

für alle beschränkten Riemann-integrierbaren Funktionen f garantiert werden (vgl. Satz 12.3.9; Davis, Rabinowitz [39]).

Auch asymptotische Entwicklungen von der Art der Euler-Maclaurinschen Summenformel können für zusammengesetzte Integrationsformeln $k^n \times \mathrm{Q}_N$ abgeleitet werden, vorausgesetzt, die Basisformel Q_N ist exakt für alle Polynome P_d vom Grad $d \leq D$ (de Doncker [157]).

Der Aufwand für die Auswertung einer Integrationsformel wird durch die Anzahl der benötigten f-Auswertungen, d. h. durch die Anzahl der verschiedenen Integrationsabszissen, charakterisiert. Eine zusammengesetzte Formel $k^n \times \mathrm{Q}_N$ besitzt im allgemeinen $k^n N$ Abszissen. Wenn jedoch einige Abszissen der Basisformel von Q_N am Rand des Integrationsbereichs C_n liegen, kann die Gesamtanzahl der Abszissen signifikant verringert werden. Da eine Abszisse von Q_N aber nicht in mehr als 2^n der (für die Teilwürfel in $\mathcal{P}$) transformierten Formeln auftreten kann, ist dabei eine Verringerung der Gesamtanzahl der Abszissen um einen größeren Faktor als 2^n grundsätzlich nicht möglich, d. h., eine untere Schranke für die Gesamtanzahl der Abszissen einer n-dimensionalen zusammengesetzten Formel $k^n \times \mathrm{Q}_N$ ist durch $(k/2)^n N$ gegeben.

Hält man k konstant, so wächst die Abszissenzahl der Formelfamilie $\{k^n \times Q_N\}$ *exponentiell* mit der Dimension n. Dieses rasche Wachstum schränkt die Anzahl k der Unterteilungen, die mit vertretbarem Rechenaufwand durchgeführt werden können, stark ein. Zusammengesetzte Formeln $k^n \times Q_N$ werden daher meist nur für zwei- und dreidimensionale Integrationsprobleme eingesetzt.

12.4.2 Polynomiale Integrationsformeln

Polynome in n Variablen sind im Rahmen der Konstruktion von Integrationsformeln besonders gut geeignet, als Ersatz- (Modell-) Funktionen zu dienen, wenn man das Approximationsprinzip zur Konstruktion von Integrationsformeln anwenden will. Polynome können leicht in geschlossener Form über polyederförmigen Integrationsbereichen integriert werden. So ergibt z. B. die Integration eines *Monoms* $x_1^{d_1} x_2^{d_2} \cdots x_n^{d_n}$ über einem Quader $C := [a_1, b_1] \times [a_2, b_2] \times \cdots \times [a_n, b_n]$

$$\begin{aligned} \int_C x_1^{d_1} x_2^{d_2} \cdots x_n^{d_n} \, dx_1 dx_2 \cdots dx_n &= \prod_{k=1}^{n} \int_{a_k}^{b_k} x_k^{d_k} \, dx_k = \\ &= \prod_{k=1}^{n} \frac{1}{d_k + 1} (b_k^{d_k+1} - a_k^{d_k+1}). \end{aligned}$$

Integrale von Polynomen über n-dimensionalen Kugeln

$$\{x \, : \, \|x - m\|_2 \leq r; \; x, m \in \mathbb{R}^n\}$$

und Oberflächen von Kugeln

$$\{x \, : \, \|x - m\|_2 = r; \; x, m \in \mathbb{R}^n\}$$

können mit Hilfe der Gamma-Funktion ausgedrückt werden (vgl. z. B. Davis, Rabinowitz [39]). Formeln für Integrale von Polynomen über anderen wichtigen Integrationsbereichen findet man etwa bei Stroud [377] und Engels [43].

Interpolatorische Integrationsformeln

Eindimensionale interpolatorische (polynomiale) Integrationsformeln werden im allgemeinen durch Interpolation diskreter Werte der Integrandenfunktion mit univariaten Polynomen und Integration der so erhaltenen Interpolationspolynome gewonnen. Eine direkte Verallgemeinerung dieser Vorgangsweise für den Fall mehrdimensionaler Integrale ist – wie nun gezeigt werden soll – *nicht* möglich.

Eine wichtige Eigenschaft interpolatorischer Integrationsformeln ist ihr Genauigkeitsgrad (vgl. Abschnitt 12.3.2).

Definition 12.4.5 (Genauigkeitsgrad) *Der Genauigkeitsgrad einer n-dimensionalen Integrationsformel Q_N ist D, wenn Q_N alle Polynome in n Variablen* *vom Grad $d \leq D$ exakt integriert und für mindestens ein Polynom vom Grad $d = D+1$ nicht exakt ist, wenn also die folgenden Beziehungen gelten:*

$$\begin{aligned} Q_N x^d &= Ix^d \quad \textit{für alle Monome } x^d \textit{ mit } \deg x^d \leq D, \\ Q_N x^d &\neq Ix^d \quad \textit{für zumindest ein Monom } x^d \textit{ mit } \deg x^d = D+1. \end{aligned}$$

Die einzige interpolatorische Quadraturformel Q_N unter allen univariaten Integrationsformeln Q_N mit den vorgegebenen Abszissen $x_1, x_2, \ldots, x_N \in \mathbb{R}$ kann durch ihre Eigenschaft, einen Genauigkeitsgrad $D \geq N-1$ zu haben, gefunden werden (siehe Abschnitt „Interpolatorische Quadraturformeln", Seite 95).

Es scheint naheliegend, als Konstruktionsprinzip für multivariate Integrationsformeln Q_N den univariaten Ansatz zu verallgemeinern, indem man verlangt, daß Q_N alle Polynome vom Grad $d \leq D$ exakt integriert: Für N vorgegebene paarweise verschiedene Abszissen $x_1, x_2, \ldots, x_N \in \mathbb{R}^n$ werden die Gewichte $c_1, c_2, \ldots, c_N$ der Kubaturformel

$$\mathrm{Q}_N f = \sum_{i=1}^{N} c_i f(x_i)$$

so gewählt, daß

$$\mathrm{Q}_N P_d = \mathrm{I} P_d \qquad \text{für alle} \quad P_d \in \mathbb{P}_d^n \tag{12.55}$$

gilt. Da $\mathbb{P}_d^n$ ein Vektorraum der Dimension $\dim(d,n)$ ist (siehe Abschnitt 9.10) und die Operatoren I und Q_N lineare Funktionale auf $\mathbb{P}_d^n$ sind, genügt es, die Übereinstimmung (12.55) für eine spezielle Basis $\{b_1, b_2, \ldots, b_{\dim(d,n)}\}$ von $\mathbb{P}_d^n$ zu verlangen:

$$\mathrm{Q}_N b_j = \mathrm{I} b_j, \quad j = 1, 2, \ldots, \dim(d,n). \tag{12.56}$$

Diese Gleichungen bezeichnet man auch als *Momentengleichungen*. Für eine feste Wahl der Basis $\{b_1, b_2, \ldots, b_{\dim(d,n)}\}$ und der Abszissen $x_1, x_2, \ldots, x_N$ ist (12.56) ein System von linearen Gleichungen:

$$\sum_{i=1}^{N} c_i b_j(x_i) = \mathrm{I} b_j, \quad j = 1, 2, \ldots, \dim(d,n). \tag{12.57}$$

Definition 12.4.6 (Interpolatorische Kubaturformel) *Q_N ist eine interpolatorische Kubaturformel, wenn das Gleichungssystem (12.57) eine eindeutig bestimmte Lösung besitzt, also wenn die Gewichte $c_1, c_2, \ldots, c_N$ der Kubaturformel Q_N durch (12.56) und die Wahl der Abszissen eindeutig bestimmt sind.*

Bei einer interpolatorischen Kubaturformel muß die Beziehung

$$N \leq \dim(d,n)$$

erfüllt sein, damit (12.57) mindestens so viele Gleichungen wie Unbekannte enthält. Im univariaten Fall ist Q_N mit der durch polynomiale Interpolation erhaltenen Quadraturformel identisch. Für Dimensionen $n \geq 2$ trifft dies jedoch *nicht* zu: Für beliebig vorgegebene paarweise verschiedene Punkte $x_1, x_2, \ldots, x_N$ haben die Momentengleichungen (12.57) im allgemeinen *keine* eindeutige Lösung.

Die Integrationsabszissen $x_1, x_2, \ldots, x_N$ können nicht als Daten des Problems vorgegeben werden, sondern sind Unbekannte des Gleichungssystems (12.57). Bei der Lösung von (12.57) geht es daher nicht nur darum, zu gegebenen Abszissen die Gewichte $c_1, c_2, \ldots, c_N$ zu bestimmen, sondern es müssen auch geeignete Abszissen $x_1, x_2, \ldots, x_N$ ermittelt werden. Man beachte, daß (12.57) ein *nichtlineares* (polynomiales) Gleichungssystem in den unbekannten Abszissen $x_1, x_2, \ldots, x_N$ darstellt, während die Gewichte $c_1, c_2, \ldots, c_N$ bei gegebenen Abszissen durch ein *lineares* Gleichungssystem bestimmt sind.

Durch jede Abszisse $x_i \in \mathbb{R}^n$ werden $n+1$ skalare Unbekannte eingeführt: das Gewicht c_i und die n Koordinaten von x_i. Die gesuchte Kubaturformel Q_N muß daher ein System von $\dim(d, n)$ nichtlinearen Gleichungen in $N(n+1)$ Unbekannten erfüllen. Für nichttriviale Werte von n und N sind diese nichtlinearen Gleichungen zu komplex, um direkt gelöst zu werden. Praktische Methoden zur Ermittlung multivariater interpolatorischer Integrationsformeln werden ausführlich von Cools [144] beschrieben.

Beispiel (Komplexität der Momentengleichungen) Die Anzahl der Momentengleichungen für den Genauigkeitsgrad $D = 5$ und die mäßig hohe Dimension $n = 5$ beträgt

$$\dim(5,5) = \binom{10}{5} = 252.$$

Bei der hohen Dimension $n = 10$ und dem gleichen Genauigkeitsgrad $D = 5$ ist die Anzahl der Momentengleichungen bereits auf

$$\dim(5,10) = \binom{15}{5} = 3003$$

angestiegen. Die Lösung dieses Systems von 3003 nichtlinearen algebraischen Gleichungen ist – bedingt durch dessen enorme Komplexität – weder exakt (analytisch) noch numerisch mit vertretbarem Rechenaufwand möglich.

Die Konstruktion interpolatorischer Kubaturformeln ist noch immer Gegenstand regen Forschungsinteresses. Formeln mit einer *minimalen Punkteanzahl*, d. h. Formeln, deren Abszissenanzahl N gleich der jeweiligen unteren Schranke für die Anzahl der Abszissen ist, sind nur für niedrige Dimensionen n und kleine Genauigkeitsgrade D bekannt.

Eine Aufstellung praktisch aller multivariaten interpolatorischen Integrationsformeln, die bis zum Jahre 1971 bekannt waren, stammt von Stroud [377]. Eine Zusammenstellung jener Formeln, die zwischen 1971 und 1991 noch hinzukamen, findet man bei Cools und Rabinowitz [145].

12.4.3 Zahlentheoretische Integrationsformeln

Die Konstruktion der Klasse der zahlentheoretischen Integrationsformeln beruht auf gleichverteilten Folgen von Integrationsabszissen. Der dabei auftretende zahlentheoretische Begriff der *Gleichverteilung* ist folgendermaßen definiert:

Definition 12.4.7 (Gleichverteilung einer unendlichen Folge) *Eine Folge von Vektoren* $x_1, x_2, \ldots$ *mit* $x_i \in \mathbb{R}^n$ *heißt gleichverteilt im Würfel* $W_n := [0,1]^n$, *wenn für alle Riemann-integrierbaren Funktionen* $f : W_n \to \mathbb{R}$ *die entsprechende Folge* $\{\mathrm{Q}_N f\}$ *mit den Integrationsformeln* $\mathrm{Q}_N := [f(x_1) + f(x_2) + \cdots + f(x_N)]/N$ *gegen* $\mathrm{I}(f; W_n)$ *konvergiert:*

$$\lim_{N\to\infty} \frac{1}{N} \sum_{i=1}^{N} f(x_i) = \int\limits_{[0,1]^n} f(x)\,dx = \mathrm{I}(f; W_n).$$

Die charakteristische Funktion c_E eines Teilwürfels $E \subseteq W_n$ ist offensichtlich Riemann-integrierbar. Für jede gleichverteilte Folge $x_1, x_2, \ldots$ gilt daher

$$\lim_{N\to\infty} \frac{1}{N} \sum_{i=1}^{N} c_E(x_i) = \lim_{N\to\infty} \frac{A(E;N)}{N} = \int\limits_{[0,1]^n} c_E(x)\,dx = \mathrm{vol}(E),$$

wobei die Größe

$$A(E;N) := \sum_{i=1}^{N} c_E(x_i)$$

angibt, wieviele der Punkte $x_1, x_2, \ldots, x_N$ in E liegen. Mit anderen Worten: der Anteil $A(E;N)/N$ der Punkte einer gleichverteilten Folge, die innerhalb eines beliebigen Teilwürfels von $W_n = [0,1]^n$ liegen, ist asymptotisch gleich dem Volumsanteil dieses Teilwürfels. Die Bezeichnung „gleichverteilt" hat ihren Ursprung in dieser Beobachtung.

Beispiel (Gleichverteilte Folgen) In der Praxis häufig verwendete gleichverteilte Folgen sind die van der Corput-Folgen (vgl. Definition 12.4.12) und deren mehrdimensionale Verallgemeinerung, die Halton-Folgen (vgl. Definition 12.4.13).

Jeder im Würfel $W_n = [0,1]^n$ gleichverteilten Folge $x_1, x_2, \ldots$ entspricht eine Folge von Integrationsformeln $\mathrm{Q}_1, \mathrm{Q}_2, \ldots$ für diesen Bereich,

$$\mathrm{Q}_N f := \frac{1}{N} \sum_{i=1}^{N} f(x_i), \quad N = 1, 2, \ldots,$$

die gemäß Definition 12.4.7 für alle Riemann-integrierbaren Funktionen $f : W_n \to \mathbb{R}$ konvergent ist:

$$\lim_{N\to\infty} \mathrm{Q}_N f = \int\limits_{W_n} f(x)\,dx.$$

In Definition und Konvergenzeigenschaften besteht zwischen den Integrationsformeln $\mathrm{Q}_1, \mathrm{Q}_2, \ldots$, die einer gleichverteilten Folge entsprechen, und jenen Integrationsformeln, die auf der Monte-Carlo-Methode basieren (vgl. Abschnitt 12.4.4), eine gewisse Ähnlichkeit. Man bezeichnet daher Verfahren, die auf gleichverteilten Folgen beruhen, manchmal auch als *Quasi-Monte-Carlo-Verfahren*.

Der wesentliche Unterschied der beiden Verfahrensklassen liegt in der Wahl der Abszissen. Bei den Monte-Carlo-Verfahren sind die Abszissen Stichproben unabhängiger Zufallsvariablen bzw. simulieren solche Stichproben, während die systematisch konstruierten gleichverteilten Folgen keineswegs das Verhalten unabhängiger Zufallsvariablen wiedergeben.

Dem simplen Konvergenzresultat $Q_1, Q_2, \ldots \to I(f; W_n)$ kann man keine Information über die Größe des Fehlers $Q_N f - If$ entnehmen. Eine Abschätzung für den Verfahrensfehler bei der Quasi-Monte-Carlo-Integration erhält man erst durch die *Koksma-Hlawka-Ungleichung* (Satz 12.4.2) unter Zuhilfenahme der *Diskrepanz* der endlichen Folge $x_1, x_2, \ldots, x_N$ und der *Variation* des Integranden f.

Diskrepanz endlicher Folgen

Von einer Folge $x_1, x_2, \ldots, x_N$, deren Punkte in einem gewissen Sinn „gleichmäßig" im Würfel $W_n = [0,1]^n$ verteilt sind, würde man erwarten, daß $A(E;N)/N$ das Volumen eines Teilwürfels $E \subseteq W_n$ gut approximiert.

Die *Diskrepanz* einer endlichen Punktmenge $x_1, x_2, \ldots, x_N$ charakterisiert die Abweichung der Verteilung dieser Punktmenge von einer hypothetischen Verteilung, für die sogar der Idealfall der Gleichheit

$$\frac{A(E;N)}{N} = \int_{W_n} c_E(x)\,dx \qquad \text{für alle} \quad E \in \mathcal{M}$$

für eine ganze Klasse $\mathcal{M}$ von Teilmengen von W_n zutrifft.

Definition 12.4.8 (Diskrepanz einer endlichen Folge) *Für eine nichtleere Menge $\mathcal{M}$ von Teilmengen von $W_n = [0,1]^n$ bezeichnet man*

$$D_N^{\mathcal{M}}(x_1, x_2, \ldots, x_N) := \sup_{E \in \mathcal{M}} \left| \frac{A(E;N)}{N} - \int_{W_n} c_E(x)\,dx \right|$$

als die Diskrepanz der endlichen Folge $x_1, x_2, \ldots, x_N \in W_n$.

Aus dieser Definition folgt unmittelbar, daß die Teilmengenbeziehung $\mathcal{M}_1 \subseteq \mathcal{M}_2$

$$D_N^{\mathcal{M}_1}(x_1, x_2, \ldots, x_N) \le D_N^{\mathcal{M}_2}(x_1, x_2, \ldots, x_N)$$

nach sich zieht.

Im Zusammenhang mit zahlentheoretischen Integrationsformeln sind insbesondere die folgenden zwei Möglichkeiten der Wahl des Mengensystems $\mathcal{M}$ von Bedeutung:

$$\begin{aligned} \mathcal{M} &= \mathcal{C} := \{[a_1, b_1) \times [a_2, b_2) \times \cdots \times [a_n, b_n) \subseteq W_n\} \qquad \text{und} \\ \mathcal{M} &= \mathcal{C}_0 := \{[0, b_1) \times [0, b_2) \times \cdots \times [0, b_n) \subseteq W_n\}. \end{aligned}$$

Die entsprechenden Diskrepanzen bezeichnet man mit

$$D_N := D_N^{\mathcal{C}} \qquad \text{und} \qquad D_N^* := D_N^{\mathcal{C}_0} \quad (\textit{Stern-Diskrepanz}).$$

Mit Hilfe des Begriffs der Diskrepanz lassen sich gleichverteilte Folgen durch *asymptotisch optimale Diskrepanz* charakterisieren: Eine unendliche Folge von Punkten $x_1, x_2, \ldots$ ist genau dann gleichverteilt, wenn die Diskrepanz ihrer endlichen Teilfolgen gegen Null strebt:

$$\lim_{N \to \infty} D_N(x_1, x_2, \ldots, x_N) = 0.$$

Variation einer Funktion

Die *Variation* einer reellen Funktion einer Veränderlichen $f: [a,b] \to \mathbb{R}$ charakterisiert das Ausmaß ihrer Variabilität (ihrer „Schwankungen") auf dem Intervall $[a,b]$ (Niederreiter [309]). Zerlegt man $[a,b]$ in N Teilintervalle,

$$\mathcal{P} := \{x_i \ : \ a = x_0 < x_1 < \cdots < x_{N-1} < x_N = b\},$$

so ist die Summe

$$\sum_{i=1}^{N} |f(x_i) - f(x_{i-1})|$$

eine Maßzahl für die diskrete Variation von f bezüglich der Zerlegung $\mathcal{P}$.

Definition 12.4.9 (Variation einer univariaten Funktion) *Die Variation einer univariaten Funktion $f : [a,b] \to \mathbb{R}$ ist das Supremum über alle diskreten Zerlegungen $\mathcal{P}$:*

$$V(f) := \sup_{\mathcal{P}} \sum_{i=1}^{N} |f(x_i) - f(x_{i-1})|.$$

Variation im Sinne von Vitali

Das univariate Konzept der Variation einer Funktion kann auf multivariate Funktionen $f: [0,1]^n \to \mathbb{R}$ verallgemeinert werden. Aus n Zerlegungen von $[0,1]$

$$0 = x_0^{(k)} < x_1^{(k)} < \cdots < x_{m_k}^{(k)} = 1, \qquad k = 1, 2, \ldots, n,$$

kann man eine Zerlegung $\mathcal{P}$ des Würfels $W_n = [0,1]^n$ in Teilquader konstruieren:

$$\begin{aligned} W_n' &:= [x_{l_1}^{(1)}, x_{l_1+1}^{(1)}] \times [x_{l_2}^{(2)}, x_{l_2+1}^{(2)}] \times \cdots \times [x_{l_n}^{(n)}, x_{l_n+1}^{(n)}], \\ & \quad\ l_k = 0, 1, \ldots, m_k - 1, \quad k = 1, 2, \ldots, n. \end{aligned}$$

Für jeden Teilquader

$$W_n' := [a_1, b_1] \times [a_2, b_2] \times \cdots \times [a_n, b_n] \quad \text{mit} \quad W_n' \subseteq W_n \subset \mathbb{R}^n$$

definiert man den n-dimensionalen *Differenzenoperator*

$$\Delta(f; W_n') := \sum_{j_1=0}^{1} \sum_{j_2=0}^{1} \cdots \sum_{j_n=0}^{1} (-1)^{\sum_{k=1}^{n} j_k} f(j_1 a_1 + (1 - j_1) b_1, \ldots, j_n a_n + (1 - j_n) b_n).$$

Definition 12.4.10 (Variation im Sinne von Vitali) *Die Variation $V^{(n)}(f)$ einer Funktion $f\colon [0,1]^n \to \mathbb{R}$ im Sinne von Vitali ist durch*

$$V^{(n)}(f) := \sup_{\mathcal{P}} \sum_{W_n' \in \mathcal{P}} |\Delta(f; W_n')|$$

definiert, wobei das Supremum über alle Zerlegungen $\mathcal{P}$ von W_n in Teilquader zu bilden ist. Wenn $V^{(n)}(f)$ endlich ist, dann ist f auf W_n von beschränkter Variation im Sinne von Vitali.

Die Variation im Sinne von Vitali besitzt eine Unzulänglichkeit: Wenn die Funktion f in einer ihrer n Variablen konstant ist, so folgt daraus $\Delta(f; W_n') = 0$ und $V^{(n)}(f) = 0$. In diesem Fall hat das Verhalten von f keinen Einfluß auf die Variation $V^{(n)}$; diese ist kein Maß für die Variabilität solcher Funktionen.

Variation im Sinne von Hardy und Krause

Ein besser geeignetes Maß für die Regularität einer Funktion als die Vitali-Variation erhält man, wenn man auch das Verhalten von f auf den Seiten des Würfels W_n in Betracht zieht: Für $1 \le k \le n$ und $1 \le i_1 < \cdots < i_k \le n$ bezeichne $V^{(k)}(f; i_1, i_2, \ldots, i_k)$ die k-dimensionale Vitali-Variation der Restriktion von f auf die Seite

$$W_n^{i_1,i_2,\ldots,i_k} := \{(x_1, x_2, \ldots, x_n) \in W_n \;:\; x_j = 0 \text{ für alle } j \ne i_1, i_2, \ldots, i_k\}.$$

Definition 12.4.11 (Variation im Sinne von Hardy und Krause) *Die Variation $V(f)$ von f auf $W_n = [0,1]^n$ im Sinne von Hardy und Krause ist durch*

$$V(f) := \sum_{1 \le i_1 \le n} V^{(1)}(f; i_1) + \sum_{1 \le i_1 \le i_2 \le n} V^{(2)}(f; i_1, i_2) + \cdots + V^{(n)}(f; 1, 2, \ldots, n)$$

definiert. Wenn alle Variationen $V^{(k)}(f; i_1, i_2, \ldots, i_k)$ endlich sind, dann ist f von beschränkter Variation im Sinne von Hardy und Krause.

Ist $f : W_n \to \mathbb{R}$ in einer der n Variablen – beispielsweise in x_n – konstant, so ist f *nicht* automatisch von beschränkter Variation im Sinne von Hardy und Krause. Es gilt zwar $V^{(k)}(f; i_1, i_2, \ldots, i_k) = 0$, falls $i_k = n$ ist, für $i_k \ne n$ ist aber $V^{(k)}(f; i_1, i_2, \ldots, i_k)$ keineswegs automatisch endlich, da in diesem Fall die Einschränkung von f die Variable x_n nicht mehr enthält.

Koksma-Hlawka-Ungleichung

Die große Bedeutung von Diskrepanz und Variation im Zusammenhang mit zahlentheoretischen Integrationsformeln hat ihre Ursache in folgender Ungleichung.

Satz 12.4.2 (Koksma-Hlawka-Ungleichung) *Für jede durch gleichverteilte Folgen definierte Integrationsformel*

$$\mathrm{Q}_N f := \frac{1}{N} \sum_{i=1}^{N} f(x_i) \qquad \text{für} \qquad \mathrm{I} f = \int_{[0,1]^n} f(x)\, dx$$

gilt die Fehlerschranke

$$|Q_N f - If| \leq V(f) \cdot D_N^*(x_1, x_2, \ldots, x_N), \tag{12.58}$$

wobei $V(f)$ die Variation des Integranden f im Sinne von Hardy und Krause ist und $D_N^*(x_1, x_2, \ldots, x_N)$ die Stern-Diskrepanz der Folge $x_1, x_2, \ldots, x_N$ bezeichnet.

Beweis: Hlawka [235].

Die Koksma-Hlawka-Ungleichung (12.58) charakterisiert den Verfahrensfehler einer zahlentheoretischen Integrationsformel Q_N durch die Regularität bzw. Variabilität des Integranden f und die Gleichmäßigkeit der Abszissenverteilung.

Die Ungleichung (12.58) kann man auch auf beliebige Bereiche $B \subseteq W_n$ verallgemeinern (Niederreiter [310]). In derartig *verallgemeinerten Koksma-Hlawka-Ungleichungen* charakterisiert die Diskrepanz D_N – und nicht die Stern-Diskrepanz D_N^* wie in (12.58) – die Gleichmäßigkeit der Abszissenverteilung.

Kleine Fehlerschranken (12.58), d. h. besonders effiziente Integrationsformeln Q_N für Integranden f von beschränkter Variation, erhält man, wenn man die Abszissen $x_1, x_2, \ldots, x_N$ so wählt, daß ihre Diskrepanz möglichst klein ist. Konkrete Beispiele von Abszissenfolgen mit kleiner Diskrepanz werden in den nächsten Abschnitten vorgestellt.

Da es in der Praxis nicht möglich ist, die Anzahl der zur Erreichung einer vorgegebenen Fehlertoleranz benötigten Abszissen N a priori zu bestimmen, ist es wichtig, daß man in einem Integrationsalgorithmus die Anzahl N der in einer Formel Q_N verwendeten Abszissen so erhöhen kann, daß bereits berechnete Funktionswerte wiederverwendbar sind. Aus diesem Grund werden im folgenden auch *unendliche* Folgen mit kleiner Diskrepanz behandelt. Zur Konstruktion einer Familie von Integrationsformeln $\{Q_N\}$ verwendet man für Q_N jeweils die ersten N Elemente einer solchen unendlichen Abszissenfolge. Damit ist die optimale Wiederverwertbarkeit bereits berechneter Funktionswerte gewährleistet.

Eindimensionale Folgen mit kleiner Diskrepanz

Eindimensionale Folgen mit kleiner Diskrepanz werden hier nur als Grundlage für mehrdimensionale Integrationsformeln erörtert. Univariate Integrationsformeln, die auf Folgen mit kleiner Diskrepanz beruhen, weisen im Vergleich zu Formeln, die mit Hilfe von polynomialer Approximation konstruiert werden, nur eine sehr geringe Effizienz auf und besitzen keine praktische Bedeutung.

Die Werte der Diskrepanzen D_N^* und D_N einer endlichen Folge $x_1, x_2, \ldots, x_N$ in $[0,1]$ erhält man aus den folgenden Formeln:

Satz 12.4.3 *Für $0 \leq x_1 \leq x_2 \leq \cdots \leq x_N \leq 1$ gilt*

$$D_N^*(x_1, x_2, \ldots, x_N) = \frac{1}{2N} + \max\left\{ \left|x_i - \tfrac{2i-1}{2N}\right| \; : \; i = 1, 2, \ldots, N \right\} \tag{12.59}$$

und

$$D_N(x_1, x_2, \ldots, x_N) = \frac{1}{N} + \max\left\{ \tfrac{i}{N} - x_i \; : \; i = 1, 2, \ldots, N \right\} - \tag{12.60}$$

$$- \min\left\{ \tfrac{i}{n} - x_i \; : \; i = 1, 2, \ldots, N \right\}.$$

Beweis: Niederreiter [310].

Aus den Formeln (12.59) und (12.60) erhält man untere Schranken für die bestmöglichen Werte der Stern-Diskrepanz $D_N^*(x_1, x_2, \ldots, x_N)$ und der Diskrepanz $D_N(x_1, x_2, \ldots, x_N)$:

$$D_N^*(x_1, x_2, \ldots, x_N) \geq \frac{1}{2N} \qquad \text{und} \qquad D_N(x_1, x_2, \ldots, x_N) \geq \frac{1}{N}. \qquad (12.61)$$

Beide Schranken werden erreicht, wenn man die Abszissen $x_1, x_2, \ldots, x_N$ durch

$$x_i := \frac{2i-1}{2N}, \quad i = 1, 2, \ldots, N,$$

definiert. Die entsprechende Quadraturformel mit den optimalen (kleinstmöglichen) Fehlerschranken ist die zusammengesetzte einpunktige Gauß-Legendre-Formel, d. h. die zusammengesetzte Mittelpunkt-Formel.

Van der Corput-Folgen

Jede nichtnegative ganze Zahl i besitzt eine eindeutige *Zifferndarstellung* bezüglich einer *Basis* $b \in \mathbb{N} \setminus \{0, 1\}$

$$i = \sum_{j=0}^{J(i)} d_j(i) \cdot b^j$$

mit den *Ziffern*

$$d_j(i) \in \{0, 1, \ldots, b-1\}, \quad j = 0, 1, \ldots, J(i).$$

Ohne explizite Verwendung der Basis kann man i als $d_{J(i)} \cdots d_2 d_1 d_0$ schreiben.

Die *radikal-inverse Funktion* $\varphi_b : \mathbb{N}_0 \to [0, 1)$ *in der Basis* b definiert eine Spiegelung der Ziffernfolge einer nichtnegativen ganzen Zahl i:

$$\varphi_b \; : \; d_{J(i)} \cdots d_2 d_1 d_0 \;\mapsto\; 0 \,.\, d_0 d_1 d_2 \cdots d_{J(i)}.$$

Die Funktion φ_b kann für die Definition gleichverteilter Folgen verwendet werden.

Definition 12.4.12 (Van der Corput-Folge) *Die van der Corput-Folge in der Basis b ist eine unendliche Folge $x_1, x_2, \ldots$, die durch*

$$x_i := \varphi_b(i-1), \quad i = 1, 2, 3, \ldots \qquad (12.62)$$

festgelegt ist.

Van der Corput-Folgen (siehe Abb. 12.6) besitzen optimale asymptotische Diskrepanz (Niederreiter [310]):

$$D_N^* = O(N^{-1} \log N) \qquad \text{und} \qquad D_N = O(N^{-1} \log N) \qquad \text{für} \qquad N \to \infty.$$

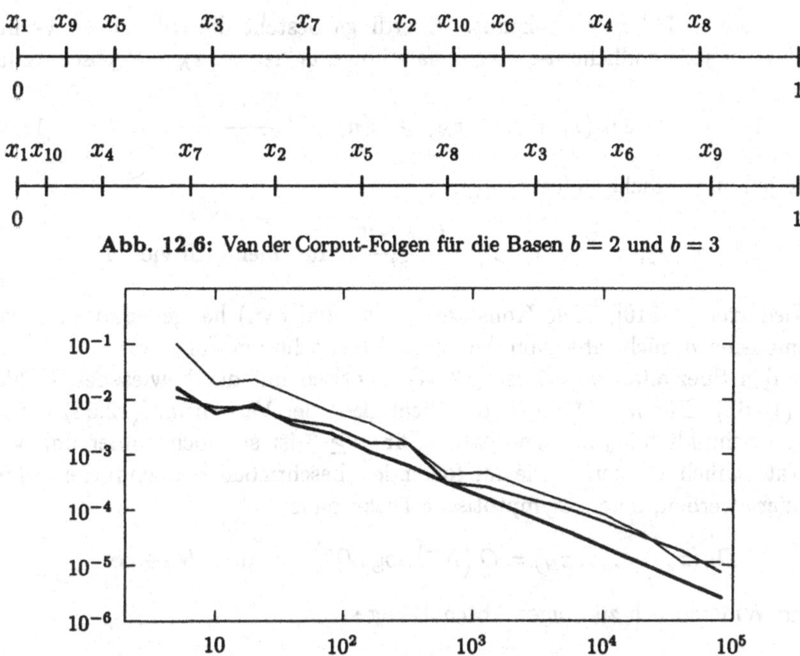

Abb. 12.6: Van der Corput-Folgen für die Basen $b = 2$ und $b = 3$

Abb. 12.7: (Van der Corput-Folgen) Beträge der absoluten Fehler der Quadraturformeln, die auf den van der Corput-Folgen in den Basen $b=2$ (—), $b=3$ (—) und $b=5$ (—) beruhen.

Beispiel (Van der Corput-Folgen) Das Integral

$$\mathrm{I}f = \int_0^1 |x - 1/3|^{1/2}\, dx = 2/3 \left[(2/3)^{3/2} + (1/3)^{3/2}\right] \approx 0.49 \tag{12.63}$$

wurde näherungsweise mit Hilfe von Quadraturformeln $\mathrm{Q}_N^{(b)}$ bestimmt, die auf den ersten N Elementen der van der Corput-Folgen in den Basen $b = 2$, 3 und 5 beruhen. Die Abb. 12.7 zeigt experimentell ermittelte Integrationsfehler für verschiedene Werte der Abszissenanzahl N.

Das Integral (12.63) wurde zu Vergleichszwecken auch mit `QUADPACK/qag` berechnet, einem global-adaptiven Integrationsprogramm, das auf Gauß-Kronrod-Formelpaaren beruht (vgl. Abschnitt 12.3.2). Mit $N = 225$ Funktionsauswertungen liefert dieses Programm einen Näherungswert $\mathrm{Q}_N f$ mit einer Genauigkeit von $|\mathrm{Q}_N f - \mathrm{I}f| = 2.2 \cdot 10^{-6}$. Das ist ein genaueres Ergebnis, als man es durch die Quadraturformeln $\mathrm{Q}_N^{(b)}$ mit der Abszissenanzahl $N = 100\,000$ erhält. Diese vergleichsweise extreme Ineffizienz ist die Ursache, warum Integrationsformeln, die auf gleichverteilten Folgen beruhen, für eindimensionale Integrationsprobleme nicht verwendet werden.

Mehrdimensionale Folgen mit kleiner Diskrepanz

(12.61) liefert die bestmögliche untere Schranke für die Diskrepanz einer *univariaten* endlichen Folge $x_1, x_2, \ldots, x_N$, die von der zusammengesetzten Mittelpunkt-Regel erreicht wird. Im Gegensatz dazu sind bestmögliche Diskrepanz-Schranken für *multivariate* endliche Folgen und daher auch für optimale endliche Folgen

$x_1, x_2, \ldots, x_N \in \mathbb{R}^n$ *nicht* bekannt. Allerdings besteht die (plausible) Vermutung, daß für jede endliche n-dimensionale Folge $x_1, x_2, \ldots, x_N$ die Abschätzung

$$D_N(x_1, x_2, \ldots, x_N) \geq c(n) \frac{(\log N)^{n-1}}{N} \tag{12.64}$$

und für jede unendliche Folge $x_1, x_2, \ldots$

$$D_N(x_1, x_2, \ldots, x_N) \geq c'(n) \frac{(\log N)^n}{N} \quad \text{für unendlich viele } N$$

gilt (Niederreiter [310]). Die Konstanten $c(n)$ und $c'(n)$ hängen dabei nur von der Dimension n, nicht aber von der speziell betrachteten Folge ab.

Für den Spezialfall $n = 1$ ist (12.64) identisch mit der bewiesenen Ungleichung (12.61). Für $n = 2$ wurde die Richtigkeit der Vermutung (12.64) bereits 1972 von Schmidt [354] nachgewiesen. Für $n \geq 3$ ist sie noch immer unbewiesen. Tatsächlich können – wie im folgenden beschrieben – unendliche Folgen konstruiert werden, deren asymptotische Diskrepanz

$$D_N(x_1, x_2, \ldots, x_N) = O\left(N^{-1}(\log N)^n\right) \qquad \text{für} \quad N \to \infty$$

nicht im Widerspruch zu obiger Abschätzung steht.

Halton-Folgen

Halton-Folgen sind mehrdimensionale Verallgemeinerungen der eindimensionalen van der Corput-Folgen (12.62).

Definition 12.4.13 (Halton-Folge) *Die Halton-Folge $x_1, x_2, x_3, \ldots \in \mathbb{R}^n$ in den Basen $b_1, b_2, \ldots, b_n$ ist durch*

$$x_i := (\varphi_{b_1}(i-1), \varphi_{b_2}(i-1), \ldots, \varphi_{b_n}(i-1))^\top, \quad i = 1, 2, 3, \ldots, \tag{12.65}$$

definiert, wobei $\varphi_{b_1}, \varphi_{b_2}, \ldots, \varphi_{b_n}$ die radikal-inversen Funktionen in den Basen $b_1, b_2, \ldots, b_n$ sind.

Satz 12.4.4 *Wenn die Basen $b_1, b_2, \ldots, b_n$ paarweise relativ prim sind, so erfüllt die Diskrepanz der entsprechenden Halton-Folge $x_1, x_2, x_3, \ldots$ die Beziehung*

$$D_N^*(x_1, x_2, \ldots, x_N) \leq c(b_1, b_2, \ldots, b_n) \frac{(\log N)^n}{N} + O(N^{-1}(\log N)^{n-1}). \tag{12.66}$$

Der Koeffizient c des führenden Terms ist durch folgende Formel gegeben:

$$c(b_1, b_2, \ldots, b_n) = \prod_{k=1}^{n} \frac{b_k - 1}{2 \log b_k}. \tag{12.67}$$

Beweis: Niederreiter [310].

Da die in (12.67) auftretende Funktion $x \mapsto (x-1)/2\log x$ für $x \geq 2$ monoton wächst, nimmt der Koeffizient $c(b_1, b_2, \ldots, b_n)$ sein Minimum dann an, wenn man in (12.65) als Basen $b_1, b_2, \ldots, b_n$ die ersten n Primzahlen $p_1, p_2, \ldots, p_n$ wählt.

Beispiel (Halton-Folgen) Das n-variate Integral

$$\begin{aligned} \mathrm{I}_n f_n &:= c_n \int\limits_{[0,1]^n} \prod_{k=1}^{n} |x_k - 1/3|^{1/2}\, dx_k = \\ &= c_n (2/3)^n ((2/3)^{3/2} + (1/3)^{3/2})^n \approx c_n 0.49^n \end{aligned} \tag{12.68}$$

ist eine n-dimensionale Verallgemeinerung des Integrals (12.63). Der Skalierungsparameter c_n wurde in den im folgenden beschriebenen Experimenten so gewählt, daß $\mathrm{I}_n f_n = 1$ gilt.

Das Integral (12.68) wurde für die Dimensionen $n = 5, 10$ und 15 mit Hilfe von Kubaturformeln Q_N^n berechnet, deren Abszissen die ersten N Elemente der Halton-Folge in den Basen $p_1, p_2, \ldots, p_n$ sind. Die Abb. 12.8 zeigt die Integrationsfehler $|\mathrm{Q}_N^n f_n - \mathrm{I}_n f_n|$ für verschiedene Werte der Abszissenanzahl N.

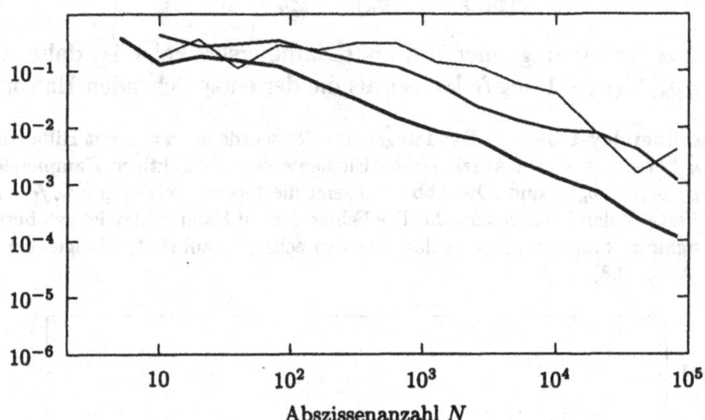

Abb. 12.8: (Halton-Folgen) Beträge der absoluten Fehler der Integrationsformeln, die auf N Elementen der Halton-Folgen beruhen. Berechnet wurde das Integral (12.68) für die Dimensionen $n=5$ (—), $n=10$ (—) und $n=15$ (—).

Software (Gleichverteilte Folgen) Halton-Folgen für Dimensionen $n \leq 40$ werden von einem Unterprogramm in `TOMS/647` erzeugt. Dort findet man auch ein Unterprogramm für die Erzeugung von gleichverteilten Folgen, die von Faure [191] vorgeschlagen wurden. Die Methode von Faure ist auch in `TOMS/659` implementiert. Zusätzlich findet man dort eine Implementierung einer auf Sobol [370] beruhenden Methode zur Erzeugung gleichverteilter Zufallszahlen.

Hammersley-Folgen

Im Gegensatz zu den unendlichen Halton-Folgen sind die ähnlich definierten *Hammersley-Folgen* endlich.

Definition 12.4.14 (Hammersley-Folge) *Die N-punktige Hammersley-Folge in den Basen $b_1, b_2, \ldots, b_{n-1}$ ist die durch*

$$x_i := \left(\frac{i-1}{N}, \varphi_{b_1}(i-1), \varphi_{b_2}(i-1), \ldots, \varphi_{b_{n-1}}(i-1) \right), \quad i = 1, 2, \ldots, N,$$

definierte Folge $x_1, x_2, \ldots, x_N \in \mathbb{R}^n$.

Hammersley- und Halton-Folgen unterscheiden sich nur in der Definition der ersten Komponente der Folgenvektoren $x_i \in \mathbb{R}^n$. Man kann zeigen, daß die Schranke für die Diskrepanz von Halton-Folgen auch für Hammersley-Folgen anwendbar ist, wenn man in (12.66) die Anzahl der Basen von n auf $n-1$ verringert:

$$D_N^*(x_1, x_2, \ldots, x_N) \leq c(b_1, b_2, \ldots, b_{n-1}) \frac{(\log N)^{n-1}}{N} + O\left(N^{-1}(\log N)^{n-2}\right).$$

Wählt man sowohl in den Halton- als auch in den Hammersley-Folgen die optimalen Basen in Gestalt der ersten n Primzahlen, so ergibt sich aus (12.67)

$$\frac{c(p_1, p_2, \ldots, p_{n-1})}{c(p_1, p_2, \ldots, p_n)} = \frac{2 \log p_n}{p_n - 1}.$$

Die Diskrepanzabschätzung einer N-Punkt-Hammersley-Folge ist daher um den Faktor $(2 \log p_n)^{-1}(p_n - 1) \log N$ kleiner als die der entsprechenden Halton-Folge.

Beispiel (Hammersley-Folgen) Das Integral (12.68) wurde für $n = 5$ mit Hilfe von Kubaturformeln Q_N berechnet, deren Abszissen die Elemente der N-punktigen Hammersley-Folge in den Basen $p_1, p_2, \ldots, p_{n-1}$ sind. Die Abb. 12.9 zeigt die Integrationsfehler $|Q_N f_5 - I_5 f_5|$ für verschiedene Werte N der Abszissenanzahl. Die Fehler der auf Hammersley-Folgen beruhenden Formeln sind signifikant kleiner als die Fehler der entsprechenden auf Halton-Folgen beruhenden Formeln (vgl. Abb. 12.8).

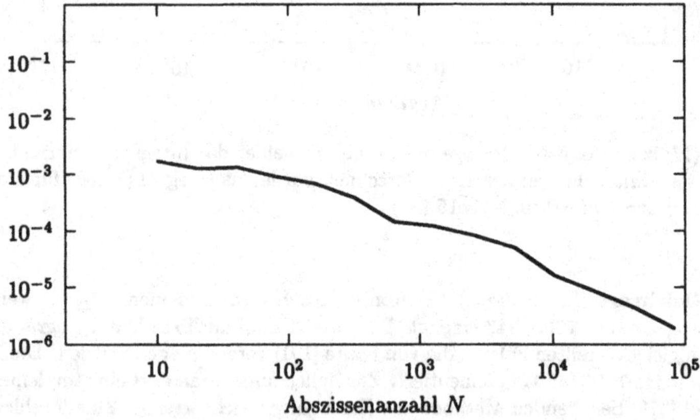

Abb. 12.9: (Hammersley-Folge) Beträge der absoluten Fehler der Integrationsformeln, die auf N Elementen der Hammersley-Folge beruhen. Berechnet wurde das Integral (12.68) für die Dimension $n=5$.

12.4.4 Monte-Carlo-Integrationsverfahren

Bisher wurde immer angenommen, daß die Abtastpunkte $x_i \in B$ durch einen *deterministischen* Prozeß bestimmt werden. In *randomisierten Integrationsverfahren* wird die Wahl dieser Punkte durch zufällige Größen (mit)bestimmt. In der numerischen Integration spielt nur eine besondere Form randomisierter Algorithmen eine Rolle: die sogenannten *Monte-Carlo-Verfahren*, die man durch

Anwendung der Monte-Carlo-Methode (siehe Abschnitt 5.2.6) auf Integrationsprobleme erhält. Dabei wird das zu berechnende Integral $\mathrm{I}f$ als *Erwartungswert* (*Mittelwert*) aufgefaßt:

$$\mathrm{I}f = \int\limits_B f(x)\,dx = \mathrm{vol}(B) \int\limits_{\mathbb{R}^n} \mathrm{vol}(B)^{-1} c_B(x) f(x)\,dx = \mathrm{vol}(B) \cdot \mu(f). \qquad (12.69)$$

$\mu(f)$ ist der Erwartungswert der Funktion $f(X)$, wobei X eine stetige, gleichmäßig auf $B \subseteq \mathbb{R}^n$ verteilte Zufallsvariable mit der Dichtefunktion $\mathrm{vol}(B)^{-1}c_B$ ist und c_B die charakteristische Funktion von B bezeichnet.

Eine fundamentale Methode der Statistik besteht darin, auf Grund von Stichproben Aussagen über eine zu untersuchende Zufallsgröße zu gewinnen. Aussagen über den Erwartungswert gewinnt man vor allem durch das *Stichprobenmittel*. Einen *Monte-Carlo-Schätzwert* für den Erwartungswert $\mu(f)$ erhält man, wenn man auf Grund einer konkreten Stichprobe $x_1, x_2, \ldots, x_N \in \mathbb{R}^n$ aus der Grundgesamtheit mit der Dichtefunktion $\mathrm{vol}(B)^{-1}c_B$ das Stichprobenmittel bildet:

$$\bar{f} := \frac{1}{N} \sum_{i=1}^{N} f(x_i) = \mathrm{Q}_N f.$$

Vom stochastischen Gesichtspunkt aus kann diese Vorgangsweise folgendermaßen gerechtfertigt werden: Die Werte $x_1, x_2, \ldots, x_N$ werden als Realisierungen einer endlichen Folge $X_1, X_2, \ldots, X_N$ von unabhängigen, identisch verteilten Zufallsvariablen mit der gemeinsamen Dichte $\mathrm{vol}(B)^{-1}c_B$ interpretiert. Unter dieser Voraussetzung garantiert das *starke Gesetz der großen Zahlen* die Konvergenz

$$\mathrm{Q}_N f := \frac{1}{N} \sum_{i=1}^{N} f(X_i) \quad \to \quad \mu(f) \qquad \text{für} \quad N \to \infty$$

fast sicher, d. h. mit Wahrscheinlichkeit 1.

Um zu praktisch verwendbaren Monte-Carlo-Verfahren für die numerische Integration zu gelangen, muß man anstelle einer „echten" Stichprobe $x_1, x_2, \ldots, x_N$ eine Folge von Zufallszahlen verwenden, die man deterministisch mit Hilfe eines Zufallszahlengenerators erzeugt (siehe Kapitel 17). Man spricht daher von *pseudo-zufälligen Integrationsformeln*.

Beispiel (Monte-Carlo-Verfahren) Das Integral $\mathrm{I}_n f_n$ (12.68) wurde mittels pseudo-zufälliger Formeln Q_N^n berechnet. Die Abszissen $x_1, x_2, \ldots, x_N$ von Q_N^n wurden mit dem Unterprogramm `NAG/g05faf` erzeugt. Die Abb. 12.10 zeigt die Integrationsfehler $|\mathrm{Q}_N^n f_n - \mathrm{I}_n f_n|$ für verschiedene Anzahlen N von Abszissen und für die Dimensionen $n = 5, 10$ und 15. Man sieht, daß das Verhalten der Fehler $|\mathrm{Q}_N^n f_n - \mathrm{I}_n f_n|$ sehr unregelmäßig ist. So führt z. B. bei fester Dimension n eine Erhöhung der Anzahl N der Abszissen nicht unbedingt zu einer Verringerung des Integrationsfehlers. Ein Vergleich mit den entsprechenden Resultaten der auf Halton-Folgen beruhenden Integrationsformeln auf Seite 137 zeigt – außer für die Dimension $n = 5$ – keine klare Überlegenheit der Formeln mit kleiner Diskrepanz.

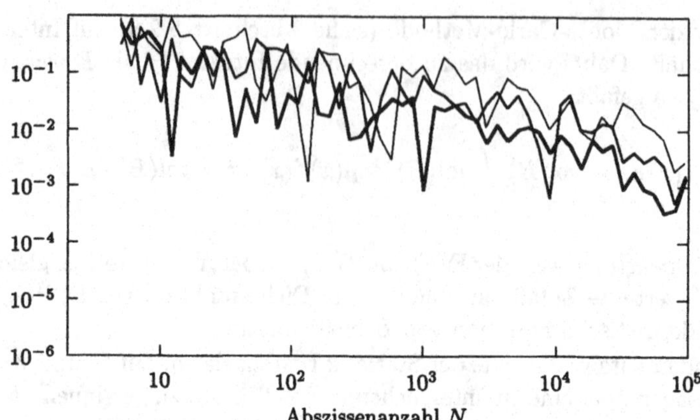

Abb. 12.10: (Monte-Carlo-Verfahren) Beträge der absoluten Fehler pseudo-zufälliger Integrationsformeln für das Integral (12.68) mit den Dimensionen $n = 5$ (—), $n = 10$ (—) und $n = 15$ (—).

Fehlerschätzungen bei Monte-Carlo-Verfahren

Während das starke Gesetz der großen Zahlen gewährleistet, daß der Stichprobenmittelwert $\overline{f} = \mathrm{Q}_N f$ für $N \to \infty$ gegen den gesuchten Wert $\mu(f)$ konvergiert, steht zunächst keine Information über die Größenordnung des Verfahrensfehlers $\mathrm{Q}_N f - \mu(f)$ für eine konkrete Stichprobe vom Umfang N zur Verfügung.

Statistische Fehlerschätzungen erhält man, wenn man statistische Schätzfunktionen oder Bereichsschätzungen für $\mathrm{Q}_N f - \mu(f)$ berechnet. Die wichtigste Kenngröße für diese Differenz ist die *Standardabweichung* $\sigma(\mathrm{Q}_N f)$ des Stichprobenmittels $\mathrm{Q}_N f$,

$$\sigma(\mathrm{Q}_N f) := \sqrt{\mu\,(\mathrm{Q}_N f - \mu(f))^2}.$$

Wenn f – wiederum als Zufallsvariable gedeutet – die Standardabweichung $\sigma(f)$ besitzt, so ist die Standardabweichung des Stichprobenmittels $\mathrm{Q}_N f$ durch

$$\sigma(\mathrm{Q}_N f) = \frac{\sigma(f)}{\sqrt{N}}$$

gegeben. Da die Standardabweichung das quadratische Mittel der Abweichung einer Zufallsvariablen von ihrem Erwartungswert darstellt, ist das quadratische Mittel des Verfahrensfehlers $\mathrm{Q}_N f - \mu(f)$ eines Monte-Carlo-Verfahrens durch $\sigma(f) N^{-1/2}$ gegeben, woraus die Konvergenzordnung $O(N^{-1/2})$ der statistischen Fehlerschätzung $\sigma(\mathrm{Q}_N f)$ für $N \to \infty$ resultiert. Es ist von großer praktischer Bedeutung, daß diese Konvergenzordnung *nicht* von der Dimension n des Integrationsproblems abhängt.

Um zu praktikablen Fehlerschätzungen zu gelangen, muß man die im allgemeinen nicht verfügbare Standardabweichung $\sigma(f)$ durch die *empirische Standardabweichung*

$$s(f) = \sqrt{\frac{1}{N-1} \sum_{i=1}^{N} (f(x_i) - \mathrm{Q}_N f)^2}$$

ersetzen (siehe auch Abschnitt 12.5.1).

Die Berechnung des Integrals $\mathrm{I}f$ nach dem Monte-Carlo-Ansatz (12.69) erfordert nicht nur die Bestimmung von $\mu(f)$, sondern auch die von $\mathrm{vol}(B)$. Wenn der Integrationsbereich so gestaltet ist, daß $\mathrm{vol}(B)$ nicht problemlos berechenbar ist, kann das Monte-Carlo-Verfahren folgendermaßen modifiziert werden:

$$\begin{aligned}\mathrm{I}f &= \int_B f(x)\,dx = \int_{B'} c_B(x) f(x)\,dx = \\ &= \mathrm{vol}(B')\int_{\mathbb{R}^n} \mathrm{vol}(B')^{-1} c_{B'}(x)[c_B(x)f(x)]\,dx = \mathrm{vol}(B')\cdot\mu(c_B f).\end{aligned}$$

Der Bereich B' kann als Obermenge von B so gewählt werden, daß $\mathrm{vol}(B')$ leicht zu berechnen ist. c_B wird in diesem modifizierten Monte-Carlo-Verfahren nicht als Bestandteil der Dichtefunktion, sondern als Teil des Integranden $c_B f$ gedeutet: Der Erwartungswert von $c_B f$ wird bezüglich der Dichte $\mathrm{vol}(B')^{-1}c_{B'}$ berechnet.

Die Anwendung der Monte-Carlo-Methode auf Integrationsprobleme[7] ist mit den folgenden Schwierigkeiten verbunden:

1. Die Fehlerabschätzungen für $\mathrm{Q}_N f - \mathrm{I}f$ sind stochastischer Natur. Es ist keineswegs sicher, daß der Verfahrensfehler $\mathrm{Q}_N f - \mathrm{I}f$ in einer konkreten Situation die Standardabweichung $\sigma(\mathrm{Q}_N f)$ tatsächlich unterschreitet.

2. Die Konvergenzordnung $O(N^{-1/2})$ ist unabhängig von der Glattheit des Integranden. Das ist ein Nachteil bei glatten Funktionen, die von Monte-Carlo-Verfahren – anders als von polynomialen Integrationsformeln – *nicht* effizienter integriert werden als Integranden mit Unstetigkeiten etc.

3. Die Abszissen $\{x_i\}$ sind Stichproben unabhängiger Zufallsvariablen. Es stellt sich die Frage, wie solche „Zufallsfolgen“ erzeugt werden können. In der Praxis verwendet man anstelle einer „echten“ Stichprobe sogenannte *pseudo-zufällige* Folgen, d. h. *deterministische* Folgen, die in einem gewissen Sinn Stichproben von Zufallsvariablen simulieren (siehe Kapitel 17).

Varianz-Reduktion durch Gewichtung

Die stochastische Fehlerschätzung $\sigma(f)N^{-1/2}$ der Monte-Carlo-Verfahren legt nahe, daß der Verfahrensfehler $\mathrm{Q}_N f - \mathrm{I}f$ auf zwei grundsätzlich verschiedene Arten verringert werden kann: (1) durch Erhöhung der Anzahl N der Funktionsauswertungen und (2) durch Reduktion der Varianz des Integranden f. Der Nachteil der ersten Methode besteht in ihrer geringen Wirksamkeit (vgl. Abb. 12.10). Um die Genauigkeit eines Näherungswertes um den Faktor 10 zu erhöhen, muß auf Grund des „$1/\sqrt{N}$-Gesetzes“ die Anzahl N der Funktionsauswertungen um den Faktor 100 erhöht werden. Es wurden deshalb Verfahren entwickelt, die nach

[7] Der Einfachheit halber wird im folgenden angenommen, das Integrationsproblem sei so skaliert, daß $\mathrm{vol}(B) = 1$ gilt. In diesem Fall gilt die Gleichheit $\mu(f) = \mathrm{I}f$.

der zweiten Methode vorgehen und den Integrationsfehler durch Verringerung der Varianz $\sigma(f)$ vermindern.

Die am häufigsten verwendete Methode zur Varianzreduktion und damit zur Effizienzsteigerung von Monte-Carlo-Verfahren ist die Verwendung *gewichteter Stichproben*. Der Grundgedanke dabei ist, mit

$$\mathrm{I}f = \int\limits_B f(x)\,dx = \int\limits_B w(x)\frac{f(x)}{w(x)}\,dx \qquad \text{und} \qquad \int\limits_B w(x)\,dx = 1 \tag{12.70}$$

künstlich eine positive, normierte Gewichtsfunktion w einzuführen, sodaß w eine nicht-verschwindende Wahrscheinlichkeitsdichte auf B darstellt. Die Gleichung (12.70) läßt sich daher schreiben als

$$\mathrm{I}f = \mu_w\left(\frac{f}{w}\right),$$

wobei μ_w den Erwartungswert bezüglich der Dichte w auf B bezeichnet.

Einen *Monte-Carlo-Schätzwert* für den Erwartungswert $\mu_w(f/w)$ erhält man, indem man N unabhängige, gemäß der Dichte w verteilte Stichproben $x_1, x_2, \ldots, x_N$ erzeugt und $\mathrm{I}f$ durch

$$\mathrm{I}f = \mu_w(f/w) \;\approx\; \mathrm{Q}_N(f/w) := \frac{1}{N}\sum_{i=1}^{N}\frac{f(x_i)}{w(x_i)} \tag{12.71}$$

näherungsweise berechnet. Wie bei den Monte-Carlo-Basis-Verfahren stellt die Standardabweichung $\sigma_w(\mathrm{Q}_N(f/w))$ von $\mathrm{Q}_N(f/w)$ bezüglich der Dichte w eine stochastische Schätzung für den Verfahrensfehler $\mathrm{Q}_N(f/w) - \mu_w(f/w)$ dar. Hat ferner f/w eine Standardabweichung von $\sigma_w(f/w)$ bezüglich der Dichte w, so ergibt sich die Standardabweichung des Stichprobenmittels $\mathrm{Q}_N(f/w)$ zu

$$\sigma_w(\mathrm{Q}_N(f/w)) = \sigma_w(f/w)/\sqrt{N}.$$

Die so modifizierten Monte-Carlo-Verfahren führen nur dann zu einer Varianz-Reduktion und damit zu einer Verringerung des Verfahrensfehlers, wenn

$$\sigma_w^2(f/w) < \sigma^2(f)$$

gilt. Falls f auf B positiv ist, würde die Wahl

$$w(x) := \frac{f(x)}{\mathrm{I}f}$$

zu der optimalen Varianz

$$\sigma_w^2(f/w) = \sigma_w^2(\mathrm{I}f) = 0$$

führen. Diese Wahl von w beruht auf der unrealistischen Annahme, daß der gesuchte Integralwert $\mathrm{I}f$ bereits bekannt ist. Nichtsdestotrotz legt sie nahe, die

Gewichtsfunktion w so zu wählen, daß f/w wenigstens annähernd konstant ist. Wenn f sowohl negative als auch positive Werte annimmt und nach unten beschränkt ist,

$$f(x) > M \qquad \text{für alle} \quad x \in B,$$

kann man obiges Verfahren zur Varianz-Reduktion auf $f - M$ anwenden.

Man beachte, daß die Abszissen $x_1, x_2, \ldots, x_N$ in (12.71) gemäß der Dichte $w(x)$ verteilt sind. Die Erzeugung derartiger *nicht-gleichverteilter* Zufallszahlen ist oft eine nichttriviale Aufgabe (siehe Abschnitt 17.3).

Generell kann gesagt werden, daß die Erzeugung von Stichproben für *nicht*-gleichverteilte Zufallsvariablen aufwendiger ist als für gleichverteilte. Ferner muß neben dem Integranden f auch noch die Dichtefunktion w an den Abszissen $x_1, x_2, \ldots, x_N$ ausgewertet werden. Daher ist die Rechenzeit für die Auswertung von N-Punkt-Integrationsformeln bei gewichteten Stichproben größer als bei gleichverteilten Stichproben.

Beispiel (Varianz-Reduktion) Bei der Modellierung von extremen Hochwasser-Situationen (vgl. Kirnbauer [261]) mit Hilfe von Methoden der Bayesschen Statistik werden (durch Messung) unabhängige Stichproben-Informationen $x_1, x_2, \ldots, x_M$ ermittelt, deren Verteilung vom unbekannten Systemzustand $(\vartheta_1, \vartheta_2)^\top$ gemäß

$$v_i(x_i|\vartheta_1, \vartheta_2) = d \cdot \exp(-g(x_i) - \exp(-g(x_i))), \qquad i = 1, 2, \ldots, M,$$

mit

$$g(x) := d \cdot \left(x - \vartheta_1 + \frac{\gamma}{d}\right), \qquad d = \frac{\pi}{\sqrt{6}\vartheta_1\vartheta_2}, \qquad \gamma \approx 0.5772157$$

abhängt.[8] Die a-priori-Information über den Systemzustand $(\vartheta_1, \vartheta_2)^\top$ wird durch die Verteilung

$$\begin{aligned}\pi(\vartheta_1, \vartheta_2|\mu_1, \sigma_1, \mu_2, \sigma_2) \quad = \quad & \frac{1}{\sqrt{2\pi}\vartheta_1\sigma_1} \exp\left(-\frac{1}{2\sigma_1^2}(\ln\vartheta_1 - \ln\mu_1)^2\right) \cdot \\ & \frac{1}{\sqrt{2\pi}\vartheta_2\sigma_2} \exp\left(-\frac{1}{2\sigma_2^2}(\ln\vartheta_2 - \ln\mu_2)^2\right)\end{aligned}$$

des Systemzustandes $(\vartheta_1, \vartheta_2)^\top$ modelliert.[9] Die Parameter μ_1 und σ_1 bzw. μ_2 und σ_2 der Verteilung von ϑ_1 bzw. ϑ_2 sind durch Erfahrungswerte vorgegeben. Zur Bestimmung der a-posteriori-Dichte muß das Integral

$$\int_0^\infty \int_0^\infty f(\vartheta_1, \vartheta_2)\, d\vartheta_1 d\vartheta_2, \qquad f(\vartheta_1, \vartheta_2) := \pi(\vartheta_1, \vartheta_2|\mu_1, \sigma_1, \mu_2, \sigma_2) v(x_1, \ldots, x_M|\vartheta_1, \vartheta_2), \quad (12.72)$$

berechnet werden, wobei v die gemeinsame Dichte

$$v(x_1, \ldots, x_M|\vartheta_1, \vartheta_2) = \prod_{i=1}^{M} v_i(x_i|\vartheta_1, \vartheta_2)$$

von $x_1, x_2, \ldots, x_M$ ist.

Bei der näherungsweisen Berechnung von (12.72) stellt sich zunächst das Problem, daß der Integrationsbereich $B = [0, \infty)^2$ unbeschränkt ist, eine unmittelbare Anwendung von Monte-Carlo-Verfahren also nicht möglich ist. Da der Integrand f für $\vartheta_1 \to \infty$ bzw. $\vartheta_2 \to \infty$ sehr rasch

[8] Diese Verteilung wird als *Gumbel-Verteilung* bezeichnet.

[9] Sowohl ϑ_1 als auch ϑ_2 sind *log-normal* verteilt.

abklingt, liegt es nahe, dieses Problem dadurch zu lösen, daß man den Integrationsbereich auf ein beschränktes Gebiet B' begrenzt. Will man (12.72) etwa auf drei Stellen genau berechnen, so genügt es, den Integranden f über $B' := [0,1]^2$ zu integrieren. Für die näherungsweise Berechnung des so modifizierten Integrals können dann Monte-Carlo-Verfahren Q_N verwendet werden, deren Abszissen in B' gleichverteilt sind.

Eine alternative Berechnungsmethode beruht auf der Beobachtung, daß der Integrand f in (12.72) als Faktor die a-priori-Dichte π enthält. Es bietet sich daher an, die zur Varianz-Reduktion notwendige Dichte w einfach durch $w := \pi$ zu wählen. Man erhält dann für die näherungsweise Berechnung des Integrals (12.72) Monte-Carlo-Verfahren Q_N^π, deren Abszissen in B gemäß der a-priori-Dichte π verteilt sind.

Die Abb. 12.11 zeigt die Verfahrensfehler der Methoden Q_N und Q_N^π für verschiedene Werte der Abszissenanzahl N. Zur Erzeugung der Zufallszahlen wurden die Unterprogramme `NAG/g05faf` und `NAG/g05def` verwendet. Es zeigt sich, daß der Fehler von Q_N^π durchschnittlich um etwa einen Faktor 10 kleiner ist als der von Q_N. Zur Erreichung derselben Genauigkeit müssen also mit Q_N hundertmal mehr Abszissen verwendet werden als mit Q_N^π. Der (gemessene) Rechenaufwand pro Abszisse ist bei Q_N^π dagegen nur um etwa einen Faktor 1.3 größer als bei Q_N. Der Rechenaufwand zum Erreichen derselben Genauigkeit ist bei Q_N^π daher um einen Faktor 77 kleiner als bei Q_N.

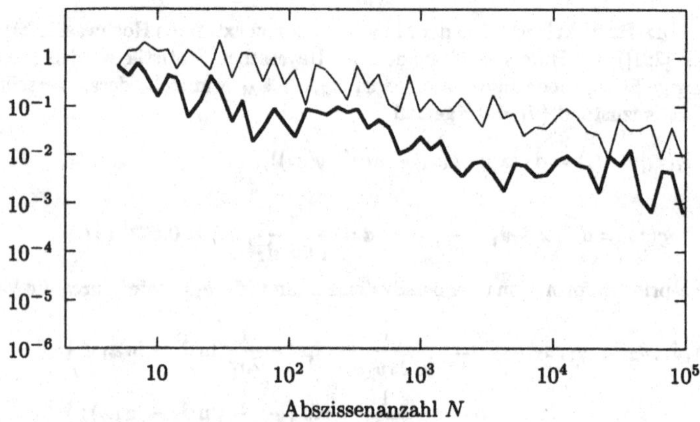

Abb. 12.11: (Monte-Carlo-Verfahren mit Varianzreduktion) Beträge der absoluten Fehler der Monte-Carlo-Verfahren Q_N (—) und Q_N^π (**—**) für das Integral (12.72).

Software (Monte-Carlo-Verfahren) Das Unterprogramm `NAG/d01gbe` verwendet ein adaptives, zusammengesetztes Monte-Carlo-Verfahren zur Berechnung von Integralen über n-dimensionalen Quaderbereichen. Der Integrationsbereich wird dabei in Teilquader zerlegt, und auf jeden Teilquader wird ein Monte-Carlo-Verfahren angewendet. Wird die gewünschte Genauigkeit nicht erreicht, so können Teilquader weiter zerlegt werden.

12.4.5 Gitterpunkt-Integrationsformeln

Im univariaten Fall wurde die zusammengesetzte Trapezregel T_N als die zusammengesetzte abgeschlossene 2-Punkt-Newton-Cotes-Formel eingeführt (Abschnitt 12.3.3). Diese Art der Herleitung der zusammengesetzten Trapezregel eignet sich auf Grund des Fehlens multivariater Newton-Cotes-Formeln nicht zur Verallgemeinerung auf mehrdimensionale Räume. Im folgenden wird daher ein anderer Weg beschritten.

Formelkonstruktion mittels harmonischer Analyse

Eine Konstruktionsmethode für Integrationsformeln, die eine Verallgemeinerung der univariaten Trapezregel zu multivariaten Integrationsformeln mit ähnlichen Eigenschaften erlaubt, führt über die spezielle Fehlerstruktur von T_N, wie sie durch die Euler-Maclaurinsche Summenformel (12.44) sehr genau charakterisiert wird. Diese Fehlerdarstellung zeigt unter anderem, daß die zusammengesetzte Trapezregel besonders genaue Resultate für glatte, *(b–a)-periodische* Integranden liefert (bzw. für Integranden, die sich außerhalb des Integrationsintervalles (a, b) zu glatten, $(b-a)$-periodischen Integranden fortsetzen lassen). Diese spezielle Eigenschaft legt nahe, das Fehlerverhalten der zusammengesetzten Trapezregel mittels *harmonischer Analyse* zu ergründen, indem man den Integranden f in eine Fourier-Reihe entwickelt. Dieser Ansatz führt - wie sich zeigen wird - zu einer mehrdimensionalen Verallgemeinerung der Trapezregel.

Univariate Trapezregel für periodische Integranden

Ohne Beschränkung der Allgemeinheit soll von periodischen Funktionen ausgegangen werden, deren Periode 1 ist. Es wird hier angenommen, daß alle Integrandenfunktionen $f: \mathbb{R} \to \mathbb{R}$ der Funktionalgleichung $f(x+1) = f(x)$ genügen.

Wenn die Funktion f hinreichend glatt ist, dann kann man sie in ihre (komplexe) Fourier-Reihe entwickeln:

$$f(x) = \sum_{m \in \mathbb{Z}} c_m \, e^{2\pi i m \cdot x}. \tag{12.73}$$

Die Fourier-Koeffizienten $c_m \in \mathbb{C}$ sind durch

$$c_m := \int_0^1 f(x) \, e^{-2\pi i m \cdot x} \, dx, \qquad m \in \mathbb{Z},$$

gegeben. Die absolute Konvergenz der Fourier-Reihe (12.73) ist gesichert, wenn f z. B. einer *Hölder-Bedingung*

$$|f(x) - f(y)| \le K|x - y|^\alpha, \quad K > 0,$$

mit einem Exponenten $\alpha > 1/2$ genügt (Rees et al. [66]). Es ist sogar ausreichend, daß f einer Hölder-Bedingung mit $\alpha > 0$ genügt, wenn zusätzlich vorausgesetzt wird, daß f von beschränkter Variation ist (vgl. Definition 12.4.9).

Wenn die Fourier-Reihe (12.73) absolut konvergent ist, kann man sie in eine Quadraturformel Q_N einsetzen und die Summationsreihenfolge vertauschen:

$$Q_N f = \sum_{m \in \mathbb{Z}} c_m Q_N (e^{2\pi i m \cdot x}). \tag{12.74}$$

Wegen

$$c_0 = \int_0^1 f(x) \, e^{-2\pi i 0 \cdot x} \, dx = \int_0^1 f(x) \, dx = \mathrm{I} f$$

erhält man aus (12.74) eine Fehlerdarstellung für Q_N (Lyness [283]):

$$Q_N f - If = \sum_{m \in \mathbb{Z} \setminus \{0\}} c_m Q_N(e^{2\pi i m \cdot x}).$$

Um eine effiziente Integrationsformel Q_N zu erhalten, d. h. eine Formel, deren Verfahrensfehler $Q_N f - If$ für möglichst viele Funktionen so klein wie möglich ist, muß man Q_N so konstruieren, daß möglichst viele Basisfunktionen $e^{2\pi i m \cdot x}$, für die der entsprechende Fourier-Koeffizient c_m „groß" ist, durch Q_N gedämpft oder überhaupt auf Null abgebildet werden.

Da für glatte Funktionen die signifikantesten Terme c_m im allgemeinen jene mit „kleinen" (positiven und negativen) Indexwerten m sind, sollten solche Formeln Q_N gesucht werden, die möglichst viele der *niedrigfrequenten* Funktionen $e^{2\pi i x}, e^{4\pi i x}, e^{6\pi i x}, \ldots$ auf Null abbilden.[10] Die in dieser Hinsicht optimalen Quadraturformeln sind die um $v \in [0,1]$ versetzten Trapezregeln

$$T_N(v)f = \frac{1}{N} \sum_{i=0}^{N-1} f\left(\text{fraction}\left(\frac{i}{N} + v\right)\right), \tag{12.75}$$

wobei die Funktion

$$\text{fraction} : \mathbb{R} \to [0,1)$$

den gebrochenen Anteil einer reellen Zahl liefert. Von diesen Formeln werden alle *trigonometrischen Monome* $e^{2\pi i m \cdot x}$ bis auf jene mit $m = \pm kN$, $k = 0, 1, 2, \ldots$, auf Null abgebildet. Folglich kann der Fehler der Trapezregeln (12.75) durch

$$T_N(v)f - If = \sum_{k \in \mathbb{Z} \setminus \{0\}} c_{kN} T_N(v)(e^{2\pi i k N \cdot x})$$

dargestellt werden. Daraus sieht man, daß die Formelfamilie (12.75) für Integranden, deren Fourier-Koeffizienten c_m für $m \to \infty$ rasch abklingen, besonders effizient ist. Dieses Abklingverhalten steht seinerseits in einem engen Zusammenhang mit der Glattheit der Funktion f. Wenn f unendlich oft differenzierbar ist, so klingen die Fourier-Koeffizienten besonders rasch ab (Lyness [283]):

$$|c_m| = o(|m|^{-k}) \quad \text{für alle} \quad k \in \mathbb{N}.$$

Die Koeffizientenfolgen $c_0, c_1, c_2, \ldots$ und $c_0, c_{-1}, c_{-2}, \ldots$ konvergieren daher schneller gegen Null als jede noch so hohe Potenz von m^{-1}. Die zusammengesetzte Trapezregel besitzt für derartige Integranden besonders hohe Effizienz (vgl. das Beispiel auf Seite 112).

Multivariate Integrationsformeln für periodische Integranden

Zur Verallgemeinerung auf den multivariaten Fall wird wieder die Annahme getroffen, daß $f: \mathbb{R}^n \to \mathbb{R}$ periodisch von der Periode 1 ist, daß also

$$f(x) = f(x+z) \qquad \text{für alle} \quad x \in \mathbb{R}^n \text{ und } z \in \mathbb{Z}^n$$

[10] Wegen $c_{-m} = \overline{c_m}$ für Funktionen $f : \mathbb{R} \to \mathbb{R}$ werden dann auch alle entsprechenden niedrigfrequenten Funktionen mit negativem Index $(e^{-2\pi i x}, e^{-4\pi i x}, e^{-6\pi i x}, \ldots)$ auf Null abgebildet.

gilt und daß f in Form einer absolut konvergenten multivariaten Fourier-Reihe

$$f(x) = \sum_{m \in \mathbb{Z}^n} c_m \, e^{2\pi i m \cdot x} \tag{12.76}$$

mit den Fourier-Koeffizienten

$$c_m = \int_C f(x) \, e^{-2\pi i m \cdot x} \, dx, \qquad c_m \in \mathbb{C}, \quad m \in \mathbb{Z}^n \tag{12.77}$$

dargestellt werden kann, wobei $m \cdot x$ das innere Produkt

$$m \cdot x := m_1 x_1 + m_2 x_2 + \cdots + m_n x_n$$

der Vektoren m und x symbolisiert.

Setzt man die Fourier-Reihenentwicklung (12.76) des Integranden f in eine multivariate Integrationsformel Q_N ein und vertauscht die Summationsreihenfolge, was wiederum auf Grund der vorausgesetzten absoluten Konvergenz der Fourier-Reihe möglich ist, so erhält man wie im univariaten Fall

$$Q_N f = \sum_{m \in \mathbb{Z}^n} c_m Q_N(e^{2\pi i m \cdot x})$$

und die Fehlerdarstellung

$$Q_N f - If = \sum_{m \in \mathbb{Z}^n \setminus \{0\}} c_m Q_N(e^{2\pi i m \cdot x}). \tag{12.78}$$

Wenn man nun – analog zum eindimensionalen Fall – versucht, effiziente multivariate Integrationsformeln Q_N zu konstruieren, d. h. Formeln, für die der Verfahrensfehler (12.78) für eine große Klasse von Integrandenfunktionen „möglichst klein“ ist, so stößt man auf folgende Schwierigkeiten:

- Um Q_N nach dem eindimensionalen Vorbild zu einer effizienten Formel zu machen, ist sie so zu konstruieren, daß möglichst viele Funktionen $e^{2\pi i m \cdot x}$, für die der entsprechende Fourier-Koeffizient c_m „groß“ ist, auf Null abgebildet werden. Die Schwierigkeit besteht nun darin, daß das Abklingen der mehrdimensionalen Fourier-Koeffizienten ein wesentlich komplizierter zu charakterisierendes, vom genauen Grad der Glattheit von f abhängiges Verhalten zeigt. Daraus ergeben sich verschiedene Möglichkeiten der Anordnung für die Fourier-Koeffizienten $c_m \in \mathbb{C}$, die jeweils deren Abklingverhalten für bestimmte Funktionenklassen wiedergeben. Eine Anordnung, die das Abklingverhalten mehrdimensionaler Fourier-Koeffizienten für *alle* glatten Funktionen charakterisiert, gibt es – im Gegensatz zum eindimensionalen Fall – aber *nicht*.

- Auch wenn man eine spezielle Anordnung der Fourier-Koeffizienten vorgibt, ist die Konstruktion mehrdimensionaler Formeln, die möglichst viele der (gemäß der vorgegebenen Anordnung) „wichtigsten“ Funktionen $e^{2\pi i m \cdot x}$ auf Null abbilden, ein ungelöstes Problem (Lyness [283]). Im Gegensatz dazu hat – wie bereits festgestellt wurde – das entsprechende eindimensionale Problem eine wohldefinierte Lösung.

Gitterpunkt-Formeln

Zahlentheoretische Gitter bilden die Grundlage für die Konstruktion einer großen Klasse multivariater Integrationsformeln, die man als Verallgemeinerung der univariaten Trapezregel ansehen kann: Gitterpunkt-Formeln (*lattice rules*).

Definition 12.4.15 (Zahlentheoretisches Gitter) *Ein Gitter L ist eine Teilmenge des $\mathbb{R}^n$ mit folgenden Eigenschaften:*

1. *Wenn x_1 und x_2 zu L gehören, so trifft dies auch für $x_1 + x_2$ und $x_1 - x_2$ zu;*
2. *L enthält n linear unabhängige Punkte;*
3. *0 ist ein isolierter Punkt von L, es gibt somit eine Umgebung von 0, deren Durchschnitt mit L nur 0 enthält.*[11]

Aus diesen Eigenschaften folgt, daß jedes Gitter L eine diskrete additive Untergruppe des $\mathbb{R}^n$ bildet. Aus der dritten Eigenschaft läßt sich ableiten, daß *alle* Punkte eines Gitters isoliert sind.

Terminologie (Gitter) Der soeben definierte *zahlentheoretische* Begriff des Gitters darf nicht mit dem Begriff des Gitters der Numerischen Mathematik (der allgemein eine Knotenmenge bezeichnet) verwechselt werden. Im Englischen entspricht dem zahlentheoretischen Gitter das Wort *lattice*, und für numerische Gitter gibt es die Ausdrücke *mesh* und *grid*. Diese Unterscheidung geht im Deutschen verloren.

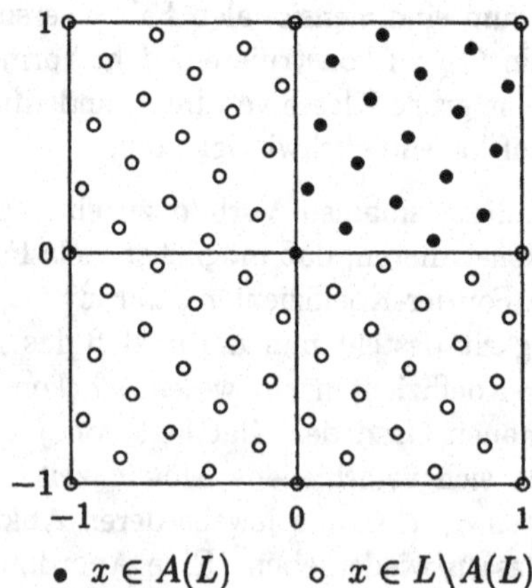

Abb. 12.12: Integrationsgitter im $\mathbb{R}^2$

Definition 12.4.16 (Integrationsgitter) *Ein Integrationsgitter L des $\mathbb{R}^n$ ist ein Gitter, das $\mathbb{Z}^n$ als Teilgitter enthält, d. h. $\mathbb{Z}^n \subseteq L$.*

Mit einem solchen Gitter kann man spezielle multivariate Integrationsformeln, die Gitterpunkt-Formeln, definieren (Sloan [366]).

[11] Daß 0 in L liegt, ergibt sich aus der ersten Eigenschaft

Definition 12.4.17 (Gitterpunkt-Formel) *Eine Gitterpunkt-Formel für die numerische Integration von $f\colon [0,1)^n \to \mathbb{R}$ ist eine multivariate Integrationsformel*[12] *mit gleichen Gewichten $w_0 = w_1 = \cdots = w_{N-1} = 1/N$,*

$$Q_N f := \frac{1}{N} \sum_{i=0}^{N-1} f(x_i),$$

deren Abszissen $x_0, \ldots, x_{N-1}$ jene Punkte eines Integrationsgitters L sind, die innerhalb des Würfels $W_n = [0,1)^n$ liegen.

Definition 12.4.18 (Abszissenmenge) *Die Abszissenmenge $A(L)$ einer Gitterpunkt-Formel ist durch*

$$A(L) := \{x_0, \ldots, x_{N-1}\} = L \cap W_n$$

gegeben.

Jede Abszissenmenge $A(L)$ ist wegen $0 \in L$ nichtleer. Außerdem ist $A(L)$ eine endliche Menge, weil L nur isolierte Punkte enthält.

Beispiel (Produkt-Trapezregel) Das nächstliegende Beispiel eines Integrationsgitters ist das *kubische Gitter*

$$L := \left\{ \left(\frac{i_1}{m}, \ldots, \frac{i_n}{m} \right) \ : \ i_1, \ldots, i_n \in \mathbb{Z} \right\} \tag{12.79}$$

mit $m \in \mathbb{N}$. Die entsprechende Gitterpunkt-Formel ist die *Produkt-Trapezregel*

$$T_N f := \frac{1}{N} \sum_{i_1=0}^{m-1} \cdots \sum_{i_n=0}^{m-1} f\left(\frac{i_1}{m}, \ldots, \frac{i_n}{m} \right),$$

deren Abszissenanzahl durch $N := m^n$ gegeben ist.

Beispiel (Methode der guten Gitterpunkte) Die sogenannte *Methode der guten Gitterpunkte* ist die mehrdimensionale Verallgemeinerung der versetzten Trapezregeln (12.75),

$$Q_N f := \frac{1}{N} \sum_{i=0}^{N-1} f\left(\text{fraction}\left(\frac{i}{N} p \right) \right), \tag{12.80}$$

wobei $p = (p_1, p_2, \ldots, p_n)^\top \in \mathbb{Z}^n$ ein ganzzahliger Vektor ist und die Funktion

$$\text{fraction}\colon \mathbb{R}^n \to [0,1)^n$$

den gebrochenen Anteil der Komponenten eines reellen Vektors liefert. Es wird vorausgesetzt, daß die Komponenten $p_1, p_2, \ldots, p_n$ und N keinen gemeinsamen Teiler > 1 besitzen, sodaß alle N Abszissen verschieden sind. (12.80) ist ganz offensichtlich die zum Gitter

$$L := \left\{ \text{fraction}\left(\frac{i}{N} p \right) + z \ : \ i \in \mathbb{Z},\ z \in \mathbb{Z}^n \right\} \tag{12.81}$$

gehörige Gitterpunkt-Formel. Abb. 12.12 zeigt ein von Beckers und Cools [110] beschriebenes Integrationsgitter im $\mathbb{R}^2$, das man für $N = 18$ und $p = (1,5)^\top$ aus der Methode der guten Gitterpunkte erhält.

[12] Da die Konstruktion von Gitterpunkt-Formeln eng mit dem algebraischen Konzept der Restklassen zusammenhängt, läuft der Summationsindex im folgenden von $i = 0$ bis $i = N - 1$.

Die *versetzte Gitterpunkt-Formel* für ein Integrationsgitter L und einen Verschiebungsvektor $v \in \mathbb{R}^n$ ist durch

$$Q_N(v)f := \frac{1}{N} \sum_{i=0}^{N-1} f(\text{fraction}(x_i + v))$$

mit $\{x_0, \ldots, x_{N-1}\} = A(L)$ definiert. Es ist klar, daß ein Verschiebungsvektor, der Element des Gitters ist, zu einer gewöhnlichen Gitterpunkt-Formel führt:

$$Q_N(v) = Q_N \qquad \text{für} \quad v \in L.$$

Der Vektor v kann im speziellen so gewählt werden, daß alle Kubaturabszissen im Inneren von W_n liegen. Damit kann man z. B. die Auswertung von f an Randpunkten mit Singularitäten vermeiden.

Darstellung von Gitterpunkt-Formeln in k-Zyklus-Form

Eine für die praktische Verwendung von Gitterpunkt-Formeln in Integrationsprogrammen nützliche Darstellung der Abszissen von Gitterpunkt-Formeln erhält man durch eine Verallgemeinerung der Darstellungen (12.79) und (12.81) für die Produkt-Trapezregel bzw. die Methode der guten Gitterpunkte: Für jede Kombination der k ganzzahligen Vektoren $z_1, \ldots, z_k \in \mathbb{Z}^n$ und den k Zahlen $N_1, \ldots, N_k \in \mathbb{N}$ stellt die Menge

$$L := \Big\{ \tfrac{i_1}{N_1} z_1 + \cdots + \tfrac{i_k}{N_k} z_k + z \ : \quad i_j = 0, 1, \ldots, N_j - 1, \\ j = 1, 2, \ldots, k, \ z \in \mathbb{Z}^n \Big\}$$

ein Integrationsgitter dar. Die Abszissenmenge der entsprechenden Gitterpunkt-Formel ist durch

$$A(L) = \Big\{ \text{fraction} \left(\tfrac{i_1}{N_1} z_1 + \cdots + \tfrac{i_k}{N_k} z_k \right) \ : \quad i_j = 0, 1, \ldots, N_j - 1, \\ j = 1, 2, \ldots, k \Big\} \tag{12.82}$$

gegeben. Diese Darstellung bezeichnet man als die *k-Zyklus-Form* einer Gitterpunkt-Formel (Lyness, Sloan [286]). In numerischen Integrationsprogrammen können Gitterpunkt-Formeln in speichereffizienter Form dargestellt werden, wenn man sich auf die Speicherung der k ganzzahligen Vektoren $z_1, \ldots, z_k \in \mathbb{Z}^n$ und der k ganzen Zahlen $N_1, \ldots, N_k \in \mathbb{N}$ beschränkt. Die Abszissen der zugehörigen Gitterpunkt-Formel können dann leicht dadurch generiert werden, daß man alle Linearkombinationen (12.82) berechnet.

Verfahrensfehler von Gitterpunkt-Formeln

Die praktische Anwendbarkeit jeder Art von Integrationsformeln hängt wesentlich vom Verhalten des Verfahrensfehlers $Q_N f - If$ für eine relevante Klasse $\mathcal{F}$ von Integranden ab. Im folgenden wird stets angenommen, daß $f : \mathbb{R}^n \to \mathbb{R}$ eine stetige, in jeder Koordinate 1-periodische Funktion ist. In diesem Fall ist die von der Glattheit von f abhängende Konvergenzgeschwindigkeit von $Q_N f \to If$ im allgemeinen wesentlich höher als im Fall nicht-periodischer Integranden.

Da die meisten in der Praxis auftretenden Integranden *nicht* periodisch sind, müssen in einem Vorverarbeitungsschritt periodisierende Transformationen (vgl. Abschnitt 12.2.1) angewendet werden, um rasche Konvergenz zu erzielen.

Wenn sich f in eine absolut konvergente Fourier-Reihe entwickeln läßt, kann der Fehler $Q_N f - If$ durch (12.78) dargestellt werden:

$$Q_N f - If = \sum_{m \in \mathbb{Z}^n \setminus \{0\}} c_m \frac{1}{N} \sum_{i=0}^{N-1} e^{2\pi i m \cdot x_i}, \tag{12.83}$$

und man kann zeigen (Sloan, Kachoyan [367]), daß

$$\frac{1}{N} \sum_{i=0}^{N-1} e^{2\pi i m \cdot x_i} = \begin{cases} 1 & \text{für } m \cdot x_i \in \mathbb{Z}, \quad i = 0, 1, \ldots, N-1, \\ 0 & \text{sonst} \end{cases} \tag{12.84}$$

gilt. Die Menge

$$L^\perp := \{m \in \mathbb{R}^n : m \cdot x \in \mathbb{Z} \text{ für alle } x \in L\}$$

ist selbst ein in $\mathbb{Z}^n$ enthaltenes Gitter und wird das *duale Gitter* von L genannt.

Beispiel (Duales Gitter) Das duale Gitter $L^\perp$ des Integrationsgitters L aus Abb. 12.12 ist durch

$$L^\perp = \{a_1 z_1 + a_2 z_2 \; : \; a_1, a_2 \in \mathbb{Z}\}$$

mit

$$z_1 = (18, 0)^\top \quad \text{und} \quad z_2 = (-5, 1)^\top$$

gegeben. Es ist in Abb. 12.13 dargestellt.

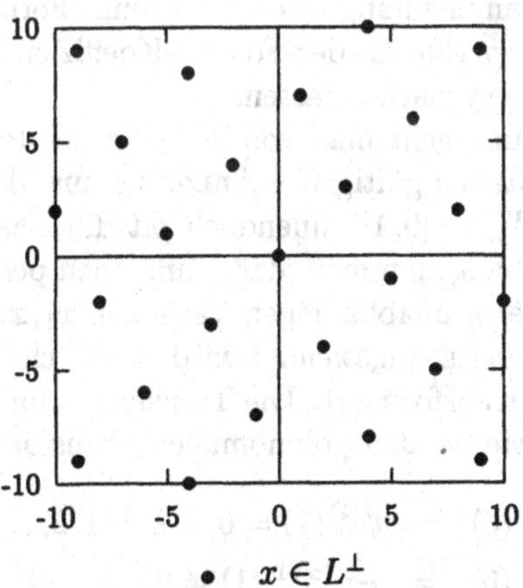

Abb. 12.13: Duales Gitter $L^\perp$ von L aus Abb. 12.12

Aus (12.83) und (12.84) erhält man den folgenden fundamentalen Satz:

Satz 12.4.5 *Für ein Integrationsgitter L ist der Verfahrensfehler der entsprechenden Gitterpunkt-Formel Q_N durch*

$$Q_N f - If = \sum_{m \in L^\perp \setminus \{0\}} c_m$$

gegeben. Der Verfahrensfehler der versetzten Gitterpunkt-Formeln $Q_N(v)$ ist

$$Q_N(v)f - If = \sum_{m \in L^\perp \setminus \{0\}} e^{2\pi i m \cdot v} c_m, \tag{12.85}$$

wobei $L^\perp$ das duale Gitter von L bezeichnet.

Beweis: Sloan, Kachoyan [367].

Korobov-Räume

Bei der Konstruktion von Gitterpunkt-Formeln mit kleinem Verfahrensfehler geht es gemäß Satz 12.4.5 darum, das Gitter L so zu konstruieren, daß die über dem dualen Gitter $L^\perp$ gebildete Summe der Fourier-Koeffizienten

$$\sum_{m \in L^\perp \setminus \{0\}} c_m \tag{12.86}$$

„möglichst klein" ist. Um das zu erreichen, sollten möglichst wenige der Vektoren $m \in \mathbb{Z}^n$, für die der entsprechende Fourier-Koeffizient c_m „groß" ist, im dualen Gitter $L^\perp$ enthalten sein.

Ein für eine ganze Klasse $\mathcal{F}$ von Integranden gut geeignetes Gitter L kann nur dann konstruiert werden, wenn die Fourier-Koeffizienten c_m der Funktionen $f \in \mathcal{F}$ ein – zumindest der Größenordnung nach – einheitliches Abklingverhalten zeigen. Anderenfalls ist es unmöglich, L so zu bestimmen, daß (12.86) gleichmäßig, d. h. für alle $f \in \mathcal{F}$, „klein" ist. Es stellt sich dabei die Frage, welche Klassen $\mathcal{F}$ von Integranden im Zusammenhang mit Gitterpunkt-Formeln relevant sind und ob sich über das Abklingverhalten der Fourier-Koeffizienten c_m der Funktionen $f \in \mathcal{F}$ allgemeine Aussagen machen lassen.

Bei dieser Fragestellung geht man von der – in der Praxis im Falle hochdimensionaler Integrale oftmals gültigen – Annahme aus, der gegebene Integrand f sei auf dem Würfel $W_n = [0,1]^n$ unendlich oft differenzierbar, aber *nicht* 1-periodisch. Weiters wird angenommen, daß – um einen periodischen Integranden zu erhalten – auf jede der n unabhängigen Variablen $x_1, x_2, \ldots, x_n$ dieselbe periodisierende Transformation ψ angewendet wird, wodurch sich das Integral von f über W_n gemäß (12.21) transformiert. Die Transformation ψ hat dabei entweder die Eigenschaft, daß – wie bei den polynomialen Transformationen (12.18) – für ein $\alpha \in \mathbb{N}$

$$\begin{aligned} \psi^{(k)}(0) &= \psi^{(k)}(1) = 0, \quad k = 1, 2, \ldots, \alpha, \\ \psi^{(\alpha+1)}(0) &= -\psi^{(\alpha+1)}(1) \neq 0, \end{aligned} \tag{12.87}$$

oder – wie bei der IMT-Transformation (12.19) –

$$\psi^{(k)}(0) = \psi^{(k)}(1) = 0 \qquad \text{für } alle \quad k = 1, 2, 3, \ldots \tag{12.88}$$

gilt. Im letzteren Fall verschwinden sämtliche partiellen Ableitungen des transformierten Integranden

$$f(\psi(\overline{x}_1), \psi(\overline{x}_2), \ldots, \psi_n(\overline{x}_n)) \cdot \psi'(\overline{x}_1) \cdot \psi'(\overline{x}_2) \cdots \psi'(\overline{x}_n) \tag{12.89}$$

auf dem Rand von $W_n = [0,1]^n$. Im ersteren Fall trifft dies – wie man sich durch Differenzieren von (12.89) leicht überzeugen kann – nur für folgende partielle Ableitungsoperatoren zu:

$$\frac{\partial^{\alpha_1 + \cdots + \alpha_n}}{\partial \overline{x}_1^{\alpha_1} \partial \overline{x}_2^{\alpha_1} \cdots \partial \overline{x}_n^{\alpha_n}}, \qquad \alpha_j = 0, 1, \ldots, \alpha - 1, \quad j = 1, 2, \ldots, n. \tag{12.90}$$

Durch partielle Integration der Fourier-Koeffizientendarstellung (12.77) erhält man wegen des Verschwindens der partiellen Ableitungen (12.90) an den Integrationsgrenzen folgende Abschätzung der Fourier-Koeffizienten c_m (Zygmund [401]):

$$|c_m| \le \frac{c}{(\overline{m}_1 \cdot \overline{m}_2 \cdots \overline{m}_n)^\alpha} \tag{12.91}$$

mit

$$\overline{m}_k := \begin{cases} |m_k| & \text{für } |m_k| \ge 1, \\ 1 & \text{für } |m_k| < 1 \end{cases}$$

und einer Konstanten $c > 0$. Unter der Voraussetzung $f \in C^\infty([0,1]^n)$ haben die Fourier-Koeffizienten des durch (12.89) transformierten Integranden das durch (12.91) charakterisierte Abklingverhalten, wobei der Exponent α durch (12.87) bestimmt ist. Erfüllt die periodisierende Transformation ψ die Bedingung (12.88), so gilt die Abschätzung (12.91) für *jedes* $\alpha \in \mathbb{N}$.

Definition 12.4.19 (Korobov-Räume) *Die Menge aller Funktionen f, deren Fourier-Koeffizienten c_m der Ungleichung (12.91) genügen, bezeichnet man mit $E_n^\alpha(c)$, die Vereinigung der Funktionenklassen $\{E_n^\alpha(c) \,:\, c \in \mathbb{R}_+\}$ mit E_n^α.*

$$E_n^\alpha := \bigcup_{c \in \mathbb{R}_+} E_n^\alpha(c).$$

Die Funktionenräume $E_n^\alpha(c)$ und E_n^α bezeichnet man als Korobov-Räume.

Auf Grund der obigen Überlegungen werden der Konstruktion von Gitterpunkt-Formeln meist die Korobov-Räume $E_n^\alpha(c)$ bzw. E_n^α als relevante Klassen $\mathcal{F}$ von Integranden zugrundegelegt.

Konvergenz von Gitterpunkt-Formeln

Unter der Voraussetzung, daß der Integrand f einem der Korobov-Räume $E_n^\alpha(c)$ angehört, lassen sich Aussagen über die Konvergenzgeschwindigkeit $Q_N f \to If$ für $N \to \infty$ einer Folge $\{Q_N\}$ von Gitterpunkt-Formeln machen. Zunächst erhält man für $f \in E_n^\alpha(c)$ mit Hilfe von Satz 12.4.5 und von (12.91) mit der Definition

$$P_\alpha(Q_N) := \sum_{m \in L^\perp \setminus \{0\}} \frac{1}{(\overline{m}_1 \cdots \overline{m}_n)^\alpha}$$

unmittelbar die Fehlerabschätzung

$$|Q_N f - If| \leq \sum_{m \in L^\perp \setminus \{0\}} \frac{c}{(\overline{m}_1 \cdots \overline{m}_n)^\alpha} = c \cdot P_\alpha(Q_N). \tag{12.92}$$

Diese Fehlerabschätzung ist bestmöglich, da es eine Funktion $f \in E_n^\alpha(c)$ gibt, für die in (12.92) Gleichheit eintritt (Niederreiter [310]).

Die Bedeutung von Gitterpunkt-Formeln für mehrdimensionale Integrationsprobleme beruht auf folgendem fundamentalen Konvergenzresultat:

Satz 12.4.6 *Zu beliebig vorgegebenen $\alpha > 1$ und $n \geq 2$ existiert für jede natürliche Zahl N eine N-punktige Gitterpunkt-Formel Q_N, sodaß*

$$P_\alpha(Q_N) \leq d(n,\alpha) \frac{(\log N)^{c(n,\alpha)}}{N^\alpha}$$

gilt, wobei c und d nur von n und α, nicht aber von N abhängen.

Beweis: Niederreiter [310].

$c \cdot P_\alpha(Q_N)$ ist der ungünstigste (*worst-case*) Integrationsfehler für Integranden $f \in E_n^\alpha(c)$. Für $f \in E_n^\alpha(c)$ zeigt Satz 12.4.6 daher, daß es für jede Dimension n eine Folge von Gitterpunkt-Formeln $\{Q_N\}$ gibt, für die das asymptotische Verhalten des Integrationsfehlers durch

$$|Q_N f - If| = O\left(\frac{(\log N)^c}{N^\alpha}\right) \quad \text{für} \quad N \to \infty \tag{12.93}$$

charakterisiert werden kann. Besonders bemerkenswert an (12.93) ist, daß wegen $(\log N)^c = o(N^\alpha)$ für $N \to \infty$ die Konvergenzordnung (zumindest theoretisch) nicht vom „Fluch der Dimension" betroffen ist. Das Konvergenzverhalten ist also im wesentlichen nur vom Abklingverhalten der Fourier-Koeffizienten, d. h. von der Glattheit des Integranden f abhängig. Im Gegensatz dazu hängen die Konvergenzordnungen der pseudozufälligen Integrationsformeln (vgl. Abschnitt 12.4.4) und der zahlentheoretischen Integrationsformeln (vgl. Abschnitt 12.4.3) nicht von der Glattheit des Integranden ab. Deren Konvergenzverhalten ist daher bei glatten Integranden ungünstiger als jenes der Gitterpunkt-Formeln.

Praktisch verwendbare Gitterpunkt-Formeln

Satz 12.4.6 beruht auf *nicht-konstruktiven* Beweisverfahren. Daher ist es *nicht* möglich, mit Hilfe des Beweises von Satz 12.4.6 effiziente Gitterpunkt-Formeln zu bestimmen. Solche Gitterpunkt-Formeln müssen derzeit mit Hilfe von Suchverfahren am Computer ermittelt werden. Auf Grund der erdrückenden Anzahl von Gitterpunkt-Formeln für die meisten praktisch relevanten Werte von N und n ist eine *erschöpfende* Suche am Computer unmöglich. Derartige Suchverfahren müssen auf bestimmte Klassen von Gitterpunkt-Formeln eingeschränkt werden. Dabei besteht das Hauptproblem darin, möglichst *kleine* Formelklassen zu bestimmen, die mit möglichst großer Wahrscheinlichkeit effiziente Gitterpunkt-Formeln enthalten. Suchmethoden für effiziente Gitterpunkt-Formeln werden von Krommer und Überhuber [266] behandelt.

Effiziente Gitterpunkt-Formeln sind in einer Reihe von Publikationen zu finden. In Maisonneuve [290] sind Rang-1-Gitterpunkt-Formeln für die Dimensionen $n = 3, 4, \ldots, 10$ enthalten. Weitere Rang-1-Gitterpunkt-Formeln finden sich in Kedem und Zaremba [258], Bourdeau und Pitre [125] sowie Keng und Yuan [259]. Optimale Gitterpunkt-Formeln für die Dimension $n = 3$ werden in Lyness und Soerevik [287], für $n = 4$ in Lyness und Soerevik [288] beschrieben.

Software (Gitterpunkt-Formeln) Unterprogramme zur Bestimmung von Gitterpunkt-Formeln, die zur Methode der guten Gitterpunkte (12.80) gehören, sind `NAG/d01gye` und `NAG/d01gze`. In `NAG/d01gye` wird die Suche auf solche Gitterpunkt-Formeln (12.80) eingeschränkt, bei denen die Anzahl der Abszissen N eine Primzahl ist und der Vektor $p \in \{0, 1, \ldots, N-1\}^n$ die *Korobov*-Form

$$p = (1, a, a^2, \ldots, a^{n-1})^\top$$

besitzt. Die ermittelten Gitterpunkt-Formeln weisen dann innerhalb dieser Klasse einen minimalen P_2 Wert auf, sind also im *Worst-case*-Sinne optimal für die Integrandenklasse E_2. `NAG/d01gze` berechnet in demselben Sinne optimale Gitterpunkt-Formeln für Abszissenzahlen N, die das Produkt zweier verschiedener Primzahlen sind.

Das Unterprogramm `NAG/d01gce` berechnet iterierte Integrale der Dimension $n \leq 20$ mit Hilfe von Gitterpunkt-Formeln, die zur Methode der guten Gitterpunkte (12.80) gehören. Der Integrand wird dabei mittels einer polynomialen Transformation (12.18) mit Parameter $\alpha = 2$ periodisiert. Der Benutzer kann entweder die gewünschte Abszissenanzahl N aus einer Liste von 6 verschiedenen Primzahlen wählen oder einen davon verschiedenen Wert vorgeben. Im letzteren Fall muß er einen „guten" Vektor $p \in \{0, 1, \ldots, N-1\}^n$ selbst vorgeben (wozu er die bereits genannten Suchprogramme verwenden kann), während im ersteren Fall `NAG/d01gce` selbst optimale Korobov-Vektoren p wählt. Zur Fehlerschätzung wird die in Abschnitt 12.5.1 beschriebene Randomisierungsmethode verwendet. Das Unterprogramm `NAG/d01gde` unterscheidet sich von `NAG/d01gce` nur durch eine andere Spezifikation der Integrandenfunktion f. Das vom Benutzer zur Verfügung zu stellende Funktionsunterprogramm wertet dabei den Integranden gleichzeitig an mehreren Abszissen aus. Falls sich die Integrandenauswertung vektorisieren läßt, kann auf Vektorrechnern die Rechengeschwindigkeit erheblich gesteigert werden.

12.4.6 Spezielle Methoden

In diesem Abschnitten werden einige spezielle numerische Kubaturmethoden angeführt. Weitere Methoden wie etwa auf Mittelung beruhende Verfahren findet man in Davis und Rabinowitz [39].

In der *Methode von Sag und Szekeres* [350] wird der Integrationsbereich B so in die Einheitskugel S_N transformiert, daß der Integrand und alle seine Ableitungen auf der Oberfläche von S_N verschwinden. Das resultierende Integral über S_N wird mittels einer Produkt-Trapezregel approximiert.

Software (Methode von Sag und Szekeres) Das Unterprogramm `NAG/d01jae` berechnet für die Dimensionen $n = 2, 3$ und 4 bestimmte Integrale über n-dimensionale Kugeln mit Hilfe der Methode von Sag und Szekeres. Dabei kann der Benutzer unter einer Reihe von Transformationen die für das jeweilige Problem am besten geeignete wählen. Das Unterprogramm `NAG/d01fde` gestattet die Berechnung von bestimmten Integralen sogar über beliebigen Produktbereichen mit Hilfe der Methode von Sag und Szekeres für Dimensionen $n \leq 40$. Es gibt dabei allerdings nicht die Möglichkeit, unter verschiedenen Transformationen zu wählen.

Die von Haber [224], [225] eingeführte *Methode der geschichteten Stichproben* (*stratified sampling*) verwendet zusammengesetzte Formeln $k^n \times \mathrm{Q}_N$, wobei Q_N eine pseudozufällige Formel ist. In diesem Sinn läßt sich diese Methode als *zusammengesetztes Monte-Carlo-Verfahren* auffassen. Wenn der Integrand f auf W_n stetig differenzierbar ist, so ist die stochastische Fehlerschätzung für $k^n \times \mathrm{Q}_N$ kleiner als die entsprechende Fehlerschätzung für eine pseudozufällige Formel $\mathrm{Q}'_{N'}$ auf W_n mit der gleichen Anzahl von Abszissen $N' = k^n N$ wie $k^n \times \mathrm{Q}_N$. Eine weitere Reduktion der stochastischen Fehlerschätzung kann man durch die Verwendung *antithetischer Variablen* erreichen. Bei dieser Methode wird eine pseudozufällige Basisformel Q_N zu einer zentralsymmetrischen Formel $\overline{\mathrm{Q}}_{2N}$ erweitert, indem für jede Abszisse x_i in Q_N die Abszisse $-x_i$ hinzugefügt wird. Neuere Ergebnisse zu geschichteten Monte-Carlo-Verfahren findet man bei Masry und Cambanis [296], [138].

12.5 Integrationsalgorithmen

Die in den Abschnitten 12.3 und 12.4 beschriebenen Integrationsformeln dienen dazu, Näherungswerte für bestimmte Integrale zu liefern. Ihre Genauigkeit für ein gegebenes Integrationsproblem ist aber im allgemeinen nicht vorauszusagen. Die Berechnung eines Näherungswertes $\mathrm{Q}f$ für $\mathrm{I}f$, der die vom Anwender spezifizierte Fehlertoleranz

$$|\mathrm{Q}f - \mathrm{I}f| \le \varepsilon \tag{12.94}$$

erfüllt, erfordert daher mehr als nur eine einfache Formelauswertung – man benötigt dafür einen Integrations*algorithmus*.

Terminologie (Integrationsformel) Die Auswertung einer einzelnen Integrationsformel könnte man in einem sehr allgemeinen Sinne auch schon als eine Art Integrationsalgorithmus auffassen. Da aber damit im allgemeinen ein beliebiges gegebenes Integrationsproblem (12.6) *nicht* gelöst werden kann, wird der Ausdruck Integrations*algorithmus* im Zusammenhang mit einzelnen Formelauswertungen *nicht* verwendet.

In den Abschnitten 12.3 und 12.4 wurde für verschiedene Familien $\{\mathrm{Q}_N\}$ von ein- und mehrdimensionalen Integrationsformeln und große Integrandenklassen $\mathcal{F}$ *Konvergenz*

$$\mathrm{Q}_N f \to \mathrm{I}f \qquad \text{für} \quad N \to \infty \quad \text{und} \quad f \in \mathcal{F} \tag{12.95}$$

nachgewiesen. Aussagen der Gestalt (12.95) gewährleisten, daß ein $N \in \mathbb{N}$ *existiert*, für das $\mathrm{Q}f := \mathrm{Q}_N f$ die Genauigkeitsforderung (12.94) erfüllt.

Konkrete numerische Probleme lassen sich aber allein durch die Bereitstellung einer konvergenten Formelfamilie *nicht* konstruktiv lösen. Auch die genaue Charakterisierung der Konvergenz*ordnung* einer Formelfamilie, wie z. B.

$$|\mathrm{Q}_N f - \mathrm{I}f| = O(n^{-p}) \qquad \text{oder} \qquad \mathrm{Q}_N f - \mathrm{I}f = C \cdot f^{(p)}(\xi) \cdot n^{-p},$$

die unter entsprechenden Voraussetzungen über die Differenzierbarkeit von f möglich ist, kann im allgemeinen *nicht* dazu verwendet werden, *a priori* einen geeigneten Wert von N für ein konkretes numerisches Integrationsproblem zu ermitteln, da man in praktischen Anwendungen meist über keine ausreichend genaue Information bezüglich der Ableitungen des Integranden f verfügt.

Um zuverlässige Integrationsalgorithmen entwerfen und implementieren zu können, muß der Verfahrensfehler $Q_N f - If$ der verwendeten Formel Q_N zumindest näherungsweise bekannt sein. Mechanismen zur praktischen Fehlerschätzung sind daher fundamentale Bestandteile aller Integrationsalgorithmen.

12.5.1 Fehlerschätzung

Die Ermittlung eines Näherungswertes für den Fehler einer numerisch gewonnenen Größe wird als *Fehlerschätzung*[13] bezeichnet. In den meisten numerischen Algorithmen vergleicht man zum Zweck der Fehlerschätzung zwei oder mehr auf verschiedene Art berechnete Näherungswerte für die gesuchte Größe. Im Fall der numerischen Integration verwendet man entweder

1. zwei oder mehr *verschiedene* Formeln (unterschiedlicher Genauigkeitsgrade),
2. *eine* (einfache oder zusammengesetzte) Integrationsformel, die sowohl auf den ganzen Bereich als auch auf eine disjunkte Unterteilung des Integrationsbereiches in Teilbereiche angewendet wird, oder
3. mehrere *randomisierte* Formeln (mit gleichem Genauigkeitsgrad).

In jedem der obigen Fälle werden die Differenzen der erhaltenen Resultate zur Gewinnung von Fehlerschätzungen herangezogen.

Aus ökonomischen Gründen sollte die Menge der Abtastpunkte, die zur Berechnung des Näherungswertes mit der höchsten Genauigkeit herangezogen wird, alle Abtastpunkte enthalten, die zuvor schon bei der Berechnung von weniger genauen Resultaten verwendet wurden. Nur in diesem Fall sind *keine* zusätzlichen Funktionsauswertungen für die Fehlerschätzung notwendig. Der einzige Mehraufwand besteht dann darin, daß von den bereits vorhandenen Funktionswerten verschiedene Linearkombinationen gebildet werden müssen, um Näherungswerte unterschiedlicher Genauigkeitsniveaus zu erhalten. Der in numerischen Integrationsprogrammen für die Fehlerschätzung notwendige Mehraufwand entfällt zum größten Teil auf derartige Linearkombinationen.

Fundamentale Unsicherheit aller Fehlerschätzungen

Da jedes numerische Integrationsverfahren der inhärenten Unsicherheit der numerischen Integration unterworfen ist (siehe Abschnitt 12.1.5), ist auch jede Fehlerschätzung mit dieser „totalen Unsicherheit" behaftet.

Welche Stichprobeninformation

$$S_e(f) := (f(x_1^e), f(x_2^e), \dots, f(x_{N_e}^e))$$

[13] *Fehlerschätzung* bezieht sich hier und bei den meisten anderen numerischen Algorithmen nur auf den *Verfahrens*fehler.

auch immer für die Gewinnung von Information über den Fehler des Integralnäherungswerts $\mathrm{Q}_N f$ herangezogen wird, eine zuverlässige Abschätzung des Fehlers $\mathrm{Q}_N f - \mathrm{I} f$ ist grundsätzlich *nicht* möglich.

Für jede beliebig große Schranke $\lambda > 0$ kann man eine Funktion $f \in C^\infty(B)$ explizit angeben, für die der geschätzte Fehler $\mathrm{E}(f)$ vom tatsächlichen Fehler $E(f)$ um mehr als λ abweicht:

$$|\mathrm{E}(f) - E(f)| > \lambda.$$

Nur unter globalen Voraussetzungen über das Verhalten von f auf ganz B, wie z. B. globalen Ableitungsschranken

$$f \in C^k[a,b] \; : \; |f^{(k)}(x)| \le M_k \quad \text{für alle} \quad x \in [a,b]$$

kann man den Fehler der numerischen Integration zuverlässig abschätzen. Eine derartige Zusatzinformation über f ist aber in der Praxis meist nicht verfügbar.

Fehlerschätzung mit unterschiedlich genauen Integrationsformeln

Eine naheliegende Möglichkeit, Fehlerschätzungen zu erhalten, beruht auf dem Vergleich von zwei Integrationsformeln Q_{n_1} und Q_{n_2}. Es wird *angenommen*, daß Q_{n_2} jene Formel ist, die im allgemeinen genauere Resultate liefert als Q_{n_1}.

Beispiel (Polynomiale Formeln) Eine Formel Q_{n_1} mit dem Genauigkeitsgrad D_1 (siehe Abschnitte 12.3.2 und 12.4.2) integriert alle Polynome $P \in \mathbb{P}_{D_1}$ exakt, d. h. ohne Verfahrensfehler. Eine Formel Q_{n_2} vom Genauigkeitsgrad D_2 mit $D_2 > D_1$ liefert für die *größere* Funktionenklasse $\mathbb{P}_{D_2} \supset \mathbb{P}_{D_1}$ verfahrensfehlerfreie Resultate; für Polynome aus der Differenzmenge $\mathbb{P}_{D_2} \setminus \mathbb{P}_{D_1}$ liefert Q_{n_2} also im allgemeinen bessere Resultate als Q_{n_1}.

Wenn man von der Annahme ausgeht, daß Q_{n_2} im allgemeinen deutlich bessere Resultate als Q_{n_1} liefert und somit die Ungleichung

$$|\mathrm{Q}_{n_2} - \mathrm{I}| \ll |\mathrm{Q}_{n_1} - \mathrm{I}|$$

gilt, so müßte die Abschätzung

$$\mathrm{Q}_{n_1} - \mathrm{I} \;\approx\; \mathrm{Q}_{n_1} - \mathrm{Q}_{n_2} \qquad (12.96)$$

für „viele" $f \in \mathcal{F}$ gelten. Anschaulich bedeutet dies, daß man den genaueren Wert Q_{n_2} gegenüber dem ungenaueren Wert Q_{n_1} als „exakt" auffaßt.

Allerdings ist (12.96) insoferne eine enttäuschende Aussage, als $\mathrm{Q}_{n_1} - \mathrm{Q}_{n_2}$ nur eine Fehlerschätzung für den *ungenaueren* Wert Q_{n_1} darstellt. Der genauere Wert Q_{n_2}, dessen Berechnung im allgemeinen mit einem deutlich größeren Aufwand verbunden ist, wird ausschließlich zur Fehlerschätzung verwendet.

In den meisten praktischen Anwendungsfällen kann außerdem nicht sichergestellt werden, daß Q_{n_2} tatsächlich ein genaueres Resultat liefert als Q_{n_1}. In diesen Fällen versagt die obige Fehlerschätzung, und der Integrationsalgorithmus kann einen größeren Gesamtfehler liefern, als in Form der Toleranz verlangt wurde.

Test auf asymptotisches Fehlerverhalten

Für polynomiale Integrationsformeln Q_{n_1} und Q_{n_2} mit Genauigkeitsgraden D_1 und D_2 wird oft ein Test auf *asymptotisches Fehlerverhalten* angewendet, um die Zuverlässigkeit und Genauigkeit des auf der Differenz $Q_{n_1} - Q_{n_2}$ basierenden Fehlerschätzverfahrens zu erhöhen. Durch derartige Tests versucht man herauszufinden, ob berechtigter Grund zur Annahme besteht, die Anwendung der Formel mit dem höheren Genauigkeitsgrad D_2 würde zu einem genaueren Resultat führen, mit anderen Worten: ob f hinreichend glatt und/oder B hinreichend klein ist. Wenn ein solches asymptotisches Fehlerverhalten beobachtet wird, kann man genaueres Wissen, z. B. über die Konvergenzordnung

$$\left|Q_{n_1}(f;B_l) - I(f;B_l)\right| \le C_1 \cdot (\operatorname{diam} B_l)^{D_1+1}$$
$$\left|Q_{n_2}(f;B_l) - I(f;B_l)\right| \le C_2 \cdot (\operatorname{diam} B_l)^{D_2+1},$$

dazu verwenden, genauere und zuverlässigere Fehlerschätzungen zu ermitteln.

Tests auf asymptotisches Fehlerverhalten sind meist heuristischer Natur und individuell an die verwendeten Integrationsformeln angepaßt. Wichtige algorithmische Parameter werden oft durch experimentelle Ergebnisse bestimmt.

Beispiel (Gauß-Kronrod-Formelpaare) In den 6 Unterprogrammen **QUADPACK/qk15**, **QUADPACK/qk21**, **QUADPACK/qk31**, **QUADPACK/qk41**, **QUADPACK/qk51**, **QUADPACK/qk61** werden z. B. die Gauß-Formeln G_7, G_{10}, G_{15}, G_{20}, G_{25}, G_{30} mit den entsprechenden Kronrod-Formeln K_{15}, K_{21}, K_{31}, K_{41}, K_{51}, K_{61} eingesetzt (vgl. Abschnitt 12.3.2). Die Näherungswerte der Kronrod-Formeln werden als Resultat der numerischen Integration verwendet, und die Differenzen der Gauß- und Kronrod-Ergebnisse dienen als Fehlerschätzung.

Das Verfahren zur Fehlerschätzung für die im QUADPACK verwendeten Gauß-Kronrod-Formelpaare enthält den folgenden Test auf asymptotisches Fehlerverhalten: Zunächst wird der *Mittelwert* von f auf $[x_{l-1}, x_l]$

$$M(f; x_{l-1}, x_l) := \frac{1}{x_l - x_{l-1}} K_{2N+1}(f; x_{l-1}, x_l)$$

numerisch berechnet. Die absolute Abweichung $K_{2N+1}(|f - M|; x_{l-1}, x_l)$ von f vom Mittelwert $M(f; x_{l-1}, x_l)$ auf $[x_{l-1}, x_l]$ liefert ein Maß für die Glattheit von f auf $[x_{l-1}, x_l]$. Es wird nun das Verhältnis zwischen $|G_N - K_{2N+1}|$ und $K_{2N+1}(|f - M|; x_{l-1}, x_l)$ untersucht. Wenn dieses Verhältnis klein ist, so ist der Unterschied zwischen den zwei Quadraturformeln im Vergleich zur Variation von f auf $[x_{l-1}, x_l]$ klein, d. h., die in den Quadraturformeln stattfindende Diskretisierung ist verglichen mit der Glattheit von f ausreichend fein. In diesem Fall kann man erwarten, daß K_{2N+1} tatsächlich einen besseren Näherungswert darstellt als G_N.

Die Zuverlässigkeit von Fehlerschätzungsverfahren leidet oft unter *Phaseneffekten* (*phase factor effects*) (Lyness, Kaganove [284]). Während *Schranken* für den Fehler $|Q_N f - If|$ für $N \to \infty$ meist monoton gegen Null streben, trifft das auf den beobachteten Fehler nicht notwendigerweise zu. Es können sich Werte von $|Q_{n_1} f - Q_{n_2} f|$ ergeben, die – verglichen mit $|Q_{n_2} f - If|$ – viel zu klein sind. Der tatsächliche Integrationsfehler wird dann oft beträchtlich *unterschätzt*, was sich auf die Zuverlässigkeit des Algorithmus katastrophal auswirken kann.

Beispiel (Phaseneffekte) Die Funktionen der zweiparametrigen Familie

$$f_{\lambda,\mu}(x) := \frac{10^{-\mu}}{(x-\lambda)^2 + 10^{-2\mu}}$$

besitzen an der Stelle $x = \lambda$ eine „Spitze". Integration von $f_{\lambda,\mu}$ über das Intervall $[-1, 1]$ ergibt

$$\int_{-1}^{1} f_{\lambda,\mu}(x)\,dx = \arctan(10^{\mu}(1-\lambda)) - \arctan(10^{\mu}(-1-\lambda)).$$

Für die zwei Clenshaw-Curtis-Formeln Q_7 und Q_9 zeigt Abb. 12.14 die Fehler $Q_7 f_{\lambda,\mu} - If_{\lambda,\mu}$ und $Q_9 f_{\lambda,\mu} - If_{\lambda,\mu}$ für $\mu = 0.35$ als Funktion der Lage des Peaks $\lambda \in [-1, 1]$. Es wird deutlich, daß If_λ im allgemeinen durch $Q_9 f_\lambda$ viel besser approximiert wird als durch $Q_7 f_\lambda$.

In etwa 6 % aller Fälle ist $|Q_7 f_\lambda - Q_9 f_\lambda|$ jedoch kleiner als $|Q_9 f_\lambda - If_\lambda|$. Dies hat seinen Ursprung darin, daß beide Fehlerkurven um Null oszillieren, die Frequenzen dieser Schwingungen aber unterschiedlich sind. Phaseneffekte treten immer dann auf, wenn ein Nulldurchgang von $Q_7 f_\lambda - If_\lambda$ nicht mit einem Nulldurchgang von $Q_9 f_\lambda - If_\lambda$ übereinstimmt.

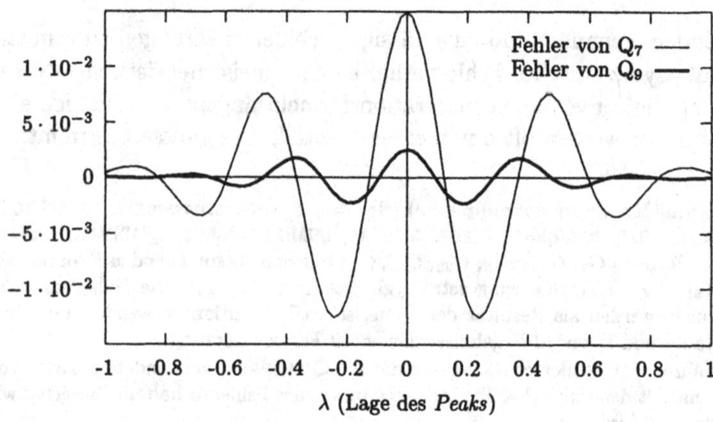

Abb. 12.14: Fehlerkurven für die Clenshaw-Curtis-Formeln Q_7 und Q_9

Fehlerschätzung mit einer Formel auf verschiedenen Unterteilungen

Eine einfache Methode, zu zwei verschieden genauen Näherungen Q_{n_1} und Q_{n_2} für If zu gelangen, ist die Verwendung von zusammengesetzten Formeln. Im folgenden werden nur eindimensionale Formeln betrachtet. Alle Resultate können, da sie nur auf der Existenz von asymptotischen Fehlerentwicklungen der Euler-Maclaurinschen Formel beruhen, unmittelbar auf den allgemeinen Fall n-dimensionaler zusammengesetzter Formeln $k^n \times Q_N$, $n \geq 2$, übertragen werden.

Zur Fehlerschätzung verwendet man eine Formel Q_N einmal auf $[a, b]$ und dann auf den beiden Hälften $[a, (a+b)/2]$ und $[(a+b)/2, b]$ und addiert die Ergebnisse, wodurch man die genauere Formel Q_{2N} (oder Q_{2N-1}) erhält. Nimmt man z. B. für Q_2 die Trapezregel, so erhält man als genauere Formel

$$Q_3 = \frac{b-a}{2}\left[\frac{1}{2}f(a) + f\left(\frac{a+b}{2}\right) + \frac{1}{2}f(b)\right].$$

In diesem Fall kann man wegen der detaillierten Kenntnis des Konvergenzverhaltens (siehe Satz 12.3.10) die Richardson-Extrapolation einsetzen, um einen Term der Fehlerentwicklung zu eliminieren: Hat die Formel Q_N die Konvergenzordnung p, dann gilt[14]

$$Q_{2N} - I \approx \frac{1}{2^p}(Q_N - I). \tag{12.97}$$

Betrachtet man (12.97) als Gleichung, so kann man nach dem (unbekannten) Integralwert I

$$I \approx Q_{2N} + \frac{Q_{2N} - Q_N}{2^p - 1} \tag{12.98}$$

auflösen und erhält mit

$$Q_{2N} - I \approx -\frac{Q_{2N} - Q_N}{2^p - 1}$$

eine Fehlerschätzung für die *bessere* Näherung Q_{2N}. Auch diese Schätzung kann unter Umständen beliebig schlecht ausfallen, nämlich dann, wenn die in (12.97) steckenden Annahmen *nicht* erfüllt sind, insbesondere die Annahme einer hinreichenden Glattheit von f.

Die Extrapolations-Formel (12.98) kann man auch zur Konstruktion von verbesserten Quadratur-Formeln verwenden, indem man die rechte Seite als neue Integrations-Formel auffaßt. Für den Näherungswert dieser neuen Formel hat man dann allerdings keine Fehlerschätzung.

Wenn man dem Prinzip der Romberg-Integration entsprechend *drei* Näherungswerte T_n, T_{2N} und T_{4N} berechnet, dann muß, falls die Formel (12.47) die aktuelle Fehlerstruktur der zusammengesetzten Trapezregel gut charakterisiert, folgende Beziehung gelten:

$$\frac{T_{2N} - T_n}{T_{4N} - T_{2N}} \approx \frac{C_2\left(\frac{h}{2}\right)^2 - C_2 h^2}{C_2\left(\frac{h}{4}\right)^2 - C_2\left(\frac{h}{2}\right)^2} = 2^2 = 4. \tag{12.99}$$

Die Gültigkeit von (12.99) kann sehr leicht algorithmisch überprüft werden. Analog kann man auch die Werte der k-ten Spalte des Romberg-Schemas einer Kontrolle unterziehen; dort muß sich ein Verhältnis von 2^{2k+2} beobachten lassen. Die Zuverlässigkeit eines Romberg-Programms läßt sich deutlich steigern, wenn man die Berechnungen nur dann fortsetzt, wenn die „Kontroll-Quotienten" nicht zu stark von dem theoretisch zu erwartenden Wert 2^{2k+2} abweichen.

Software (Vorsichtige Romberg-Integration) Romberg-Integration mit Kontrolle des asymptotischen Fehlerverhaltens, die sogenannte „vorsichtige Romberg-Integration" (*cautious Romberg integration*) findet man z. B. im Programm **cadre** (Davis, Rabinowitz [39]), das auf de Boor [154] zurückgeht. Eine weitere Implementierung ist **HARWELL/qa05**.

[14] Dabei ist das Zeichen ≈ als Gleichheit bis auf ein Restglied zu verstehen, das umso kleiner ist, je kürzer das Intervall $[a, b]$ und je glatter die Funktion f ist.

Fehlerschätzung mit randomisierten Formeln

Die Anwendung *randomisierter* Integrationsformeln in Fehlerschätzmechanismen beruht auf dem Monte-Carlo-Prinzip (siehe Abschnitt 5.2.6): Das (deterministische) Resultat einer Integrationsformel wird als eine stochastische Größe aufgefaßt, deren Erwartungswert das gesuchte Integral ist.

Das *starke Gesetz der großen Zahlen* besagt, daß das Stichprobenmittel einer Folge von stochastisch unabhängigen Integral-Approximationen mit Wahrscheinlichkeit 1 gegen den exakten Integralwert konvergiert. Ferner können *Konfidenzintervalle* für den Integralwert mittels stochastischer Verfahren ermittelt werden. Im folgenden werden randomisierte Formeln im Zusammenhang mit Gitterformeln (siehe Abschnitt 12.4.5) betrachtet. Alle Resultate lassen sich aber auch auf *pseudo-zufällige* Formeln (siehe Abschnitt 12.4.4) übertragen.

Zunächst wird angenommen, daß die Versetzung V einer Gitterformel $\mathrm{Q}_N(V)$ eine Zufallsvariable mit der multivariaten Gleichverteilung auf $W_N = [0,1]^N$ ist. Der Fehler der versetzten Formel ist durch (12.85) gegeben:

$$\mathrm{Q}_N(V)f - \mathrm{I}f = \sum_{m \in L^\perp \setminus \{0\}} c_m e^{2\pi i m \cdot V}.$$

Aus dem Erwartungswert

$$\mu(e^{2\pi i m \cdot V}) = \int_{W_N} e^{2\pi i m \cdot v} dv = \prod_{j=1}^{N} \int_0^1 e^{2\pi i m_j v_j} dv_j = 0 \qquad \text{für} \quad m \neq 0$$

und der Linearität des Erwartungswert-Operators μ folgt

$$\mu(\mathrm{Q}_N(V)f - \mathrm{I}f) = 0.$$

Wenn nun $V_1, V_2, \ldots, V_q$ eine Folge von unabhängigen identisch auf W_N gleichverteilten Zufallsvariablen ist, so ist das Stichprobenmittel

$$\overline{\mathrm{Q}}f := \frac{1}{q} \sum_{j=1}^{q} \mathrm{Q}_N(V_j)f$$

dieser Folge eine erwartungstreue Schätzfunktion für $\mathrm{I}f$, es gilt daher

$$\mu(\overline{\mathrm{Q}}f) = \mathrm{I}f.$$

Die Standardabweichung von $\overline{\mathrm{Q}}f$ vom Mittelwert $\mathrm{I}f$, d. h. das quadratische Mittel des Fehlers von $\overline{\mathrm{Q}}f$, ist durch

$$\sigma(\overline{\mathrm{Q}}f) = \frac{\sigma'}{\sqrt{q}}$$

charakterisiert, wobei $\sigma' := \sigma(\mathrm{Q}_N(V_j)f)$ die Standardabweichung von $\mathrm{Q}_N(V_j)f$, $j = 1, 2, \ldots, q$ ist. Diese Größe kann näherungsweise mit einer erwartungstreuen Schätzfunktion, der Stichprobenvarianz

$$\frac{1}{q(q-1)} \sum_{j=1}^{q} \left(\mathrm{Q}_N(V_j)f - \overline{\mathrm{Q}}f\right)^2 \approx \sigma^2(\overline{\mathrm{Q}}f),$$

ermittelt werden (siehe z. B. Brunk [34]). Konfidenz-Intervalle für den Näherungswert $\overline{Q}f$ können etwa mit Hilfe der Tschebyscheffschen Ungleichung (Brunk [34])

$$P\left(|\overline{Q}f - If| < \varepsilon\right) \geq 1 - \frac{\sigma^2(\overline{Q}f)}{\varepsilon^2}$$

berechnet werden. Auf Grund des stochastischen Charakters dieser Art der Fehlerschätzung gibt es bei der Festlegung des numerischen Integrationsproblems einen zusätzlichen Freiheitsgrad, nämlich das *Konfidenz-Niveau* s:

$$P\left(|\overline{Q}f - If| < \varepsilon\right) \geq s$$

Das Konfidenz-Niveau s kann vom Softwarebenutzer meist nicht über Parameter vorgegeben werden, sondern wird im Integrationsprogramm intern gesetzt.

Software (Randomisierte Fehlerschätzung) Das Unterprogramm NAG/d01gbf setzt intern das Konfidenz-Niveau automatisch auf $s = 0.9$.

Soferne das Konfidenzniveau s vom Anwender gewählt werden kann, z. B. bei selbstentwickelter Software, ist zu beachten, daß für kleinere s-Werte zunehmend die Tendenz besteht, den tatsächlichen Integrationsfehler zu unterschätzen, wodurch die Zuverlässigkeit des Integrationsprogramms verringert wird. Für große Werte von s wird der tatsächliche Integrationsfehler meist überschätzt, was wiederum die Effizienz des Integrationsprogramms verringert.

Beispiel (Randomisierung von Gitter-Formeln) Die Randomisierungsmethode wurde auf die im Beispiel auf Seite 86 beschriebenen Gitter-Formeln angewendet. Für die Experimente wurde der vom Betriebssystem einer Workstation bereitgestellte Zufallszahlengenerator verwendet. Vor der numerischen Integration wurde der Integrand mittels der *tanh*-Transformation (12.23) periodisiert. Die nachstehende Tabelle zeigt die Konfidenz-Niveaus, die notwendig sind, um eine Unterschätzung des Fehlers im Integrationsproblem (12.22) zu vermeiden:

j	n	$q = 2$	$q = 3$	$q = 4$	$q = 5$	$q = 6$
0	619	0.89	0.96	—	—	—
1	1238	—	—	—	—	—
2	2476	0.53	—	—	—	—
3	4952	0.94	—	—	—	—
4	9904	0.99	0.96	0.70	0.16	—
5	19 808	0.92	—	0.15	0.66	0.18
6	39 616	0.86	—	—	—	0.07

Ein mit „—" angegebenes Konfidenz-Niveau zeigt an, daß der Schätzwert für $\sigma(\overline{Q}f - If)$ größer ist als der tatsächliche Integrationsfehler e. Wegen

$$P(|\overline{Q}f - If| < e) \geq 1 - \frac{\sigma^2(\overline{Q}f - If)}{e^2} < 0$$

enthalten in diesem Fall *alle* Konfidenz-Intervalle, denen eine positive Wahrscheinlichkeit zukommt, den exakten Integralwert If, d. h. das Konfidenz-Niveau s kann beliebig gewählt werden. Der Tabelle kann man entnehmen, daß die s-Werte im allgemeinen mit zunehmenden q-Werten abnehmen. Dagegen hat die Genauigkeit der verwendeten Formel keinen klar ersichtlichen Einfluß auf die Größe von s.

Der maximale s-Wert in den Experimenten ist $s = 0.99$; er tritt dann auf, wenn der tatsächliche Integrationsfehler zehnmal größer ist als der Schätzwert für $\sigma(\overline{Q}f - If)$.

12.5.2 Diskretisierungs-Strategie

Eine wichtige Entscheidung bei der Konstruktion numerischer Integrationsalgorithmen betrifft die Wahl der Abtastpunkte (*sampling points*). Wenn alle Abszissen $x_i \in B$ unabhängig von Information über f gewählt werden, so stellen die abgetasteten Werte

$$S^{\mathrm{na}}(f) = (f(x_1), f(x_2), \ldots, f(x_N))$$

nicht-adaptive Stichprobeninformation über f dar. Die dabei benötigten Funktionswerte $f(x_1), f(x_2), \ldots, f(x_N)$ können in beliebiger Reihenfolge ausgewertet werden. Sogar eine *gleichzeitige* (parallele) Auswertung ist möglich. Man bezeichnet daher nicht-adaptive Information oft auch als *parallele Information*.

Nicht-adaptive Stichprobeninformation über den Integranden wird meist in jenen Teilen von Integrationsalgorithmen verwendet, in denen Integrationsformeln

$$\mathrm{Q}_n(f;\overline{B}) = \sum_{i=1}^{n} \overline{c}_i f(\overline{x}_i), \quad \overline{B} \subseteq B$$

implementiert sind.

Um die Anzahl der benötigten f-Werte möglichst niedrig und damit die Effizienz möglichst groß zu halten, paßt man die Abtastpunkte an die Eigenschaften der Funktion f an. Dabei geht man nach folgendem Schema vor: f wird zunächst an einem a priori festgelegten ersten Abtastpunkt x_1 ausgewertet. Die Wahl des nächsten Punktes x_2 beruht dann auf der Kenntnis von x_1 *und* $f(x_1)$. Nach der Berechnung von $f(x_2)$ wird x_3 gemäß x_1, $f(x_1)$, x_2 und $f(x_2)$ gewählt. Allgemein beruht die Wahl von x_i auf dem jeweils aktuellen Wissensstand über f, d. h. auf den Werten x_1, $f(x_1)$, x_2, $f(x_2)$, ..., x_{i-1}, $f(x_{i-1})$.

$$S^{a}(f) = (f(x_1), f(x_2), \ldots, f(x_N))$$

stellt *adaptive* Stichprobeninformation über f dar, die inhärent *sequentiell* ist.

Von den meisten Softwareprodukten für Einprozessor-Systeme (z. B. den Programmen des QUADPACK [23]) werden nicht-adaptive Integrationsmodule (die Integrationsformeln samt Fehlerschätzung implementieren) adaptiv auf eine geeignet gewählte Folge $\{B_s\}$ von Teilbereichen $B_s \subseteq B$ angewendet (siehe Abschnitt 12.5.3). In parallelen Integrationsalgorithmen, die für Multiprozessor-Systeme geeignet sind, müssen entsprechende Maßnahmen getroffen werden, die einen Effizienzverlust auf Grund des inhärent sequentiellen Charakters adaptiver Verfahren vermeiden (Krommer, Überhuber [267]).

Nicht-adaptive Diskretisierung

Ähnlich wie bei den Approximationsproblemen aus Kapitel 8 liefert für eine Familie $\{\mathrm{Q}_N\}$ von Integrationsformeln der Meta-Algorithmus in Tabelle 12.2 die Grundstruktur *nicht-adaptiver* Integrations-Algorithmen.

Derartige Integrationsalgorithmen, bei denen die Folge der Abtastpunkte a priori festgelegt ist – wie dies z. B. bei der gleichmäßigen Gitterverfeinerung nach dem Meta-Algorithmus in Tabelle 12.2 der Fall ist – werden daher im Sinne des Effizienzkriteriums der Anzahl der insgesamt benötigten f-Auswertungen bei manchen Integranden, z. B. bei Randpunktsingularitäten (Wasilkowski, Gao [388]) einen unnötig hohen Aufwand erfordern.

Tabelle 12.2: Meta-Algorithmus für *nicht*-adaptive Integration

$N := 0$;
$e_0 := \mathrm{HUGE}(e_0)$;
do while $e_N > \varepsilon$
  $N := N +$ inkrement;
  berechne den Näherungswert $q_N := \mathrm{Q}_N(f; B)$;
  berechne die Fehlerschätzung $e_N := \mathrm{E}_N(f; B)$ *für* q_N
end do

Software (Nicht-adaptive Algorithmen) Die fünf einander ähnlichen Unterprogramme CMLIB/qng ≈ IMSL/MATH-LIBRARY/qdng ≈ NAG/d01bde ≈ QUADPACK/qng ≈ SLATEC/qng verwenden die nicht-adaptive Patterson-Folge (vgl. Abschnitt 12.3.2) von 10-, 21-, 43- und 87-Punkt-Formeln zur Berechnung von univariaten Integralen über beschränkten Intervallen. Die Patterson-Folge von 1-, 3-, 7-, 15-, 31-, 63-, 127- und 255-Punkt-Formeln wird in NAG/d01are verwendet. NAG/d01dae berechnet zweidimensionale iterierte Integrale. Dabei wird sowohl zur Approximation des äußeren als auch der inneren Integrale die Patterson-Folge von 1-, 3-, 7-, 15-, 31-, 63-, 127- und 255-Punkt-Formeln verwendet.

Adaptive Diskretisierung

Bei der Konstruktion von Integrationsverfahren hat man immer das Ziel vor Augen, die näherungsweise Berechnung von $\mathrm{I}f$ mit einer vorgegebenen Genauigkeit ε mit Hilfe einer möglichst geringen Anzahl von f-Auswertungen zu bewerkstelligen. In adaptiven Algorithmen wird versucht, dieses Ziel durch einen *dynamischen* Entscheidungsprozeß zu erreichen, der auf numerischen Experimenten mit der Integrandenfunktion beruht. Da im allgemeinen keine a-priori-Information darüber vorliegt, wann und wie dieser Prozeß terminieren wird, hängen Effizienz und Zuverlässigkeit eines adaptiven Verfahrens entscheidend von der räumlichen Unterteilungsstrategie ab.

Die Entscheidung, ob ein Teilbereich noch weiter zu unterteilen ist, beruht entweder auf einem *lokalen* oder einem *globalen* Wissensstand, was zu lokalen bzw. globalen Unterteilungsstrategien führt. Lokales Wissen bezieht sich nur auf den konkret vorliegenden Teilbereich, während globales Wissen Information über *alle* Teilbereiche des gesamten Integrationsbereichs einschließt.

Die *Tiefe* der Unterteilung wird in jedem Fall dynamisch bestimmt.

12.5.3 Adaptive Integrations-Algorithmen und -Programme

Adaptive Integrationsalgorithmen und -programme sind im allgemeinen durch folgende **Komponenten** charakterisiert:

1. Ein *Grundmodul* erhält als „Eingangssignale" Werte des Integranden an Abtaststellen $x_i \in B_s \subseteq B$ und ermittelt daraus einen Integralnäherungswert

$$\mathrm{Q}(f; B_s) \quad \approx \quad \mathrm{I}(f; B_s)$$

sowie eine Fehlerschätzung $\mathrm{E}(f; B_s)$, die in „möglichst vielen" Fällen die folgende Ungleichung erfüllt:

$$|\mathrm{Q}(f; B_s) - \mathrm{I}(f; B_s)| \leq \mathrm{E}(f; B_s).$$

2. Eine *Identifikationskomponente* dient der laufenden Erfassung und Verarbeitung der vom Grundmodul gelieferten Integralnäherungswerte und Fehlerschätzungen auf Teilbereichen. Sie führt auch eine a-posteriori-Ergänzung der vorliegenden Information durch, indem z. B. Kenngrößen für das asymptotische Fehlerverhalten ermittelt werden etc.

3. Aus der über f verfügbaren Information ermittelt eine *Entscheidungskomponente* das „Stellsignal" für den adaptiven Eingriff durch die *Modifikationskomponente*, die das Nachstellen der „Reglerparameter" realisiert. Diese Parameter bestehen vor allem aus räumlicher Information darüber, *wo* die nächsten f-Auswertungen zu erfolgen haben, und aus zusätzlichen Daten hinsichtlich der zu verwendenden Formeln etc.

Die **Struktur** jedes adaptiven Integrationsprogramms weist starke logische Ähnlichkeit mit der Grobstruktur eines Von-Neumann-Computers auf:

1. *Prozessor* (*arithmetisch-logische Einheit*) für Rechen- und Vergleichsoperationen mit Daten; beim Integrationsprogramm handelt es sich bei den Daten um Werte des Integranden und daraus abgeleitete Information wie z. B. Integralnäherungswerte, Fehlerschätzungen etc.;

2. *Speicher*: Funktionseinheit zum Aufbewahren von Daten; das Integrationsprogramm verwaltet gewonnene Information selbst (in Heaps, Listen etc.);

3. *Eingabeprozessor*: Schnittstelle des Integrationsprogramms zum rufenden Programm und zu jenem Modul, das den Integranden definiert (Übernahme von Daten des Problems);

4. *Ausgabeprozessor*: Zusammenfassung aller gesammelten und verarbeiteten Information und Weitergabe an das rufende Programm.

Tabelle 12.3: Meta-Algorithmus für *adaptive* Integration

$q := \mathrm{Q}(f;B)$; $e := \mathrm{E}(f;B)$;
füge (B,q,e) *in die Datenstruktur ein*;
do while $e > \varepsilon$
wähle ein Element der Datenstruktur (*mit dem Index* s) aus;
teile den gewählten Bereich B_s *in Teilbereiche*
$B_l, \quad l = 1,2,\ldots,L$;
berechne Näherungswerte für die Integrale über $B_1,\ldots,B_L$
$q_l := \mathrm{Q}_N(f;B_l), \quad l = 1,2,\ldots,L$;
berechne dazugehörige Fehlerschätzungen
$e_l := \mathrm{E}(f;B_l), \quad l = 1,2,\ldots,L$;
lösche die alten Daten (B_s,q_s,e_s) *aus der Datenstruktur*;
füge $(B_1,q_1,e_1),\ldots,(B_L,q_L,e_L)$ *in die Datenstruktur ein*;
$q := \sum_i q_i; \quad e := \sum_i e_i$
end do

Das Grundschema adaptiver Integrations-Algorithmen wird durch den Meta-Algorithmus in Tabelle 12.3 in abstrakter Form wiedergegeben. Es kann z. B. als Grundlage für die Entwicklung adaptiver Integrationsalgorithmen auf Basis einer Integrationsformel Q_N mit einem Fehlerschätzer E dienen.

Während eines adaptiven Integrationsprozesses werden die Berechnungen immer auf Teilbereichen[15] $B_s \subseteq B$ durchgeführt. Mit den Teilbereichen sind verschiedene **Daten** assoziiert, die in speziellen Datenstrukturen abgelegt werden:

1. Parameter, die B_s festlegen, z. B. die Ecken eines n-dimensionalen Simplex;
2. Integralnäherungswerte $\mathrm{Q}(f;B_s) \approx \mathrm{I}(f;B_s)$;
3. Fehlerschätzungen $\mathrm{E}(f;B_s) \approx |\mathrm{Q}(f;B_s) - \mathrm{I}(f;B_s)|$ und
4. Hilfsinformationen wie z. B.
   (a) die Anzahl der Unterteilungen, die auf den jeweiligen Teilbereich geführt haben,
   (b) Information, ob B_s für eine weitere Unterteilung in Betracht kommt (ob es *aktiv* oder *inaktiv* ist),
   (c) Funktionswerte, die bei späteren Rechenschritten verwendet werden sollen.

[15]Der numerische Integrationsvorgang kann auch bereits nach der *ersten* Ausführung des Integrationsmoduls beendet sein; in diesem Fall werden keine *Teil*bereiche $B_s \subset B$, sondern nur der *gesamte* Bereich B verarbeitet.

Konvergenztest

Dem simplen Konvergenztest im Meta-Algorithmus – **do while** $e > \varepsilon$ – entspricht eine Abfrage auf den *absoluten* Fehler, soferne die Genauigkeitsforderung durch eine *konstante* Größe ε repräsentiert wird. In den meisten Programmen wird jedoch eine der folgenden Varianten verwendet, bei denen ε vom aktuellen Integralnäherungswert abhängt:

1. $\varepsilon := \varepsilon_{\mathbf{abs}} + \varepsilon_{\mathbf{rel}} \cdot |\mathrm{q}|$
2. $\varepsilon := \max(\varepsilon_{\mathbf{abs}}, \varepsilon_{\mathbf{rel}} \cdot |\mathrm{q}|)$
3. $\varepsilon := \max(\varepsilon_{\mathbf{abs}}, \varepsilon_{\mathbf{rel}} \cdot \mathrm{q}_{\mathbf{abs}}) \qquad \text{mit} \quad \mathrm{q}_{\mathbf{abs}} := \mathrm{Q}(|f|; B).$

Die ersten beiden Varianten bilden *Mischformen* zwischen einem reinen Konvergenztest für den *absoluten* Fehler

$$\varepsilon_{\mathbf{rel}} := 0 \qquad \Rightarrow \qquad |\mathrm{E}(f; B)| < \varepsilon_{\mathbf{abs}}$$

und einem reinen Konvergenztest für den *relativen* Fehler

$$\varepsilon_{\mathbf{abs}} := 0 \qquad \Rightarrow \qquad \frac{|\mathrm{E}(f; B)|}{|\mathrm{Q}(f; B)|} < \varepsilon_{rel}. \tag{12.100}$$

Bei Integrationsproblemen mit $\mathrm{I}(f; B) \approx 0$, die meist große *relative* Konditionszahlen besitzen, kann es bei Konvergenztests der strikt relativen Form (12.100) zu extrem hohen f-Auswertungszahlen kommen. Wenn die Werte von f nicht alle „klein" sind, ist der Näherungswert $Q(f; B) \approx 0$ durch Auslöschung zustandegekommen, wodurch der Konvergenztest (12.100) sehr unzuverlässig wird.

In der dritten Variante tritt an die Stelle des relativen Konvergenztests (12.100) der relative L_1-Konvergenztest

$$\varepsilon_{\mathbf{abs}} := 0 \qquad \Rightarrow \qquad \frac{|\mathrm{E}(f; B)|}{\mathrm{Q}(|f|; B)} < \varepsilon_{rel}, \tag{12.101}$$

bei dem $Q(|f|; B)$ anstelle von $\mathrm{Q}(f; B)$ verwendet wird, um Auslöschungsprobleme zu vermeiden. Die Berechnung von $\mathrm{Q}(|f|; B)$ verursacht nur geringfügigen Mehraufwand, da hierfür keine zusätzlichen f-Auswertungen benötigt werden.

Der Nachteil der zuverlässigeren Abfrageform (12.101) ist die für den Benutzer *ungewohnte Form* der Definition des relativen Fehlers. Nur im Fall strikt positiver oder negativer Integranden, also

$$f(x) > 0 \quad \text{für alle} \quad x \in B \qquad \text{oder} \qquad f(x) < 0 \quad \text{für alle} \quad x \in B,$$

stimmt die Definition des relativen Fehlers im Konvergenztest (12.101) mit jener in (12.100) überein.

Räumliche Unterteilung des Integrationsbereichs

Die räumlichen Unterteilungsstrategien moderner Integrationsprogramme hängen von der Art des Integrationsbereichs und von der Dimension n des Integrals ab.

Eindimensionalen Integrations- (Quadratur)-Programmen liegt gewöhnlich eine Intervall*halbierung* (Intervall*bisektion*) zugrunde. In manchen Programmen (z. B. in DQAINT [189]) wird auch die Intervall*trisektion* eingesetzt.

Bei der mehrdimensionalen Integration wird oft der aktuelle Integrations(teil)-bereich in mehr als zwei Teile geteilt. Bei einem zweidimensionalen dreiecksförmigen Integrationsbereich kann man z. B. durch Halbieren der Dreiecksseiten in natürlicher Weise eine Unterteilung in *vier* kongruente Teildreiecke einführen (Berntsen, Espelid [112]).

Lokale Strategien für die Bereichsunterteilung

Die lokalen Unterteilungsstrategien sind durch zwei Merkmale gekennzeichnet:

1. es gibt *aktive* und *inaktive* Teilbereiche;
2. die Einteilung in aktive und inaktive Bereiche beruht auf lokaler Information.

Jedem Teilbereich $B_s \subseteq B$ wird eine separate Toleranz zugeordnet, die meist proportional zu seinem Volumen $\mathrm{vol}(B_s)$ ist:

$$\varepsilon_{\mathrm{abs}}(B_s) := \frac{\mathrm{vol}(B_s)}{\mathrm{vol}(B)}\varepsilon_{\mathrm{abs}}. \tag{12.102}$$

Durch diese Art der „Aufteilung" der Toleranz können Teilbereiche von B separat bearbeitet werden. Die numerische Integration am Teilbereich B_s wird so lange fortgesetzt, bis die Ungleichung

$$|\mathrm{E}(f;B_s)| \le \varepsilon_{\mathrm{abs}}(B_s)$$

erfüllt ist. Dann wird B_s für keine weiteren Unterteilungen herangezogen, der Teilbereich wird *inaktiv* gesetzt.

Wenn in *allen* Teilbereichen B_s, die sich bei der adaptiven Unterteilung von B ergeben, die Fehlerschätzung korrekt ist, also die Ungleichung

$$|\mathrm{Q}(f;B_s) - \mathrm{I}(f;B_s)| \le |\mathrm{E}(f;B_s)|$$

für alle Teilbereiche erfüllt ist, dann gilt für den Gesamtfehler

$$\begin{aligned}
\left|\sum_{B_s} \mathrm{Q}(f;B_s) - \int_B f(x)\,dx\right| &= \left|\sum_{B_s}\left(\mathrm{Q}(f;B_s) - \int_{B_s} f(x)\,dx\right)\right| \le \\
&\le \sum_{B_s}\left|\mathrm{Q}(f;B_s) - \int_{B_s} f(x)\,dx\right| \le \sum_{B_s} \mathrm{E}(f;B_s) \le \\
&\le \sum_{B_s} \frac{\mathrm{vol}(B_s)}{\mathrm{vol}(B)}\varepsilon_{\mathrm{abs}} = \varepsilon_{\mathrm{abs}}.
\end{aligned}$$

Auf Einprozessor-Computern werden die aktiven Teilbereiche meist in einer *a priori* festgelegten Reihenfolge abgearbeitet, um die Verwaltung der den Teilbereichen zugehörigen Daten zu vereinfachen.

Für eindimensionale Integrale ist die a-priori-Reihenfolge der Abarbeitung der aktiven Teilintervalle üblicherweise „von links nach rechts". Es sind jedoch auch andere Reihenfolgen vorstellbar. Von Rice [337] wurde gezeigt, daß die Reihenfolge der Abarbeitung aktiver Teilintervalle keinen signifikanten Einfluß auf die Effizienz von Algorithmen mit lokaler Unterteilungsstrategie hat.

Man beachte, daß die Aufteilung der Fehlertoleranz mittels (12.102) nur hinsichtlich einer *absoluten* Fehleranforderung ε_{abs} möglich ist. Es ist *nicht* möglich, eine *relative* Fehlertoleranz ε_{rel} auf die gleiche Art aufzuteilen, da Beiträge von verschiedenen Teilbereichen einander gegenseitig bei der Aufsummierung zum Gesamtresultat auslöschen können. Dabei kann es vorkommen, daß die Gesamtfehlerschätzung die relative Fehlertoleranz ε_{rel} selbst dann nicht erfüllt, wenn diese Fehlertoleranz auf *allen* Teilbereichen erfüllt ist.

Software (Lokal adaptive Algorithmen) Das Unterprogramm `NAG/d01ahe` verwendet eine lokal adaptive Unterteilungsstrategie zur Berechnung von univariaten Integralen über beschränkte Intervalle. Das Grundmodul implementiert die nicht-adaptive Patterson-Folge von 1-, 3-, 7-, 15-, 31-, 63-, 127- und 255-Punkt-Formeln, deren Konvergenz mit Hilfe des ε-Algorithmus (vgl. Abschnitt 12.3.5) beschleunigt wird.

Globale Strategien für die Bereichsunterteilung

Bei den globalen Unterteilungsstrategien gibt es *keine inaktiven* Bereiche, d. h., *alle* Bereiche können zu jedem Zeitpunkt des algorithmischen Ablaufs für eine weitere Unterteilung herangezogen werden (Malcolm, Simpson [291]).

Die Reihenfolge der „Abarbeitung" der Teilbereiche wird zur Laufzeit des Programms bestimmt, ist also *nicht* a priori festgelegt. Es wird stets jener Teilbereich B_s zur weiteren Unterteilung ausgewählt, der zum Zeitpunkt der Entscheidung die größte Fehlerschätzung aufweist:

$$e_s := \max\{e_1, e_2, \ldots, e_k\}.$$

Integrationsprogramme, die auf der globalen Unterteilungsstrategie beruhen, sind erwiesenermaßen die effizientesten und zuverlässigsten, die für konventionelle Einprozessor-Rechner verfügbar sind.

Alle adaptiven Programme des Softwarepaketes QUADPACK [23] verwenden globale Unterteilungsstrategien. Von diesen sind wiederum viele Programme der IMSL, der NAG und anderer Bibliotheken abgeleitet, sodaß praktisch alle adaptiven Integrationsprogramme mit globalen Unterteilungsstrategien arbeiten. Um dieser großen Fülle Rechnung zu tragen, sind die zwei folgenden Abschnitte den entsprechenden Softwareprodukten gewidmet.

12.5.4 Software für univariate Probleme: Global adaptive Integrationsprogramme

CMLIB/qag ≈ IMSL/MATH-LIBRARY/qdag ≈ NAG/d01aue ≈ QUADPACK/qag ≈ SLATEC/qag sind Unterprogramme, die eine global adaptive Unterteilungsstrategie für die Berechnung von univariaten Integralen über endlichen Intervallen verwenden. Die Unterprogramme CMLIB/qage ≈ QUADPACK/qage ≈ SLATEC/qage haben die gleiche Funktionalität, aber zusätzliche Information über den Integrationsprozeß (z. B. durch eine Liste der vom Algorithmus gewählten Teilintervalle). Der Benutzer kann dabei zwischen mehreren Grundmodulen, die verschiedene Gauß-Kronrod-Formelpaare implementieren, wählen. Bei der auch auf QUADPACK/qag beruhenden Routine NAG/d01ake hat man nur ein einziges Gauß-Kronrod-Formelpaar zur Verfügung.

Integranden mit Singularitäten unbekannten Typs

Die Unterprogramme CMLIB/qags ≈ IMSL/MATH-LIBRARY/qdags ≈ NAG/d01aje ≈ QUADPACK/qags ≈ SLATEC/qags verwenden eine auf einem 10/21-Punkt-Gauß-Kronrod-Formelpaar beruhende Unterteilungsstrategie für die Berechnung von Integralen über beschränkten Intervallen. Zusätzlich wird versucht, die Konvergenz der Integralapproximationen mit Hilfe des ε-Algorithmus (vgl. Abschnitt 12.3.5) zu beschleunigen. Dies führt z. B. bei Integranden mit Singularitäten, deren Lage und Typ man nicht kennt, zu einer Effizienzsteigerung.

Die Unterprogramme CMLIB/qagse ≈ QUADPACK/qagse ≈ SLATEC/qagse haben die gleiche Funktionalität, geben aber zusätzlich mit Hilfe längerer Parameterlisten a-posteriori-Information über den Integrationsprozeß (z. B. eine Liste der Teilintervalle). Das Unterprogramm NAG/d01ate unterscheidet sich von NAG/d01aje nur durch eine andere Spezifikation der Integrandenfunktion f. Das vom Benutzer zur Verfügung zu stellende Funktionsunterprogramm wertet dabei den Integranden gleichzeitig an mehreren Abszissen aus. Falls sich die Integrandenauswertung vektorisieren läßt, kann auf Vektorrechnern die Rechengeschwindigkeit erheblich gesteigert werden.

Die Programme TOMS/691/qxg bzw. TOMS/691/qxgs sind von QUADPACK/qag bzw. QUADPACK/qags abgeleitet. Anstatt eines Gauß-Kronrod-Formelpaares verwendet das Grundmodul in diesen Routinen jedoch eine eingebettete Folge von vier Integrationsformeln Q_1, Q_2, Q_3, Q_4 mit wachsendem Genauigkeitsgrad. Dabei werden für jedes Teilintervall der zugehörige Integralnäherungswert und die entsprechende Fehlerschätzung zunächst mit Hilfe von Q_1 und Q_2 bestimmt. Ist die Fehlerschätzung im Vergleich zur Maschinengenauigkeit noch hinreichend groß, so wird auch Q_3 ausgewertet und der zugehörige Fehler geschätzt. Ergibt sich beim Übergang von Q_2 zu Q_3 eine deutliche Genauigkeitssteigerung, so wird auch noch Q_4 berechnet. Dieser Vorgangsweise liegt die folgende Beobachtung zugrunde: In adaptiven Algorithmen erweisen sich für glatte Funktionen Formeln mit großen Abszissenzahlen als optimal, während für Funktionen mit Peaks, Sprungstellen etc. Formeln mit kleinen Abszissenzahlen effizienter sind. Mit einer deutlichen Genauigkeitssteigerung beim Übergang von Q_2 zu Q_3 ist nur dann zu rechnen, wenn der Integrand glatt ist. Daher wird Q_4, d. h. die Formel mit der größten Abszissenanzahl, nur für solche Integranden berechnet. Für Funktionen mit Peaks, Sprungstellen etc. wird nur die Formel Q_3 – die wesentlich weniger Abszissen als Q_4 besitzt – ausgewertet.

Singularitäten mit bekannter Lage

Die Unterprogramme **CMLIB/qagp** ≈ **IMSL/MATH-LIBRARY/qdagp** ≈ **NAG/d01ale** ≈ **QUADPACK/qagp** ≈ **SLATEC/qagp** verwenden denselben Integrationsalgorithmus wie **CMLIB/qags**, geben aber zusätzlich dem Benutzer die Möglichkeit, die Lage von bekannten Singularitäten im Inneren des Integrationsintervalls vorzugeben. Die Programme teilen das Integrationsintervall an diesen Punkten, wodurch eine erheblich bessere Konvergenzbeschleunigung durch den ε-Algorithmus ermöglicht wird. Die Unterprogramme **CMLIB/qagpe** ≈ **QUADPACK/qagpe** ≈ **SLATEC/qagpe** haben die gleiche Funktionalität, liefern aber zusätzlich mit Hilfe längerer Parameterlisten a-posteriori-Information über den Ablauf des Algorithmus.

Algebraisch-logarithmische Endpunktsingularitäten

Die Unterprogramme **CMLIB/qaws** ≈ **IMSL/MATH-LIBRARY/qdaws** ≈ **NAG/d01ape** ≈ **QUADPACK/qaws** ≈ **SLATEC/qaws** sind speziell für die effiziente Berechnung von univariaten Integralen über endlichen Intervallen mit *algebraischen* oder *algebraisch-logarithmischen Endpunktsingularitäten* konzipiert. Das Integrationsgrundmodul verwendet für Teilintervalle, die keinen Endpunkt des Integrationsintervalls enthalten, ein 7/15-Punkt-Gauß-Kronrod-Formelpaar, während für Randintervalle zwei modifizierte Clenshaw-Curtis-Formeln mit 13 bzw. 25 Abszissen zur Anwendung kommen. Die Unterprogramme **CMLIB/qawse** ≈ **IMSL/MATH-LIBRARY/qdawse** ≈ **QUADPACK/qawse** ≈ **SLATEC/qawse** haben die gleiche Funktionalität, aber längere Parameterlisten.

Trigonometrische Gewichtsfunktionen

Die Unterprogramme **CMLIB/qawo** ≈ **IMSL/MATH-LIBRARY/qdawo** ≈ **NAG/d01ane** ≈ **QUADPACK/qawo** ≈ **SLATEC/qawo** dienen speziell der Berechnung von Integralen mit den *trigonometrischen Gewichtsfunktionen* $\cos(\omega x)$ oder $\sin(\omega x)$ über beschränkten Intervallen. Das Integrationsgrundmodul verwendet für Teilintervalle, deren Länge über einem von ω abhängigen Wert liegt, zwei modifizierte Clenshaw-Curtis-Formeln mit 13 bzw. 25 Abszissen, während sonst ein 7/15-Punkt-Gauß-Kronrod-Formelpaar zur Anwendung kommt. Zusätzlich wird versucht, die Konvergenz der Integralapproximationen mit Hilfe des ε-Algorithmus zu beschleunigen. Die funktionsgleichen Unterprogramme **CMLIB/qawoe** ≈ **IMSL/MATH-LIBRARY/qdawoe** ≈ **QUADPACK/qawoe** ≈ **SLATEC/qawoe** verfügen über längere Parameterlisten.

Die Quadraturunterprogramme **CMLIB/qawf** ≈ **IMSL/MATH-LIBRARY/qdawf** ≈ **NAG/d01ase** ≈ **QUADPACK/qawf** ≈ **SLATEC/qawf** berechnen Integrale über *semiinfiniten* Intervallen $[a,\infty)$ mit *trigonometrischen Gewichtsfunktionen* $\cos(\omega x)$

oder $\sin(\omega x)$. Dabei wird das global adaptive Unterprogramm `QUADPACK/qawo` (oder ein äquivalentes Programm) sukzessive auf endliche Teilintervalle $[a_k, b_k] := [a + (k-1)c, a + kc]$, $k = 1, 2, \ldots$, angewendet, wobei c so gewählt wird, daß die Integrale

$$\mathrm{I}_k f := \int_{a_k}^{b_k} w(x) f(x)\, dx$$

für eine monotone Funktion f alternierendes Vorzeichen haben. Zur Konvergenzbeschleunigung der resultierenden alternierenden Reihe

$$\mathrm{I}f = \sum_{k=1}^{\infty} \mathrm{I}_k f$$

wird dann der ε-Algorithmus verwendet. Bei gleicher Funktionalität wie `CMLIB/qawf` etc. geben `CMLIB/qawfe` $\approx$ `QUADPACK/qawfe` $\approx$ `SLATEC/qawfe` zusätzlich Information über den Integrationsprozeß.

Unendliche Integrationsbereiche

Die Unterprogramme `CMLIB/qagi` $\approx$ `IMSL/MATH-LIBRARY/qdagi` $\approx$ `NAG/d01ame` $\approx$ `QUADPACK/qagi` $\approx$ `SLATEC/qagi` verwenden eine global adaptive Unterteilungsstrategie zur Berechnung von Integralen über *unendlichen* Intervallen. Das unbeschränkte Integrationsintervall B wird dabei zunächst auf $[0, 1]$ transformiert: Im Fall $B = [a, \infty)$ wird die Transformation $x = \psi(\overline{x}) = (\overline{x} - a)/(\overline{x} + a)$ verwendet, im Fall $B = (-\infty, \infty)$ wird der Integrationsbereich an der Stelle 0 geteilt und auf beide Teilbereiche die bereits genannte Transformation angewendet. Das transformierte Integrationsproblem wird dann mit dem geringfügig modifizierten Programm `QUADPACK/qags` gelöst. Die Modifikation besteht darin, das 10/21-Punkt-Gauß-Kronrod-Formelpaar durch ein 7/15-Punkt-Gauß-Kronrod-Formelpaar zu ersetzen. Die geringere Anzahl der f-Auswertungen bei diesem Gauß-Kronrod-Formelpaar erweist sich im Zusammenhang mit singulären Integranden – wie sie im allgemeinen durch die obige Transformation entstehen – als effizienter. Die Unterprogramme `CMLIB/qagie` $\approx$ `IMSL/MATH-LIBRARY/qdagie` $\approx$ `QUADPACK/qagie` $\approx$ `SLATEC/qagie` haben die gleiche Funktionalität, aber längere Parameterlisten.

Cauchy-Hauptwertintegrale

`CMLIB/qawc` $\approx$ `IMSL/MATH-LIBRARY/qdawc` $\approx$ `NAG/d01aqe` $\approx$ `QUADPACK/qawc` $\approx$ `SLATEC/qawc` sind spezielle Programme zur Berechnung von *Cauchy-Hauptwertintegralen* mit der Gewichtsfunktion $1/(x-c)$. Das Teilintervall $[a_s, b_s]$ mit der jeweils größten Fehlerschätzung wird dabei bei jedem Unterteilungsschritt an einem Punkt $c_s \in (a_s, b_s)$ in zwei Teilintervalle zerlegt. Für $c \notin [a_s, b_s]$ gilt $c_s := (a_s + b_s)/2$, anderenfalls ist c_s der Halbierungspunkt des längeren der beiden Intervalle $[a_s, c]$ und $[c, b_s]$. Somit wird eine Unterteilung von $[a_s, b_s]$ am kritischen Punkt c vermieden. Das Grundmodul verwendet zwei modifizierte Clenshaw-Curtis-Formeln mit 13 bzw. 25 Abszissen, wenn $c \in (a_s - d, b_s + d)$, $d =$

$(b_s - a_s)/20$ gilt, andernfalls wird ein 7/15-Punkt-Gauß-Kronrod-Formelpaar angewendet. Die Unterprogramme `CMLIB/qawce` ≈ `IMSL/MATH-LIBRARY/qdawce` ≈ `QUADPACK/qawce` ≈ `SLATEC/qawce` besitzen längere Parameterlisten.

12.5.5 Software für multivariate Probleme: Global adaptive Integrationsprogramme

Achsenparallele Quaderbereiche

Die Programme `CMLIB/adapt` ≈ `NAG/d01eae` ≈ `NAG/d01fce` ≈ `NAG/698/cuhre` verwenden eine global adaptive Unterteilungsstrategie zur Berechnung von n-dimensionalen Integralen über *achsenparallelen Quaderbereichen*. Der Bereich der bei `CMLIB/adapt` ≈ `NAG/d01eae` zulässigen Dimensionen reicht von $n = 2$ bis $n = 20$, während für `NAG/d01fce` und `TOMS/698/cuhre` nur Werte zwischen $n = 2$ und $n = 15$ möglich sind. Die letztgenannten zwei Programme zerlegen in jedem Unterteilungsschritt den Teilquader mit der jeweils größten Fehlerabschätzung entlang einer Hyperebene $x_k = \text{const}$ in zwei Teilquader. Die Komponente k ist dadurch ausgezeichnet, daß im jeweiligen Teilquader die vierte dividierte Differenz des Integranden in Richtung e_k maximal ist. In `NAG/d01fce` wird für sämtliche Dimensionen ein Formelpaar mit dem Genauigkeitsgrad $D = 5$ und $D = 7$ verwendet. In `TOMS/698/cuhre` kann der Benutzer in sämtlichen Dimensionen zwischen Integrationsformeln vom Genauigkeitsgrad $D = 7$ und $D = 9$ wählen. Für $n = 2$ bzw. $n = 3$ stehen zusätzlich Integrationsformeln vom Genauigkeitsgrad $D = 13$ bzw. $D = 11$ zur Verfügung.

Dreiecksbereiche

`CMLIB/twodq` ist ein Programm zur Berechnung von zweidimensionalen Integralen über einer endlichen *Menge von Dreiecken*. In jedem Unterteilungsschritt wird das Teildreieck mit der jeweils größten Fehlerschätzung entlang der Verbindungsstrecke zwischen dem Mittelpunkt der längsten Seite und der gegenüberliegenden Ecke in zwei Teildreiecke zerlegt. Das Grundmodul enthält zwei Formelpaare, zwischen denen der Benutzer wählen kann: ein Paar mit den Genauigkeitsgraden $D = 6$ und $D = 8$ und ein Paar mit den Genauigkeitsgraden $D = 9$ und $D = 11$.

Die Unterprogramme `TOMS/584/cubtri`, `TOMS/triex` und `TOMS/706/cutri` verwenden eine global adaptive Unterteilungsstrategie zur Berechnung von zweidimensionalen Integralen über einem *Dreiecksbereich*, wobei in jedem Unterteilungsschritt das Teildreieck mit der jeweils größten Fehlerschätzung in vier kongruente Teildreiecke zerlegt wird. Das Grundmodul basiert in `TOMS/584/cubtri` auf einem Formelpaar mit den Genauigkeitsgraden $D = 5$ und $D = 8$. In `TOMS/612/triex` wird ein Formelpaar mit den Genauigkeitsgraden $D = 9$ und $D = 11$ verwendet. Zusätzlich wird versucht, die Konvergenz der Integralapproximationen mit Hilfe des ε-Algorithmus zu beschleunigen. In `TOMS/706/cutri` basiert das Grundmodul auf einer Formel vom Genauigkeitsgrad $D = 13$. Es kann außerdem für eine *endliche Menge von Dreiecken* als Integrationsgebiet verwendet werden.

Das Unterprogramm `TOMS/720/cutet` verwendet eine global adaptive Unterteilungsstrategie zur Berechnung von dreidimensionalen Integralen über einer endlichen Menge von Tetraedern, wobei in jedem Unterteilungsschritt der Teiltetraeder mit der jeweils größten Fehlerschätzung in acht kongruente Teiltetraeder zerlegt wird. Das Grundmodul basiert auf einer 43-Punkt-Formel vom Genauigkeitsgrad $D = 8$.

12.5.6 Erhöhung der Zuverlässigkeit

Entdecken stochastischer Störungen

In der *mathematischen* Problemstellung der Integration wird ein Integrand f vorausgesetzt, der keinen „Störungen" unterworfen ist. Ein derartig idealisierter Integrand – ein mathematisches Modell der Wirklichkeit – kann jedoch auf einem Computer aus folgenden Gründen *nicht* realisiert werden:

1. Durch die *endliche* Menge $\mathbb{F}$ der Maschinenzahlen kann der Integrand nur durch Punkte eines Rasters dargestellt werden, dessen Gitterfeinheit durch die verwendete Zahlenmenge bestimmt ist. Die Abweichung der implementierten Funktion $\Box f$ von der „exakten" Funktion f stellt eine Störung (pseudo) stochastischer Natur dar.

2. Falls der Integrand durch komplizierte Ausdrücke definiert ist, kann die Abweichung $\Box f - f$ unter Umständen deutlich über das Niveau der elementaren Rundungsfehler hinausgehen.

   Einen wichtigen Spezialfall dieser Situation stellt die Berechnung mehrdimensionaler Integrale dar, bei denen eine rekursive Anwendung von eindimensionalen Quadraturprogrammen möglich ist (z. B. bei rechteckigen, quaderförmigen und hyperquaderförmigen Integrationsbereichen). Falls ein Quadraturprogramm nicht in der untersten Stufe dieser Schachtelung verwendet wird, sondern bereits Resultate von vorangegangenen numerischen Quadraturen als Integrandenwerte benützen muß, so sind diese „Funktionswerte" mit eventuell erheblichen Störungen (pseudo) stochastischer Natur – von der Größenordnung des Quadraturfehlers der vorangegangenen Quadratur – behaftet. Die Abstimmung der Genauigkeitsparameter ε_{abs} und ε_{rel} der geschachtelten Quadraturprogramm-Aufrufe, um möglichst große Effizienz und hohe Zuverlässigkeit des Gesamtresultats zu erreichen, ist eine nichttriviale Aufgabe (Fritsch, Kahaner, Lyness [209]).

3. Falls man die Werte der Integrandenfunktion durch Messung erhält (z. B. durch Digitalisierung von Meßergebnissen mit Hilfe eines Prozeßrechners), treten Störungen stochastischer Natur („Rauschen") auf.

Durch die in jedem der obigen Fälle gegebenen Störungen (pseudo) stochastischer Natur ergibt sich eine Grenze für die maximal erreichbare Genauigkeit des numerischen Resultats. Falls der Benutzer eines Integrationsprogramms eine in diesem Sinn unrealistische Genauigkeitsanforderung stellt, die grundsätzlich nicht erreichbar ist, sollte ein Integrationsprogramm ohne unnötigen Rechenaufwand den

Sachverhalt erkennen und den Rechenvorgang mit einer entsprechenden Meldung abbrechen. Zu diesem Zweck gibt es in Integrationsprogrammen einen Störungsmelder (*noise detector*).

Bei Programmen mit globaler Unterteilungsstrategie wird im allgemeinen die Monotonie der Fehlerschätzungen zum Entdecken von stochastischen Störungen herangezogen. Es kann z. B. mitgezählt werden, wie oft nach einer Bereichsunterteilung *keine* Verkleinerung der Fehlerschätzung eintritt:

$$\textbf{if} \quad \sum_{l=1}^{L} e_l > e_s \quad \textbf{then} \quad \text{schlechter} := \text{schlechter} + 1.$$

Wenn diese Anzahl eine a priori festgelegte Obergrenze erreicht, wird der Algorithmus mit der Meldung „noisy integrand" abgebrochen. Die als Ausgangsparameter gelieferte Fehlerschätzung informiert den Benutzer über das Niveau der Störungen (*noise level*) bzw. darüber, welche Genauigkeit in der vorliegenden Situation überhaupt erreicht werden kann.

Entdecken nicht integrierbarer Funktionen

Es kann nicht ausgeschlossen werden, daß der Benutzer einem Integrationsprogramm eine *nicht integrierbare* Funktion (z. B. $f(x) := x^{-1}$ auf dem Intervall $[0, 1]$) übergibt. Die algorithmische Überprüfung der Integrierbarkeitsvoraussetzung auf der Basis einer *endlichen* Stichprobeninformation

$$S(f) = (f(x_1), f(x_2), \ldots, f(x_N))$$

ist prinzipiell unmöglich!

Beispiel (Nicht-entdeckbarer Pol) Die Funktion

$$f(x) := 3x^2 + \frac{1}{\pi^4} \log[(\pi - x)^2] + 1$$

hat an der Stelle $x = \pi$ einen zweifachen Pol,

$$f(x) \to -\infty \quad \text{für} \quad x \to \pi.$$

Diese Polstelle kann man aber, selbst wenn man die Funktion f an *allen* Maschinenzahlen $x \in \mathbb{F}(2, 53, -1021, 1024, \mathit{true})$ auswertet, *nicht* entdecken. Abb. 12.15 zeigt alle numerischen Werte von f nahe $x = \pi$. Man sieht, daß die Implementierung von f für *alle* $x \in \mathbb{F}$ eine strikt *positive* Funktion ist. Nicht einmal die zwei Nullstellen von f werden sichtbar.

Algorithmische Maßnahmen, die man als Vorsorge gegen derartige Fehlbedienungen vorsehen kann, sind:

1. *Aufwandsbeschränkung* in Form einer Maximalzahl von f-Auswertungen, die entweder manuell vom Benutzer vorgegeben oder automatisch vom Integrationsprogramm gewählt wird.

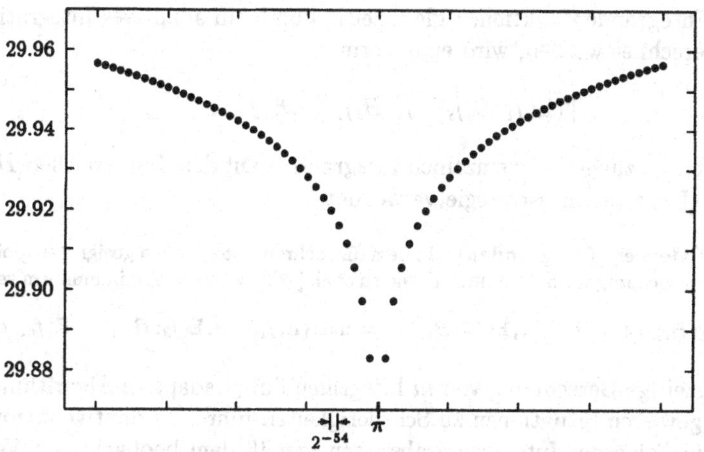

Abb. 12.15: Werte von $f(x) = 3x^2 + \pi^{-4}\log[(\pi - x)^2] + 1$, $x \in \mathbb{F}(2, 53, -1021, 1024, \textit{true})$

2. *Größen-Untergrenze* für die Teilbereiche: Wenn durch die algorithmisch vorgenommenen Bereichsverfeinerungen die Größe eines Teilbereiches in die Größenordnung des Maschinenzahlen-Abstands kommt, ist dort eine sinnvolle numerische Integration ausgeschlossen. Es wird daher in Integrationsprogrammen oft ein Abbruchkriterium auf Grund der Größe des kleinsten Teilbereiches eingebaut.

Ein Abbruch auf Grund eines der obigen Kriterien kann unter Umständen zu einem vorzeitigen Abbruch des Algorithmus für (uneigentlich) integrierbare Integranden (z. B. $f(x) := x^{-0.99}$ auf dem Integrationsintervall $[0, 1]$) führen, d. h., es kann auch der Fall eintreten, daß die falsche Diagnose „nicht integrierbare Funktion" gestellt wird.

12.5.7 Mehrfache Integranden

Bei manchen Anwendungen ist eine große Anzahl m von Integralen zu berechnen, wobei dieselbe Gewichtsfunktion w und dieselben Integrationsbereiche B auftreten, die Integrandenfunktionen $f_1, f_2, \ldots, f_m\colon B \to \mathbb{R}$ aber verschieden sind:

$$\begin{aligned} \mathrm{I}f_1 &= \int_B w(x) f_1(x)\,dx, \\ &\vdots \\ \mathrm{I}f_m &= \int_B w(x) f_m(x)\,dx. \end{aligned}$$

Natürlich kann man dieses Problem einfach dadurch lösen, daß man die m Integrale unabhängig voneinander separat berechnet. Es kann jedoch oft ein beträchtlicher Teil des rechnerischen Aufwands (z. B. für die Verwaltung der Datenstrukturen) eingespart werden, wenn man die m Integrale *gleichzeitig* behandelt.

Wenn m Integrandenfunktionen gleichzeitig durch ein adaptives Integrationsprogramm berechnet werden, wird eine Norm

$$\|(\mathrm{E}(f_1;B_s),\mathrm{E}(f_2;B_s),\ldots,\mathrm{E}(f_m;B_s))^\top\|$$

der Fehlerschätzungen der einzelnen Integranden auf den Teilbereichen B_s in der jeweiligen Unterteilungsstrategie verwendet.

Software (Mehrere Integranden) In dem für mehrere Integranden geeigneten global adaptiven Integrationsprogramm DCUHRE (Berntsen et al. [113]) wird die Maximumnorm verwendet:

$$\|(\mathrm{E}(f_1;B_s),\mathrm{E}(f_2;B_s),\ldots,\mathrm{E}(f_m;B_s))\|_\infty = \max\{\mathrm{E}(f_1;B_s),\mathrm{E}(f_2;B_s),\ldots,\mathrm{E}(f_m;B_s)\}.$$

Die gleichzeitige Berechnung von m Integralen durch adaptive Algorithmen kann damit in gewissen Situationen zu Schwierigkeiten führen. Adaptive Algorithmen wählen die Folge der Integrationsabszissen gemäß dem beobachteten Verhalten des jeweiligen Integranden. Wenn nun m Integranden gleichzeitig behandelt werden, muß die Folge der Abtastpunkte (lokal) dem schwierigsten Integranden angepaßt werden. Um unnötige Auswertungen von (lokal) einfachen Integranden zu vermeiden, sollten daher nur Funktionenfamilien $f_1,\ldots,f_m$ mit ähnlichem Verhalten gleichzeitig durch adaptive Integrationsprogramme berechnet werden.

Teil IV

Algebraische Modelle

Kapitel 13

Lineare Gleichungssysteme

Am Einfachen, Durchgreifenden halte ich mich und gehe ihm nach, ohne mich durch einzelne Abweichungen irre leiten zu lassen.

JOHANN WOLFGANG VON GOETHE

Obwohl fast alle realen Abhängigkeiten *nicht*linear sind, finden Linearitätsannahmen in der Technik und den Naturwissenschaften große Verbreitung. Sie führen oft zu den einfachsten Modellen, die nach dem Minimalitätsprinzip – bei sonstiger Gleichwertigkeit – komplexeren Modellen vorzuziehen sind.

Der Umstand, daß auch viele mathematische Untersuchungs- und Lösungsmethoden (sowohl exakte als auch näherungsweise) für lineare Modelle besser geeignet sind, führt oft zur Anwendung linearer Modelle auch in solchen Fällen, wo es ernsthafte Gründe für die Annahme gibt, daß sich die reale Abhängigkeit wesentlich von einer linearen unterscheidet (wie z. B. bei vielen Anwendungen der linearen Optimierung). Dabei hofft man, daß sich die vernachlässigte Nichtlinearität der untersuchten Phänomene nicht entscheidend auf die Ergebnisse auswirkt, daß sich diese Modellfehlereffekte durch geeignete Wahl der Koeffizienten des linearen Modells kompensieren lassen oder daß eine spätere Verbesserung der Lösung (unter Einbeziehung nichtlinearer Phänomene) möglich ist. Es werden daher viele technisch-naturwissenschaftliche Untersuchungen, auch kompliziertester Vorgänge, mit linearen Modellen begonnen.

Die numerische Lösung schwieriger nichtlinearer Aufgabenstellungen wird fast immer auf die Lösung linearer Gleichungssysteme zurückgeführt, wie z. B. das Newton-Verfahren auf nichtlineare algebraische Gleichungssysteme angewendet wird oder wie man Finite-Differenzen- oder Finite-Elemente-Verfahren zur numerischen Lösung partieller Differentialgleichungen verwendet. Dies erklärt die zentrale Stellung innerhalb der Numerik, die von der Lösung linearer Gleichungssysteme und linearer Ausgleichsprobleme eingenommen wird.

Beispiel (Tragwerk) Die mechanischen Grundstrukturen von Brücken, Gebäuden, Fahrzeugen (Rahmen) etc. sind *Tragwerke*, also Systeme starrer Körper (Stäbe, Scheiben etc.), die miteinander an Knotenpunkten verbunden sind. Die einfachsten mathematisch-mechanischen Modelle solcher Tragwerke sind die idealen Fachwerke (siehe Abb. 13.1). Bei diesen sind die Grundelemente gerade Stäbe, die an ihren Enden durch reibungsfrei-idealisierte Gelenke verbunden sind. Die äußeren Kräfte greifen nur in den Gelenkpunkten (Knoten) an, sodaß die Stäbe nur einer Zug- bzw. Druckbelastung ausgesetzt sind. Von einigen Sonderfällen abgesehen, genügen die mit idealen Fachwerken gewonnenen Ergebnisse den praktischen Anforderungen der Festigkeitsermittlung, obwohl bei realen Tragwerken etwa die Annahme reibungsfreier Gelenke nie erfüllt ist – die Fachwerksteile werden fast immer fest miteinander verbunden, z. B. verschweißt. Zur Berechnung der Stabkräfte (die durch das Eigengewicht der Stäbe und durch äußere Kräfte verursacht werden) geht man davon aus, daß das Fachwerk im Gleichgewicht ist (sonst würde es sich bewegen). Die Gleichgewichtsbedingung für den Knoten i lautet

$$F_i + \sum_j s_{ij} = 0. \tag{13.1}$$

Hierbei ist F_i die am Knoten i angreifende äußere Kraft und s_{ij} die Kraft in jenem Stab, der den Knoten i mit dem Knoten j verbindet. Zusätzlich sind noch die Lagerkräfte zu berücksichtigen, die als zu berechnende äußere Kräfte interpretiert werden können. Alle Gleichungen (13.1) können in einem Gleichungs*system* zusammengefaßt werden, das die Stabkräfte s_{ij} und die Lagerkräfte als Unbekannte enthält. Die bekannten Kräfte (äußere Kräfte, Gewichte, Stabkräfte) können auf die rechte Seite des Gleichungssystems gebracht werden, womit man ein inhomogenes lineares Gleichungssystem folgender Form erhält:

$$\begin{array}{ccccccccc} a_{11}x_1 & + & a_{12}x_2 & + & \cdots & + & a_{1n}x_n & = & b_1 \\ a_{21}x_1 & + & a_{22}x_2 & + & \cdots & + & a_{2n}x_n & = & b_2 \\ \vdots & & \vdots & & & & \vdots & & \vdots \\ a_{n1}x_1 & + & a_{n2}x_2 & + & \cdots & + & a_{nn}x_n & = & b_n \end{array} \tag{13.2}$$

Im konkreten Beispiel aus Abb. 13.1 sind die Lagerkräfte von A in x- und y-Richtung die Unbekannten x_1 und x_2. Die Stabkräfte werden durch die skalaren Unbekannten x_3 bis x_{17} beschrieben, wobei sich der jeweilige Index lexikographisch aus den Indizes der s_{ij} ergibt (z. B. $s_{12} \mapsto x_3$, $s_{13} \mapsto x_4$, $s_{15} \mapsto x_5$ etc.). Um eine statisch bestimmte Lagerung des Fachwerks zu erreichen, wird das Lager B als verschiebbares Gelenklager ausgeführt, und die Kraft in y-Richtung ist die Unbekannte x_{18}.

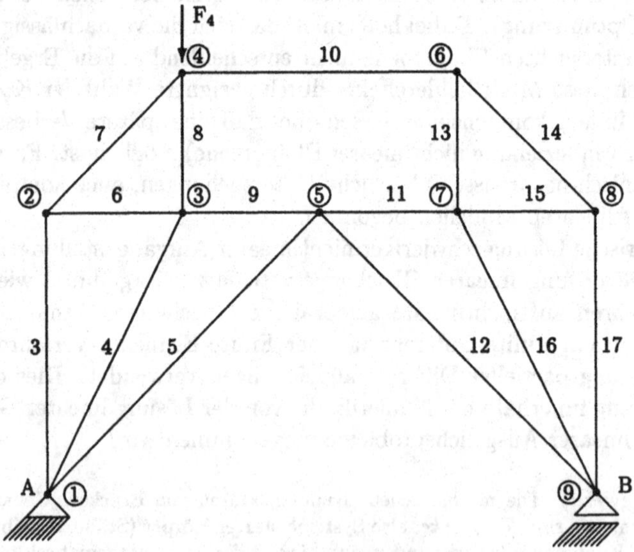

Abb. 13.1: Ebenes Fachwerk

Die Geometrie des Fachwerks wird durch die Winkel α, β und γ festgelegt, wobei α den Winkel zwischen den Stäben 3 und 4 bzw. 16 und 17, β den Winkel zwischen Stab 3 und Stab 5 bzw. 12 und 17 und γ den Winkel zwischen den Stäben 6 und 7 bzw. 14 und 15 beschreibt. Mit diesen Bezeichnungen und den Abkürzungen

$$\begin{array}{llllll} s_\alpha := \sin\alpha, & s_\beta := \sin\beta, & s_\gamma := \sin\gamma \\ c_\alpha := \cos\alpha, & c_\beta := \cos\beta, & c_\gamma := \cos\gamma \end{array}$$

ergibt sich für die Kräfte $x = (x_1, \ldots, x_{18})^\top$ ein lineares Gleichungssystem $Ax = b$, dessen rechte Seite durch den Vektor $b := (0 \;\; 0 \;\; 0 \;\; 0 \;\; 0 \;\; 0 \;\; 0 \;\; F_4 \;\; 0 \;\; \cdots \;\; 0)^\top$ gegeben ist. Die Koeffizientenmatrix ist folgende 18×18-Matrix:

$$
\begin{pmatrix}
1 & & & s_\alpha & s_\beta & & & & & & & & & & & & & \\
 & 1 & 1 & c_\alpha & c_\beta & & & & & & & & & & & & & \\
 & & & & & 1 & c_\gamma & & & & & & & & & & & \\
 & & -1 & & & & s_\gamma & & & & & & & & & & & \\
 & & & -s_\alpha & & -1 & & & 1 & & & & & & & & & \\
 & & & -c_\alpha & & & & 1 & & & & & & & & & & \\
 & & & & & & c_\gamma & & & -1 & & & & & & & & \\
 & & & & & & s_\gamma & 1 & & & & & & & & & & \\
 & & & & -s_\beta & & & & -1 & & 1 & s_\beta & & & & & & \\
 & & & & -c_\beta & & & & & & & c_\beta & & & & & & \\
 & & & & & & & & & -1 & & & & c_\gamma & & & & \\
 & & & & & & & & & & & & 1 & s_\gamma & & & & \\
 & & & & & & & & & & -1 & & & & 1 & s_\alpha & & \\
 & & & & & & & & & & & & -1 & & & c_\alpha & & \\
 & & & & & & & & & & & & & -c_\gamma & -1 & & & \\
 & & & & & & & & & & & & & -s_\gamma & & & 1 & \\
 & & & & & & & & & & & s_\beta & & & & s_\alpha & & \\
 & & & & & & & & & & & -c_\beta & & & & -c_\alpha & -1 & 1
\end{pmatrix}
$$

Für die numerische Lösung linearer Gleichungssysteme gibt es, mehr als in jedem anderen Gebiet der Numerischen Datenverarbeitung, eine Fülle qualitativ hochwertiger Softwareprodukte: LAPACK, TEMPLATES, ITPACK, NSPCG, SLAP oder UMFPACK und die entsprechenden Teile der IMSL- und NAG-Softwarebibliotheken. Die *eigene* Entwicklung von Software zur Lösung linearer Gleichungssysteme wäre aus diesem Grund ein sehr unökonomisches Unterfangen.

Die praktische Lösung linearer Gleichungssysteme erfolgt daher vorzugsweise durch die Anwendung von „Fertigsoftware". Der Anwender hat dabei (bewußt oder unbewußt) drei Phasen zu durchlaufen:

1. Eine *Planungsphase*, in der die präzise Problemspezifikation erfolgt.
2. Eine *Realisierungsphase* zur numerischen Problemlösung am Computer.
3. Eine *Überprüfungsphase*, in der untersucht wird, ob die vom Computerprogramm gelieferte Lösung dem ursprünglichen Problem angemessen ist.

13.1 Planungsphase

Wie bei allen numerischen Problemen muß gleich zu Beginn eine Reihe von Fragen geklärt werden, die einer präzisen Problemspezifikation dienen: *Was* soll berechnet werden? *Welche* Eigenschaften hat das vorliegende Problem? etc. In diese Phase fällt auch die Bereitstellung und Erarbeitung von Grundlagen für die Algorithmus- bzw. Software-Auswahl.

13.1.1 Problemtyp

Zu allererst muß überprüft werden, ob ein lineares oder nichtlineares Problem vorliegt (siehe Abschnitte 8.5.2 und 8.5.3), da manchmal irrtümlicherweise Probleme falsch eingestuft werden.

Beispiel (Polynomausgleich) Beim Polynomausgleich kann eine Aufgabenstellung z. B. darin bestehen, ein univariates Polynom mit vorgegebenem Grad d,

$$P_d(x; c_o, c_1, \dots, c_d) := c_0 + c_1 x + c_2 x^2 + \dots + c_d x^d,$$

im Sinne der Euklidischen Metrik optimal an $k > d+1$ gegebene Datenpunkte

$$(x_1, y_1), (x_2, y_2), \dots, (x_k, y_k)$$

anzupassen. Es sind also die Koeffizienten jenes optimalen Polynoms $P_d^* \in \mathbb{P}_d$ gesucht, das in folgendem Sinn minimalen Abstand von den Datenpunkten hat:

$$D(\Delta_k P_d^*, y) = \min \left\{ \sum_{i=1}^{k} (P_d(x_i) - y_i)^2 : P_d \in \mathbb{P}_d \right\}. \tag{13.3}$$

Die Ermittlung von P_d^* ist ein *lineares* Problem:

1. Jedes Polynom hängt linear von seinen Parametern $c_0, c_1, \dots, c_d$ ab, die zu bestimmen sind:
$$P_d(x;\ \lambda b_0{+}\mu c_0,\ \lambda b_1{+}\mu c_1, \dots, \lambda b_d{+}\mu c_d) \;=\; \lambda \cdot P_d(x;\ b_0, b_1, \dots, b_d) \;+\; \mu \cdot P_d(x;\ c_0, c_1, \dots, c_d).$$
2. Auch die Suche nach dem Minimum in (13.3) ist ein lineares Problem, da die Minimierung des l_2-Abstandes durch Differentiation nach den unabhängigen Variablen $c_0, c_1, \dots, c_d$ auf ein lineares Ausgleichsproblem zurückgeführt wird.

Standardform linearer Gleichungssysteme

Um ein lineares Gleichungssystem mit vorhandenen Softwareprodukten lösen zu können (und auch für viele analytische Untersuchungen seiner Systemeigenschaften), bringt man es (fast immer) in die Standardform $Ax = b$.

Definition 13.1.1 (Lineares Gleichungssystem, Standardform) *Ein System von m Gleichungen in n Unbekannten $x_1, \dots, x_n$ der Form*

$$F(x) = \begin{pmatrix} f_1(x_1, \dots, x_n) \\ f_2(x_1, \dots, x_n) \\ \vdots \\ f_m(x_1, \dots, x_n) \end{pmatrix} = \begin{pmatrix} a_{11}x_1 + a_{12}x_2 + \cdots + a_{1n}x_n \\ a_{21}x_1 + a_{22}x_2 + \cdots + a_{2n}x_n \\ \vdots \quad\quad \vdots \quad\quad\quad\quad \vdots \\ a_{m1}x_1 + a_{m2}x_2 + \cdots + a_{mn}x_n \end{pmatrix} = \begin{pmatrix} b_1 \\ b_2 \\ \vdots \\ b_m \end{pmatrix}$$

– oder kürzer: $Ax = b$ – in dem die Größen $a_{11}, \dots, a_{mn}$ und $b_1, \dots, b_m$ gegeben sind, nennt man ein lineares Gleichungssystem. Dabei ist $A \in \mathbb{R}^{m \times n}$ die Koeffizientenmatrix (Systemmatrix), der Vektor $b \in \mathbb{R}^m$ die rechte Seite und $x^* \in \mathbb{R}^n$ ein gesuchter Vektor, der simultan alle m Gleichungen erfüllt.

Wenn nicht explizit andere Annahmen getroffen werden, so wird im folgenden vorausgesetzt, daß die Elemente $a_{11}, \dots, a_{mn}$ der Matrix A und die Komponenten $b_1, \dots, b_m$ des Vektors b *reelle* Zahlen sind. Die meisten Ergebnisse bzw. Methoden bleiben jedoch gültig bzw. anwendbar, wenn man für diese Problemdaten *komplexe* Zahlen zuläßt.

Quadratische und rechteckige Systemmatrizen

Sowohl hinsichtlich der Existenz und Struktur der Lösungsmenge als auch für die Auswahl geeigneter Lösungsverfahren ist es zweckmäßig, bei linearen Gleichungssystemen die folgenden drei Fälle zu unterscheiden:

$m = n$

Es ist dies der Fall einer quadratischen Koeffizientenmatrix in $Ax = b$.

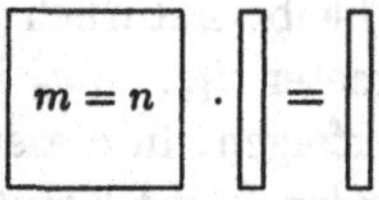

$m = n$ · =

Es hängt von der Matrix $A \in \mathbb{R}^{n \times n}$ ab, ob eine eindeutige Lösung existiert. Wenn dies nicht der Fall ist, so kann je nach der speziellen Konstellation der rechten Seite b entweder überhaupt keine Lösung existieren oder ein ganzer Lösungsraum.

$m < n$

Im Fall einer rechteckigen Matrix mit $m < n$, wenn also die Anzahl der Gleichungen kleiner ist als die Anzahl der Unbekannten, handelt es sich bei $Ax = b$ um ein *unterbestimmtes* lineares Gleichungssystem.

$m < n$ · =

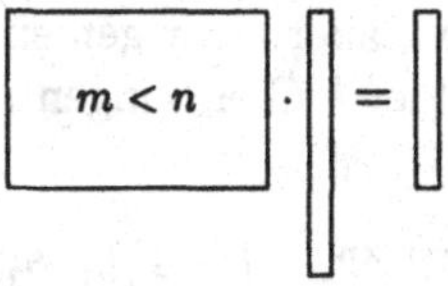

Derartige Systeme besitzen immer einen ganzen Unterraum $X \subseteq \mathbb{R}^n$ mit einer Dimension $\dim(X) \geq n - m$ als Lösung.

$m > n$

Bei $m > n$ sind mehr Gleichungen als Unbekannte vorhanden: $Ax = b$ ist ein *überbestimmtes* lineares Gleichungssystem, das in den meisten Fällen *keine* Lösung besitzt.

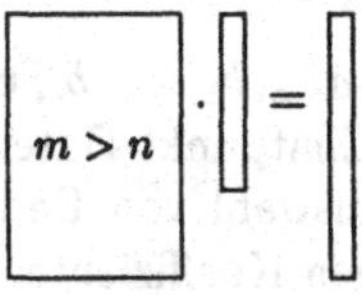

$m > n$ · =

Bei überbestimmten Systemen geht man oft zu einem linearen Ausgleichsproblem (Approximationsproblem) über, bei dem das Minimum x^* einer l_p-Norm des Residuenvektors $r := Ax - b$ gesucht wird:

$$\|Ax^* - b\|_p = \min \{\|Ax - b\|_p : x \in \mathbb{R}^n\}.$$

Am häufigsten wird die l_2-Norm verwendet, um das Minimum des Residuums

$$\min\{\|Ax-b\|_2^2 = \sum_{i=1}^{m}(a_{i1}x_1+\cdots+a_{in}x_n-b_i)^2 : x\in\mathbb{R}^n\} \tag{13.4}$$

und damit eine „Lösung“ x^* von $Ax=b$ nach der *Methode der kleinsten Quadrate* zu ermitteln. x^* ist in diesem Fall Lösung des linearen Gleichungssystems $A^\top Ax = A^\top b$, der sogenannten *Normalgleichungen* (siehe Abschnitt 10.3.1).

Wird die Lösung des Ausgleichsproblems bezüglich anderer Abstandsmaße (anderer l_p-Normen) gesucht, so bleibt natürlich das Modell weiterhin linear, aber die Bestimmung seiner Parameter $x_1,\ldots,x_n$ kann nicht mehr durch Lösen eines linearen Gleichungssystems erfolgen. In diesem Fall muß ein iteratives Minimierungsverfahren eingesetzt werden (siehe Kapitel 14).

Art und Anzahl der rechten Seiten

Durch $b=0$ charakterisierte *homogene Systeme* erfordern andere Lösungswege (siehe Abschnitt 13.7.5) als die in der Praxis vorwiegend auftretenden inhomogenen Systeme ($b\neq 0$).

Liegen mehrere lineare Probleme

$$A\boldsymbol{x}_1=\boldsymbol{b}_1,\ A\boldsymbol{x}_2=\boldsymbol{b}_2,\ \ldots,\ A\boldsymbol{x}_k=\boldsymbol{b}_k \tag{13.5}$$

mit verschiedenen rechten Seiten, aber einer gemeinsamen Matrix A vor, so entspricht die gemeinsame Lösung der k Gleichungen (13.5) der Lösung *einer* einzigen *Matrixgleichung*

$$AX=B, \qquad A\in\mathbb{R}^{m\times n}, \quad B:=[\boldsymbol{b}_1,\boldsymbol{b}_2,\ldots,\boldsymbol{b}_k]\in\mathbb{R}^{m\times k}.$$

Für die effiziente Lösung von Matrixgleichungen gibt es spezielle Programme. Liegen nicht alle Daten der Gleichungen (13.5) gleichzeitig vor, so können diese auch nicht gemeinsam als eine Matrixgleichung gelöst werden. In diesem Fall ist ein mehrstufiger Lösungsvorgang angebracht: Zunächst wird die Matrix A mit einem $O(n^3)$-Aufwand faktorisiert. Mit den Faktormatrizen wird dann sukzessive eine Gleichung nach der anderen mit $O(n^2)$ Gleitpunktoperationen gelöst.

Datentyp

Auch der *Datentyp* von $a_{11}, a_{12},\ldots,a_{mn}, b_1,\ldots,b_m$ und $x_1,\ldots,x_n$ ist ein wichtiges Merkmal des Problemtyps. Die Gleitpunkt-Datentypen REAL, COMPLEX etc. sind vor allem bei der Software-Auswahl von Bedeutung. Wird hingegen eine ganzzahlige Lösung (bei ganzzahligen Koeffizienten) gesucht, handelt es sich um einen völlig anderen Problemtyp.

Datenfehler

Eine wichtige Klassifizierung des Problemtyps erfolgt durch Art und Größe der *Datenfehler*. Bei vielen linearen Gleichungssystemen, vor allem bei den meisten überbestimmten Systemen, sind die Komponenten des Vektors b und oft auch die Koeffizienten $a_{11}, a_{12}, \ldots, a_{mn}$ mit Ungenauigkeiten (hervorgerufen z. B. durch Meßfehler etc.) behaftet. In solchen Fällen sollten schon in der Planungsphase Konditionsuntersuchungen vorbereitet werden, die Information darüber liefern, welche Genauigkeit von x^* überhaupt erwartet werden darf.

Die Ermittlung einer Lösung fehlerbehafteter überbestimmter Systeme nach der *Methode der kleinsten Quadrate* (13.4) ist eigentlich nur für jene Probleme gedacht, wo größere Datenfehler zwar im Vektor b auftreten, die Koeffizienten $a_{11}, \ldots, a_{mn}$ aber allenfalls mit Störungen in der Größenordnung elementarer Rundungsfehler behaftet sind. Aber selbst in Fällen, wo diese einschränkende Voraussetzung erfüllt ist, liefert die Minimierung des Euklidischen Abstandes nur dann eine optimale Lösung (*Maximum-Likelihood-Schätzung*), wenn die Fehler von b unabhängige Zufallsgrößen sind, die aus *einer* normalverteilten Grundgesamtheit stammen.

Wenn es bei den Datenfehlern „Ausreißer“ gibt, den stochastischen Datenstörungen also eine Mischverteilung zugrundeliegt, so ist die Bestimmung einer Lösung x^* durch Minimieren einer l_p-Norm des Residuenvektors

$$\min\{\|Ax - b\|_p^p = \sum_{i=1}^{m} (a_{i1}x_1 + \cdots + a_{in}x_n - b_i)^p : x \in \mathbb{R}^n\} \qquad \text{mit} \quad p \in (1, 2)$$

dem Problemtyp oft wesentlich besser angepaßt (siehe Abschnitt 8.6.6). Auch durch eine *Gewichtung*

$$\min\{\|Ax - b\|_{2,w}^2 = \sum_{i=1}^{m} w_i \cdot (a_{i1}x_1 + \cdots + a_{in}x_n - b_i)^2 : x \in \mathbb{R}^n\}$$

können unterschiedlich genaue Daten besser berücksichtigt werden als in (13.4).

Bei vielen praktischen Untersuchungen ist aber nicht nur der Vektor b mit Fehlern behaftet, sondern auch die Elemente $a_{11}, a_{12}, \ldots, a_{mn}$ der Koeffizientenmatrix. In diesem Fall ist eine Lösung durch *orthogonale Approximation* (siehe Abschnitt 8.6.7) der Methode der kleinsten Quadrate vorzuziehen.

13.1.2 Strukturmerkmale der Systemmatrix

Spezielle Struktureigenschaften der Matrix eines linearen Gleichungssystems werden sowohl bei der Algorithmus- als auch bei der Software-Entwicklung ausgenutzt, um effizientere und/oder genauere Lösungsmethoden zu entwickeln. Nur wenn man *vor* der numerischen Lösung eines linearen Gleichungssystems feststellt, ob, und wenn ja, welche besonderen Strukturmerkmale A besitzt, kann man eine dem Problem angemessene Software-Auswahl treffen.

Symmetrie und Definitheit

Die Eigenschaft der *Symmetrie* einer quadratischen Matrix $A \in \mathbb{R}^{n \times n}$,

$$a_{ij} = a_{ji} \qquad \text{für alle} \quad i, j \in \{1, 2, \ldots, n\},$$

ist leicht zu erkennen bzw. zu überprüfen. Durch passende Speichertechniken läßt sich bei solchen Matrizen der Speicherbedarf nahezu halbieren. Verwendet man spezielle Software zur Lösung symmetrischer Systeme, kann man auch den Rechenaufwand (die Rechenzeiten) halbieren.

Noch vorteilhafter ist es, wenn neben der Symmetrie auch noch das Merkmal der (*positiven*) *Definitheit* vorliegt, also

$$\langle Ax, x\rangle = \sum_{i=1}^{n}\sum_{j=1}^{n} a_{ij}x_ix_j \begin{cases} > 0 & \text{für} \quad x \neq 0 \\ = 0 & \text{für} \quad x = 0 \end{cases}$$

gilt. Im Gegensatz zur Symmetrie ist aber nicht so leicht zu erkennen, ob eine Matrix positiv definit ist (siehe Abschnitt 13.5.3).

Besetztheitsgrad und -struktur

Bei sehr großen Systemen mit Tausenden bis Hunderttausenden von Gleichungen und Unbekannten spielt der *Besetztheitsgrad* der Matrix mit Nichtnullelementen eine fundamentale Rolle. Sind sehr viele Elemente $a_{ij} = 0$, so spricht man von einer *schwach besetzten Matrix*. Ein lineares Gleichungssystem $Ax = b$ mit einer schwach besetzten Matrix $A \in \mathbb{R}^{n\times n}$ der Dimension $n = 100\,000$ kann man mit geeigneter Software lösen (siehe Kapitel 16). Bei einer voll besetzten Matrix (mit allen oder sehr vielen Elementen $a_{ij} \neq 0$) ist ein Problem dieser Größenordnung selbst auf einem modernen Supercomputer praktisch unlösbar.

Bei den schwach besetzten Matrizen ist auch die *Besetztheitsstruktur* von großer Bedeutung für die Algorithmus- und Software-Auswahl. Dabei spielen die *Bandmatrizen* eine besondere Rolle, da es für sie spezielle, sehr effiziente Algorithmen gibt.

13.1.3 Art der Lösung

Lineare Gleichungssysteme sind besonders „angenehme" numerische Probleme:

1. Die Daten zur Spezifikation des Problems liegen von Haus aus als algebraische Daten (siehe Kapitel 4) – Matrizen und Vektoren – vor.

2. Zur algorithmischen Ermittlung der Lösung ist keine Finitisierung erforderlich. So liefert z. B. der Gauß-Algorithmus in endlich vielen Schritten (arithmetischen Operationen) den Lösungsvektor eines linearen Gleichungssystems.

Die Anzahl der arithmetischen Operationen bei der numerischen Lösung großer linearer Gleichungssysteme ist außerordentlich groß. Für ein voll besetztes System mit 1200 Gleichungen ist bereits ein Arbeitsaufwand von mehr als 10^9 Gleitpunktoperationen (1 Gflop) erforderlich. Damit treten auch entsprechend viele Rechenfehler auf, deren Auswirkung auf den Lösungsvektor ganz beträchtlich sein kann. Es erhebt sich daher die Frage, welche numerischen Lösungen bzw. welche Lösungsgenauigkeiten für den Anwender akzeptabel sind. Man muß also auch im Fall linearer Gleichungssysteme zwischen dem mathematischen Problem $Ax = b$

und den numerischen Problemen unterscheiden, die man durch Hinzunahme einer Genauigkeitsforderung erhält.

Besondere Schwierigkeiten bereiten jene Probleme, bei denen die Systemmatrix A nicht regulär ist. Dies umso mehr, als im Fall schlecht konditionierter Probleme die im mathematisch-analytischen Sinn völlig klare Fallunterscheidung

$$A \text{ ist regulär} \qquad \textit{oder} \qquad A \text{ ist singulär}$$

durch Daten- und Rechenfehler zu einer unscharfen Entscheidung zwischen *numerisch regulär* und *numerisch singulär* wird, die sich überhaupt nur unter Berücksichtigung zusätzlicher Information (z. B. über Art und Größe der Datenfehler) sinnvoll treffen läßt. Im Fall einer numerisch singulären Koeffizientenmatrix A muß man auch noch die spezielle Lage des Vektors b berücksichtigen, um eine sinnvolle Lösung von $Ax = b$ ermitteln zu können. Eine mögliche Lösungsdefinition im numerisch singulären Fall ist die *Pseudo-Normallösung* (siehe Abschnitt 13.7.4)

$$x_0 = A^+ b,$$

die mit Hilfe der *verallgemeinerten Inversen* A^+ (siehe Abschnitt 13.7.3) definiert ist. Für die praktische Ermittlung von A^+ ist die sogenannte *Singulärwertzerlegung* (siehe Abschnitt 13.7) ein wichtiges Hilfsmittel.

Ist eine Lösungseinschließung mit garantierten Schranken gefordert, so muß auf spezielle Algorithmen und Intervall-Arithmetik zurückgegriffen werden.

13.1.4 Forderungen an Algorithmen und Software

Robustheit

Programme, die zum Lösen von linearen Gleichungssystemen eingesetzt werden, deren Eigenschaften nicht von vornherein vollständig und exakt bekannt sind (was meistens der Fall ist), müssen sich durch große *Robustheit* auszeichnen. Sie müssen z. B. imstande sein, numerisch singuläre Systeme zu erkennen und dem Anwender entsprechende Information (Konditionsschätzungen etc.) liefern.

Effizienz

Bei großen Gleichungssystemen spielt das Qualitätsmerkmal *Effizienz* eine so wichtige Rolle, daß oft die prinzipielle Lösbarkeit des Problems vom Grad der Ausnutzung der vorhanden Computer-Ressourcen abhängt. Bei großen schwach besetzten Matrizen spielt neben der Rechen-Effizienz auch die *Speicher-Effizienz* eine wesentliche Rolle (siehe Kapitel 16).

Benutzerfreundlichkeit

Die *Benutzerfreundlichkeit* der Software für die Lösung linearer Gleichungssysteme ist in vielen Fällen, wie z. B. bei den LAPACK-Programmen, sehr hoch.

Schwierigkeiten gibt es nur bei manchen Problemstellungen und Algorithmusklassen. So eignen sich z. B. viele Programme zur iterativen Lösung großer linearer Gleichungssysteme mit schwach besetzter Matrix (z. B. die TEMPLATES-Programme aus Abschnitt 16.16.2) nicht für eine Black-box-Anwendung, da der Benutzer Vorkenntnisse bezüglich der Wahl des Startvektors, verschiedener Algorithmusparameter oder der Vorkonditionierung mitbringen muß.

Portabilität

Größtmögliche *Portabilität* in Verbindung mit guter Effizienz zeichnet die Programme des LAPACK aus, dessen vorteilhafte Qualitätsmerkmale es zum besten Softwareprodukt für kleine bis mittelgroße Systeme mit vollbesetzter Matrix machen. Bei großen Systemen mit schwach besetzter Matrix wird die Portabilität meist schon durch die unterschiedlichen Speicherformate verhindert. Mit den TEMPLATES wurde ein Weg aufgezeigt, wie man auch in diesem Fall effiziente Algorithmen und Programme in portabler Weise allgemein verfügbar machen kann (siehe Abschnitt 16.16.2).

13.2 Realisierungsphase

In der zweiten Phase der numerischen Lösung linearer Gleichungssysteme erfolgt die *Auswahl* passender Softwareprodukte und deren *Anwendung* auf das gegebene Problem. Dabei ist zunächst die Wahl zwischen zwei großen Klassen von Algorithmen zu treffen:

Direkte Verfahren, die auf einer Faktorisierung der Systemmatrix beruhen und (bei exakter Rechnung) mit einer endlichen Anzahl von arithmetischen Operationen die (exakte) Lösung liefern.

Iterative Verfahren, die auf der iterativen Fixpunktbestimmung von Gleichungssystemen bzw. der Minimierung quadratischer Funktionen beruhen und in den meisten Fällen (selbst bei exakter Rechnung) einen unendlichen Prozeß zur (exakten) Lösung benötigen.

Als Richtlinie zur Wahl zwischen diesen beiden Alternativen kann folgender Hinweis gegeben werden:

- Kleine Systeme löst man am besten mit Programmen aus dem LAPACK (bzw. deren Derivaten in den IMSL- und den NAG-Bibliotheken), die alle auf direkten Verfahren beruhen. Auch für große Systeme mit Bandmatrix gibt es im LAPACK spezielle Programme.

- Große schwach besetzte Systeme mit allgemeiner Besetztheitsstruktur löst man oft am besten mit iterativen Verfahren (z. B. mit Programmen aus den Paketen ITPACK, SLAP oder TEMPLATES; siehe Kapitel 16).

13.3 Überprüfungsphase

In der dritten Phase der Lösung linearer Gleichungssysteme wird überprüft, ob man wirklich eine Lösung mit der gewünschten Genauigkeit erhalten hat.

Bei den meisten in der Praxis auftretenden linearen Gleichungssystemen gibt es keine A-priori-Information über deren Kondition. In solchen Fällen sollte man sich nicht auf eine eher unverläßliche „gefühlsmäßige“ Überprüfung der Resultate verlassen. Bei einem subjektiven Vergleich der numerisch erhaltenen Resultate mit den intuitiv erwarteten Ergebnissen neigt man erfahrungsgemäß dazu, sich zu rasch zufrieden zu geben. Eine objektive Beurteilung der Genauigkeit der erhaltenen Werte ist mit geringem Mehraufwand zu erreichen, wenn man z. B. im Rahmen der numerischen Gleichungsauflösung von den verwendeten Programmen eine Konditionsschätzung berechnen läßt.

13.4 Mathematische Grundlagen

Zum tieferen Verständnis der Untersuchungs- und Lösungsmethoden, die auf linearen Modellen beruhen, sind im folgenden einige Grundlagen zusammengestellt. Detailreiche Darstellungen der mathematischen Grundlagen findet man z. B. in den Büchern von Stewart [375], Strang [74] oder Horn und Johnson [56], [57].

13.4.1 Lineare Räume

Im Abschnitt 8.6.1 wurde bereits der Begriff des *linearen Raumes* (*Vektorraumes*) eingeführt und die Linearkombination von Vektoren $v_1, \ldots, v_k$ des n-dimensionalen Vektorraumes V_n definiert. Jeder Vektor $u \in V_n$ der Form

$$u = \alpha_1 v_1 + \cdots + \alpha_k v_k$$

mit beliebigen Skalaren $\alpha_1, \ldots, \alpha_n \in \mathbb{R}$ wird *Linearkombination* der Vektoren $v_1, \ldots, v_k$ genannt.

Definition 13.4.1 (Lineare Hülle) *Die Menge*

$$\text{span}\{v_1, \ldots, v_k\} := \left\{ \sum_{j=1}^{k} \alpha_j v_j : \alpha_j \in \mathbb{R},\ v_j \in V_n \right\}$$

aller Linearkombinationen der Vektoren $v_1, \ldots, v_k \in V_n$ ist ein Unterraum des Vektorraumes V_n und wird als der von $v_1, \ldots, v_k$ aufgespannte Unterraum oder als die lineare Hülle von $v_1, \ldots, v_k$ bezeichnet.

Definition 13.4.2 (Lineare Unabhängigkeit von Vektoren) *Die Vektoren $v_1, \ldots, v_k \in V_n$ heißen linear unabhängig, wenn*

$$\sum_{j=1}^{k} \alpha_j v_j = 0 \quad \Longleftrightarrow \quad \alpha_1 = \alpha_2 = \cdots = \alpha_k = 0$$

gilt, andernfalls werden sie linear abhängig genannt.

Die Menge $M = \{v_{i_1}, \ldots, v_{i_m}\}$ ist eine *maximale linear unabhängige Teilmenge* der Menge[1] $\{v_1, \ldots, v_k\} \subset V_n$, falls M aus linear unabhängigen Vektoren besteht und nicht echte Teilmenge einer anderen Teilmenge linear unabhängiger Vektoren von $\{v_1, \ldots, v_k\}$ ist. Wenn M maximal ist, dann gilt

$$\text{span}\{v_{i_1}, \ldots, v_{i_m}\} = \text{span}\{v_1, \ldots, v_k\},$$

und M ist eine **Basis** des linearen Raumes $\text{span}\{v_1, \ldots, v_k\}$.

Wenn $S \subseteq V_n$ ein Unterraum des V_n ist, dann ist es möglich, linear unabhängige Basisvektoren $u_1, \ldots, u_b \in S$ zu finden, die S aufspannen:

$$S = \text{span}\{u_1, \ldots, u_b\}.$$

Definition 13.4.3 (Dimension, Koordinaten) *Alle Basen eines Unterraums $S \subseteq V_n$ bestehen aus gleichvielen Vektoren. Die Anzahl b der Vektoren einer Basis wird Dimension des Unterraumes genannt und mit $\dim(S)$ bezeichnet. Jeder Vektor $v \in S$ besitzt eine eindeutige Darstellung*

$$v = \alpha_1 u_1 + \cdots + \alpha_b u_b$$

bezüglich einer Basis $M = \{u_1, \ldots, u_b\}$. Die hierbei auftretenden Koeffizienten $\alpha_1, \ldots, \alpha_b$ werden die Koordinaten des Vektors v bezüglich der Basis M genannt.

Das System der n Einheitsvektoren

$$e_1 := \begin{pmatrix} 1 \\ 0 \\ 0 \\ \vdots \\ 0 \end{pmatrix}, \quad e_2 := \begin{pmatrix} 0 \\ 1 \\ 0 \\ \vdots \\ 0 \end{pmatrix}, \quad \ldots, \quad e_n := \begin{pmatrix} 0 \\ 0 \\ 0 \\ \vdots \\ 1 \end{pmatrix} \tag{13.6}$$

bildet offensichtlich eine Basis des V_n: Jeder Vektor $x \in V_n$ mit den Komponenten $\xi_1, \xi_2, \ldots, \xi_n$ kann in der Form

$$x = \xi_1 e_1 + \xi_2 e_2 + \cdots + \xi_n e_n$$

dargestellt werden. In diesem Spezialfall sind die Komponenten des Vektors zugleich seine Koordinaten.

13.4.2 Vektornormen

Im Abschnitt 8.6.2 wurden die l_p-*Normen* (*Hölder-Normen*)

$$\|u - v\|_p := \begin{cases} \left(\sum\limits_{i=1}^{n} |u_i - v_i|^p \right)^{1/p}, & p \in [1, \infty) \\ \max\{|u_1 - v_1|, \ldots, |u_n - v_n|\}, & p = \infty \end{cases}$$

[1] Man beachte, daß über k nichts vorausgesetzt wurde, es kann also auch $k > n$ gelten.

zur Abstandsdefinition von zwei Vektoren $u, v \in \mathbb{R}^n$ oder $u, v \in \mathbb{C}^n$ eingeführt. Der folgenden Diskussion wird *nur* der $\mathbb{R}^n$ zugrundegelegt. Alle Resultate gelten aber analog auch für den Vektorraum $\mathbb{C}^n$.

Durch jedes innere Produkt $\langle\cdot,\cdot\rangle$ (siehe Abschnitt 10.2.1) wird auf dem $\mathbb{R}^n$ eine Vektornorm

$$\|x\| := \sqrt{\langle x,x\rangle} \qquad \text{bzw.} \qquad \|x\|_B := \sqrt{\langle x,x\rangle_B} = \sqrt{\langle x,Bx\rangle}$$

definiert, soferne die Matrix B symmetrisch und positiv definit ist. Für $B = I$ handelt es sich um die l_2-Norm, die *Euklidische Norm*. Auch mit jeder regulären Matrix $T \in \mathbb{R}^{n\times n}$ wird durch

$$\|x\|_T := \|Tx\|$$

eine Norm auf dem $\mathbb{R}^n$ definiert.

Norm-Äquivalenz

Alle verschiedenen Normen auf dem $\mathbb{R}^n$ sind in folgendem Sinn äquivalent:

Satz 13.4.1 (Norm-Äquivalenz) *Für zwei beliebige Normen $\|\cdot\|$ und $\|\cdot\|'$ auf dem $\mathbb{R}^n$ existieren Konstanten $c_2 \ge c_1 > 0$, sodaß folgende Ungleichung gilt:*

$$c_1\|x\| \le \|x\|' \le c_2\|x\| \qquad \text{für alle} \quad x \in \mathbb{R}^n.$$

Beweis: Ortega, Rheinboldt [64].

So gilt z. B. für die Vektornormen $\|\cdot\|_1$, $\|\cdot\|_2$ und $\|\cdot\|_\infty$ für alle $x \in \mathbb{R}^n$:

$$\begin{aligned} \|x\|_2 &\le \|x\|_1 \le \sqrt{n}\|x\|_2, \\ \|x\|_\infty &\le \|x\|_2 \le \sqrt{n}\|x\|_\infty, \\ \|x\|_\infty &\le \|x\|_1 \le n\|x\|_\infty. \end{aligned}$$

Wie man aus diesen Ungleichungen sieht, können die Konstanten c_1 und c_2 des Norm-Äquivalenzsatzes unter Umständen auch von der Dimension n abhängen.

Norm-Konvergenz

Wegen des Äquivalenzsatzes 13.4.1 kann man die Konvergenz einer Folge $\{x^{(k)}\}$ von Vektoren mit Hilfe einer beliebigen Norm definieren:

Definition 13.4.4 (Konvergenz einer Vektorfolge) *Eine Folge $\{x^{(k)}\}$ von Vektoren des $\mathbb{R}^n$ konvergiert gegen $x \in \mathbb{R}^n$ genau dann, wenn*

$$\|x^{(k)} - x\| \to 0 \qquad \text{für} \quad k \to \infty \tag{13.7}$$

bezüglich irgendeiner Vektornorm $\|\cdot\|$ des $\mathbb{R}^n$ gilt.

Da jede Vektornorm insbesondere auch zur Maximumnorm $\|\cdot\|_\infty$ äquivalent ist, gilt (13.7) dann und nur dann, wenn komponentenweise Konvergenz

$$\lim_{k\to\infty} x_i^{(k)} = x_i \qquad \text{für jede Komponente} \quad i = 1, 2, \ldots, n$$

der Folge $\{x^{(k)}\}$ vorliegt. Konvergenz aller Vektorkomponenten bezüglich einer beliebigen Basis des $\mathbb{R}^n$ ist also äquivalent zur Konvergenz der Vektorfolge bezüglich einer beliebigen Norm.

13.4.3 Orthogonalität

Ein fundamentaler Begriff der Linearen Algebra ist das *innere Produkt*

$$\langle u, v\rangle := u^\top v = u_1 v_1 + \cdots + u_n v_n$$

(*Skalarprodukt*) zweier Vektoren $u, v \in \mathbb{R}^n$. Für $u \neq 0$ und $v \neq 0$ ist durch

$$\cos\varphi := \frac{\langle u, v\rangle}{\sqrt{\langle u, u\rangle\langle v, v\rangle}}$$

eine sinnvolle Definition des *Winkels* zwischen diesen beiden Vektoren gegeben. Wenn u und v einen Winkel von $\varphi = 90°$ einschließen, so gilt $\langle u, v\rangle = 0$.

Definition 13.4.5 (Orthogonalität, Orthogonalsystem) *Zwei Vektoren $u, v \in \mathbb{R}^n$ heißen orthogonal, wenn $\langle u, v\rangle = 0$ gilt. Die Vektoren $u_1, \ldots, u_k \in \mathbb{R}^n$ heißen orthogonal, wenn sie paarweise orthogonal sind. Die Menge $\{u_1, \ldots, u_k\}$ wird dann als Orthogonalsystem bezeichnet.*

Definition 13.4.6 (Orthonormalsystem) *Von einem Orthonormalsystem spricht man, wenn die Vektoren $u_1, \ldots, u_k$ paarweise orthogonal und durch*

$$\|u_i\|_2 = \sqrt{\langle u_i, u_i\rangle} = 1, \qquad i = 1, 2, \ldots, k$$

normiert sind, also jeder Vektor u_i die Euklidische Länge 1 hat.

Orthogonal- und Orthonormalsysteme sind wichtige Spezialfälle der linear unabhängigen Vektormengen. So bilden z. B. die Einheitsvektoren (13.6) eine Orthonormalbasis des $\mathbb{R}^n$.

Definition 13.4.7 (Orthogonales Komplement) *Das orthogonale Komplement eines Teilraums S des $\mathbb{R}^n$ ist die Menge*

$$S^\perp := \{v \in \mathbb{R}^n : \langle u, v\rangle = 0 \quad \textit{für alle}\, u \in S\},$$

die selbst wieder ein Teilraum des $\mathbb{R}^n$ ist.

Schmidtsches Orthonormalisierungsverfahren

Jede Menge $\{a_1, \ldots, a_k\}$ linear unabhängiger Vektoren kann nach dem Schmidtschen Verfahren orthonormalisiert werden. Man beginnt dabei mit dem Vektor a_1, der normiert wird:

$$u_1 := \frac{1}{\|a_1\|} \cdot a_1.$$

Subtrahiert man von a_2 die Komponente, die in Richtung von u_1 weist, so erhält man mit

$$v_2 := a_2 - \langle a_2, u_1 \rangle \cdot u_1$$

einen zu u_1 orthogonalen Vektor (siehe Abb. 13.2).

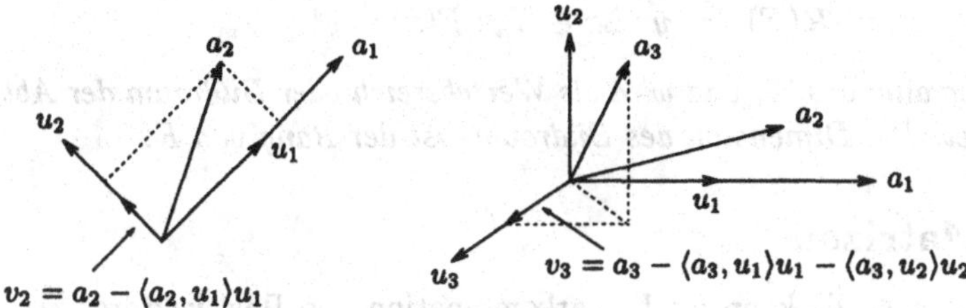

Abb. 13.2: Schmidt-Orthonormalisierung von zwei bzw. drei Vektoren.

Durch Normieren erhält man

$$u_2 := \frac{1}{\|v_2\|} \cdot v_2.$$

Den dritten orthogonalen Vektor erhält man analog durch

$$v_3 := a_3 - \langle a_3, u_1 \rangle \cdot u_1 - \langle a_3, u_2 \rangle \cdot u_2.$$

Allgemein hat das Schmidtsche Verfahren folgende algorithmische Struktur:

$u_1 := a_1/\|a_1\|$
do $i = 2, 3, \ldots, k$
  $v_i := a_i - \sum_{j=1}^{i-1} \langle a_i, u_j \rangle \cdot u_j$
  $u_i := v_i/\|v_i\|$
end do

13.4.4 Lineare Funktionen

Eine Funktion F, die jedem Element des n-dimensionalen Vektorraums X_n ein Element des m-dimensionalen Vektorraums Y_m zuordnet mit den Eigenschaften

1. $F(x_1 + x_2) = F(x_1) + F(x_2)$ für alle $x_1, x_2 \in X_n$ (*Additivität*) und
2. $F(\alpha x) = \alpha F(x)$ für alle $x \in X_n$, $\alpha \in \mathbb{R}$ (*Homogenität*),

heißt eine *lineare Abbildung* (*lineare Funktion*) $F : X_n \to Y_m$. Eine *reguläre* lineare Abbildung führt ein System linear unabhängiger Vektoren wieder in ein solches über. Reguläre Abbildungen können nur bei $n \leq m$ existieren.

Definition 13.4.8 (Nullraum, Defekt) *Die Menge*

$$\mathcal{N}(F) := \{x : F(x) = 0\} \subseteq X_n$$

aller Vektoren, die von F *auf den Nullvektor* $0 \in Y_m$ *abgebildet werden, ist ein Unterraum des* X_n *und wird als Kern oder Nullraum der Abbildung* F *bezeichnet. Die Dimension des Kerns bezeichnet man als den Defekt von* F.

Definition 13.4.9 (Bildraum, Rang) *Die Menge aller Bildvektoren* $F(x)$

$$\mathcal{R}(F) := \{y : \exists x \in X_n : F(x) = y\} \subseteq Y_m$$

ist ein Unterraum des Y_m *und wird als Wertebereich oder Bildraum der Abbildung* F *bezeichnet. Die Dimension des Bildraums ist der Rang von* F.

13.4.5 Matrizen

Jeder Vektor $x \in X_n$ kann als Linearkombination von Basisvektoren $u_1, \ldots, u_n$ des X_n eindeutig dargestellt werden:

$$x = \xi_1 u_1 + \xi_2 u_2 + \cdots + \xi_n u_n.$$

Jeder Bildvektor $F(x) \in Y_m$ ist eine Linearkombination von Basisvektoren $v_1, \ldots, v_m$ des Bildraumes Y_m. Dies gilt auch für die Vektoren $F(u_1), \ldots, F(u_n)$:

$$\begin{array}{lclclclclcl} F(u_1) & =: & a_{11}v_1 & + & a_{21}v_2 & + & \cdots & + & a_{m1}v_m \\ F(u_2) & =: & a_{12}v_1 & + & a_{22}v_2 & + & \cdots & + & a_{m2}v_m \\ \vdots & & \vdots & & \vdots & & & & \vdots \\ F(u_n) & =: & a_{1n}v_1 & + & a_{2n}v_2 & + & \cdots & + & a_{mn}v_m. \end{array} \tag{13.8}$$

Daraus folgt für $F(x)$

$$\begin{aligned} F(x) &= F\left(\sum_{j=1}^{n} \xi_j u_j\right) = \sum_{j=1}^{n} \xi_j F(u_j) = \sum_{j=1}^{n} \xi_j \sum_{i=1}^{m} a_{ij} v_i = \\ &= \sum_{j=1}^{n} \sum_{i=1}^{m} a_{ij} \xi_j v_i = \sum_{i=1}^{m} \sum_{j=1}^{n} a_{ij} \xi_j v_i = \sum_{i=1}^{m} \eta_i v_i, \end{aligned}$$

d. h., mit den Koordinaten $\eta_1, \ldots, \eta_m$ erhält man die Darstellung des Bildvektors $F(x)$ bezüglich der Basis $v_1, \ldots, v_m$ des Y_m. Zwischen den Koordinaten $\eta_1, \ldots, \eta_m$ und $\xi_1, \ldots, \xi_n$ besteht folgender Zusammenhang:

$$\begin{array}{lclclclclcl} \eta_1 & = & a_{11}\xi_1 & + & a_{12}\xi_2 & + & \cdots & + & a_{1n}\xi_n \\ \eta_2 & = & a_{21}\xi_1 & + & a_{22}\xi_2 & + & \cdots & + & a_{2n}\xi_n \\ \vdots & & \vdots & & \vdots & & & & \vdots \\ \eta_m & = & a_{m1}\xi_1 & + & a_{m2}\xi_2 & + & \cdots & + & a_{mn}\xi_n. \end{array} \tag{13.9}$$

Definition 13.4.10 (Matrix einer linearen Abbildung) *Der linearen Abbildung F entsprechen umkehrbar eindeutig die Koordinaten der Bildvektoren $F(u_1), \ldots, F(u_n)$ der Basisvektoren $u_1, \ldots, u_n$, die man in einer Matrix*

$$A := (a_{ij}) := \begin{pmatrix} a_{11} & a_{12} & \cdots & a_{1n} \\ a_{21} & a_{22} & \cdots & a_{2n} \\ \vdots & \vdots & & \vdots \\ a_{m1} & a_{m2} & \cdots & a_{mn} \end{pmatrix}$$

anordnet. Man nennt A die der linearen Abbildung F hinsichtlich der Basen $\{u_1, \ldots, u_n\}$ und $\{v_1, \ldots, v_m\}$ zugeordnete Matrix. Jede lineare Funktion läßt sich durch eine $m \times n$-Matrix eindeutig charakterisieren.

Man beachte, daß das Koeffizientenschema von (13.9) durch Vertauschen von Zeilen und Spalten des Schemas (13.8) entstanden ist, in (13.8) tritt somit die *transponierte Matrix* A^T auf.

Die Eindeutigkeit der Beziehung zwischen linearen Funktionen und Matrizen bleibt auch bei arithmetischen Operationen mit linearen Funktionen erhalten. Die Matrix von F_1+F_2 ist A_1+A_2; die Matrix der zusammengesetzten Abbildung F_2F_1 ist das Matrizenprodukt A_2A_1 (vorausgesetzt $F_1 : X_n \to Y_m$ und $F_2 : Y_m \to Z_k$).

Soferne die Basen $\{u_1, \ldots, u_n\}, \{v_1, \ldots, v_m\}$ von vornherein festgelegt sind, ist es sinnvoll, eine lineare Funktion mit der entsprechenden Matrix zu identifizieren. Insbesondere gilt bei den *natürlichen* Basen $\{e_1^{(n)}, \ldots, e_n^{(n)}\} \subset \mathbb{R}^n$,

$$e_1^{(n)} = \begin{pmatrix} 1 \\ 0 \\ \vdots \\ 0 \end{pmatrix}, \quad e_2^{(n)} = \begin{pmatrix} 0 \\ 1 \\ \vdots \\ 0 \end{pmatrix}, \quad \ldots, \quad e_n^{(n)} = \begin{pmatrix} 0 \\ 0 \\ \vdots \\ 1 \end{pmatrix} \in \mathbb{R}^n,$$

und $\{e_1^{(m)}, \ldots, e_m^{(m)}\} \subset \mathbb{R}^m$:

$$x = \begin{pmatrix} \xi_1 \\ \xi_2 \\ \vdots \\ \xi_n \end{pmatrix}, \quad y = F(x) = \begin{pmatrix} \eta_1 \\ \eta_2 \\ \vdots \\ \eta_m \end{pmatrix}, \quad Ax = y.$$

Notation (Natürliche Basen) Aus Gründen einer vereinfachten Notation wird ab nun bei den Vektoren der natürlichen Basen auf die Dimension nicht mehr explizit Bezug genommen. Es wird also z. B. anstelle von $e_1^{(1)}, \ldots, e_n^{(n)}$ nur mehr $e_1, \ldots, e_n$ geschrieben (wie dies bereits in (13.6) vorweggenommen wurde).

Die Menge $\mathbb{R}^{m\times n}$ der reellen $m\times n$-Matrizen kann zur Darstellung aller linearen Abbildungen des $\mathbb{R}^n$ in den $\mathbb{R}^m$ verwendet werden. Dies rechtfertigt es auch, der Einfachheit halber von der *linearen Abbildung* A zu sprechen.

Die Lösung eines *linearen Gleichungssystems*

$$Ax = b \qquad \text{mit} \quad A \in \mathbb{R}^{m\times n},\ x \in \mathbb{R}^n,\ b \in \mathbb{R}^m$$

kann daher als Umkehraufgabe zur linearen Abbildung A interpretiert werden: Man bestimme alle Vektoren $x \in \mathbb{R}^n$, die durch die Abbildung A auf den Vektor $b \in \mathbb{R}^m$ abgebildet werden.

Diese Interpretation erlaubt es, geometrische Konzepte, wie sie bei der Beschreibung und Analyse linearer Abbildungen Verwendung finden, auch zur Untersuchung linearer Gleichungssysteme zu benützen.

Rang einer Matrix

Überträgt man den Begriff des Bildraumes einer linearen Abbildung aus Definition 13.4.9 auf die $m \times n$-Matrizen, so erhält man für $A \in \mathbb{R}^{m \times n}$:

$$\mathcal{R}(A) = \{y : Ax = y,\, x \in \mathbb{R}^n\} = \operatorname{span}\{a_1, a_2, \ldots, a_n\} \subseteq \mathbb{R}^m,$$

wobei mit $a_1, \ldots, a_n$ die Spaltenvektoren von A bezeichnet werden. Man spricht daher auch vom *Spaltenraum* der Matrix A.

Definition 13.4.11 (Rang einer Matrix) *Der Rang* $\operatorname{rang}(A)$ *einer Matrix ist die größte Anzahl linear unabhängiger Spaltenvektoren.*

Eine Lösung des linearen Systems $Ax = b$ ist ein Vektor x^*, der aus Koeffizienten besteht, die b als Linearkombination der Spaltenvektoren von A darstellen. Das lineare Gleichungssystem $Ax = b$ hat entweder keine, eine oder unendlich viele Lösungen. Falls nur eine Lösung existiert, heißt das System *konsistent*. Es ist genau dann konsistent, falls gilt $\operatorname{rang}([A, b]) = \operatorname{rang}(A)$. Der Vektor b ist in diesem Fall eine Linearkombination der Spalten von A.

Analog zum Bildraum kann man auch den Nullraum aus Definition 13.4.8 auf $m \times n$-Matrizen übertragen.

Definition 13.4.12 (Rangverlust einer Matrix) *Die Dimension des Nullraumes*

$$\mathcal{N}(A) = \{x : Ax = 0,\, x \in \mathbb{R}^n\} \subseteq \mathbb{R}^n$$

nennt man Defekt oder Rangverlust der Matrix A.

Folgende Aussagen über eine gegebene $m \times n$-Matrix A sind äquivalent:

1. $\operatorname{rang}(A) = k$
2. Es existieren genau k linear unabhängige Zeilenvektoren von A.
3. Es existieren genau k linear unabhängige Spaltenvektoren von A.
4. Es existiert eine $k \times k$-Untermatrix von A, deren Determinante ungleich Null ist, während die Determinante aller $(k+1) \times (k+1)$-Untermatrizen von A verschwindet.
5. Die Dimension des Bildraumes $\mathcal{R}(A)$ ist k.
6. Die Dimension des Nullraumes $\mathcal{N}(A)$ ist $n - k$.

Regularität einer Matrix

Folgende Aussagen über eine quadratische $n \times n$-Matrix A sind äquivalent:

1. A ist regulär (die zugehörige lineare Abbildung ist regulär).
2. A^{-1} existiert.
3. $\text{rang}(A) = n$
4. Die Zeilenvektoren von A sind linear unabhängig.
5. Die Spaltenvektoren von A sind linear unabhängig.
6. $\det(A) \neq 0$
7. Die Dimension des Bildraumes $\mathcal{R}(A)$ ist n.
8. Die Dimension des Nullraumes $\mathcal{N}(A)$ ist 0.
9. $Ax = b$ ist konsistent für alle $b \in \mathbb{R}^n$.
10. $Ax = b$ hat eine eindeutige Lösung für jedes $b \in \mathbb{R}^n$.
11. Die einzige Lösung des homogenen Systems $Ax = 0$ ist $x = 0$.
12. 0 ist *kein* Eigenwert von A: $0 \notin \lambda(A)$ (siehe Abschnitt 13.4.7).

13.4.6 Inverse einer Matrix

Wenn jedes der linearen Gleichungssysteme

$$Ax_1 = e_1, \ Ax_2 = e_2, \ \ldots, \ Ax_n = e_n$$

mit $A \in \mathbb{R}^{n \times n}$ und den Einheitsvektoren (13.6) als rechten Seiten eine eindeutige Lösung $x_1^*, \ldots, x_n^*$ besitzt, dann kann man diese Lösungsvektoren als Spaltenvektoren einer $n \times n$-Matrix

$$X := [x_1^*, x_2^*, \ldots, x_n^*]$$

auffassen. Diese Matrix, die $AX = I$ erfüllt, wird *Inverse* von A genannt und mit A^{-1} bezeichnet.

In mathematischen und technisch-naturwissenschaftlichen Publikationen treten öfters Formeln vom Typ

$$y = B^{-1}(I + 3A)b, \qquad z = A^{-1}(2B + I)(C^{-1} + B)b \tag{13.10}$$

auf. Der naheliegende Gedanke, die *Inversen* A^{-1}, B^{-1}, C^{-1} zu berechnen und dann (13.10) auszuwerten, führt sowohl bezüglich des Rechenaufwandes als auch der Genauigkeit der Resultate zu einem ungünstigen Lösungsweg. Vorzuziehen ist die Umformung von (13.10) in eine Kette von Gleichungsauflösungen, z. B.

$$\begin{array}{ll} w := (I + 3A)b & \textbf{solve} \quad Cu = b \\ \textbf{solve} \quad By = w & v := (2B + I)(u^* + Bb) \\ & \textbf{solve} \quad Az = v. \end{array}$$

Außer in sehr selten auftretenden Spezialfällen wird die Inverse in der Praxis *nicht* benötigt.

13.4.7 Eigenwerte einer Matrix

Definition 13.4.13 (Eigenwerte einer Matrix) *Die Eigenwerte einer Matrix $A \in \mathbb{R}^{n\times n}$ sind die n Nullstellen ihres charakteristischen Polynoms*

$$P_n(z;A) := \det(A - zI) = \begin{vmatrix} (a_{11}-z) & a_{12} & \dots & a_{1n} \\ a_{21} & (a_{22}-z) & \dots & a_{2n} \\ \vdots & \vdots & \ddots & \vdots \\ a_{n1} & a_{n2} & \dots & (a_{nn}-z) \end{vmatrix}. \tag{13.11}$$

Definition 13.4.14 (Spektrum, Spektralradius einer Matrix) *Die Menge der Nullstellen $\lambda_1,\dots,\lambda_n$ des charakteristischen Polynoms (13.11)*

$$\lambda(A) := \{\lambda_1,\dots,\lambda_n\}, \quad \lambda_i \in \mathbb{C},$$

bezeichnet man als Spektrum von A. Der Betrag des betragsgrößten Eigenwertes von A heißt Spektralradius von A,

$$\varrho(A) := \max\{|\lambda_1|,\dots,|\lambda_n|\}.$$

Eine ausführliche Diskussion der Eigenwerte und Eigenvektoren einer Matrix findet man in Kapitel 15. Dort werden auch Algorithmen und Softwareprodukte zur praktischen Lösung von Eigenwertproblemen vorgestellt.

13.4.8 Matrixnormen

Um den Grad der Nachbarschaft von Matrizen, z. B. die Nähe zu singulären Matrizen, ausdrücken zu können (wenn man z. B. den Begriff der numerisch singulären Matrizen präzisieren möchte), wird eine *Distanz im Raum der Matrizen* benötigt. Mit Hilfe dieser Matrixnormen können z. B. „Störungen" einer Matrix quantifiziert werden.

Definition 13.4.15 (Norm einer Matrix) *Eine Abbildung $\|\cdot\| : \mathbb{R}^{m\times n} \to \mathbb{R}$, die für alle $A, B \in \mathbb{R}^{m\times n}$ den Bedingungen*

1. $\|A\| \geq 0$,
2. $\|A\| = 0 \iff A = 0$ (*Definitheit*),
3. $\|\alpha A\| = |\alpha| \cdot \|A\|$, $\alpha \in \mathbb{R}$ (*Homogenität*) *und*
4. $\|A+B\| \leq \|A\| + \|B\|$ (*Dreiecksungleichung*)

genügt, heißt Matrixnorm.

Die in der Numerischen Datenverarbeitung am häufigsten verwendeten Matrixnormen sind die *p-Normen*

$$\|A\|_p := \max_{x\neq 0} \frac{\|Ax\|_p}{\|x\|_p}, \tag{13.12}$$

die mit Hilfe der Vektor-l_p-Normen definiert werden (siehe Abschnitt 13.4.2) und die *Frobenius-Norm* (*Schur-Norm*)

$$\|A\|_F := \sqrt{\sum_{i=1}^{m}\sum_{j=1}^{n}|a_{ij}|^2}.$$

Die p-Norm $\|A\|_p$ der Matrix A kann auf Grund der Beziehung

$$\|A\|_p = \max_{x\neq 0}\left\|A\left(\frac{x}{\|x\|_p}\right)\right\|_p = \max\{\|Ax\|_p : \|x\|_p = 1\} = \|Ax_{\max}\|_p$$

als die größte „Vektorlänge" (die größte Streckung) interpretiert werden, die auftreten kann, wenn A auf einen Einheitsvektor – einen Punkt der Oberfläche der n-dimensionalen Einheitskugel $\{x : \|x\|_p = 1\}$ – angewendet wird. Ein Vektor, der diese größte Streckung erfährt, ist $x_{\max}$.

Beispiel (Normen einer Matrix) Wendet man die 2×2-Matrix

$$A = \begin{pmatrix} 0.5 & 2 \\ 1.5 & 1 \end{pmatrix}$$

auf die Vektoren der zweidimensionalen Einheitskugeln

$$\{x : \|x\|_p = 1\}, \quad p = 1, 2, \infty$$

an, so erhält man die in Abb. 13.3 dargestellten Mengen von Vektoren

$$\{Ax : \|x\|_p = 1\}, \quad p = 1, 2, \infty.$$

Durch strichlierte Linien werden in Abb. 13.3 jene Kugeln symbolisiert, deren Radius die Länge des jeweils am stärksten gestreckten Vektors ist.

Aus (13.12) folgen die Eigenschaften der *Konsistenz*

$$\|Ax\|_p \le \|A\|_p \cdot \|x\|_p \qquad \text{für alle} \quad A \in \mathbb{R}^{m\times n}, x \in \mathbb{R}^n$$

und der *Submultiplikativität*

$$\|AB\|_p \le \|A\|_p \cdot \|B\|_p \qquad \text{für alle} \quad A \in \mathbb{R}^{m\times n}, B \in \mathbb{R}^{n\times k}.$$

Satz 13.4.2 *Für jede Matrix $A \in \mathbb{R}^{m\times n}$ gilt*

$$\begin{aligned}
\|A\|_1 &= \max\Big\{\sum_{i=1}^{m}|a_{ij}| : j = 1\ldots, n\Big\} \\
\|A\|_\infty &= \max\Big\{\sum_{j=1}^{n}|a_{ij}| : i = 1, \ldots, m\Big\} \\
\|A\|_2 &= \sqrt{\varrho(A^\top A)} = \sqrt{\varrho(AA^\top)} = \|A^\top\|_2
\end{aligned}$$

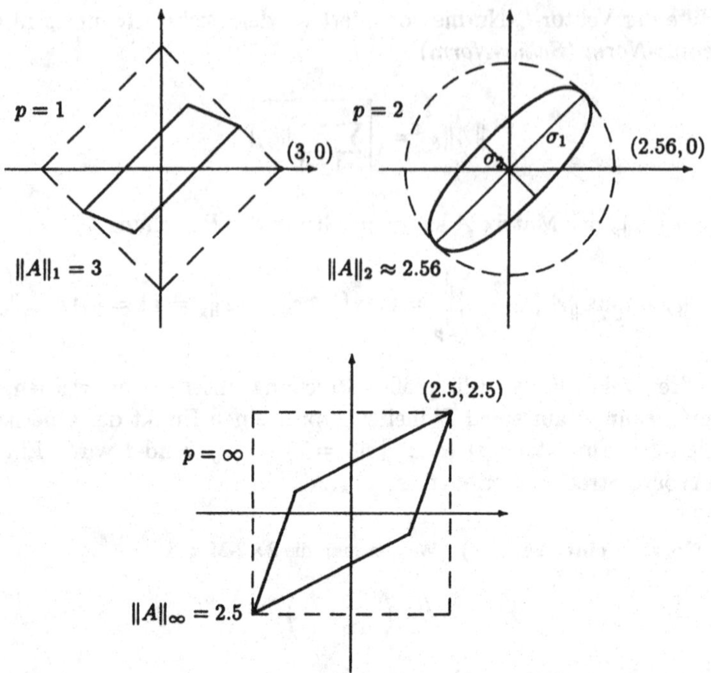

Abb. 13.3: Bilder $\{Ax : \|x\|_p = 1\}$, $p = 1, 2, \infty$, der Einheitskugeln $\{x : \|x\|_p = 1\}$.

Beweis: Hämmerlin, Hoffmann [50].

$\|\cdot\|_1$ wird als *Spaltensummen-* oder *Spaltenbetragsnorm*, $\|\cdot\|_\infty$ als *Zeilensummen-* oder *Zeilenbetragsnorm* und $\|\cdot\|_2$ als *Euklidische* oder *Spektralnorm* bezeichnet.

Ist $A \in \mathbb{R}^{n\times n}$ symmetrisch, so stimmt der Spektralradius von A mit der Spektralnorm von A überein:

$$\|A\|_2 = \sqrt{\varrho(A^\top A)} = \sqrt{\varrho(A^2)} = \sqrt{[\varrho(A)]^2} = \varrho(A).$$

Die Berechnung von $\|A\|_1$ oder $\|A\|_\infty$ ist algorithmisch sehr einfach und erfordert nur n^2 Additionen. Die Berechnung der Spektralnorm $\|A\|_2$ erfordert hingegen einen iterativen Prozeß und einen dementsprechend größeren Rechenaufwand. *Abschätzungen* für $\|A\|_2$ kann man aber mit Hilfe der leicht zu berechnenden Normen $\|A\|_1$ und $\|A\|_\infty$ erhalten:

$$\begin{aligned}
\frac{1}{\sqrt{m}}\|A\|_1 &\le \|A\|_2 \le \sqrt{n}\,\|A\|_1\\
\frac{1}{\sqrt{n}}\|A\|_\infty &\le \|A\|_2 \le \sqrt{m}\,\|A\|_\infty\\
&\ \|A\|_2 \le \sqrt{\|A\|_1\|A\|_\infty}.
\end{aligned}$$

Oft wird auch die *Frobenius-Norm*

$$\|A\|_F := \sqrt{\sum_{i=1}^{n}\sum_{j=1}^{n}|a_{ij}|^2}$$

zur Abschätzung verwendet, die mit der Spektralnorm in folgender Beziehung steht:

$$\|A\|_2 \le \|A\|_F \le \sqrt{n}\|A\|_2.$$

Die Spektralnorm und die Frobenius-Norm sind invariant in Bezug auf orthogonale Transformationen. Für orthogonale Matrizen $Q, Z \in \mathbb{R}^{n\times n}$ gilt:

$$\|QAZ\|_2 = \|A\|_2, \qquad \|QAZ\|_F = \|A\|_F.$$

13.4.9 Determinante einer Matrix

In der Linearen Algebra ist die Determinante eine wichtige Kenngröße einer Matrix, mit deren Hilfe man z. B. die Regularität definieren kann.

Definition 13.4.16 (Determinante) *Die Determinante einer quadratischen Matrix $A \in \mathbb{R}^{n\times n}$ ist eine Abbildung*

$$\det : \mathbb{R}^{n\times n} \to \mathbb{R},$$

die folgendermaßen definiert ist:

$$\det(A) := \sum_{\text{perm}} \operatorname{sign}(\nu_1, \ldots, \nu_n) a_{1\nu_1} a_{2\nu_2} \cdots a_{n\nu_n}. \tag{13.13}$$

Dabei ist die Summe über alle $n!$ Permutationen $(\nu_1, \ldots, \nu_n)$ der Zahlen $1, \ldots, n$ zu erstrecken. Es ist $\operatorname{sign}(\nu_1, \ldots, \nu_n) = +1$ bzw. -1, falls $(\nu_1, \ldots, \nu_n)$ eine gerade bzw. ungerade Permutation ist. Eine gerade/ungerade Permutation kommt durch eine gerade/ungerade Anzahl von Vertauschungen jeweils zweier benachbarter Zahlen zustande.

Die Determinante erhält man gewissermaßen als ein „Nebenprodukt" der Gleichungsauflösung mit direkten Verfahren (LU-Zerlegung mit einem $O(n^3)$-Aufwand), falls man sie tatsächlich benötigt. Die Definition (13.13) eignet sich nicht zur praktischen Ermittlung von $\det(A)$, da sie einen $O(n!)$-Aufwand erfordern würde.

Als praktisch einsetzbares Kriterium für die Lösbarkeit eines linearen Gleichungssystems bzw. für die Qualität einer numerischen Lösung ist $\det(A)$ jedenfalls *völlig ungeeignet*. Das „klassische" Kriterium $\det(A) = 0$ für die Singularität von A ist wegen der unvermeidlichen Rundungsfehler praktisch nicht überprüfbar, und die absolute Größe von $\det(A)$ gibt *keinen* Hinweis auf eventuell vorhandene numerische Schwierigkeiten oder numerische Singularität.

Die numerische Lösung kann bei $\det(A) = 1.5 \cdot 10^{-38}$ völlig zufriedenstellende Genauigkeit besitzen, während man bei $\det(A) = 1.5$ unter Umständen unbrauchbare Werte als Resultat erhält. Diese Tatsache kann man sich auf Grund der folgenden Eigenschaft der Determinante leicht klarmachen:

$$\det(cA) = c^n \cdot \det(A), \qquad c \in \mathbb{R}, \quad A \in \mathbb{R}^{n\times n}.$$

Skalierung einer 100×100-Matrix mit $c = 2^{-3} = 0.125$ verringert den Wert der Determinante um den Faktor $2^{-300} \approx 4.9 \cdot 10^{-91}$, wirkt sich aber auf die numerische Regularität von A oder die numerischen Schwierigkeiten bei der Auflösung von $Ax = b$ überhaupt nicht aus.

13.5 Spezielle Matrixeigenschaften

Wenn man bei der numerischen Lösung linearer Gleichungssysteme spezielle Eigenschaften der Koeffizientenmatrix berücksichtigt, kann man sowohl die Zuverlässigkeit als auch die Effizienz der Lösungsalgorithmen erhöhen. Es ist für den Anwender numerischer Software daher sehr wichtig, noch in der Planungsphase festzustellen, welche speziellen Strukturmerkmale „seine“ Matrizen besitzen und die Software-Auswahl dem Matrixtyp entsprechend vorzunehmen.

13.5.1 Symmetrische und Hermitesche Matrizen

Die *transponierte Matrix* $A^\top$ entsteht durch Spiegelung von A an der Hauptdiagonale:

$$C = A^\top \qquad \Longrightarrow \qquad c_{ij} = a_{ji} \quad \text{für alle} \quad i,j \in \{1,2,\ldots,n\}.$$

Der zu $A^\top$ gehörende lineare Operator wird als *adjungiert* bezeichnet. Für das innere Produkt gilt

$$\langle Ax, y\rangle = \langle x, A^\top y\rangle \qquad \text{für alle} \quad x,y \in \mathbb{R}^n.$$

Eine *symmetrische Matrix* stimmt mit ihrer Transponierten überein, d. h.

$$A^\top = A,$$

sodaß sie im inneren Produkt vom ersten auf den zweiten Vektor hinübergezogen werden darf:

$$\langle Ax, y\rangle = \langle x, Ay\rangle.$$

Diese Eigenschaft ist die formale Bedingung dafür, daß der zu A gehörende lineare Operator *selbstadjungiert* ist. Die selbstadjungierten Operatoren (und die zu ihnen gehörenden symmetrischen Matrizen) zeichnen sich durch spezielle Eigenschaften aus. So sind z. B. alle Eigenwerte eines selbstadjungierten Operators (einer symmetrischen Matrix) reell und die Eigenvektoren zu verschiedenen Eigenwerten sind orthogonal zueinander. Durch diese Eigenschaften nehmen die selbstadjungierten Operatoren in Theorie und Praxis eine Sonderstellung ein.

Im Fall komplexer Matrizen $A \in \mathbb{C}^{n\times n}$ spielt die Transposition $A^\top$ bzw. die Symmetrie ($A^\top = A$) keine so wichtige Rolle wie bei den reellen Matrizen. Von wesentlich größerer Bedeutung ist die *konjugierte Transposition* A^H:

$$C = A^H \qquad \Longrightarrow \qquad c_{ij} = \bar{a}_{ji} \quad \text{für alle} \quad i,j \in \{1,2,\ldots,n\}.$$

Matrizen mit der Eigenschaft

$$A^H = A$$

nennt man *Hermitesche Matrizen.*

13.5.2 Orthogonale und unitäre Matrizen

Definition 13.5.1 (Orthogonale Matrix) *Eine orthogonale Matrix ist eine quadratische Matrix $Q \in \mathbb{R}^{n\times n}$ mit orthonormalen Spaltenvektoren $q_1, \ldots, q_n$. Sie erfüllt daher folgende Matrixgleichung:*

$$Q^\top Q = QQ^\top = I. \tag{13.14}$$

Beispiel (Orthogonale Matrix) Die Matrix

$$A = \begin{pmatrix} 1 & 1 \\ -1 & 1 \end{pmatrix}$$

besitzt orthogonale Spaltenvektoren. Sie ist aber *keine* orthogonale Matrix, da ihre Spaltenvektoren nicht normiert sind. Erst durch Normierung erhält man eine orthogonale Matrix

$$Q := \frac{1}{\sqrt{2}} \cdot A.$$

Aus der Matrixgleichung (13.14) folgt

$$Q^\top = Q^{-1}.$$

Jede orthogonale Matrix Q stellt außerdem eine längen- und winkeltreue Abbildung des $\mathbb{R}^n$ in den $\mathbb{R}^n$ dar, da für beliebige $x, y \in \mathbb{R}^n$

$$\langle Qx, Qy\rangle = (Qx)^\top (Qy) = x^\top Q^\top Qy = x^\top y = \langle x, y\rangle \tag{13.15}$$

gilt. Jede solche Abbildung beschreibt also eine Drehung des $\mathbb{R}^n$ um den Ursprung und/oder eine Spiegelung. Wegen (13.15) gilt speziell

$$\|Qx\|_2^2 = \langle Qx, Qx\rangle = \langle x, x\rangle = \|x\|_2^2.$$

Durch Multiplikation mit orthogonalen Matrizen wird die Euklidische Länge eines Vektors nicht verändert. Wegen dieser Eigenschaft tritt bei orthogonalen Transformationen keine Verstärkung von Daten- und/oder Rundungsfehlern auf.

Definition 13.5.2 (Unitäre Matrix) *Eine komplexe Matrix $Q \in \mathbb{C}^{n\times n}$ mit der Eigenschaft*

$$Q^H Q = QQ^H = I$$

nennt man unitär.

13.5.3 Positiv definite Matrizen

Ein besonderer Typ von reellen symmetrischen bzw. komplexen Hermiteschen Matrizen mit einer speziellen Positivitätseigenschaft tritt in vielen Anwendungen auf. Reelle symmetrische Matrizen mit dieser Eigenschaft stellen eine Verallgemeinerung des Begriffs der positiven reellen Zahlen dar.

Eigenschaften und Definitionen

Zu jeder symmetrischen Matrix A gehört eine quadratische Form $q : \mathbb{R}^n \to \mathbb{R}$

$$q(x) := \langle Ax, x\rangle = \langle x, Ax\rangle = \sum_{i=1}^{n}\sum_{j=1}^{n} a_{ij}x_i x_j\,.$$

Falls

$$q(x) = \langle x, Ax\rangle > 0 \qquad \text{für alle} \quad x \in \mathbb{R}^n\setminus\{0\}$$

gilt, heißt die quadratische Form q *positiv definit*. Man nennt dann auch die zugehörige symmetrische Matrix A positiv definit.

Definition 13.5.3 (Positiv definite Matrix) *Eine Hermitesche $n\times n$-Matrix A heißt positiv definit, wenn*

$$x^H Ax > 0 \quad \textit{für alle} \quad x \in \mathbb{C}^n\setminus\{0\}. \tag{13.16}$$

Ist nicht die strenge Ungleichung erfüllt, sondern gilt nur $x^H Ax \geq 0$, dann heißt A positiv semidefinit.

Satz 13.5.1 (Regularität) *Alle positiv definiten Matrizen sind regulär.*

Beweis: Eine singuläre $n\times n$-Matrix A hat einen Nullraum mit $\dim(\mathcal{N}(A)) \geq 1$, es gibt also Vektoren $x \neq 0$ mit $Ax = 0$. Für diese würde aber im Widerspruch zu (13.16) $x^H Ax = 0$ gelten. □

Ähnlich kann man *negativ definite* und *negativ semidefinite* Matrizen definieren, indem man die Ungleichungen in den Definitionen der positiv definiten bzw. positiv semidefiniten Matrizen umdreht oder äquivalent dazu fordert, daß $-A$ positiv definit bzw. semidefinit ist.

Definition 13.5.4 (Indefinite Matrix) *Fällt eine Hermitesche Matrix in keine der vorher genannten Klassen, nimmt also $x^H Ax$ für verschiedene Vektoren x negative* und *positive Werte an, so heißt A indefinit.*

Beispiel (Minimierung konvexer Funktionen) Die Funktion $f : D \subset \mathbb{R}^n \to \mathbb{R}$ sei stetig differenzierbar. Ist y ein innerer Punkt von D, so gilt an einem nahe bei y gelegenen Punkt $x \in D$ die *Taylor-Entwicklung*

$$f(x) = f(y) + \sum_{i=1}^{n}(x_i - y_i)\frac{\partial f}{\partial x_i}(y) + \frac{1}{2!}\sum_{i=1}^{n}\sum_{j=1}^{n}(x_i - y_i)(x_j - y_j)\frac{\partial^2 f}{\partial x_i \partial x_j}(y) + \cdots.$$

x^* ist ein *stationärer* oder *kritischer Punkt* von f, wenn dort alle ersten partiellen Ableitungen verschwinden. In einer Umgebung von x^* erhält man dann:

$$\begin{aligned} f(x) - f(x^*) &= \sum_{i=1}^{n}\sum_{j=1}^{n}(x_i - x_i^*)(x_j - x_j^*)\frac{\partial^2 f}{\partial x_i \partial x_j}(x^*) + \cdots = \\ &= (x - x^*)^\top H(f; x^*)\,(x - x^*) + \cdots, \end{aligned}$$

wobei die $n\times n$-Matrix

$$H(f; x^*) := \left(\frac{\partial^2 f}{\partial x_i \partial x_j}(x^*)\right)$$

die *Hesse-Matrix* von f an der Stelle x^* heißt. Wegen der Übereinstimmung der gemischten Ableitungen $\partial^2 f/\partial x_i \partial x_j = \partial^2 f/\partial x_j \partial x_i$ ist die Hesse-Matrix symmetrisch. Gilt

$$z^\top H(f;x^*)z > 0 \qquad \text{für alle} \quad z \in \mathbb{R}^n \setminus \{0\}, \tag{13.17}$$

dann besitzt f an der Stelle x^* ein *relatives Minimum*. Ist die quadratische Form in (13.17) hingegen negativ für alle $z \in \mathbb{R}^n \setminus \{0\}$, so liegt ein *relatives Maximum* vor. Es ist auch möglich, daß die quadratische Form kein festes Vorzeichen für alle $z \in \mathbb{R}^n \setminus \{0\}$ hat: dann ist x^* ein Sattelpunkt.

Für $n = 1$ entsprechen diese Kriterien dem Test für relative Extrema durch das Vorzeichen der zweiten Ableitung. Ist x^* kritischer Punkt und $f''(x^*) > 0$, so ist x^* ein relatives Minimum. Ist die zweite Ableitung $f''(x^*)$ hingegen negativ, dann ist x^* ein relatives Maximum. Verschwindet die zweite Ableitung in x^*, so kann es sich auch um einen Wendepunkt handeln.

Ist die quadratische Form (13.17) für alle Punkte von D (nicht nur für den kritischen Punkt) positiv, dann ist f eine *konvexe Funktion* auf D, es gilt also für je zwei verschiedene Punkte $x, y \in D$ und für alle $\lambda \in (0,1)$ folgende Ungleichung:

$$f((1-\lambda)x + \lambda y) \leq (1-\lambda)f(x) + \lambda f(y).$$

Das ist wieder die direkte Verallgemeinerung der skalaren Situation. Im Fall $n = 1$ ist f genau dann konvex, wenn $f''(x) \geq 0$ für alle $x \in \mathbb{R}$ gilt.

Beispiel (Kovarianz-Matrizen) Die *Kovarianz-Matrix* eines n-dimensionalen Zufallsvektors $X = (X_1, \ldots, X_n)^\top$ ist die Matrix $A = (a_{ij})$, deren Elemente die folgenden Erwartungswerte μ sind:

$$a_{ij} := \mu\left[(X_i - \mu_i)(X_j - \mu_j)\right], \qquad i = 1,2,\ldots,n, \quad j = 1,2,\ldots,n.$$

Diese Erwartungswerte werden für $i \neq j$ als die Kovarianzen $\operatorname{cov}(X_i, X_j)$ und für $i = j$ als die Varianzen $\operatorname{var}(X_i) := \mu(X_i - \mu(X_i))^2$ bezeichnet.

Offensichtlich ist A symmetrisch, und für $z = (z_1, \ldots, z_n)^\top \in \mathbb{R}^n$ kann man berechnen, daß

$$z^\top A z = \mu\left(\sum_{i=1}^{n}\sum_{j=1}^{n} z_i(X_i - \mu_i) z_j (X_j - \mu_j)\right) = \mu\left(\left|\sum_{i=1}^{n} z_i(X_i - \mu_i)\right|^2\right) \geq 0.$$

Beispiel (Diskretisierung von Differentialgleichungen) Es sei eine Zwei-Punkt-Randwertaufgabe der Form

$$\begin{aligned} -y''(x) + \sigma(x)y(x) &= f(x), \\ y(0) &= \alpha, \\ y(1) &= \beta \end{aligned} \tag{13.18}$$

mit $x \in [0,1]$ und $\alpha, \beta \in \mathbb{R}$ gegeben, wobei α und β gegebene Konstanten und $f, \sigma : [0,1] \to \mathbb{R}$ gegebene Funktionen sind. Wenn man (13.18) diskretisiert, also nur die Werte von $y(kh)$, $k = 0, 1, \ldots, n+1$, betrachtet und y'' durch einen Differenzenquotienten mit der Schrittweite $h = 1/(n+1)$ für $n \in \mathbb{N}$ approximiert, also

$$y''(x) \approx \frac{y((k+1)h) - 2y(kh) + y((k-1)h)}{h^2} = \frac{y_{k+1} - 2y_k + y_{k-1}}{h^2},$$

so erhält man das lineare Gleichungssystem

$$\begin{aligned} (-y_{k+1} + 2y_k - y_{k-1})/h^2 + \sigma_k y_k &= f_k, \qquad k = 1, \ldots, n, \\ y_0 &= \alpha, \\ y_{n+1} &= \beta \end{aligned} \tag{13.19}$$

mit $y_k := y(kh)$, $\sigma_k := \sigma(kh)$ und $f_k := f(kh)$. Die Randbedingungen können in die erste und letzte Gleichung von (13.19) eingesetzt werden, woraus folgendes System resultiert:

$$\begin{aligned} (2+h^2\sigma_1)y_1 - y_2 &= h^2 f_1 + \alpha \\ -y_{k-1} + (2+h^2\sigma_k)y_k - y_{k+1} &= h^2 f_k, \qquad k = 2,3,\dots,n-1 \\ -y_{n-1} + (2+h^2\sigma_n)y_n &= h^2 f_n + \beta. \end{aligned}$$

Diese Gleichungen können auch in der Form $Ay = w$ mit

$$y := (y_1,\dots,y_n)^\top \in \mathbb{R}^n, \qquad w := (h^2 f_1 + \alpha, h^2 f_2, \dots, h^2 f_{n-1}, h^2 f_n + \beta)^\top \in \mathbb{R}^n$$

geschrieben werden, d. h., A ist eine $n \times n$-Matrix folgender Gestalt:

$$A = \begin{pmatrix} 2+h^2\sigma_1 & -1 & & & 0 \\ -1 & 2+h^2\sigma_2 & -1 & & \\ & \ddots & \ddots & \ddots & \\ & & -1 & 2+h^2\sigma_{n-1} & -1 \\ 0 & & & -1 & 2+h^2\sigma_n \end{pmatrix}.$$

A ist eine reelle symmetrische tridiagonale Matrix, unabhängig von den Werten der Funktion σ. Will man allerdings das Problem $Ay = w$ für jede beliebige rechte Seite lösen, so müssen von $\sigma_1,\dots,\sigma_n$ gewisse Voraussetzungen erfüllt werden, um die Nichtsingularität von A sicherzustellen. Die zu A gehörige reelle quadratische Form läßt sich leicht berechnen:

$$x^\top A x = \left(x_1^2 + \sum_{i=1}^{n-1} (x_i - x_{i+1})^2 + x_n^2 \right) + h^2 \sum_{i=1}^{n} \sigma_i x_i^2.$$

Der Klammerausdruck ist nichtnegativ und verschwindet nur, wenn alle Komponenten von x identisch 0 sind. Ist $\sigma(x) \ge 0$, dann ist die letzte Summe nichtnegativ und somit

$$x^\top A x \ge \left(x_1^2 + \sum_{i=1}^{n-1} (x_i - x_{i+1})^2 + x_n^2 \right) \ge 0.$$

Ist A singulär, dann existiert ein Vektor $\hat{x} \in \mathbb{R}^n$, $\hat{x} \ne 0$, sodaß $A\hat{x} = 0$ und folglich $\hat{x}^\top A \hat{x} = 0$ gilt. In diesem Fall muß der Klammerausdruck verschwinden, was wiederum impliziert, daß $\hat{x} = 0$ sein muß. Also ist bei $\sigma(x) \ge 0$ die Matrix A regulär und das diskretisierte Randwertproblem kann für beliebige Randbedingungen α und β gelöst werden.

Kriterien für die Definitheit einer Matrix

Die Symmetrie einer Matrix ist leicht zu erkennen und zu überprüfen. Die Definitheit ist hingegen keine so offensichtliche Eigenschaft. In manchen Fällen ist durch die physikalische Bedeutung der quadratischen Form $x^\top Ax$ (z. B. als kinetische Energie eines Systems von Massenpunkten) die positive Definitheit von A sichergestellt. In anderen Situationen kann unter Umständen eines der im folgenden zusammengestellten notwendigen und/oder hinreichenden Kriterien dazu beitragen, die Frage nach der Definitheit einer Matrix zu beantworten.

Jedes der folgenden Kriterien für die positive Definitheit einer reellen Matrix hat ein Analogon für positiv semidefinite Matrizen.

Satz 13.5.2 *Die Diagonalelemente jeder positiv definiten Matrix sind positive reelle Zahlen.*

Satz 13.5.3 *Jede Untermatrix einer positiv definiten Matrix ist positiv definit. Die Spur (also die Summe der Diagonalelemente), die Determinante und alle Minoren (das sind die Determinanten der Untermatrizen) einer positiv definiten Matrix sind positiv.*

Satz 13.5.4 *Die Summe $A + B$ zweier beliebiger positiv definiter Matrizen $A, B \in \mathbb{R}^{n\times n}$ ist positiv definit.*

Allgemeiner gilt, daß jede nichtnegative lineare Verknüpfung

$$\alpha A + \beta B \qquad \text{mit} \quad \alpha, \beta \geq 0$$

von positiv semidefiniten Matrizen $A, B \in \mathbb{R}^{n\times n}$ positiv semidefinit ist.

Satz 13.5.5 *Sei $A \in \mathbb{R}^{n\times n}$ positiv definit. Ist $C \in \mathbb{R}^{n\times m}$, dann ist $C^{\mathsf{T}}AC$ positiv semidefinit. Ferner gilt*

$$\operatorname{rang}(C^{\mathsf{T}}AC) = \operatorname{rang}(C),$$

sodaß $C^{\mathsf{T}}AC$ genau dann positiv definit ist, wenn $\operatorname{rang}(C) = m$ *gilt.*

Satz 13.5.6 *Eine symmetrische Matrix $A \in \mathbb{R}^{n\times n}$ ist positiv semidefinit dann und nur dann, wenn alle ihre Eigenwerte nichtnegativ sind. Sie ist positiv definit genau dann, wenn alle ihre Eigenwerte positiv sind.*

Ist $A \in \mathbb{R}^{n\times n}$ positiv semidefinit, dann sind auch alle Potenzen $A^2, A^3, A^4, \ldots$ positiv semidefinit.

Satz 13.5.7 *Ist $A = (a_{ij}) \in \mathbb{R}^{n\times n}$ symmetrisch und strikt diagonal dominant, also*

$$|a_{ii}| > \sum_{j\neq i} |a_{ij}|, \qquad i = 1, 2, \ldots, n,$$

und gilt $a_{ii} > 0$ für alle $i = 1, \ldots, n$, dann ist A positiv definit.

Jede positive reelle Zahl besitzt eine k-te Einheitswurzel für alle $k = 1, 2, \ldots$. Ein ähnliches Resultat erhält man für positiv definite Matrizen.

Satz 13.5.8 *Sei $A \in \mathbb{R}^{n\times n}$ positiv semidefinit und $k \geq 1$ eine natürliche Zahl. Dann existiert genau eine positiv semidefinite symmetrische Matrix $B \in \mathbb{R}^{n\times n}$, für die folgendes gilt:*

1. $B^k = A$;
2. $BA = AB$ *und es existiert ein Polynom $P(t)$, sodaß $B = P(A)$;*
3. $\operatorname{rang}(B) = \operatorname{rang}(A)$; *somit ist B genau dann positiv definit, wenn A es ist.*

Der wichtigste Spezialfall dieses Satzes ist $k = 2$. Die positiv (semi) definite Einheitswurzel der positiv (semi) definiten Matrix A wird dann mit $A^{1/2}$ bezeichnet. Ähnlich bezeichnet $A^{1/k}$ die k-te positiv (semi) definite Einheitswurzel von A für $k = 3, 4, 5, \ldots$.

Definition 13.5.5 (Kongruenz von Matrizen) *Zwei Matrizen $A, B \in \mathbb{R}^{n\times n}$ heißen kongruent, wenn es eine reguläre Matrix $C \in \mathbb{R}^{n\times n}$ gibt, sodaß gilt:*

$$A = C^{\mathsf{T}}BC.$$

Satz 13.5.9 *Eine Matrix A ist genau dann positiv definit, wenn sie kongruent zur Identität ist, also eine reguläre Matrix $C \in \mathbb{R}^{n\times n}$ mit $A = C^{\mathsf{T}}C$ existiert.*

Manchmal ist es nützlich, die Zerlegung $A = C^{\mathsf{T}}C$ einer positiv semidefiniten Matrix noch zu spezialisieren. Jede quadratische Matrix C besitzt eine QR-Zerlegung $C = QR$, wobei Q orthogonal (es gilt also $Q^{\mathsf{T}}Q = I$) und R eine obere Dreiecksmatrix ist, die denselben Rang wie C hat. Dann gilt

$$A = C^{\mathsf{T}}C = (QR)^{\mathsf{T}}QR = R^{\mathsf{T}}Q^{\mathsf{T}}QR = R^{\mathsf{T}}R.$$

Ist C regulär, kann man R so wählen, daß alle Diagonalelemente positiv sind (es gibt genau eine Zerlegung $C = QR$ dieser Gestalt). Damit wird der folgende Satz begründet, der die *Cholesky-Zerlegung* beschreibt:

Satz 13.5.10 (Cholesky-Faktorisierung) *Eine Matrix A ist dann und nur dann positiv definit, wenn eine reguläre untere Dreiecksmatrix $L \in \mathbb{R}^{n\times n}$ mit positiven Diagonalelementen existiert, sodaß $A = LL^{\mathsf{T}}$ gilt.*

Sei $\{v_1, \ldots, v_k\}$ eine Menge von k gegebenen Vektoren aus einem Vektorraum V, und sei $\langle \cdot, \cdot \rangle$ ein inneres Produkt auf V. Die *Gramsche Matrix* der Vektoren $v_1, \ldots, v_k$ bezüglich des inneren Produktes $\langle \cdot, \cdot \rangle$ ist die Matrix

$$G = (g_{ij}) \in \mathbb{R}^{n\times n} \qquad \text{mit} \quad g_{ij} := \langle v_i, v_j \rangle.$$

Eine Charakterisierung positiv definiter Matrizen besagt, daß diese stets Gramsche Matrizen sind.

Satz 13.5.11 *Sei $G \in \mathbb{R}^{k\times k}$ die Gramsche Matrix der Vektoren $\{w_1, \ldots, w_k\} \subset \mathbb{R}^n$ bezüglich eines inneren Produktes $\langle \cdot, \cdot \rangle$, und sei $W = [w_1 w_2 \cdots w_k] \in \mathbb{R}^{n\times k}$. Dann gilt:*

1. *G ist positiv semidefinit;*
2. *G ist dann und nur dann regulär, wenn die Vektoren $w_1, \ldots, w_k$ linear unabhängig sind;*
3. *es existiert eine positiv definite Matrix $A \in \mathbb{R}^{n\times n}$, sodaß $G = W^{\mathsf{T}}AW$;*
4. $\text{rang}(G) = \text{rang}(W)$ *ist die größte Anzahl linear unabhängiger Vektoren aus der Menge $\{w_1, \ldots, w_k\}$.*

$A \in \mathbb{R}^{n\times n}$ ist genau dann positiv semidefinit mit $\text{rang}(A) = r \leq n$, wenn es eine Menge von Vektoren $S = \{w_1, \ldots, w_n\} \subset \mathbb{R}^n$ gibt, die genau r linear unabhängige Vektoren enthält, sodaß A die Gramsche Matrix von S bezüglich des Euklidischen inneren Produktes ist.

13.6 Speziell besetzte Matrizen

Sowohl bei analytischen Untersuchungen als auch bei der algorithmischen Lösung von Problemen der Linearen Algebra spielen Matrizen mit spezieller Besetztheitsstruktur, also besonderer Anordnung der verschwindenden Matrixelemente ($a_{ij} = 0$), eine wichtige Rolle.

13.6.1 Diagonalmatrizen

Eine $n \times n$-Matrix

$$D := \begin{pmatrix} d_{11} & & & 0 \\ & d_{22} & & \\ & & \ddots & \\ 0 & & & d_{nn} \end{pmatrix}$$

mit $d_{ij} = 0$ für $i \neq j$ wird *Diagonalmatrix* genannt, mit der Notation

$$D = \operatorname{diag}(d_{11}, \ldots, d_{nn}) \qquad \text{oder} \qquad D = \operatorname{diag}(d),$$

wobei d einen Vektor darstellt, der die Diagonalelemente enthält.

Haben alle Diagonalelemente reelle positive Werte, spricht man von einer positiven Diagonalmatrix. Ein Beispiel dafür ist die *Einheitsmatrix*

$$I := \begin{pmatrix} 1 & & & 0 \\ & 1 & & \\ & & \ddots & \\ 0 & & & 1 \end{pmatrix}.$$

Eine Diagonalmatrix wird *Skalarmatrix* genannt, falls alle Diagonalelemente den gleichen Wert haben: $D = \alpha I$ für $\alpha \in \mathbb{R}$ oder $\alpha \in \mathbb{C}$. Die Multiplikation einer Matrix mit einer Skalarmatrix αI hat denselben Effekt wie die Multiplikation jedes Matrixelementes mit α.

Die Determinante einer Diagonalmatrix ist das Produkt ihrer Diagonalelemente. Eine Diagonalmatrix ist daher genau dann regulär, falls $d_{ii} \neq 0$ für alle i gilt.

Es gibt auch *rechteckige* Diagonalmatrizen $D \in \mathbb{R}^{m \times n}$ für $m > n$ bzw. $m < n$:

$$\begin{pmatrix} d_{11} & & & 0 \\ & d_{22} & & \\ & & \ddots & \\ & & & d_{nn} \\ & & & \\ 0 & & & \end{pmatrix} \quad \text{bzw.} \quad \begin{pmatrix} d_{11} & & & & & 0 \\ & d_{22} & & & & \\ & & \ddots & & & \\ 0 & & & d_{mm} & & \end{pmatrix},$$

die z. B. bei der Singulärwertzerlegung (siehe Abschnitt 13.7) eine Rolle spielen.

13.6.2 Dreiecksmatrizen

Eine $n \times n$-Matrix $T = (t_{ij})$ wird *obere Dreiecksmatrix* genannt, falls $t_{ij} = 0$ für alle $j < i$ gilt:

$$T := \begin{pmatrix} t_{11} & t_{12} & \cdots & t_{1n} \\ & t_{22} & \cdots & t_{2n} \\ & & \ddots & \vdots \\ 0 & & & t_{nn} \end{pmatrix}.$$

Gilt $t_{ij} = 0$ für $j \leq i$, dann nennt man T eine *strikte obere Dreiecksmatrix*. Analog werden untere und strikte untere Dreiecksmatrizen definiert.

Die Determinante einer Dreiecksmatrix ist wie bei den Diagonalmatrizen das Produkt der Diagonalelemente. Der Rang ist mindestens so groß wie die Anzahl der Elemente t_{ii} in der Hauptdiagonale, die ungleich Null sind.

13.6.3 Blockmatrizen

Die Blockung einer Matrix ist eine Zerlegung in disjunkte Untermatrizen. Jedes Element der ursprünglichen Matrix fällt in genau einen Block (eine Untermatrix).

Untermatrizen

Sei A eine $n \times n$-Matrix, $\alpha \subseteq \{1, \ldots, n\}$ und $\beta \subseteq \{1, \ldots, n\}$. $A(\alpha, \beta)$ ist eine *Untermatrix* der Matrix A, wobei die Menge α die Zeilen und die Menge β die Spalten der ursprünglichen Matrix A angibt, aus denen sich die Untermatrix zusammensetzt.

Im Spezialfall $\alpha = \beta$ wird die Untermatrix $A(\alpha, \alpha) =: A(\alpha)$ als *Hauptuntermatrix* bezeichnet. Oft wird eine Untermatrix auch so angegeben, daß man jene Zeilen und Spalten, die von der ursprünglichen Matrix weggelassen werden, anführt.

Die Determinante einer quadratischen Untermatrix von A wird als *Minor* von A bezeichnet.

Multiplikation von Blockmatrizen

Falls $\alpha_1, \ldots, \alpha_z$ eine Untergliederung (Zerlegung, Partition) der Zeilenindexmenge $\{1, \ldots, m\}$ und $\beta_1, \ldots, \beta_s$ eine Untergliederung der Spaltenindexmenge $\{1, \ldots, n\}$ bildet, dann bilden die Matrizen $A(\alpha_i, \beta_j)$ eine Untergliederung der $m \times n$-Matrix A. Die untergliederte Matrix

$$A = \begin{pmatrix} A_{11} & A_{12} & \cdots & A_{1q} \\ A_{21} & A_{22} & \cdots & A_{2q} \\ \vdots & \vdots & \vdots & \vdots \\ A_{p1} & A_{p2} & \cdots & A_{pq} \end{pmatrix},$$

die aus den Untermatrizen A_{ij} zusammengesetzt ist, nennt man *Blockmatrix*. Die Untermatrizen A_{ij} können in Spezialfällen 1×1-Matrizen oder Zeilen- bzw. Spaltenvektoren sein.

Beispiel (Blockmatrix) Die 4×5-Matrix

$$A := \left(\begin{array}{cc|c|cc} 11 & 12 & 13 & 14 & 15 \\ \hline 21 & 22 & 23 & 24 & 25 \\ 31 & 32 & 33 & 34 & 35 \\ \hline 41 & 42 & 43 & 44 & 45 \end{array}\right) = \begin{pmatrix} A_{11} & A_{12} & A_{13} \\ A_{21} & A_{22} & A_{23} \\ A_{31} & A_{32} & A_{33} \end{pmatrix}$$

ist durch Untergliederung mit

$$\begin{array}{ll} \alpha_1 = \{1\} & \beta_1 = \{1,2\} \\ \alpha_2 = \{2,3\} & \beta_2 = \{3\} \\ \alpha_3 = \{4\} & \beta_3 = \{4,5\} \end{array}$$

eine 3×3-Blockmatrix geworden.

Wenn die $m\times n$-Matrix A und die $n\times p$-Matrix B untergliedert sind, sodaß die beiden Untergliederungen von $\{1,\ldots,n\}$ übereinstimmen, dann nennt man die beiden Matrix-Untergliederungen *konform*. In diesem Fall gilt

$$[AB](\alpha_i,\gamma_j) = \sum_{k=1}^{s} A(\alpha_i,\beta_k)B(\beta_k,\gamma_j),$$

wobei $A(\alpha_i,\beta_k)$ und $B(\beta_k,\gamma_j)$ konforme Untergliederungen von A und B sind.

Die Inverse einer Blockmatrix

Es ist manchmal sinnvoll, die entsprechenden Blöcke der Inversen einer regulären Blockmatrix zu kennen, um die Inverse in der entsprechenden untergliederten Form darstellen zu können. Unter der Voraussetzung, daß die Untermatrizen von A und A^{-1} auch regulär sind, kann diese Darstellung auf verschiedene Arten erfolgen. Für

$$A = \begin{pmatrix} A_{11} & A_{12} \\ A_{21} & A_{22} \end{pmatrix}$$

könnte die entsprechend untergliederte Darstellung von A^{-1}

$$\begin{pmatrix} (A_{11} - A_{12}A_{22}^{-1}A_{21})^{-1} & A_{11}^{-1}A_{12}(A_{21}A_{11}^{-1}A_{12} - A_{22})^{-1} \\ (A_{21}A_{11}^{-1}A_{12} - A_{22})^{-1}A_{21}A_{11}^{-1} & (A_{22} - A_{21}A_{11}^{-1}A_{12})^{-1} \end{pmatrix}$$

sein, unter der Annahme, daß alle dabei auftretenden Inversen existieren.

Blockdiagonalmatrizen

Blockdiagonalmatrizen haben die Form

$$A := \begin{pmatrix} A_{11} & & & \mathbf{0} \\ & A_{22} & & \\ & & \ddots & \\ \mathbf{0} & & & A_{kk} \end{pmatrix} =: \operatorname{diag}(A_{11}, A_{22}, \ldots, A_{kk}).$$

Die Untermatrizen $A_{11}, \ldots, A_{kk}$ sind alle quadratisch, besitzen aber nicht unbedingt alle dieselbe Größe. Viele Eigenschaften von Blockdiagonalmatrizen verallgemeinern die Eigenschaften der Diagonalmatrizen, wie z. B.

$$\det(\operatorname{diag}(A_{11}, A_{22}, \ldots, A_{kk})) = \prod_{i=1}^{k} \det A_{ii}.$$

Dementsprechend ist A genau dann regulär, falls alle A_{ii} regulär sind.

$$\operatorname{rang}(\operatorname{diag}(A_{11}, A_{22}, \ldots, A_{kk})) = \sum_{i=1}^{k} \operatorname{rang}(A_{ii}).$$

Block-Dreiecksmatrizen

Matrizen der Form

$$A := \begin{pmatrix} A_{11} & A_{12} & \cdots & A_{1k} \\ & A_{22} & \cdots & A_{2k} \\ & & \ddots & \vdots \\ \mathbf{0} & & & A_{kk} \end{pmatrix} \quad \text{bzw.} \quad A := \begin{pmatrix} A_{11} & & & \mathbf{0} \\ A_{21} & A_{22} & & \\ \vdots & \vdots & \ddots & \\ A_{k1} & A_{k2} & \cdots & A_{kk} \end{pmatrix}$$

sind *obere* bzw. *untere Block-Dreiecksmatrizen*. Die Determinante einer solchen Matrix ist durch das Produkt

$$\det(A) = \det(A_{11}) \cdot \det(A_{22}) \cdot \cdots \cdot \det(A_{kk})$$

gegeben. Der Rang von A ist mindestens so groß wie die Summe der Ränge der Diagonalblöcke A_{ii}.

13.6.4 Hessenberg-Matrizen

Eine Matrix $A \in \mathbb{R}^{n \times n}$ heißt *obere Hessenberg-Matrix*, falls $a_{ij} = 0$ für $j+1 < i$ gilt:

$$A = \begin{pmatrix} a_{11} & a_{12} & a_{13} & \cdots & a_{1,n-1} & a_{1n} \\ a_{21} & a_{22} & a_{23} & \cdots & a_{2,n-1} & a_{2n} \\ & a_{32} & a_{33} & \cdots & a_{3,n-1} & a_{3n} \\ & & a_{43} & \cdots & a_{4,n-1} & a_{4n} \\ & & & \ddots & \vdots & \vdots \\ \mathbf{0} & & & & a_{n,n-1} & a_{nn} \end{pmatrix}.$$

A heißt *untere* Hessenberg-Matrix, falls $A^{\top}$ eine obere Hessenberg-Matrix ist.

13.6.5 Tridiagonale Matrizen

Eine Matrix $A \in \mathbb{R}^{n \times n}$, die zugleich eine obere und untere Hessenberg-Matrix ist, wird *tridiagonale Matrix* oder *Tridiagonalmatrix* genannt. A ist genau dann tridiagonal, falls $a_{ij} = 0$ für $|i - j| > 1$ gilt:

$$A = \begin{pmatrix} a_{11} & a_{12} & & & \mathbf{0} \\ a_{21} & a_{22} & a_{23} & & \\ & a_{32} & \ddots & \ddots & \\ & & \ddots & a_{n-1,n-1} & a_{n-1,n} \\ \mathbf{0} & & & a_{n,n-1} & a_{nn} \end{pmatrix}$$

Symmetrische Hessenberg-Matrizen sind stets symmetrische Tridiagonalmatrizen.

13.6.6 Bandmatrizen

Bei einer *Bandmatrix* $A \in \mathbb{R}^{n \times n}$ sind die von Null verschiedenen Elemente nur in der Hauptdiagonale $a_{11}, \ldots, a_{nn}$ und einigen dazu parallelen Nebendiagonalen zu finden.

Beispiel (Bandmatrix) **Eine 10×10-Matrix mit zwei oberen und vier unteren nichtverschwindenden Nebendiagonalen hat folgende Besetztheitsstruktur:**

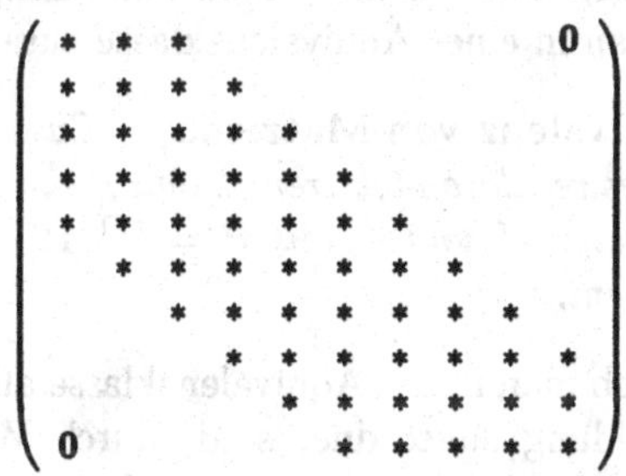

Das Symbol „*" steht für einen Zahlenwert, der von Null verschieden ist.

Tridiagonalmatrizen sind spezielle Bandmatrizen mit je *einer* oberen und unteren nicht verschwindenden Nebendiagonale.

13.6.7 Permutationsmatrizen

Man bezeichnet $P \in \mathbb{R}^{n \times n}$ als eine *Permutationsmatrix*, wenn genau ein Element in jeder Zeile und Spalte den Wert 1 hat und alle anderen 0 sind. Die Multiplikation PA führt zu einer Permutation der Zeilen, AP zu einer Permutation der Spalten von A. Die Determinante $\det(P)$ von Permutationsmatrizen ist immer ± 1, daher sind diese stets regulär. Sie kommutieren nicht bezüglich der Multiplikation. Das Produkt zweier Permutationsmatrizen ergibt wieder eine Permutationsmatrix.

$P^{\top} = P^{-1}$ permutiert die Spalten genauso wie P die Zeilen. Die Transformation $A \to PAP^{\top}$ permutiert daher die Zeilen *und* Spalten von A in derselben Weise. Im Zusammenhang mit linearen Gleichungssystemen mit der Koeffizientenmatrix A bedeutet diese Transformation eine Umnumerierung der Variablen.

13.7 Singulärwertzerlegung

Im Abschnitt 13.4.5 wurde die Verbindung hergestellt zwischen den linearen Abbildungen (Funktionen) $F: X_n \to Y_m$ und den Matrizen als den Koordinaten der Bilder von Basisvektoren $u_1, \ldots, u_n$ des X_n. Einer linearen Abbildung entsprechen daher verschiedene Matrizen, je nachdem, welche Basen

$$\{u_1, u_2, \ldots, u_n\} \subset X_n \qquad \text{und} \qquad \{v_1, v_2, \ldots, v_m\} \subset Y_m$$

man dieser Verbindung zugrunde legt. Durch jede reguläre $n \times n$-Matrix R kann man von der Basis $\{u_1, \ldots, u_n\}$ zur Basis

$$\{Ru_1, Ru_2, \ldots, Ru_n\} \subset X_n$$

übergehen. Analog ermöglicht jede reguläre $m \times m$-Matrix T den Übergang – die Basistransformation – von $\{v_1, \ldots, v_m\}$ auf

$$\{Tv_1, Tv_2, \ldots, Tv_m\} \subset Y_m.$$

Alle Matrizen, die eine gegebene lineare Abbildung hinsichtlich irgendwelcher Basen darstellen, kann man in einer Äquivalenzklasse zusammenfassen.

Definition 13.7.1 (Äquivalenz von Matrizen) *Zwei $m \times n$-Matrizen A und B sind äquivalent, wenn es reguläre Matrizen R und T mit $B = RAT$ gibt. Wenn es zwei orthogonale Matrizen U und V mit $B = U^\top AV$ gibt, so nennt man A und B orthogonal-äquivalent.*

Es erhebt sich die Frage, ob man in der Äquivalenzklasse aller Matrizen, die einer gegebenen linearen Abbildung zugeordnet sind, durch Wahl geeigneter Basen einen besonders einfachen Repräsentanten finden kann. Durch den folgenden Satz wird diese Frage beantwortet:

Satz 13.7.1 (Singulärwertzerlegung) *Für jede Matrix $A \in \mathbb{R}^{m \times n}$ gibt es zwei orthogonale Matrizen*

$$U = [u_1, \ldots, u_m] \in \mathbb{R}^{m \times m} \quad \textit{und} \quad V = [v_1, \ldots, v_n] \in \mathbb{R}^{n \times n},$$

mit denen eine Äquivalenztransformation von A auf Diagonalform

$$U^\top AV = S := \operatorname{diag}(\sigma_1, \sigma_2, \ldots, \sigma_k) \in \mathbb{R}^{m \times n}, \qquad k := \min\{m, n\} \tag{13.20}$$

möglich ist, sodaß die Diagonalwerte von S folgende Ungleichungen erfüllen:

$$\sigma_1 \geq \sigma_2 \geq \cdots \geq \sigma_r > \sigma_{r+1} = \cdots = \sigma_k = 0 \quad \textit{mit} \quad r = \operatorname{rang}(A).$$

Falls $A \in \mathbb{R}^{n \times n}$ eine reguläre Matrix ist, dann gilt speziell

$$\sigma_1 \geq \sigma_2 \geq \cdots \geq \sigma_n > 0.$$

Beweis: Golub, van Loan [48].

Definition 13.7.2 (Singulärvektoren) *Die Matrix U besteht aus den orthonormierten Eigenvektoren $u_1, \ldots, u_m$ von $AA^\top$, die man Linkssingulärvektoren von A nennt, und die Matrix V aus den orthonormierten Eigenvektoren $v_1, \ldots, v_n$ von $A^\top A$, den Rechtssingulärvektoren von A.*

Definition 13.7.3 (Singulärwerte) *Die Diagonalelemente $\sigma_1, \ldots, \sigma_k$ der zu A orthogonal-äquivalenten Diagonalmatrix S nennt man die Singulärwerte der Matrix A.*

Aus

$$S^\top S = (U^\top AV)^\top (U^\top AV) = V^\top A^\top UU^\top AV = V^{-1}A^\top AV$$

folgt die Orthogonal-Ähnlichkeit von $A^\top A$ und

$$S^\top S = \operatorname{diag}(\sigma_1^2, \sigma_2^2, \ldots, \sigma_r^2, 0, \ldots, 0).$$

Da ähnliche Matrizen das gleiche Spektrum besitzen (siehe Abschnitt 15.1.2), folgt daraus

$$\sigma_i = \sqrt{\lambda_i}, \quad \lambda_i \in \lambda(A^\top A), \qquad i = 1, 2, \ldots, n.$$

Die Singulärwerte einer Matrix $A \in \mathbb{R}^{m\times n}$ sind eindeutig. Die Singulärvektoren hingegen sind nur dann eindeutig, wenn σ_i^2 ein einfacher Eigenwert von $A^\top A$ ist. Für mehrfache Singulärwerte können die zugeordneten Singulärvektoren als irgendeine orthonormale Basis des entsprechenden Eigenraums gewählt werden.

Die Spektralnorm und die Frobenius-Norm einer Matrix $A \in \mathbb{R}^{n\times n}$ stehen in engem Zusammenhang mit den Singulärwerten von A:

$$\begin{aligned} \|A\|_2 &= \sigma_1, \\ \|A\|_F &= \sqrt{\sigma_1^2 + \cdots + \sigma_k^2}. \end{aligned}$$

Auch die Determinante $\det(A)$ einer quadratischen Matrix $A \in \mathbb{R}^{n\times n}$ hängt mit den Singulärwerten zusammen:

$$|\det(A)| = |\det(U) \cdot \det(S) \cdot \det(V^\top)| = \prod_{i=1}^{k} \sigma_i,$$

da die Determinante einer orthogonalen Matrix entweder $+1$ oder -1 ist.

13.7.1 Geometrie linearer Abbildungen

Wenn man im linearen Raum X durch $x = Vx'$ und im Raum Y durch $y = Uy'$ zu neuen Koordinatensystemen übergeht, so wird die lineare Abbildung, die ursprünglich durch A repräsentiert wurde, nun durch S dargestellt:

$$y' = U^\top y = U^\top AX = U^\top A(Vx') = (U^\top AV)x' = Sx'.$$

In den neuen Koordinatensystemen hat die ursprünglich der Matrix A zugrundeliegende lineare Abbildung eine sehr einfache Darstellung. Bei einer $n\times n$-Matrix ist $y' = (\eta'_1, \dots, \eta'_n)^\top$ durch

$$\eta'_1 = \sigma_1\xi'_1, \dots, \eta'_r = \sigma_r\xi'_r, \quad \eta'_{r+1} = 0, \dots, \eta'_n = 0 \tag{13.21}$$

mit $x' = (\xi'_1, \dots, \xi'_n)^\top$ verbunden. Die erste Koordinatenachse des Raumes X wird auf die erste Koordinatenachse des Raumes Y mit dem Skalierungsfaktor $\sigma_1 > 0$ abgebildet, analog bei der zweiten, ..., r-ten Achse. Die restlichen Koordinatenachsen werden auf den Nullvektor $0 \in Y$ abgebildet.

Aus (13.21) folgt, daß durch $y' = Sx'$ die Oberfläche der Einheitskugel

$$K_n = \{x' : \|x'\|_2 = 1\}$$

auf das r-dimensionale Hyperellipsoid

$$E(\sigma_1, \dots, \sigma_n) = \{y' = (\eta'_1, \dots, \eta'_n)^\top : \left(\frac{\eta'_1}{\sigma_1}\right)^2 + \dots + \left(\frac{\eta'_r}{\sigma_r}\right)^2 = 1, \\ \eta'_{r+1} = \dots = \eta'_n = 0\}$$

abgebildet wird. Im Hyperellipsoid $E(\sigma_1, \dots, \sigma_n)$ ist $(\sigma_1, 0, \dots, 0)^\top$ (einer) der Vektor(en) mit dem größten Abstand vom Nullvektor $0 \in \mathbb{R}^n$. Ist $r < n$, so enthält $E(\sigma_1, \dots, \sigma_n)$ den Nullvektor. Im Fall einer regulären Matrix A enthält $E(\sigma_1, \dots, \sigma_n)$ den Nullvektor nicht, und $(0, \dots, 0, \sigma_n)^\top$ ist (einer) der Vektor(en) mit dem kleinsten Abstand vom Nullvektor. In diesem Fall gilt

$$S^{-1} = \operatorname{diag}(1/\sigma_1,\ 1/\sigma_2,\ \dots,\ 1/\sigma_n),$$

woraus sich ergibt, daß $1/\sigma_1, \dots, 1/\sigma_n$ die Singulärwerte von A^{-1} sind.

Die Singulärwertzerlegung kann man im 2×2-Fall sehr gut geometrisch veranschaulichen. Die orthogonalen Matrizen der Zerlegung $A = USV^\top$,

$$U = \begin{pmatrix} \cos\alpha & -\sin\alpha \\ \sin\alpha & \cos\alpha \end{pmatrix} \quad \text{und} \quad V^\top = \begin{pmatrix} \cos\beta & \sin\beta \\ -\sin\beta & \cos\beta \end{pmatrix},$$

beschreiben Drehungen um den Winkel α bzw. $-\beta$ mit dem Ursprung als Mittelpunkt. Die zusammengesetzte Abbildung $USV^\top$ zeigt Abb. 13.4.

13.7.2 Struktur linearer Abbildungen

Aus der Singulärwertzerlegung $A = USV^\top$ läßt sich sehr viel über die Struktur der von einer Matrix $A \in \mathbb{R}^{n\times n}$ dargestellten linearen Abbildung unmittelbar ablesen. So erhält man z. B. sofort orthogonale Basen des Bildraums $\mathcal{R}(A)$ und des Kerns $\mathcal{N}(A)$:

$$\mathcal{R}(A) = \operatorname{span}\{u_1, \dots, u_r\} \qquad \text{und} \qquad \mathcal{N}(A) = \operatorname{span}\{v_{r+1}, \dots, v_n\}.$$

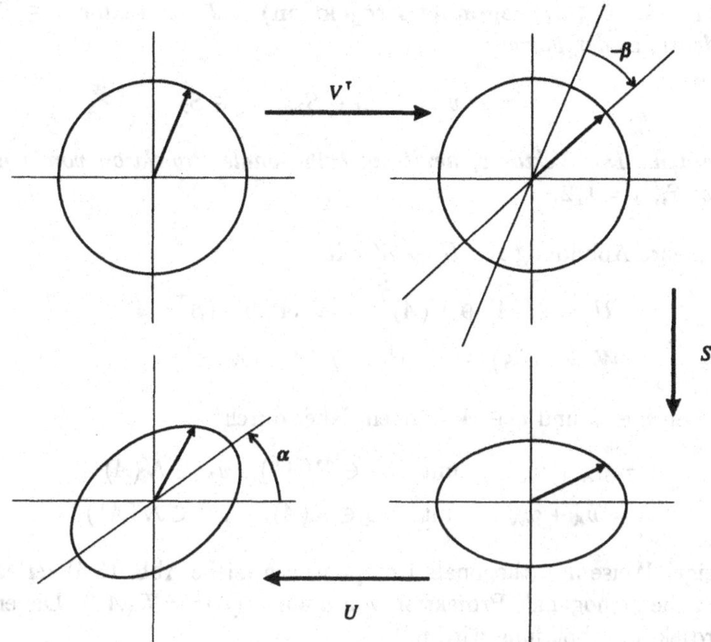

Abb. 13.4: Zusammengesetzte Abbildung $USV^\top = A \in \mathbb{R}^{2\times 2}$. Ein Vektor x wird über die Zwischenstufen $V^\top x$ und $SV^\top x$ schließlich auf $USV^\top x = Ax$ abgebildet.

Mit den Zeilenvektoren $z_1, \ldots, z_n$ von A, also den Spaltenvektoren von $A^\top$, kann man $Ax = 0$ auch in der Form

$$z_i^\top x = \langle z_i, x\rangle = 0, \qquad i = 1, 2, \ldots, n$$

schreiben. Jeder Vektor $x \in \mathcal{N}(A)$ ist somit orthogonal zu jedem Spaltenvektor von $A^\top$, also auch zu jedem Vektor aus

$$\mathcal{R}(A^\top) := \operatorname{span}\{z_1, z_2, \ldots, z_n\}.$$

$\mathcal{R}(A^\top)$ ist das orthogonale Komplement des Nullraums:

$$\mathcal{R}(A^\top) = \mathcal{N}(A)^\perp.$$

Definition 13.7.4 (Verbindungsraum, direkte Summe) *Für zwei Unterräume S_1 und S_2 des $\mathbb{R}^n$ bezeichnet man den Unterraum*

$$S_1 + S_2 := \{v = v_1 + v_2 : v_1 \in S_1, v_2 \in S_2\}$$

als Verbindungsraum; wenn zusätzlich $S_1 \cap S_2 = \{0\}$ gilt, so bezeichnet man den Verbindungsraum

$$S_1 \oplus S_2 := \{v = v_1 + v_2 : v_1 \in S_1, v_2 \in S_2\}$$

als direkte Summe von S_1 und S_2.

Definition 13.7.5 (Orthogonale Projektion) *Jeder Vektor $v \in S_1 \oplus S_2$ kann eindeutig in der Form*

$$v = v_1 + v_2, \qquad v_1 \in S_1, \quad v_2 \in S_2$$

zerlegt werden. Der Vektor v_i heißt die orthogonale Projektion von v auf den Unterraum S_i, $i = 1, 2$.

Für eine lineare Abbildung $A: \ U \to W$ gilt

$$\begin{aligned} U &= \mathcal{N}(A) \oplus \mathcal{N}(A)^{\perp} = \mathcal{N}(A) \oplus \mathcal{R}(A^{\top}) \\ W &= \mathcal{R}(A) \oplus \mathcal{R}(A)^{\perp} = \mathcal{R}(A) \oplus \mathcal{N}(A^{\top}). \end{aligned}$$

Alle Vektoren $u \in U$ und $w \in W$ können daher durch

$$\begin{aligned} u &= u_A + u_{\mathcal{N}} \qquad \text{mit} \quad u_A \in \mathcal{R}(A^{\top}), \quad u_{\mathcal{N}} \in \mathcal{N}(A) \\ w &= w_A + w_{\mathcal{N}} \qquad \text{mit} \quad w_A \in \mathcal{R}(A), \quad w_{\mathcal{N}} \in \mathcal{N}(A^{\top}) \end{aligned}$$

in eindeutiger Weise in orthogonale Komponenten (siehe Abb. 13.5) zerlegt werden. u_A ist die orthogonale Projektion von u auf $\mathcal{N}(A)^{\perp} = \mathcal{R}(A^{\top})$. Die entsprechende Projektionsabbildung wird mit

$$P_{\mathcal{R}(A^{\top})} : U \to \mathcal{R}(A^{\top})$$

bezeichnet. Analog stellt

$$P_{\mathcal{R}(A)} : W \to \mathcal{R}(A)$$

die Projektion auf den Bildraum von A dar.

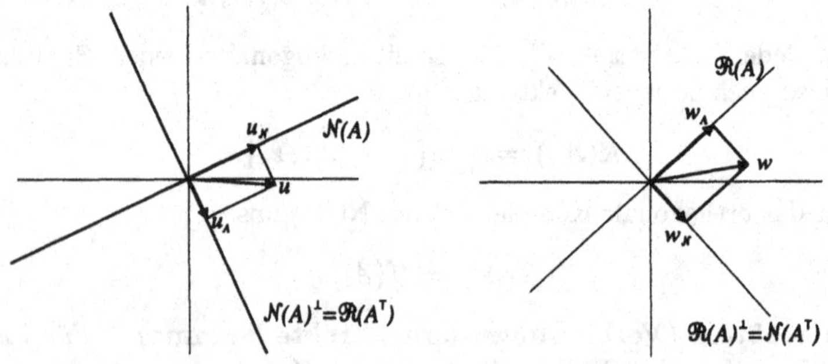

Abb. 13.5: Zerlegung von $u \in U$ und $w \in W$ in orthogonale Komponenten

13.7.3 Verallgemeinerte Umkehrabbildungen

Jede Abbildung A läßt sich als zusammengesetzte Abbildung

$$A = \hat{A} P_{\mathcal{R}(A^{\top})}$$

darstellen, wobei $\hat{A} : \mathcal{N}(A)^\perp \to \mathcal{R}(A)$ die Einschränkung von A auf $\mathcal{N}(A)^\perp$ ist:

$$\hat{A}x := Ax \qquad \text{für alle} \quad x \in \mathcal{N}(A)^\perp.$$

Die Abbildung $\hat{A}$ ist injektiv und besitzt daher eine Inverse

$$\hat{A}^{-1} : \mathcal{R}(A) \to \mathcal{N}(A)^\perp,$$

mit deren Hilfe man eine neue Abbildung definieren kann, die zu einer Verallgemeinerung der Inversen einer Matrix führt.

Definition 13.7.6 (Verallgemeinerte Inverse, Pseudo-Inverse) *Durch*

$$A^+w := \begin{cases} \hat{A}^{-1}w & \text{für} \quad w \in \mathcal{R}(A) \\ 0 & \text{für} \quad w \in \mathcal{R}(A)^\perp \end{cases}$$

wird die zusammengesetzte Abbildung

$$A^+ = \hat{A}^{-1} P_{\mathcal{R}(A)}$$

festgelegt, die man verallgemeinerte Inverse oder Pseudo-Inverse A^+ von A nennt.

Die so definierte Pseudo-Inverse ist *eindeutig* bestimmt und erfüllt die folgenden vier Beziehungen:

$$(AA^+)A = A \tag{13.22}$$
$$(A^+A)A^+ = A^+ \tag{13.23}$$
$$(AA^+)^\top = AA^+ \tag{13.24}$$
$$(A^+A)^\top = A^+A, \tag{13.25}$$

die sogenannten *Moore-Penrose-Bedingungen*. Aus (13.22) und (13.24) folgt

$$P_{\mathcal{R}(A)} = AA^+$$

und aus (13.23) und (13.25)

$$P_{\mathcal{N}(A)^\perp} = A^+A.$$

Ist $A \in \mathbb{R}^{n\times n}$ regulär, so sind die Projektionen $P_{\mathcal{R}(A)}$ und $P_{\mathcal{N}(A)^\perp}$ identische Abbildungen und es gilt

$$A^+ = \hat{A}^{-1} P_{\mathcal{R}(A)} = \hat{A}^{-1} I = A^{-1}.$$

Beispiel (Verallgemeinerte Umkehrabbildung) Zur geometrischen Verdeutlichung der verallgemeinerten Inversen eignet sich am besten eine 2×2-Matrix A mit $\operatorname{rang}(A) = 1$.

In Abb. 13.6 ist u ein Vektor in allgemeiner Lage, der sowohl eine nichtverschwindende Komponente $u_{\mathcal{N}}$ bezüglich $\mathcal{N}(A)$ als auch bezüglich des orthogonalen Komplements dieses Teilraumes besitzt. u wird auf Au im Bildraum $\mathcal{R}(A)$ abgebildet.

Auch w in Abb. 13.6 ist ein Vektor in allgemeiner Lage, der sowohl eine nichtverschwindende Komponente w_A bezüglich des Teilraums $\mathcal{R}(A)$ als auch bezüglich dessen orthogonalen Komplements $\mathcal{N}(A^\top)$ besitzt. Durch die verallgemeinerte Umkehrabbildung A^+ wird w auf u_A im Teilraum $\mathcal{N}(A)^\perp$ abgebildet.

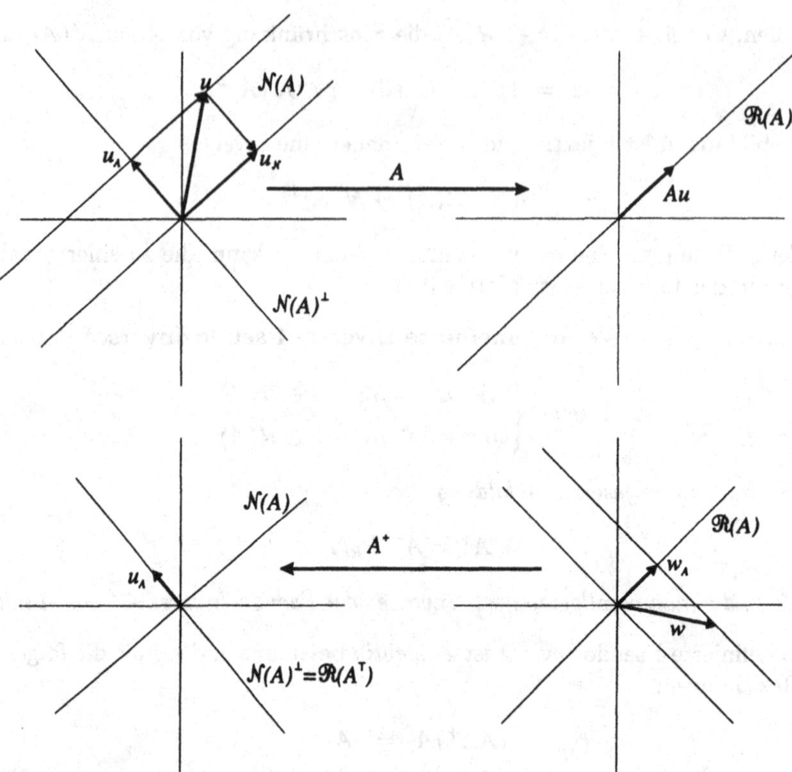

Abb. 13.6: Abbildung von $u \in \mathbb{R}^2$ auf Au durch $A \in \mathbb{R}^{2\times 2}$ mit $\operatorname{rang}(A) = 1$ (oberes Bild) und verallgemeinerte Umkehrabbildung von $w \in \mathbb{R}^2$ durch $A^+ \in \mathbb{R}^{2\times 2}$ (unteres Bild).

Beispiel (Diagonalmatrix) Die Pseudo-Inverse einer Diagonalmatrix

$$A = \operatorname{diag}(\alpha_1, \ldots, \alpha_k, 0, \ldots, 0) \in \mathbb{R}^{m\times n}, \quad k \le \min\{m, n\}$$

mit $\alpha_i \neq 0,\ i = 1, \ldots, k$ ist

$$A^+ = \operatorname{diag}(1/\alpha_1, \ldots, 1/\alpha_k, 0, \ldots, 0) \in \mathbb{R}^{n\times m}, \tag{13.26}$$

denn $AA^+ = \operatorname{diag}(1, \ldots, 1, 0, \ldots, 0) \in \mathbb{R}^{m\times m}$ und $A^+A = \operatorname{diag}(1, \ldots, 1, 0, \ldots, 0) \in \mathbb{R}^{n\times n}$ erfüllen offensichtlich die Moore-Penrose-Bedingungen.

Beispiel (Blockmatrix) Die Pseudo-Inverse einer Blockmatrix

$$A = \begin{pmatrix} B & 0 \\ 0 & 0 \end{pmatrix} \in \mathbb{R}^{m\times n}, \qquad B \in \mathbb{R}^{k\times k}, \quad k \le \min\{m, n\}$$

wobei B eine reguläre $k\times k$-Matrix ist, erhält man durch

$$A^+ = \begin{pmatrix} B^{-1} & 0 \\ 0 & 0 \end{pmatrix} \in \mathbb{R}^{n\times m}.$$

Der Nachweis hierfür ergibt sich wieder durch Überprüfung der Moore-Penrose-Bedingungen.

Wenn zwei Matrizen $A, B \in \mathbb{R}^{m\times n}$ orthogonal-äquivalent sind, also eine Beziehung der Form

$$A = UBV^\top$$

mit orthogonalen Matrizen $U \in \mathbb{R}^{m\times m}, V \in \mathbb{R}^{n\times n}$ gilt, so besteht zwischen den Pseudo-Inversen A^+ und B^+ die Beziehung

$$A^+ = VB^+U^\top. \tag{13.27}$$

Aus (13.26) und (13.27) folgt, daß man die Pseudo-Inverse einer allgemeinen Matrix $A \in \mathbb{R}^{m\times n}$ mit Hilfe ihrer Singulärwertzerlegung

$$A = USV^\top \qquad \text{mit} \quad S = \operatorname{diag}(\sigma_1, \ldots, \sigma_k, 0, \ldots, 0)$$

aus folgender Formel erhält:

$$A^+ = VS^+U^\top \qquad \text{mit} \quad S^+ = \operatorname{diag}(1/\sigma_1, \ldots, 1/\sigma_k, 0, \ldots, 0).$$

Beispiel (Unstetigkeit von A^+) Falls in der Matrix

$$A = \begin{pmatrix} 1 & 1 \\ 1 & 1+\varepsilon \end{pmatrix}$$

$\varepsilon > 0$ gilt, so ist A regulär, und man erhält

$$A^+ = A^{-1} = \frac{1}{\varepsilon}\begin{pmatrix} 1+\varepsilon & -1 \\ -1 & 1 \end{pmatrix}. \tag{13.28}$$

Ist jedoch $\varepsilon = 0$, so ist A singulär mit der Pseudo-Inversen

$$A^+ = \begin{pmatrix} 1 & 0 \\ 0 & 0 \end{pmatrix},$$

die man nicht aus (13.28) durch Grenzübergang $\varepsilon \to 0$ erhält.

Dieses Beispiel zeigt, daß A^+ im allgemeinen *nicht* stetig von (den Elementen von) A abhängt. Das Wesen dieser Unstetigkeit wird in den später folgenden Konditionsbetrachtungen noch genauer untersucht werden.

13.7.4 Allgemeine Lösung linearer Gleichungssysteme

Mit Hilfe der verallgemeinerten Inversen kann man sämtliche Fälle, die bei der Lösung inhomogener linearer Gleichungssysteme $Ax = b$ mit $b \neq 0$ und $A \in \mathbb{R}^{n\times n}$ auftreten können, in völlig einheitlicher Weise behandeln.

Reguläre Matrix

Ist $A \in \mathbb{R}^{n\times n}$ eine reguläre Matrix, d. h. gilt $\operatorname{rang}(A) = n$, so folgt aus $A^+ = A^{-1}$ die Lösung

$$x_0 = A^{-1}b$$

des Gleichungssystems $Ax = b$. Die praktisch-algorithmische Ermittlung der Lösung, die man aus Effizienzgründen *nicht* mit Hilfe von A^{-1}, sondern mit geeigneten Faktorisierungen von A vornimmt, wird in späteren Abschnitten behandelt; ebenso jene Fälle, wo A zwar regulär, aber schlecht konditioniert ist.

Singuläre Matrix

Ist $A \in \mathbb{R}^{n \times n}$ eine singuläre Matrix mit $\text{rang}(A) = k < n$, so müssen zwei Fälle unterschieden werden.

Fall 1: $b \in \mathcal{R}(A)$

In diesem Fall ist der Vektor $x_0 = A^+ b$ Lösung des Gleichungssystems, aber auch jeder Vektor $v = x_0 + z$ mit $z \in \mathcal{N}(A)$:

$$Av = A(x_0 + z) = Ax_0 + Az = b + 0 = b.$$

Das Gleichungssystem $Ax = b$ hat in diesem Fall die *Lösungsmannigfaltigkeit*

$$X := \left\{ v : \; v = A^+ b + Hy; \; y \in \mathbb{R}^{n-k} \right\},$$

wobei die Spaltenvektoren von $H \in \mathbb{R}^{n \times (n-k)}$ eine Basis des Nullraums $\mathcal{N}(A)$ der Matrix A darstellen. Unter allen Lösungen aus der Mannigfaltigkeit X ist der Vektor x_0 durch die kleinste Länge (bezüglich der Euklidischen Norm) ausgezeichnet (siehe Abb. 13.7).

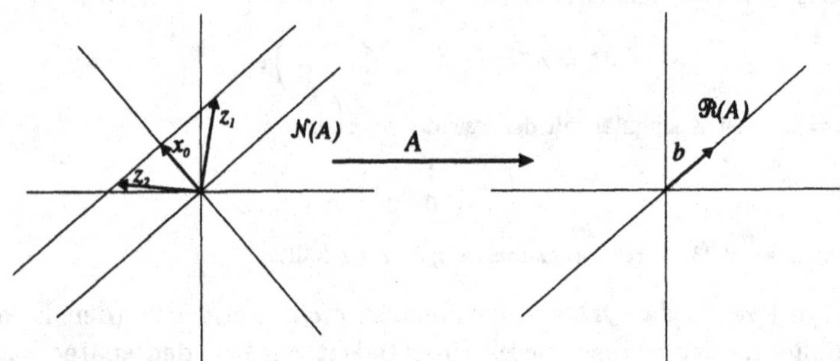

Abb. 13.7: Abbildung verschiedener Vektoren durch eine singuläre Matrix A auf den Vektor $b = Ax_0 = Az_i \in \mathcal{R}(A)$

Fall 2: $b \notin \mathcal{R}(A)$

Wenn man den Vektor b *nicht* als Linearkombination der Spaltenvektoren von A darstellen kann, so ist $Ax = b$ ein *widersprüchliches* (inkonsistentes) System. Es gibt in diesem Fall keinen Vektor x_0, für den $Ax_0 = b$ gilt, das Gleichungssystem ist also *nicht lösbar*.

Abhängig von der konkreten Aufgabenstellung kann es jedoch sinnvoll sein, jenen Vektor x_0 (oder eine Mannigfaltigkeit X) zu bestimmen, für den das Residuum $r = Ax - b$ minimale Länge (Norm) hat.

Definition 13.7.7 (Normallösung) *Einen Vektor $v \in \mathbb{R}^n$ nennt man Normallösung von $Ax = b$, wenn er minimales Residuum besitzt:*

$$\|Av - b\| = \min \left\{ \|Ay - b\| : \; y \in \mathbb{R}^n \right\}.$$

Eine Normallösung von $Ax = b$ ist also ein Vektor im Bildraum $\mathcal{R}(A)$, der von b minimalen Abstand besitzt. Diesen Vektor erhält man durch orthogonale Projektion von b auf $\mathcal{R}(A)$

$$Ax_0 = b_A = AA^+b,$$

woraus sich

$$x_0 = A^+b$$

als Normallösung ergibt. Durch die Forderung nach der Minimierung des Residuums erhält man aber nicht einen einzigen eindeutigen Lösungsvektor, sondern eine *Lösungsmannigfaltigkeit*. Außer x_0 liefert auch jeder Vektor $v = x_0 + z$ mit $z \in \mathcal{N}(A)$ den Minimalwert des Residuums $\|b_A - b\|_2$, die Lösungsmannigfaltigkeit ist also wieder

$$X := \left\{v: \; v = A^+b + Hy; \; y \in \mathbb{R}^{n-k}\right\}.$$

Allerdings ist der Vektor $x_0 = A^+b$ von allen Lösungen aus X durch seine minimale Länge ausgezeichnet.

Definition 13.7.8 (Pseudo-Normallösung) *Ein Vektor $x_0 \in \mathbb{R}^n$ heißt Pseudo-Normallösung von $Ax = b$, wenn er Normallösung ist, also minimales Residuum besitzt, und darüber hinaus die kleinstmögliche Länge hat:*

$$\|x_0\| = \min\left\{\|v\| : v \text{ ist Normallösung}\right\}.$$

Einheitliche Lösungsdefinition

Alle Ergebnisse dieses Abschnitts kann man nun in einem Satz zusammenfassen:

Satz 13.7.2 *Die eindeutige Pseudo-Normallösung von $Ax = b$ ist $x_0 = A^+b$.*

13.7.5 Lösung homogener Gleichungssysteme

Falls die rechte Seite eines linearen Gleichungssystems der Nullvektor ist, handelt es sich um ein *homogenes Gleichungssystem*

$$Ax = 0,$$

das für eine Matrix $A \in \mathbb{R}^{n\times n}$ von vollem Rang nur die triviale Lösung $x = 0$, für eine singuläre Matrix mit $\operatorname{rang}(A) = k < n$ hingegen einen $(n-k)$-dimensionalen Unterraum $\mathcal{N}(A)$ des $\mathbb{R}^n$ – den Nullraum von A – als Lösungsmannigfaltigkeit besitzt.

Eine orthogonale Basis des $(n-k)$-dimensionalen Lösungsraumes $\mathcal{N}(A)$ erhält man aus der Singulärwertzerlegung $A = USV^\top$. Mit $V = [v_1, \ldots, v_n]$ und $U^\top = [u_1, \ldots, u_n]$ gilt

$$Av_i = \sigma_i u_i, \quad i = 1, 2, \ldots, n,$$

d. h. $Av_i = 0$ für $i = (k+1), \ldots, n$; die den Singulärwerten $\sigma_{k+1} = \cdots = \sigma_n = 0$ zugeordneten Spaltenvektoren $\{v_{k+1}, \ldots, v_n\}$ von V sind die gesuchte orthogonale Basis des Nullraums $\mathcal{N}(A)$.

13.7.6 Lineare Ausgleichsprobleme

Die Bezeichnung „Ausgleichsproblem“ leitet sich von der Tatsache ab, daß mit Hilfe dieser Methode bei der mathematischen Modellbildung stochastische Schwankungen der Daten (hervorgerufen durch Meßfehler etc.), die in manchen Fällen unvermeidbar sind, „ausgeglichen“ werden können.

Zu diesem Zweck wird eine größere Anzahl an Daten erhoben, als zur Bestimmung der Modellparameter erforderlich wären, woraus folgt, daß das resultierende System überbestimmt (und daher meist unlösbar) ist.

Da es also im allgemeinen nicht möglich ist, den gesuchten Parametervektor $x \in \mathbb{R}^n$ so zu bestimmen, daß er unter $A \in \mathbb{R}^{m\times n}$ auf den Datenvektor $b \in \mathbb{R}^m$ abgebildet wird, kann man nur versuchen, jenen Vektor x_0 zu finden, dessen Bild Ax_0 von b die geringste Distanz hat:

$$\operatorname{dist}(Ax_0, b) = \min\{\operatorname{dist}(Ax, b) \ : \ x \in \mathbb{R}^n\}.$$

Das Quantifizieren dieser Distanz kann zum Beispiel durch eine l_p-Norm des Residuums $Ax - b$ geschehen:

$$\operatorname{dist}(Ax, b) := \|Ax - b\|_p.$$

Welche l_p-Norm man hierfür verwendet, hängt stark von der Aufgabenstellung ab. Je nachdem, wie der Parameter p gewählt wird, ergibt sich ein unterschiedliches Gewicht der Abweichungen in Verhältnis zur Distanz. So wirken sich z. B. kleine Abweichungen (< 1) umso weniger aus, je größer man p wählt; große Fehler bekommen in diesem Fall hingegen immer stärkeres Gewicht, was zur Folge haben kann, daß einzelne „Ausreißer“ (verursacht durch unsystematische Störungen eines Meßgerätes etc.) das Ergebnis in eine falsche Richtung hin beeinflussen.

Auf Grund der Tatsache, daß die Euklidische Norm der „üblichen“ Distanzmessung im Raum anschaulich entspricht und den relativ geringsten Aufwand bei der Lösung linearer Ausgleichsprobleme erfordert, wird zumeist auch die l_2-Norm zur Abstandsdefinition verwendet. In diesem Fall ergibt sich folgende Gestalt des linearen Ausgleichsproblems als Minimierungsproblem:

$$\min\Big\{\|Ax - b\|_2 : x \in \mathbb{R}^n\Big\}, \qquad A \in \mathbb{R}^{m\times n}, \quad b \in \mathbb{R}^m, \quad m > n.$$

Man kann die Lösung dieses Minimierungsproblems folgendermaßen interpretieren: Als Lösungsvektoren treten jene $x \in \mathbb{R}^n$ auf, die unter A auf die Orthogonalprojektion von b auf $\mathcal{R}(A)$ abgebildet werden. Ist die Abbildung A injektiv, d. h. gilt $\operatorname{rang}(A) = n$, so ist die Lösung eindeutig. Andernfalls ergibt sich als *Lösungsmannigfaltigkeit* eine Nebenklasse des Nullraums $\mathcal{N}(A)$.

Im folgenden wird immer, wenn von linearen Ausgleichsproblemen die Rede ist und nicht ausdrücklich auf eine andere Situation hingewiesen wird, die l_2-Norm, also die Euklidische Norm, der Distanzmessung zugrunde gelegt.

Lösung linearer Ausgleichsprobleme

Die Lösung linearer Ausgleichsprobleme kann, wie bei den linearen Gleichungssystemen, die den quadratischen Sonderfall der Ausgleichsprobleme darstellen, mit

Hilfe der Pseudo-Inversen einheitlich behandelt werden.

Für $A \in \mathbb{R}^{m\times n}$ existiert (nach Satz 13.7.1) die Singulärwertzerlegung $A = USV^\top$. Setzt man nun

$$p := V^\top x = \begin{pmatrix} p_1 \\ p_2 \end{pmatrix} \in \mathbb{R}^n \qquad \text{und} \qquad q := U^\top b = \begin{pmatrix} q_1 \\ q_2 \end{pmatrix} \in \mathbb{R}^m$$

mit $p_1, q_1 \in \mathbb{R}^k$, so erhält man wegen der Invarianz der Euklidischen Norm gegenüber orthogonalen Transformationen das Minimierungsproblem

$$\|b - Ax\|_2 = \|U^\top(b - USV^\top x)\|_2 = \|q - Sp\|_2 = \left\| \begin{pmatrix} q_1 - S_k p_1 \\ q_2 \end{pmatrix} \right\|_2 \longrightarrow \text{Min}$$

mit $S_k := \operatorname{diag}(\sigma_1, \dots, \sigma_k) \in \mathbb{R}^{k\times k}$.

Die Norm des Residuums $\|r\|_2 = \|b - Ax\|_2$ ist für beliebiges $p_2 \in \mathbb{R}^{n-k}$ und

$$p_1 = S_k^{-1} q_1 \in \mathbb{R}^k$$

minimal. Damit ist eine Normallösung gefunden. Offensichtlich ist für $p_2 = 0$ die Euklidische Norm $\|p\|_2$ und damit auch $\|x\|_2 = \|Vp\|_2$ minimal. Daher ist

$$x_0 = V \begin{pmatrix} S_k^{-1} & 0 \\ 0 & 0 \end{pmatrix} U^\top b = A^+ b$$

die einzige Normallösung, für die auch die Euklidische Norm $\|x_0\|_2$ minimal ist, also die Pseudo-Normallösung.

Das zusammenfassende Ergebnis dieses Abschnittes ist die Verallgemeinerung von Satz 13.7.2 auf rechteckige Matrizen:

Satz 13.7.3 *Die eindeutige Pseudo-Normallösung eines linearen Ausgleichsproblems $Ax = b$ mit $A \in \mathbb{R}^{m\times n}$, $x \in \mathbb{R}^n$, $b \in \mathbb{R}^m$ und $m \geq n$ ist*

$$x_0 = A^+ b$$

mit $A^+ \in \mathbb{R}^{n\times m}$.

Hat A maximalen Rang, gilt also $\operatorname{rang}(A) = n$, so ist speziell

$$A^+ = (A^\top A)^{-1} A^\top.$$

Die Lösung des linearen Ausgleichsproblems ist in diesem Fall, wie erwartet, die Lösung der Normalgleichungen

$$A^\top A x = A^\top b.$$

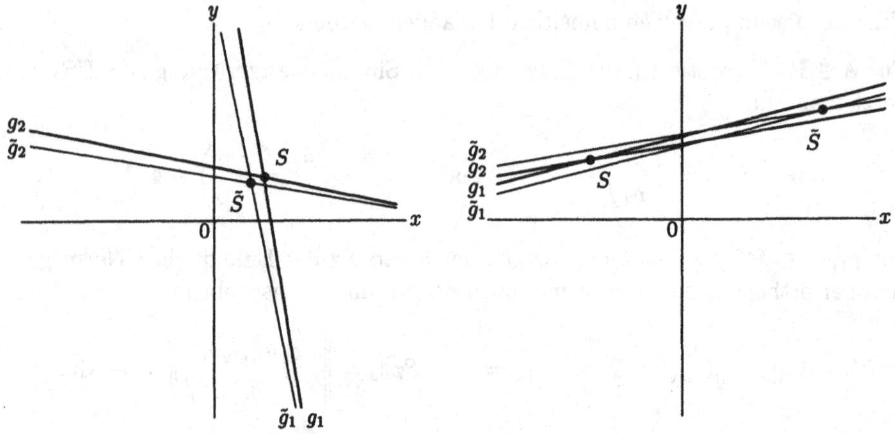

Abb. 13.8: Gut und schlecht konditioniertes 2×2-System

13.8 Kondition linearer Gleichungssysteme

Am einfachsten kann man sich die Kondition eines linearen Gleichungssystems im zweidimensionalen Fall verdeutlichen. Die Lösung von

$$\begin{array}{rcrcll} a_{11}x & + & a_{12}y & = & b_1 & \qquad (\textit{Gerade } g_1) \\ a_{21}x & + & a_{22}y & = & b_2 & \qquad (\textit{Gerade } g_2) \end{array}$$

ist der Schnittpunkt S der beiden Geraden in der x-y-Ebene (siehe Abb. 13.8). Bei einem gut konditionierten 2×2-System verändert sich der Schnittpunkt S der beiden Geraden g_1 und g_2 nur wenig, wenn die „gestörten" Geraden $\tilde{g}_1$ und $\tilde{g}_2$ an deren Stelle treten. Bei einem schlecht konditionierten System ist auf Grund des „schleifenden" Schnitts von g_1 und g_2 der Abstand zwischen S und $\tilde{S}$ sehr groß, auch wenn die Störungen nur geringfügig sind.

Je mehr sich die Lage der zwei Geraden der Parallelität nähert, desto schlechter konditioniert ist das 2×2-Gleichungssystem. Stehen die beiden Geraden senkrecht zueinander, so handelt es sich um ein optimal konditioniertes System.

Diese anschauliche Konditionsbetrachtung läßt sich in gewisser Weise formalisieren und auch auf den allgemeinen n-dimensionalen Fall übertragen (Golub, Ortega [46]). Sie hat aber Nachteile, da sie z. B. nicht gestattet, genaue Aussagen über günstige/ungünstige Konstellationen der rechten Seite b zu machen. Es hat sich daher eine andere Vorgangsweise zur quantitativen Untersuchung der Kondition linearer Gleichungssysteme durchgesetzt, die auf der Grenzkondition (siehe Abschnitt 2.6) unter Benutzung der Matrix- und Vektornormen beruht. Derartige Konditionsuntersuchungen sind das Thema der folgenden Abschnitte.

13.8.1 Kondition regulärer Systeme

Die Störungsempfindlichkeit eines linearen Gleichungssystems $Ax = b$ kann man an Hand des durch $t \in \mathbb{R}$ parametrisierten Systems

$$(A + t \cdot \Delta A)x(t) = b + t \cdot \Delta b, \qquad x(0) = x^*$$

mit $\Delta A \in \mathbb{R}^{n\times n}$ und $\Delta b \in \mathbb{R}^n$ untersuchen (Golub, Van Loan [48]). Für eine reguläre Matrix A ist $x(t)$ differenzierbar bei $t = 0$:

$$\dot{x}(0) = A^{-1}(\Delta b - \Delta A \cdot x^*).$$

Die Taylor-Entwicklung von $x(t)$ hat daher die Form

$$x(t) = x^* + t\dot{x}(0) + O(t^2).$$

Es gilt somit folgende Abschätzung für den absoluten Fehler:

$$\begin{aligned}\|\Delta x(t)\| &= \|x(t) - x^*\| \le t\|\dot{x}(0)\| + O(t^2) \le \\ &\le t\|A^{-1}\| \left(\|\Delta b\| + \|\Delta A\|\|x^*\|\right) + O(t^2)\end{aligned}$$

und (wegen $\|b\| \le \|A\|\|x^*\|$) für den relativen Fehler

$$\begin{aligned}\frac{\|\Delta x(t)\|}{\|x^*\|} &\le t\|A^{-1}\|\left(\frac{\|\Delta b\|}{\|x^*\|} + \|\Delta A\|\right) + O(t^2) \le \\ &\le \|A\|\|A^{-1}\|\left(t\frac{\|\Delta b\|}{\|b\|} + t\frac{\|\Delta A\|}{\|A\|}\right) + O(t^2). \qquad (13.29)\end{aligned}$$

Die Fehlerabschätzung (13.29) gibt Anlaß zu folgender Definition:

Definition 13.8.1 (Konditionszahl einer regulären Matrix) *Unter der Konditionszahl* cond(A) *oder* $\kappa(A)$ *einer regulären quadratischen Matrix* A *versteht man die Größe*

$$\operatorname{cond}(A) = \kappa(A) := \|A\|\|A^{-1}\|. \qquad (13.30)$$

Führt man weiters die Bezeichnungen

$$\rho_A(t) := t\frac{\|\Delta A\|}{\|A\|} \qquad \text{und} \qquad \rho_b(t) := t\frac{\|\Delta b\|}{\|b\|}$$

für die relativen Fehler von A und b ein, so schreibt sich die Fehlerabschätzung (13.29) als

$$\frac{\|\Delta x(t)\|}{\|x^*\|} \le \operatorname{cond}(A) \cdot (\rho_A + \rho_b) + O(t^2).$$

In erster Näherung gilt daher: Die relativen Datenfehler ρ_A von A und ρ_b von b wirken sich durch den Faktor cond(A) verstärkt auf das Resultat des gestörten Gleichungssystems aus. Hat die Matrix A eine „große“ Konditionszahl cond(A), so ist das lineare Gleichungssystem $Ax = b$ *schlecht konditioniert*.

Die Größe der Konditionszahl cond(A) hängt von der verwendeten Matrixnorm ab. Wegen der Norm-Äquivalenz in $\mathbb{R}^n$ gilt aber z. B.

$$\frac{1}{n}\kappa_\infty(A) \leq \kappa_2(A) \leq n\kappa_\infty(A)$$

für die speziellen Konditionszahlen

$$\kappa_\infty(A) := \|A\|_\infty \|A^{-1}\|_\infty \qquad \text{und} \qquad \kappa_2 := \|A\|_2 \|A^{-1}\|_2 = \frac{\sigma_1(A)}{\sigma_n(A)}$$

mit den singulären Werten $\sigma_1(A) \geq \cdots \geq \sigma_n(A) > 0$ (siehe Golub, Van Loan [48]). Schlecht konditionierte Matrizen besitzen diese Eigenschaft also (bis auf einen von der Dimension n abhängigen Faktor) unabhängig von der jeweiligen Norm.

Für jede p-Norm gilt $\kappa_p(A) \geq 1$. Je mehr sich $\kappa_p(A)$ daher dem Minimalwert 1 nähert, desto besser ist die Kondition des Gleichungssystems $Ax = b$. Orthogonale Matrizen Q haben mit $\kappa_2(Q) = 1$ eine optimale Konditionszahl.

Beispiel (Auswirkungen schlechter Kondition) Das Gleichungssystem

$$\begin{array}{rcrcrcl} 3y_1 & + & 1.5y_2 & + & y_3 & = & 0.2 \\ 1.5y_1 & + & y_2 & + & 0.75y_3 & = & 1 \\ y_1 & + & 0.75y_2 & + & 0.6y_3 & = & 1 \end{array} \tag{13.31}$$

hat die Koeffizientenmatrix

$$A = \begin{pmatrix} 3.00 & 1.50 & 1.00 \\ 1.50 & 1.00 & 0.75 \\ 1.00 & 0.75 & 0.60 \end{pmatrix},$$

deren Inverse A^{-1} sich leicht bestimmen läßt:

$$A^{-1} = \begin{pmatrix} 3 & -12 & 10 \\ -12 & 64 & -60 \\ 10 & -60 & 60 \end{pmatrix}.$$

Damit ist hier $\|A\|_\infty = 5.5$, $\|A^{-1}\|_\infty = 136$, also $\kappa_\infty(A) = 748$.

Dieser für ein System von nur 3 Gleichungen in 3 Unbekannten relativ große Wert zeigt, daß das Gleichungssystem (13.31) unter Umständen empfindlich auf Änderungen seiner Daten reagieren kann. Tatsächlich ändert sich der Lösungsvektor $x = (-1.4, 1.6, 2)^\top$ bei einer Änderung der rechten Seite $b = (0.2, 1, 1)^\top$ um $\Delta b = (0.01, -0.01, 0.01)^\top$ in

$$x + \Delta x \qquad \text{mit} \qquad \Delta x = (0.25, -1.36, 1.30)^\top.$$

Es ist also

$$\|\Delta x\|_\infty / \|x\|_\infty = 1.36/2 = 0.68 \qquad \text{und} \qquad \|\Delta b\|_\infty / \|b\|_\infty = 0.01/1 = 0.01$$

und somit eine Verstärkung des relativen Fehlers um einen Faktor 68 eingetreten. Der Wert von $\kappa_\infty(A) = 748$ läßt vermuten, daß noch ungünstigere Fälle bei dieser Koeffizientenmatrix auftreten können.

Bei der Verwendung eines stabilen Algorithmus zur numerischen Auflösung eines linearen Gleichungssystems muß man damit rechnen, daß sich zumindest einige der Rundungsfehler bei der Durchführung des Algorithmus in einer Gleitpunktarithmetik ebenso wie Datenstörungen fortpflanzen, d. h., daß sie das Ergebnis mit einem Verstärkungsfaktor $\kappa(A)$ beeinflussen können. Bei einem schlecht konditionierten linearen Gleichungssystem wird man also mit einem starken Einfluß der Rundungsfehler auf das Ergebnis rechnen müssen.

In einer vorgegebenen Gleitpunktarithmetik sind die einzelnen Rundungsfehler durch die relative Rundungsfehlerschranke *eps* beschränkt, die relative Wirkung eines einzelnen Rundungsfehlers kann also im ungünstigsten Fall $\kappa(A) \cdot eps$ betragen. Da eine relative Störung der Größenordnung 1 bedeutet, daß der Störungseffekt ebenso groß wie die Grundgröße ist, kann man im Fall

$$\kappa(A) \cdot eps \geq 1$$

nicht erwarten, daß bei der numerischen Lösung eines linearen Gleichungssystems mit der Koeffizientenmatrix A auf einem Computer mit der Rundungsfehlerschranke *eps* auch nur die erste Stelle des Ergebnisses richtig ist. Man nennt ein solches Gleichungssystem bzw. seine Matrix *numerisch singulär* bezüglich der betrachteten Gleitpunktarithmetik.

Eine Lösung eines solchen Gleichungssystems in dem durch *eps* charakterisierten Gleitpunkt-Zahlensystem ist im allgemeinen schon deshalb sinnlos, weil zumindest ein Teil der Koeffizienten und der rechten Seite wegen ihrer Rundung einen relativen Fehler der Größenordnung *eps* erleiden wird. Der Effekt dieser Datenungenauigkeiten ergibt nach den obigen Fehlerabschätzungen und jenen der nächsten Abschnitte ebenfalls eine grundlegende Veränderung der Lösung.

In den folgenden Abschnitten wird die Störungsempfindlichkeit linearer Systeme untersucht, deren Matrix *nicht* notwendigerweise quadratisch oder regulär ist.

13.8.2 Auswirkungen einer gestörten rechten Seite

Ist bei einem linearen Gleichungssystem nur die rechte Seite einer Störung unterworfen, so liegt folgende Situation vor:

Gleichungssystem		Lösung
Originalsystem	$Ax = b$	$x_0 = A^+b$
gestörtes System	$Ax = b + \Delta b$	$\tilde{x}_0 = A^+(b + \Delta b)$

Aus der Definition der Störung der Lösung folgt

$$\Delta x_0 := \tilde{x}_0 - x_0 = A^+(b + \Delta b) - A^+b = A^+\Delta b$$

und weiters

$$\|\Delta x_0\| \leq \|A^+\| \, \|\Delta b\|. \tag{13.32}$$

Diese Abschätzung des absoluten Fehlers zeigt, daß bereits eine kleine Änderung der rechten Seite b zu einer großen Änderung der Lösung x_0 führen kann, wenn der „Verstärkungsfaktor" $\|A^+\|$ bzw. im Fall einer regulären Matrix $\|A^{-1}\|$ groß ist. Was dabei als „groß" anzusehen ist, kann man nicht durch ein absolutes Kriterium festlegen – eine *relative* Fehlerabschätzung ist hingegen leicht zu interpretieren.

Wegen $Ax_0 = b_A$ gilt

$$\|b_A\| \leq \|A\|\,\|x_0\|$$

und unter der Voraussetzung $\|A\| > 0$

$$\|x_0\| \geq \frac{\|b_A\|}{\|A\|}. \tag{13.33}$$

Aus der Kombination von (13.32) und (13.33) folgt

$$\frac{\|\Delta x_0\|}{\|x_0\|} \leq \frac{\|A^+\|\,\|\Delta b\|}{\|x_0\|} \leq \frac{\|A^+\|\,\|\Delta b\|}{\frac{\|b_A\|}{\|A\|}}.$$

Durch Auflösen des Doppelbruches und Erweitern mit $\|b\|$ erhält man folgende Abschätzung für den relativen Fehler von x_0:

$$\frac{\|\Delta x_0\|}{\|x_0\|} \leq \|A\|\,\|A^+\|\,\frac{\|\Delta b\|}{\|b\|}\cdot\frac{\|b\|}{\|b_A\|}.$$

Bezeichnet man die relative Störung der rechten Seite mit

$$\varrho_b := \frac{\|\Delta b\|}{\|b\|},$$

so ergibt sich für den relativen Fehler ϱ_x von x_0 die folgende Abschätzung:

$$\varrho_x \leq \|A\|\,\|A^+\|\frac{\|b\|}{\|b_A\|}\varrho_b. \tag{13.34}$$

In (13.34) gibt es zwei „Verstärkungsfaktoren" für die Auswirkungen des relativen Fehlers ρ_b der rechten Seite: Den Faktor $\|A\|\|A^+\|$, der sich nur auf die Matrix A bezieht, und den Faktor $\|b\|/\|b_A\|$, der von b und auch A abhängt.

Als Verallgemeinerung von Definition 13.8.1 wird folgende Bezeichnung gewählt:

Definition 13.8.2 (Konditionszahl einer allgemeinen Matrix) *Unter der Konditionszahl* cond(A) *oder* $\kappa(A)$ *einer rechteckigen Matrix* $A \in \mathbb{R}^{m\times n}$ *versteht man die Größe*

$$\text{cond}(A) = \kappa(A) := \|A\|\|A^+\|.$$

Für reguläre Matrizen gilt $b_A = b$ und daher $\|b\|/\|b_A\| = 1$. Für singuläre Matrizen, also rang$(A) < n$, spielt auch der Faktor $\|b\|/\|b_A\|$ eine wichtige Rolle. Seine geometrische Bedeutung kann man aus der Beziehung

$$\frac{\|b\|}{\|b_A\|} = \left|\frac{1}{\cos\varphi}\right|,$$

die sich mit Hilfe der Singulärwertzerlegung von A herleiten läßt, erkennen (siehe Abb. 13.9).

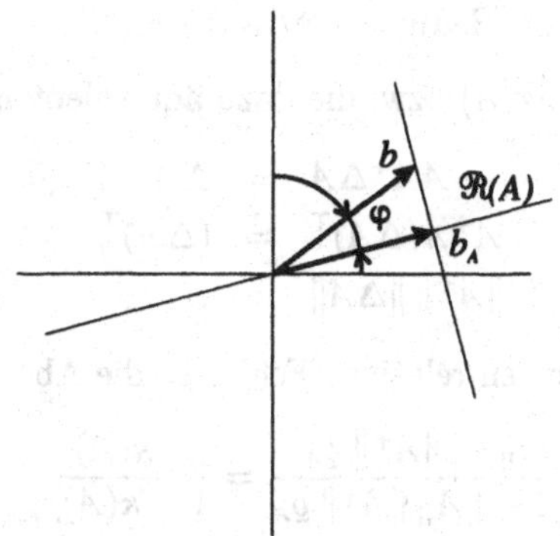

Abb. 13.9: Geometrische Interpretation der Konditionszahl $\text{cond}(b; A) := \|b\|/\|b_A\|$

Definition 13.8.3 (Konditionszahl einer rechten Seite) *Unter der Konditionszahl der rechten Seite $b \in \mathbb{R}^m$ bezüglich eines linearen Gleichungssystems mit der Matrix $A \in \mathbb{R}^{m\times n}$ versteht man die Größe*

$$\text{cond}(b; A) = \kappa(b; A) := \frac{\|b\|}{\|b_A\|}.$$

Im günstigsten Fall ist $\text{cond}(b; A) = 1$, was einem $b \in \mathcal{R}(A)$ entspricht. Dabei geht die Abschätzung (13.34) über in

$$\varrho_x \leq \text{cond}(A) \cdot \varrho_b.$$

Für eine reguläre quadratische Matrix A folgt aus $A^+ = A^{-1}$ und $b_A = b$ die spezielle Fehlerabschätzung

$$\varrho_x \leq \|A\| \, \|A^{-1}\| \varrho_b \tag{13.35}$$

und damit (wie in Definition 13.8.1) die Konditionszahl $\text{cond}(A) = \|A\|\|A^{-1}\|$.

13.8.3 Auswirkungen einer gestörten Matrix

Im Fall einer gestörten Matrix und einer ungestörten rechten Seite

Gleichungssystem		Lösung
Originalsystem	$Ax = b$	$x_0 = A^+b$
gestörtes System	$(A + \Delta A)x = b$	$\tilde{x}_0 = (A + \Delta A)^+b$

$$\Delta x_0 = \tilde{x}_0 - x_0 = (A + \Delta A)^+b - A^+b$$

müssen drei Fälle unterschieden werden. Je nachdem, ob die Störung (1) den Rang unverändert läßt, (2) den Rang vergrößert oder (3) den Rang verkleinert, sind unterschiedliche Auswirkungen zu verzeichnen.

Fall 1: Störung läßt den Rang unverändert

Falls $\text{rang}(A + \Delta A) = \text{rang}(A)$ bzw. die dazu äquivalenten Bedingungen

$$AA^+\Delta A = \Delta A \tag{13.36}$$

$$A^+A(\Delta A)^\top = (\Delta A)^\top \tag{13.37}$$

$$\|A^+\|\,\|\Delta A\| < 1 \tag{13.38}$$

gelten, so erhält man für den relativen Fehler ϱ_x die Abschätzung (Wedin [391])

$$\varrho_x \le \frac{\|A\|\,\|A^+\|\,\varrho_A}{1 - \|A\|\,\|A^+\|\,\varrho_A} = \frac{\kappa(A)}{1-\kappa(A)\rho_A}\rho_A,$$

wobei

$$\varrho_A := \frac{\|\Delta A\|}{\|A\|}$$

die relative Störung der Matrix A charakterisiert.

Fall 2: Störung vergrößert den Rang

Gilt $\text{rang}(A+\Delta A) > \text{rang}(A)$, so gelten nur die Bedingungen (13.36) und (13.37), nicht aber (13.38), d. h., es gibt einen Vektor $u \neq 0$ mit

$$Au = 0, \quad \text{aber} \quad (A + \Delta A)u \neq 0,$$

oder anders ausgedrückt

$$u \in \mathcal{N}(A) \quad \text{und} \quad u \notin \mathcal{N}(A + \Delta A).$$

Daraus folgt

$$u = (A + \Delta A)^+(A + \Delta A)u = (A + \Delta A)^+Au + (A + \Delta A)^+\Delta Au,$$

und weil $Au = 0$ ist, folgt

$$u = (A + \Delta A)^+\Delta Au.$$

Der Übergang zu den Normen liefert die Abschätzung

$$\|u\| \le \|(A + \Delta A)^+\|\,\|\Delta A\|\,\|u\|$$

und schließlich

$$\|(A + \Delta A)^+\| \ge \frac{1}{\|\Delta A\|},$$

woraus der unstetige Zusammenhang zwischen A und A^+ folgt. Man sollte also nach Möglichkeit versuchen, Situationen mit $\text{rang}(A + \Delta A) > \text{rang}(A)$ zu vermeiden, indem man bewußt den Rang der aus dem Anwendungsproblem stammenden, also der *gestörten* Matrix $\tilde{A} := A + \Delta A$, heruntersetzt. Dies wird durch den Übergang vom Rang $\text{rang}(\tilde{A})$ zum *Pseudorang* $\text{rang}_\varepsilon(\tilde{A})$ ermöglicht, dessen Parameter ε vorhandene Information über die Größe des absoluten Fehlers (also der Störungen ΔA) von $\tilde{A}$ zum Ausdruck bringt. Es gilt nämlich folgender Satz:

Satz 13.8.1 *Wenn $A \in \mathbb{R}^{m\times n}$ die Singulärwertzerlegung $A = USV^\top$ besitzt und $j < k = \operatorname{rang}(A)$ ist, dann hat die Matrix*

$$A_j = \sum_{i=1}^{j} \sigma_i u_i v_i^\top$$

unter allen Matrizen B mit dem Rang j den kleinsten Abstand von A:

$$\min\{\|A - B\|_2 : B \in \mathbb{R}^{m\times n},\ \operatorname{rang}(B) = j\} \;=\; \|A - A_j\|_2 = \sigma_{j+1}.$$

Beweis: Golub, Van Loan [48].

Definition 13.8.4 (Pseudorang einer Matrix) *Der Pseudorang* $\operatorname{rang}_\varepsilon(A)$ *einer Matrix $A \in \mathbb{R}^{m\times n}$ bezüglich einer Distanz $\varepsilon > 0$ ist der kleinste Rang, der unter allen benachbarten Matrizen B aus der ε-Umgebung von A auftritt:*

$$\operatorname{rang}_\varepsilon(A) := \min\left\{\operatorname{rang}(B) : B \in \mathbb{R}^{m\times n},\ \|A - B\| < \varepsilon\right\}.$$

Ist z. B. bekannt, daß die Elemente von $\tilde{A}$ aus einer Meßanordnung stammen, die nur eine absolute Genauigkeit von ± 0.01 garantiert, so ist es sinnvoll, $\operatorname{rang}_{0.01}(\tilde{A})$ anstelle von $\operatorname{rang}(\tilde{A})$ zu verwenden.

Selbst wenn die Koeffizienten von A nur elementare Rundungsfehler (entsprechend dem verwendeten Gleitpunkt-Zahlensystem) aufweisen, wird man A als *numerisch singulär* auffassen müssen, sobald

$$\operatorname{rang}_\varepsilon(A) < \min\{m, n\} \qquad \text{mit} \quad \varepsilon := eps\|A\|_2$$

gilt. Den Pseudorang $\operatorname{rang}_\varepsilon(A)$ kann man mit Hilfe der Singulärwertzerlegung

$$A = USV^\top \qquad \text{mit} \quad S = \operatorname{diag}(\sigma_1, \sigma_2, \ldots, \sigma_k, 0, \ldots, 0), \quad k \le \min\{m, n\}$$

bestimmen, indem man mit

$$\bar{S} := \operatorname{diag}(\bar{\sigma}_1, \bar{\sigma}_2, \ldots, \bar{\sigma}_k, 0, \ldots, 0) \qquad \bar{\sigma}_i := \begin{cases} \sigma_i, & \text{falls } \sigma_i \ge \varepsilon \\ 0 & \text{sonst} \end{cases}$$

eine modifizierte Matrix $\bar{A} := U\bar{S}V^\top \in \mathbb{R}^{m\times n}$ definiert. Für diese gilt

$$\begin{aligned} \|A - \bar{A}\|_2 &= \|U(S - \bar{S})V^\top\|_2 = \|S - \bar{S}\|_2 = \\ &= \|\operatorname{diag}(0, \ldots, 0, \sigma_{j+1}, \ldots, \sigma_n)\|_2 = \sigma_{j+1} < \varepsilon, \end{aligned}$$

d. h., $\bar{A}$ ist in der ε-Umgebung von A

$$\{B \in \mathbb{R}^{m\times n} : B := A + \Delta A,\ \|\Delta A\| < \varepsilon\}$$

die zu A nächstgelegene Matrix mit dem Rang

$$\operatorname{rang}_\varepsilon(\bar{A}) = \begin{cases} j & \text{für } \bar{A} \ne 0 \\ 0 & \text{sonst.} \end{cases}$$

Bezeichnet man die gestörte Matrix $A + \Delta A$ mit $\tilde{A}$, so erhält man die Abschätzung

$$\varrho_x = \frac{\|\Delta x_0\|}{\|x_0\|} \le \|A^+\|\,\|A\|\varrho_A\left(1 + \frac{\|b_A - b_{\tilde{A}}\|}{\|b_{\tilde{A}}\|}\right) + \|A^+A - \tilde{A}^+\tilde{A}\|$$

für den relativen Fehler von x.

Fall 3: Störung verkleinert den Rang

Falls $\text{rang}(A + \Delta A) \leq \text{rang}(A)$ und $c := \|A^+\|_2 \|\Delta A\|_2 < 1$ ist, so gilt (Wedin [391])

$$\|(A + \Delta A)^+ - A^+\|_2 \leq \|A^+\|_2 \, c \left[1 + \frac{1}{1-c} + \frac{1}{(1-c)^2}\right],$$

d. h., in diesem Fall hängt A^+ stetig von A ab. Eine Rangverkleinerung ist also unkritisch im Vergleich zu einer Rangvergrößerung.

13.9 Kondition linearer Ausgleichsprobleme

Im folgenden wird nun speziell die Auswirkung von Datenstörungen von A und b eines linearen Ausgleichsproblems $\min\{\|Ax - b\|_2 : x \in \mathbb{R}^n\}$ auf die Lösung x und das Residuum $r = Ax - b$ untersucht.

Satz 13.9.1 *Gilt*

$$\text{rang}(A) = n \qquad \textit{und} \qquad \kappa(A)\varrho_A = \|A^+\|\|\Delta A\| < 1,$$

so folgt

$$\text{rang}(A + \Delta A) = n,$$

und man erhält folgende Abschätzungen mit dem Residuum $r = Ax - b$*:*

$$\|\Delta x\| \leq \frac{\kappa(A)}{1 - \kappa(A)\varrho_A}\left(\varrho_A \|x\| + \varrho_b \frac{\|b\|}{\|A\|} + \varrho_A \kappa(A) \frac{\|r\|}{\|A\|}\right) \tag{13.39}$$

und

$$\|\Delta r\| \leq \varrho_A \|x\| \|A\| + \varrho_b \|b\| + \varrho_A \kappa(A) \|r\|.$$

Beweis: Wedin [391].

Auf Grund der Beziehung $b_A = Ax$ gilt

$$\|x\| \geq \frac{\|b_A\|}{\|A\|}.$$

Setzt man diese Ungleichung mit (13.39) in Verbindung, so erhält man folgende Aussage über den relativen Fehler von x:

$$\frac{\|\Delta x\|}{\|x\|} \leq \frac{\kappa(A)}{1 - \kappa(A)\rho_A}(\rho_A + \kappa(b; A)\rho_b) + \frac{[\kappa(A)]^2 \rho_A}{1 - \kappa(A)\rho_A} \frac{\|r\|}{\|b_A\|}.$$

Diese Fehlerabschätzung zeigt, daß die Störungsempfindlichkeit aller linearer Ausgleichsprobleme mit $r \neq 0$ auch durch das *Quadrat* der Konditionszahl von A bestimmt wird. Selbst Lösungen von Ausgleichsproblemen, die man *ohne* die Normalgleichungen erhält, werden daher in ihrer Störungsempfindlichkeit durch

$[\kappa(A)]^2$ beeinflußt. Geht man mit Hilfe der Normalgleichungen zu dem modifizierten Problem

$$Cx = c \quad \text{mit} \quad C := A^\top A \quad \text{und} \quad c := A^\top b$$

(und gleicher Lösung) über, so ist in jedem Fall

$$\kappa(C) = \kappa(A^\top A) = [\kappa(A)]^2$$

die Konditionszahl.

Falls für das Residuum $r = 0$ gilt, b also im Bildraum $\mathcal{R}(A)$ liegt, so ergibt sich für die absolute Störung

$$\|\Delta x\| \leq \frac{\kappa(A)}{1 - \kappa(A)\varrho_A} \left(\varrho_A \|x\| + \varrho_b \frac{\|b\|}{\|A\|} \right).$$

Für die relative Störung $\|\Delta x\|/\|x\|$ erhält man die aus den Fehlerabschätzungen von Abschnitt 13.8 bereits bekannte Ungleichung

$$\varrho_x \leq \frac{\kappa(A)}{1 - \kappa(A)\rho_A} \left(\varrho_A + \varrho_b \right).$$

13.10 Konditionsanalyse mittels Singulärwertzerlegung

Für ein gegebenes Gleichungssystem $Ax = b$ folgt $USV^\top x = b$ wegen der Singulärwertzerlegung $A = USV^\top$ und weiters

$$SV^\top x = U^\top b.$$

Mit $p := V^\top x$ und $q := U^\top b$ erhält man das *entkoppelte* System

$$Sp = q. \tag{13.40}$$

Wegen der Invarianz der Euklidischen Norm bei orthogonalen Transformationen gelten folgende Gleichungen:

$$\|S\|_2 = \|A\|_2, \quad \|p\|_2 = \|x\|_2, \quad \|q\|_2 = \|b\|_2.$$

Für das entkoppelte System (13.40) ist die Konditionszahl der Matrix

$$\kappa_2(S) = \|S\|_2 \, \|S^+\|_2 = \|A\|_2 \, \|A^+\|_2.$$

Wegen $\|S\|_2 = \sigma_1$ und $\|S^+\|_2 = 1/\sigma_k$ folgt

$$\kappa_2(A) = \kappa_2(S) = \frac{\sigma_1}{\sigma_k}.$$

Für die Konditionszahl der rechten Seite erhält man

$$\kappa_2(b;A) = \frac{\|b\|_2}{\|b_A\|_2} = \frac{\|q\|_2}{\|q_k\|_2} = \sqrt{\frac{\sum_{i=1}^n q_i^2}{\sum_{i=1}^k q_i^2}}.$$

Für die Abschätzung (13.34) des relativen Fehlers ρ_x der Lösung x_0 als Folge einer Störung der rechten Seite erhält man somit

$$\rho_x \le \kappa(A) \cdot \kappa(b;A) \cdot \rho_b = \frac{\sigma_1}{\sigma_k} \cdot \frac{\|q\|}{\|q_k\|} \cdot \rho_b.$$

Diese Fehlerabschätzung ist scharf in dem Sinn, daß man z. B. zu gegebenem A ein b und Δb finden kann, sodaß in der Ungleichung Gleichheit gilt. Der ungünstigste Fall – die *größte relative Fehlerverstärkung* – tritt dann ein, wenn b (bzw. b_A) durch A^+ der größtmöglichen „Stauchung" (Verkürzung) unterzogen wird und wenn Δb die größtmögliche Streckung erfährt. Dies ist dann der Fall, wenn b in Richtung des zu $AA^\top$ gehörigen Eigenvektors zum *betragsgrößten* Eigenwert liegt und wenn Δb in Richtung jenes Eigenvektors von $AA^\top$ liegt, der zum *betragskleinsten* Eigenwert gehört (vgl. Abb. 13.10). Das andere Extrem der relativen Fehler*abschwächung* tritt auf, falls b und Δb bezüglich ihrer Lage im Eigenraum von $AA^\top$ Platz tauschen (vgl. Abb. 13.11).

Diese Betrachtung zeigt, daß eine große Konditionszahl $\kappa(A)$ einer Matrix A nicht unbedingt auf die schlechte Kondition des linearen Gleichungssystems $Ax = b$ schließen läßt, sondern auch die Richtung von b bezüglich der Eigenvektoren von $AA^\top$ eine wesentliche Rolle spielt.

Da U aus den orthonormalen Eigenvektoren von $AA^\top$ besteht, ist b genau dann ein Eigenvektor von $AA^\top$, wenn die transformierte rechte Seite q nur *eine* von Null verschiedene Komponente hat:

$q = (q_1, 0, \ldots, 0)^\top$ bedeutet, daß b in Richtung des zum betragsgrößten Eigenwert gehörigen Eigenvektors liegt – das ist der ungünstigste Fall (siehe Abb. 13.10).

$q = (0, \ldots, 0, q_k, 0, \ldots, 0)^\top$ bedeutet, daß b in Richtung des zum betragskleinsten (von 0 verschiedenen) Eigenwert gehörigen Eigenvektors liegt – das ist der günstigste Fall (siehe Abb. 13.11).

Beispiel (Singulärwertzerlegung) Für die Matrix

$$A = \begin{pmatrix} 780 & 563 \\ 913 & 659 \end{pmatrix}$$

erhält man folgende Singulärwertzerlegung:

$$A = USV^\top = \begin{pmatrix} -0.64956 & -0.76031 \\ -0.76031 & 0.64956 \end{pmatrix} \begin{pmatrix} 1481.0 & 0 \\ 0 & 6.9286 \cdot 10^{-4} \end{pmatrix} \begin{pmatrix} -0.81084 & -0.58526 \\ -0.58526 & 0.81084 \end{pmatrix}$$

Ungünstige rechte Seite: Die rechten Seiten

$$b = \begin{pmatrix} -6.4956 \\ -7.6031 \end{pmatrix} \quad \text{und} \quad \tilde{b} = b + \Delta b = \begin{pmatrix} -6.4994 \\ -7.5999 \end{pmatrix}$$

unterscheiden sich um

$$\|\Delta b\| = 0.005.$$

Die Anwendung von $U^\top$ liefert

$$q = U^\top b = \begin{pmatrix} 10.0 \\ 0 \end{pmatrix},$$

den ungünstigsten Fall für die rechte Seite, und

$$\tilde{q} = U^\top \tilde{b} = \begin{pmatrix} 10.0 \\ 0.005 \end{pmatrix},$$

den ungünstigsten Fall für die Störung. Die Lösungen des entkoppelten Systems sind

$$p = \begin{pmatrix} 6.7524 \cdot 10^{-3} \\ 0.0 \end{pmatrix} \quad \text{und} \quad \tilde{p} = \begin{pmatrix} 6.7524 \cdot 10^{-3} \\ 7.2165 \end{pmatrix},$$

woraus sich durch Anwendung von V die beiden Lösungen

$$x = \begin{pmatrix} -5.4752 \cdot 10^{-3} \\ -3.9519 \cdot 10^{-3} \end{pmatrix} \quad \text{und} \quad \tilde{x} = \begin{pmatrix} -4.2290 \\ 5.8475 \end{pmatrix}$$

ergeben. Für den relativen Fehler erhält man den Wert

$$\varrho_x = \frac{\|\Delta x\|}{\|x\|} = \frac{\|\tilde{x} - x\|}{\|x\|} = 1068.7,$$

der sehr nahe bei der oberen Schranke $\kappa_A \varrho_b$ liegt:

$$\varrho_x \le \kappa_A \varrho_b = \frac{1481.0}{6.9286 \cdot 10^{-4}} \cdot \frac{0.005}{10} = 1105.2.$$

Günstige rechte Seite: Die rechten Seiten

$$b = \begin{pmatrix} -7.6031 \\ 6.4956 \end{pmatrix} \quad \text{und} \quad \tilde{b} = \begin{pmatrix} -7.6064 \\ 6.4918 \end{pmatrix}$$

unterscheiden sich wieder um

$$\|\Delta b\| = 0.005.$$

Man erhält durch Anwendung von $U^\top$

$$q = \begin{pmatrix} 0.0 \\ 10.0 \end{pmatrix} \quad \text{und} \quad \tilde{q} = \begin{pmatrix} 0.005 \\ 10.0 \end{pmatrix},$$

die günstigsten Fälle für die rechte Seite und die Störung. Durch Auflösen des entkoppelten Systems und anschließende Anwendung von V erhält man

$$x = \begin{pmatrix} -8447.1 \\ 11703. \end{pmatrix} \quad \text{und} \quad \tilde{x} = \begin{pmatrix} -8447.1 \\ 11703. \end{pmatrix}.$$

Die Lösung $\tilde{x}$ des gestörten Systems stimmt in diesem Fall mit der Lösung x des ungestörten Systems überein – der Fehler ϱ_x ist Null.

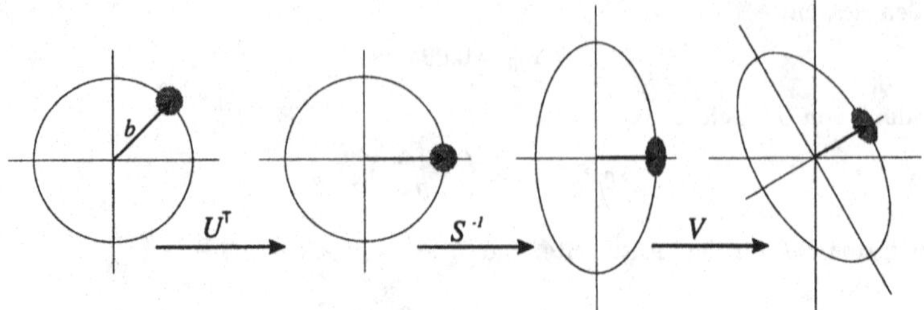

Abb. 13.10: Die *ungünstigste* rechte Seite b wird durch A^{-1} am stärksten „gestaucht". Die Störung von $x = A^{-1}b$ ist daher in diesem Fall *relativ* am größten.

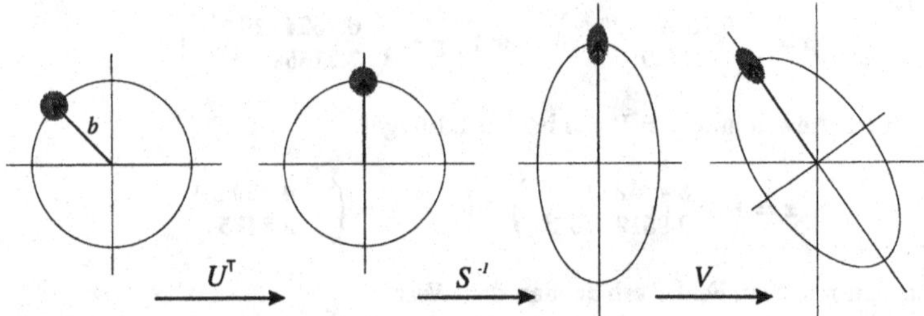

Abb. 13.11: Die *günstigste* rechte Seite b wird durch A^{-1} am stärksten „gestreckt". Die Störung von $x = A^{-1}b$ ist in diesem Fall *relativ* am kleinsten.

13.11 Direkte Verfahren

In diesem und dem folgenden Abschnitt werden die algorithmischen Grundprinzipien der direkten Verfahren[2] zur Lösung linearer Gleichungssysteme mit dicht besetzter Koeffizientenmatrix kurz diskutiert. Die Kürze dieser Abschnitte rührt daher, daß auf Grund des hervorragenden Software-Angebots (siehe Abschnitt 13.15) so gut wie alle Anwendungsfälle mit fertiger Software zuverlässig und effizient gelöst werden können. Sollte doch einmal ein spezielles Problem mit der vorhandenen Software nicht optimal gelöst werden können, so startet man am besten mit den im Quellcode frei verfügbaren LAPACK-Programmen und paßt diese individuell den speziellen Bedürfnissen an. Von einer vollständigen Eigenentwicklung von Software für lineare Gleichungssysteme kann nur nachdrücklich abgeraten werden!

13.11.1 Das Eliminationsprinzip

Die „klassischen" Verfahren zur numerischen Auflösung linearer Gleichungssysteme beruhen auf der bereits in Abschnitt 5.7.1 geschilderten Vorgangsweise: Da eine Linearkombination von Gleichungen nichts an der Lösung des Gleichungssy-

[2]Die *iterativen* Verfahren, die vor allem bei großen schwach besetzten Systemen eingesetzt werden, findet man in Kapitel 16.

stems ändert, werden geeignete Linearkombinationen zur systematischen Elimination von Unbekannten benützt.

Durch Multiplikation der ersten Gleichung des Systems

$$\begin{array}{ccccccc} a_{11}x_1 & + & a_{12}x_2 & +\cdots+ & a_{1n}x_n & = & b_1 \\ a_{21}x_1 & + & a_{22}x_2 & +\cdots+ & a_{2n}x_n & = & b_2 \\ \vdots & & \vdots & & \vdots & & \vdots \\ a_{n1}x_1 & + & a_{n2}x_2 & +\cdots+ & a_{nn}x_n & = & b_n \end{array} \tag{13.41}$$

mit a_{i1}/a_{11} ($a_{11} \neq 0$) und Subtraktion dieser Gleichung von der i-ten Gleichung fällt der Term mit x_1 in der entstehenden Gleichung weg. Man erhält so für $i = 2, 3, \ldots, n$ ein System von $n-1$ linearen Gleichungen

$$\begin{array}{ccccc} a_{22}^{(1)}x_2 & +\cdots+ & a_{2n}^{(1)}x_n & = & b_2^{(1)} \\ \vdots & & \vdots & & \vdots \\ a_{n2}^{(1)}x_2 & +\cdots+ & a_{nn}^{(1)}x_n & = & b_n^{(1)} \end{array} \tag{13.42}$$

in den $n-1$ Unbekannten $x_2, x_3, \ldots, x_n$ mit

$$a_{ij}^{(1)} := a_{ij} - a_{1j}\frac{a_{i1}}{a_{11}}, \quad b_i^{(1)} := b_i - b_1\frac{a_{i1}}{a_{11}}, \qquad i, j = 2, 3, \ldots, n,$$

das zusammen mit der ersten, unveränderten Gleichung

$$a_{11}x_1 + a_{12}x_2 + \cdots + a_{1n}x_n = b_1$$

äquivalent zum ursprünglichen System (13.41) ist.

Falls mit $a_{ii}^{(k)} = 0$ keine Sondersituation auftritt (siehe Abschnitt 13.11.3), läßt sich dieses Verfahren rekursiv fortsetzen. Nach $n-1$ Rekursionsschritten ist das verbleibende System schließlich auf *eine* Gleichung in *einer* Unbekannten x_n reduziert, und das äquivalente Gleichungssystem hat folgende Gestalt:

$$\begin{array}{rcl} a_{11}x_1 + a_{12}x_2 + \cdots \qquad\qquad \cdots + a_{1n}x_n & = & b_1 \\ a_{22}^{(1)}x_2 + \cdots \qquad\qquad \cdots + a_{2n}^{(1)}x_n & = & b_2^{(1)} \\ \ddots \qquad\qquad\qquad \vdots & & \vdots \\ a_{n-1,n-1}^{(n-2)}x_{n-1} + a_{n-1,n}^{(n-2)}x_n & = & b_{n-1}^{(n-2)} \\ a_{nn}^{(n-1)}x_n & = & b_n^{(n-1)} \end{array} \tag{13.43}$$

Die $a_{ij}^{(k)}$ und $b_i^{(k)}$ sind die neuen, durch die Eliminationsrechnung entstandenen Koeffizienten bzw. Elemente der rechten Seite, wobei der obere Index k zum Ausdruck bringt, wie oft der Wert von a_{ij} bzw. b_i höchstens verändert wurde.

Ein Gleichungssystem von der Struktur (13.43) heißt *gestaffeltes System* oder *Dreiecks-System*, die zugehörige Koeffizientenmatrix ist eine obere (oder rechte) Dreiecksmatrix. Ein solches Gleichungssystem läßt sich durch *Rücksubstitution* rekursiv lösen, falls alle Diagonalkoeffizienten von Null verschieden sind. Die letzte Gleichung liefert

$$x_n = \frac{b_n^{(n-1)}}{a_{nn}^{(n-1)}},$$

nach Einsetzen von x_n in die vorletzte Gleichung liefert diese

$$x_{n-1} = \frac{b_{n-1}^{(n-2)} - a_{n-1,n}^{(n-2)} x_n}{a_{n-1,n-1}^{(n-2)}}$$

usw.; schließlich hat man die Lösungskomponenten $x_2, \ldots, x_n$ und erhält nach Einsetzen in die erste Gleichung noch

$$x_1 = \frac{b_1 - a_{12}x_2 - a_{13}x_3 - \cdots - a_{1n}x_n}{a_{11}}.$$

Bei der algorithmischen Beschreibung dieser beiden rekursiven Prozesse – Elimination und Rücksubstitution – muß man für die $a_{ij}^{(k)}$ keinen separaten Speicherplatz vorsehen. Elemente, die nicht mehr benötigt werden, können „überschrieben" werden. Die ursprüngliche Matrix A und der ursprüngliche Vektor b werden dabei natürlich zerstört.

Elimination:

do $k = 1, 2, \ldots, n-1$
  do $i = k+1, k+2, \ldots, n$
    $a_{ik} := a_{ik}/a_{kk}$ (13.44)
    do $j = k+1, k+2, \ldots, n$
      $a_{ij} := a_{ij} - a_{ik}a_{kj}$ (13.45)
    end do
    $b_i := b_i - a_{ik}b_k$
  end do
end do

Rücksubstitution:

do $k = n, n-1, \ldots, 1$
  $x_k := b_k$
  do $i = k+1, k+2, \ldots, n$
    $x_k := x_k - a_{ki}x_i$
  end do
  $x_k := x_k/a_{kk}$
end do

Vermerkt werden muß auch noch, daß bei der Lösung eines linearen Gleichungssystems nach dem Eliminationsverfahren *kein Verfahrensfehler* auftritt. Könnte man den Eliminations-Algorithmus, der ja nur die Anwendung der vier Grundrechnungsarten in $\mathbb{R}$ bzw. $\mathbb{C}$ erfordert, exakt durchführen (etwa in einer rationalen Arithmetik), dann würde er auch das exakte mathematische Ergebnis liefern.

Rechenaufwand

Die meisten Gleitpunktoperationen erfordert die Elimination (13.45) in der innersten Schleife der Dreieckszerlegung. Die Gesamtanzahl der Gleitpunktadditionen *und* -multiplikationen bei der Ausführung von Anweisung (13.45) ist

$$\sum_{k=1}^{n-1}(n-k)^2 = \sum_{k=1}^{n-1} k^2 = \frac{2n^3 - 3n^2 + n}{6} \approx \frac{n^3}{3}.$$

Dazu kommen noch

$$\sum_{k=1}^{n-1}(n-k) = \sum_{k=1}^{n-1} k = \frac{n^2}{4}$$

Gleitpunktdivisionen in (13.44). Für größere Gleichungssysteme spielt dieser $O(n^2)$-Aufwand nur mehr eine untergeordnete Rolle. Geht man davon aus, daß die Ausführung von Gleitpunktadditionen und -multiplikationen die gleiche Zeitdauer (meist einen Taktzyklus pro Operation) benötigt, ist der gesamte Zeitaufwand für die Elimination durch die Komplexität $2n^3/3$ charakterisiert.

Beispiel (Zeitbedarf für die Elimination) Eine Workstation mit einer Taktfrequenz $f_c =$ 200 MHz hat eine Zykluszeit

$$T_c = \frac{1}{200 \cdot 10^6} = 5 \cdot 10^{-9}\,\text{s} = 5\,\text{ns}.$$

Für ein 1200 × 1200-Gleichungssystem ist durch

$$T \geq \frac{2n^3}{3} T_c = 5.76\,\text{s}$$

eine untere Schranke für den gesamten Zeitbedarf gegeben. Durch unvermeidlichen Overhead wird der tatsächliche Zeitbedarf aber ca. fünf bis zwanzigmal größer als die Mindestzeit sein.

Wichtig ist es auf alle Fälle, sich klarzumachen, daß der Aufwand für die Lösung eines allgemeinen linearen Gleichungssystems mit der *dritten Potenz* der Anzahl n der Gleichungen wächst: Bei einer Verdopplung von n erhöht sich die Rechenzeit auf ca. das Achtfache. Die Auflösung sehr großer linearer Gleichungssysteme erfordert also – mit der hier besprochenen Methodik – auch auf sehr schnellen Rechnern nichtvernachlässigbare Rechenzeiten. Dies ist deshalb von Bedeutung, weil die Auflösung linearer Gleichungssysteme oft in *inneren* Schleifen umfangreicher Anwendungs-Software auftritt.

13.11.2 LU-Faktorisierung

Dem Eliminationsvorgang, der aus dem ursprünglichen System (13.41) schließlich das Dreiecks-System (13.43) macht, entspricht eine Zerlegung der Matrix A

$$A = LU,$$

deren Faktoren Dreiecksmatrizen sind. Man spricht daher auch von einer *Dreieckszerlegung* der Matrix A. L ist eine untere (*lower*) Dreiecksmatrix mit

$$l_{11} = l_{22} = \cdots = l_{nn} = 1$$

und U eine obere (*upper*) Dreiecksmatrix, die Koeffizientenmatrix des reduzierten Gleichungssystems (13.43):

$$U = \begin{pmatrix} a_{11} & a_{12} & a_{13} & \cdots & a_{1n} \\ & a_{22}^{(1)} & a_{23}^{(1)} & \cdots & a_{2n}^{(1)} \\ & & a_{33}^{(2)} & \cdots & a_{3n}^{(2)} \\ & & & \ddots & \vdots \\ \mathbf{0} & & & & a_{nn}^{(n-1)} \end{pmatrix}.$$

Die Entstehung der Matrix L hängt mit den Eliminationsschritten zusammen. Dem ersten Schritt, der den Übergang von (13.41) auf (13.42) bewirkt, entspricht die Matrizenmultiplikation $M_1 A$ mit

$$M_1 := \begin{pmatrix} 1 & & & \mathbf{0} \\ -a_{21}/a_{11} & 1 & & \\ \vdots & & \ddots & \\ -a_{n1}/a_{11} & & & 1 \end{pmatrix}.$$

Das reduzierte System (13.43) erhält man durch

$$MAx = Mb \qquad \text{mit} \quad M := M_{n-1} \cdots M_2 M_1,$$

wobei die sogenannten *Gauß-Transformationen* M_k durch

$$M_k := I - m_k e_k^\top, \qquad m_k := \left(0, \ldots, 0, -a_{k+1,k}^{(k-1)}/a_{kk}^{(k-1)}, \ldots, -a_{nk}^{(k-1)}/a_{kk}^{(k-1)}\right)^\top$$

gegeben sind. Jede Gauß-Transformation ist eine untere Dreiecksmatrix, deren Diagonalelemente alle 1 sind. Dementsprechend hat auch die Produktmatrix M und deren Inverse M^{-1} diese Gestalt. Aus

$$MA = U \quad \text{folgt daher} \quad L = M^{-1} = M_1^{-1} M_2^{-1} \cdots M_{n-1}^{-1}.$$

Auf der Basis der LU-Zerlegung von A ist die Lösung des Gleichungssystems $Ax = b$ ein dreistufiger Vorgang:

factorize	$A = LU$
solve	$Ly = b$
solve	$Ux = y$

Die Aufteilung in Faktorisierung und Auflösung hat noch den Vorteil, daß der erste, aufwendige Schritt nur einmal durchgeführt werden muß, falls mehrere Gleichungssysteme mit gleicher Koeffizientenmatrix, aber verschiedenen rechten Seiten zu lösen sind. Dieser Fall kommt in der Praxis recht häufig vor.

Sind mehrere Gleichungssysteme mit verschiedenen rechten Seiten, aber einer gemeinsamen Matrix A zu lösen, so kann man folgendermaßen vorgehen:

factorize $A = LU$

do $i = 1, 2, \ldots, m$
  solve $Ly = b_i$
  solve $Ux_i = y$
end do

Zu dem $O(n^3)$-Aufwand der LU-Zerlegung von A kommen noch die $O(mn^2)$ Gleitpunktoperationen für die Rücksubstitution.

Sollte tatsächlich einmal – was äußerst selten der Fall ist – die Inverse von A benötigt werden, so kann durch obige Vorgangsweise mit den Einheitsvektoren als rechten Seiten, also

$$b_i := e_i, \quad i = 1, 2, \ldots, n,$$

die Spaltenvektoren $a'_1, a'_2, \ldots, a'_n$ von A^{-1} ermitteln:

$$a'_i = x_i, \quad i = 1, 2, \ldots, n.$$

Um unnötigen Rechenaufwand zu vermeiden, sollte man aber auf keinen Fall ein Gleichungssystem $Ax = b$ lösen, indem man zuerst A^{-1} berechnet und dann durch Multiplikation $x = A^{-1}b$ ermittelt!

13.11.3 Pivot-Strategien

Bei der Ausführung des Eliminationsalgorithmus muß man beachten, daß dessen Durchführung auf Hindernisse stoßen kann.

Die Verwendung der ersten Gleichung des nach k Schritten verbliebenen Systems

$$\begin{array}{ccccccc} a^{(k)}_{k+1,k+1}x_{k+1} & + & \cdots & + & a^{(k)}_{k+1,n}x_n & = & b^{(k)}_{k+1} \\ \vdots & & & & \vdots & & \vdots \\ a^{(k)}_{n,k+1}x_{k+1} & + & \cdots & + & a^{(k)}_{n,n}x_n & = & b^{(k)}_n \end{array} \tag{13.46}$$

von $n-k$ Gleichungen in den Unbekannten $x_{k+1}, \ldots, x_n$ zur Elimination von x_{k+1} in der $(k+2)$-ten, $(k+3)$-ten, ..., n-ten Gleichung ist nur möglich, falls der Koeffizient $a^{(k)}_{k+1,k+1}$ von Null verschieden ist. Aber auch schon ein (relativ zu den anderen Koeffizienten) sehr kleiner Wert von $a^{(k)}_{k+1,k+1}$ ist nicht unbedenklich. Ein solcher Wert ist oft durch Auslöschung entstanden. Seine dementsprechend geringe relative Genauigkeit wirkt sich auf die ganze weitere Rechnung und den Ergebnisvektor störend aus.

Beispiel (Elimination ohne Pivot-Strategie) Löst man das 50×50-Gleichungssystem $Ax = b$ mit

$$A = \begin{pmatrix} 6 & 1 & & & & 0 \\ 8 & 6 & 1 & & & \\ & 8 & 6 & 1 & & \\ & & \ddots & \ddots & \ddots & \\ & & & 8 & 6 & 1 \\ 0 & & & & 8 & 6 \end{pmatrix} \quad \text{und} \quad b = \begin{pmatrix} 7 \\ 15 \\ 15 \\ \vdots \\ 15 \\ 14 \end{pmatrix}$$

nach der in Abschnitt 13.11.1 beschriebenen Vorgangsweise durch Elimination und Rücksubstitution in einfach genauer IEC/IEEE-Arithmetik, so erhält man das unbefriedigende numerische Ergebnis

$$\tilde{x} = \begin{pmatrix} 1.000 \cdot 10^0 \\ 1.000 \cdot 10^0 \\ 1.000 \cdot 10^0 \\ \vdots \\ 2.512 \cdot 10^7 \\ -3.349 \cdot 10^7 \end{pmatrix} \quad \text{statt} \quad x^* = \begin{pmatrix} 1 \\ 1 \\ 1 \\ \vdots \\ 1 \\ 1 \end{pmatrix}.$$

Der Eliminationsalgorithmus in seiner einfachsten Form ist *numerisch instabil*.

Diese Schwierigkeit läßt sich jedoch durch eine Modifikation des algorithmischen Ablaufs umgehen: Da die Reihenfolge der Gleichungen in (13.46) für die Lösung irrelevant ist, bringt man einfach durch *Vertauschung* eine solche Gleichung in die $(k+1)$-te Zeile, bei der der Koeffizient von x_{k+1} groß ist. Am einfachsten wählt man jene Gleichung aus, bei der der Koeffizient von x_{k+1} den größten Absolutbetrag hat.

Bei der rekursiven Überführung des Gleichungssystems (13.41) in die Dreiecksgestalt (13.43) wird deshalb vor jedem Eliminationsschritt eine sogenannte *Pivotsuche* durchgeführt:

Beim $(k+1)$-ten Schritt wird in der ersten Spalte der Koeffizientenmatrix des verbleibenden Systems (13.46) der betragsgrößte Koeffizient gesucht. Die so gefundene *Pivotzeile* wird dann mit der ersten Zeile (= Gleichung) von (13.46) vertauscht, sodaß im Nenner der bei der Elimination verwendeten Faktoren das bei der Pivotsuche bestimmte Matrixelement steht. Dadurch haben alle Eliminationsfaktoren

$$l_{i,k+1} := a_{i,k+1}^{(k)} / a_{k+1,k+1}^{(k)}, \qquad i = k+2,\ k+3, \ldots, n$$

einen Betrag ≤ 1. Wenn man jede einzelne Zeilenvertauschung durch eine Permutationsmatrix P_k ausdrückt, so sieht man, daß die Dreieckszerlegung

$$P_{n-1}P_{n-2}\cdots P_2P_1A = PA = LU$$

von PA und nicht von A berechnet wird. Die Faktorisierung von A ist

$$A = P^{-1}LU = P^{\top}LU.$$

Man kann zeigen, daß die Zeilenvertauschungen ausschlaggebend für die *Stabilität* des Eliminationsalgorithmus sind. Diese algorithmische Technik wird als *Spaltenpivotsuche* (*column pivoting* oder *partial pivoting*) bezeichnet.

Wenn man Rechenfehler unberücksichtigt läßt, führt bei einer regulären Matrix A die LU-Faktorisierung mit Spaltenpivotsuche immer zum Ziel:

Satz 13.11.1 (LU-Faktorisierung) *Für jede reguläre Matrix A existiert eine Permutationsmatrix P, sodaß eine Dreieckszerlegung*

$$PA = LU$$

möglich ist. Dabei kann die Matrix P so gewählt werden, daß $|l_{ij}| \leq 1$ für alle Elemente von L gilt.

Beweis: Deuflhard, Hohmann [41].

Sollte sich beim $(k+1)$-ten Pivotsuchschritt herausstellen, daß *alle* Koeffizienten von x_{k+1} klein sind im Vergleich zur Größenordnung der Koeffizienten im ursprünglichen System (13.41), dann kann das Verfahren nicht sinnvoll weitergeführt werden. Dieser Fall tritt im allgemeinen bei einer numerisch singulären Matrix auf, die dadurch während des Algorithmus als solche erkannt wird. Als Kriterium für den Abbruch der Elimination wird man z. B.

$$|a_{i,k+1}^{(k)}| \leq eps \cdot \|A\|, \qquad i = k+1, k+2, \ldots, n,$$

verwenden; hier sind die $a_{i,k+1}^{(k)}$ die Koeffizienten von x_{k+1} in (13.46), und $\|A\|$ ist die Norm der *ursprünglichen* Koeffizientenmatrix.

Skalierung

Die geschilderte Spaltenpivotsuche hat allerdings nur dann den gewünschten stabilisierenden Effekt, wenn die Größenordnungen der Koeffizienten in den verschiedenen Gleichungen von (13.41) vergleichbar sind. Andernfalls kann man durch Multiplizieren einer Gleichung mit einem hinreichend großen Faktor immer erzwingen, daß die betreffende Gleichung die jeweilige „Pivotzeile" wird.

Am einfachsten wäre es, vor der Umformung jede Gleichung von $Ax = b$ durch den Gewichtsfaktor

$$d_i := \sum_{j=1}^{n} |a_{ij}|, \qquad i = 1, 2, \ldots, n$$

zu dividieren. Alle Zeilen der auf diese Art skalierten (äquilibrierten) Koeffizientenmatrix hätten dann die Betragssumme 1, und auch die Zeilensummennorm der Matrix wäre 1. Die Durchführung dieser Division würde aber im allgemeinen bei allen Koeffizienten zu einem Rundungsfehler führen und eine Verfälschung der Matrixkoeffizienten bewirken, die im Fall einer schlechten Kondition das Ergebnis verfälschen würde. Man verwendet deshalb die Gewichtsfaktoren d_i nur beim Vergleich der $|a_{i,k+1}^{(k)}|$ bei der Pivotsuche, wo die Skalierung wichtig ist. Bei der Elimination selbst spielt eine Skalierung natürlich keine Rolle.

13.12 Gleichungssysteme besonderer Struktur

Wegen des nicht unbeträchtlichen Aufwandes zur Lösung großer linearer Gleichungssysteme ist es wichtig, daß Möglichkeiten zur Vereinfachung des Algorithmus, wie sie bei einer speziellen Gestalt des Gleichungssystems bestehen, ausgenützt werden.

Auch der Speicherbedarf von n^2 Worten kann vermindert werden; immerhin beträgt er bei 400 Gleichungen in 400 Unbekannten schon 160 000 Worte, das sind 640 000 Byte bei einfacher Genauigkeit (1 Wort = 4 Byte).

13.12.1 Symmetrische, positiv definite Matrizen

Eine spezielle Struktur, die zudem unmittelbar ersichtlich ist, ist die *Symmetrie* der Koeffizientenmatrix, d. h.

$$a_{ij} = a_{ji} \qquad \text{für alle} \quad i,j \in \{1,2,\ldots,n\}.$$

Unter den symmetrischen Systemen spielen noch diejenigen mit einer positiv-definiten Koeffizientenmatrix eine besondere Rolle (siehe Abschnitt 13.5.3); sie kommen z. B. bei der Diskretisierung von Randwertproblemen gewöhnlicher und partieller Differentialgleichungen im Zusammenhang mit physikalischen und mechanischen Problemen häufig vor.

Für positiv definite, symmetrische Matrizen gibt es eine symmetrische Form des Eliminationsalgorithmus zur Berechnung der *Cholesky-Zerlegung* (*Cholesky-Faktorisierung*, siehe Satz 13.5.10)

$$A = LL^\top$$

mit einer unteren Dreiecksmatrix L oder

$$A = LDL^\top \tag{13.47}$$

mit einer unteren Dreiecksmatrix mit $l_{ii} = 1$ und einer positiven Diagonalmatrix D. Man kann bei diesem Algorithmus auf eine Pivotsuche verzichten, ohne daß die Stabilität gefährdet wäre. Der Rechenaufwand reduziert sich gegenüber der LU-Zerlegung auf ca. 50 %. Auch der Speicherbedarf reduziert sich bei einer symmetrischen Matrix auf ca. 50 %, da die identischen Elemente a_{ij} und a_{ji} nur einmal gespeichert werden müssen. Dies ist unabhängig von einer allfälligen Definitheit der Matrix.

Wenn A symmetrisch, aber *indefinit* ist, gibt es keine Faktorisierung der Form (13.47). Die Matrix A kann aber in der Form

$$PAP^\top = L\overline{D}L^\top$$

faktorisiert werden, wobei $\overline{D}$ eine Blockdiagonalmatrix mit 1×1- und 2×2-Diagonalblöcken ist.

Auch für indefinite, symmetrische Matrizen gibt es eine besondere algorithmische Form der Dreieckszerlegung, den *Bunch-Kaufman-Algorithmus*. Dabei kann auf Vertauschungen zur Erhaltung der Stabilität nicht verzichtet werden. Zur Erhaltung der Symmetrie während der Elimination müssen dabei gleichzeitig entsprechende *Zeilen* und *Spalten* vertauscht werden. Die Pivotsuche ist deshalb entlang der Diagonalen vorzunehmen.

Die guten Stabilitätseigenschaften der Eliminationsalgorithmen für symmetrische, positiv definite Systeme haben nichts mit der Kondition der Koeffizientenmatrizen zu tun. Positiv definite Matrizen können auch sehr schlecht konditioniert sein, wie das folgende Beispiel zeigt.

Beispiel (Positiv definite Matrix) Die Hilbert-Matrizen $H_n \in \mathbb{R}^{n\times n}$, $n = 2,3,4,\ldots$

$$h_{ij} := \frac{1}{i+j-1}, \qquad i,j = 1,2,\ldots,n$$

sind alle symmetrisch und positiv definit. Die Kondition von H_n nimmt mit steigendem n sehr rasch zu:

n	2	3	4	$\cdots$	10	$\cdots$
$\kappa_2(H_n)$	19.3	524	$1.55 \cdot 10^4$	$\cdots$	$1.60 \cdot 10^{13}$	$\cdots$

Dies zeigt, daß Definitheit und Kondition zwei voneinander unabhängige Eigenschaften einer Matrix sind.

13.12.2 Bandmatrizen

Zu signifikanten Effizienzsteigerungen führt die Berücksichtigung der Struktur, wenn A eine Bandmatrix ist, also sehr viele *symmetrisch angeordnete Nullen* enthält. Der praktisch äußerst wichtige Fall von sehr großen Systemen, bei denen in jeder Gleichung nur wenige Unbekannte vorkommen, also die meisten Koeffizienten Null sind, die Anordnung dieser Nullen aber unregelmäßig ist, wird in Kapitel 16 behandelt.

Die Anzahl non-null(A) der nicht als verschwindend anzunehmenden Elemente einer Bandmatrix A ist bei kleinen Werten von k_l und k_u (Anzahl der unteren und oberen Nebendiagonalen)

$$\text{non-null}(A) \approx n \cdot (1 + k_u + k_l).$$

Für $k_u, k_l \ll n$ tritt also eine beträchtliche Reduktion der Menge signifikanter Daten ein. Dies muß sowohl bei der Speicherung der Daten als auch bei der Durchführung des Eliminationsalgorithmus geeignet berücksichtigt werden: So müssen z. B. die Schleifen im Algorithmus auf Seite 242 nur über die von Null verschiedenen Elemente laufen.

Bei festem $k_u, k_l \ll n$ ist die Anzahl der für die Gleichungsauflösung notwendigen arithmetischen Operationen lediglich proportional zu n (anstelle n^3); dies gilt natürlich nur asymptotisch für großes n.

Der extremste Spezialfall, der aber im Rahmen vieler übergeordneter Algorithmen eine große Bedeutung hat, ist der einer *Tridiagonalmatrix*, bei der außer der Hauptdiagonale nur die beiden Nebendiagonalen besetzt sind:

$$k_u = k_l = 1.$$

Bei Systemen mit Tridiagonalmatrix tritt meist noch Symmetrie und positive Definitheit auf. Die Auflösung solcher Gleichungssysteme erfordert nur ca. $5n$ arithmetische Operationen, ist also wesentlich rascher zu vollziehen als die Auflösung eines vollbesetzten Gleichungssystems derselben Größe.

Auf keinen Fall darf man bei Bandmatrizen das Gleichungssystem $Ax = b$ durch Berechnung von A^{-1} und Multiplikation $A^{-1}b$ lösen. Die schwache Besetztheit der Bandmatrizen überträgt sich nämlich *nicht* auf deren Inverse.

Beispiel (Inverse einer Tridiagonalmatrix) Die folgende 5×5-Tridiagonalmatrix A hat eine *vollbesetzte* Inverse A^{-1}:

$$A := \begin{pmatrix} 1 & -1 & & & 0 \\ -1 & 2 & -1 & & \\ & -1 & 2 & -1 & \\ & & -1 & 2 & -1 \\ 0 & & & -1 & 2 \end{pmatrix}, \quad A^{-1} = \begin{pmatrix} 5 & 4 & 3 & 2 & 1 \\ 4 & 4 & 3 & 2 & 1 \\ 3 & 3 & 3 & 2 & 1 \\ 2 & 2 & 2 & 2 & 1 \\ 1 & 1 & 1 & 1 & 1 \end{pmatrix}.$$

13.13 Beurteilung der erzielten Genauigkeit

Die Eliminationsverfahren in ihren verschiedenen Versionen führen unmittelbar zu arithmetischen Algorithmen, ohne daß Iterationen oder ähnliche parameterabhängige Algorithmenteile auftreten. Aus diesem Grund tritt auch kein Verfahrensfehler auf. Es entsteht also bei den direkten Verfahren (Eliminationsalgorithmen) zur Lösung linearer Gleichungssysteme nur der Rechenfehler auf Grund der Durchführung in einer Gleitpunktarithmetik. Die große Anzahl der Operationen verhindert allerdings eine direkte Abschätzung der Rechenfehlereffekte – sie würde viel zu pessimistisch ausfallen.

Andererseits ist es extrem wichtig, die Größenordnung des Fehlers beurteilen zu können, der im Ergebnis enthalten ist, welches von einer Bibliotheksprozedur für die Lösung eines linearen Gleichungssystems geliefert wird. Es soll ja nach dem Prinzip der hierarchischen Abstufung der Fehler (siehe Kapitel 2) die Größe des während der Gleitpunkt-Auflösung des Gleichungssystems neu erzeugten Fehlers nicht größer sein als die Auswirkung der in den Daten des Gleichungssystems enthaltenen Ungenauigkeiten auf das Ergebnis. Man muß also sowohl diesen Datenfehlereffekt als auch den Gesamtrechenfehlereffekt größenordnungsmäßig erfassen können.

13.13.1 Konditionsschätzungen

Zur Erfassung des *Datenfehlereffekts* ist es notwendig, die Größenordnung der *Konditionszahl* des Gleichungssystems zu kennen (vgl. Abschnitt 13.8). Nach (13.30) benötigt man dazu noch die Größenordnung von $\|A^{-1}\|$, da ja nur $\|A\|$ unmittelbar zugänglich ist. Wegen der Eigenschaft (13.12) aller p-Normen ist

$$\|A^{-1}\| = \max_{b \neq 0} \frac{\|A^{-1}b\|}{\|b\|}.$$

Wenn man die Größenordnung von $\|A^{-1}\|$ erhalten will, muß man also zu dem gegebenen Gleichungssystem eine rechte Seite b mit $\|b\| = 1$ konstruieren, für die sich eine möglichst große Lösung $x = A^{-1}b$ ergibt (Bischof, Tang [116], [117]). Dies kann man auf systematische Weise im Rahmen eines an die Faktorisierung von A anschließenden Algorithmus erreichen (z. B. durch die Programme `LAPACK/*con`; siehe Tabelle 13.1 und Abschnitt 13.17).

Tabelle 13.1: LAPACK-**Konditionsschätzung für die Hilbert-Matrizen** $H_2, H_3, \ldots, H_{15}$. **Ab** $1/eps = 9.01 \cdot 10^{15}$ **tritt eine deutliche Verschlechterung der Konditionsschätzung ein.**

n	exakte Kondition $\kappa_\infty(H_n)$	Konditionsschätzung	
		LAPACK/dgecon	LAPACK/dpocon
2	$2.70 \cdot 10^{1}$	$2.70 \cdot 10^{1}$	$2.70 \cdot 10^{1}$
3	$7.48 \cdot 10^{2}$	$7.48 \cdot 10^{2}$	$7.48 \cdot 10^{2}$
4	$2.84 \cdot 10^{4}$	$2.84 \cdot 10^{4}$	$2.84 \cdot 10^{4}$
5	$9.44 \cdot 10^{5}$	$9.44 \cdot 10^{5}$	$9.44 \cdot 10^{5}$
6	$2.91 \cdot 10^{7}$	$2.91 \cdot 10^{7}$	$2.91 \cdot 10^{7}$
7	$9.85 \cdot 10^{8}$	$9.85 \cdot 10^{8}$	$9.85 \cdot 10^{8}$
8	$3.39 \cdot 10^{10}$	$3.39 \cdot 10^{10}$	$3.39 \cdot 10^{10}$
9	$1.10 \cdot 10^{12}$	$1.10 \cdot 10^{12}$	$1.10 \cdot 10^{12}$
10	$3.54 \cdot 10^{13}$	$3.54 \cdot 10^{13}$	$3.54 \cdot 10^{13}$
11	$1.23 \cdot 10^{15}$	$1.23 \cdot 10^{15}$	$1.23 \cdot 10^{15}$
12	$4.12 \cdot 10^{16}$	$3.80 \cdot 10^{16}$	$4.09 \cdot 10^{16}$
13	$1.32 \cdot 10^{18}$	$4.28 \cdot 10^{17}$	$3.36 \cdot 10^{18}$
14	$4.54 \cdot 10^{19}$	$5.96 \cdot 10^{18}$	$1.07 \cdot 10^{32}$
15	$1.54 \cdot 10^{21}$	$6.04 \cdot 10^{17}$	$2.27 \cdot 10^{32}$

13.13.2 Rückwärtsfehleranalyse

Einen Hinweis auf die Größe des *Rechenfehlers* kann man nur über die Berechnung des *Residuums* der gefundenen Näherungslösung $\tilde{x}$ erhalten, d. h. durch Einsetzen von $\tilde{x}$ in das Gleichungssystem $Ax = b$:

$$r := A\tilde{x} - b \tag{13.48}$$

bzw.

$$r_i := \sum_{j=1}^{n} a_{ij}\tilde{x}_j - b_i, \qquad i = 1, 2, \ldots, n.$$

Die Berechnung von r für eine gute Näherung $\tilde{x}$ führt aber zu einer extremen Auslöschungssituation, da die Komponenten von $A\tilde{x}$ und b in der Regel einander fast vollständig aufheben (vgl. Abschnitt 5.7.4). Man kann deshalb durch Verwendung einer *höheren Genauigkeit* (einer größeren Mantissenlänge) oder eines *exakten Skalarproduktes* (vgl. Abschnitt 5.7.4) zu erreichen suchen, daß für das berechnete $\tilde{r}$ gilt

$$\tilde{r}_i \approx \Box r_i = \Box\Big(\sum_{j=1}^{n} a_{ij}\tilde{x}_j - b_i\Big). \tag{13.49}$$

Nach (13.48) ist $\tilde{x}$ die exakte Lösung des Gleichungssystems

$$A\tilde{x} = b + r,$$

also eines Systems mit einer Datenstörung in der Größenordnung $\|r\|$. Liegt daher die Größenordnung des nach (13.49) berechneten $\tilde{r}$ deutlich unter der Größenordnung der schon vorhandenen Datenstörung (auf Grund von Modellfehlern und übergeordneten Fehlern), dann hat man das Gleichungssystem im Rahmen der vorliegenden Gesamtaufgabe hinreichend genau gelöst.

Natürlich kann die Abweichung zwischen $\tilde{x}$ und der exakten Lösung x trotzdem in der Größenordnung der rechten Seite in

$$\|\tilde{x} - x\| \leq \kappa(A)\, \|x\|\, \frac{\|r\|}{\|b\|}$$

liegen, vgl. (13.35). „Hinreichend genau" besagt nur, daß die Fehler aus anderen Quellen mit größter Wahrscheinlichkeit diesen Fehler überdecken werden.

13.13.3 Nachiteration

Ergibt sich ein zu großer Wert für das Residuum r, so kann man die in r steckende Information zu einer Verbesserung von $\tilde{x}$ ausnützen. Man versucht, eine Korrektur Δx so zu bestimmen, daß $\tilde{x} - \Delta x$ das ursprüngliche Gleichungssystem löst:

$$\begin{array}{rcl} A\tilde{x} & = & b + r \\ A(\tilde{x} - \Delta x) & = & b \\ \hline A\Delta x & = & r \approx \tilde{r}. \end{array}$$

Offenbar erhält man eine solche Korrektur näherungsweise durch Auflösung des Gleichungssystems

$$A\Delta x = \tilde{r}. \tag{13.50}$$

Dies ist ein Gleichungssystem mit der gleichen Matrix A, jedoch mit der neuen rechten Seite $\tilde{r}$. Man kann also die rechenaufwendige Faktorisierung von A wiederverwenden und hat nur den Aufwand für den zweiten Schritt des Lösungsverfahrens, die Rücksubstitution (vgl. Abschnitt 13.11).

Da Δx im allgemeinen deutlich kleiner sein wird als x, genügt bei der Berechnung von Δx eine mäßige relative Genauigkeit dafür, daß trotzdem eine deutliche Verbesserung von $\tilde{x}$ eintritt. Für den neuen Näherungswert

$$\tilde{\tilde{x}} := \tilde{x} - \Delta x \tag{13.51}$$

kann man dann wieder das Residuum nach (13.49) bilden.

Falls allerdings

$$\frac{\|\tilde{r}\|}{\|A\|\|\tilde{x}\|} < eps \tag{13.52}$$

ist, dann ist das Vorgehen nach (13.50) nicht mehr sinnvoll, da man sich überlegen kann, daß selbst beim Berechnen des Residuums für die exakte Lösung von $Ax = b$ infolge der Gleitpunkt-Rechnung mit (13.49) eine Größenordnung $eps \cdot \|A\| \cdot \|x\|$ auftreten kann. Im Fall der Gültigkeit von (13.52) kann man also $\tilde{x}$ und x auf Grund des berechneten Residuums nicht mehr unterscheiden!

Das Vorgehen nach (13.50) und (13.51), das sich theoretisch ja wie angedeutet wiederholt durchführen ließe, wird oft als *Nachiteration* oder *iterative Verbesserung* bezeichnet, obwohl im allgemeinen nur der eine Schritt (13.50), (13.51) stattfindet und sinnvoll ist.

Bei einem nahezu oder tatsächlich numerisch singulären System kann es vorkommen, daß $\|\tilde{r}\| \approx \|b\|$ und $\|\Delta x\| \approx \|\tilde{x}\|$ ist. In diesem Fall ist eine numerische Lösung des vorgelegten Gleichungssystems wegen dessen schlechter Kondition in der verwendeten Gleitpunktarithmetik im allgemeinen nicht möglich.

13.13.4 Experimentelle Konditionsuntersuchung

Hat man genauere Information über die Störungen der rechten Seite und/oder der Systemmatrix, als dies durch die stark vereinfachenden skalaren Größen

$$\rho_b = \frac{\|\Delta b\|}{\|b\|} \qquad \text{und} \qquad \rho_A = \frac{\|\Delta A\|}{\|A\|}$$

zum Ausdruck gebracht wird, so kann man die Störungsempfindlichkeit der Lösung des linearen Gleichungssystems in einer Monte-Carlo-Studie untersuchen (vgl. Abschnitt 2.7.3). Man simuliert dabei die Störeinflüsse durch Zufallszahlengeneratoren, die der bekannten Art der Störungen Δb und/oder ΔA angepaßt werden. Auf diese Weise kann man auch den Einfluß „ungewöhnlicher“ Störungen auf das Ergebnis untersuchen (wie dies etwa im Beispiel des linearen Gleichungssystems in Abschnitt 2.7.3 gemacht wurde).

13.14 Verfahren für Ausgleichsprobleme

13.14.1 Normalgleichungen

Die naheliegendste Art, l_2-Ausgleichsprobleme zu lösen, besteht im Aufstellen und Lösen der Normalgleichungen

$$A^{\top}Ax = A^{\top}b \tag{13.53}$$

mit dem Cholesky-Verfahren. Der Übergang zu diesem anderen Problem ist bezüglich des Rechenaufwands sehr vorteilhaft. Der große Nachteil besteht allerdings in der Verschlechterung der Kondition des neuen Problems gegenüber dem ursprünglichen Problem:

$$\operatorname{cond}_2(A^{\top}A) = [\operatorname{cond}_2(A)]^2.$$

13.14.2 QR-Verfahren

Eine wesentlich weniger störungsanfällige Methode zur Lösung von l_2-Ausgleichsproblemen beruht auf der sogenannten QR-Faktorisierung von A, wird also auf die Daten des ursprünglichen Problems angewendet.

Satz 13.14.1 (QR-Faktorisierung) *Jede Matrix $A \in \mathbb{R}^{m\times n}$ mit $m \geq n$ kann in der Form*

$$A = Q\begin{pmatrix} R \\ 0 \end{pmatrix} \tag{13.54}$$

($0 \in \mathbb{R}^{(m-n)\times n}$) *faktorisiert werden, wobei R eine obere $n\times n$-Dreiecksmatrix und Q eine orthogonale $m\times m$-Matrix ist.*

Beweis: Lawson, Hanson [60].

Wenn die Matrix A vollen Rang n hat, so ist die Dreiecksmatrix R nichtsingulär und die QR-Faktorisierung (13.54) kann zur Lösung des l_2-Ausgleichsproblems verwendet werden, da

$$\|Ax - b\|_2 = \left\| \begin{pmatrix} Rx - q_1 \\ q_2 \end{pmatrix} \right\|_2 \quad \text{mit} \quad q := \begin{pmatrix} q_1 \\ q_2 \end{pmatrix} = Q^\top b$$

gilt und x daher Lösung des Gleichungssystems $Rx = q_1$ ist. Es gilt

$$\|Ax - b\|_2 = \|q_2\|_2.$$

Wenn A nicht vollen Rang hat oder der Rang von A nicht bekannt ist, kann man eine QR-Faktorisierung mit Spalten-Pivotstrategie oder eine Singulärwertzerlegung durchführen (siehe Abschnitt 13.7.6). Die *QR-Faktorisierung mit Spalten-Pivotstrategie* ist im Fall $m \geq n$ gegeben durch

$$A = Q \begin{pmatrix} R \\ 0 \end{pmatrix} P^\top,$$

wobei P eine Permutationsmatrix ist, die so gewählt ist, daß R die Form

$$R = \begin{pmatrix} R_{11} & R_{12} \\ 0 & 0 \end{pmatrix}$$

hat, wobei R_{11} eine quadratische nichtsinguläre Dreiecksmatrix ist. Die sogenannte Basislösung des linearen Ausgleichsproblems erhält man durch QR-Faktorisierung mit Pivotstrategie. Durch Anwendung orthogonaler (unitärer) Transformationen kann R_{12} eliminiert werden, und man erhält die *vollständige orthogonale Faktorisierung*, aus der man die Lösung mit minimaler Norm gewinnt (Golub, Van Loan [48]).

13.15 LAPACK – Das fundamentale Softwarepaket für die Lineare Algebra

Das LAPACK (*Linear Algebra Package*) ist ein frei verfügbares (*public domain*) Softwarepaket von Fortran 77 - Unterprogrammen, mit deren Hilfe man viele Standardprobleme der Linearen Algebra numerisch lösen kann. Das komplette Softwareprodukt LAPACK umfaßt derzeit (Version 2.0) ca. 600 000 Zeilen Fortran-Code[3] in ca. 1000 Routinen und eine Benutzungsanleitung (Anderson et al. [2]).

[3]Die 600 000 Zeilen Code umfassen nicht nur die eigentlichen LAPACK-Programme, sondern auch Testroutinen, Zeitmeßroutinen, BLAS-Programme etc. Die eigentlichen LAPACK-Programme haben derzeit einen Umfang von 133 000 Zeilen Fortran-Code (ohne Kommentare).

Das LAPACK wurde entwickelt, um lineare Gleichungssysteme, lineare Ausgleichsprobleme und Eigenwertprobleme zu lösen sowie Faktorisierungen von Matrizen, Singulärwertzerlegungen und Konditionsabschätzungen durchzuführen. Es gibt LAPACK-Programme für dicht besetzte Matrizen und Bandmatrizen, aber nicht für schwach besetzte Matrizen mit allgemeiner Besetztheitsstruktur. Für reelle und komplexe Matrizen mit einfach oder doppelt genauen Koeffizienten stehen jeweils äquivalente Programme zur Verfügung.

Das LAPACK enthält sowohl *Black-box-Programme* (*Treiberprogramme*, *driver routines*) zur komfortablen Lösung der obigen Problemstellungen als auch *Rechenprogramme* (*computational routines*), die jeweils ein bestimmtes Teilproblem der Aufgabenstellung lösen. Jedes Treiberprogramm ruft eine Reihe von Rechenprogrammen auf, die sich durch hohe Zuverlässigkeit und Effizienz auf einer großen Anzahl moderner Hochleistungsrechner auszeichnen.

Da der Quellcode der LAPACK-Programme frei zugänglich und gut dokumentiert ist, stellt das LAPACK auch eine Tool-box für Algorithmen- und Software-Entwickler dar.

Das Softwarepaket LAPACK stellt für numerische Probleme der Linearen Algebra mit dicht besetzten Matrizen und Bandmatrizen den De-facto-Standard dar. So enthalten z. B. die IMSL- und die NAG-Bibliotheken den größten Teil der (fallweise geringfügig modifizierten) LAPACK-Unterprogramme. Aus diesem Grund werden in diesem Buch auch keine anderen Softwareprodukte für derartige Probleme behandelt. Software für Probleme mit schwach besetzten Matrizen wird in Kapitel 16 separat diskutiert.

Verfügbarkeit von LAPACK

LAPACK ist ein frei verfügbares (*public domain*) Softwarepaket, das komplett oder in Teilen über das Internet erhältlich ist:

E-mail: Für den Bezug von LAPACK-Software mittels E-mail gibt es einige Einschränkungen. Es können nur einzelne Routinen, nicht aber das gesamte Programmpaket bezogen werden.

Vorgangsweise: E-mail an: `netlib@ornl.gov`
subject: `send` *<programmname>* `from lapack`

Eine eigentliche Nachricht ist nicht erforderlich. Wenn allerdings mehrere LAPACK-Programme gewünscht werden, können diese Anforderungen als Nachricht (*mail body*) in derselben Weise wie oben angegeben werden, wobei *<programmname>* jeweils durch den Namen des gewünschten Fortran-Programms zu ersetzen ist.

FTP: Über FTP können nicht nur einzelne LAPACK-Programme, sondern auch das gesamte LAPACK-Paket sowie bereits vorübersetzte LAPACK-Versionen für diverse Hardware-Plattformen (z. B. HP-PA RISC, DEC 3000/5000, SUN 4, IBM RS-6000) bezogen werden.

Vorgangsweise: FTP zu host: **netlib.att.com**
user: **ftp**
password: *eigene E-mail-Adresse*
directory: **/netlib/lapack**

WWW: Auch über das *World-Wide Web* (WWW) kann das gesamte LAPACK-Software-Angebot von der NETLIB bezogen werden.

Vorgangsweise: Mit MOSAIC (oder einem anderen WWW-*client*) Verbindung aufbauen zu

URL: **http://netlib.att.com/netlib/lapack/index.html**

Anregungen, Erfahrungsberichte, Anfragen und dergleichen können entweder an die folgende Adresse gerichtet werden:

LAPACK Project c/o J. J. Dongarra
Computer Science Department, University of Tennessee
Knoxville, Tennessee 37996-1301, USA

oder an die E-mail-Adresse **lapack@cs.utk.edu** der LAPACK-Gruppe.

13.15.1 Die Vorgeschichte

In den sechziger Jahren veröffentlichten etwa zwanzig verschiedene Autoren in der Zeitschrift *Numerische Mathematik* Algorithmen zur Lösung von algebraischen Eigenwertproblemen in Form von Algol 60-Programmen.

In den frühen siebziger Jahren wurde in den USA eine intensive Aktivität zur Entwicklung hochqualitativer Software gestartet, das NATS-Projekt (siehe Abschnitt 7.2.4). Eine der ersten Aktivitäten im NATS-Projekt war die Entwicklung eines Fortran 66-Programmpaketes zur Lösung algebraischer Eigenwertprobleme, das auf den in der *Numerischen Mathematik* veröffentlichten Algorithmen aufbaute. 1976 lag als Resultat dieser Bemühungen das Softwarepaket EISPACK vor (Smith et al. [369]). Etwas später wurde auch noch eine Erweiterung veröffentlicht (Garbow et al. [15]).

Im Jahr 1975 begannen im *Argonne National Laboratory* (Argonne, Illinois, USA) die Arbeiten an einem effizienten und portablen Softwarepaket zur Lösung linearer Gleichungssysteme. 1977 wurden die bis dahin von J. J. Dongarra, J. R. Bunch, C. B. Moler und G. W. Stewart entwickelten Programme samt Testprogrammen an 26 verschiedene Institutionen zur Überprüfung und Bewertung versendet. Nach Korrekturen, Verbesserungen, neuerlichen Tests etc. war Anfang 1979 das Softwarepaket LINPACK fertig (Dongarra et al. [12]).

Die Pakete LINPACK [12] und EISPACK [15, 369] gewährleisteten lange Zeit die zuverlässige und portable Lösung von Problemen der Linearen Algebra. Bedingt durch die Entwicklungen auf dem Gebiet der Computerarchitektur wurde jedoch ihre Effizienz im Lauf der Zeit immer schlechter. Ihre Programme erreichen auf modernen Hochleistungsrechenanlagen oft nur einen Bruchteil der möglichen Maximalleistung (*peak performance*).

Das LAPACK-Projekt wurde von J. J. Dongarra und J. Demmel in den achtziger Jahren ins Leben gerufen, um mit einem großen Team von Mitarbeitern die Softwarepakete LINPACK und EISPACK durch ein neues Produkt zu ersetzen. Die Algorithmen dieser beiden Pakete wurden dabei in einem einheitlichen Paket zusammengefaßt; auch neue, verbesserte Algorithmen wurden entwickelt und verwendet. Großer Wert wurde darauf gelegt, spezielle Entwurfsmethoden zu verwenden, um die Eignung der LAPACK-Algorithmen und -Programme für moderne Hochleistungsarchitekturen sicherzustellen. Insbesondere wurden die LAPACK-Programme sorgfältig strukturiert, um den Zeitaufwand des Datentransports innerhalb der Speicherhierarchie zu minimieren (Bischof [115]).

13.15.2 LAPACK und die BLAS

Eine wesentliche Besonderheit des Softwarepakets LINPACK war die erstmalige Verwendung von speziellen Unterprogrammen zur Lösung elementarer Teilaufgaben. Diese Unterprogramme wurden parallel zum LINPACK-Projekt definiert und in einem Softwarepaket mit dem Namen BLAS (*Basic Linear Algebra Subroutines*) in einer Fortran 66 -Version 1979 veröffentlicht (Lawson et al. [275]).

Die Verwendung der BLAS-Programme für elementare Vektoroperationen bringt einen zweifachen Nutzen:

1. Sie sind so programmiert (mit aufgerollten Schleifen etc.), daß sie auf vielen Computern mit zufriedenstellender Gleitpunktleistung laufen.
2. Sie können leicht durch individuell optimierte (z. B. in Assembler geschriebene) Versionen ersetzt werden. Die Portabilität geht dabei nicht verloren, da auch die Fortran-Version stets verfügbar ist.

Im LINPACK waren es nur Vektor-Operationen (z. B. die Bestimmung der Norm eines Vektors) bzw. Vektor-Vektor-Operationen (z. B. Skalarprodukte von Vektoren), die mit den BLAS-1-Elementarprogrammen[4] realisiert wurden. Der größte Teil der Algorithmen mußte daher noch in Form von Fortran-Anweisungen implementiert werden. Erst durch das 1988 veröffentlichte BLAS-2-Softwarepaket für Matrix-Vektor-Operationen (Dongarra et al. [168]) wurde es möglich, viele Algorithmen der numerischen Linearen Algebra so zu implementieren, daß ein Großteil der Berechnungen in den BLAS-Programmen durchgeführt wird.

Um die potentielle Leistungsfähigkeit von Computern mit stark gestaffelten Speicherhierarchien in einem möglichst hohen Ausmaß nutzen zu können, ist es notwendig, Daten so oft es geht wiederzuverwenden, um möglichst wenig Daten zwischen den verschiedenen Ebenen der Speicherhierarchie transportieren zu müssen (siehe Kapitel 6). Dieses Ziel kann nur dann erreicht werden, wenn man die Algorithmen nicht nur auf elementare Vektor- und Matrix-Vektor-Operationen, sondern auch auf elementare Matrix-Matrix-Operationen (Matrizenmultiplikationen etc.) zurückführt. Das 1990 veröffentlichte BLAS-3-Softwarepaket (Dongarra et al. [166]) stellt die hierfür erforderlichen Module zur

[4] Das Softwarepaket BLAS aus dem Jahre 1979 wurde später als BLAS-1 bezeichnet.

Verfügung. Die maschinenspezifische Implementierung dieser Unterprogramme kann auf modernen Computern zu noch erheblich größeren Leistungsgewinnen führen als die (ausschließliche) Verwendung optimierter BLAS-1- und BLAS-2-Programme.

In den LAPACK-Programmen werden alle rechenaufwendigen Teilalgorithmen durch Aufrufe von BLAS-1-, BLAS-2 und BLAS-3-Programmen realisiert. Maschinenabhängige, aber sehr effiziente BLAS-Implementierungen sind für die meisten modernen Hochleistungsrechner verfügbar. Die drei Gruppen der BLAS-Programme ermöglichen es, daß LAPACK-Programme einen hohen Grad an Rechenleistung *und* Portabilität erreichen.

Die BLAS-Programme sind im eigentlichen Sinn kein Bestandteil des LAPACK, aber deren Fortran 77-Code wird mit den LAPACK-Programmen mitgeliefert. BLAS-Programme sind aber auch separat aus der NETLIB zu beziehen. Der Fortran-Code dieser Modell-Implementierungen der BLAS ist vollständig portabel, also von keiner spezifischen Hardware abhängig. Um jedoch zufriedenstellend hohe Wirkungsgrade zu erzielen, müssen die einzelnen BLAS-Programme an die jeweiligen Maschinenbesonderheiten angepaßt und individuell optimiert werden.

13.15.3 Blockalgorithmen

LINPACK-Blockalgorithmen mit BLAS-1-Programmen

Die „klassischen" Eliminationsverfahren zur Lösung linearer Gleichungssysteme beruhen alle auf einer Abfolge von Gleitpunktoperationen an einzelnen skalaren Datenelementen. In den LINPACK-Programmen wurden erstmals Algorithmen implementiert, die auch Elementaroperationen an Vektoren enthalten. Das Prinzip einer solchen Programmentwicklung läßt sich anhand des Programms `LINPACK/spofa`, welches symmetrische, positiv definite Matrizen nach Cholesky faktorisiert ($A = U^\top U$), leicht verstehen. Aus der Matrix-Vektor-Form der Cholesky-Faktorisierung (a_j ist ein Vektor der Länge $j-1$)

$$\begin{pmatrix} A_{11} & a_j & A_{13} \\ \cdot & a_{jj} & \alpha_j^\top \\ \cdot & \cdot & A_{33} \end{pmatrix} = \begin{pmatrix} U_{11}^\top & 0 & 0 \\ u_j^\top & u_{jj} & 0 \\ U_{13}^\top & \mu_j & U_{33}^\top \end{pmatrix} \begin{pmatrix} U_{11} & u_j & U_{13} \\ 0 & u_{jj} & \mu_j^\top \\ 0 & 0 & U_{33} \end{pmatrix};$$

ergeben sich folgende Beziehungen:

$$\begin{aligned} a_j &= U_{11}^\top u_j \\ a_{jj} &= u_j^\top u_j + u_{jj}^2. \end{aligned}$$

Ist U_{11} bereits berechnet, so erhält man den Vektor u_j und die skalare Größe u_{jj} aus den Gleichungen

$$\begin{aligned} U_{11}^\top u_j &= a_j \\ u_{jj}^2 &= a_{jj} - u_j^\top u_j. \end{aligned}$$

Auf der Basis dieser Überlegung wurde die Cholesky-Faktorisierung im Programm `LINPACK/spofa` unter Verwendung des BLAS-1-Programms `BLAS/sdot` (zur Berechnung innerer Produkte von Vektoren) folgendermaßen implementiert:

```
      DO 30 J = 1, N
         INFO = J
         S = 0.0E0
         JM1 = J - 1
         IF (JM1 .LT. 1) GO TO 20
         DO 10 K = 1, JM1
            T = A(K,J) - SDOT (K-1, A(1,K), 1, A(1,J), 1)
            T = T/A(K,K)
            A(K,J) = T
            S = S + T*T
   10    CONTINUE
   20    CONTINUE
         S = A(J,J) - S
C     ......EXIT
         IF (S .LE. 0.0E0) GO TO 40
         A(J,J) = SQRT (S)
   30 CONTINUE
```

LAPACK-Blockalgorithmen mit BLAS-2-Programmen

Durch einfache (manuelle) Programmtransformationen erhält man das folgende Programmstück, das genau dieselben Berechnungen durchführt und den typischen LAPACK-Stil aufweist. Es benützt das BLAS-2-Programm BLAS/strsv, welches ein in Dreiecksform vorliegendes Gleichungssystem löst. Aus Gründen, die später behandelt werden, wurde jedoch in LAPACK eine von diesem Programmsegment abweichende Implementierung gewählt.

```
      DO 10 j = 1, n
         CALL strsv ('upper', 'transpose', 'non-unit', j-1, a, lda, a(1,j), 1)
         s = a(j,j) - SDOT (j-1, a(1,j), 1, a(1,j), 1)
         IF (s .LE. zero) GO TO 20
         a(j,j) = SQRT (s)
   10 CONTINUE
```

Bei diesem Programmabschnitt wurde die k-Schleife aus dem obigen LINPACK-Programm durch einen Aufruf des BLAS-2-Programms BLAS/strsv ersetzt. Diese Änderung genügt bereits, um auf vielen Maschinen eine große Leistungssteigerung zu erzielen. So erreicht man durch obige Programmtransformation z. B. auf einem Prozessor einer Cray Y-MP bei 500×500-Matrizen eine Steigerung der Gleitpunktleistung von 72 auf 251 Mflop/s. Da dies bereits 81 % der optimalen Gleitpunktleistung für die Matrizenmultiplikation sind, ist zu erwarten, daß man die Rechenleistung auch durch den Einsatz von BLAS-3-Programmen nicht mehr wesentlich verbessern kann.

Auf einer IBM 3090E VF hingegen läßt sich durch die obige Programmtransformation *keine* Leistungssteigerung erzielen. Beide Programme erzielen eine Gleitpunktleistung von ca. 23 Mflop/s. Dies ist für eine Maschine, deren Optimalleistung bei Matrizenmultiplikation 75 Mflop/s beträgt, kein zufriedenstellender Wert. Wie man an diesem Beispiel sieht, erlaubt die spezielle Architektur der IBM 3090 keine hohen Rechenleistungen bei ausschließlicher Verwendung von Vektor- und Matrix-Vektor-Operationen.

LAPACK-Blockalgorithmen mit BLAS-3-Programmen

Ein guter Wirkungsgrad, also eine weitgehende Ausnutzung der potentiell vorhandenen Gleitpunktleistung, ist auf manchen Rechnern nur durch die Verwendung von BLAS-3-Programmen zu erzielen. Um die BLAS-3-Programme benutzen zu können, muß der Algorithmus aber zu einem Blockalgorithmus, der auf Teilmatrizen der Ausgangsmatrix operiert, umgeformt werden.

Die grundsätzliche Vorgangsweise bei der Herleitung von Blockalgorithmen wird wieder anhand des Beispiels der Cholesky-Faktorisierung demonstriert. Die definierende Gleichung der Cholesky-Faktorisierung in 3×3-Blockform geschrieben lautet

$$\begin{pmatrix} A_{11} & A_{12} & A_{13} \\ . & A_{22} & A_{23} \\ . & . & A_{33} \end{pmatrix} = \begin{pmatrix} U_{11}^\top & 0 & 0 \\ U_{12}^\top & U_{22}^\top & 0 \\ U_{13}^\top & U_{23}^\top & U_{33}^\top \end{pmatrix} \begin{pmatrix} U_{11} & U_{12} & U_{13} \\ 0 & U_{22} & U_{23} \\ 0 & 0 & U_{33} \end{pmatrix};$$

daraus erhält man:

$$\begin{aligned} A_{12} &= U_{11}^\top U_{12} \\ A_{22} &= U_{12}^\top U_{12} + U_{22}^\top U_{22}. \end{aligned}$$

Setzt man U_{11} als bereits berechnet voraus, so ergibt sich U_{12} aus der Gleichung

$$U_{11}^\top U_{12} = A_{12}$$

durch einen Aufruf des BLAS-3-Programms **BLAS/strsm**. U_{22} ergibt sich aus

$$U_{22}^\top U_{22} = A_{22} - U_{12}^\top U_{12},$$

wobei zuerst die symmetrische Teilmatrix A_{22} durch einen Aufruf des BLAS-3-Programms **BLAS/ssyrk** aktualisiert und ihre Cholesky-Faktorisierung berechnet wird. Da Fortran 77 keine rekursiven Unterprogrammaufrufe gestattet, muß das BLAS-3-Programm **LAPACK/spotf2** verwendet werden. So werden aufeinanderfolgende Blöcke von Spalten der Matrix U berechnet.

Dem typischen LAPACK-Programmstil entsprechend würde dieser Blockalgorithmus folgendermaßen aussehen:

```
      DO 10 j = 1, n, nb
         jb = MIN( nb, n-j+1 )
         CALL strsm( 'left', 'upper', 'transpose', 'non-unit', j-1, jb,
     $               one, a, lda, a(1,j), lda )
         CALL ssyrk( 'upper', 'transpose', jb, j-1, -one, a(1,j), lda,
     $               one, a(j,j), lda )
         CALL spotf2( jb, a(j,j), lda, info )
         IF( info .NE. 0 ) GO TO 20
   10 CONTINUE
```

Dieser Programmabschnitt erreicht auf einer IBM 3090E VF mit 49 Mflop/s gegenüber dem ersten, im LINPACK-Stil geschriebenen Programm mehr als eine Verdoppelung der Rechenleistung. Auf einer Cray Y-MP mit einem Prozessor steigt die Rechenleistung durch diese weitere Programmtransformation kaum mehr an, bei 8 Prozessoren erreicht man allerdings eine wesentliche Leistungssteigerung (siehe Tabelle 13.2).

Um noch weitere Steigerungen der Gleitpunktleistung erreichen zu können, ist das Programm `LAPACK/spotrf` abweichend von obigem Programmstück implementiert worden. Wie bereits in Kapitel 6 ausgeführt wurde, gibt es für viele Algorithmen der numerischen Linearen Algebra mehrere vektorisierbare Varianten, die als i-, j- und k-Varianten bezeichnet werden.

Im Programmpaket LINPACK und in allen obigen Beispielen wurde die j-Variante gewählt. Diese Variante basiert auf dem Lösen von Gleichungssystem (in Dreiecksform) und ist auf vielen Maschinen signifikant schlechter als die i-Variante, die auf Matrizenmultiplikationen beruht. Daher wurde für die Implementierung im Programm `LAPACK/spotrf` die i-Variante gewählt.

Tabelle 13.2: Gleitpunktleistungen [Mflop/s] und Wirkungsgrade [%] verschiedener Programmvarianten (mit maschinenspezifisch optimierten BLAS-Programmen) bei der Cholesky-Faktorisierung einer 500×500-Matrix A

Rechnertyp Anzahl der Prozessoren	IBM 3090 VF 1		Cray Y-MP 1		Cray Y-MP 8	
j-Variante: LINPACK	23	(21 %)	72	(22 %)	72	(3 %)
j-Variante mit BLAS-2	24	(22 %)	251	(75 %)	378	(14 %)
j-Variante mit BLAS-3	49	(45 %)	287	(86 %)	1225	(46 %)
i-Variante mit BLAS-3	50	(46 %)	290	(87 %)	1414	(53 %)
Maximalleistung	108	(100 %)	333	(100 %)	2644	(100 %)

Gleitpunktleistungen der Block-Faktorisierungen

Die Blockformen der LU- und der Cholesky-Faktorisierungen sind einfach herzuleitende Blockalgorithmen, da sie weder zusätzliche Operationen noch zusätzlichen Arbeitsspeicher benötigen.

Die Tabelle 13.3 zeigt die Gleitpunktleistung der Programme `LAPACK/sgetrf` (in einfacher Genauigkeit auf den Cray-Maschinen) und `LAPACK/dgetrf` (in doppelter Genauigkeit auf den IBM-Maschinen) für die LU-Faktorisierung einer reellen Matrix. Auf allen verwendeten Maschinen entspricht das einer 64-Bit-Gleitpunktarithmetik. Die Blockgröße 1 bedeutet, daß ein nichtgeblockter Algorithmus verwendet wurde, da dieser im betreffenden Fall schneller oder zumindest gleich schnell wie der geblockte Algorithmus war. Den Leistungswerten der Tabelle 13.3 kann man unter anderem entnehmen, wie sich der Vorteil einer Block-Faktorisierung bei größeren Matrizen stärker bemerkbar macht.

Unter denselben Bedingungen wurden die LAPACK-Programme zur Cholesky-Faktorisierung getestet. Die erzielten Gleitpunktleistungen sind Tabelle 13.4 zu entnehmen.

Tabelle 13.3: Gleitpunktleistung [Mflop/s] von `LAPACK/sgetrf` bzw. `dgetrf`

	Prozessor-anzahl	Block-größe	Dimension n					Maximal-leistung
			100	200	300	400	500	
IBM RS/6000-530	1	32	19	25	29	31	33	50
IBM 3090J VF	1	64	23	41	52	58	63	108
Cray 2	1	64	110	211	292	318	358	488
Cray Y-MP	1	1	132	219	254	272	283	333
Cray Y-MP	8	64	195	556	920	1188	1408	2644

Tabelle 13.4: Gleitpunktleistung [Mflop/s] von `LAPACK/spotrf` bzw. `dpotrf` mit `uplo = 'u'`

	Prozessor-anzahl	Block-größe	Dimension n					Maximal-leistung
			100	200	300	400	500	
IBM RS/6000-530	1	32	21	29	34	36	38	50
IBM 3090J VF	1	48	26	43	56	62	67	108
Cray 2	1	64	109	213	294	318	362	488
Cray Y-MP	1	1	126	219	257	275	285	333
Cray Y-MP	8	32	146	479	845	1164	1393	2644

Blockform der QR-Zerlegung

Der traditionelle QR-Algorithmus basiert auf der Anwendung elementarer Householder-Matrizen $H = I - \tau uu^\top$, wobei u ein Spaltenvektor und τ ein Skalar ist (siehe Abschnitt 15.1.4). Dieser Algorithmus liefert auf den meisten Maschinen bereits unter Verwendung von BLAS-2-Programmen maximale Leistung. Um eine Blockform des QR-Algorithmus zu realisieren, wird in den entsprechenden LAPACK-Programmen das Produkt von k elementaren Householder-Matrizen der Ordnung n als Blockform einer Householder-Matrix dargestellt (siehe Abschnitt 13.19.5):

$$H_1 H_2 \dots H_k = I - UTU^\top.$$

Dabei ist U eine $n \times k$-Matrix, deren Spalten den Vektoren $u_1, u_2, \dots, u_k$ entsprechen, und T eine obere Dreiecksmatrix der Ordnung k.

13.15.4 Inhaltliche Gliederung des LAPACK

Der Inhalt des LAPACK besteht aus drei großen Programmgruppen:

Black-box- oder **Treiberprogramme** (*driver routines*) gestalten die Lösung von Standardproblemen der Linearen Algebra, wie linearen Gleichungssystemen oder Eigenwertproblemen, so einfach wie möglich. Sie übernehmen den Aufruf der geeigneten Rechen- und Hilfsprogramme.

Rechenprogramme (*computational routines*) führen bestimmte Verarbeitungsschritte, wie das Berechnen einer LU-Faktorisierung oder die Reduktion einer Matrix auf Diagonalform, durch.

Hilfsprogramme (*auxiliary routines*) gehören zu folgenden Kategorien:

- Programme für allgemein benötigte elementare (*low-level*) Funktionen, wie das Skalieren einer Matrix, das Berechnen einer Matrixnorm oder das Generieren einer elementaren Householder-Matrix;
- Erweiterungen und Ergänzungen zu den BLAS, wie Programme für Matrix-Vektor-Operationen bei komplexen, symmetrischen Matrizen;
- Programme, die Teilaufgaben von Blockalgorithmen übernehmen.

Datentypen und Genauigkeiten

Das LAPACK stellt für **reelle** und **komplexe Daten** dieselbe Funktionalität zur Verfügung. Für die meisten Problemlösungen existieren entsprechende Programmvarianten für beide Datentypen. So gibt es z. B. als Gegenstück zu den Programmen für reelle, symmetrische, indefinite lineare Gleichungssysteme sowohl Programme für komplexe Hermitesche ($A = A^H$) als auch für komplexe symmetrische Matrizen ($A = A^\top$), da beide Fälle in der Praxis auftreten.

Alle Programme gibt es in **einfacher** und **doppelter Genauigkeit**. Doppelt genaue Programme für komplexe Matrizen benötigen den Datentyp DOUBLE COMPLEX, der in der Fortran 77-Norm *nicht* enthalten ist, aber trotzdem auf den meisten Computern zur Verfügung steht.

Als Auswirkung der unterstützten Typenvielfalt gibt es von jedem LAPACK-Programm *vier* Versionen. Hier zeigt sich deutlich das Fehlen generischer Namen (wie es sie in Fortran 90 gibt), die in den meisten Fällen das Zusammenfassen aller vier Varianten in einem Programm ermöglicht hätten.

Systematische Namensgebung

Der Name jedes LAPACK-Programms ist eine Codierung seiner Funktionalität.

Alle Treiber- und Rechenprogramme haben Namen, die sich aus 5 oder 6 Buchstaben zusammensetzen.

Der *erste Buchstabe* kennzeichnet den Fortran 77-Datentyp:

s REAL
d DOUBLE PRECISION
c COMPLEX
z DOUBLE COMPLEX bzw. COMPLEX*16 (beide *nicht* genormt).

Wird auf ein LAPACK-Programm unabhängig vom Datentyp Bezug genommen, so wird im folgenden der erste Buchstabe durch einen Stern * ersetzt. So symbolisiert z. B. `*gesv` alle *vier* Programme `sgesv`, `cgesv`, `dgesv` und `zgesv`.

Der *zweite* und *dritte* Buchstabe bezeichnen den Typ der Matrix. Die meisten dieser Buchstabenkombinationen beziehen sich sowohl auf reelle als auch auf komplexe Matrizen. In Tabelle 13.5 sind die in Frage kommenden Matrixtypen angeführt.

Tabelle 13.5: Matrix-Typ – Zweiter und dritter Buchstabe des LAPACK-Namens

ge	allgemeine Matrix (in manchen Fällen auch Rechteckmatrix)
gg	allgemeine Matrix bei allgemeinen Eigenwertproblemen
gb	allgemeine Bandmatrix
gt	allgemeine Tridiagonalmatrix
he	Hermitesche Matrix
hp	Hermitesche Matrix, *gepackte Speicherung*
hs	untere Hessenberg Matrix
hg	untere Hessenberg-Matrix bei allgemeinen Eigenwertproblemen
or	orthogonale Matrix
op	orthogonale Matrix, *gepackte Speicherung*
po	symmetrische (oder Hermitesche), positiv definite Matrix
pp	symmetrische (oder Hermitesche), positiv definite Matrix, *gepackte Speicherung*
pb	symmetrische (oder Hermitesche), positiv definite Bandmatrix
pt	symmetrische (oder Hermitesche), positiv definite Tridiagonalmatrix
sy	symmetrische Matrix
sp	symmetrische Matrix, *gepackte Speicherung*
sb	symmetrische Bandmatrix
st	symmetrische Tridiagonalmatrix
tb	Dreiecksbandmatrix
tg	Dreiecksmatrix bei allgemeinen Eigenwertproblemen
tp	Dreiecksmatrix, *gepackte Speicherung*
tr	Dreiecksmatrix oder Block-Dreiecksmatrix
bd	Bidiagonalmatrix
un	unitäre Matrix
up	unitäre Matrix, *gepackte Speicherung*

Wird auf eine Klasse von Programmen, die dieselbe Funktion auf verschiedenen Matrixtypen durchführen, Bezug genommen, so werden im folgenden die ersten *drei* Buchstaben durch einen Stern * ersetzt. So steht z. B. `*sv` für *alle* in Tabelle 13.6 angeführten Programme zur Lösung linearer Gleichungssysteme (`sv` ist dabei die Abkürzung für *solve*).

Die *letzten drei Buchstaben* bezeichnen die Art der durchzuführenden Berechnungen. Ihre Bedeutung wird in den Abschnitten 13.16 und 13.17 erklärt. `sgebrd` ist z. B. ein einfach genaues Programm, das eine allgemeine, einfach genaue reelle Matrix in eine Bidiagonalmatrix transformiert (`brd` ist die Abkürzung für *bidiagonal reduction*).

Die Namen von Hilfsprogrammen werden auf analoge Weise vergeben, nur die zweiten und dritten Buchstaben sind meistens `la` (z. B. `slascl` oder `clarfg`). Es gibt zwei Arten von Ausnahmen: Hilfsprogramme, die ungeblockte Versionen von Blockalgorithmen realisieren, haben als sechstes Zeichen im Namen eine „2“ (so ist z. B. `sgebd2` die ungeblockte Version von `sgebrd`); einige wenige Programme zur Erweiterung der BLAS-Routinen haben einen der BLAS-Namensgebung entsprechenden Namen (wie z. B. `crot` oder `csyr`).

13.16 LAPACK-Black-box-Programme

Dieser Abschnitt gibt einen Überblick über die LAPACK-Treiberprogramme für lineare Gleichungssysteme und Ausgleichsprobleme[5]. Eine genauere Erklärung der Terminologie und der numerischen Operationen, die sie implementieren, erfolgt in Abschnitt 13.17.

Grundsätzlich gibt es zwei Arten von Treiberprogrammen:

Standard-Treiberprogramme (*simple drivers*) sind Black-box-Programme, die primär die numerische Lösung der jeweiligen Problemstellung liefern.

Spezial-Treiberprogramme (*expert drivers*) liefern neben den Lösungen auch noch zusätzliche Information (z. B. Konditionsschätzungen, Fehlerschranken) oder führen zusätzliche Berechnungen (z. B. zur Genauigkeitsverbesserung der ersten numerischen Lösung) durch.

Spezial-Treiberprogramme werden im LAPACK stets mit `*x` bezeichnet, haben also als letztes Zeichen ihres Namens ein `x`.

13.16.1 Lineare Gleichungssysteme

Zum numerischen Lösen linearer Gleichungssysteme gibt es

Standard-Treiberprogramme für die Lösung der Matrixgleichung $AX = B$. Dabei wird die Matrix A durch ihre Faktoren (z. B. die Matrizen L und U ihrer LU-Zerlegung) und k rechte Seiten $B = (b_1, \dots, b_k)$ durch die Lösungsvektoren $X = (x_1, \dots, x_k)$ überschrieben. Die Bezeichnung der Programme hat stets die Form `*sv` (Abkürzung für *solve*).

Spezial-Treiberprogramme zum Lösen der Matrixgleichung $AX = B$ führen neben der Faktorisierung von A und der Rücksubstitution zur Bestimmung von X noch folgende Zusatzfunktionen aus:

- Schätzung der Konditionszahl cond(A) und Überprüfung von A auf numerische Singularität;
- Genauigkeitsverbesserung der ersten numerischen Lösung und Berechnung von Fehlerschranken;
- (optionale) Skalierung des Systems.

Die Spezial-Treiberprogramme beanspruchen auf Grund ihrer zusätzlichen Funktionen etwa doppelt soviel Speicherplatz wie die Standard-Treiberprogramme. Die Bezeichnung der LAPACK-Spezial-Treiberprogramme hat stets die Form `*svx` (Abkürzung für *solve expert*).

In Tabelle 13.6 sind die Treiberprogramme für lineare Gleichungssysteme aufgelistet. Manche von ihnen machen Gebrauch von speziellen Eigenschaften der Matrix A oder besonderen Speicherformen (siehe Abschnitt 13.19).

[5] Die LAPACK-Treiberprogramme für Eigenwertprobleme findet man in Abschnitt 15.7.

Tabelle 13.6: LAPACK-Treiberprogramme für lineare Gleichungssysteme

Matrixtyp (Speicherung)	*driver*	REAL	COMPLEX
allgemeine Matrix	*simple* *expert*	**sgesv** **sgesvx**	**cgesv** **cgesvx**
allgemeine Bandmatrix	*simple* *expert*	**sgbsv** **sgbsvx**	**cgbsv** **cgbsvx**
allgemeine Tridiagonalmatrix	*simple* *expert*	**sgtsv** **sgtsvx**	**cgtsv** **cgtsvx**
symmetrische/Hermitesche positiv definite Matrix	*simple* *expert*	**sposv** **sposvx**	**cposv** **cposvx**
symmetrische/Hermitesche positiv definite Matrix (gepackte Speicherung)	*simple* *expert*	**sppsv** **sppsvx**	**cppsv** **cppsvx**
symmetrische/Hermitesche positiv definite Bandmatrix	*simple* *expert*	**spbsv** **spbsvx**	**cpbsv** **cpbsvx**
symmetrische/Hermitesche positiv definite Tridiagonalmatrix	*simple* *expert*	**sptsv** **sptsvx**	**cptsv** **cptsvx**
symmetrische/Hermitesche indefinite Matrix	*simple* *expert*	**ssysv** **ssysvx**	**chesv** **chesvx**
symmetrische/Hermitesche indefinite Matrix (gepackte Speicherung)	*simple* *expert*	**sspsv** **sspsvx**	**chpsv** **chpsvx**
komplexe symmetrische Matrix	*simple* *expert*		**csysv** **csysvx**
komplexe symmetrische Matrix (gepackte Speicherung)	*simple* *expert*		**cspsv** **cspsvx**

13.16.2 Lineare Ausgleichsprobleme

Programme für *lineare Ausgleichsprobleme* (*linear least squares problems*) dienen der Bestimmung eines Vektors $x^* \in \mathbb{R}^n$, der für eine gegebene Matrix $A \in \mathbb{R}^{m \times n}$ und einen gegebenen Vektor $b \in \mathbb{R}^m$ das Residuum minimiert:

$$\|Ax^* - b\| = \min\{\|Ax - b\|_2 : x \in \mathbb{R}^n\}. \tag{13.55}$$

Bei $m > n$ ist $Ax = b$ ein *überbestimmtes* und bei $m < n$ ein *unterbestimmtes* System. In den meisten Fällen ist $m \geq n$ und $\text{rang}(A) = n$, sodaß eine eindeutige Lösung für das Problem (13.55) existiert. Für $m < n$ oder $m \geq n$ und $\text{rang}(A) < n$ ist die Lösung *nicht* eindeutig, es gibt eine Lösungsmannigfaltigkeit. Die LAPACK-Programme bestimmen in diesem Fall jene spezielle (eindeutige) Lösung aus der Lösungsmenge, für die $\|x^*\|_2$ minimal wird, also die Lösung mit kleinster Norm.

Das Treiberprogramm ***gels** löst das Problem (13.55) unter der Voraussetzung, daß A vollen Rang hat, durch QR- oder LQ-Faktorisierung von A. Die Treiberprogramme ***gelsx** und ***gelss** lösen das Problem (13.55) auch, wenn A nicht vollen Rang hat. Tabelle 13.7 gibt einen Überblick über die Treiberprogramme für das lineare Ausgleichsproblem.

Tabelle 13.7: LAPACK-Treiberprogramme für lineare Ausgleichsprobleme

Matrixtyp	Methode	*driver*	REAL	COMPLEX
allgemeine Matrix	QR- oder LQ-Faktorisierung	*simple*	**sgels**	**cgels**
	vollständige orthogonale Faktorisierung	*simple*	**sgelsx**	**cgelsx**
	Singulärwertzerlegung (SVD)	*simple*	**sgelss**	**cgelss**

13.17 LAPACK-Rechenprogramme

In diesem Abschnitt wird ein grober Überblick über die LAPACK-Rechenprogramme für lineare Gleichungssysteme und Ausgleichsprobleme gegeben. Die LAPACK-Rechenprogramme für Eigenwertprobleme werden in Abschnitt 15.7 behandelt.

Die Hauptaufgabe bei der direkten Lösung von linearen Gleichungssystemen $Ax = b$ bzw. Matrixgleichungen $AX = B$ (bei denen die Spaltenvektoren von B die einzelnen rechten Seiten und die Spaltenvektoren von X die dazugehörigen Lösungen sind) ist die Faktorisierung der Matrix A.

Die Art der Faktorisierung hängt von den Eigenschaften der Matrix A ab. LAPACK stellt Programme für folgende Matrixtypen zur Verfügung:

Allgemeine Matrizen (LU-Faktorisierung mit teilweisem Pivoting):

$$A = PLU;$$

Symmetrische, positiv definite Matrizen (Cholesky-Faktorisierung):

$$A = U^\top U \qquad \text{oder} \qquad A = LL^\top;$$

Symmetrische, indefinite Matrizen (symmetrisch-indef. Faktorisierung):

$$A = P^\top U^\top D U P \qquad \text{oder} \qquad A = PLDL^\top P^\top.$$

U ist dabei eine obere, L eine untere Dreiecksmatrix, P eine Permutationsmatrix und D eine Blockdiagonalmatrix mit Blöcken der Ordnung 1 oder 2.

Die folgende Liste beschreibt die Aufgabe der den letzten drei Zeichen des Namens entsprechenden Rechenprogramme (siehe Tabellen 13.8 und 13.9):

Tabelle 13.8: LAPACK-Rechenprogramme für lineare Gleichungssysteme

Matrixtyp (Speicherung)	Operation	REAL	COMPLEX
allgemeine Matrix	Faktorisieren Lösen Konditionszahl Fehlerschranken Invertieren Skalieren	**sgetrf** **sgetrs** **sgecon** **sgerfs** **sgetri** **sgeequ**	**cgetrf** **cgetrs** **cgecon** **cgerfs** **cgetri** **cgeequ**
allgemeine Bandmatrix	Faktorisieren Lösen Konditionszahl Fehlerschranken Skalieren	**sgbtrf** **sgbtrs** **sgbcon** **sgbrfs** **sgbequ**	**cgbtrf** **cgbtrs** **cgbcon** **cgbrfs** **cgbequ**
allgemeine Tridiagonalmatrix	Faktorisieren Lösen Konditionszahl Fehlerschranken	**sgttrf** **sgttrs** **sgtcon** **sgtrfs**	**cgttrf** **cgttrs** **cgtcon** **cgtrfs**
symmetrische/Hermitesche positiv definite Matrix	Faktorisieren Lösen Konditionszahl Fehlerschranken Invertieren Skalieren	**spotrf** **spotrs** **spocon** **sporfs** **spotri** **spoequ**	**cpotrf** **cpotrs** **cpocon** **cporfs** **cpotri** **cpoequ**
symmetrische/Hermitesche positiv definite Matrix (gepackte Speicherung)	Faktorisieren Lösen Konditionszahl Fehlerschranken Invertieren Skalieren	**spptrf** **spptrs** **sppcon** **spprfs** **spptri** **sppequ**	**cpptrf** **cpptrs** **cppcon** **cpprfs** **cpptri** **cppequ**
symmetrische/Hermitesche positiv definite Bandmatrix	Faktorisieren Lösen Konditionszahl Fehlerschranken Skalieren	**spbtrf** **spbtrs** **spbcon** **spbrfs** **spbequ**	**cpbtrf** **cpbtrs** **cpbcon** **cpbrfs** **cpbequ**
symmetrische/Hermitesche positiv definite Tridiagonalmatrix	Faktorisieren Lösen Konditionszahl Fehlerschranken	**spttrf** **spttrs** **sptcon** **sptrfs**	**cpttrf** **cpttrs** **cptcon** **cptrfs**

Tabelle 13.9: LAPACK-Rechenprogramme für lineare Gleichungssysteme (Fortsetzung von Tabelle 13.8)

Matrixtyp (Speicherung)	Operation	REAL	COMPLEX
symmetrische/Hermitesche indefinite Matrix	Faktorisieren	ssytrf	chetrf
	Lösen	ssytrs	chetrs
	Konditionszahl	ssycon	checon
	Fehlerschranken	ssyrfs	cherfs
	Invertieren	ssytri	chetri
symmetrische/Hermitesche indefinite Matrix (gepackte Speicherung)	Faktorisieren	ssptrf	chptrf
	Lösen	ssptrs	chptrs
	Konditionszahl	sspcon	chpcon
	Fehlerschranken	ssprfs	chprfs
	Invertieren	ssptri	chptri
komplexe symmetrische Matrix	Faktorisieren		csytrf
	Lösen		csytrs
	Konditionszahl		csycon
	Fehlerschranken		csyrfs
	Invertieren		csytri
komplexe symmetrische Matrix (gepackte Speicherung)	Faktorisieren		csptrf
	Lösen		csptrs
	Konditionszahl		cspcon
	Fehlerschranken		csprfs
	Invertieren		csptri
Dreiecksmatrix	Lösen	strtrs	ctrtrs
	Konditionszahl	strcon	ctrcon
	Fehlerschranken	strrfs	ctrrfs
	Invertieren	strtri	ctrtri
Dreiecksmatrix (gepackte Speicherung)	Lösen	stptrs	ctptrs
	Konditionszahl	stpcon	ctpcon
	Fehlerschranken	stprfs	ctprfs
	Invertieren	stptri	ctptri
Dreiecksmatrix mit Bandstruktur	Lösen	stbtrs	ctbtrs
	Konditionszahl	stbcon	ctbcon
	Fehlerschranken	stbrfs	ctbrfs

LAPACK/*trf sind Programme für die Faktorisierung der Matrix A (außer für Dreiecksmatrizen, wo sie nicht benötigt werden).

LAPACK/*trs sind Programme zum Lösen von Matrixgleichungen $AX = B$ durch Rücksubstitution unter Verwendung einer vorhandenen Faktorisierung der Matrix A (oder der Matrix A selbst, falls sie bereits eine Dreiecksmatrix ist). Die Programme LAPACK/*trs benötigen die Faktorisierung von LAPACK/*trf.

LAPACK/*con dienen der näherungsweisen Berechnung des reziproken Wertes der Konditionszahl $\kappa(A) = \|A\| \cdot \|A^{-1}\|$. Es wird eine Modifikation der Methode von Hager (Higham [232]) zur Schätzung von $\|A^{-1}\|$ angewendet, außer bei symmetrischen, positiv definiten Tridiagonalmatrizen, wo A^{-1} direkt mit vertretbarem Aufwand berechnet werden kann (Higham [230], [231]). Mit dem Argument norm kann zwischen κ_1 und κ_∞ gewählt werden. Die Programme LAPACK/*con benötigen die Norm der ursprünglichen Matrix A und die Faktorisierung von LAPACK/*trf.

Beispiel (Konditionsschätzung) Für Testzwecke kann eine einparametrige Familie von Matrizen $A_n(p) \in \mathbb{R}^{n\times n}$ folgendermaßen definiert werden:

$$[A_n(p)]_{ij} = \binom{p+j-1}{i-1}, \quad i,j = 1,2,\ldots,n. \tag{13.56}$$

Die Inverse $A_n^{-1}(p)$ ist durch

$$[A_n^{-1}(p)]_{ij} = (-1)^{i+j} \sum_{l=0}^{n-j} \binom{p+l-1}{l} \binom{l+j-1}{i-1} \quad \text{mit} \quad \binom{r}{s} := 0 \quad \text{für} \quad r < s$$

gegeben. Die Konditionszahl $\kappa(A_n(p))$ wird mit steigendem n und p rasch größer (siehe Abb. 13.12). Da die Inverse bekannt ist, kann die Kondition aus $\kappa(A_n) = \|A_n\|\,\|A_n^{-1}\|$ leicht berechnet werden. Wenn man mit Hilfe des Programms LAPACK/sgecon eine Konditions*schätzung* ermittelt, so zeigt sich folgendes: Solange die Kondition $\kappa(A_n)$ unter $1/eps \approx 1.68 \cdot 10^7$ liegt, stimmt der geschätzte Wert sehr gut mit der tatsächlichen Konditionszahl überein. Nach Überschreiten dieses Grenzfalles tritt größtenteils ein *Unterschätzen* der tatsächlichen Kondition ein (siehe Abb. 13.13).

LAPACK/*rfs werden zur Berechnung von Fehlerschranken für die von den Programmen LAPACK/*trs gelieferten Lösungen und zur Verfeinerung der Lösung (siehe auch nächster Abschnitt) verwendet. Die Programme LAPACK/*rfs benötigen die ursprünglichen Matrizen A und B, die Faktorisierung von LAPACK/*trf und die Lösung X von LAPACK/*trs.

LAPACK/*tri sind Programme für die Berechnung der inversen Matrix A^{-1} unter Verwendung der bereits vorliegenden Faktorisierung von A. Die Programme LAPACK/*tri benötigen die Faktorisierung von LAPACK/*trf.

LAPACK/*equ dienen der Ermittlung von Skalierungsfaktoren der Matrix A.

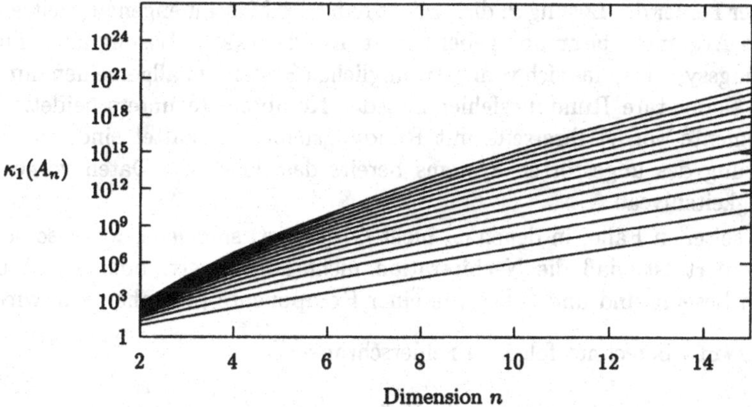

Abb. 13.12: Kondition der Testmatrizen (13.56) für $p = 1, 2, \ldots, 15$; die unterste Kurve entspricht $p = 1$, die oberste $p = 15$

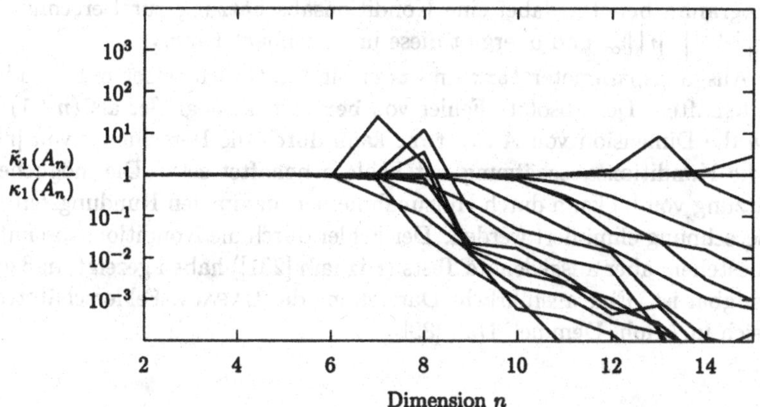

Abb. 13.13: Qualität der Konditions*schätzung* mittels **LAPACK/sgecon**

13.17.1 Fehlerschranken

Das Programm LAPACK/*rfs (*refine solution*) berechnet durch Nachiteration Fehlerschranken der numerischen Lösung. Die Nachiteration wird dabei auf dem Genauigkeitsniveau der Eingangsdaten durchgeführt. Im speziellen wird das Residuum *nicht*, wie es früher üblich war, mit höherer Genauigkeit berechnet.

Sei $\hat{x}$ die numerisch berechnete Lösung, x die exakte Lösung von $Ax = b$ und $r = b - A\hat{x}$ das Residuum von $\hat{x}$. Im folgenden bezeichnet $|b|$ ($|A|$) den Vektor (die Matrix) der absoluten Werte von b (A): $|b|_k := |b_k|$ ($|A|_{ij} := |a_{ij}|$).

Von wenigen sehr seltenen Fällen abgesehen, ist $\hat{x}$ die exakte Lösung des schwach gestörten linearen Systems $(A + \Delta A)\hat{x} = b + \Delta b$, wobei ΔA und Δb den folgenden Ungleichungen genügen:

$$|\Delta a_{ij}| \leq \omega_c \cdot |a_{ij}| \quad \text{und} \quad |\Delta b_k| \leq \omega_c \cdot |b_k| \qquad \text{für alle} \quad i, j, k.$$

ω_c ist der Fehler der Lösung $\hat{x}$; dieser liegt nahe der Maschinengenauigkeit *eps* und wird im Argument `berr` übergeben. $\hat{x}$ ist also die exakte Lösung eines linearen Gleichungssystems, das sich vom ursprünglichen System im allgemeinen nur durch wenige elementare Rundungsfehler in jeder Komponente unterscheidet. Wenn die Elemente von A ihrerseits mit Rundungsfehlern behaftet sind, so erreicht die Lösung des ungestörten Systems bereits das durch die Daten vorgegebene Genauigkeitsniveau.

Die seltenen Fälle, in denen ω_c nicht $O(eps)$ ist, sind jene, wo A so schlecht konditioniert ist, daß die Nachiteration nicht konvergiert, oder wo A und x schwach besetzt sind und $|A| \cdot |x|$ in einer Komponente (beinahe) Null wird.

`LAPACK/*rfs` berechnet folgende Fehlerschranke:

$$\frac{\|x - \hat{x}\|_\infty}{\|\hat{x}\|_\infty} = \frac{\|A^{-1}r\|_\infty}{\|\hat{x}\|_\infty} \leq \frac{\|\,|A^{-1}| \cdot |r|\,\|_\infty}{\|\hat{x}\|_\infty}$$

Das Programm benutzt dabei eine Konditionsabschätzung zur Berechnung der Größe $\|\,|A^{-1}| \cdot |r|\,\|_\infty$ und übergibt diese im Argument `ferr`.

Die Ausgangsparameter `ferr` und `berr` sind natürlich selbst mit Rundungsfehlern behaftet. Der absolute Fehler von `berr` ist nicht größer als $(n+1) \cdot eps$, wobei n die Dimension von A ist. `ferr` kann durch die Berechnung von $|r|$ und durch die Konditionsabschätzung mit Fehlern behaftet sein. Die mögliche Unterschätzung von $|r|$ kann durch Hinzunahme der maximalen Rundungsfehler bei ihrer Berechnung eliminiert werden. Der Fehler durch die Konditionsabschätzung bleibt bestehen, aber ausgedehnte Tests (Higham [231]) haben gezeigt, daß er vernachlässigbar ist. Eine ausführliche Darstellung der LAPACK-Fehlerschätztechnik findet sich in Arioli, Demmel, Duff [89].

13.17.2 Orthogonale Faktorisierungen

LAPACK stellt eine Anzahl von Programmen für die orthogonale (im komplexen Fall unitäre) Faktorisierung rechteckiger $m \times n$-Matrizen zur Verfügung (siehe Tabelle 13.10). Neben der QR-Faktorisierung gibt es auch Programme für LQ-, QL- und RQ-Faktorisierungen. Diese können im Fall $m < n$, oder wenn statt einer oberen Dreiecksmatrix R eine untere Dreiecksmatrix L benötigt wird, verwendet werden. Grundsätzlich erlauben alle vier Faktorisierungsprogramme beliebige Werte für m und n, sodaß in einigen Fällen R oder L Trapezmatrizen (Dreiecksmatrizen mit Nullzeilen) sind.

Die orthogonale Matrix Q wird von den Faktorisierungsprogrammen als Produkt von Householder-Matrizen geliefert (siehe Abschnitt 13.19.5). Zusätzliche Programme stehen zur Verfügung, um die Matrix Q (oder einen Teil davon) explizit zu erzeugen oder um Matrizenprodukte der Form QC, $Q^H C$, CQ oder CQ^H bilden zu können.

Nur für die QR-Faktorisierung gibt es ein Programm mit Pivot-Strategie.

Tabelle 13.10: LAPACK-Rechenprogramme für orthogonale Faktorisierungen

	Operation	REAL	COMPLEX
QR-Faktorisierung	Faktorisieren mit Pivot-Strategie	**sgeqpf**	**cgeqpf**
	Faktorisieren *ohne* Pivot-Strategie	**sgeqrf**	**cgeqrf**
	Generieren von Q	**sorgqr**	**cungqr**
	Multipliziere Matrix mit Q	**sormqr**	**cunmqr**
LQ-Faktorisierung	Faktorisieren *ohne* Pivot-Strategie	**sgelqf**	**cgelqf**
	Generieren von Q	**sorglq**	**cunglq**
	Multipliziere Matrix mit Q	**sormlq**	**cunmlq**
QL-Faktorisierung	Faktorisieren *ohne* Pivot-Strategie	**sgeqlf**	**cgeqlf**
	Generieren von Q	**sorgql**	**cungql**
	Multipliziere Matrix mit Q	**sormql**	**cunmql**
RQ-Faktorisierung	Faktorisieren *ohne* Pivot-Strategie	**sgerqf**	**cgerqf**
	Faktorisieren *ohne* Pivot-Strategie	**stzrqf**	**ctzrqf**
	Generieren von Q	**sorgrq**	**cungrq**
	Multipliziere Matrix mit Q	**sormrq**	**cunmrq**

13.17.3 Singulärwertzerlegung (SVD)

Die LAPACK-Rechenprogramme zur Singulärwertzerlegung von $A \in \mathbb{R}^{m\times n}$ bzw. $A \in \mathbb{C}^{m\times n}$ beruhen auf zwei Schritten:

1. Die Matrix A wird zunächst auf Bidiagonalform gebracht:

   $$A = U_1 B V_1^\top \qquad \text{bzw.} \qquad A = U_1 B V_1^H.$$

   Dabei sind U_1 und V_1 orthogonale (bzw. unitäre) Matrizen, und B ist eine reelle Bidiagonalmatrix. Das Programm **LAPACK/*gebrd** führt diese Berechnungen aus und liefert U_1 und V_1 als Produkt von Householder-Matrizen. Bei reeller (bzw. komplexer) Matrix A können die Matrizen U_1 und V_1 mit dem Programm **LAPACK/*orgbr** (bzw. **LAPACK/*ungbr**) explizit berechnet werden.

2. Die Singulärwertzerlegung der Bidiagonalmatrix B wird berechnet:

   $$B = U_2 S V_2^\top.$$

   Hier sind U_2 und V_2 orthogonale Matrizen und S eine Diagonalmatrix mit den Singulärwerten von A. Die Singulärvektoren von A sind dann die Spalten von $U := U_1 U_2$ bzw. $V := V_1 V_2$.

13.18 LAPACK-Dokumentation

Jedes einzelne LAPACK-Programm ist im LAPACK User's Guide [2] ausführlich dokumentiert. Die Dokumentation jedes Programms enthält die entsprechende SUBROUTINE- oder FUNCTION-Anweisung, gefolgt von Typdeklarationen und Dimensionierung der Argumente, den *Zweck* des Programms und eine Beschreibung seiner *Parameter*.

Tabelle 13.11: LAPACK-Rechenprogramme für die Singulärwertzerlegung

Matrixtyp	Operation	REAL	COMPLEX
allgemeine Matrix	bidiagonale Reduktion	sgebrd	cgebrd
orthogonale/ unitäre Matrix	Berechnung der Faktormatrizen nach bidiagonaler Reduktion	sorgbr	cungbr
bidiagonale Matrix	Singulärwerte/-vektoren	sbdsqr	cbdsqr

13.18.1 Parameter

Die Parameter aller LAPACK-Programme sind in einheitlicher Reihenfolge angeordnet: Spezifikation von Optionen, die *Dimension* des Problems, Felder oder Skalare als *Eingangsvariable* (manche der Eingangswerte werden unter Umständen durch Ergebniswerte überschrieben), Felder oder Skalare als *Ausgangsvariable*, Arbeitsfelder (und dazugehörige Felddimensionen) und zuletzt der Parameter `info` für Diagnosezwecke.

Parameter zur Spezifikation von Optionen sind vom Typ CHARACTER*1. Ein Buchstabe (z. B. `'t'` für Transposition) drückt die Bedeutung aus. Zur besseren Lesbarkeit kann auch eine Zeichenkette als aktueller Parameter übergeben werden. Es ist aber nur das *erste* Zeichen *signifikant*:

```
CALL  sgetrs ('transpose', . . . )
```

Dimension des Problems

Es ist erlaubt, als Problemdimension *Null* anzugeben. In diesem Fall wird die ganze Berechnung oder Teile davon übersprungen. Negative Problemdimensionen werden hingegen stets als Fehler betrachtet.

Felder als Parameter

Vektoren und Matrizen werden, wie üblich, in ein- und zweidimensionalen Feldern gespeichert. Enthält das eindimensionale Feld `x` der Dimension (Länge) `n` den Vektor $x = (x_1, \dots, x_n)^\top \in \mathbb{R}^n$, dann ist am Feldelement `x(i)` die Vektorkomponente x_i für $i = 1, 2, \dots, n$ gespeichert. Enthält das zweidimensionale Feld `a` mit der Dimension `(lda, n)` die $m \times n$-Matrix A, dann ist am Feldelement `a(i,j)` das Matrixelement a_{ij} für $i = 1, 2, \dots, m$ und $j = 1, 2, \dots, n$ gespeichert.

Nach jedem Parameter, der einem zweidimensionalen Feld entspricht, folgt unmittelbar ein Parameter, der die führende Dimension (*leading dimension*) des Feldes angibt und dessen Name folgende Form hat:

$$ld < array\text{-}name > .$$

LAPACK ist in Fortran 77 geschrieben. Dementsprechend gibt es keine Felder mit übernommener Form, keine automatischen Felder und auch keine dynamischen Felder (Überhuber, Meditz [76]). In den LAPACK-Programmen sind alle Felder, die als formale Parameter auftreten, im allgemeinen Felder mit übernommener Größe. Bei eindimensionalen Feldern (Vektoren) wird die Ausdehnung des Feldes vom Aktualparameter bestimmt. Bei zweidimensionalen Feldern (Matrizen) wird durch die Deklaration

```
REAL  a(lda, *)
```

in der ersten Dimension die Ausdehnung mit dem expliziten Index `lda` festgelegt. Variabel ist lediglich die Ausdehnung in der zweiten Dimension (ausgedrückt durch den Stern). In der LAPACK-Dokumentation wird trotzdem stets die Dimension `(lda, n)` angegeben. Diese Form ist informativer, da sie den *minimalen* Wert der letzten Dimension spezifiziert.

Beispiel (Felder als Parameter) Die Matrix $A \in \mathbb{R}^{10\times 10}$ und eine rechte Seite $b \in \mathbb{R}^{10}$ werden als aktuelle Parameter an das Programm `LAPACK/sposv` übergeben:

```
...
INTEGER      lda
PARAMETER    (lda = 100)
REAL         a (lda, lda),  b(lda)
...
n = 10
DO i = 1, n
   DO j = 1, n
      a(i,j) = 1E0/REAL(i + j - 1)
   END DO
   b(i) = 1E0
END DO
...
CALL  sposv (uplo, n, 1, a, lda, b, lda, info)
...
```

13.18.2 Fehlerbehandlung

Alle LAPACK-Programme haben den Ausgangsparameter `info`, der den Benutzer über Erfolg oder Mißerfolg eines Aufrufs informiert:

`info = 0`: Algorithmus wurde *erfolgreich* (ohne Fehler zu entdecken) beendet;

`info < 0`: *unzulässiger Wert* bei einem oder mehreren Eingangsparametern;

`info > 0`: während der Ausführung wurde ein *Fehler* entdeckt.

Alle LAPACK-Programme überprüfen die aktuellen Werte der Eingangsparameter auf ihre Zulässigkeit. Wenn für das i-te Argument ein unzulässiger Wert festgestellt wird, so wird `info = -i` gesetzt und dann das Fehlerbehandlungsprogramm `xerbla` aufgerufen. In diesem Fall werden im allgemeinen keine Zuweisungen an die Ausgangsparameter (abgesehen von `info`) durchgeführt.

Die Standard-Version von `xerbla` erzeugt eine Fehlermeldung und *stoppt* die Ausführung. Im Normalfall kehrt daher kein LAPACK-Programm mit `info < 0` zum aufrufenden Programm zurück. Eine solche Rückkehr ist nur bei anderen (vom Anwender modifizierten) Versionen von `xerbla` möglich.

13.19 LAPACK-Speicherorganisation

LAPACK unterstützt die folgenden vier Speicherungsformen für Matrizen:

- konventionelle Speicherung in einem 2-dimensionalen Feld;
- gepackte Speicherung für symmetrische, Hermitesche oder Dreiecksmatrizen;
- Bandspeicherung für Bandmatrizen;
- 3 oder 2 eindimensionale Felder für Tridiagonal- und Bidiagonalmatrizen.

Die Beispiele der folgenden Abschnitte illustrieren nur den relevanten Teil eines Feldes; Feldelemente können natürlich, entsprechend den Regeln für die Übergabe von Feldargumenten in Fortran 77, zusätzliche Spalten und Zeilen haben.

13.19.1 Konventionelle Speicherung

Eine Matrix $A \in \mathbb{R}^{n \times n}$ wird in einem zweidimensionalen Feld `a` gespeichert, wobei dem Matrixelement a_{ij} das Feldelement `a`(i,j) entspricht. Das Speicherungskonzept ist jenes von Fortran: die Elemente der Matrix werden *spaltenweise* gespeichert (*column major order*).

Wenn es sich um eine Dreiecksmatrix handelt, müssen nur die Elemente des entsprechenden Nicht-Null-Dreiecks einen Wert erhalten; die anderen Elemente des Feldes brauchen nicht mit Werten belegt zu werden. Solche Elemente sind im folgenden Beispiel einer 4×4-Matrix mit „·" bezeichnet. Obere (*upper*) und untere (*lower*) Dreiecksmatrizen werden durch das Argument `uplo` unterschieden.

uplo	Dreiecksmatrix A	Speicherung im Feld a
'u'	$\begin{pmatrix} a_{11} & a_{12} & a_{13} & a_{14} \\ & a_{22} & a_{23} & a_{24} \\ & & a_{33} & a_{34} \\ \mathbf{0} & & & a_{44} \end{pmatrix}$	$\begin{matrix} a_{11} & a_{12} & a_{13} & a_{14} \\ \cdot & a_{22} & a_{23} & a_{24} \\ \cdot & \cdot & a_{33} & a_{34} \\ \cdot & \cdot & \cdot & a_{44} \end{matrix}$
'l'	$\begin{pmatrix} a_{11} & & & \mathbf{0} \\ a_{21} & a_{22} & & \\ a_{31} & a_{32} & a_{33} & \\ a_{41} & a_{42} & a_{43} & a_{44} \end{pmatrix}$	$\begin{matrix} a_{11} & \cdot & \cdot & \cdot \\ a_{21} & a_{22} & \cdot & \cdot \\ a_{31} & a_{32} & a_{33} & \cdot \\ a_{41} & a_{42} & a_{43} & a_{44} \end{matrix}$

Auch bei symmetrischen und Hermiteschen Matrizen muß man den Elementen ober- oder unterhalb der Hauptdiagonale keine Werte zuweisen.

uplo	Hermitesche Matrix A	Speicherung im Feld a
'u'	$\begin{pmatrix} a_{11} & a_{12} & a_{13} & a_{14} \\ \bar{a}_{12} & a_{22} & a_{23} & a_{24} \\ \bar{a}_{13} & \bar{a}_{23} & a_{33} & a_{34} \\ \bar{a}_{14} & \bar{a}_{24} & \bar{a}_{34} & a_{44} \end{pmatrix}$	$\begin{matrix} a_{11} & a_{12} & a_{13} & a_{14} \\ \cdot & a_{22} & a_{23} & a_{24} \\ \cdot & \cdot & a_{33} & a_{34} \\ \cdot & \cdot & \cdot & a_{44} \end{matrix}$
'l'	$\begin{pmatrix} a_{11} & \bar{a}_{21} & \bar{a}_{31} & \bar{a}_{41} \\ a_{21} & a_{22} & \bar{a}_{32} & \bar{a}_{42} \\ a_{31} & a_{32} & a_{33} & \bar{a}_{43} \\ a_{41} & a_{42} & a_{43} & a_{44} \end{pmatrix}$	$\begin{matrix} a_{11} & \cdot & \cdot & \cdot \\ a_{21} & a_{22} & \cdot & \cdot \\ a_{31} & a_{32} & a_{33} & \cdot \\ a_{41} & a_{42} & a_{43} & a_{44} \end{matrix}$

13.19.2 Gepackte Speicherung

Symmetrische, Hermitesche und Dreiecksmatrizen erlauben eine kompakte Speicherung, mit der fast die Hälfte des konventionellen Speicherbedarfs eingespart wird. Der relevante Teil der Matrix (spezifiziert durch `uplo`) wird dabei spaltenweise gepackt in einem eindimensionalen Feld (Vektor) gespeichert.

In LAPACK-Programmen enden die Namen von Feldern, die Matrizen in gepackter Speicherung enthalten, mit dem Buchstaben `'p'`:

- `uplo = 'u'`: In diesem Fall enthält nur der Teil *über* der Hauptdiagonale der Matrix A relevante Information. Das Matrixelement a_{ij} wird für $i \leq j$ im eindimensionalen Feld ap an der $(i+j\cdot(j-1)/2)$-ten Position, also spaltenweise, gespeichert.

- `uplo = 'l'`: Der Teil *unter* der Hauptdiagonale von A enthält alle relevante Information. Das Matrixelement a_{ij} wird für $j \leq i$ im eindimensionalen Feld ap an der $(i + (2n - j) \cdot (j - 1)/2)$-ten Position (spaltenweise) gespeichert.

uplo	Dreiecksmatrix A	gepackte Speicherung im Feld ap
'u'	$\begin{pmatrix} a_{11} & a_{12} & a_{13} & a_{14} \\ & a_{22} & a_{23} & a_{24} \\ & & a_{33} & a_{34} \\ \mathbf{0} & & & a_{44} \end{pmatrix}$	$a_{11}\ \underbrace{a_{12}\,a_{22}}\ \underbrace{a_{13}\,a_{23}\,a_{33}}\ \underbrace{a_{14}\,a_{24}\,a_{34}\,a_{44}}$
'l'	$\begin{pmatrix} a_{11} & & & \mathbf{0} \\ a_{21} & a_{22} & & \\ a_{31} & a_{32} & a_{33} & \\ a_{41} & a_{42} & a_{43} & a_{44} \end{pmatrix}$	$\underbrace{a_{11}\,a_{21}\,a_{31}\,a_{41}}\ \underbrace{a_{22}\,a_{32}\,a_{42}}\ \underbrace{a_{33}\,a_{43}}\ a_{44}$

13.19.3 Speicherung von Bandmatrizen

Eine $n\times n$-Bandmatrix A mit k_l unteren und k_u oberen Nebendiagonalen kann kompakter in einem zweidimensionalen Feld ab mit k_l+k_u+1 Zeilen und n Spalten gespeichert werden. Die Spalten von A werden in den entsprechenden Spalten des Feldes, die Diagonalen der Matrix in den Zeilen des Feldes gespeichert. Das Element a_{ij} wird in

$$\mathtt{ab}(k_u + 1 + i - j, j), \qquad \max(1, j - k_u) \leq i \leq \min(n, j + k_l)$$

gespeichert. Diese Speicherplatzorganisation sollte in der Praxis aus Effizienzgründen allerdings nur dann benutzt werden, wenn $k_l, k_u \ll n$ gilt, obwohl sämtliche LAPACK-Programme für *alle* Werte von k_l und k_u korrekt arbeiten.

In LAPACK-Programmen enden die Namen von Feldern, die Matrizen in Bandspeicherung enthalten, auf `'b'`.

Im folgenden Beispiel ist $n = 5$, $k_l = 2$ und $k_u = 1$.

Bandmatrix A	Bandspeicherung im Feld ab
$\begin{pmatrix} a_{11} & a_{12} & & & 0 \\ a_{21} & a_{22} & a_{23} & & \\ a_{31} & a_{32} & a_{33} & a_{34} & \\ & a_{42} & a_{43} & a_{44} & a_{45} \\ 0 & & a_{53} & a_{54} & a_{55} \end{pmatrix}$	$\begin{matrix} \cdot & a_{12} & a_{23} & a_{34} & a_{45} \\ a_{11} & a_{22} & a_{33} & a_{44} & a_{55} \\ a_{21} & a_{32} & a_{43} & a_{54} & \cdot \\ a_{31} & a_{42} & a_{53} & \cdot & \cdot \end{matrix}$

Für reelle symmetrische oder komplexe Hermitesche Bandmatrizen mit k_d unteren und oberen Nebendiagonalen müssen nur die obere oder die untere Dreiecksmatrix (entsprechend dem Wert von `uplo`) gespeichert werden:

`uplo = 'u'`: a_{ij} ist gespeichert in $\mathtt{ab}(k_d+1+i-j, j)$ für $\max(1, j-k_d) \le i \le j$;
`uplo = 'l'`: a_{ij} ist gespeichert in $\mathtt{ab}(1+i-j, j)$ für $j \le i \le \min(n, j+k_d)$.

Im folgenden Beispiel einer Hermiteschen 5×5-Matrix ist $k_d = 2$.

uplo	Hermitesche Bandmatrix A	Bandspeicherung im Feld ab
'u'	$\begin{pmatrix} a_{11} & a_{12} & a_{13} & & 0 \\ \bar a_{12} & a_{22} & a_{23} & a_{24} & \\ \bar a_{13} & \bar a_{23} & a_{33} & a_{34} & a_{35} \\ & \bar a_{24} & \bar a_{34} & a_{44} & a_{45} \\ 0 & & \bar a_{35} & \bar a_{45} & a_{55} \end{pmatrix}$	$\begin{matrix} \cdot & \cdot & a_{13} & a_{24} & a_{35} \\ \cdot & a_{12} & a_{23} & a_{34} & a_{45} \\ a_{11} & a_{22} & a_{33} & a_{44} & a_{55} \end{matrix}$
'l'	$\begin{pmatrix} a_{11} & \bar a_{21} & \bar a_{31} & & 0 \\ a_{21} & a_{22} & \bar a_{32} & \bar a_{42} & \\ a_{31} & a_{32} & a_{33} & \bar a_{43} & \bar a_{53} \\ & a_{42} & a_{43} & a_{44} & \bar a_{54} \\ 0 & & a_{53} & a_{54} & a_{55} \end{pmatrix}$	$\begin{matrix} a_{11} & a_{22} & a_{33} & a_{44} & a_{55} \\ a_{21} & a_{32} & a_{43} & a_{54} & \cdot \\ a_{31} & a_{42} & a_{53} & \cdot & \cdot \end{matrix}$

13.19.4 Tridiagonal- und Bidiagonalmatrizen

Eine nichtsymmetrische $n \times n$-Tridiagonalmatrix wird in drei eindimensionalen Feldern (Vektoren) gespeichert, wobei ein Vektor der Länge n die Elemente der Hauptdiagonale enthält und zwei Vektoren der Länge $n-1$ die untere und die obere Nebendiagonale enthalten.

Bidiagonalmatrizen oder symmetrische Tridiagonalmatrizen werden analog in *zwei* eindimensionalen Feldern (Vektoren) gespeichert.

13.19.5 Orthogonale oder unitäre Matrizen

Reelle orthogonale oder komplexe unitäre Matrizen werden in LAPACK-Programmen oft als ein Produkt von *Householder-Matrizen* (*elementaren Spiegelungen*) dargestellt:

$$Q = H_1 H_2 \cdots H_k.$$

Einer elementaren Spiegelung, ausgedrückt durch eine $n \times n$-Householder-Matrix H, entspricht eine orthogonale (unitäre) Matrix der Form

$$H = I - \tau v v^H, \tag{13.57}$$

wobei τ ein Skalar und v ein Vektor ist, mit $|\tau|^2\|v\|_2^2 = 2\mathrm{Re}\,(\tau)$.

Die Darstellung (13.57) ist redundant. Die in LAPACK verwendete Darstellung (welche von der in LINPACK oder EISPACK abweicht) setzt die erste Komponente des Vektors $v_1 = 1$; dementsprechend wird v_1 *nicht* gespeichert, und im reellen gilt $1 \le \tau \le 2$ oder $\tau = 0$ (im Fall $H = I$).

13.20 Blockgröße für Blockalgorithmen

Bei LAPACK-Programmen, die Blockalgorithmen implementieren, muß die Blockgröße wählbar sein. Die Intention hinter dem Design von LAPACK war, diese Wahl der Blockgröße so weit wie möglich vom Benutzer fernzuhalten, auf der anderen Seite aber die Anpassung von LAPACK an spezielle Maschinen nicht zu erschweren.

Die LAPACK-Programme benutzen das Hilfsprogramm `ilaenv`, das günstige Blockgrößen liefert. Die im LAPACK mitgelieferte Version von `LAPACK/ilaenv` enthält *Defaultwerte*, die sich auf vielen Computer-Systemen bewährt haben. Um aber wirklich optimale Gleitpunktleistung zu erreichen, sollte man `ilaenv` an die spezielle Maschine anpassen (siehe LAPACK-Installationshandbuch).

Die optimale Blockgröße kann vom speziellen Programm, der Kombination der Argumente für Optionen sowie der Dimension der Problemstellung abhängen.

`LAPACK/ilaenv` liefert in Abhängigkeit vom betreffenden Programm, von der verwendeten Problemgröße und optionalen Parametern die optimale Blockgröße. Wenn `LAPACK/ilaenv` eine Blockgröße von 1 angibt, dann führt das betreffende LAPACK-Programm einen *ungeblockten* Algorithmus aus.

13.21 LAPACK-Varianten und Erweiterungen

Die vom LAPACK behandelten Problemstellungen, wie die Lösung linearer Gleichungssysteme und Ausgleichsprobleme oder die Berechnung von Eigenwerten und Eigenvektoren, sind für die Praxis der Numerischen Datenverarbeitung von überragender Bedeutung. Umso schmerzlicher treffen den Anwender daher die verschiedenen bei der praktischen Verwendung von LAPACK-Programmen offenbar werdenden Einschränkungen und Schwächen dieses Softwareproduktes. Es sind deshalb seit der Fertigstellung des LAPACK eine Reihe von Bemühungen unternommen worden, LAPACK-Varianten und -Erweiterungen zu entwickeln, die diese Mängel zumindest teilweise nicht mehr aufweisen.

Im folgenden werden zunächst die wesentlichsten Einschränkungen und Schwächen von LAPACK beschrieben. Anschließend wird auf die wichtigsten aktuellen LAPACK-Folgeprojekte eingegangen.

Einschränkungen und Schwächen von LAPACK

Bei einer Bewertung des Softwareproduktes LAPACK sind drei grundlegend verschiedene Betrachtungsebenen zu unterscheiden:

- Auf der *Problemebene* geht es um die Frage, ob im LAPACK tatsächlich alle wichtigen in der Praxis im Zusammenhang mit linearen Modellen auftretenden Problemstellungen behandelt werden.

- Auf der *Algorithmusebene* ist zu untersuchen, ob die im LAPACK verwendeten Algorithmen bezüglich der Gütekriterien für Numerische Software (Genauigkeit, Effizienz etc.; vgl. Kapitel 5) zufriedenstellend sind.

- Analog dazu wird auf der *Implementierungsebene* die Güte der konkreten Implementierungen hinsichtlich der dafür maßgeblichen Kriterien (vgl. Kapitel 6) bewertet.

Die bei weitem gravierendste Einschränkung, die das LAPACK auf der Problemebene aufzuweisen hat, ist die fehlende Unterstützung von allgemeinen schwach besetzten Matrizen. Derzeit können schwach besetzte Matrizen nur dann von LAPACK-Programmen effizient behandelt werden, wenn sie eine Bandstruktur aufweisen. Die fehlende Unterstützung von allgemeinen schwach besetzten Matrizen ist in erster Linie darauf zurückzuführen, daß zur Behandlung derartiger Matrizen eine Vielzahl von unterschiedlichen Verfahren zur Verfügung steht, deren relevante Eigenschaften (numerische Stabilität, Effizienz etc.) sehr stark von der jeweiligen Matrix abhängen (vgl. Kapitel 16). So kann z. B. ein iteratives Verfahren zur Lösung linearer Gleichungssysteme für eine bestimmte schwach besetzte Matrix sehr schnell, für eine andere nur sehr langsam oder gar nicht konvergieren. Eine Erweiterung des LAPACK, mit der schwach besetzte Matrizen in umfassender Weise behandelt werden können, ist auf Grund der sehr großen Zahl in Frage kommender Algorithmen auch für die nähere Zukunft nicht geplant.

In Bezug auf ihre Implementierung weisen die LAPACK-Programme drei wesentliche Problembereiche auf.

Der erste ergibt sich daraus, daß LAPACK in Fortran 77 implementiert ist. Obwohl Fortran 77 noch immer die im Bereich des wissenschaftlich-technischen Rechnens weitverbreitetste Programmiersprache ist, besteht ein zunehmendes Interesse daran, auch andere Programmiersprachen, insbesondere C bzw. C++, in diesem Bereich zu verwenden. Die Einbettung von Fortran-Routinen in C-Programme gestaltet sich aber auf vielen Systemen noch immer recht schwierig.

Ein weiterer Nachteil ist, daß viele Schnittstellen zu LAPACK-Unterprogrammen auf Grund der Einschränkungen von Fortran 77 kompliziert und daher wenig benutzerfreundlich sind. So müssen z. B. alle in LAPACK-Programmen verwendeten Arbeitsfelder im Benutzerprogramm deklariert und bei Aufruf von LAPACK-Unterprogrammen übergeben werden, da eine dynamische Speicherallokation in Fortran 77 nicht möglich ist. Störend ist ferner die verwirrende Vielfalt von nichtmnemonischen Unterprogrammnamen in LAPACK, die in erster Linie dadurch entsteht, daß für Unterprogramme, die die *gleiche* Funktion auf Daten *verschiedenen* Typs ausführen, unterschiedliche Namen verwendet werden müssen, da Fortran 77 keine *generischen* Unterprogramme (wie sie z. B. in Fortran 90 existieren, vgl. Überhuber, Meditz [76]) kennt.

Der dritte mit der Implementierung von LAPACK zusammenhängende Problembereich ergibt sich daraus, daß LAPACK von seiner Konzeption her durch geeignete Implementierung der BLAS zwar auf modernen Workstations, Vektorrechnern und Parallelcomputern mit gemeinsamem Speicher (*shared memory*) eine befriedigende Leistung erzielen kann, nicht jedoch auf Rechnern mit verteiltem Speicher (*distributed memory*). Dies reduziert die Einsatzmöglichkeiten von LAPACK vor allem bei sehr großen linearen Systemen, die eine hohe Rechenleistung erfordern, beträchtlich.

CLAPACK

CLAPACK, eine in der Programmiersprache C implementierte LAPACK-Version, kann über den Internet-Dienst NETLIB (siehe Abschnitt 7.3.6) bezogen werden. In `NETLIB/clapack/clapack.tar` findet man diese C-Version von LAPACK. Im Gegensatz zur ursprünglichen Fortran 77-Version ist es derzeit nicht möglich, nur einzelne Unterprogramme von CLAPACK zu beziehen, es muß stets das gesamte Paket transferiert werden.

Bei Verwendung von CLAPACK kommt man gänzlich ohne Fortran 77-Compiler aus, da dieses eine *vollständige* C-Implementierung von LAPACK darstellt. Dies ist insbesondere dann ein Vorteil, wenn auf einem System nicht von vornherein ein Fortran 77-Compiler vorhanden ist. Dessen (im allgemeinen hohe) Anschaffungskosten können eingespart werden.

CLAPACK wurde weitgehend automatisch – mit Hilfe des Konvertierungswerkzeugs `f2c` (Feldman et al. [193]) – aus den LAPACK-Programmen erzeugt. Es handelt sich also *nicht* um eine „echte" Neuimplementierung. Insbesondere werden in CLAPACK potentiell vorteilhafte Eigenschaften von C, wie z. B. dynamische Speicherallokation, nicht genutzt. Weiters muß damit gerechnet werden, daß der durch Konvertierung erzeugte Code bezüglich seiner Effizienz nicht optimal ist.

LAPACK-Programme in der NAG-Fortran 90-Bibliothek

Die von der NAG Ltd. erstellte Fortran 90-Softwarebibliothek *fl90* beruht auf den gleichen Algorithmen wie die ursprüngliche Fortran-Library (in Fortran 77). Die Verwendung von Fortran 90 als Implementierungssprache erlaubt aber eine weitgehende Vereinfachung der Benutzerschnittstellen (Überhuber, Meditz [76]).

So kann z. B. die Zahl der verschiedenen Unterprogrammnamen durch Verwendung von generischen Unterprogrammen verringert werden. Ferner macht dynamische Speicherallokation die Übergabe von Arbeitsfeldern überflüssig. Weggefallen sind auch die Übergabe von Felddimensionen durch Verwendung von Feldern mit übernommener Größe sowie von *Dummy*-Parametern durch Verwendung von optionalen Parametern. In der derzeit aktuellen Release 1 der Bibliothek *fl90* wurden allerdings noch nicht alle Algorithmen der Fortran-Library übernommen. Auch im LAPACK-Abschnitt fehlen noch eine Reihe von Algorithmen bzw. Programmen (z. B. solche für Bandmatrizen).

LAPACK++

LAPACK++ stellt eine auf der Programmiersprache C++ basierende objektorientierte Schnittstelle zu LAPACK dar.[6] Bei der Entwicklung von LAPACK++ wurden folgende Ziele angestrebt (Dongarra, Pozo, Walker [174]):

- weitgehende Erhaltung der Leistungseigenschaften von LAPACK;
- Vereinfachung der Schnittstellen zu den LAPACK-Routinen durch
  - Transparenz von Implementierungsdetails der Schnittstellenparameter – insbesondere bei den verschiedenen Matrixspeicherformen –,
  - Eliminierung der Arbeitsfelder aus der Liste der Schnittstellenparameter (durch dynamische Speicherallokation innerhalb der LAPACK++-Unterprogramme);
- Verringerung der vom Benutzer aufrufbaren Unterprogramme durch Verwendung generischer Unterprogramme (*overloading*);
- einfache Erweiterbarkeit und Modifizierbarkeit des Softwarepaketes (z. B. einfache Einbindung von neuen, durch den Benutzer definierten Matrixspeicherarten).

In der derzeit verfügbaren Version von LAPACK++ (Dongarra, Pozo, Walker [173]) werden diese Ziele mit Hilfe von

- C++ Treiberprogrammen zur Lösung von linearen Gleichungssystemen, linearen Ausgleichsproblemen und Eigenwertproblemen,
- einer objekt-orientierten Schnittstelle zu den BLAS, sowie
- geeigneten Klassen für die verschieden Matrixtypen, die in LAPACK auftreten (allgemeine Rechtecksmatrizen, Bandmatrizen etc.),

erreicht.

Beispiel (Gleichungslösung mit LAPACK++) Mit Hilfe von LAPACK++ nimmt der zur numerischen Lösung des linearen Gleichungssystems $Ax = b$ mit einer allgemeinen quadratischen $n \times n$-Matrix A notwendige Programmabschnitt folgende Form an:

```
#include <lapack++.h>
...
LaGenMatFloat A(n,n);          /* Deklaration der Matrix A           */
LaVectorFloat x(n), b(n);      /* Deklaration der Vektoren x und b   */
...
LaLinSolve(A,x,b);             /* Loesung des Gleichungssystems Ax = b */
```

Zunächst wird durch Aufruf von `LaGenMatFloat` A als $n \times n$-Matrix und durch Aufruf von `LaVectorFloat` x und b als Vektoren der Länge n deklariert. Das Gleichungssystem $Ax = b$ wird durch Aufruf von `LaLinSolve` gelöst.

Soll ein System mit einer Tridiagonalmatrix A gelöst werden, so verwendet man die Sequenz

[6] Statt LAPACK kann auch CLAPACK als Basis für LAPACK++ dienen.

```
#include <lapack++.h>
...
LaTridiagMatFloat A(n,n);   /* Deklaration der Tridiagonalmatrix A  */
LaVectorFloat x(n), b(n);   /* Deklaration der Vektoren x und b     */
...
LaLinSolve(A,x,b);          /* Loesung des Gleichungssystems Ax = b */
```

Der einzige Unterschied zum vorangehenden Beispiel besteht darin, daß die Tridiagonalmatrix A durch Aufruf von `LaTriagMatFloat` deklariert werden muß. Insbesondere wird in beiden Fällen zur Lösung des Gleichungssystems das *gleiche* generische Unterprogramm mit dem leicht zu merkenden Namen `LaLinSolve` aufgerufen. Die Parameterliste von `LaLinSolve` ist auf die unmittelbaren Problemdaten A, x und b beschränkt. Bei Verwendung von LAPACK hätte man dagegen in den beiden Fällen verschiedene Unterprogramme, nämlich `sgesv` bzw. `sgtsv`, aufrufen müssen, deren Namen bei weitem weniger einleuchtend sind und deren Parameterlisten Variable enthalten, die nichts mit dem Problem, sondern nur mit der internen Speicherorganisation zu tun haben. Die größere Benutzerfreundlichkeit von LAPACK++ gegenüber dem ursprünglichen LAPACK ist offensichtlich.

Experimente haben gezeigt (Dongarra, Pozo, Walker [173]), daß der durch den Aufruf der C++ Schnittstellenprogramme verursachte Overhead praktisch vernachlässigbar ist.

SCALAPACK

Zur Lösung von Gleichungssystemen, Ausgleichsproblemen und Eigenwertproblemen mit sehr großen Koeffizientenmatrizen (mit Dimensionen $n \geq 5000$) innerhalb einer für den Benutzer akzeptablen Zeitspanne werden in den letzten Jahren in zunehmendem Maß parallele und verteilte Rechnersysteme herangezogen.

Während sich mit LAPACK auf Parallelrechnern mit gemeinsamem Speicher durch eine geeignete, parallele Implementierung der BLAS im allgemeinen eine befriedigende Leistung erzielen läßt, ist dies bei Systemen mit *verteiltem Speicher* nicht der Fall. Wird nämlich eine LAPACK-Routine sequentiell auf einem bestimmten Prozessor abgearbeitet, so müssen bei Aufruf einer parallelen BLAS-Routine die jeweiligen Matrizen-Operanden zunächst in geeigneter Weise zu den vorhandenen Prozessoren transferiert und nach Beendigung der parallelen BLAS-Routine die Resultate zum aufrufenden Prozessor zurücktransferiert werden. Dieses Hin- bzw. Zurücktransferieren von Daten von bzw. zu einem einzelnen Prozessor verursacht einen Kommunikations-Overhead, der im allgemeinen proportional zur Anzahl der vorhandenen Prozessoren ist. Mit zunehmender Anzahl der Prozessoren erhöht sich daher die vom Algorithmus auf Kommunikation aufgewendete Zeit sehr rasch – der Algorithmus ist daher nicht *skalierbar*.

Um hier Abhilfe zu schaffen und LAPACK auch auf Rechnern mit verteiltem Speicher einsetzbar zu machen, wird derzeit an der Erstellung von SCALAPACK (*Scalable* LAPACK) gearbeitet (Choi et al. [141]). Es ist auch eine C++-Version von SCALAPACK geplant.

Die derzeitige Version von SCALAPACK (Choi et al. [8], [141]) enthält Unterprogramme zur LU-, QR- und Cholesky-Faktorisierung vollbesetzter Matrizen sowie zur Lösung der zugehörigen Gleichungssysteme; im Falle von LU- und

Cholesky-Zerlegung stehen auch parallele Routinen zur Schätzung von Konditionszahl, Fehlerschranken sowie zur Verbesserung der Lösung zur Verfügung. In Zusammenhang mit der Berechnung von Eigenwerten sind Unterprogramme zur parallelen Reduktion von Matrizen auf Hessenberg-, Tridiagonal- und Bidiagonalform vorhanden (vgl. Kapitel 15).

Die in SCALAPACK angewendete Parallelisierungsstrategie beruht zunächst auf einer *statischen blockzyklischen* Verteilung der gegebenen $m \times n$-Matrix A auf die P vorhandenen Prozessoren. Dabei wird die Zahl P zunächst in zwei Faktoren Q und R zerlegt und die verschiedenen Prozessoren durch die geordneten Paare

$$(q,r), \qquad q = 1,2,\ldots,Q, \quad r = 1,2,\ldots,R,$$

parametrisiert. Ferner wird die Matrix A in $m_b \times n_b$-Teilmatrizen zerlegt:

$$A = (A_{ij}), \qquad i = 1,2,\ldots,m/m_b, \quad j = 1,2,\ldots,n/n_b.$$

Die Zuordnung der Elemente von A zu den verschiedenen Prozessoren ist bei der durch die Parameter m_b, n_b, Q, R bestimmten blockzyklischen Verteilung dadurch festgelegt, daß die Teilmatrix A_{ij} dem Prozessor (q,r) mit

$$q = 1 + i \bmod Q \qquad \text{und} \qquad r = 1 + j \bmod R \tag{13.58}$$

zugeordnet wird.

Beispiel (Blockzyklische Verteilung) In Abb. 13.14 ist die blockzyklische Verteilung einer 16×16-Matrix auf 4 Prozessoren mit den Parametern $m_b = 2$, $n_b = 3$ und $Q = R = 2$ graphisch dargestellt. Dabei sind die einzelnen Matrixelemente durch (nicht immer sichtbare) strichliert begrenzte Kästchen, die Teilmatrizen durch durchgehend berandete Kästchen gekennzeichnet. Die Zugehörigkeit der einzelnen Teilmatrizen zu den verschiedenen Prozessoren wird durch eine entsprechende Schraffierung der Kästchen dargestellt.

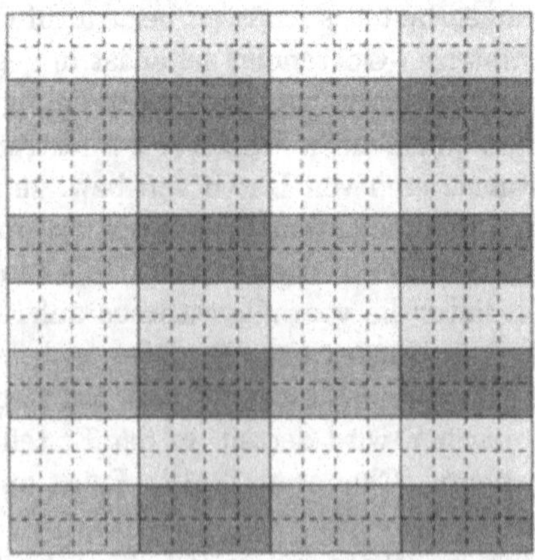

Abb. 13.14: Blockzyklische Verteilung eine 16×16-Matrix auf 4 Prozessoren

Die in den verschiedenen LAPACK-Routinen durchzuführenden Rechenschritte werden dann bei gegebener Datenverteilung gemäß der *Owner-computes-Regel* auf die verschiedenen Prozessoren aufgeteilt. Dies bedeutet, daß die bei einer Wertzuweisung auf der rechten Seite stehenden Operationen von jenem Prozessor durchzuführen sind, dem die links stehende Variable zugeordnet ist. Sollten dabei ein oder mehrere Operanden der rechten Seite anderen Prozessoren zugeordnet sein, so müssen diese Operanden vor Ausführung der Zuweisungsoperation zum Prozessor transferiert werden.

Beispiel (Owner-computes-Regel) Die rechts stehende Addition in

```
z = x + y
```

muß von jenem Prozessor p_z durchgeführt werden, dem die Variable **z** zugeordnet ist. Ist z. B. der der Variablen **x** zugeordnete Prozessor p_x von p_z verschieden, so muß p_x vor Ausführung dieser Zuweisung den aktuellen Wert von **x** an p_z schicken, damit dieser die Addition durchführen kann.

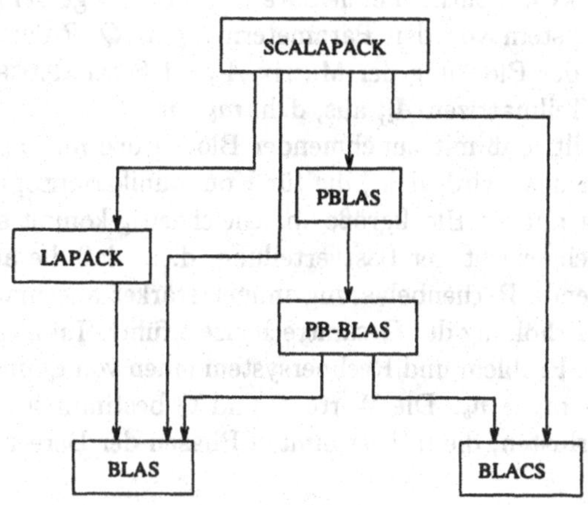

Abb. 13.15: Modulstruktur von SCALAPACK

Die Implementierung von SCALAPACK beruht auf dem in Abb. 13.15 dargestellten modularen Konzept. SCALAPACK verwendet also außer den sequentiellen BLAS- und LAPACK-Programmen noch folgende Module:

BLACS (*Basic Linear Algebra Communication Subprograms*) ist ein Programmpaket, das es ermöglicht, (Teil-)Matrizen in einfacher Weise zu senden und zu empfangen (Dongarra et al. [13], Whaley [395]). Die BLACS-Programme unterstützen dabei nicht nur Punkt-zu-Punkt-Verbindungen, sondern ermöglichen auch kollektive Kommunikationsoperationen in einer (logisch) zweidimensionalen Prozessortopologie. Während die BLACS zur Durchführung der jeweiligen Operation in geeigneter Weise maschinenabhängige Kommunikationsroutinen aufrufen, sind die Schnittstellen und die Funktionalität der BLACS selbst völlig maschinenunabhängig. Implementierung der BLACS stehen für alle relevanten Parallelrechnersysteme zur Verfügung.

PB-BLAS (*Parallel Block* BLAS) ist ein Paket von Unterprogrammen, die eine Reihe von parallelen BLAS-2- und BLAS-3-Routinen für blockzyklisch verteilte Matrizen implementieren. Die Verteilungen der dabei auftretenden Matrixoperanden sind allerdings gewissen Einschränkungen unterworfen, die es ermöglichen, bestimmte Optimierungen bei Speicherzugriffen und Kommunikationsoperationen durchzuführen, die bei allgemein verteilten Matrizen nicht möglich wären (Choi et al. [7], [140]).

PBLAS (*Parallel* BLAS) sind Unterprogramme, die eine vereinfachte Schnittstelle zu den PB-BLAS-Programmen zur Verfügung stellen (dynamische Speicherallokation von Arbeitsfeldern).

Die meisten in LAPACK verwendeten BLAS-2- und BLAS-3-Unterprogramme können in SCALAPACK durch entsprechende PBLAS-Routinen ersetzt werden, sodaß SCALAPACK-Quellprogramme ihren LAPACK-Varianten im allgemeinen sehr ähnlich sehen.

Die mit SCALAPACK-Routinen erzielbare Leistung hängt bei gegebenem Problem und Rechnersystem von den Parametern m_b, n_b, Q, R der blockzyklischen Verteilung ab. Bei der Blockung der Matrix A geht SCALAPACK zunächst stets von quadratischen Teilmatrizen A_{ij} aus, d. h. $m_b = n_b$.

Grundsätzlich gilt, daß mit zunehmender Blockgröße $m_b \cdot n_b$ der Kommunikationsoverhead geringer wird, d. h., die für Kommunikationsoperationen aufgewendete Zeit nimmt mit der Blockgröße ab. Gleichzeitig kommt es aber zu einem wachsenden Ungleichgewicht der Lastverteilung, d. h., daß die auf die einzelnen Prozessoren entfallende Rechenbelastung immer stärker auseinanderdriftet, was prinzipiell zu einer Erhöhung der Gesamtrechenzeit führt. Im allgemeinen gibt es daher für jedes feste Problem und Rechnersystem einen von Q und R abhängigen optimalen Wert für $m_b = n_b$. Die Werte P und Q bestimmen das Ausmaß von Synchronisationsverlusten, die in bestimmten Phasen der Berechnung auftreten.

Kapitel 14

Nichtlineare Gleichungen

Je weiter sich das Wissen ausbreitet,
desto mehr Probleme kommen zum Vorschein.

JOHANN WOLFGANG VON GOETHE

Fast alle realen Abhängigkeiten sind *nichtlinear*. Bei einem beträchtlichen Teil praktischer Problemstellungen kann man die zu untersuchenden nichtlinearen Zusammenhänge *lokal* (in einem mehr oder weniger stark eingeschränkten Anwendungsbereich) durch lineare Modelle ausreichend genau beschreiben. Andererseits kann man eine Reihe wichtiger Phänomene (wie z. B. Sättigungserscheinungen, Lösungsverzweigungen, Chaos etc.) *nur* durch nichtlineare Modelle beschreiben.

Beispiel (Deformation fester Körper) Jeder feste Körper ändert seine Gestalt unter Einwirkung äußerer Kräfte. Der Zusammenhang zwischen äußerer Spannung (Belastung) als Ursache und Formänderung als Wirkung kann bis zu einem gewissen Ausmaß der Belastung mit einem sehr hohen Adäquatheitsgrad durch ein lineares Modell beschrieben werden. Diesen linearen Zusammenhang bezeichnet man in der Mechanik fester Körper als *Hookesches Gesetz* (siehe z. B. Parkus [323]). Das Hookesche Gesetz bildet bei vielen praktischen Berechnungen im Maschinenbau, Bauingenieurwesen etc. die Grundlage für einen Festigkeitsnachweis.

Zur Untersuchung von Materialeigenschaften setzt man (meist stabförmige) Prüfkörper einem Zugversuch aus. Dabei wird der Prüfkörper in seiner Längsrichtung Zugkräften ausgesetzt, die bis zum Bruch des Materials gesteigert werden. Die Darstellung der simultan gemessenen Zugkräfte und Längenänderungen ergibt das *Spannungs-Dehnungs-Diagramm*, aus dem sich die elastischen und plastischen Eigenschaften des Prüfkörpers ablesen und weitere Kenngrößen entnehmen lassen.

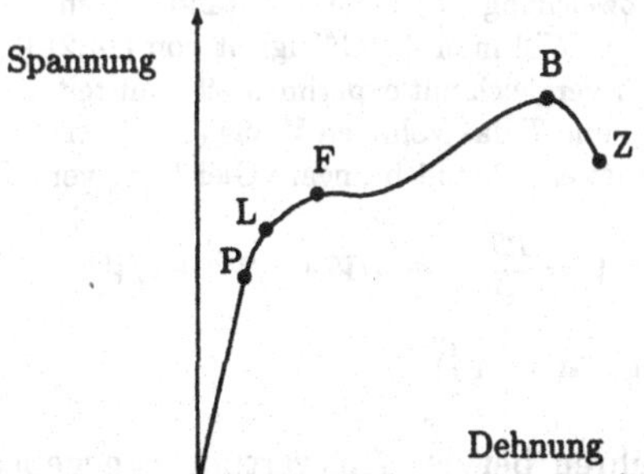

Abb. 14.1: Schematischer Verlauf eines Spannungs-Dehnungs-Diagrammes (für einen metallischen Werkstoff mit ausgeprägter Fließneigung)

In Abb. 14.1 sieht man von 0 bis zur *Proportionalitätsgrenze* P den Gültigkeitsbereich des Hookeschen Gesetzes. Bei L wird die *Elastizitätsgrenze* (bleibende Dehnung 0.01 %) und bei F die *Fließ-* oder *Streckgrenze* (bleibende Dehnung 0.2 %) erreicht. Im an F anschließenden Bereich ändert sich bei Werkstoffen mit ausgeprägter Fließneigung das innere Gefüge des Prüfkörpers, und er verhält sich ähnlich einer zähen Flüssigkeit. Bei B wird die *Bruchfestigkeit* erreicht. Danach beginnt der Prüfkörper einzuschnüren und beim Punkt Z tritt schließlich Zerreißen ein.

Die *Plastizitätstheorie* entwickelt und untersucht nichtlineare Modelle für das Materialverhalten oberhalb der Elastizitätsgrenze (wo das lineare Modell nicht mehr adäquat ist) und gestattet z. B. eine bessere Ausnutzung des Tragvermögens von Bauteilen.

In der *Viskoelastizitätstheorie* wird der zeitliche Verlauf der Dehnung untersucht und modelliert. Hochpolymere und Metalle bei höheren Temperaturen neigen dazu, die Dehnung bei konstanter Spannung im Lauf der Zeit zu vergrößern. Dieser Vorgang wird *Kriechen* genannt. Adäquate Modellierung dieser Phänomene erfordert nichtlineare Funktionen (Werkstoffe mit „nichtlinearem Gedächtnis").

Beispiel (Gasgleichung) Der thermodynamische Zustand einer Gasmenge ist durch das Volumen V, den Druck p und die absolute Temperatur T bestimmt. Diese Parameter sind bei einem idealen Gas über die *allgemeine Zustandsgleichung*

$$\frac{pV}{T} = \text{const} = R \tag{14.1}$$

verbunden. Im Bereich sehr hoher Drücke wird das Modell (14.1) bei realen Gasen ungenau. Infolgedessen sind noch andere Zustandsgleichungen entwickelt worden. Eine bessere Beschreibung im Bereich hoher Drücke liefert die Gleichung von Beattie und Bridgeman

$$\frac{pV}{T} = R\left[1 + \beta/V + \gamma/V^2 + \delta/V^3\right] \tag{14.2}$$

mit den *temperaturabhängigen* Parametern

$$\begin{aligned} \beta &:= B_0 - A_0/RT - c/T^3, \\ \gamma &:= -B_0 b + A_0 a/RT - cB_0/T^3 \quad \text{und} \\ \delta &:= cB_0 b/T^3 \end{aligned}$$

sowie den vom Gas abhängigen Konstanten A_0, B_0, a, b, c. Der *Kompressibilitätsfaktor*

$$\kappa := \frac{pV}{RT} = 1 + \beta/V + \gamma/V^2 + \delta/V^3$$

ist ein Indikator für die Abweichung des realen Zustandes vom idealen Gasmodell ($\kappa = 1$ entspricht einem idealen Gas). Will man die Gültigkeit von (14.2) für vorgegebene Werte von Druck und Temperatur durch Vergleich mit experimentell ermittelten Werten von κ überprüfen, so muß für diese Werte von p und T das Volumen V aus (14.2) berechnet und dann $\kappa = pV/RT$ gebildet werden. Dazu muß jeweils eine nichtlineare Gleichung vom Typ

$$V = \frac{RT}{p}\left[1 + \beta/V + \gamma/V^2 + \delta/V^3\right]$$

numerisch gelöst werden (vgl. Abb. 14.2).

Nichtlineare Modelle führen bei der Auswertung – gegebenenfalls nach Diskretisierung eines entsprechenden Differentialgleichungsmodells – in der Regel auf nichtlineare Gleichungen. Von einfachen Spezialfällen[1] abgesehen lassen sich nichtlineare Gleichungen (n Gleichungen in n Unbekannten, wobei auch der eindimensionale Fall $n = 1$ schon nichttrivial ist) nicht in geschlossener Form lösen.

[1] Nichtlineare *algebraische Gleichungen* $a_0 + a_1x + \cdots + a_dx^d = 0$ bis zum Grad $d = 4$ lassen sich formelmäßig lösen (siehe Abschnitt 14.2.10).

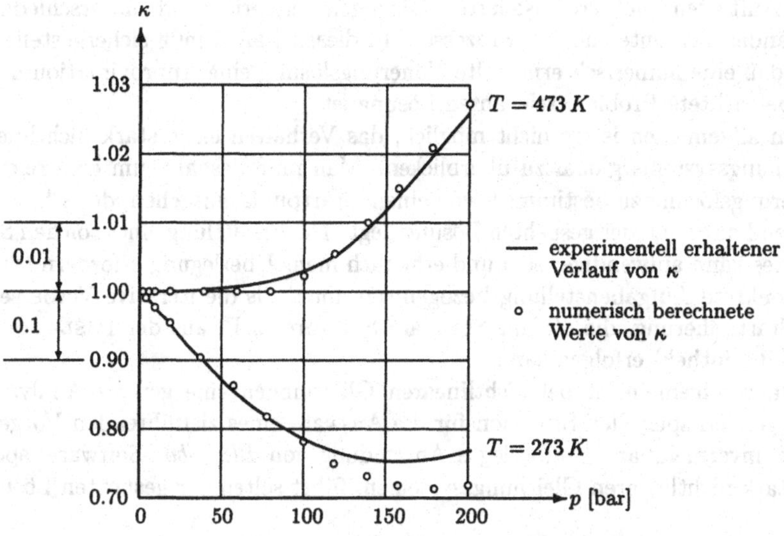

Abb. 14.2: Kompressibilitätsfaktor $\kappa = pV/RT$ von Methan

Lösungen können im allgemeinen auch nicht in endlich vielen Schritten gefunden werden. Es gibt daher keine den direkten Verfahren für lineare Probleme entsprechenden Lösungsmethoden: Die Lösung nichtlinearer Gleichungen erfolgt ausschließlich *numerisch*, und zwar durch *Iterationsverfahren*.

Terminologie (Algebraische Gleichungen) Zur Unterscheidung von Integral-, Differential- und anderen Gleichungstypen werden die in diesem Kapitel behandelten transzendenten Gleichungen bzw. Gleichungssysteme oft als „algebraische" Gleichungen bezeichnet. Diese Bezeichnung ist in einem streng mathematischen Sinn *nicht* korrekt, da man von algebraischen Gleichungen nur im Zusammenhang mit Polynomen bzw. der Polynomnullstellenbestimmung (siehe Abschnitt 14.2.10) spricht.

Wenn sich nichtlineare Modelle nur „wenig" von linearen Modellen (z. B. einem regulären linearen Gleichungssystem) unterscheiden, so übertragen sich wesentliche Eigenschaften (z. B. die eindeutige Lösbarkeit) von der linearen auf die nichtlineare Problemstellung. Auch die iterativen Lösungsverfahren für lineare Gleichungssysteme lassen sich – nach entsprechender Verallgemeinerung – auf solche *schwach* nichtlinearen Gleichungssysteme anwenden (siehe Abschnitt 14.3.1).

Stark nichtlineare Gleichungen besitzen Eigenschaften, die durch Linearisierung verlorengehen. Derartige Gleichungen besitzen unter Umständen im Reellen überhaupt keine Lösung (wie z. B. $e^{-x} - \sin x + 1 = 0$) oder unendlich viele isolierte Lösungen (wie z. B. $e^{-x} - \sin x = 0$).

Definition 14.0.1 (Isolierte Lösung) *Man bezeichnet x^* als isolierte Lösung einer nichtlinearen Gleichung, wenn x^* Lösung der Gleichung ist und es in einer Umgebung $U(x^*)$ dieser Lösung keine weiteren Lösungen gibt.*

Das Auftreten mehrerer isolierter Lösungen entspricht oft unterschiedlichen Zuständen des untersuchten Prozesses. In diesen Fällen muß sichergestellt werden, daß eine numerisch ermittelte Näherungslösung eine Approximation der für das betrachtete Problem relevanten Lösung ist.

Im allgemeinen ist es nicht möglich, das Verhalten eines stark nichtlinearen Gleichungssystems global zu überblicken. Man muß deshalb, um eine relevante Näherungslösung zu bestimmen, von einem Startpunkt ausgehen, der schon „hinreichend nahe" an der gesuchten Lösung liegt. Die Ermittlung eines solchen Startpunktes kann aufwendiger sein und erheblich mehr Überlegung erfordern (die auf die konkrete Aufgabenstellung bezogen sein muß) als die iterative Verbesserung der Startnäherung, die oft mit Standard-Software (z. B. aus der IMSL- oder der NAG-Bibliothek) erfolgen kann.

Ganz allgemein ist bei nichtlinearen Gleichungen eine genaue Analyse der vorliegenden speziellen Situation für die Auswahl eines zielführenden Vorgehens meist unvermeidbar. Unüberlegte Anwendung von *Black-box*-Software, speziell bei stark nichtlinearen Gleichungssystemen, führt selten zur gesuchten Lösung.

Beispiel (Plattenspeicher) Der Lese-Schreibkopf eines Magnetplattenspeichers liegt nicht auf der Oberfläche der Magnetplatte auf, sondern ist durch einen Luftspalt mit ca. $1\mu m$ Breite von der Platte getrennt (siehe Abb. 14.3).

Durch die rasch rotierende Platte wird Luft in den Spalt „hineingezogen", wodurch sich Druck aufbaut, der für die Trennung von Lese-Schreibkopf und Platte sorgt. Es wird damit die direkte Berührung und Beschädigung der Magnetschicht vermieden.

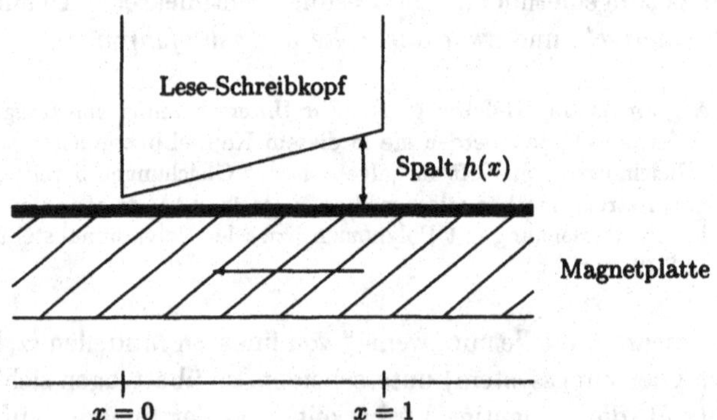

Abb. 14.3: Einfaches Modell des Lese-Schreibkopfes eines Magnetplattenspeichers

Der Luftdruck $p(x)$ im Spalt kann durch eine Differentialgleichung modelliert werden:

$$p'' = \left[\frac{(p')^2}{p} + \frac{3h'h^2p'}{p} + \frac{k(p'h + ph')}{ph^3}\right] =: g(x, p, p'), \qquad (14.3)$$

wobei an den beiden Rändern $x = 0$ und $x = 1$ der Luftdruck p_0 der Umgebung herrscht:

$$p(0) = p(1) = p_0. \qquad (14.4)$$

Die Konstante k hängt im wesentlichen von der Geschwindigkeit der Platte und den Eigenschaften der umgebenden Luft (wie z. B. deren Temperatur) ab.

Für Anfangswertprobleme der Form

$$y' = f(x,y), \quad y(0) = y_0 \qquad \text{mit} \quad y: \mathbf{R} \to \mathbf{R}^n, \quad f: \mathbf{R}^{n+1} \to \mathbf{R}^n$$

ist weit mehr fertige Software vorhanden (z. B. im ODEPACK) als für Randwertprobleme der Form (14.3), (14.4). Die skalare Differentialgleichung zweiter Ordnung (14.3) läßt sich aber auf ein *System* von *zwei* Differentialgleichungen erster Ordnung

$$\begin{pmatrix} y_1' \\ y_2' \end{pmatrix} = \begin{pmatrix} y_2 \\ g(x, y_1, y_2) \end{pmatrix}$$

umwandeln, das mit den vorzugebenden Anfangswerten

$$y(0) = \begin{pmatrix} y_1(0) \\ y_2(0) \end{pmatrix} = \begin{pmatrix} y_{10} \\ y_{20} \end{pmatrix} = y_0$$

mit Hilfe eines Computerprogramms für Anfangswertprobleme numerisch gelöst werden kann. Wegen der Forderung $p(0) = p_0$ *muß* stets $y_{10} = p_0$ gewählt werden. Bezeichnet man mit ODESOLVER(x, y_{20}) symbolisch den *numerisch* erhaltenen Näherungswert für $y_1(x) = p(x)$ in Abhängigkeit vom Wert $y_2(0) = y_{20} = p'(0)$, dann besteht die Aufgabe darin, die nichtlineare Gleichung

$$\text{ODESOLVER}\,(1, y_{20}) = p_0 \tag{14.5}$$

zu lösen und – quasi als Nebenprodukt – eine numerische Approximation für die Funktion p zu ermitteln. (14.5) ist eine nichtlineare Gleichung, die mit Hilfe eines Programms für Anfangswertprobleme gewöhnlicher Differentialgleichungen definiert ist. Die zu lösende Gleichung kann also in diesem Fall *nicht* durch einen Formelausdruck beschrieben werden, sie kann aber für beliebige y_{20} numerisch ausgewertet werden. Damit ist (14.5) ausreichend charakterisiert, um Methoden und Software zur Lösung nichtlinearer Gleichungen anwenden zu können.

Die Vorgangsweise dieses Beispiels – das Umformen eines Randwertproblems in die Lösung eines nichtlinearen Gleichungssystems für die Anfangswerte eines Anfangswertproblems – bezeichnet man als *Shooting-Methode*. Die Anwendbarkeit dieser Methode hängt stark von der zugrundeliegenden Differentialgleichung ab.

Beispiel (Eigenwertprobleme) Das algebraische Eigenwertproblem

$$Ax = \lambda x \qquad \text{mit} \qquad A \in \mathbf{C}^{n\times n},\ x \in \mathbf{C}^n,\ \lambda \in \mathbf{C}$$

kann – mit einer geeigneten Normierungsbedingung für x – als *nichtlineares* Problem zur speziellen Bestimmung von λ und x aufgefaßt werden:

$$F(x) := \begin{pmatrix} x^\top x - 1 \\ (A - \lambda I)x \end{pmatrix} = 0.$$

Dennoch wäre es eine extrem ineffiziente Vorgangsweise, Eigenwertprobleme mit Programmen für nichtlineare Gleichungssysteme numerisch zu lösen. Für Eigenwertprobleme gibt es eine Reihe von speziellen Algorithmen sowie sehr effiziente Software, die im Kapitel 15 behandelt werden. Die umfassendste Sammlung von Software zur numerischen Lösung des algebraischen Eigenwertproblems findet man im LAPACK [2].

Software (Interaktive Programmsysteme) Speziell für die Lösung von linearen und nichtlinearen algebraischen Gleichungssystemen (und auch von Differentialgleichungen) wurde das interaktive Programmsystem TK SOLVER entwickelt. Es ermöglicht die Problemformulierung in einer Kombination von deklarativen und prozeduralen Sprachelementen.

Die Standardform $\mathbf{F(x) = 0}$

Für theoretische Untersuchungen (z. B. für Konvergenzuntersuchungen von Lösungsalgorithmen) und als Vorbereitung für den Einsatz numerischer Software bringt man Systeme oder einzelne nichtlineare Gleichungen oft in die *Standardform* (*Nullstellenform*)

$$\begin{pmatrix} f_1(x_1, x_2 \ldots, x_n) \\ f_2(x_1, x_2 \ldots, x_n) \\ \vdots \\ f_m(x_1, x_2 \ldots, x_n) \end{pmatrix} = \begin{pmatrix} 0 \\ 0 \\ \vdots \\ 0 \end{pmatrix} \quad \text{oder kurz} \quad F(x) = 0. \tag{14.6}$$

Dabei bezeichnet $x = (x_1, \ldots, x_n)^\top \in \mathbb{R}^n$ den Vektor der Unbekannten und

$$F : B \subseteq \mathbb{R}^n \to \mathbb{R}^m$$

die das System nichtlinearer Gleichungen definierende Funktion, die aus

$$f_i : B \subseteq \mathbb{R}^n \to \mathbb{R}, \quad i = 1, 2, \ldots, m,$$

den *Koordinatenfunktionen* von F, zusammengesetzt ist.

Das mathematische Problem lautet somit: Gesucht ist ein Vektor $x^* \in \mathbb{R}^n$, für den *alle* Gleichungen

$$f_1(x^*) = 0, \; f_2(x^*) = 0, \ldots, f_m(x^*) = 0$$

erfüllt sind. Es wird also ein n-Tupel $(x_1^*, \ldots, x_n^*)$ gesucht, das simultan *alle* gegebenen Funktionen $f_1, \ldots, f_m$ annulliert.

Daß man bei Vorgabe eines Gleichungssystems stets an dieses spezielle Problem denkt, ist eine Konvention. Sinnvoll sind auch andere Fragestellungen, etwa die Suche nach jenen n-Tupeln, die mindestens *eine* der Gleichungen erfüllen.

Stellt man die n-Tupel als Punkte des $\mathbb{R}^n$ dar, so bilden jene Punkte (falls es solche überhaupt gibt), die *eine* der Gleichungen erfüllen, eine höherdimensionale „Fläche". Das Lösungsproblem bedeutet also in dieser geometrischen Interpretation die Bestimmung des Durchschnittes von m derartigen Flächen (dagegen bezieht sich die andere, ebenfalls als sinnvoll erkannte Frage auf die Bestimmung ihrer Vereinigungsmenge).

Wichtige Fallunterscheidungen ergeben sich aus der Relation zwischen der Anzahl m der Gleichungen und der Anzahl n der Unbekannten.

$\mathbf{m = n}$

Im Fall $m = n$ hat das nichtlineare Gleichungssystem (14.6) in den meisten praktisch auftretenden Situationen eine oder mehrere *isolierte* Lösungen x^*, die auch als *Nullstellen* der Funktion F bezeichnet werden. Ein wichtiger Spezialfall ist $m = n = 1$, d. h. der Fall einer *skalaren* Gleichung in einer *skalaren* Unbekannten. Diesem Sonderfall ist der gesamte Abschnitt 14.2 gewidmet.

m < n

Bei weniger Gleichungen als Unbekannten ist (14.6) ein *unterbestimmtes* nichtlineares Gleichungssystem. Derartige Systeme besitzen meist eine $(n-m)$-dimensionale Lösungsmannigfaltigkeit. Unterbestimmte Systeme entstehen z. B., wenn in einem System mit $m = n$ zusätzlich ein Parameter $\lambda \in \mathbb{R}$ auftritt, also ein *parameterabhängiges System*

$$F(x, \lambda) = 0 \tag{14.7}$$

mit $F : \mathbb{R}^{n+1} \to \mathbb{R}^n$ vorliegt. Das Gleichungssystem (14.7) hat in der Regel eine eindimensionale Lösungsmannigfaltigkeit im $\mathbb{R}^{n+1}$ als Lösungs*menge*.

m > n

Bei mehr Gleichungen als Unbekannten handelt es sich bei (14.6) um ein *überbestimmtes* nichtlineares Gleichungssystem, das im allgemeinen inkonsistent ist, also *keine* Lösung im eigentlichen Sinn besitzt. In diesem Fall wird man zu einem entsprechenden nichtlinearen Ausgleichsproblem (Approximationsproblem) übergehen:

$$\min \{\|F(x)\| \; : \; x \in B \subseteq \mathbb{R}^n\}.$$

Am häufigsten ist dabei die Minimierung der Euklidischen Vektornorm bzw. ihres Quadrats:

$$\min \left\{ \|F(x)\|_2^2 = F^\top(x)F(x) = \sum_{i=1}^{m} [f_i(x_1, \ldots, x_n)]^2 \; : \; x \in B \subseteq \mathbb{R}^n \right\}. \tag{14.8}$$

Eine „Lösung“ von (14.6) wird also in diesem Fall nach der *Methode der kleinsten Quadrate* bestimmt (siehe Abschnitt 14.4).

Die Minimierung von (14.8) kann aus methodischen Gründen auch bei Systemen (14.6) mit $m = n$ sinnvoll sein (siehe Abschnitt 14.4.1).

Das numerische Problem F(x) = 0

Das mathematische Problem $F(x) = 0$ kann im allgemeinen *nicht* in endlich vielen Schritten gelöst werden. Jedes praktikable Lösungsverfahren soll jedoch mit einer begrenzten Anzahl von Rechenoperationen zu (mindestens) einem Näherungswert für die Lösung(en) führen. Dazu muß zunächst ein *numerisches Problem* – mathematisches Problem + Toleranz – definiert werden. Dies kann auf zwei Arten geschehen:

Fehler-Kriterien: Von der absoluten oder relativen Abweichung der Näherungslösung $\tilde{x}$ von der exakten Lösung x^* wird gefordert, daß sie kleiner als eine vorgegebene Toleranz ist:

$$\begin{aligned} \|\tilde{x} - x^*\| &\le \tau_{\text{abs}}, \\ \|\tilde{x} - x^*\| &\le \tau_{\text{rel}} \cdot \|x^*\|. \end{aligned} \tag{14.9}$$

Residuums-Kriterium: Vom Residuum $F(\tilde{x})$ der Näherungslösung $\tilde{x}$ wird die Einhaltung einer vorgegebenen Toleranz gefordert:

$$\|F(\tilde{x})\| \le \tau_f.$$

Die beiden Kriterien sind nicht unabhängig voneinander; es muß jedoch in jedem konkreten Anwendungsfall entschieden werden, welche Art der Toleranzvorgabe gewählt wird, welche rechnerisch ermittelbare Größe man anstelle der unbekannten Lösung x^* in (14.9) einsetzt und wie die konkreten Werte τ_{abs}, τ_{rel} oder τ_f zu spezifizieren sind.

Die Ungleichung (14.9) garantiert für jene Komponenten des Vektors $\tilde{x}$, die von der gleichen Größenordnung wie $\|x^*\|$ sind, die Richtigkeit von $\lfloor -\log_{10}(\tau_{\text{rel}})\rfloor$ Dezimalstellen. Das Kriterium (14.9) ermöglicht aber keine Aussagen über die Genauigkeit jener Komponenten von $\tilde{x}$, deren Betrag viel kleiner als $\|x^*\|$ ist. Besteht die Forderung nach garantierter Genauigkeit für *alle* Lösungskomponenten, so muß ein *komponentenweises* Genauigkeitskriterium festgelegt oder das System (14.6) vor seiner numerischen Lösung entsprechend skaliert werden.

Einflüsse der Maschinenarithmetik

Die Funktion $F : \mathbb{R}^n \to \mathbb{R}^n$ muß zur praktischen Lösung des Nullstellenproblems in Form eines Computerprogramms (Unterprogramms) implementiert werden. Auf diese Weise werden nicht die Nullstellen der mathematisch definierten Funktion F, sondern jene ihrer Implementierung $\tilde{F} : \mathbb{F}^n \to \mathbb{F}^n$ gesucht. Schon im skalaren Fall ($n = 1$) verliert damit der Begriff „Nullstelle" seine gewohnte Bedeutung, da die Gleichung

$$\tilde{f}(x) = 0 \quad \text{mit} \quad \tilde{f} : \mathbb{F} \to \mathbb{F}$$

in der Umgebung einer isolierten Nullstelle von f sowohl *mehrere* als auch überhaupt *keine* Nullstellen haben kann.

Beispiel (Keine Nullstellen) Die Funktion

$$f(x) := 3x^2 + \frac{1}{\pi^4}\ln[(\pi - x)^2] + 1 \tag{14.10}$$

hat bei $x = \pi$ eine Polstelle; es gilt $f(x) \to -\infty$ für $x \to \pi$. Aus $f(3.14) \approx 30.44$ und $f(3.15) \approx 30.67$ folgt, daß f im Intervall $[3.14, 3.15]$ zwei Nullstellen besitzt. Diese Nullstellen kann man aber numerisch *nicht* bestimmen, da

$$f(x) > 0 \quad \text{für } \textit{alle} \quad x \in \mathbb{F}(2, 53, -1021, 1024, \textit{true})$$

gilt, für die (14.10) ausgewertet werden kann. Die beiden Nullstellen von f,

$$x_1^* \approx \pi - 10^{-647} \quad \text{und} \quad x_2^* \approx \pi + 10^{-647},$$

liegen extrem nahe bei π, und $f(x) \le 0$ gilt nur in einem Intervall, das zwischen zwei Maschinenzahlen liegt (siehe Abb. 14.4): Die Implementierung $\tilde{f} : \mathbb{F} \to \mathbb{F}$ besitzt *keine* Nullstellen.

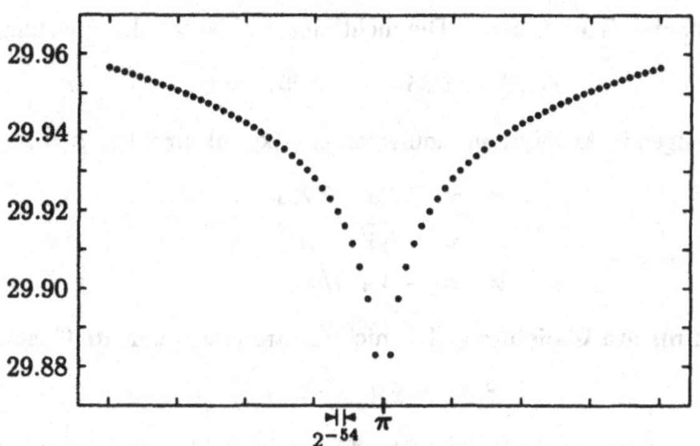

Abb. 14.4: Die Funktion $f(x) = 3x^2 + \pi^{-4}\ln[(\pi - x)^2] + 1$ hat bei *numerischer* Auswertung in $\mathbb{F}(2, 53, -1021, 1024, \mathit{true})$ *keine* Nullstellen (analytisch jedoch *zwei*).

Beispiel (Viele Nullstellen) Das Polynom

$$\begin{aligned} P_7(x) &:= x^7 - 7x^6 + 21x^5 - 35x^4 + 35x^3 - 21x^2 + 7x - 1 = \\ &= ((((((x - 7) + 21)x - 35)x + 35)x - 21)x + 7)x - 1 = (x-1)^7 \end{aligned}$$

hat bei $x^* = 1$ seine einzige Nullstelle. Die Implementierung $\tilde{P}_7 : \mathbb{F} \to \mathbb{F}$ durch das Horner-Schema hat in der Nähe von $x = 1$ bei Auswertung in $\mathbb{F}(2, 24, -125, 128, \mathit{true})$, d. h. in einfach genauer IEC/IEEE-Arithmetik, Tausende Nullstellen und für $x > 1$ sogar Tausende von Stellen mit *negativem* Funktionswert, die auf Auslöschungsphänomene zurückzuführen sind (siehe Abb. 4.10), obwohl dort $P_7(x) > 0$ gilt.

14.1 Iterationsverfahren

Um ein nichtlineares Gleichungssystem $F(x) = 0$ mit einem Iterationsverfahren lösen zu können, geht man oft zu einer äquivalenten *Fixpunktform*

$$\begin{pmatrix} x_1 \\ \vdots \\ x_n \end{pmatrix} = \begin{pmatrix} t_1(x_1, \ldots, x_n) \\ \vdots \\ t_n(x_1, \ldots, x_n) \end{pmatrix}, \tag{14.11}$$

also $x = T(x)$ mit einer Vektorfunktion $T(x) = \big(t_1(x), \ldots, t_n(x)\big)^\top \in \mathbb{R}^n$, über.

Definition 14.1.1 (Fixpunkt) $x^* = (x_1^*, \ldots, x_n^*)^\top$ *heißt Fixpunkt der Gleichung (14.11), wenn* $x^* = T(x^*)$ *gilt.*

Definition 14.1.2 (Äquivalenz von Gleichungssystemen) *Die beiden Systeme (14.6) und (14.11) werden dann als äquivalent bezeichnet, wenn jede Nullstelle* x^* *von (14.6) auch ein Fixpunkt von (14.11) ist und umgekehrt.*

In einigen Anwendungsfällen liegen nichtlineare Gleichungssysteme sofort in der Fixpunktform vor. Meist ist das zu lösende Gleichungssystem jedoch in der Nullstellenform $F(x) = 0$ gegeben, sodaß eine geeignete Fixpunktform (14.11) erst gefunden werden muß (siehe z. B. Abschnitt 14.3.1).

Beispiel (Quadratische Gleichung) Die nichtlineare algebraische Gleichung

$$P_2(x) := 1.25 - x - 0.25x^2 = 0$$

kann man z. B. auf folgende Arten in ein äquivalentes Fixpunktproblem $x = t(x)$ umwandeln:

$$\begin{aligned} x &= 1.25 - 0.25x^2 && (14.12)\\ x &= \sqrt{|5-4x|} \\ x &= -4 + 5/x. && (14.13) \end{aligned}$$

Beispiel (Logarithmische Gleichung) Die nichtlineare transzendente Gleichung

$$f(x) := x + \ln x = 0$$

kann z. B. auf folgende Arten in ein äquivalentes Fixpunktproblem umgewandelt werden:

$$\begin{aligned} x &= -\ln x && (14.14)\\ x &= e^{-x} \\ x &= \frac{\alpha x + e^{-x}}{\alpha + 1}, \quad \alpha \in \mathbb{R}\setminus\{-1\}. && (14.15) \end{aligned}$$

Bemerkung: Um die Anschaulichkeit zu erhöhen und eine leichte Nachvollziehbarkeit (auch auf Taschenrechnern) zu ermöglichen, werden sich die meisten Beispiele dieses Abschnitts (und anderer Abschnitte) auf nichtlineare Funktionen *einer* Veränderlichen $f : \mathbb{R} \to \mathbb{R}$ beziehen.

14.1.1 Fixpunkt-Iteration

Die einfachste Art der Iteration zur Fixpunktbestimmung erhält man durch Einsetzen der jeweils letzten Näherung in $T(\cdot)$:

$$x^{(k+1)} := T(x^{(k)}), \quad k = 0, 1, 2, \ldots . \qquad (14.16)$$

Ob diese Vorgangsweise eine brauchbare Methode zur Fixpunktbestimmung liefert, hängt von der Funktion T, aber auch stark von der Wahl des Startpunkts $x^{(0)} \in \mathbb{R}^n$ ab (siehe auch Abschnitt 14.1.4).

Definition 14.1.3 (Iterativer Prozeß) *Durch die Fixpunkt-Iteration (14.16) wird ein iterativer Prozeß definiert, wenn es eine nichtleere Menge $D^* \subset \mathbb{R}^n$ gibt, sodaß für alle $x^{(0)} \in D^*$ die unendliche Folge $\{x^{(k)}\}$ ermittelt werden kann, also wenn alle Punkte $x^{(1)}$, $x^{(2)}$, $x^{(3)}, \ldots$ im Definitionsbereich von T liegen.*

Beispiel (Quadratische Gleichung) Für $x^{(0)} = 1.25$ bricht die dem Fixpunktproblem (14.13) entsprechende Iteration

$$x^{(k+1)} := -4 + 5/x^{(k)}$$

(bei *exakter* Rechnung) bereits bei $x^{(1)} = 0$ ab. $x^{(2)}$ und damit auch $x^{(3)}, x^{(4)}, \ldots$ können nicht mehr ermittelt werden.

Beispiel (Logarithmische Gleichung) Die (14.14) entsprechende Iteration

$$x^{(k+1)} := -\ln x^{(k)}$$

kann überhaupt nur für $x^{(0)} > 0$ gestartet werden. Die Berechnung von $x^{(2)}$ ist nur für $x^{(0)} \in (0,1)$ möglich; $x^{(3)}$ kann nur für $x^{(0)} \in (1/e, 1) \approx (0.3679, 1)$ erreicht werden; $x^{(4)}$ nur für $x^{(0)} \in (1/e, e^{-1/e}) \approx (0.3679, 0.6922)$ etc. Es gilt $D^* = \{x^*\}$, d. h. die gesuchte unendliche Folge $\{x^{(k)}\}$ ist überhaupt nur am Fixpunkt $x^* \approx 0.567$ definiert.

Definition 14.1.4 (Konvergenz eines Iterationsverfahrens) *Bei einem iterativen Prozeß*

$$x^{(k+1)} = T(x^{(k)}), \qquad k = 0, 1, 2, \ldots$$

mit $x^{(0)} \in D^*$ spricht man von Konvergenz (der Folge $x^{(0)}, x^{(1)}, x^{(2)}, \ldots$) gegen eine Lösung x^*, falls

$$\lim_{k\to\infty} x^{(k)} = x^*$$

gilt. Konvergenz von Vektoren $x^{(k)} \in \mathbb{R}^n$ ist dabei durch die Norm-Konvergenz

$$\lim_{k\to\infty} \|x^{(k)} - x^*\| = 0$$

bzw. durch die dazu äquivalente Komponenten-Konvergenz definiert:

$$\lim_{k\to\infty} x_i^{(k)} = x_i^*, \quad i = 1, 2, \ldots, n.$$

Jeder iterative Prozeß liefert für einen Startwert $x^{(0)} \in D^*$ im mathematischen Sinn eine *unendliche* Folge $\{x^{(k)}\}$. Die Iteration (14.16) ist aber nur dann für die Lösung des nichtlinearen Gleichungssystems $F(x) = 0$ brauchbar, wenn es eine hinreichend große Menge $E \subset D^* \subset \mathbb{R}^n$ gibt, sodaß für alle Startwerte $x^{(0)} \in E$ die Folge $x^{(0)}, x^{(1)}, x^{(2)}, \ldots$ gegen x^* *konvergiert*.

Definition 14.1.5 (Einzugsbereich, lokale/globale Konvergenz) *Die Menge $E \subseteq D \subseteq \mathbb{R}^n$ heißt Einzugsbereich der Lösung x^*, wenn*

$$\lim_{k\to\infty} x^{(k)} = x^* \qquad \text{für alle} \quad x^{(0)} \in E$$

gilt. Gilt darüber hinaus $E = D$, ist also der gesamte Definitionsbereich von T Einzugsbereich einer Iteration, so spricht man von globaler Konvergenz. Umfaßt der Einzugsbereich hingegen nur eine Umgebung $U(x^*)$ der Lösung, so spricht man von lokaler Konvergenz.

Bei einer nichtlinearen Gleichung mit mehreren isolierten Lösungen kann es durchaus vorkommen, daß nicht alle Lösungen einen (nichttrivialen) Einzugsbereich besitzen, also nur einige Lösungen durch $x^{(k+1)} = T(x^{(k)})$ näherungsweise bestimmt werden können.

Beispiel (Quadratische Gleichung) Das Polynom $P_2(x) = 1.25 - x - 0.25x^2$ hat die Nullstellen $x_1^* = 1$ und $x_2^* = -5$. Mit der Iterationsvorschrift (14.12)

$$x^{(k+1)} := T(x^{(k)}) = 1.25 - 0.25(x^{(k)})^2 \tag{14.17}$$

ist die Folge $\{x^{(k)}\}$ für alle $x^{(0)} \in [-5, 5]$ konvergent. Der Einzugsbereich von x_1^* ist das gesamte offene Intervall $(-5, 5)$, während x_2^* nur von $x^{(0)} = 5$ oder $x^{(0)} = -5$, also von trivialen Startwerten (die eine Kenntnis von x_2^* voraussetzen) aus, erreicht wird. Für $|x^{(0)}| > 5$ *divergiert* die durch (14.17) definierte Folge.

Über die Größe der Einzugsbereiche kann man keine allgemeinen Aussagen machen. Oft – aber nicht notwendigerweise – wird raschere Konvergenz nahe der Lösung durch einen kleineren Einzugsbereich erkauft.

Definition 14.1.6 (Stationäres Iterationsverfahren) *Iterative Prozesse*

$$x^{(k+1)} = T(x^{(k)})$$

bezeichnet man als stationär, wenn die Iterationsvorschrift T unabhängig vom aktuellen Iterationsschritt definiert ist. Bei instationären Verfahren kann die Iterationsvorschrift - abhängig vom Iterationsverlauf - wechseln:

$$x^{(k+1)} = T_k(x^{(k)}).$$

Die Polyalgorithmen aus Abschnitt 14.2.9 oder das *gedämpfte Newton-Verfahren* (14.61) sind Beispiele instationärer Iterationsverfahren.

Definition 14.1.7 (Einschritt/Mehrschrittverfahren) *Da bei*

$$x^{(k+1)} = T(x^{(k)})$$

der nächste Näherungswert nur von einem *vorhergegangenen Wert abhängt, spricht man von Einschrittverfahren. Gilt hingegen*

$$x^{(k+1)} = T(x^{(k)}, x^{(k-1)}, \dots, x^{(k-s)}),$$

spricht man von einem $(s+1)$-Schritt-Verfahren.

Das Sekanten-Verfahren aus Abschnitt 14.2.5 ist z. B. ein Zweischrittverfahren, das Müller-Verfahren aus Abschnitt 14.2.6 ein Dreischrittverfahren.

14.1.2 Konvergenz von Iterationsverfahren

Eine zentrale Frage, die sich im Zusammenhang mit allen Arten von iterativen Verfahren stellt, ist jene nach Bedingungen, unter denen Konvergenz eintritt. Eine hinreichende Konvergenzbedingung liefert der Kontraktionssatz, der von der Funktion T die Eigenschaft der Kontraktivität fordert.

Definition 14.1.8 (Kontraktivität) *Eine Funktion $T : D \subset \mathbb{R}^n \to \mathbb{R}^n$ heißt kontrahierend auf $D_0 \subset D$, falls T dort eine Lipschitz-Bedingung*

$$\|T(x) - T(y)\| \le L\|x - y\| \qquad \textit{für alle} \quad x, y \in D_0 \tag{14.18}$$

mit einer Lipschitz-Konstante (Kontraktionskonstante) $0 \le L < 1$ erfüllt.

Setzt man in (14.18) $x = x^{(k)}$ und $y = x^*$, dann folgt wegen $T(x^{(k)}) = x^{(k+1)}$ und $T(x^*) = x^*$ die Ungleichung

$$\|x^{(k+1)} - x^*\| \le L\|x^{(k)} - x^*\| < \|x^{(k)} - x^*\|.$$

Die Iteration $x^{(k+1)} = T(x^{(k)})$ mit einer kontrahierenden Funktion T verringert also sukzessive den Abstand der Iterierten von x^*.

Bemerkung Eine *lineare* Abbildung $A : \mathbb{R}^n \to \mathbb{R}^n$ ist genau dann auf $D_0 := \mathbb{R}^n$ kontrahierend, falls $\|A\| < 1$ gilt. Man sieht daran auch die Normabhängigkeit der Kontraktivität.

Satz 14.1.1 (Kontraktionssatz) *Ist $T : D \subset \mathbb{R}^n \to \mathbb{R}^n$ eine kontrahierende Abbildung auf der abgeschlossenen Menge $D_0 \subset D$ und gilt*

$$TD_0 \subset D_0, \tag{14.19}$$

dann folgt:

1. *T hat in D_0 genau einen Fixpunkt x^*;*
2. *$x^{(k+1)} = T(x^{(k)})$ konvergiert für jeden Startwert $x^{(0)} \in D_0$ gegen x^*.*

Beweis: Auf Grund der Eigenschaft (14.19) ist die Folge

$$x^{(0)}, x^{(1)}, x^{(2)}, \ldots \quad \text{mit} \quad x^{(k+1)} = T(x^{(k)})$$

für jeden beliebigen Startwert $x^{(0)} \in D_0$ definiert, und alle Punkte $x^{(k)}$ liegen ebenfalls in D_0. Wegen der Kontraktivität von T gilt

$$\begin{aligned} \|x^{(k+1)} - x^{(k)}\| &= \|T(x^{(k)}) - T(x^{(k-1)})\| \le L\|x^{(k)} - x^{(k-1)}\| \le \cdots \\ &\le L^k\|x^{(1)} - x^{(0)}\| \end{aligned}$$

und dementsprechend

$$\begin{aligned} \|x^{(k+m)} - x^{(k)}\| &\le \|x^{(k+m)} - x^{(k+m-1)}\| + \|x^{(k+m-1)} - x^{(k+m-2)}\| + \cdots \\ &\quad \cdots + \|x^{(k+1)} - x^{(k)}\| \le \\ &\le (L^{m-1} + L^{m-2} + \cdots + 1) \cdot \|x^{(k+1)} - x^{(k)}\| \le \\ &\le \frac{1-L^m}{1-L} L^k \|x^{(1)} - x^{(0)}\| \le \frac{L^k}{1-L}\|x^{(1)} - x^{(0)}\|. \end{aligned} \tag{14.20}$$

Für jedes $\varepsilon > 0$ gibt es daher ein $K(\varepsilon) \in \mathbb{N}$, sodaß

$$\|x^{(k+m)} - x^{(k)}\| < \varepsilon \qquad \text{für alle} \quad k > K(\varepsilon), \quad m \in \mathbb{N}$$

gilt. Die Folge $\{x^{(k)}\}$ ist also eine *Cauchy-Folge* mit dem Grenzwert $\bar{x} \in D_0$ (die Menge D_0 ist abgeschlossen und $\mathbb{R}^n$ ist vollständig). Für diesen Grenzwert gilt

$$\|\bar{x} - T(\bar{x})\| \;\le\; \|\bar{x} - x^{(k)}\| + \|x^{(k)} - T(\bar{x})\| \le \|\bar{x} - x^{(k)}\| + L\|x^{(k-1)} - \bar{x}\|,$$

und wegen $\|x^{(k)} - \bar{x}\| \to 0$ folgt daraus

$$\|\bar{x} - T(\bar{x})\| = 0,$$

$\bar{x}$ ist also Fixpunkt. $\bar{x}$ ist auch der *einzige* Fixpunkt, denn die Annahme der Existenz eines zweiten Fixpunktes $\bar{\bar{x}}$ führt auf

$$\|\bar{x} - \bar{\bar{x}}\| = \|T(\bar{x}) - T(\bar{\bar{x}})\| \le L\|\bar{x} - \bar{\bar{x}}\|,$$

was nur für $\bar{x} = \bar{\bar{x}}$ gelten kann. □

Falls die Voraussetzungen dieses Satzes für $D_0 = D = \mathbb{R}^n$ erfüllt sind, ist T eine Kontraktion auf dem gesamten $\mathbb{R}^n$. In diesem Fall liefert der Kontraktionssatz eine *globale* Konvergenzaussage, die für jeden beliebigen Startpunkt $x^{(0)} \in \mathbb{R}^n$ Konvergenz der Folge $\{x^{(k)}\}$ gegen den einzigen, eindeutigen Fixpunkt x^* von T garantiert. Ist die Abbildung T nur auf einer echten Teilmenge $D_0 \ne \mathbb{R}^n$ kontrahierend, so liefert der Kontraktionssatz nur eine *lokale* Konvergenzaussage.

Bemerkung (Bedeutung des Kontraktionssatzes) Der Kontraktionssatz ist einer der zentralen Sätze der angewandten Mathematik. Er läßt sich unmittelbar auf beliebige vollständige Funktionenräume übertragen. Bei nichtlinearen inversen Problemen (z. B. partiellen Differentialgleichungen) ist er eines der wichtigsten Hilfsmittel einerseits zum Nachweis von Existenz und Eindeutigkeit der Lösung, andererseits zur Gewinnung von Iterationsverfahren zur näherungsweisen Bestimmung derselben.

Konvergenz bei Gleitpunktrechnung

Die Werte, die sich bei einer Iteration für die sukzessiven Näherungslösungen ergeben, können bei der Durchführung auf einem Computer immer nur Gleitpunktzahlen $\mathbb{F}$ sein (siehe Abschnitt 4.4.3). Da diese Zahlen nicht wie die reellen Zahlen $\mathbb{R}$ ein Zahlenkontinuum bilden, ist Konvergenz im Sinne der klassischen Analysis *nicht* möglich. Stattdessen ergibt sich folgende Erscheinung: Die Folge der numerischen Näherungslösungen $\{\tilde{x}^{(k)}\}$ wird entweder

stationär, d. h. für ein bestimmtes $K \in \mathbb{N}$ gilt

$$\tilde{x}^{(K)} = \tilde{x}^{(K+1)} = \tilde{x}^{(K+2)} = \cdots, \qquad \text{oder} \tag{14.21}$$

periodisch mit der Periode I

$$\tilde{x}^{(K+i)} = \tilde{x}^{(K+i+jI)}, \qquad i = 0, 1, \ldots, I-1, \quad j = 1, 2, 3 \ldots \tag{14.22}$$

oder speziell mit der Periode 2 (*alternierend*)

$$\tilde{x}^{(K)} = \tilde{x}^{(K+2)} = \cdots \quad \text{und} \quad \tilde{x}^{(K+1)} = \tilde{x}^{(K+3)} = \cdots.$$

Daß dies so sein muß, kann man sich folgendermaßen klarmachen: Für jede im Bereich der reellen Zahlen konvergente Iteration tritt nämlich in der Nähe des Grenzwertes x^* der *Kontraktionseffekt*

$$\|x^{(k+1)} - x^*\| < \|x^{(k)} - x^*\| \tag{14.23}$$

ein. Wird nun T in einer Gleitpunktarithmetik ausgewertet, treten Rechenfehler auf, und statt $x^{(k+1)} = T(x^{(k)})$ erhält man nur einen gestörten Wert $\tilde{x}^{(k+1)}$. Die Größe des Rechenfehlers kann durch ein $\varepsilon \in \mathbb{R}$ beschränkt werden:

$$\|\tilde{x}^{(k+1)} - x^{(k+1)}\| = \|\tilde{x}^{(k+1)} - T(x^{(k)})\| \leq \varepsilon.$$

Im ungünstigsten Fall bewegt der (vektorielle) Rechenfehler den nächsten Näherungswert gerade von seinem „Ziel“ x^* weg. Solange aber der Kontraktionseffekt (14.23) stärker ist, wird sich die Folge $\{\tilde{x}^{(k)}\} \subset \mathbb{F}^n$ auch weiterhin x^* nähern. Ist allerdings $\tilde{x}^{(k)}$ schon so nahe bei x^*, daß der Kontraktionseffekt durch den Streueffekt der Rechenfehler kompensiert werden kann, so braucht keine Annäherung mehr einzutreten. Mit einer Lipschitz-Konstanten L und $\delta := \varepsilon/(1-L)$ kann man folgende Fallunterscheidung treffen:

1. Solange $\|\tilde{x}^{(k)} - x^*\| > \delta$ ist, dominiert der Kontraktionseffekt, und es gilt

$$\|\tilde{x}^{(k+1)} - x^*\| < \|\tilde{x}^{(k)} - x^*\|; \tag{14.24}$$

d. h., auch die Folge der Gleitpunkt-Iterierten nähert sich noch monoton (bezüglich $\|\cdot\|$) dem Grenzwert x^* (den man bei exakter Lösung des Gleichungssystemes (14.11) erhält).

2. Ist hingegen $\|\tilde{x}^{(k)} - x^*\| \leq \delta$, dann läßt sich nur mehr schließen, daß auch

$$\|\tilde{x}^{(k+1)} - x^*\| \leq \delta$$

gilt, daß also die Folge der Gleitpunkt-Iterierten in einer δ-Umgebung von x^* bleibt.

Wegen (14.24) und wegen des endlichen Abstandes der Gleitpunktzahlen voneinander muß für ein $k \in \mathbb{N}$ einmal $\|\tilde{x}^{(k)} - x^*\| \leq \delta$ eintreten. Von da an kommt die Folge nie mehr aus der „Kugel" $\{x : \|x - x^*\| \leq \delta\}$ heraus, in der nur *endlich* viele Gleitpunkt-Zahlen (-Vektoren) liegen. Nach einer endlichen Anzahl von Iterationsschritten muß ein Punkt $\tilde{x}^{(i)}$ zum zweitenmal auftreten. Von da an läuft jede stationäre Iteration *periodisch* ab, da sie ein deterministischer Prozeß ist.

Aus diesen Überlegungen folgt, daß konvergente Iterationsverfahren auch in einer Gleitpunktarithmetik sinnvoll durchgeführt werden können. Die Stationarität der Folge $\{\tilde{x}^{(k)}\}$ im Sinn von (14.21) bzw. (14.22) ist das diskrete Analogon zur analytischen Konvergenz.

Da man in den meisten praktisch auftretenden Situationen aus Effizienzgründen *nicht* bis zur Stationarität („Stehen der Iteration") iteriert, werden im folgenden keine Rechenfehlerbetrachtungen angestellt.

Fehlerabschätzungen

Aus der Abschätzung (14.20) im Beweis des Kontraktionssatzes erhält man durch den Grenzübergang $m \to \infty$ die *A-priori-Fehlerabschätzung*

$$\|x^* - x^{(k)}\| \leq \frac{L^k}{1-L}\|x^{(1)} - x^{(0)}\|. \tag{14.25}$$

Wenn man eine Lipschitz-Konstante L von T kennt, kann man bereits nach dem ersten Schritt der Iteration feststellen, wie viele Schritte $k_{\max}$ maximal erforderlich sind, um die absolute Genauigkeitsforderung

$$\|x^* - x^{(k)}\| \leq \varepsilon_{\text{abs}}$$

garantiert erfüllen zu können:

$$k_{\max} = \left\lceil \frac{\log\left(\varepsilon_{\text{abs}} \cdot (1-L) \,/\, \|x^{(1)} - x^{(0)}\|\right)}{\log L} \right\rceil. \tag{14.26}$$

Indem man $x^{(k-1)}$ als (neues) $x^{(0)}$ interpretiert, erhält man aus der Ungleichung (14.25) die *A-posteriori-Fehlerabschätzung*

$$\|x^* - x^{(k)}\| \leq \frac{L}{1-L}\|x^{(k)} - x^{(k-1)}\|, \tag{14.27}$$

die es gestattet, nach der Durchführung von k Schritten der Iteration den absoluten Fehler von $x^{(k)}$ abzuschätzen.

Lipschitz-Konstanten

Wesentliche Voraussetzung für die Anwendbarkeit des Kontraktionssatzes und der Fehlerabschätzungen (14.25) und (14.27) ist die Kenntnis einer möglichst guten, d. h. möglichst „kleinen" Lipschitz-Konstanten L für die Funktion T. Die Gewinnung von konkreten (optimal kleinen) Lipschitz-Konstanten ist gelegentlich mit Hilfe von Computer-Algebrasystemen möglich.

Ist T auf einer beschränkten und konvexen Menge D_0 stetig differenzierbar, so erfüllt T dort eine Lipschitz-Bedingung mit der Lipschitz-Konstante $L = \|T'\|_p$, wobei T' die *Funktionalmatrix* (*Jacobi-Matrix*) von T bezeichnet:

$$T'(x) := \begin{pmatrix} \dfrac{\partial t_1(x)}{\partial x_1} & \dfrac{\partial t_1(x)}{\partial x_2} & \cdots & \dfrac{\partial t_1(x)}{\partial x_n} \\ \dfrac{\partial t_2(x)}{\partial x_1} & \dfrac{\partial t_2(x)}{\partial x_2} & \cdots & \dfrac{\partial t_2(x)}{\partial x_n} \\ \vdots & \vdots & & \vdots \\ \dfrac{\partial t_n(x)}{\partial x_1} & \dfrac{\partial t_n(x)}{\partial x_2} & \cdots & \dfrac{\partial t_n(x)}{\partial x_n} \end{pmatrix}$$

und

$$\|T'\|_p = \max\{\|T'(x)\|_p : x \in D_0\}.$$

Beispiel (Logarithmische Gleichung) Damit es eine Umgebung D_0 des Fixpunktes x^* überhaupt geben kann, wo t kontrahierend ist, muß $|t'(x^*)| < 1$ gelten.

Die logarithmische Gleichung $x + \ln x = 0$ kann auf verschiedene Arten in ein äquivalentes Fixpunktproblem $x = t(x)$ umgewandelt werden. Die so erhaltenen Fixpunktprobleme eignen sich unterschiedlich gut zur Iteration.

Variante 1: Bei $x^{(k+1)} := -\ln x^{(k)}$ gilt

$$|t'(x^*)| = \frac{1}{x^*} \approx 2;$$

diese Iteration kann also auch auf Grund des Kontraktionssatzes verworfen werden.

Variante 2: Bei $x^{(k+1)} := e^{-x^{(k)}}$ gilt

$$|t'(x^*)| = e^{-x^*} \approx 0.6,$$

d. h., für ein geeignet gewähltes $x^{(0)}$ konvergiert diese Iteration gegen den Fixpunkt x^*. Für den Bereich $D_0 = [0.4, 0.6]$ gilt

$$L = \max\{|t'(x)| : x \in D_0\} = \max\{e^{-x} : x \in [0.4, 0.6]\} = e^{-0.4} \approx 0.67.$$

Nach (14.26) erhält man

$$k_{max} = \left\lceil \frac{\log(\varepsilon_{abs} \cdot 0.33/0.2)}{\log 0.67} \right\rceil = \left\lceil \frac{\log(1.65 \cdot \varepsilon_{abs})}{\log 0.67} \right\rceil$$

und z. B. für $\varepsilon_{abs} := 10^{-6}$ die Maximalzahl $k_{max} = 34$, d. h., für jeden Startpunkt $x^{(0)} \in [0.4, 0.6]$ hat die Iteration nach spätestens 34 Schritten die absolute Genauigkeit von 10^{-6} erreicht.

Die A-posteriori-Fehlerabschätzung (14.27) hat die Form

$$\|x^* - x^{(k)}\| \leq 2.033\|x^{(k)} - x^{(k-1)}\|.$$

Ein Abbruch der Iteration bei Erfüllheit der Ungleichung

$$\|x^{(k)} - x^{(k-1)}\| \leq \varepsilon_{abs}/2.033$$

garantiert somit für alle $x^{(0)} \in D_0$ die Einhaltung der Genauigkeitsforderung

$$\|x^* - x^{(k)}\| \leq \varepsilon_{abs}.$$

Beispiel (Quadratische Gleichung) Bei der Iterationsvorschrift (14.17) ergibt sich aus $t'(x) = -0.5x$ Kontraktivität nur für $|x| < 2$. Nach dem Kontraktionssatz wäre also nur für Startwerte $|x^{(0)}| < 2$ Konvergenz gegen den in $(-2, 2)$ eindeutigen Fixpunkt $x^* = 1$ von $t(x) = 1.25 - 0.25x^2$ zu erwarten. Die Bedingungen des Kontraktionssatzes sind also nur *hinreichend*, keineswegs notwendig, wie ein Vergleich mit dem tatsächlichen Einzugsbereich $(-5, 5)$ zeigt (siehe Seite 297).

14.1.3 Konvergenzgeschwindigkeit

Die Effizienz eines Iterationsverfahrens wird sehr stark durch die Anzahl der Iterationsschritte beeinflußt, die zum Erreichen der geforderten Lösungsgenauigkeit erforderlich sind. Eine allgemeingültige Charakterisierung der Konvergenzgeschwindigkeit eines Iterationsverfahrens ist selbst unter starken Einschränkungen hinsichtlich der Funktionenklasse, aus der T stammen kann, *nicht* möglich. Nur in einer – oft sehr kleinen – Umgebung von x^* läßt sich das Konvergenzverhalten der Folge $\{x^{(k)}\}$ dadurch charakterisieren, *wie* sich der absolute Fehler $e_k := x^{(k)} - x^*$ mit $k \to \infty$ verkleinert.

Definition 14.1.9 (Konvergenzordnung, Konvergenzfaktor) *Eine konvergente Folge $\{x^{(k)}\} \subset \mathbb{R}^n$ mit dem Grenzwert x^* hat die Konvergenzordnung p und den Konvergenzfaktor a, wenn folgendes gilt:*

$$\lim_{k\to\infty} \frac{\|x^{(k+1)} - x^*\|}{\|x^{(k)} - x^*\|^p} = \lim_{k\to\infty} \frac{\|e_{k+1}\|}{\|e_k\|^p} = a > 0.$$

Bemerkung Es sind noch wesentlich allgemeinere Definitionen der Konvergenzordnung möglich (siehe z. B. Ortega, Rheinboldt [64]). Man beachte, daß es sich in jedem Fall um *asymptotische* Aussagen für $k \to \infty$ handelt, die für praktisch auftretende Werte von k unter Umständen gar nicht oder nur näherungsweise gelten.

Im allgemeinen konvergiert eine Folge mit einer höheren Konvergenz*ordnung* rascher als eine Folge niedrigerer Ordnung. Zwei Spezialfälle sind von besonderer Wichtigkeit:

$\mathbf{p = 1}$ *lineare Konvergenz*,

$\mathbf{p = 2}$ *quadratische Konvergenz*.

Die Konvergenzordnung p muß aber nicht immer ganzzahlig sein. So hat z. B. das Sekantenverfahren (siehe Abschnitt 14.2.5) die Konvergenzordnung

$$p = (1+\sqrt{5})/2 \approx 1.618\ldots.$$

Der Konvergenz*faktor* ist vor allem beim Vergleich von Folgen mit gleicher Konvergenzordnung von Bedeutung.

Beispiel (Methodenvergleich) Zwei konvergente Iterationsverfahren sollen verglichen werden. Methode $\mathcal{M}_1$ ist linear konvergent mit

$$a = \lim_{k\to\infty} \frac{\|e_{k+1}\|}{\|e_k\|} = 0.6,$$

Methode $\mathcal{M}_2$ quadratisch konvergent mit dem gleichen Konvergenzfaktor

$$\bar{a} = \lim_{k\to\infty} \frac{\|\bar{e}_{k+1}\|}{\|\bar{e}_k\|^2} = 0.6.$$

Zur Vereinfachung wird angenommen, daß auch für praktisch relevante k

$$\frac{\|e_{k+1}\|}{\|e_k\|} \approx 0.6 \quad \text{und} \quad \frac{\|\bar{e}_{k+1}\|}{\|\bar{e}_k\|^2} \approx 0.6$$

gilt. Für Methode $\mathcal{M}_1$ bedeutet dies

$$\|e_k\| \approx 0.6\|e_{k-1}\| \approx 0.6^2\|e_{k-2}\| \approx \cdots \approx 0.6^k\|e_0\|$$

und für Methode $\mathcal{M}_2$

$$\|\bar{e}_k\| \approx 0.6\|\bar{e}_{k-1}\|^2 \approx 0.6\Big[0.6\|\bar{e}_{k-2}\|^2\Big]^2 = 0.6^3\|\bar{e}_{k-1}\|^4 \approx \cdots \approx (0.6)^{2^k-1}\|\bar{e}_0\|^{2^k}.$$

Angenommen, beide Methoden werden vom selben Punkt $x^{(0)} = \bar{x}^{(0)}$ aus gestartet, bei dem $\|e_0\| = \|\bar{e}_0\| = 0.1$ gilt. Um eine absolute Genauigkeit von 10^{-8} zu erreichen, d. h.

$$\begin{aligned} \|e_k\| &= 0.6^k\|e_0\| = 0.6^k \cdot 0.1 \le 10^{-8} \quad \text{und} \\ \|\bar{e}_k\| &= (0.6)^{2^k-1}\|\bar{e}_0\|^{2^k} = 0.6^{2^k-1} \cdot 0.1^2 \le 10^{-8}, \end{aligned}$$

muß bei Methode $\mathcal{M}_1$ bis

$$k \ge \left\lceil \frac{-\log_{10} 0.1 - 8}{\log_{10} 0.6} \right\rceil = 32$$

und bei Methode $\mathcal{M}_2$ mit

$$2^k \ge \left\lceil \frac{-\log_{10} 0.6 - 8}{\log_{10} 0.6 + \log_{10} 0.1} \right\rceil = 7$$

nur bis $k = 3$ iteriert werden. Der Aufwand – gemessen an der Anzahl der Iterationsschritte – ist bei der quadratisch konvergenten Methode um eine Größenordnung geringer als bei der linear konvergenten Methode.

Die Ordnung p kann man als jenen Faktor interpretieren, um den sich im skalaren Fall die Anzahl der korrekten Ziffern von $x^{(k)}$ bei jeder Iteration erhöht.

Angenommen, der Fehler des k-ten Wertes $x^{(k)}$ ist $\|e_k\| = 10^{-d}$, dann gilt in der Nähe von x^*

$$\|e_{k+1}\| \approx a\|e_k\|^p = a(10^{-d})^p = a10^{-pd}. \tag{14.28}$$

Bei quadratischer Konvergenz *verdoppelt* sich in der Nähe der Lösung die Anzahl der richtigen Ziffern bei jedem Schritt. Bei einer Folge mit linearer Konvergenz ist die Verringerung des Fehlers nur auf den Konvergenzfaktor a zurückzuführen. Eine Erhöhung der Anzahl richtiger Stellen durch Vergrößerung des Exponenten in (14.28) tritt *nicht* ein (da $p = 1$ gilt).

Satz 14.1.2 (Konvergenzgeschwindigkeit, Fixpunkt-Iteration) *Wenn die Funktion T der Fixpunktiteration (14.16) stetige partielle Ableitungen zweiter Ordnung besitzt, kann man die Konvergenzgeschwindigkeit durch die Ungleichung*

$$\|x^{(k+1)} - x^*\| \leq \|T'(x^*)\|\|x^{(k)} - x^*\| + \frac{L_2}{2}\|x^{(k)} - x^*\|^2$$

abschätzen, wobei $L_2 = \|T''\|$ eine Lipschitz-Konstante für T' ist. Dabei gilt:

1. *Im Fall $T'(x^*) \neq 0$ verringert sich in jedem Iterationsschritt der Fehler (asymptotisch) um den Faktor*

   $$a := \|T'(x^*)\| < 1,$$

   d. h., die Folge $\{x^{(k)}\}$ konvergiert linear mit dem Konvergenzfaktor a.

2. *Für $\|T'(x^*)\| = 0$ liegt quadratische Konvergenz mit dem Konvergenzfaktor $a := L_2/2$ vor.*

Beispiel (Logarithmische Gleichung) Die (14.15) entsprechende Iteration

$$x^{(k+1)} := \left(\alpha x^{(k)} + e^{-x^{(k)}}\right)/(\alpha + 1)$$

mit

$$t'(x) = \left(\alpha - e^{-x}\right)/(\alpha + 1) \quad \text{und} \quad t'(x^*) = \left(\alpha - e^{-x^*}\right)/(\alpha + 1)$$

konvergiert für $\alpha \approx 1/\exp(x^*)$ am schnellsten, da in diesem Fall ein (nahezu) optimaler Konvergenzfaktor $|t'(x^*)| \approx 0$ vorliegt.

14.1.4 Startwertbestimmung

Die Ergebnisse des vorigen Abschnitts zeigen, daß jene Iterationsverfahren besonders günstige Konvergenzgeschwindigkeit aufweisen, bei denen $T'(x^*)$ verschwindet oder jedenfalls „sehr klein" ist. Bei vielen nichtlinearen Gleichungssystemen tritt ausreichend rasche Konvergenz eines Iterationsverfahrens nur dann ein, wenn der Startwert aus einer kleinen Teilmenge des Einzugsbereichs gewählt wird. Diese Teilmenge befindet sich im allgemeinen in der Nähe der gesuchten Lösung x^*. Eine der größten Schwierigkeiten bei der praktischen Lösung von nichtlinearen Gleichungssystemen besteht in der Wahl eines geeigneten Startwertes $x^{(0)}$. Die Schwierigkeiten bei der Startwertbestimmung nehmen mit steigender Dimension des Problems zu („*curse of dimensionality*").

Zufallssuche

Die rasch konvergenten Iterationsverfahren haben in vielen Fällen nur einen kleinen Einzugsbereich. Zur Bestimmung eines Startwertes $x^{(0)}$, der mit möglichst hoher Wahrscheinlichkeit im Einzugsbereich der gesuchten Lösung x^* liegt, kann man der iterativen Fixpunkt- bzw. Nullstellenbestimmung z. B. eine *gleichmäßige*

Zufallssuche voranstellen. Dabei wird meist angenommen, daß die gesuchte Nullstelle x^* in einem n-dimensionalen Hyperquader

$$D := [a_1, b_1] \times [a_2, b_2] \times \cdots \times [a_n, b_n] \subset \mathbb{R}^n$$

liegt. Durch Erzeugen von n unabhängigen Zufallszahlen $z_1, \dots, z_n$, die in den Intervallen $[a_i, b_i]$ entsprechend einer stetigen Gleichverteilung bestimmt werden[2], erhält man einen *Zufallspunkt*

$$z = (z_1, \dots, z_n)^\top \in \prod_{i=1}^{n} [a_i, b_i] = D$$

mit der gewünschten Gleichverteilung. Man erzeugt nun eine größere Anzahl von derartigen Zufallspunkten und nimmt jenen Punkt $\bar{z}$ mit dem kleinsten Residuum $\|F(\bar{z})\|$ als Startwert für ein iteratives Verfahren.

Beispiel (Kugelumgebung) Die Auswirkungen der Dimension lassen sich an einer einfachen Modellüberlegung demonstrieren. Falls der praktisch nutzbare Einzugsbereich die Einheits-Kugelumgebung

$$K_n := \{x : (x_1 - x_1^*)^2 + \cdots + (x_n - x_n^*)^2 \le 1\}$$

um die Lösung x^* ist und für die oben beschriebene Zufallssuche der Würfel

$$Q_n := \{x : |x_i - x^*| \le 5,\ i = 1, 2, \dots, n\}$$

mit der Seitenlänge 10 genommen wird, so ist die Wahrscheinlichkeit, daß ein n-dimensionaler Vektor $x^{(0)} \in Q_n$ ein geeigneter Startwert ist, durch

$$P_n = \frac{\text{Volumen } (K_n)}{\text{Volumen } (Q_n)}$$

gegeben. Für $n = 1, 50, 100$ erhält man folgende Werte:

n	Volumen (K_n)	Volumen (Q_n)	P_n
1	2	10^1	$2.00 \cdot 10^{-1}$
50	$1.73 \cdot 10^{-13}$	10^{50}	$1.73 \cdot 10^{-63}$
100	$2.37 \cdot 10^{-40}$	10^{100}	$2.37 \cdot 10^{-140}$

Unter den getroffenen, für manche nichtlinearen Probleme charakteristischen Annahmen geht die Wahrscheinlichkeit, einen brauchbaren Startwert durch Zufallssuche zu erhalten, mit steigender Dimension exponentiell gegen Null. Bereits bei $n = 7$ ist unter den getroffenen Annahmen das Auffinden eines brauchbaren Startwertes ungefähr gleich wahrscheinlich wie ein (österreichischer) „Lottosechser“, nämlich

$$\frac{1}{\binom{45}{6}} \approx 1.68 \cdot 10^{-7}.$$

Die Startwertbestimmung bei $n = 100$ entspricht in ihrer Schwierigkeit bereits der Suche nach *einem* ganz bestimmten Molekül im gesamten Weltall.

---

[2]Zufallsgeneratoren für stetig gleichverteilte Zufallszahlen gibt es in den mathematischen Programmbibliotheken IMSL und NAG (siehe Kapitel 17).

Das Beispiel zeigt die Notwendigkeit, bei hochdimensionalen Problemen alle verfügbaren Informationen zur Startbestimmung auszunutzen. Eine reine Zufallssuche ist nahezu aussichtslos.

Beispiel (Monte-Carlo-Suche nach Nullstellen) Bei einem System von 20 nichtlinearen Gleichungen wurden mit Hilfe von gleichverteilten Zufallszahlen Punkte

$$x \in [a_1, b_1] \times [a_2, b_2] \times \cdots \times [a_{20}, b_{20}] \subset \mathbb{R}^{20}$$

gesucht, die ein möglichst kleines Residuum $\|F(x)\|_2$ besitzen, also die Gleichungen möglichst gut erfüllen. In Abb. 14.5 ist der Verlauf dieser Zufallssuche dargestellt, wobei die treppenförmige Kurve dem jeweils kleinsten bei der Suche gefundenen Residuum entspricht. Man sieht deutlich, wie rasch der Aufwand – die Anzahl der versuchsweise zu berechnenden Funktionswerte – wächst, wenn man eine weitere Verkleinerung des Residuums erreichen will.

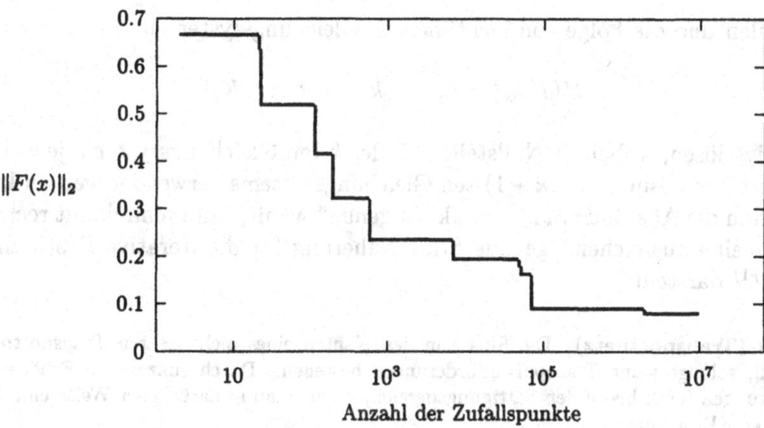

Abb. 14.5: Verkleinerung des Residuums einer Funktion $F : \mathbb{R}^{20} \to \mathbb{R}^{20}$ bei Monte-Carlo-Suche. Zufallspunkte, deren Residuum größer war als das bisher kleinste Residuum, wurden in der Darstellung nicht berücksichtigt.

Homotopie

Liegt keine gute Startnäherung vor, so kann man oft mit *Homotopie-* oder *Fortsetzungsverfahren* zu einer (Näherungs-) Lösung gelangen. Dabei wird durch einen Problemparameter oder durch einen künstlich eingeführten Parameter $\lambda \in \mathbb{R}$ (meist wird $\lambda \in [0,1]$ gewählt) aus einem System von n Gleichungen in n Unbekannten eine Familie von Problemen

$$H(x, \lambda) = 0, \tag{14.29}$$

deren Lösungen $x^*(\lambda)$ unter bestimmten Voraussetzungen stetig von λ abhängen. Unter derartigen Voraussetzungen (siehe z. B. Allgower, Georg [84], Rheinboldt [336], Schwetlick [69], Schwetlick, Kretzschmar [70]) hat (14.29) im $\mathbb{R}^{n+1}$ eine (eindimensionale) Lösungskurve als Lösungsmenge.

In vielen praktischen Situationen hängt das Problem in natürlicher Weise von einem Parameter λ ab. Wenn dies nicht der Fall ist, kann z. B.

$$H(x,\lambda) := F(x) + (\lambda - 1)F(x^{(0)})$$

zur Definition einer Lösungskurve

$$H\big(x(\lambda),\lambda\big) = 0, \qquad \lambda \in [0,1],$$

verwendet werden, deren Endpunkte $x(0) = x^{(0)}$ und $x(1) = x^*$ sind. Um von $x^{(0)}$ zu x^* zu gelangen, kann man das Intervall $[0,1]$ durch

$$0 = \lambda_0 < \lambda_1 < \cdots < \lambda_K = 1$$

unterteilen und die Folge von nichtlinearen Gleichungssystemen

$$H(x,\lambda_k) = 0, \qquad k = 1,2,\ldots,K,$$

sukzessive lösen, wobei die Nullstelle $x^{(k)}$ des k-ten Gleichungssystems jeweils als Startwert zur Lösung des $(k+1)$-ten Gleichungssystems verwendet werden kann. Wenn man die Abstände $\lambda_{k+1} - \lambda_k$ „klein genug" wählt, kann man damit rechnen, daß $x^{(k)}$ eine ausreichend genaue Start-Näherung für die iterative Bestimmung von $x^{(k+1)}$ darstellt.

Beispiel (Transportnetz) Die Flüsse in den Kanten eines nichtlinearen Transportnetzes sind Null, solange keine Transportanforderungen bestehen. Durch sukzessives Erhöhen der Anforderungen (evtl. bis in den Sättigungsbereich) erhält man in natürlicher Weise eine Folge nichtlinearer Probleme.

Software (Homotopie-Verfahren) Im Softwarepaket HOMPACK (siehe Watson, Billups, Morgan [390] und Rheinboldt [336]) sind drei verschiedene Arten von *global*-konvergenten Homotopie-Algorithmen implementiert. HOMPACK ist über **NETLIB/hompack** zugänglich.

Das Softwarepaket PITCON ist auch für parametrisierte Systeme geeignet, bei denen λ ein dem Problem inhärenter („natürlicher") Parameter ist. Über **NETLIB/contin** kann man auf PITCON zugreifen.

Minimierung

Eine andere Möglichkeit, von einem schlechten Startpunkt in die Nähe der Lösung zu gelangen, besteht in der Anwendung von Minimierungsverfahren auf die Funktion $\Phi := \|F\| : \mathbb{R}^n \to \mathbb{R}$. Der Einzugsbereich der langsam konvergenten Gradientenverfahren ist im allgemeinen größer als jener der rasch konvergenten Nullstellenverfahren (siehe Abschnitt 14.4.1).

Software (Minimierung) Minimierungsprogramme gibt es in den beiden großen mathematischen Bibliotheken IMSL und NAG. Darüber hinaus gibt es eine Vielzahl spezieller Softwareprodukte (siehe Moré, Wright [21]).

14.1.5 Abbruch einer Iteration

Jeder iterative Prozeß liefert für einen Startwert $x^{(0)} \in D^*$ im mathematischen Sinn eine *unendliche* Folge $\{x^{(k)}\}$. Für die praktische Lösung nichtlinearer Gleichungssysteme sind jedoch nur Algorithmen von Bedeutung, die für jeden Startwert $x^{(0)}$ nach *endlich* vielen Schritten ein Resultat liefern.

Sowohl für den Entwickler als auch für den Benutzer von Software zur Lösung nichtlinearer Gleichungen ist die Wahl geeigneter Abbruchkriterien bzw. ihrer Parameter (τ_{abs}, τ_{rel}, τ_f etc.) eine wichtige und schwierige Aufgabe. Es müssen dabei Korrektheit und Effizienz gegeneinander abgewogen werden:

- Die Iteration darf *nicht zu früh* (d. h. weiter von der gesuchten Lösung entfernt als gefordert) beendet werden.
- Die Iteration soll *nicht zu spät* (d. h. nach dem Erreichen unnötig hoher Genauigkeit mit unnötig hohem Rechenaufwand) abgebrochen werden.

Ein zuverlässiges Programm sollte bei einer konvergenten Folge $\{x^{(k)}\}$ erkennen, ob der zuletzt berechnete Näherungswert $x^{(k)}$ bereits die gewünschte Genauigkeit besitzt. Grundlage dieser Entscheidung ist ein *Konvergenztest*. Für „schlechte" Startwerte $x^{(0)} \notin D^*$ oder für Probleme, die überhaupt keine Lösung besitzen, müssen Mechanismen vorgesehen werden, die nicht konvergente Situationen erkennen und die Iteration mit der entsprechenden Information an den Anwender terminieren. Tests zum Erkennen von *Nicht*-Konvergenz sind genauso wichtig wie Konvergenztests.

Abbruchkriterien

Die Kriterien zum Abbruch eines iterativen Nullstellenverfahrens sind:

1. Das numerische Problem wurde gelöst, indem ein Näherungswert $\tilde{x}$ für x^* ermittelt wurde, der die vorgegebene Toleranz, also z. B. eine der folgenden Ungleichungen, erfüllt:

$$\|\tilde{x} - x^*\| \leq \tau_{\text{abs}}, \tag{14.30}$$

$$\|\tilde{x} - x^*\| \leq \tau_{\text{rel}} \cdot \|x^*\| \tag{14.31}$$

   oder

$$\|F(\tilde{x})\| \leq \tau_f.$$

2. Das numerische Problem kann nicht gelöst werden, weil z. B. überhaupt keine Nullstelle von F existiert.

Bemerkung Beide Entscheidungen können in einem streng mathematischen Sinn *nicht* getroffen werden, da stets nur *endlich* viele diskrete Bestimmungsstücke, nämlich Funktionswerte $F(x^{(1)}), \ldots, F(x^{(k)})$ und gegebenenfalls Ableitungswerte, als Information über F zur Verfügung stehen und insbesondere, weil x^* zur Überprüfung von (14.30) und (14.31) (außer bei artifiziellen Testbeispielen) nicht bekannt ist.

Fehler-Kriterien

In den meisten Softwareprodukten werden Schätzwerte für die Norm des Fehlers $\|e\| = \|\tilde{x} - x^*\|$ als Abbruchkriterium herangezogen. Sobald z. B. eine der Ungleichungen

$$\begin{aligned} \|x^{(k+1)} - x^{(k)}\| &\leq \tau_{\text{abs}}, \\ \|x^{(k+1)} - x^{(k)}\| &\leq \tau_{\text{rel}} \cdot \|x^{(k+1)}\| \end{aligned}$$

oder eine Mischform (zur Vermeidung von Schwierigkeiten bei $x^{(k+1)} \approx 0$), z. B.

$$\|x^{(k+1)} - x^{(k)}\| \leq \tau_{\text{abs}} + \tau_{\text{rel}} \cdot \|x^{(k+1)}\|, \tag{14.32}$$

erfüllt ist, wird die Iteration beendet. Falls die Folge $\{x^{(k)}\}$ *rasch* gegen x^* konvergiert, d. h. falls

$$\|x^{(k+1)} - x^*\| \ll \|x^{(k)} - x^*\|$$

gilt, so ist

$$\|x^{(k+1)} - x^{(k)}\| \approx \|x^{(k)} - x^*\|,$$

und aus $\|x^{(k+1)} - x^{(k)}\| \leq \tau_{\text{abs}}$ folgt $\|x^{(k+1)} - x^*\| \ll \tau_{\text{abs}}$. Konvergiert die Folge $\{x^{(k)}\}$ jedoch sehr *langsam* gegen x^*, wenn also

$$\|x^{(k+1)} - x^*\| \approx \|x^{(k)} - x^*\|$$

gilt, so kann $\|x^{(k+1)} - x^{(k)}\|$ sehr klein sein, obwohl die geforderte Genauigkeit noch bei weitem nicht erreicht ist (siehe Abb. 14.6). In diesem Fall führen die obigen Abbruchkriterien zu einem verfrühten Terminieren.

Residuums-Kriterium

Das *Residuum* $F(\tilde{x})$ liefert im Vergleich zum Fehler ein weniger kritisches Abbruchkriterium: es wird allenfalls durch Auslöschungseffekte beeinträchtigt, da $F(\tilde{x}) \approx 0$ nahe der Lösung x^* gilt. Bei Funktionen mit „großer“ Ableitung ($\|F'(x^*)\| \gg 1$) kann das Residuum sehr groß sein ($\|F(\tilde{x})\| \gg \tau_f$), obwohl der Fehler $\|\tilde{x} - x^*\|$ bereits sehr klein ist (siehe Abb. 14.7). Es empfiehlt sich daher, nicht ausschließlich die Residuenbedingung

$$\|F(x^{(k)})\| \leq \tau_f \tag{14.33}$$

als Abbruchkriterium zu verwenden. Die meisten Bibliotheksprogramme beurteilen die Konvergenz nach beiden Kriterien: (14.32) *und* (14.33).

Kriterien für Nicht-Konvergenz

Die Diagnose einer *Divergenz* der Folge $\{x^{(k)}\}$ erfolgt meist durch eines der Kriterien

$$\|x^{(k)}\| \geq x_{\max} \qquad \text{oder} \qquad \|F(x^{(k)})\| \geq f_{\max} \tag{14.34}$$

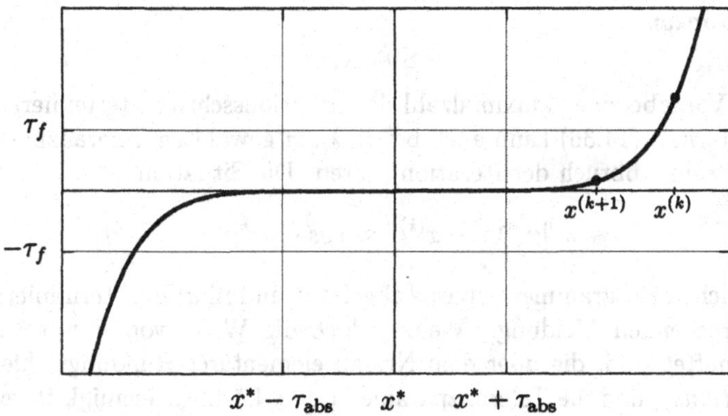

Abb. 14.6: Der Näherungswert $x^{(k+1)}$ genügt dem Residuums-Kriterium, aber *nicht* dem Fehler-Kriterium.

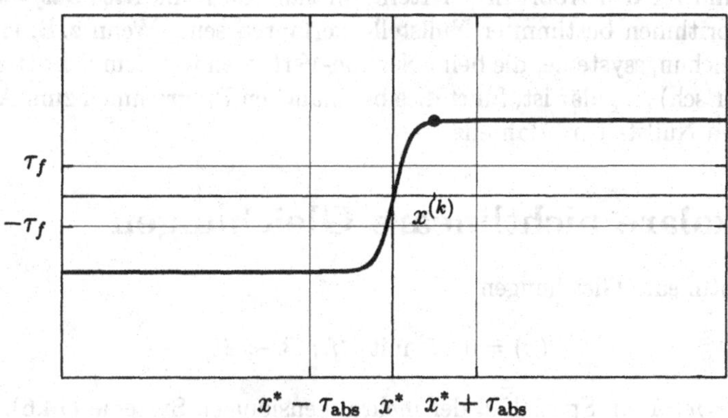

Abb. 14.7: Der Näherungswert $x^{(k)}$ genügt dem Fehler-Kriterium, aber *nicht* dem Residuums-Kriterium.

oder nach mehrmaligem Anwachsen des Residuums, z. B.

$$\|F(x^{(k)})\| > \|F(x^{(k-1)})\| > \|F(x^{(k-2)})\|. \tag{14.35}$$

Soferne das Problem $F(x) = 0$ überhaupt eine Lösung mit nichttrivialem (nichtentartetem) Einzugsbereich besitzt, deutet (14.35) auf die Wahl eines ungünstigen Startwertes $x^{(0)}$ hin. In diesen Fällen empfiehlt sich die Wiederholung der iterativen Nullstellenbestimmung mit einem (z. B. durch Zufallssuche ermittelten) neuen Startwert.

Außer durch (14.34) und (14.35) kann sich *Nicht-Konvergenz* auch durch systematisches, vor allem aber durch unsystematisches *Oszillieren* der Folge $\{x^{(k)}\}$ bemerkbar machen. Das Diagnostizieren eines derartigen Verhaltens wäre für ein Bibliotheksprogramm (bei dem auch die Effizienz ein wichtiges Qualitätsmerkmal ist) viel zu aufwendig. Iterationsfolgen $\{x^{(k)}\}$ mit unspezifischer Nicht-Konvergenz bzw. zu langsamer Konvergenz werden daher immer durch eine *Auf-*

wandsbeschränkung

$$k \le k_{\max}, \tag{14.36}$$

d. h. durch Vorgabe einer Maximalzahl der Iterationsschritte, terminiert.

Das Kriterium (14.36) kann auch bei *zu klein* gewählten Toleranzparametern τ_{abs}, τ_{rel}, τ_f zum Abbruch der Iteration führen. Die Situation

$$\|x^{(k+1)} - x^{(k)}\| \approx eps \cdot \|x^{(k)}\|$$

wird in manchen Programmen separat abgefragt und führt zur Terminierung mit einer entsprechenden Meldung. Wenn jedoch die Werte von F mit Ungenauigkeiten behaftet sind, die über dem Niveau elementarer Rundungsfehler liegen (*noisy functions*), und die Toleranzparameter eine Lösungsgenauigkeit vorschreiben, die aus diesem Grund nicht erreicht werden kann, so ist oft die Aufwandsbeschränkung (14.36) jene Bedingung, die zum Abbruch führt.

Ein Grund für den Abbruch der Iteration kann auch die *Nichtausführbarkeit* von Teilalgorithmen bestimmter Nullstellenverfahren sein. Wenn z. B. eines der linearen Gleichungssysteme, die beim Newton-Verfahren in jedem Schritt zu lösen sind, (numerisch) singulär ist, führt dies bei manchen Programmen zum Abbruch des gesamten Nullstellenverfahrens.

14.2 Skalare nichtlineare Gleichungen

Skalare nichtlineare Gleichungen

$$f(x) = 0 \qquad \text{mit} \quad f : \mathbb{R} \to \mathbb{R} \tag{14.37}$$

sind mit $m = n = 1$ ein Spezialfall der mehrdimensionalen Systeme (14.6).

Gründe für die gesonderte Behandlung des Spezialfalls *einer* Gleichung mit *einer* skalaren Unbekannten sind:

1. Es gibt Verfahren, die nur im skalaren Fall (14.37) existieren, wie z. B. das Bisektionsverfahren.

2. Die Ermittlung von Nullstellen eines (univariaten) Polynoms ist ein wichtiger Spezialfall von (14.37), für den es viele Softwareprodukte gibt.

3. Verfahren, die es sowohl im skalaren als auch im mehrdimensionalen Fall gibt (wie z. B. das Newton-Verfahren), lassen sich im skalaren Fall auf einfache Weise anschaulich geometrisch deuten. Auch die Analysen und theoretischen Überlegungen sind im skalaren Fall oft wesentlich einfacher.

4. Skalare Nullstellenverfahren treten als Teilalgorithmen vieler Verfahren für Gleichungs*systeme* auf (siehe z. B. Abschnitt 14.3.1).

Notation (Skalare Gleichungen) Im skalaren Fall werden Funktionen mit Kleinbuchstaben (z. B. mit f) bezeichnet. Einzige Ausnahme sind die Polynome, die hier – wie auch in allen anderen Abschnitten – mit P bezeichnet werden.

14.2.1 Vielfachheit einer Nullstelle

Eine Nullstelle x^* einer Funktion $f : \mathbb{R} \to \mathbb{R}$ wird durch Angabe ihrer Vielfachheit genauer beschrieben.

Definition 14.2.1 (Vielfachheit einer Nullstelle) *Wenn man f in einer Umgebung von x^* in der Form*

$$f(x) = (x - x^*)^m \cdot \varphi(x) \tag{14.38}$$

faktorisieren kann, wobei φ in einer Umgebung von x^* stetig ist und $\varphi(x^*) \neq 0$ gilt, so bezeichnet man m als die Vielfachheit von x^*. Im Spezialfall $m = 1$ spricht man von einer einfachen Nullstelle.

Beispiel (Vielfachheit von Nullstellen) Die Definition der Vielfachheit durch (14.38) gestattet auch *nicht*-ganzzahlige Vielfachheiten. So hat die Funktion

$$f(x) := x\sqrt{1 - x}$$

die einfache Nullstelle $x^* = 0$ und mit $x^* = 1$ eine Nullstelle mit der Vielfachheit $m = 1/2$.

Satz 14.2.1 (Ganzzahlige Vielfachheit einer Nullstelle) *Falls f in einer Umgebung der Nullstelle von x^* mehrfach stetig differenzierbar ist, so folgt aus $f \in C^m\big(U(\{x^*\})\big)$,*

$$f'(x^*) = f''(x^*) = \cdots = f^{(m-1)}(x^*) = 0 \quad \text{und} \quad f^{(m)}(x^*) \neq 0, \tag{14.39}$$

daß die Nullstelle x^* die ganzzahlige Vielfachheit m hat.

Beweis: Entwickelt man f an der Stelle x^* in eine Taylor-Reihe, so erhält man

$$f(x) = f(x^*) + (x - x^*)f'(x^*) + \frac{(x - x^*)^2}{2} f''(x^*) + \cdots + \frac{(x - x^*)^m}{m!} f^{(m)}(\xi_x).$$

Auf Grund der Voraussetzung (14.39) folgt

$$f(x) = \frac{(x - x^*)^m}{m!} f^{(m)}(\xi_x).$$

Da die Funktion

$$\varphi(x) := \frac{f^{(m)}(\xi_x)}{m!}$$

in einer Umgebung von x^* stetig ist und laut Voraussetzung (14.39) $\varphi(x^*) \neq 0$ gilt, folgt aus (14.38), daß x^* eine m-fache Nullstelle von f ist. □

Im speziellen ist $x^* \in (a, b)$ genau dann eine einfache Nullstelle (reguläre Nullstelle oder Nullstelle erster Ordnung von $f \in C^1[a, b]$, wenn

$$f(x^*) = 0 \quad \textit{und} \quad f'(x^*) \neq 0$$

gilt. Die Kurve $y = f(x)$ schneidet also in diesem Fall die x-Achse bei x^* in einem von Null verschiedenen Winkel.

Nullstellenprobleme mit einfachen Nullstellen reagieren „gutartig“ auf Störungen: Wird f gestört (z. B. durch Datenfehler oder Rundungsfehler), so hat auch die gestörte Funktion $\tilde{f}$ eine Nullstelle, und diese liegt in der Nähe von x^*. Bei mehrfachen Nullstellen mit *gerader* Vielfachheit ist dies nicht mehr der Fall.

Beispiel (Zweifache Nullstelle) Die Funktion $f(x) := x^2 - 2x + 1$ hat die zweifache (doppelte) Nullstelle $x^* = 1$. Die gestörte Funktion $\tilde{f}(x) := f(x) + \varepsilon$ mit $\varepsilon > 0$ besitzt überhaupt *keine* reelle Nullstelle.

Bei einer mehrfachen Nullstelle x^* mit der Vielfachheit $m \in \{2, 3, 4, \ldots\}$ ist wegen $f'(x^*) = 0$ die x-Achse eine Tangente an den Graph von f an der Stelle x^*. Für *ungerade* Werte der Vielfachheit m wechselt f an der Stelle x^* das Vorzeichen, für *gerade* Werte von m liegt der Graph von f in einer Umgebung U von x^* vollständig in $U \times [0, \infty)$ bzw. in $U \times (-\infty, 0]$, es tritt dort also *kein* Vorzeichenwechsel von f ein.

Die numerische Ermittlung mehrfacher Nullstellen bereitet größere Schwierigkeiten als die Berechnung einfacher Nullstellen:

1. Die erreichbare Genauigkeit $|\tilde{x}^* - x^*|$ ist wegen der schlechten Kondition deutlich herabgesetzt (siehe Abschnitt 14.2.2).

2. Die Effizienz (die Konvergenzgeschwindigkeit) der meisten Nullstellen-Verfahren ist wesentlich schlechter (wie das Beispiel auf Seite 321 zeigt), falls sie nicht überhaupt versagen.

Bemerkung (Gleichungssysteme) Auch bei *Systemen* von nichtlinearen Gleichungen gibt es mehrfache Nullstellen. Diese haben jedoch in der Praxis keine große Bedeutung.

Modifikation des Problems

Falls neben f auch f' verfügbar ist, kann man statt $f(x) = 0$ das modifizierte Problem

$$u(x) = 0 \quad \text{mit} \quad u(x) := \frac{f(x)}{f'(x)} \tag{14.40}$$

lösen. Hat x^* die Vielfachheit m, so gilt wegen (14.38)

$$\frac{f(x)}{f'(x)} = (x - x^*) \frac{\varphi(x)}{m\varphi(x) + (x - x^*)\varphi'(x)} =: (x - x^*)\psi(x).$$

Aus $\psi(x^*) = 1/m \neq 0$ folgt, daß x^* eine *einfache* Nullstelle von $u = f/f'$ ist. Die oben genannten Schwierigkeiten legen es daher nahe, bei Verfügbarkeit von f' die mehrfache Nullstelle x^* von f aus dem modifizierten Nullstellenproblem (14.40) zu ermitteln. Praktische Schwierigkeiten treten dabei aber an jenen Stellen auf, wo f' eine Nullstelle hat, f aber nicht, also an Polstellen der Funktion u.

14.2.2 Kondition des Nullstellenproblems

Bei der numerischen Lösung des Nullstellenproblems stecken alle Daten in den Werten der Funktion f. Angenommen, das Unterprogramm, das für einen bestimmten Argumentwert x den zugehörigen Funktionswert $f(x)$ liefern soll, liefert stattdessen (durch Datenungenauigkeit, Auswertefehler etc.) einen gestörten Wert $\tilde{f}(x)$. Kennt man eine Schranke für die Größe der Störung

$$|\Delta f(x)| = |\tilde{f}(x) - f(x)| \leq \varepsilon, \tag{14.41}$$

kann man (näherungsweise) Aussagen über $|x^* - \tilde{x}^*|$ machen. Wenn x^* die Vielfachheit m hat, dann gilt

$$\begin{aligned} f(\tilde{x}^*) &= f(x^*) + (\tilde{x}^* - x^*)f'(x^*) + \frac{(\tilde{x}^* - x^*)^2}{2} f''(x^*) + \cdots \\ &\cdots + \frac{(\tilde{x}^* - x^*)^{m-1}}{(m-1)!} f^{(m-1)}(x^*) + \frac{(\tilde{x}^* - x^*)^m}{m!} f^{(m)}(\xi_{\tilde{x}^*}) = \\ &= \frac{(\tilde{x}^* - x^*)^m}{m!} f^{(m)}(\xi_{\tilde{x}^*}) \approx \frac{(\tilde{x}^* - x^*)^m}{m!} f^{(m)}(x^*). \end{aligned}$$

Wegen (14.41) gilt auch $|f(\tilde{x}^*)| \leq \varepsilon$, d. h. $f(\tilde{x}^*)$ kann maximal $\pm\varepsilon$ sein:

$$\pm\varepsilon \approx \frac{(\tilde{x}^* - x^*)^m}{m!} f^{(m)}(x^*)$$

und dementsprechend

$$|\tilde{x}^* - x^*| \approx \varepsilon^{1/m} \left| \frac{m!}{f^{(m)}(x^*)} \right|^{1/m}. \qquad (14.42)$$

Für „kleine" Werte von ε und $m \gg 1$ ist der Faktor $\varepsilon^{1/m}$ viel größer als ε. Es muß daher mit einer dramatischen *Genauigkeitsverschlechterung* gerechnet werden, obwohl der andere Faktor unter Umständen eine kompensierende Wirkung haben kann. Probleme mit mehrfachen Nullstellen sind im allgemeinen hinsichtlich der Ungenauigkeiten in f sehr schlecht konditioniert.

Beispiel (Mehrfache Polynomnullstelle) Das Polynom $P_7(x) := (x-1)^7$ hat bei $x^* = 1$ eine siebenfache Nullstelle (siehe Abb. 14.8).

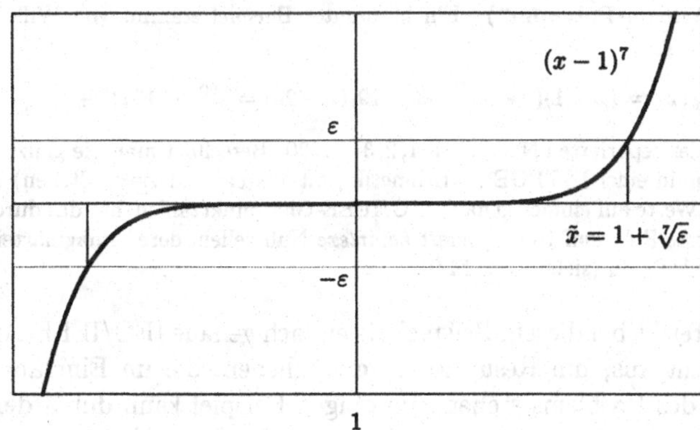

Abb. 14.8: Das Polynom $P_7(x) = (x-1)^7$ in einer Umgebung von $x = 1$

Die Nullstelle der gestörten Funktion

$$\tilde{P}_7(x) := (x-1)^7 - \varepsilon$$

ist $\tilde{x}^* = 1 + \varepsilon^{1/7}$; in Übereinstimmung mit (14.42) gilt daher

$$|\tilde{x}^* - x^*| = \sqrt[7]{\varepsilon}.$$

Die (absolute) Konditionszahl bezüglich der Datenstörung $\Delta\mathcal{D} = \tilde{\mathcal{D}} - \mathcal{D}$

$$\kappa_{\text{abs}} = \frac{\|\tilde{x}^* - x^*\|}{\|\tilde{\mathcal{D}} - \mathcal{D}\|} = \frac{\varepsilon^{1/7}}{\varepsilon} = \varepsilon^{-6/7}$$

ist – typisch für nichtlineare Probleme – von der Größe der Störung abhängig:

ε	10^{-1}	10^{-7}	10^{-14}
κ_{abs}	7.2	10^6	10^{12}

Bei einfach genauer IEC/IEEE-Arithmetik ist somit auf Grund der schlechten Konditionierung nur ein Ergebnis mit etwa *einer* richtigen Dezimalstelle und bei doppelt genauer Arithmetik mit etwa *drei* richtigen Dezimalstellen zu erwarten. Praktische Berechnungen bestätigen diesen Sachverhalt (siehe die Beispiele auf den Seiten 318 und 320).

Auch die Bestimmung einfacher Nullstellen kann schlecht konditioniert sein. Mehrere „sehr nahe" beisammen gelegene einfache Nullstellen können ähnliche Schwierigkeiten bereiten wie eine Nullstelle mit entsprechender Vielfachheit.

Beispiel (Schlechte Kondition von Polynomnullstellen) Das Polynom

$$P_2(x) := (x-2)^2 - 10^{-6}$$

hat die zwei einfachen Nullstellen 2 ± 10^{-3}. Eine Störung $\varepsilon = 10^{-6}$ bewirkt eine Änderung der Nullstellen von 10^{-3}. Die Konditionszahl ist also 10^3.

Ungünstige Konditionszahlen können aber nicht nur bei mehrfachen oder eng benachbarten einfachen Nullstellen auftreten.

Beispiel („Wilkinson-Polynom") Ein berühmtes Beispiel stammt von Wilkinson [396]. Das Polynom

$$P_{20}(x) := (x-1)(x-2)\cdots(x-19)(x-20) = x^{20} - 210x^{19} + \cdots \tag{14.43}$$

hat die voneinander separierten Nullstellen $1, 2, 3, \ldots, 20$. Berechnet man die ganzzahligen Polynomkoeffizienten in einer INTEGER-Arithmetik (mit ausreichend vielen Stellen) und rundet die so erhaltenen Werte auf einfach genaue IEC/IEEE-Gleitpunktzahlen, hat das durch die Rundungsfehler gestörte Polynom 16 konjugiert *komplexe* Nullstellen, deren Imaginärteile deutlich von Null verschieden sind (siehe Abb. 14.9).

Offensichtlich reicht bei diesem Beispiel die einfach genaue IEC/IEEE-Arithmetik bei weitem nicht aus, um Resultate zu ermöglichen, die im Einklang mit den Eigenschaften des Problems stehen. Im obigen Beispiel kann durch den Einsatz einer Arithmetik mit höherer Genauigkeit eine deutliche Verbesserung erreicht werden, da die Daten – die Koeffizienten des Polynoms P_{20} – ganzzahlig sind.

14.2.3 Bisektions-Verfahren

Eine Besonderheit des skalaren Falles ist die Möglichkeit, aus unterschiedlichen Vorzeichen der Funktionswerte an den Enden eines Intervalls auf die Existenz einer Nullstelle im Intervall zu schließen.

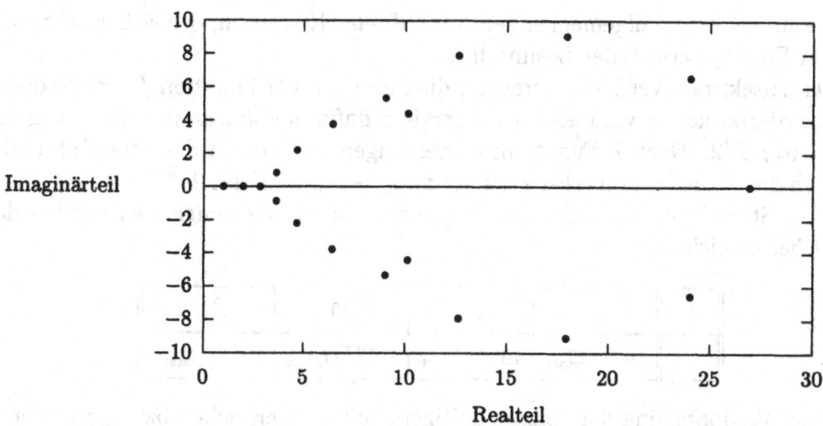

Abb. 14.9: Nullstellen des Polynoms (14.43) mit einfach genauen Koeffizienten

Satz 14.2.2 *Ist die Funktion* $f : [a,b] \to \mathbb{R}$ *stetig, gilt also* $f \in C[a,b]$, *so nimmt* f *auf* $[a,b]$ *jeden Wert zwischen* $f(a)$ *und* $f(b)$ *mindestens einmal an.*

Wenn die Werte $f(a)$ und $f(b)$ einer auf $[a,b]$ stetigen Funktion verschiedenes Vorzeichen besitzen, so gibt es also mindestens einen Punkt $x^* \in (a,b)$ mit $f(x^*) = 0$. Die Existenz einer Nullstelle ist damit gesichert.

Beim *Bisektions-Algorithmus* werden Intervall-Halbierungen solange durchgeführt, bis das Intervall, von dem man sicher weiß, daß es eine Nullstelle von f enthält, so klein wie gewünscht ist.

Start-Intervall: $[x_{\text{links}}, x_{\text{rechts}}]$ mit $f(x_{\text{links}}) \cdot f(x_{\text{rechts}}) < 0$
do $k = 1, 2, 3, \ldots$
    $x_{\text{mitte}} := (x_{\text{links}} + x_{\text{rechts}})/2;$
    if $f(x_{\text{links}}) \cdot f(x_{\text{mitte}}) \leq 0$ **then** $x_{\text{rechts}} := x_{\text{mitte}}$
                                else $x_{\text{links}} := x_{\text{mitte}}$
    if *Abbruchkriterium erfüllt* **then exit**
end do

Beim Bisektions-Algorithmus (*continuous binary search*) wird eine *adaptive* Diskretisierung zur Informationsgewinnung verwendet: Die Entscheidung, *wo* die nächste Auswertung der Funktion f vorzunehmen ist, kann nur auf Grund der gesamten bereits verfügbaren Information getroffen werden.

Bemerkung (Optimalität der Bisektion) Für stetige Funktionen mit Vorzeichenwechsel ist die Informationsgewinnung durch Bisektion *optimal*: Der Bisektions-Algorithmus liefert – im Sinne einer *Worst-case*-Analyse – von allen Nullstellenalgorithmen eine Nullstelle mit geforderter Genauigkeit mit der geringsten Anzahl von f-Auswertungen (Sikorski [365]).

Hat man zwei Stellen a, b mit unterschiedlichen Vorzeichen von f gefunden, dann ist die Konvergenz des Bisektions-Algorithmus *garantiert*. Bei den Nullstellenverfahren der nächsten Abschnitte (Newton-Verfahren, Sekanten-Verfahren etc.)

gibt es hingegen im allgemeinen kein *praktikables* Kriterium, das sicherstellt, daß $x^{(0)}$ im Einzugsbereich der Lösung liegt.

Das Bisektions-Verfahren setzt nur die Stetigkeit der Funktion f – *nicht* deren Differenzierbarkeit – voraus. Es konvergiert dafür nur *linear* mit dem Konvergenzfaktor 1/2. Nach k Funktionsauswertungen im Inneren des Start-Intervalls hat sich die aktuelle Intervall-Länge $l = x_{\text{rechts}} - x_{\text{links}}$ auf das 2^{-k}-fache der Länge l_{start} des Start-Intervalls reduziert. Folgende absolute Genauigkeiten werden daher sicher erreicht:

k	10	20	40	80
ε_{abs}	$10^{-3} \cdot l_{\text{start}}$	$10^{-6} \cdot l_{\text{start}}$	$10^{-12} \cdot l_{\text{start}}$	$10^{-24} \cdot l_{\text{start}}$

Um eine Verdoppelung der Anzahl gültiger Stellen zu erreichen bzw. garantieren zu können, muß die Schrittanzahl des Bisektions-Verfahrens *verdoppelt* werden. Bei einem quadratisch konvergenten Verfahren (wie z. B. dem Newton-Verfahren, siehe Abschnitt 14.2.4) genügt hierfür *ein* einziger zusätzlicher Schritt.

$l_{\text{start}}/2^k$ ist eine obere Schranke für den absoluten Fehler von $x^{(k)}$, die unter Umständen stark unterschritten wird.

Beispiel (Bisektion) Für $f(x) := xe^{-x} - 0.06064$ gilt

$$f(0) = -0.06064 < 0 \qquad \text{und} \qquad f(1) = 0.30723944\ldots > 0.$$

Da f eine stetige Funktion ist, liegt im Intervall $[0, 1]$ sicher mindestens eine Nullstelle, die mit dem Bisektions-Algorithmus bestimmt werden kann. Nach $k = 12$ Halbierungsschritten wird mit $x_{\text{mitte}} = 6.469727 \cdot 10^{-2}$ ein Wert erreicht, der einen absoluten Fehler von $4.63 \cdot 10^{-6}$ aufweist. Die Fehlerschranke würde eine solche Genauigkeit erst bei $k = 18$ garantieren. Bemerkenswert ist jedoch, daß beim nächsten Halbierungsschritt ($k = 13$) der absolute Fehler von $x_{\text{mitte}} = 6.457520 \cdot 10^{-2}$ den wesentlich größeren Wert $-1.17 \cdot 10^{-4}$ aufweist, der deutlich näher bei der Fehlerschranke $2^{-13} = 1.22 \cdot 10^{-4}$ liegt. Dieses Beispiel zeigt, daß das Fehlerverhalten der Bisektions-Iteration mit wachsendem k im allgemeinen *nicht monoton* ist.

Beispiel (Rundungsfehlereffekte) Das Polynom

$$P_7(x) := x^7 - 7x^6 + 21x^5 - 35x^4 + 35x^3 - 21x^2 + 7x - 1 \tag{14.44}$$

hat bei $x^* = 1$ seine einzige (allerdings siebenfache) Nullstelle. (14.44) ist eine andere Schreibweise für $(x-1)^7$. Wenn man mit dem Bisektions-Algorithmus versucht, diese Nullstelle zu finden, z. B. mit dem Startintervall $[0, 5]$ und den Werten $f(x_{\text{links}}) = -1$ und $f(x_{\text{rechts}}) = 16384$, so tritt bis zu einem – von der Maschinenarithmetik abhängigen – $n_{\max}$ eine Genauigkeitssteigerung entsprechend der Intervallängen-Verkleinerung $5 \cdot 2^{-n}$ ein. Auf einem PC wurde z. B. in einfacher Genauigkeit mit $x_{\text{mitte}} = 1.13372$ der bestmögliche Wert erreicht. In doppelter Genauigkeit war dies $x_{\text{mitte}} = 1.005094$. Mit Funktionswerten von $f(x_{\text{mitte}}) = 8.34 \cdot 10^{-7}$ bzw. $f(x_{\text{mitte}}) = 2.91 \cdot 10^{-16}$ waren dies – im Hinblick auf die Maschinenarithmetik – *numerische Nullstellen* der Funktion (14.44), auch wenn der Fehler bezüglich $x^* = 1$ mit 0.13 bzw. $5.1 \cdot 10^{-3}$ sehr groß ist. Wie man sich auf Grund von Abb. 14.8 (auf Seite 315) überlegen kann, entsprechen den Werten $\varepsilon = 8.34 \cdot 10^{-7}$ bzw. $\varepsilon = 2.91 \cdot 10^{-16}$ die Argumente $\tilde{x} = 1.13539$ bzw. $\tilde{x} = 1.00603$.

Software (Bisektions-Algorithmen) Die Methode der Bisektion wird oft in Verbindung mit anderen Verfahren als Polyalgorithmus implementiert, so etwa bei den Unterprogrammen `IMSL/MATH-LIBRARY/zbren`, `NAG/c05ade`, `NAG/c05age` oder `NAG/c05aze`.

Das Bisektions-Verfahren läßt sich im Gegensatz zum Newton- und Sekanten-Verfahren *nicht* auf $n \geq 2$, d. h. auf nichtlineare Gleichungs*systeme*, übertragen.

14.2.4 Newton-Verfahren

Beim Newton-Verfahren[3] wird die nichtlineare Funktion $f : \mathbb{R} \to \mathbb{R}$, deren Nullstelle(n) x^* man nicht direkt bestimmen kann, sukzessive durch *lineare Modellfunktionen* l_k

$$l_k(x) := a_k + b_k x \approx f(x)$$

ersetzt, deren Nullstellen $x_k^* = -a_k/b_k$ als Näherungen für die Nullstelle x^* von f verwendet werden. Die Funktionen l_k erhält man z. B. durch Abbruch der Taylor-Entwicklung um die Stelle $x^{(k)}$ nach dem linearen Term:

$$l_k(x) := f(x^{(k)}) + (x - x^{(k)})f'(x^{(k)}) \approx f(x),$$

d. h. $a_k := f(x^{(k)}) - x^{(k)}f'(x^{(k)})$ und $b_k := f'(x^{(k)})$ und somit

$$x_k^* = x^{(k)} - \frac{f(x^{(k)})}{f'(x^{(k)})}.$$

Unter der Annahme, daß x_k^* eine bessere Näherung für x^* ist als $x^{(k)}$, definiert man durch

$$x^{(k+1)} := x^{(k)} - \frac{f(x^{(k)})}{f'(x^{(k)})}, \qquad k = 0, 1, 2, \dots, \tag{14.45}$$

eine Folge $\{x^{(0)}, x^{(1)}, x^{(2)}, \dots\}$, die unter bestimmten Voraussetzungen, wenn z. B. der Startwert $x^{(0)}$ „nahe genug" bei x^* liegt, gegen x^* konvergiert.

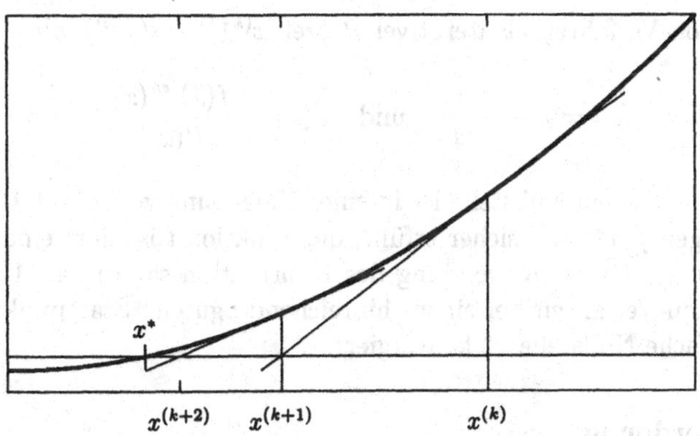

Abb. 14.10: Newton-Verfahren

Die geometrische Deutung des Newton-Verfahrens kann man Abb. 14.10 entnehmen: Im Punkt $(x^{(k)}, f(x^{(k)}))$ wird die Tangente an f gelegt und mit $y = 0$ zum Schnitt gebracht. Dieser Schnittpunkt ist der neue Näherungswert $x^{(k+1)}$.

[3]Sir Isaac Newton veröffentlichte sein Nullstellenverfahren speziell zur Lösung der Keplerschen Gleichung $f(x) := x - a \cdot \sin x - b = 0$. J. Raphson brachte die Newtonsche Methode in eine Gestalt, die der heutigen Form dieses Verfahrens näherkommt. Man spricht daher – speziell in der englischsprachigen Literatur – auch vom *Newton-Raphson-Verfahren.*

Beispiel (Newton-Verfahren) Für $f(x) := xe^{-x} - 0.6064$ ist $f'(x) = (1-x)e^{-x}$; das Newton-Verfahren hat daher die Form

$$x^{(k+1)} := x^{(k)} - \frac{x^{(k)}e^{-x^{(k)}} - 0.6064}{(1-x^{(k)})e^{-x^{(k)}}}.$$

Startet man bei $x^{(0)} = 0$, so erhält man die sehr rasch konvergierende Folge

k	1	2	3
$x^{(k)}$	0.0604	0.06467572	0.0649263
abs. Fehler	$-4.05 \cdot 10^{-3}$	$-1.69 \cdot 10^{-5}$	$-4.63 \cdot 10^{-7}$

Startet man hingegen bei $x^{(0)} = 0.99$ (bei $x^{(0)} = 1$ kann man wegen der „Division durch Null" nicht starten), so wird erst bei $k = 91$ eine Genauigkeit von $1.2 \cdot 10^{-7}$ erreicht. Bis $k = 89$ stimmt bei den Näherungen *keine einzige Dezimalstelle*!

Beispiel (Polynom) Wenn man die Nullstelle $x^* = 1$ des Polynoms (14.44) mit Hilfe des Newton-Verfahrens mit $x^{(0)} = 5$ numerisch berechnet, so erhält man bei einfach genauer Rechnung mit $x^{(23)} = 1.043442$ und bei doppelt genauer Rechnung mit $x^{(84)} = 0.99902912\ldots$ die genauesten Näherungswerte. In beiden Fällen tritt dann ein Oszillieren der Folge $\{x^{(k)}\}$ ein.

Software (Newton-Verfahren) Eine Implementierung des Newton-Verfahrens (in Verbindung mit Bisektion) ist das Programm `NETLIB/TOMS/681`.

Konvergenz

Für das Newton-Verfahren als iterativer Prozeß $x^{(k+1)} = t(x^{(k)})$ gilt

$$t(x) = x - \frac{f(x)}{f'(x)} \quad \text{und} \quad t'(x) = \frac{f(x)f''(x)}{[f'(x)]^2}.$$

Im Falle einer einfachen Nullstelle ist in einer Umgebung von x^* die Ungleichung $|t'(x)| < 1$ wegen $f(x^*) = 0$ sicher erfüllt, die Funktion t ist dort eine *kontrahierende* Abbildung. Durch Anwendung des Kontraktionssatzes 14.1.1 sieht man, daß das Newton-Verfahren bei einem hinreichend „guten" Startpunkt $x^{(0)}$ stets gegen die einfache Nullstelle x^* konvergiert.

Konvergenzordnung

Aus (14.45) folgt

$$x^{(k+1)} - x^* = x^{(k)} - x^* - \frac{f(x^{(k)})}{f'(x^{(k)})}. \tag{14.46}$$

Falls x^* eine *einfache* Nullstelle ist, d. h. wenn $f(x^*) = 0$ und $f'(x^*) \neq 0$ gilt, dann folgt aus (14.46) und der Entwicklung

$$f(x^*) = f(x^{(k)}) + (x^* - x^{(k)})f'(x^{(k)}) + \frac{(x^* - x^{(k)})^2}{2} f''\big(x^{(k)} + \vartheta(x^* - x^{(k)})\big)$$

mit $\vartheta \in (0,1)$ die Beziehung

$$x^{(k+1)} - x^* = \frac{(x^* - x^{(k)})^2}{2} \cdot \frac{f''\left(x^{(k)} - \vartheta(x^* - x^{(k)})\right)}{f'(x^{(k)})}$$

und damit

$$\lim_{k\to\infty} \frac{|e_{k+1}|}{|e_k|^2} = \lim_{k\to\infty} \frac{|x^{(k+1)} - x^*|}{|x^{(k)} - x^*|^2} = \frac{1}{2}\left|\frac{f''(x^*)}{f'(x^*)}\right| =: a. \tag{14.47}$$

Im Falle einfacher Nullstellen und ausreichender Differenzierbarkeit von f ist das Newton-Verfahren somit (mindestens) *quadratisch* konvergent.

Mehrfache Nullstellen

Wenn x^* eine mehrfache Nullstelle mit ganzzahliger Vielfachheit $m \in \{2,3,4,\ldots\}$ ist – d. h. wenn (14.39) gilt – so *konvergiert* wegen $t'(x^*) = 1 - 1/m < 1$ das Newton-Verfahren auch in diesem Fall von einem hinreichend nahe bei x^* gewählten Startpunkt $x^{(0)}$. Die Konvergenzordnung ist jedoch nur 1, sodaß im Falle mehrfacher Nullstellen das Newton-Verfahren nur *linear* konvergiert.

Eine Möglichkeit, mehrfache Nullstellen zu *vermeiden*, besteht in der ersatzweisen Lösung von

$$u(x) := \frac{f(x)}{f'(x)} = 0$$

anstelle von $f(x) = 0$ (siehe (14.40)). Das Newton-Verfahren für dieses modifizierte Problem lautet:

$$x^{(k+1)} = x^{(k)} - \frac{u(x^{(k)})}{u'(x^{(k)})} = \frac{f(x^{(k)})f'(x^{(k)})}{[f'(x^{(k)})]^2 - f(x^{(k)})f''(x^{(k)})}. \tag{14.48}$$

Da x^* *stets* eine *einfache* Nullstelle von u ist, konvergiert (14.48) immer quadratisch. Theoretisch ist der einzige Nachteil von (14.48) die zusätzlich benötige zweite Ableitung von f und der etwas höhere Aufwand zur Ermittlung von $x^{(k+1)}$ aus $x^{(k)}$. In der Praxis ergeben sich jedoch Schwierigkeiten aus der Tatsache, daß der Nenner von (14.48) bei (mindestens) zweifachen Nullstellen für $x^{(k)} \to x^*$ gegen Null strebt, also in der Nähe von x^* „sehr kleine" Werte annehmen kann.

Beispiel (Polynom) Im Gegensatz zum unmodifizierten Newton-Verfahren (wo erst nach 23 Schritten der genaueste Wert erreicht wird) konvergiert (14.48) für das Polynom (14.44) sehr rasch. Sowohl bei einfach als auch bei doppelt genauer Rechnung ist bereits $x^{(2)} = 0.977087$ der genaueste Näherungswert für $x^* = 1$. Genauere Werte sind auf Grund der schlechten Kondition dieses Nullstellenproblems nicht erreichbar.

Newton-Verfahren für mehrfache Nullstellen

Quadratische Konvergenz bei mehrfachen Nullstellen kann man nicht nur durch eine Problemmodifikation, sondern auch durch eine Verfahrensmodifikation erreichen. In der Nähe einer m-fachen Nullstelle x^* gilt

$$f(x) = (x - x^*)^m \varphi(x) \approx (x - x^*)^m \cdot c, \tag{14.49}$$

woraus sich

$$\frac{f(x)}{f'(x)} \approx \frac{x - x^*}{m} \qquad \text{bzw.} \qquad x^* \approx x - m\frac{f(x)}{f'(x)}$$

ergibt. Das entsprechend modifizierte Newton-Verfahren

$$x^{(k+1)} := x^{(k)} - m\frac{f(x^{(k)})}{f'(x^{(k)})}, \qquad k = 0, 1, 2, \dots, \tag{14.50}$$

konvergiert auch bei m-fachen Nullstellen quadratisch, wenn der korrekte Wert von m in (14.50) verwendet wird (Hämmerlin, Hoffmann [50]).

Beispiel (Polynom) Abhängig vom Wert m, der in (14.50) verwendet wird, ergibt sich eine mehr oder weniger starke Konvergenzbeschleunigung gegenüber dem unmodifizierten Newton-Verfahren:

m	6.5	6.9	6.99	7	7.01	7.1	7.5
k	2	6	1	1	1	1	2
$\lvert e_{abs}\rvert$	$2.5 \cdot 10^{-2}$	$6.9 \cdot 10^{-3}$	$5.7 \cdot 10^{-3}$	0	$5.7 \cdot 10^{-2}$	$5.7 \cdot 10^{-2}$	$2.0 \cdot 10^{-2}$

Die Effizienz der Newton-Variante (14.50) hängt stark von der Verwendung eines guten *Schätzwertes* für die Vielfachheit m ab, falls diese nicht aus anderen Überlegungen bekannt ist.

Unter der Voraussetzung

$$|x^{(k)} - x^*| < |x^{(k-1)} - x^*| \quad \text{und} \quad |x^{(k)} - x^*| < |x^{(k-2)} - x^*|$$

kann in (14.49) $x^{(k)}$ statt x^* eingesetzt werden:

$$\begin{aligned} f(x^{(k-1)}) &\approx (x^{(k-1)} - x^{(k)})^m \cdot c \\ f(x^{(k-2)}) &\approx (x^{(k-2)} - x^{(k)})^m \cdot c. \end{aligned}$$

Anschließend wird nach m aufgelöst:

$$m \approx \frac{\log[f(x^{(k-1)})/f(x^{(k-2)})]}{\log[(x^{(k-1)} - x^{(k)})/(x^{(k-2)} - x^{(k)})]}.$$

Dieser Wert kann dann in (14.50) Verwendung finden.

14.2.5 Sekanten-Verfahren

Das Newton-Verfahren erfordert die explizite Kenntnis der ersten Ableitung f'. In vielen praktisch relevanten Fällen ist aber f' entweder nicht explizit verfügbar oder nur sehr aufwendig (und damit oft auch fehlerbehaftet) zu erhalten. In diesen Fällen kann man $f'(x^{(k)})$ durch einen Differenzenquotienten approximieren:

$$f'(x^{(k)}) \approx \frac{f(x^{(k)} + h_k) - f(x^{(k)})}{h_k} =: d_k.$$

In der Iteration (14.45) wird statt $f'(x^{(k)})$ der Näherungswert d_k verwendet:

$$x^{(k+1)} := x^{(k)} - \frac{f(x^{(k)})}{d_k}, \qquad k = 0, 1, 2, \ldots .$$

Mit der Schrittweite $h_k := x^{(k-1)} - x^{(k)}$ erhält man das *Sekanten-Verfahren*

$$x^{(k+1)} := x^{(k)} - f(x^{(k)}) \frac{x^{(k-1)} - x^{(k)}}{f(x^{(k-1)}) - f(x^{(k)})}, \qquad k = 0, 1, 2, \ldots .$$

Geometrisch bedeutet dies, daß als lineares Modell für f anstelle der Tangente des Newton-Verfahrens eine Sekante, nämlich die Verbindungsgerade der zwei Punkte

$$(x^{(k-1)}, f(x^{(k-1)})) \qquad \text{und} \qquad (x^{(k)}, f(x^{(k)})),$$

verwendet wird. Der Schnittpunkt dieser Sekante mit der x-Achse liefert die neue Näherung $x^{(k+1)}$ (siehe Abb. 14.11).

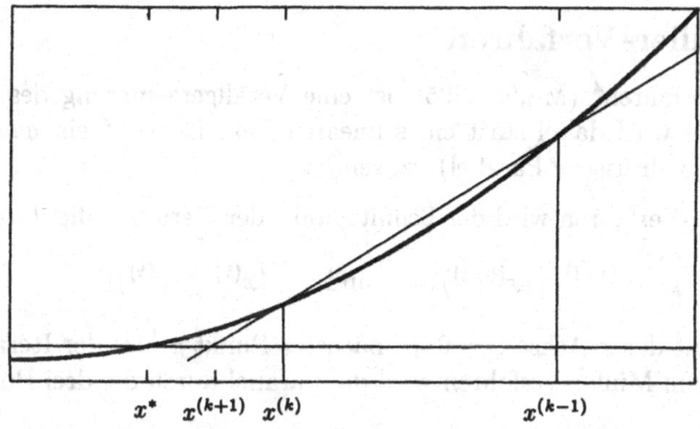

Abb. 14.11: Sekanten-Verfahren

Software (Sekanten-Verfahren) Das Sekantenverfahren für nichtlineare Gleichungen wird in den Programmen `NAG/c05aje` und `NAG/c05axe` verwendet.

Terminologie (Regula falsi) Der Spezialfall

$$d_k := \frac{f(\bar{x}) - f(x^{(k)})}{\bar{x} - x^{(k)}}$$

mit einem *festen* Punkt $\bar{x}$ wird von manchen Autoren als *Regula falsi* bezeichnet (z. B. von Ortega und Rheinboldt [64]). In anderen Literaturstellen wird der Begriff „Regula falsi" hingegen als Synonym für das Sekanten-Verfahren verwendet (siehe z. B. Isaacson, Keller [58]).

Konvergenz

Das Sekanten-Verfahren hat *nicht*, wie das Newton-Verfahren, die einfache Struktur $x^{(k+1)} = t(x^{(k)})$. Es ist kein stationäres Einschrittverfahren, sondern ein *Zweischrittverfahren* der Form $x^{(k+1)} = t(x^{(k)}, x^{(k-1)})$. Es erfordert daher spezielle

Methoden der Konvergenzuntersuchung (Ortega, Rheinboldt [64], Hämmerlin, Hoffmann [50]). Dabei stellt sich heraus, daß das Sekanten-Verfahren die

$$\textit{Konvergenzordnung} \qquad p = \frac{1+\sqrt{5}}{2} = 1.618\ldots$$

besitzt. Für das Sekanten-Verfahren gilt in der Nähe einer Nullstelle x^* von f

$$e_{k+1} \approx \frac{1}{2}\left|\frac{f''(x^*)}{f'(x^*)}\right| e_k e_{k-1},$$

während beim Newton-Verfahren die Beziehung

$$e_{k+1} \approx \frac{1}{2}\left|\frac{f''(x^*)}{f'(x^*)}\right| e_k^2$$

besteht (vgl. (14.47)).

14.2.6 Müller-Verfahren

Das Müller-Verfahren[4] (Müller [305]) ist eine Verallgemeinerung des Sekanten-Verfahrens. Es wird dabei statt eines linearen Modells für f ein *quadratisches Modell* (eine quadratische Parabel) verwendet.

Beim Sekanten-Verfahren wird der Schnittpunkt der Geraden, die durch

$$(x^{(k-1)}, f(x^{(k-1)})) \qquad \text{und} \qquad (x^{(k)}, f(x^{(k)}))$$

gegeben ist, mit der x-Achse $y = 0$ als nächster Punkt $x^{(k+1)}$ der Iterationsfolge verwendet. Beim Müller-Verfahren wird die Parabel durch die drei Punkte

$$(x^{(k-2)}, f(x^{(k-2)})), \quad (x^{(k-1)}, f(x^{(k-1)})) \quad \text{und} \quad (x^{(k)}, f(x^{(k)}))$$

mit der x-Achse zum Schnitt gebracht. Von den beiden Schnittpunkten – soferne diese reell sind – wird jener als $x^{(k+1)}$ verwendet, der näher bei $x^{(k)}$ liegt.

Eine Eigenschaft des Müller-Verfahrens, die es vom Newton- und vom Sekanten-Verfahren unterscheidet, ist dessen Möglichkeit, auch *komplexe* Nullstellen zu ermitteln. Sofern nur reelle Nullstellen von f gesucht werden, muß diese Möglichkeit algorithmisch unterdrückt werden.

Falls jedoch komplexe Nullstellen gesucht werden, z. B. bei der Nullstellenbestimmung von Polynomen, hat das Müller-Verfahren Vorteile gegenüber anderen Algorithmen: Man kann mit reellen Startwerten beginnen und, falls erforderlich, den Algorithmus mit komplexen Näherungen fortsetzen.

Software (Müller-Verfahren) Das Programm `IMSL/MATH-LIBRARY/zreal` dient der Bestimmung reeller Nullstellen reeller Funktionen $f: \mathbb{R} \to \mathbb{R}$, während man das Programm `IMSL/MATH-LIBRARY/zanly` für die Nullstellenbestimmung komplexer Funktionen $f: \mathbb{C} \to \mathbb{C}$ verwenden kann.

[4] In der englischsprachigen Literatur wird dieses Verfahren als *Muller's method* bezeichnet.

Konvergenz

Beim Müller-Verfahren, das ein *Dreischrittverfahren* $x^{(k+1)} = t(x^{(k)}, x^{(k-1)}, x^{(k-2)})$ ist, gilt folgende Beziehung:

$$e_{k+1} \approx \frac{1}{6}\left|\frac{f'''(x^*)}{f'(x^*)}\right| e_k e_{k-1} e_{k-2}.$$

Die Konvergenzordnung ist $p = 1.839\ldots$ (Hildebrand [55]); das Müller-Verfahren konvergiert demnach überlinear und schneller als das Sekanten-Verfahren.

14.2.7 Effizienzvergleich

Um die Effizienz verschiedener Nullstellenverfahren vergleichen zu können, ist nicht nur die *Anzahl der Iterationsschritte* zu vergleichen, sondern es muß auch der *Rechenaufwand pro Schritt* berücksichtigt werden. Dieser setzt sich aus zwei Anteilen zusammen:

1. dem Aufwand für die *Auswertungen* der Funktion f (Aufrufe eines Funktionsunterprogramms) und gegebenenfalls von Ableitungen von f sowie

2. dem *Overhead*, der für die Berechnung des nächsten Wertes $x^{(k+1)}$, für die Überprüfung der Abbruchkriterien etc. erforderlich ist.

Der Overhead ist in den meisten Fällen für einen Methodenvergleich nicht relevant, da es sich entweder um eine vernachlässigbare Anzahl arithmetischer Operationen (zur Berechnung von $x^{(k+1)}$) oder um einen Rechenaufwand handelt, der bei jedem Verfahren in ungefähr gleicher Größe pro Schritt erforderlich ist (Abbruchkriterien etc.). Man kann daher die Effizienz eines Verfahrens am Genauigkeitsgewinn pro Funktionsauswertung[5] messen.

Angenommen, es sollen zwei Methoden verglichen werden: Methode $\mathcal{M}_1$ hat die Konvergenzordnung p und benötigt drei f-Auswertungen pro Iteration. Methode $\mathcal{M}_2$ hat die Ordnung $\bar{p}$ und benötigt nur eine f-Auswertung pro Iteration, mit anderen Worten: drei Iterationsschritte von Methode $\mathcal{M}_2$ erfordern den gleichen Rechenaufwand wie ein Schritt von Methode $\mathcal{M}_1$.

Wie groß muß die Ordnung $\bar{p}$ von Methode $\mathcal{M}_2$ sein, damit drei Iterationen dieser Methode dieselbe Genauigkeit liefern wie eine Iteration der ersten Methode? Unter den Annahmen $a = \bar{a} = 1$ und $e_k = \bar{e}_k$ gilt näherungsweise

$$\begin{aligned} e_{k+1} = (e_k)^p, \qquad \bar{e}_{k+1} &= (\bar{e}_k)^{\bar{p}}, \\ \bar{e}_{k+2} &= (\bar{e}_{k+1})^{\bar{p}} = \left((\bar{e}_k)^{\bar{p}}\right)^{\bar{p}} = (\bar{e}_k)^{\bar{p}^2}, \\ \bar{e}_{k+3} &= (\bar{e}_{k+2})^{\bar{p}} = \left(\left((\bar{e}_k)^{\bar{p}}\right)^{\bar{p}}\right)^{\bar{p}} = (\bar{e}_k)^{\bar{p}^3}; \end{aligned}$$

für $e_{k+1} = \bar{e}_{k+3}$ gilt also $p = \bar{p}^3$ bzw. $\bar{p} = \sqrt[3]{p}$.

[5] Es wird hier die vereinfachende Annahme getroffen, daß Auswertungen von f und f' den gleichen Rechenaufwand erfordern.

Auf Grund dieser Überlegungen kann man als *Effizienz-Kennzahl* eines Iterationsverfahrens die Größe $\sqrt[w]{p}$ ansehen, wobei p dessen Ordnung und w die Anzahl der Funktionsauswertungen pro Iteration bezeichnet.

Verfahren	Ordnung	Effizienz-Kennzahl
Bisektion	1	1
Newton	2	$\sqrt{2} \approx 1.414$
Sekanten	1.618	1.618
Müller	1.839	1.839

Man sieht also, daß eine höhere Ordnung nicht unbedingt eine höhere Effizienz zur Folge haben muß. So kann man z. B. mit drei Funktionsauswertungen pro Iterationsschritt – f, f' und f'' – ein Newton-Verfahren mit der Ordnung $p = 3$ konstruieren. Dessen Effizienz-Kennzahl $\sqrt[3]{3} \approx 1.442$ ist jedoch nur geringfügig (um 2 %) größer als jene des „klassischen" Newton-Verfahrens und deutlich schlechter als jene des Sekanten-Verfahrens.

14.2.8 Konvergenzbeschleunigung

Langsam konvergierende Folgen $\{x^{(k)}\}$, deren Grenzwerte gesucht sind, erfordern oft einen hohen Berechnungsaufwand. Um diesen Aufwand zu senken, also die Effizienz des Verfahrens zu erhöhen, gibt es Methoden zur *Konvergenzbeschleunigung*. Eine derartige Möglichkeit ist z. B. die Extrapolation (wie sie in Kapitel 12 im Zusammenhang mit numerischer Integration diskutiert wird). Ein anderes Verfahren, das unter sehr schwachen Voraussetzungen anwendbar ist und speziell bei nichtlinearen Gleichungen eingesetzt wird, ist das *Δ^2-Verfahren*.

Angenommen, $\{x^{(k)}\}$ ist eine linear konvergente Folge mit dem Grenzwert x^* und dem Konvergenzfaktor $a < 1$, sodaß gilt:

$$\lim_{k\to\infty} \frac{|x^{(k+1)} - x^*|}{|x^{(k)} - x^*|} = a < 1.$$

Um das Δ^2-Verfahren zu motivieren, wird zunächst angenommen, daß die Abweichungen $x^{(k)} - x^*$, $x^{(k+1)} - x^*$ und $x^{(k+2)} - x^*$ alle gleiches Vorzeichen haben und daß k groß genug ist, damit

$$\frac{x^{(k+1)} - x^*}{x^{(k)} - x^*} \approx a \approx \frac{x^{(k+2)} - x^*}{x^{(k+1)} - x^*} \tag{14.51}$$

gilt. Aus (14.51) folgt

$$\begin{aligned}
(x^{(k+1)} - x^*)^2 &\approx (x^{(k+2)} - x^*)(x^{(k)} - x^*) \\
(x^{(k+1)})^2 - 2x^{(k+1)}x^* + (x^*)^2 &\approx x^{(k+2)}x^{(k)} - (x^{(k)} + x^{(k+2)})x^* + (x^*)^2 \\
(x^{(k+2)} - 2x^{(k+1)} + x^{(k)})x^* &\approx x^{(k+2)}x^{(k)} - (x^{(k+1)})^2
\end{aligned}$$

und damit

$$\begin{aligned}
x^* &\approx \frac{x^{(k+2)}x^{(k)} - (x^{(k+1)})^2}{x^{(k+2)} - 2x^{(k+1)} + x^{(k)}} = \\
&= \frac{(x^{(k)})^2 + x^{(k)}x^{(k+2)} - 2x^{(k)}x^{(k+1)} + 2x^{(k)}x^{(k+1)} - (x^{(k)})^2 - (x^{(k+1)})^2}{x^{(k+2)} - 2x^{(k+1)} + x^{(k)}} = \\
&= \frac{x^{(k)}(x^{(k+2)} - 2x^{(k+1)} + x^{(k)}) - ((x^{(k)})^2 - 2x^{(k)}x^{(k+1)} + (x^{(k+1)})^2)}{x^{(k+2)} - 2x^{(k+1)} + x^{(k)}} = \\
&= x^{(k)} - \frac{(x^{(k+1)} - x^{(k)})^2}{x^{(k+2)} - 2x^{(k+1)} + x^{(k)}}.
\end{aligned}$$

Definition 14.2.2 (Δ^2-Verfahren) *Erzeugt man ausgehend von einer gegebenen Folge $\{x^{(k)}\}$ durch*

$$\bar{x}^{(k)} := x^{(k)} - \frac{(x^{(k+1)} - x^{(k)})^2}{x^{(k+2)} - 2x^{(k+1)} + x^{(k)}} \tag{14.52}$$

eine neue Folge $\{\bar{x}^{(k)}\}$, so spricht man vom Δ^2-Verfahren.

Die Bezeichnung „Δ^2-Verfahren" stammt von der Differenzenschreibweise

$$\begin{aligned}
\Delta x^{(k)} &:= x^{(k+1)} - x^{(k)}, \\
\Delta^2 x^{(k)} &:= \Delta\left(x^{(k+1)} - x^{(k)}\right) = \Delta x^{(k+1)} - \Delta x^{(k)} = x^{(k+2)} - 2x^{(k+1)} + x^{(k)},
\end{aligned}$$

mit der sich (14.52) in der Form

$$\bar{x}^{(k)} := x^{(k)} - \frac{(\Delta x^{(k)})^2}{\Delta^2 x^{(k)}}$$

schreiben läßt.

Das Δ^2-Verfahren beruht auf der Annahme, daß die Folge $\{\bar{x}^{(k)}\}$, die durch (14.52) definiert wird, *rascher* gegen x^* konvergiert als die ursprüngliche Folge $\{x^{(k)}\}$. Die Richtigkeit dieser Annahme bestätigt folgender Satz:

Satz 14.2.3 *Es sei $\{x^{(k)}\}$ eine Folge, die gegen den Grenzwert x^* konvergiert und für die*

$$e_{k+1} = (a + \varepsilon_k)e_k$$

mit $e_k \neq 0$, $|a| < 1$ und $\varepsilon_k \to 0$ für $k \to \infty$ gilt. Dann konvergiert die durch (14.52) definierte Folge $\{\bar{x}^{(k)}\}$ rascher gegen x^* im Sinne von

$$\frac{\bar{x}_k - x^*}{x_k - x^*} \to 0 \quad \textit{für} \quad k \to \infty.$$

Beweis: Henrici [54].

Definition 14.2.3 (Steffensen-Verfahren) *Wenn die Δ^2-Beschleunigung nicht erst nach Vorliegen* aller *Werte von $\{x^{(k)}\}$ angewendet wird, sondern so oft wie möglich, d. h. erstmals nach zwei Iterationsschritten – der Verfügbarkeit von drei Werten einer Folge –, spricht man vom Steffensen-Verfahren.*

14.2.9 Polyalgorithmen

Bei der Entwicklung von numerischer Standard-Software für die Lösung von nichtlinearen Gleichungen möchte man sowohl die Zuverlässigkeit als auch die Effizienz möglichst hoch halten. Dies legt die Kombination von zwei oder mehr Algorithmen nahe. So erreicht man z. B. bei stetigen Funktionen mit Vorzeichenwechsel mit der Bisektion maximale Zuverlässigkeit. In der Nähe der Nullstelle ist aber unter Umständen das Newton- oder Sekanten-Verfahren wesentlich effizienter (siehe Beispiele). Die Verbindung verschiedener Algorithmen zu einem neuen Verfahren nennt man *Polyalgorithmus*.

Software (Polyalgorithmen) Beispiele von Polyalgorithmen findet man in den Veröffentlichungen von Bus, Dekker [134] und Brent [127]. Im Programm `IMSL/MATH-LIBRARY/zbren` ist der Polyalgorithmus von Brent implementiert.

14.2.10 Polynom-Nullstellen

Wenn im Nullstellenproblem $f(x) = 0$ die Funktion f ein univariates Polynom $P_d \in \mathbb{P}_d$ vom Grad d mit komplexen oder reellen Koeffizienten ist, so liegt das klassische Problem vor, die *Wurzeln* (Lösungen, Nullstellen) einer *algebraischen Gleichung* zu bestimmen:

$$P_d(x) = a_0 + a_1 x + \cdots + a_d x^d = 0, \quad a_i \in \mathbb{C}. \tag{14.53}$$

Hinsichtlich der Existenz von Lösungen der Gleichung (14.53) ist der *Fundamentalsatz der Algebra* das wichtigste Resultat:

Satz 14.2.4 (Fundamentalsatz der Algebra) *Eine algebraische Gleichung (14.53) besitzt genau d Lösungen, wobei die Lösungen (Nullstellen) mit ihrer Vielfachheit gezählt werden.*

Es existieren also eindeutige reelle oder komplexe Zahlen

$$x_1^*, x_2^*, \ldots, x_k^* \in \mathbb{C} \qquad \text{und} \qquad m_1, m_2, \ldots, m_k \in \mathbb{N}$$

mit $m_1 + m_2 + \cdots + m_k = d$, sodaß folgende Faktorisierung gilt:

$$P_d(x) = a_d (x - x_1^*)^{m_1} (x - x_2^*)^{m_2} \ldots (x - x_k^*)^{m_k}.$$

Sind die Koeffizienten $a_0, a_1, \ldots, a_d$ reell, so ist mit jeder Lösung x^* auch deren konjugiert komplexe Zahl $\bar{x}^*$ eine Lösung, und zwar mit derselben Vielfachheit. Jede reelle algebraische Gleichung (14.53) ungeraden Grades (mit reellen Koeffizienten) hat daher mindestens eine reelle Lösung.

Für Polynomgrade bis $d = 4$ kann man *Formelausdrücke* für die Nullstellen der Polynome $P_d \in \mathbb{P}_d$ angeben. Für Grade $d \geq 5$ ist die Gleichung (14.53) im allgemeinen Fall nur angenähert lösbar (Satz von Abel). In der Praxis werden allerdings Iterationsverfahren bereits bei Gleichungen dritten und insbesondere vierten Grades angewendet.

Alle Iterationsverfahren für allgemeine nichtlineare Gleichungen können auch auf algebraische Gleichungen angewendet werden. Wegen der problemlosen Verfügbarkeit von P_d' kann insbesondere auch das Newton-Verfahren auf (14.53) angewendet werden. Zu beachten ist jedoch, daß das Newton-Verfahren – im Gegensatz zum Müller-Verfahren – bei *reellen* Startwerten nur eine *reelle* Folge $\{x^{(k)}\}$ liefert. Die Bestimmung komplexer Nullstellen mit dem Newton-Verfahren erfordert komplexe Startwerte.

Für die numerische Bestimmung einzelner oder aller Polynomnullstellen gibt es eine Reihe spezieller Verfahren, wie z. B. das *Bernoulli-Verfahren*, das Eigenschaften der Differenzengleichung

$$a_d u_{i+d} + a_{d-1} u_{i+d-1} + \cdots + a_0 u_i = 0$$

(mit den Polynomkoeffizienten $a_0, \ldots, a_d$) ausnutzt. Varianten dieses Verfahrens, verbunden mit anderen Algorithmen, haben zu einem dreistufigen Polyalgorithmus geführt, dem *Jenkins-Traub-Verfahren* (Jenkins, Traub [250], Jenkins [249]).

Software (Jenkins-Traub-Verfahren) Eine Version des Jenkins-Traub-Algorithmus ist im Programm `IMSL/MATH-LIBRARY/zporc` für Polynome mit reellen Koeffizienten und im Programm `IMSL/MATH-LIBRARY/zpocc` für Polynome mit komplexen Koeffizienten implementiert.

Weitere Spezialverfahren für Polynomnullstellen stammen von Laguerre, Lin, Graeffe, Bairstow, Lehmer, Rutishauser und anderen (Householder [237]).

Software (Laguerre-Verfahren) Das Programm `IMSL/MATH-LIBRARY/zplrc` für Polynome mit reellen Koeffizienten beruht auf dem Laguerre-Verfahren. Eine Version mit erweiterter Parameterliste ist in `NAG/c02age` für reelle und in `NAG/c02afe` für komplexe Koeffizienten implementiert.

14.3 Systeme nichtlinearer Gleichungen

Die numerische Lösung nichtlinearer Gleichungs*systeme*

$$F(x) = 0$$

mit $F : \mathbb{R}^n \to \mathbb{R}^n$ läßt sich aus folgenden Gründen nicht einfach auf den skalaren Fall $n=1$ zurückführen:

1. Es existieren – wie schon erwähnt – Verfahren, die es *nur* für skalare Gleichungen gibt (wie z. B. das Bisektions-Verfahren).
2. Die Verallgemeinerung von $n = 1$ auf $n \geq 2$ ist bei manchen Verfahren auf verschiedene Weise möglich (z. B. beim Sekanten-Verfahren).
3. Es gibt Verfahrensklassen, die nur für $n \geq 2$ sinnvoll sind, wie z. B. Verfahren auf der Basis von Minimierungsalgorithmen.
4. Der höhere Rechenaufwand bedingt die Suche nach Verfahrensmodifikationen zur Effizienzsteigerung (z. B. Broyden-Verfahren).
5. Fragen der *Problemskalierung* spielen nur bei $n \geq 2$ eine Rolle: Grundsätzlich sollte man die Variablen $x_1, \ldots, x_n$ so skalieren, daß sie ungefähr gleiche Größenordnung haben.

14.3.1 Verallgemeinerte lineare Verfahren

Lineare Gleichungssysteme sind im allgemeinen in der Standardform

$$Ax = b \tag{14.54}$$

gegeben. Um zu einem Iterationsverfahren

$$x^{(k+1)} := T(x^{(k)})$$

zu gelangen, muß (14.54) in Fixpunktgestalt umgeformt werden. Diese Umformung ist bei *linearen* Gleichungssystemen mit geringem Aufwand möglich (siehe Kapitel 16). Bei nichtlinearen Gleichungssystemen

$$\begin{aligned} f_1(x_1, \ldots, x_n) &= 0 \\ &\vdots \\ f_n(x_1, \ldots, x_n) &= 0 \end{aligned}$$

kann man analoge Umformungen durch die Lösung skalarer nichtlinearer Gleichungen erreichen. Dabei wird jede Koordinatenfunktion f_i nach x_i aufgelöst:

$$\begin{aligned} x_1 &= t_1(x_2, x_3, \ldots, x_n) \\ &\vdots \\ x_i &= t_i(x_1, \ldots, x_{i-1}, x_{i+1}, \ldots, x_n) \\ &\vdots \\ x_n &= t_n(x_1, \ldots, x_{n-2}, x_{n-1}). \end{aligned} \tag{14.55}$$

Das ist z. B. immer dann möglich, wenn

$$\frac{\partial f_i}{\partial x_i}(x_1, \ldots, x_n) \neq 0, \qquad i = 1, 2, \ldots, n$$

gilt, wodurch sich die gesuchte Fixpunktform $x = T(x)$ ergibt. Die algorithmische Realisierung der Auflösung (14.55) kann auf verschiedene Arten erfolgen.

Nichtlineares Gesamtschrittverfahren

do $k = 0, 1, 2, \ldots$
  do for $i \in \{1, 2, \ldots, n\}$
    solve $f_i(x_1^{(k)}, \ldots, x_{i-1}^{(k)}, u, x_{i+1}^{(k)}, \ldots, x_n^{(k)}) = 0$ (*berechne* $u \in \mathbb{R}$);
    $x_i^{(k+1)} := u$
  end do
  if *Abbruchkriterium erfüllt* **then exit**
end do

Nichtlineares Einzelschrittverfahren

do $k = 0, 1, 2, \ldots$
  do $i = 1, 2, \ldots, n$
    solve $f_i(x_1^{(k+1)}, \ldots, x_{i-1}^{(k+1)}, u, x_{i+1}^{(k)}, \ldots, x_n^{(k)}) = 0$ (*berechne* $u \in \mathbb{R}$);
    $x_i^{(k+1)} := u$
  end do
  if *Abbruchkriterium erfüllt* **then exit**
end do

Nichtlineares SOR-Verfahren

do $k = 0, 1, 2, \ldots$
  do $i = 1, 2, \ldots, n$
    solve $f_i(x_1^{(k+1)}, \ldots, x_{i-1}^{(k+1)}, u, x_{i+1}^{(k)}, \ldots, x_n^{(k)}) = 0$ (*berechne* $u \in \mathbb{R}$);
    $x_i^{(k+1)} := x_i^{(k)} + \omega \cdot (u - x_i^{(k)})$
  end do
  if *Abbruchkriterium erfüllt* **then exit**
end do

Diese Verfahren konvergieren natürlich nur dann, wenn bestimmte Voraussetzungen bezüglich der Funktion $F = (f_1, \ldots, f_n)^\top$ und des Startwertes $x^{(0)}$ erfüllt sind (vgl. Abschnitt 14.1.2).

Ausführliche Konvergenzuntersuchungen der verallgemeinerten linearen Verfahren findet man z. B. bei Ortega und Rheinboldt [64].

Die verallgemeinerten linearen Verfahren eignen sich sehr gut zum Einsatz auf Parallelrechnern (siehe z. B. Bertsekas, Tsitiklis [33]), was z. B. in der FORALL-Schleife (für i) des nichtlinearen Gesamtschrittverfahrens zum Ausdruck kommt.

14.3.2 Newton-Verfahren

Wie beim Newton-Verfahren für eine Gleichung wird auch bei Systemen die Funktion $F: \mathbb{R}^n \to \mathbb{R}^n$ sukzessive durch lineare Modellfunktionen

$$L_k(x) := a_k + J_k(x - x^{(k)}) \approx F(x), \qquad a_k \in \mathbb{R}^n, \quad J_k \in \mathbb{R}^{n \times n},$$

ersetzt, deren Nullstellen x_k^* als Näherungen für die Nullstelle x^* von F verwendet werden. Die Koeffizienten (Vektoren bzw. Matrizen) erhält man z. B. – wie im eindimensionalen Fall – durch Linearisierung von F mit Hilfe der Taylor-Entwicklung um die Stelle $x^{(k)}$:

$$a_k := F(x^{(k)}), \qquad J_k := F'(x^{(k)}).$$

$J_k \in \mathbb{R}^{n\times n}$ ist die *Jacobi-Matrix* (*Funktionalmatrix*) von F an der Stelle $x^{(k)}$:

$$F'(x^{(k)}) = \begin{pmatrix} \frac{\partial f_1}{\partial x_1}(x^{(k)}) & \frac{\partial f_1}{\partial x_2}(x^{(k)}) & \cdots & \frac{\partial f_1}{\partial x_n}(x^{(k)}) \\ \frac{\partial f_2}{\partial x_1}(x^{(k)}) & \frac{\partial f_2}{\partial x_2}(x^{(k)}) & \cdots & \frac{\partial f_2}{\partial x_n}(x^{(k)}) \\ \vdots & \vdots & & \vdots \\ \frac{\partial f_n}{\partial x_1}(x^{(k)}) & \frac{\partial f_n}{\partial x_2}(x^{(k)}) & \cdots & \frac{\partial f_n}{\partial x_n}(x^{(k)}) \end{pmatrix}. \tag{14.56}$$

Ein Schritt des Newton-Verfahrens besteht aus folgenden Teilschritten:

1. Lösung von $L_k(x) = 0$, d. h. Lösung des linearen Gleichungssystems mit der Systemmatrix $J_k = F'(x^{(k)})$ und der rechten Seite $-F(x^{(k)})$,

$$F'(x^{(k)})\Delta x^{(k)} = -F(x^{(k)}), \tag{14.57}$$

   um die Korrekturen $\Delta x^{(k)} = x - x^{(k)}$ zu erhalten.

2. Korrekturschritt

$$x^{(k+1)} := x^{(k)} + \Delta x^{(k)}. \tag{14.58}$$

Das Newton-Verfahren für Gleichungssysteme verwendet ein lineares Modell für F, das man sich durch Tangentialebenen geometrisch veranschaulichen kann. Das System $F(x) = 0$ besteht aus n Gleichungen

$$f_j(x) = 0 \qquad \text{mit} \qquad f_j : \mathbb{R}^n \to \mathbb{R}, \quad j = 1, 2, \ldots, n.$$

$y = f_j(x)$ definiert eine *Fläche* im $\mathbb{R}^{n+1}$, deren *Tangential*(*hyper-*)*ebene* an der Stelle $x^{(k)} \in \mathbb{R}^n$ durch

$$f_j(x^{(k)}) + \sum_{i=1}^{n} \frac{\partial f_j}{\partial x_i}(x^{(k)})(x_i - x_i^{(k)}) = f_j(x^{(k)}) + f_j'(x^{(k)})(x - x^{(k)}) \tag{14.59}$$

gegeben ist. Die Gleichung

$$f_j(x^{(k)}) + f_j'(x^{(k)})(x - x^{(k)}) = 0$$

definiert den Schnitt der Tangentialhyperebene (14.59) mit der Hyperebene $y = 0$. Dieser Schnitt ist ein affiner Unterraum der Dimension $n-1$. Das Gleichungssystem (14.57) definiert schließlich den Schnitt aller so entstandenen n affinen Unterräume.

Bemerkung (Systeme und skalare Gleichungen) Für $n = 1$ reduziert sich das Newton-Verfahren für Gleichungs*systeme* auf das Newton-Verfahren für *eine* skalare Gleichung. Es gibt aber auch noch viele andere Verfahren für Gleichungssysteme, die für $n=1$ dem Newton-Verfahren für eine Gleichung entsprechen, so z. B.

$$x^{(k+1)} = x^{(k)} - F'(x^{(k)})^{-1}F(x^{(k)}) + (n-1)\Phi(x^{(k)}),$$

wobei $\Phi : \mathbb{R}^n \to \mathbb{R}^n$ eine *beliebige* Funktion sein kann. Das Newton-Verfahren für Gleichungssysteme ist unter all diesen Verfahren durch seine Konvergenzordnung $p \geq 2$ ausgezeichnet.

Rechenaufwand

Löst man das lineare Gleichungssystem (14.57) durch eines der üblichen direkten Verfahren (z. B. LU-Zerlegung und Rücksubstitution), dann setzt sich der Aufwand für *einen* Newton-Schritt aus

$n^2 + n$	Komponenten-Funktionsauswertungen,
$2n^3/3 + O(n^2)$	arithmetischen Operationen und
$n^2 + O(n)$	Speicheroperationen

zusammen, wobei in dieser Aufstellung die Auswertung von $F'(x^{(k)})$ so wie die Auswertung von n^2 Komponentenfunktionen gezählt wird. Signifikante Einflußgrößen für den Gesamtaufwand sind also die Rechenzeit für die Komponentenauswertungen, die oft sehr rechenintensiv sind, und vor allem der Rechenaufwand für die Lösung der linearen Gleichungssysteme.

Varianten zur Verringerung des Rechenaufwandes

Eine naheliegende Variante zur Aufwandsverminderung sieht die Auswertung der Jacobi-Matrix J_k und deren LU-Zerlegung nur alle I Schritte vor:

do $k = 0, 1, 2, \ldots$
  $u^{(1)} := x^{(k)}$;
  decompose $J_k = F'(x^{(k)})$ (*Auswertung und LU-Zerlegung*)
  do $i = 1, 2, \ldots, I$
    solve $J_k \Delta u^{(i)} = -F(u^{(i)})$ (*Lösung durch Rücksubstitution*)
    $u^{(i+1)} := u^{(i)} + \Delta u^{(i)}$
  end do
  $x^{(k+1)} := u^{(I+1)}$
end do

Die Motivation dieser Variante beruht auf der Überlegung, daß bei einer „nicht allzu rasch veränderlichen" Jacobi-Matrix $J(x^{(k)})$ eine gute Approximation für $J(u^{(i)})$ ist und somit das vereinfachte Verfahren „nahezu" das Newton-Verfahren ist. Diese Annahme trifft jedoch oft nicht zu, speziell wenn $x^{(k)}$ noch weit von x^* entfernt ist. Der vereinfachte Algorithmus mit $I > 1$ kann daher unter Umständen zu einer *divergenten* Folge $\{x^{(k)}\}$ führen, obwohl das Verfahren mit $I = 1$ (das eigentliche Newton-Verfahren) konvergieren würde.

Eine andere Variante zur Reduktion des Aufwands eines Newton-Schritts beruht auf der Beobachtung, daß eine *exakte* Lösung des Gleichungssystems (14.57) nicht notwendig ist, solange $x^{(k)}$ noch weit von der Lösung x^* entfernt ist. So wird z. B. im Paket NITSOL die Größe $\Delta x^{(k)}$ nicht durch (14.57), sondern durch die Forderung bestimmt, daß $\Delta x^{(k)}$ eine Ungleichung der Form

$$\|F(x^{(k)}) + F'(x^{(k)})\Delta x^{(k)}\|_2 \leq \tau_k \|F(x^{(k)})\|_2 \qquad \text{mit} \qquad \tau_k \in (0,1) \tag{14.60}$$

erfüllen soll. Dabei wird das lineare Gleichungssystem (14.57) durch ein iteratives Verfahren gelöst, das abgebrochen wird, sobald (14.60) erfüllt ist.

Software (Große Systeme) Das Softwarepaket NITSOL wurde von H. F. Walker (Utah State University; E-mail: `walker@math.usu.edu`) speziell für sehr große Systeme nichtlinearer Gleichungen entwickelt.

Die Effizienz des Newton-Verfahrens läßt sich steigern, wenn man durch das Einbeziehen von (einigen relevanten) zweiten Ableitungen $\partial^2 F/\partial x_i \partial x_j$ die Konvergenzgeschwindigkeit erhöht und damit die Anzahl der benötigten Iterationsschritte senkt.

Software (Zweite Ableitungen) TENSOLVE implementiert eine Tensormethode, die über das Newton-Verfahren hinausgeht, indem sie auch Information über die zweiten Ableitungen von F einbezieht. Das Softwareprodukt TENSOLVE wurde von R. B. Schnabel (University of Colorado; E-mail: `bobby@cs.colorado.edu`) entwickelt.

Manueller Aufwand

Neben dem Rechenaufwand gibt es auch noch den Aufwand des Anwenders betreffend die Aufstellung eines Unterprogramms für die Werte der Jacobi-Matrix, der zu Fehlern bei der manuellen Differentiation führen kann.

Software (Jacobi-Matrix) Die Unterprogramme für die Auswertung von F' können durch symbolisches Differenzieren unter Verwendung geeigneter Computer-Algebrasysteme (z. B. mit MATHEMATICA) automatisch generiert werden.

Zur Kontrolle der Korrektheit eines durch manuelle Differentiation erhaltenen Unterprogramms zur Auswertung der Jacobi-Matrix gibt es die Möglichkeit des Vergleiches mit Differenzenquotienten. So führt z. B. das Programm `IMSL/MATH-LIBRARY/chjac` eine automatische Kontrolle dieser Art durch.

Konvergenz

Konvergenzaussagen für das Newton-Verfahren für *Systeme* nichtlinearer Gleichungen erfordern einen beträchtlichen Aufwand an mathematischen Hilfsmitteln, der umso größer wird, je praktikabler die Aussagen sein sollen. Ausführliche theoretische Abhandlungen über die Konvergenz des Newton-Verfahrens und seiner Varianten findet man in der Literatur (Ortega, Rheinboldt [64], Schwetlick [69]).

Eine der einfachsten Konvergenzaussagen betrifft reguläre Nullstellen.

Definition 14.3.1 (Reguläre Nullstelle) *Unter einer regulären Nullstelle der Funktion* $F : \mathbb{R}^n \to \mathbb{R}^n$ *versteht man einen Punkt* $x^* \in \mathbb{R}^n$ *mit* $F(x^*) = 0$, *in dessen Kugelumgebung*

$$S_\varepsilon(x^*) := \{x \in \mathbb{R}^n : \|x - x^*\| \le \varepsilon\}$$

F stetige partielle Ableitungen zweiter Ordnung besitzt und die Jacobi-Matrix $F'(x^*)$ *regulär ist.*

Satz 14.3.1 *Startet man das Newton-Verfahren hinreichend nahe bei einer regulären Nullstelle* x^*, *dann sind die Matrizen* $F'(x^{(k)})$, $k = 0, 1, 2, \ldots$, *regulär, und die Folge* $\{x^{(k)}\}$ *konvergiert quadratisch gegen* x^*, *es gilt also*

$$\|x^{(k+1)} - x^*\| \le c\, \|x^{(k)} - x^*\|^2.$$

Beweis: Ortega, Rheinboldt [64].

Diese Konvergenzaussage ist *lokal*, sie gilt nur für „hinreichend gute" Startwerte $x^{(0)}$. Man kann ihr jedoch die qualitative Charakterisierung der Konvergenz des Newton-Verfahrens entnehmen: In einer (eventuell sehr kleinen) Umgebung einer regulären Nullstelle tritt immer quadratische, also sehr rasche Konvergenz ein.

Varianten zur Vergrößerung des Einzugsbereichs

Praktische Erfahrungen mit stark nichtlinearen Gleichungssystemen zeigen, daß für das Newton-Verfahren die Einzugsbereiche der Nullstellen oft sehr klein sind. Um Konvergenz zu erreichen, wird in der Praxis daher oft das *gedämpfte Newton-Verfahren* eingesetzt: Anstelle des ursprünglichen Newton-Schrittes (14.58) wird

$$x^{(k+1)} := x^{(k)} + \lambda_k \Delta x^{(k)}, \qquad 0 < \lambda_k < 1, \tag{14.61}$$

ausgeführt, wobei die Dämpfungsfaktoren λ_k so gewählt werden, daß

$$\|F(x^{(k+1)})\| < \|F(x^{(k)})\|, \qquad k = 0, 1, 2, \ldots \tag{14.62}$$

(in irgendeiner Norm $\|\cdot\|$) erfüllt ist. Ist $F'(x)$ an der Stelle $x^{(k)}$ regulär, dann muß für hinreichend kleines λ_k die Ungleichung (14.62) gelten. Die Schrittweitenwahl in (14.61) kann auch nach dem Vertrauensbereich- (*trust region*-) Prinzip (siehe Abschnitt 14.4.1) erfolgen. Dabei wird der Wert $x^{(k+1)}$ auf einen Bereich um $x^{(k)}$ (*trust region*) beschränkt, in dem die lineare Modellfunktion L_k eine hinreichend gute Näherung für F darstellt (Sorensen [372], Dennis, Schnabel [161]).

Eine andere Modifikation des Newton-Verfahrens bezieht sich auf das in jedem Schritt zu lösende lineare Gleichungssystem. Statt (14.57) wird

$$\left(F'(x^{(k)}) + \lambda_k I\right) \Delta x^{(k)} = -F(x^{(k)})$$

gelöst, wobei die Faktoren λ_k wieder so gewählt werden, daß (14.62) gilt und die Matrix $F'(x^{(k)}) + \lambda_k I$ regulär ist ($I \in \mathbb{R}^{n\times n}$ bezeichnet die Einheitsmatrix).

14.3.3 Sekanten-Verfahren

Beim skalaren *diskreten* Newton-Verfahren, also dem skalaren Sekanten-Verfahren (siehe Abschnitt 14.2.5), erhält man $x^{(k+1)}$ als Lösung der linearen Gleichung

$$\bar{l}_k(x) = f(x^{(k)}) + (x - x^{(k)}) \frac{f(x^{(k)} + h_k) - f(x^{(k)})}{h_k} = 0.$$

Dabei kann man die lineare Funktion $\bar{l}_k$ auf zwei Arten interpretieren:

1. als Näherung für die Tangentengleichung

$$l_k(x) = f(x^{(k)}) + (x - x^{(k)}) f'(x^{(k)})$$

2. als lineare Interpolation von f zwischen den Punkten $x^{(k)}$ und $x^{(k)} + h_k$.

Verallgemeinert man das skalare Sekanten-Verfahren auf Systeme nichtlinearer Gleichungen, so erhält man *verschiedene* Methoden, je nachdem, wie man $\bar{l}_k$ interpretiert. Die erste Interpretation führt auf das diskretisierte Newton-Verfahren, die zweite auf die Klasse der Interpolationsverfahren.

Definition 14.3.2 (Diskretisiertes Newton-Verfahren) *Das diskretisierte Newton-Verfahren erhält man, wenn $F'(x)$ in der Newton-Gleichung (14.57) durch eine (diskrete) Näherung $A(x, h)$ ersetzt wird.*

Die partiellen Ableitungen in der Jacobi-Matrix (14.56) werden durch (Vorwärts-) Differenzenquotienten

$$A(x, h)e_i := [F(x + h_i e_i) - F(x)]/h_i, \qquad i = 1, 2, \ldots, n \tag{14.63}$$

ersetzt, wobei $e_i \in \mathbb{R}^n$ der i-te Einheitsvektor und $h_i = h_i(x)$ eine Diskretisierungs-Schrittweite ist. Eine mögliche Schrittweitenwahl ist z. B.

$$h_i := \begin{cases} \varepsilon|x_i|, & \text{falls } x_i \neq 0, \\ \varepsilon & \text{sonst,} \end{cases}$$

mit $\varepsilon := \sqrt{eps}$, wobei eps das Maschinen-Epsilon des verwendeten Gleitpunkt-Zahlensystems $\mathbb{F}$ ist (siehe Abschnitt 4.7.2).

Lineare Interpolation

Beim Interpolationszugang ersetzt man jede der Tangentialebenen (14.59) durch eine (Hyper-) Ebene, die die Komponentenfunktionen f_i an $n+1$ gegebenen Punkten $x^{k,j}$, $j = 0, 1, \ldots, n$ aus einer Umgebung von $x^{(k)}$ interpoliert, d. h., es werden Vektoren $a^{(i)}$ und Skalare α_i so bestimmt, daß für

$$L_i(x) := \alpha_i + a^{(i)\top} x, \qquad i = 1, 2, \ldots, n \tag{14.64}$$

gilt:

$$L_i(x^{k,j}) = f_i(x^{k,j}), \qquad i = 1, 2, \ldots, n, \quad j = 0, 1, \ldots, n.$$

Die nächste Iterierte $x^{(k+1)}$ erhält man dann als Schnittpunkt der n Hyperebenen (14.64) im $\mathbb{R}^{n+1}$ mit der Hyperebene $y = 0$. $x^{(k+1)}$ ergibt sich als Lösung des linearen Gleichungssystems

$$L_i(x) = 0, \qquad i = 1, 2, \ldots, n. \tag{14.65}$$

Abhängig von der Wahl der Interpolationspunkte $x^{k,j}$ erhält man zahlreiche verschiedene Verfahren.

Brown-Methode, Brent-Methode

In numerischen Programmen wurden vor allem zwei Varianten des mehrdimensionalen Sekanten-Verfahrens implementiert: die *Methode von Brown* und die *Methode von Brent*. Die Methode von Brown (siehe z. B. den Beitrag von K. M. Brown in Byrne, Hall [137]) kombiniert die Approximation von F' und die Auflösung des linearen Gleichungssystems (14.65) durch Gauß-Elimination. Bei der Methode von Brent [127] wird eine QR-Faktorisierung zur Gleichungsauflösung verwendet. Beide Methoden gehören zu einer Klasse von Verfahren, die – wie das Newton-Verfahren – quadratisch konvergent sind, aber nur $(n^2 + 3n)/2$ Funktionsauswertungen pro Iteration benötigen.

In einer Vergleichsstudie kamen Moré und Cosnard [304] zu dem Schluß, daß die Methode von Brent oft jener von Brown vorzuziehen ist und daß für nichtlineare Gleichungssysteme, bei denen die F-Auswertungen einen geringen Rechenaufwand erfordern, das diskretisierte Newton-Verfahren meist die effizienteste Lösungsmethode ist.

Software (Brent-, Brown-Methode) Im MINPACK wurde die Methode von Brent und der Hybrid-Algorithmus von Powell (siehe Abschnitt 14.4.3) implementiert.

Aus einer früheren IMSL-Version wurde eine ineffiziente Implementierung der Methode von Brown (mit $O(n^4)$ arithmetischen Operationen pro Schritt) entfernt und durch zwei Programme auf der Basis des Powell-Hybridverfahrens ersetzt: `IMSL/MATH-LIBRARY/neqnf` und `IMSL/MATH-LIBRARY/neqnj`.

14.3.4 Modifikationsverfahren

Vom Standpunkt des Rechenaufwandes sind diejenigen Verfahren besonders günstig, bei denen in jedem Schritt eine Näherung A_k für $F'(x^{(k)})$ verwendet wird, die sich aus A_{k-1} durch eine *Rang-1-Modifikation*, d. h. durch Addition einer Matrix vom Rang 1, ergibt:

$$A_{k+1} := A_k + u^{(k)}[v^{(k)}]^\top, \qquad u^{(k)}, v^{(k)} \in \mathbb{R}^n, \qquad k = 0, 1, 2, \dots .$$

Auf Grund der *Sherman-Morrison-Formel* (Ortega, Rheinboldt [64])

$$(A + uv^\top)^{-1} = A^{-1} - \frac{1}{1 + v^\top A^{-1} u} A^{-1} u v^\top A^{-1}$$

gilt die Rekursion

$$B_{k+1} := B_k - \frac{B_k u^{(k)} [v^{(k)}]^\top B_k}{1 + [v^{(k)}]^\top B_k u^{(k)}}, \qquad k = 0, 1, 2, \dots$$

für $B_{k+1} := A_{k+1}^{-1}$, solange $1 + [v^{(k)}]^\top A_k^{-1} u^{(k)} \neq 0$ ist. Die Notwendigkeit der Gleichungsauflösung in jedem Schritt entfällt; diese kann durch eine Matrix-Vektor-Multiplikation ersetzt werden, was einer Aufwandsreduktion von $O(n^3)$ auf $O(n^2)$ entspricht. Dieser Vorteil wird allerdings dadurch erkauft, daß die Konvergenz (im Gegensatz zum Newton-Verfahren und den Verfahren von Brent und Brown) nicht mehr quadratisch, sondern nur *überlinear* ist:

$$\lim_{k \to \infty} \frac{\|x^{(k+1)} - x^*\|}{\|x^{(k)} - x^*\|} = 0. \tag{14.66}$$

Broyden-Verfahren

Die Wahl der Vektoren $u^{(k)}, v^{(k)}$ kann nach dem Prinzip der Sekantenapproximation erfolgen. Im skalaren Fall ist durch

$$a_{k+1}(x^{(k+1)} - x^{(k)}) = f(x^{(k+1)}) - f(x^{(k)})$$

der Differenzenquotient $a_k \approx f'(x^{(k)})$ eindeutig festgelegt. Für $n > 1$ hingegen ist $A_{k+1} \in \mathbb{R}^{n\times n}$ durch

$$A_{k+1}(x^{(k+1)} - x^{(k)}) = F(x^{(k+1)}) - F(x^{(k)}), \tag{14.67}$$

die sogenannte *Quasi-Newton-Gleichung*, nicht eindeutig festgelegt; auch jede andere Matrix der Form

$$\bar{A}_{k+1} := A_{k+1} + pq^\top$$

mit $p, q \in \mathbb{R}^n$ und $q^\top(x^{(k+1)} - x^{(k)}) = 0$ erfüllt die Gleichung (14.67). Andererseits enthalten

$$y_k := F(x^{(k)}) - F(x^{(k-1)}) \qquad \text{und} \qquad s_k := x^{(k)} - x^{(k-1)}$$

nur Information über die *Richtungsableitung* von F in Richtung von s_k, aber keine Ableitungsinformation in jene Richtungen, die orthogonal zu s_k stehen. In diesen Richtungen soll daher auch A_{k+1} genau A_k entsprechen:

$$A_{k+1}q = A_k q \qquad \text{für alle} \quad q \in \{v : v \neq 0;\ v^\top s_k = 0\}. \tag{14.68}$$

Ausgehend von einer ersten Näherung $A_0 \approx F'(x^{(0)})$ (die man z. B. durch Differenzenquotienten (14.63) erhält) ist die Folge $A_1, A_2, \ldots$ durch (14.67) und (14.68) eindeutig festgelegt (Broyden [133], Dennis, Moré [160]).

Für die Folge $B_0 = A_0^{-1} \approx [F'(x^{(0)})]^{-1}, B_1, B_2, \ldots$ erhält man mit Hilfe der Sherman-Morrison-Formel die Rekursion

$$B_{k+1} := B_k + \frac{(s_{k+1} - B_k y_{k+1})s_{k+1}^\top B_k}{s_{k+1}^\top B_k y_{k+1}}, \qquad k = 0, 1, 2, \ldots$$

die nur Matrix-Vektor-Multiplikationen enthält und deren Berechnungsaufwand daher nur $O(n^2)$ ist. Mit Hilfe der Matrizen B_i kann das Nullstellenverfahren

$$x^{(k+1)} := x^{(k)} - B_k F(x^{(k)}), \qquad k = 0, 1, 2, \ldots,$$

definiert werden, das als *Broyden-Verfahren* bezeichnet wird. Dieses Verfahren ist nur dann überlinear konvergent im Sinne von (14.66), wenn die Schritte s_k sich asymptotisch (für $k \to \infty$) den Schritten des Newton-Verfahrens nähern. Man kann daran die zentrale Bedeutung des Prinzips der lokalen Linearisierung zur Lösung nichtlinearer Gleichungen erkennen.

Software (Broyden-Verfahren) Das Broyden-Verfahren kommt in vielen Softwareprodukten zur Anwendung, oft ohne explizit erwähnt zu werden. Es ist z. B. auch Teil des Polyalgorithmus von Powell (siehe Abschnitt 14.4.3), der in zahlreichen Softwareprodukten, z. B. dem Programm `IMSL/MATH-LIBRARY/neqnf`, implementiert ist.

14.3.5 Große nichtlineare Systeme

Große nichtlineare Gleichungssysteme (mit hoher Dimension n) sind vor allem wegen der sehr aufwendigen Beschaffung ausreichend genauer Startwerte (siehe Abschnitt 14.1.4) und auf Grund des sehr hohen Rechenaufwandes besonders schwierig zu lösen.

Das Problem der Startwertbestimmung kann am besten in jenen Spezialfällen beherrscht werden, in denen auf Grund einer genauen Kenntnis der Situation gute Approximationen für x^* verfügbar sind.

Beispiel (Steife Differentialgleichungen) Bei Anfangswertproblemen gewöhnlicher Differentialgleichungen gibt es einen speziellen Typ – sogenannte *steife Differentialgleichungen* –, der die numerische Lösung mit impliziten Verfahren erfordert. Bei jedem Schritt dieser Differentialgleichungsalgorithmen muß ein nichtlineares Gleichungssystem gelöst werden, für das aus dem jeweils vorhergegangenen Schritt eine gute Startnäherung verfügbar ist. Spezielle Softwaresysteme für steife Differentialgleichungen sind z. B. LARKIN (von Deuflhard, Bader, Nowak) oder FACSIMILE (von A. Curtis).

Bei nichtlinearen Gleichungssystemen mit schwach besetzter Jacobi-Matrix F' können die speziellen (direkten oder iterativen) Verfahren für lineare Gleichungssysteme mit schwach besetzten Matrizen Verwendung finden (siehe Kapitel 16). Die Besetztheitsstruktur von F' bleibt beim diskretisierten Newton-Verfahren erhalten (siehe z. B. Powell, Toint [330]).

Software (Große nichtlineare Systeme) Software für große nichtlineare Gleichungssysteme und nichtlineare Ausgleichsprobleme findet man u. a. in der Harwell Subroutine Library. Das Programm `HARWELL/ns02` ist eine spezielle Implementierung des Powell-Verfahrens (siehe Abschnitt 14.4.3) für schwach besetzte Jacobimatrizen. `HARWELL/ns03` löst nichtlineare Gleichungssysteme *und* Ausgleichsprobleme der speziellen Form

$$F(x) + Ax = 0$$

mit schwach besetzter Jacobi-Matrix F' und einer schwach besetzten (konstanten) Matrix A mit Hilfe des Levenberg-Marquardt-Verfahrens (siehe Abschnitt 14.4.2).

Das bereits auf Seite 334 erwähnte Paket NITSOL wurde speziell für nichtlineare Gleichungssysteme mit sehr vielen Unbekannten entwickelt.

Von dem Paket TENSOLVE (siehe Seite 334) gibt es eine Version für die effiziente Lösung großer nichtlinearer Gleichungssysteme mit schwach besetzter Jacobi-Matrix.

14.4 Nichtlinearer Ausgleich

Ein überbestimmtes nichtlineares Gleichungssystem – wo die Anzahl m der Gleichungen größer als die Anzahl n der Unbekannten ist – besitzt im allgemeinen keine Lösung. Man kann nur nach Vektoren $x^* \in \mathbb{R}^n$ suchen, die $F(x) = 0$ „möglichst gut" erfüllen, für die z. B.

$$\|F(x^*)\|_p = \min\{\|F(x)\|_p : x \in D\} \qquad (14.69)$$

gilt. Es wird also anstelle des Gleichungssystems $F(x) = 0$ ein *nichtlineares Ausgleichsproblem* gelöst. Die Minimierung des Residuums (14.69) hat bei überbestimmten Gleichungssystemen oft die Bedeutung der Schätzung eines Parametervektors in einem nichtlinearen Modell.

Die Minimierungsaufgabe (14.69) könnte grundsätzlich mit einem der Minimierungsverfahren aus Abschnitt 14.4.1 gelöst werden. Für das nichtlineare Ausgleichsproblem bezüglich des Quadrates der Euklidischen Vektornorm $\|\cdot\|_2$

$$\|F(x)\|_2^2 = F^\top F(x) = \sum_{i=1}^{m} [f_i(x)]^2,$$

d. h. für die *Methode der kleinsten (Fehler-) Quadrate*, gibt es aber eine Reihe spezieller Algorithmen, vor allem das Gauß-Newton-Verfahren, auf das im folgenden kurz eingegangen wird.

Algorithmen für die Minimierung anderer l_p-Normen (mit $p \neq 2$) findet man z. B. bei Fletcher, Grant, Hebden [195].

Gauß-Newton-Verfahren

Um ein iteratives Verfahren zur Minimierung von $\|F(x)\|_2^2$ zu erhalten, kann man – wie beim Newton-Verfahren – die Funktion F sukzessive durch lineare Funktionen

$$L_k(x) := F(x^{(k)}) + F'(x^{(k)})(x - x^{(k)})$$

ersetzen und $x^{(k+1)}$ durch ein *lineares* Ausgleichsproblem bestimmen:

$$\|L_k(x)\|_2^2 = L_k^\top L_k(x) \longrightarrow \text{Min.} \tag{14.70}$$

Diese Vorgangsweise wird als *Gauß-Newton-Verfahren* bezeichnet.

Soferne die rechteckige Jacobi-Matrix

$$J_k := F'(x^{(k)}) = \left(\frac{\partial f_i}{\partial x_j}(x^{(k)}),\ i = 1, 2, \ldots, m,\ j = 1, 2, \ldots, n\right)$$

vollen Rang besitzt, falls also $\text{rang}(J_k) = n$ gilt, hat das lineare Ausgleichsproblem (14.70) eine eindeutige Lösung, die mit den speziell dafür entwickelten Verfahren ermittelt werden kann. Den Vektor $s_k := x^{(k+1)} - x^{(k)}$ kann man z. B. aus den Normalgleichungen

$$(J_k^\top J_k)s_k = -J_k^\top F(x^{(k)}) \tag{14.71}$$

mittels Cholesky-Zerlegung oder auf Basis einer QR-Zerlegung erhalten.

Die Klasse der Gauß-Newton-Verfahren kann man wie die Minimierungsverfahren (siehe Abschnitt 14.4.1) nach dem Vertrauensbereich-(*trust region*)-Prinzip erweitern. Dabei wird die Schrittweite auf eine Umgebung von $x^{(k)}$ limitiert, in der das lineare Modell L_k eine hinreichend gute Näherung für F darstellt. Gütekriterium ist dabei die Reduktion der Zielfunktion:

$$\|L_k(x^{(k)})\|_2 - \|L_k(x^{(k+1)})\|_2 \approx \|F(x^{(k)})\|_2 - \|F(x^{(k+1)})\|_2.$$

Software (Gauß-Newton-Verfahren) Der Gauß-Newton-Algorithmus ist – mit Erweiterungen zur Erhöhung der Zuverlässigkeit und der Effizienz – die Grundlage der Programme für nichtlinearen Ausgleich der NAG-Bibliothek, der MATLAB-*Optimization-Toolbox*, der OPTIMA-Bibliothek, und auch der Softwarepakete TENSOLVE und DFNLP (Moré, Wright [21]).

14.4.1 Minimierungsverfahren

Das Newton-Verfahren und seine Varianten zeichnen sich durch rasche Konvergenz aus, sobald die Iterierten $x^{(k)}$ „nahe genug" bei der Lösung x^* sind. In größerer Entfernung von x^* ist die Konvergenz oft unsystematisch und langsam; auch die Bestimmung eines Startpunktes $x^{(0)}$, der im Einzugsgebiet von x^* liegt, kann überaus schwierig sein.

Die Minimierungsalgorithmen für $\|F\|$, die in diesem Abschnitt besprochen werden, zeichnen sich durch erheblich größere Einzugsgebiete aus, konvergieren aber nur linear. Sie werden daher oft in Polyalgorithmen zur Bestimmung einer Näherung verwendet, von der aus dann mit einer rascher konvergierenden Newton-Variante die Iteration fortgesetzt wird.

Das Problem, dessen algorithmische Lösung im folgenden diskutiert werden soll, ist die *Minimierung* von Funktionen $f : \mathbb{R}^n \to \mathbb{R}$, d. h. die Suche nach Punkten $x^* \in \mathbb{R}^n$, an denen f ein Minimum besitzt.

Definition 14.4.1 (Minimum einer Funktion) *Gilt in einer Umgebung $K_\varepsilon(x^*) = \{x : \|x - x^*\| < \varepsilon\}$ von x^**

$$f(x^*) < f(x) \quad \textit{für alle} \quad x \in K_\varepsilon(x^*) \setminus \{x^*\}, \tag{14.72}$$

so hat $f : \mathbb{R}^n \to \mathbb{R}$ an der Stelle $x^* \in \mathbb{R}$ ein starkes lokales Minimum. Falls in (14.72) nur $f(x^*) \le f(x)$ gilt, so liegt ein schwaches lokales Minimum von f vor. Falls (14.72) für den gesamten Definitionsbereich von f (z. B. $D = \mathbb{R}^n$) gilt, so spricht man von einem globalen Minimum von f (siehe Abb. 14.12).

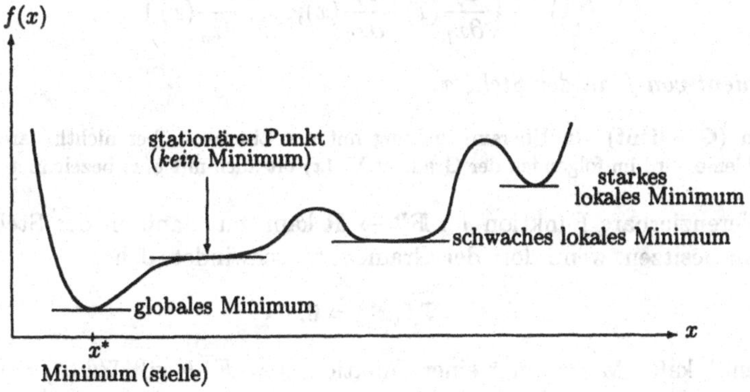

Abb. 14.12: Verschiedenartige Minima einer Funktion $f : \mathbb{R} \to \mathbb{R}$

Alle Betrachtungen gelten völlig analog auch für Maxima anstelle von Minima. Es ist nur f durch $-f$ zu ersetzen.

Terminologie (Minimum) Die Bezeichnung *Minimum* wird im folgenden auch für jenen Punkt $x^* \in \mathbb{R}^n$ verwendet, wo der zugehörige *Funktionswert* $f(x^*)$ minimal ist. Man könnte – etwas präziser – von Minimum*stelle* (*local/global minimizer*) sprechen. Beide Bezeichnungen sind gebräuchlich.

Der Zusammenhang zwischen der Minimierung von Funktionen und der Nullstellenbestimmung von nichtlinearen Gleichungssystemen besteht darin, daß jede Lösung x^* des Gleichungssystems $F(x) = 0$ ein Minimum der Funktion

$$\|F\| : \mathbb{R}^n \to \mathbb{R}$$

ist. So entsprechen die Nullstellen von $F = (f_1, \ldots, f_n)^\top$ den *globalen* Minima der Funktion

$$\Phi(x) := \|F(x)\|_2^2 = [F(x)]^\top F(x) = \sum_{i=1}^{n} [f_i(x_1, \ldots, x_n)]^2. \qquad (14.73)$$

Der Umkehrschluß ist aber nicht zulässig! Nicht jedem *lokalen* Minimum von (14.73) entspricht auch eine Nullstelle von F. Dieser Tatsache muß man sich bei der Anwendung von Minimierungsverfahren zur Nullstellenbestimmung stets bewußt sein, da (von Spezialfällen abgesehen) *alle* praktisch verwendeten Minimierungsverfahren nur imstande sind, *lokale* Minima zu bestimmen.

Wenn eine differenzierbare Funktion $f : \mathbb{R} \to \mathbb{R}$ an der Stelle $x^* \in \mathbb{R}$ ein Minimum besitzt, so hat sie dort eine horizontale Tangente, es gilt $f'(x^*) = 0$. Das Verschwinden der ersten Ableitung ist ein *notwendiges*, jedoch kein hinreichendes Kriterium für die Existenz eines Extremwertes (siehe Abb. 14.12). Dieses Resultat kann man auf den mehrdimensionalen Fall $f : \mathbb{R}^n \to \mathbb{R}$ mit Hilfe des Gradienten verallgemeinern.

Definition 14.4.2 (Gradient einer Funktion) *Ist $f : \mathbb{R}^n \to \mathbb{R}$ eine differenzierbare Funktion, so bezeichnet man*

$$\nabla f(x) := \left(\frac{\partial f}{\partial x_1}(x), \frac{\partial f}{\partial x_2}(x), \ldots, \frac{\partial f}{\partial x_n}(x) \right)^\top$$

als Gradient von f an der Stelle x.

Notation (Gradient) In Übereinstimmung mit der Literatur über nichtlineare Optimierungsprobleme wird im folgenden der Gradient $\nabla f(x)$ oft auch mit $g(x)$ bezeichnet.

Eine differenzierbare Funktion $f : \mathbb{R}^n \to \mathbb{R}$ kann nur dann an der Stelle x^* ein Minimum besitzen, wenn dort der Gradient verschwindet, d. h.

$$\nabla f(x^*) = 0.$$

Bei jedem lokalen Minimum $\bar{x}$ einer Funktion $\Phi := F^\top F$ gilt $\nabla\Phi(\bar{x}) = 0$:

$$\nabla\Phi(\bar{x}) = \nabla(F^\top F)(\bar{x}) = 2J^\top(\bar{x})F(\bar{x}) = 0. \qquad (14.74)$$

Daraus folgt, daß bei jedem *lokalen* Minimum von $F^\top F$, bei dem $\bar{x}$ *keine* Nullstelle ist ($F(\bar{x}) \neq 0$), die Jacobi-Matrix $J(\bar{x})$ *singulär* sein muß.

Klassifizierung

Minimierungsverfahren kann man nach der Art der Information klassifizieren, die über die zu minimierende Funktion $f : \mathbb{R}^n \to \mathbb{R}$ explizit im Algorithmus berücksichtigt wird:

1. Es werden nur Funktionswerte $f(x)$ verwendet; derartige Verfahren sind auch für „nichtglatte" Funktionen geeignet.

2. Funktionswerte und Werte der Gradientenfunktion $g(x) := \nabla f(x)$ werden benutzt.

3. Funktionswerte, Gradientenwerte und Werte der zweiten Ableitungen (der *Hesseschen Matrix* $H_f := \nabla^2 f = g'(x)$),

$$H_f(x) := \begin{pmatrix} \frac{\partial^2 f}{\partial x_1 \partial x_1}(x) & \frac{\partial^2 f}{\partial x_1 \partial x_2}(x) & \cdots & \frac{\partial^2 f}{\partial x_1 \partial x_n}(x) \\ \frac{\partial^2 f}{\partial x_2 \partial x_1}(x) & \frac{\partial^2 f}{\partial x_2 \partial x_2}(x) & \cdots & \frac{\partial^2 f}{\partial x_2 \partial x_n}(x) \\ \vdots & \vdots & & \vdots \\ \frac{\partial^2 f}{\partial x_n \partial x_1}(x) & \frac{\partial^2 f}{\partial x_n \partial x_2}(x) & \cdots & \frac{\partial^2 f}{\partial x_n \partial x_n}(x) \end{pmatrix},$$

werden verwendet.

Direkte Suchverfahren sind Minimierungsverfahren, die nur Funktionswerte verwenden und auch keine Approximationen für ∇f oder H_f – etwa durch Differenzenquotienten – vornehmen. Diese Verfahren konvergieren nur langsam und sind dementsprechend ineffizient. Sie können praktisch nur für Probleme mit kleiner Dimension n eingesetzt werden.

In diese Kategorie fallen gleichmäßige und sequentielle Zufallssuchverfahren sowie das nichtlineare Simplex-Verfahren[6] (nach Nelder, Mead [308]).

Software (Nichtlineares Simplex-Verfahren) Das nichtlineare Simplex-Verfahren von Nelder und Mead ist z. B. im Programm IMSL/MATH-LIBRARY/bcpol implementiert. Es kann vor allem dann eingesetzt werden, wenn man ∇f nicht oder nur schwer ermitteln kann, und in Situationen, in denen f nicht mit Zufallsstörungen überlagert ist.

Gradientenverfahren sind Minimierungsverfahren, die neben den Funktionswerten auch die Kenntnis des Gradienten ∇f (z. B. in der Form eines eigenen Unterprogramms) voraussetzen. Für den sinnvollen Einsatz von Gradientenverfahren muß $f \in C^1$ gelten. Die Gradientenverfahren bilden lokal (in einer kleinen Umgebung des aktuellen Näherungswertes für das gesuchte Minimum) ein *lineares Modell* für f und leiten daraus jene Richtung ab, in der ein nächster Näherungswert gesucht wird.

[6] Das *nichtlineare* Simplex-Verfahren dient zur Minimumsbestimmung nichtlinearer Funktionen und hat nichts mit dem Simplex-Algorithmus der linearen Programmierung zu tun.

Quasi-Newton-Verfahren versuchen, aus Werten von f und ∇f Näherungen für $\nabla^2 f$ zu gewinnen. Dabei bilden sie sukzessive *quadratische Modelle* von f, deren Minima die jeweils nächsten Näherungspunkte definieren.

Das **Newton-Verfahren** und seine Varianten setzen die explizite Kenntnis von f, ∇f *und* $\nabla^2 f$ sowie entsprechende Differenzierbarkeitseigenschaften von f voraus. Das Minimum des quadratischen Modells

$$q_k(s) := f(x^{(k)}) + \nabla f(x^{(k)})^\top s + \frac{1}{2} s^\top \nabla^2 f(x^{(k)}) s$$

der Funktion f an der Stelle $x^{(k)}$ definiert den nächsten Näherungswert $x^{(k+1)}$. Soferne die Hessesche Matrix $H_f(x^{(k)}) = \nabla^2 f(x^{(k)})$ positiv definit ist, hat die Funktion $q_k : \mathbb{R}^n \to \mathbb{R}$ ein eindeutiges globales Minimum, das man durch Lösen des linearen Gleichungssystems

$$\nabla^2 f(x^{(k)}) s_k = -\nabla f(x^{(k)})$$

bestimmen kann. Der nächste Iterationswert ist dann $x^{(k+1)} := x^{(k)} + s_k$.

Im Zusammenhang mit Nullstellenproblemen kann man das Newton-Verfahren auch direkt auf $F(x) = 0$ anwenden. Speziell für Ausgleichsprobleme mit einfach verfügbaren zweiten Ableitungen findet das Newton-Verfahren oder eine seiner Varianten breite praktische Verwendung.

Gradientenverfahren

Da *hinreichende* Kriterien für das Vorliegen eines lokalen Minimums (z. B. $\nabla f(x^*) = 0$ und $H_f(x^*)$ positiv definit, falls $f \in C^2$) schwer zu überprüfen sind, beschränkt man sich darauf, Punkte x^* zu suchen, für die das *notwendige* Kriterium der Stationarität erfüllt ist.

Definition 14.4.3 (Stationärer Punkt) *x^* heißt ein kritischer oder stationärer Punkt von f, wenn dort der Gradient verschwindet:*

$$\nabla f(x^*) = 0.$$

An ein praktikables Minimierungsverfahren wird im allgemeinen die Forderung gestellt, daß es eine Folge $\{x^{(k)}\}$ von Punkten liefert, für die die entsprechenden Funktionswerte sukzessive kleiner werden:

$$f(x^{(0)}) > f(x^{(1)}) > f(x^{(2)}) > \cdots.$$

In welchen Richtungen, ausgehend von $x^{(k)}$, liegen Punkte, für die der Funktionswert kleiner wird? Falls man f an einer Stelle x entwickeln kann, d. h.

$$f(x + hd) = f(x) + h\langle g(x), d\rangle + o(h)$$

mit $h \in \mathbb{R}$, $d \in \mathbb{R}^n$, $\|d\| = 1$, $g(x) := \nabla f(x)$ und $\langle\cdot,\cdot\rangle$ als dem Euklidischen inneren Produkt, so ist die *lokale Änderung* (in einer Umgebung von x) des

Funktionswertes dann am größten, wenn der Richtungsvektor d ein Vielfaches von g, dem Gradienten von f, ist. Die *lokale Richtung des steilsten Abstiegs* ist also $-g(x)$. Diese Tatsache wurde bereits vor 150 Jahren von Cauchy erkannt und in seinem Verfahren des steilsten Abstiegs berücksichtigt.

Definition 14.4.4 (Verfahren des steilsten Abstiegs) *Das Gradientenverfahren*

$$x^{(k+1)} := x^{(k)} - h_k g(x^{(k)}), \qquad k = 0, 1, 2, \dots,$$

bei dem die Schrittweiten h_k so gewählt werden, daß jeweils

$$f(x^{(k)} - h_k g(x^{(k)})) \;<\; f(x^{(k)} - hg(x^{(k)})), \qquad 0 < h \le \bar{h},$$

gilt, bezeichnet man als Verfahren des steilsten Abstiegs.

Jede Schrittweite h_k wird dabei durch eine *eindimensionale* Minimumsbestimmung in der Richtung $-g(x^{(k)})$, ausgehend von $x^{(k)}$, ermittelt.

Der Vorteil des Verfahrens des steilsten Abstiegs liegt in den oft sehr großen Einzugsbereichen der Minima x^*; Konvergenz tritt also oft auch bei schlechten Startpunkten ein. Sein Nachteil ist die geringe Konvergenzgeschwindigkeit und der dadurch verursachte hohe Rechenaufwand (der größtenteils auf die Auswertungen von f und g zurückzuführen ist).

Verfahren mit variabler Metrik

Die Richtung des steilsten Abstiegs hängt offenbar von der Definition des inneren Produktes $\langle \cdot, \cdot \rangle$ ab. Falls man mit Hilfe einer symmetrischen positiv definiten Matrix B ein neues inneres Produkt

$$\langle u, v \rangle_B := \langle u, Bv \rangle = \sum_{i=1}^{n} u_i (Bv)_i$$

einführt (und damit auch eine neue Norm und eine *neue Metrik*), so gilt die Entwicklung

$$\begin{aligned} f(x + hd) &= f(x) + h\langle g(x), d\rangle + o(h) = \\ &= f(x) + h\langle B^{-1}g(x), Bd\rangle + o(h) = \\ &= f(x) + h\langle B^{-1}g(x), d\rangle_B + o(h). \end{aligned}$$

Bezüglich des neuen inneren Produktes $\langle \cdot, \cdot \rangle_B$ liefert jetzt der Vektor $-B^{-1}g$ die Richtung des steilsten Abstieges. Daraus folgt, daß man jedes Verfahren der Form

$$x^{(k+1)} := x^{(k)} + h_k d_k,$$

bei dem für die Iterationsrichtung d_k

$$\langle d_k, g(x^{(k)}) \rangle < 0$$

gilt, also d_k eine Richtung mit lokal fallenden Funktionswerten ist, als ein Verfahren des steilsten Abstiegs bezüglich eines inneren Produktes $\langle \cdot, \cdot \rangle_{B_k}$ auffassen kann, das im allgemeinen bei jedem Iterationsschritt neu definiert wird und dem in jedem Schritt eine symmetrische positiv definite Matrix B_k entspricht.

Solche Verfahren bezeichnet man daher als *Verfahren mit variabler Metrik*. Mit $A_k := B_k^{-1}$ entspricht diesen Verfahren eine Iterationsvorschrift der Gestalt

$$x^{(k+1)} := x^{(k)} - h_k A_k g(x^{(k)}), \qquad A_k \text{ symmetrisch positiv definit.}$$

Die Qualität eines Minimierungsverfahrens kann man an modellhaften Testfunktionen messen. Die einfachsten Funktionen $f : \mathbb{R}^n \to \mathbb{R}$ mit einem endlichen Minimum x^* sind die quadratischen Funktionen

$$f(x) := \langle (x - x^*), B(x - x^*) \rangle. \tag{14.75}$$

Die Niveauflächen dieser Funktionen sind (Hyper-) Ellipsoide

$$f(x) = \langle (x - x^*), B(x - x^*) \rangle = \text{ const}$$

und bezüglich des speziellen inneren Produkts $\langle x, y \rangle_B := \langle x, By \rangle$ *Kugeln*

$$\langle (x - x^*), B(x - x^*) \rangle = \langle x - x^*, x - x^* \rangle_B = \text{ const.}$$

Die Richtung des steilsten Abstiegs ist, unabhängig von der Lage des Startpunktes $x^{(0)}$, in jedem Fall durch die Richtung zum Mittelpunkt x^* der Kugel gegeben. Welches Verfahren mit variabler Metrik entspricht diesem Spezialfall? Mit

$$A_k = B^{-1} = [g']^{-1} = H_f^{-1}$$

zeigt sich, daß es das *Newton-Verfahren* für $g(x) = 0$

$$x^{(k+1)} := x^{(k)} - h_k [g'(x^{(k)})]^{-1} g(x^{(k)})$$

ist, das diesem Sonderfall entspricht. Mit $h_0 = 1$ kann man von jedem beliebigen Startpunkt $x^{(0)}$ das Minimum x^* von (14.75) in einem einzigen Schritt erreichen.

Für quadratische Funktionen besitzt also das Newton-Verfahren unter allen Verfahren mit variabler Metrik für das Gleichungssystem $g(x) = 0$ die größte Effizienz. Dies ist auf die explizite Verwendung von $g' = H_f$ zurückzuführen.

Quasi-Newton-Verfahren

Verfahren mit variabler Metrik, die nur mit Werten von f und ∇f das Auslangen finden, können grundsätzlich das Minimum von (14.75) nicht in einem Schritt finden. Verfahren, bei denen aus Effizienzgründen der Versuch gemacht wird, durch A_k die Inverse der Hesseschen Matrix $H_f(x^{(k)})$ möglichst gut zu approximieren, speziell solche, für die

$$A_k \to H_f^{-1}(x^{(k)}) \qquad \text{für } k \to \infty$$

gilt, werden als *Quasi-Newton-Verfahren* bezeichnet.

Verfahren mit konjugierten Gradienten

Die höchste Effizienz, die unter Verwendung von f- und ∇f-Werten möglich ist, wird durch Algorithmen erzielt, die den Punkt x^* der quadratischen Funktionen (14.75) nach höchsten n Schritten erreichen. Diese Eigenschaft eines Algorithmus wird als *quadratische Konvergenz* bezeichnet, die man nicht mit Konvergenz der Ordnung $p=2$ verwechseln darf.

Die Funktionsweise derartiger Algorithmen kann man sich an einer quadratischen Funktion in Hauptachsenlage, d. h. an einer Funktion (14.75) mit

$$B := \operatorname{diag}(\lambda_1, \lambda_2, \ldots, \lambda_n), \qquad \lambda_i > 0,$$

verdeutlichen. Sukzessives eindimensionales Minimieren in jeweils einer der n orthogonalen Koordinatenrichtungen führt zum Minimum in höchstens n Schritten (siehe Abb. 14.13). Man beachte, daß dabei die explizite Kenntnis von B *nicht* vorausgesetzt wird!

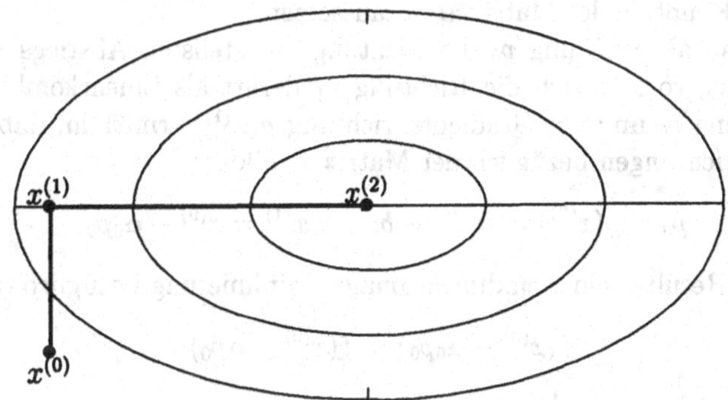

Abb. 14.13: Eindimensionales Minimieren in Richtung der Koordinatenachsen

Für die allgemeine quadratische Funktion (14.75) wird eine Koordinatentransformation $x := Pu$ so durchgeführt, daß

$$P^\top BP = \operatorname{diag}(\lambda_1, \lambda_2, \ldots, \lambda_n) \tag{14.76}$$

gilt. Die Funktion

$$\begin{aligned} \bar{f}(u) &:= f(Pu) = \langle (Pu - x^*), B(Pu - x^*) \rangle = \\ &= u^\top P^\top BPu - x^{*\top} BPu - u^\top P^\top Bx^* + x^{*\top} Bx^* \end{aligned}$$

hat einen quadratischen Teil

$$u^\top P^\top BPu = u^\top \operatorname{diag}(\lambda_1, \lambda_2, \ldots, \lambda_n) u$$

in Hauptachsenlage, d. h., eindimensionale Minimierung von $\bar{f}$ entlang der Koordinatenachsen führt in höchstens n Schritten zur Minimumstelle x^*. Dabei entspricht die Suche entlang den Koordinatenachsen e_j bei $\bar{f}$ der Suche entlang den Spaltenvektoren p_j von P bei f:

$$\begin{aligned}\bar{f}(u - he_j) &= f(P(u - he_j)) = \\ &= f(Pu - hPe_j) = f(x - hp_j).\end{aligned}$$

Für diese Vektoren gilt wegen (14.76)

$$p_j^\top B p_i = 0 \qquad \text{für alle} \quad i \neq j,$$

die Vektoren $p_1, \ldots, p_n$ sind also *orthogonal* bezüglich des speziellen inneren Produkts $\langle\cdot,\cdot\rangle_B := \langle\cdot, B\cdot\rangle$. Man spricht daher auch von B-orthogonalen oder *konjugierten Vektoren* und bezeichnet das obige Minimierungsverfahren als *Verfahren mit konjugierten Richtungen*.

Die größte Schwierigkeit bei diesem Verfahren stellt die Bestimmung der konjugierten Vektoren dar. Man könnte sie z. B. mit Hilfe eines Orthogonalisierungsverfahrens ermitteln. Diese rechenaufwendige Vorgangsweise würde aber die explizite Kenntnis der Matrix B voraussetzen.

Wählt man als Richtung p_0 die Richtung des steilsten Abstiegs vom Startpunkt $x^{(0)}$ aus, so läßt sich die Richtung p_1 derart als Linearkombination der ersten Richtung p_0 und der Gradientenrichtung $g(x^{(1)})$ ermitteln, daß p_0 und p_1 konjugierte Richtungen bezüglich der Matrix B bilden:

$$p_0 = g(x^{(0)}) = Bx^{(0)} - b, \qquad x^{(1)} = x^{(0)} - \alpha_0 p_0,$$

wobei α_0 das Resultat einer eindimensionalen Minimierung bezüglich α ist, sodaß

$$f(x^{(0)} - \alpha_0 p_0) \leq f(x^{(0)} - \alpha p_0)$$

gilt. Der Algorithmus wird mit

$$p_1 = g(x^{(1)}) - \beta_0 p_0, \qquad x^{(2)} = x^{(1)} - \alpha_1 p_1, \ldots$$

fortgesetzt. Algorithmen dieser Art, die sich noch durch die Wahl der β_k unterscheiden, nennt man *Verfahren der konjugierten Gradienten.*

Fletcher-Reeves-Verfahren

Von Fletcher und Reeves [196] stammt das folgende spezielle Verfahren:

$p_0 := g(x^{(0)})$
do $k = 0, 1, 2, \ldots$
  berechne α_k *so, daß* $f(x^{(k)} - \alpha_k p_k) \leq f(x^{(k)} - \alpha p_k)$ *gilt;*
  $x^{(k+1)} := x^{(k)} - \alpha_k p_k;$
  $\beta_k := -\|g(x^{(k+1)})\|_2^2 / \|g(x^{(k)})\|_2^2$
  $p_{k+1} := g(x^{(k+1)}) - \beta_k p_k;$
  if *Abbruchkriterium erfüllt* **then exit**
end do

Man beachte, daß hier die Matrix B *nicht* explizit benötigt wird. Der Algorithmus von Fletcher und Reeves kann damit sofort auf beliebige (hinreichend differenzierbare) nichtlineare Funktionen übertragen werden.

In praktischen Implementierungen wird zur Verbesserung der Effizienz der Neustart des Verfahrens nach jeweils n Iterationen vorgenommen, es wird dabei $\beta_n = 0$, $\beta_{2n} = 0, \ldots$ gesetzt.

Ein wichtiger Vorteil des Fletcher-Reeves-Verfahrens ist sein geringer Speicherbedarf, da keine Approximation für H_f^{-1} gespeichert wird. Damit ist dieses Verfahren auch zur Lösung sehr großer Probleme geeignet.

Vertrauensbereich-Prinzip

Bei vielen Verfahren wird die zu minimierende Funktion $f : \mathbb{R}^n \to \mathbb{R}$ lokal (um die aktuelle Iterierte $x^{(k)}$) durch eine *quadratische* Modell-Funktion $q_k : \mathbb{R}^n \to \mathbb{R}$ ersetzt. Die nächste Iterierte $x^{(k+1)}$ wird nach dem *Vertrauensbereich-Prinzip* durch zwei Bedingungen definiert:

$$\begin{aligned} &1. \quad x^{(k+1)} \text{ minimiert die Modell-Funktion } q_k, \\ &2. \quad \|x^{(k+1)} - x^{(k)}\| \le \delta_k. \end{aligned} \tag{14.77}$$

Die zweite Bedingung bedeutet, daß nur Schritte des Minimierungsverfahrens zugelassen sind, die jenen Bereich – den *Vertrauensbereich* (***trust region***) – nicht verlassen, von dem man annimmt, daß dort q_k eine hinreichend gute Approximation für f darstellt. Der Vertrauensradius (***trust radius***) δ_k wird beibehalten, solange durch

$$f(x^{(k)}) - f(x^{(k+1)}) \approx q_k(x^{(k)}) - q_k(x^{(k+1)})$$

die „Modell-Güte“ (im Sinne der Minimierungsaufgabe) bestätigt wird. Andernfalls wird δ_k verkleinert und eine neue Iterierte $x^{(k+1)}$ berechnet.

Software (Vertrauensbereich-Prinzip) Alle MINPACK-Unterprogramme zur Minimierung von Funktionen sind nach dem Vertrauensbereich-Prinzip aufgebaut.

Der kugelförmige Vertrauensbereich (14.77) ist bei vielen – speziell bei schlecht skalierten – Problemen ungünstig. In der Praxis wird mit

$$\|D_k(x^{(k+1)} - x^{(k)})\| \le \delta_k$$

gearbeitet, wobei $D_k \in \mathbb{R}^{n \times n}$ eine reguläre *Skalierungsmatrix* ist. Oft wird D_k als Diagonalmatrix gewählt (Dennis, Schnabel [161]).

14.4.2 Levenberg-Marquardt-Verfahren

So wie es beim Newton-Verfahren erforderlich ist, bei ungünstigen Startwerten mit einem langsamer konvergierenden Verfahren größeren Einzugsbereiches zu beginnen, ist dies auch beim Gauß-Newton-Verfahren oft notwendig. In der Anfangsphase kann z. B. das Gradienten-Verfahren mit der Iterationsrichtung

$$d_{k+1}^g := -J_k^\top F(x^{(k)})$$

verwendet werden. Bei Annäherung an die Lösung wird dann auf das Gauß-Newton-Verfahren mit der Richtung

$$d_{k+1}^{\mathrm{N}} := -(J_k^{\mathrm{T}} J_k)^{-1} J_k^{\mathrm{T}} F(x^{(k)})$$

(die sich aus (14.71) ergibt) übergegangen. Beim Levenberg-Marquardt-Verfahren (Marquardt [293]) wird der Richtungsvektor durch

$$d_{k+1}^{\mathrm{LM}} := -(J_k^{\mathrm{T}} J_k + \lambda I)^{-1} J_k^{\mathrm{T}} F(x^{(k)})$$

definiert. Für $\lambda = 0$ gilt $d_{k+1}^{\mathrm{LM}} = d_{k+1}^{\mathrm{N}}$, und für $\lambda \to \infty$ gilt $d_{k+1}^{\mathrm{LM}} \to d_{k+1}^{\mathrm{g}}$. Dementsprechend startet man das Verfahren mit großen Werten von λ und verkleinert λ sukzessive nach Erreichen einer „günstigen" Umgebung der Lösung.

Die Schrittweite h_k in

$$x^{(k+1)} := x^{(k)} + h_k d_{k+1}^{\mathrm{LM}}$$

wird in erster Linie so gewählt, daß ein Abnehmen der Residuen sichergestellt ist:

$$\|F(x^{(k+1)})\|_2 < \|F(x^{(k)})\|_2, \qquad k = 0, 1, 2, \ldots.$$

Software (Levenberg-Marquardt-Methode) Die Programme des ODRPACK (das über die NETLIB verfügbar ist) verwenden eine Kombination des Levenberg-Marquardt-Verfahrens mit dem Vertrauensbereich-Prinzip.

14.4.3 Powell-Verfahren

Von Powell wurde in [329] ein Polyalgorithmus veröffentlicht, der die Basis vieler Programme zur Lösung nichtlinearer Gleichungssysteme bildet.

Nach einer Startphase, in der mittels Differenzenquotienten (14.63) eine Anfangsnäherung $A_0 \approx F'(x^{(0)})$ und $B_0 = A_0^{-1}$ ermittelt wird, werden in jedem Schritt sowohl die Quasi-Newton-Richtung

$$d_{k+1}^{\mathrm{N}} := -B_k F(x^{(k)})$$

als auch die Gradienten-Richtung (Richtung des steilsten Abstiegs; siehe (14.74))

$$d_{k+1}^{\mathrm{g}} := -A_k^{\mathrm{T}} F(x^{(k)})$$

ermittelt. Der tatsächlich ausgeführte Schritt ist dann eine Linearkombination von d_{k+1}^{N} und d_{k+1}^{g}, wobei die Gewichtung abhängig vom Verhalten der Folge der Residuen

$$\|F(x^{(0)})\|, \ldots, \|F(x^{(k-1)})\|, \|F(x^{(k)})\|$$

gewählt wird. In der Anfangsphase der Iteration entspricht die Richtung s_{k+1} stärker der Gradienten-Richtung; nach Erreichen einer „kleinen" Umgebung von x^* wird dann vorzugsweise die Quasi-Newton-Richtung verwendet.

Die Ermittlung der Matrizen A_{k+1} und B_{k+1} erfolgt mit dem Broyden-Verfahren (siehe Abschnitt 14.3.4). Im Powell-Algorithmus wird besonders darauf geachtet, daß diese Matrizen (soferne dies nicht auf Eigenschaften des Problems zurückzuführen ist) *nicht* rangdefizient werden, um mit den Näherungswerten $\{x^{(i)}\}$ nicht in einem „unerwünschten" Teilraum zu bleiben.

Software (Powell-Verfahren) Vom Powell-Verfahren existiert eine große Zahl von Implementierungen, wie z. B. **IMSL/MATH-LIBRARY/neqnf**, **IMSL/MATH-LIBRARY/neqnj**, **NAG/c05nbe**, **NAG/c05nce**, **NAG/c05nde**, **NAG/c05pbe**, **NAG/c05pce**, **NAG/c05pde**. Die ursprünglichen, von Powell selbst stammenden Programme sind im MINPACK enthalten.

14.4.4 Spezielle Funktionen

Wenn die *Struktur* der Funktion $F : \mathbb{R}^n \to \mathbb{R}^m$ des nichtlinearen Ausgleichsproblems bekannt ist, so gelingt es oft, spezielle Algorithmen zu entwickeln, die effizienter sind als die Universalalgorithmen. So gibt es z. B. für gemischt linear-nichtlineare Approximationsfunktionen $g : \mathbb{R} \to \mathbb{R}$,

$$g(t; c_0, \ldots, c_J, d_1, \ldots, d_J) := c_0 + \sum_{j=1}^{J} c_j g_j(t; d_1, \ldots, d_J), \tag{14.78}$$

die an Daten $(t_1, y_1), \ldots, (t_m, y_m)$ angepaßt werden sollen, spezielle Verfahren. *Algorithmen mit variabler Projektion* (Golub, Pereyra [219], Kaufmann [257]) führen das ursprüngliche Problem der Minimierung von

$$r(c, d; t, y) := \sum_{i=1}^{m} \Big(y_i - c_0 - \sum_{j=1}^{J} c_j g_j(t_i; d_1, \ldots, d_J) \Big)^2$$

auf die Minimierung von $\bar{r}(d; t, y)$ zurück, wobei $\bar{r}$ durch eine (von d abhängige) Projektion definiert wird.

Nähere Details findet man in der oben zitierten Literatur.

Software (Linear-nichtlineare Approximationsfunktionen) Programme für diese speziellen Ausgleichsprobleme sind z. B. **NETLIB/MISC/varp2**, **varpra** und **NETLIB/PORT/nsf**, **nsg**.

Ein wichtiger Spezialfall von (14.78) sind die Exponentialsummen

$$g(t; a_0, \ldots, a_J, \alpha_1, \ldots, \alpha_J) = a_0 + \sum_{j=1}^{J} a_j \exp(\alpha_j t),$$

für die es eine Fülle von speziellen Algorithmen gibt (siehe z. B. Ruhe [344]).

Kapitel 15

Eigenwerte und Eigenvektoren

Eigenheiten, die werden schon haften;
Kultiviere deine Eigenschaften!
JOHANN WOLFGANG VON GOETHE

Das (Standard-) Eigenwertproblem

Das mathematische Problem dieses Kapitels ist das *lineare Eigenwertproblem*, bei dem reelle oder komplexe Zahlen $\lambda_1, \lambda_2, \ldots$ und zugehörige, vom Nullvektor verschiedene Vektoren $x_1, x_2, \ldots$ gesucht werden, die der Gleichung

$$Ax = \lambda x \qquad \text{mit} \quad A \in \mathbb{R}^{n \times n} \text{ oder } A \in \mathbb{C}^{n \times n} \tag{15.1}$$

genügen. Die Zahlen λ_i heißen *Eigenwerte* der Matrix A, die zugehörigen Vektoren $x_i \neq 0$ *Eigenvektoren* von A, beide zusammen werden *Eigenpaare* genannt. Genauer gesagt: x_i heißt ein *rechter Eigenvektor*, wenn er für ein λ_i der Gleichung $Ax_i = \lambda_i x_i$ genügt, und ein *linker Eigenvektor*, wenn er folgende Gleichung erfüllt:

$$x_i^\top A = \lambda_i x_i^\top \qquad \text{bzw.} \qquad x_i^H A = \lambda_i x_i^H.$$

In manchen Anwendungsfällen ist man an *allen* Eigenwerten und den zugehörigen Eigenvektoren interessiert – man bezeichnet solche Aufgabenstellungen als *vollständige Eigenwertprobleme*. Oft genügt auch die Bestimmung des kleinsten oder größten Eigenwerts oder jener Eigenwerte, die in vorgegebenen Bereichen liegen. Man spricht dann von *teilweisen* (*partiellen*) *Eigenwertproblemen*.

Beispiel (Allgemeine Lösung gewöhnlicher Differentialgleichungen) Für ein System linearer gewöhnlicher Differentialgleichungen

$$\frac{dy}{dt} = Ay \qquad \text{mit konstanten Koeffizienten} \quad A \in \mathbb{R}^{n \times n} \tag{15.2}$$

kann man den Lösungsansatz

$$y(t) := e^{\lambda t} x \tag{15.3}$$

verwenden, der einen unbekannten Vektor $x \in \mathbb{R}^n$ und einen unbekannten Skalar λ enthält. Mit (15.3) erhält man

$$\frac{dy}{dt} = \lambda e^{\lambda t} x = A \cdot (e^{\lambda t} x)$$

und wegen $e^{\lambda t} \neq 0$ die Gleichung

$$Ax = \lambda x.$$

(15.3) ist also genau dann eine Lösung des Systems (15.2), wenn λ ein Eigenwert von A und x ein zugehöriger Eigenvektor ist. Besitzt A ein vollständiges System von Eigenvektoren, d. h. n linear unabhängige Eigenvektoren (siehe Satz 15.1.3), so ist

$$y_1(t) = e^{\lambda_1 t}x_1,\ y_2(t) = e^{\lambda_2 t}x_2, \dots, y_n(t) = e^{\lambda_n t}x_n$$

eine Menge von linear unabhängigen Lösungen der Differentialgleichung (15.2). Jede Lösung von (15.2) kann dann in der Form

$$y(t) = \sum_{i=1}^{n} \alpha_1 y_i(t) = \sum_{i=1}^{n} \alpha_i e^{\lambda_i t} x_i$$

dargestellt werden, wobei man die Koeffizienten $\alpha_1, \dots, \alpha_n$ z. B. aus Anfangsbedingungen erhalten kann. Die allgemeine Lösung eines Systems linearer Differentialgleichungen mit konstanten Koeffizienten erhält man also durch Lösung eines vollständigen Eigenwertproblems.

Die Bezeichnung „*lineares* Eigenwertproblem" bringt zum Ausdruck, daß charakteristische Zahlen (und Vektoren) einer *linearen* Abbildung gesucht werden. Als numerisches Problem gesehen, ist (15.1) jedoch ein *nichtlineares* inverses Problem: Das Eigenwert-Problem (15.1) läßt sich nämlich als ein System von $n+1$ nichtlinearen (reellen oder komplexen) Gleichungen in $n+1$ Unbekannten schreiben. Wenn man die Bedingung $x \neq 0$ als Normalisierungsbedingung $x^\top x = 1$ bzw. $x^H x = 1$ formuliert und mit der Eigenwertgleichung (15.1) zusammenfaßt, erhält man das nichtlineare Gleichungssystem

$$F(x, \lambda) := \begin{pmatrix} Ax - \lambda x \\ x^\top x - 1 \end{pmatrix} = 0 \tag{15.4}$$

für λ und die n unbekannten Komponenten von x. Diese Formulierung zeigt zwar die Nichtlinearität des Eigenproblems, führt aber nur zu einem sehr ineffizienten und unzuverlässigen Lösungsweg, wenn man die Algorithmen und Programme für allgemeine nichtlineare Gleichungssysteme aus Kapitel 14 auf (15.4) anwendet. Zur praktischen Lösung von Eigenwertproblemen ist es wesentlich günstiger, speziell entwickelte Eigenwert- und Eigenvektor-Algorithmen und -Programme zu verwenden (siehe Abschnitt 15.7).

Das allgemeine Eigenwertproblem

Tritt nicht nur eine Matrix, sondern ein Matrizenpaar A, B auf, so erhält man ein *allgemeines lineares Eigenwertproblem*

$$Ax = \lambda Bx \qquad \text{mit} \quad A, B \in \mathbb{R}^{n\times n} \ \text{oder}\ A, B \in \mathbb{C}^{n\times n}. \tag{15.5}$$

Terminologie (Standard-Eigenwertprobleme) Um zwischen den Eigenwertproblemen (15.1) und (15.5) unterscheiden zu können, werden Probleme der Form (15.1) auch als *spezielle Eigenwertprobleme* oder *Standard-Eigenwertprobleme* bezeichnet. Wenn nicht besonders darauf hingewiesen wird, ist mit „Eigenvektor" immer ein *rechter* Eigenvektor gemeint.

Beispiel (Randwertprobleme gewöhnlicher Differentialgleichungen) Für das Randwertproblem

$$-y'' = \lambda y, \qquad y(0) = 0, \quad y(1) = 0 \tag{15.6}$$

gibt es unendlich viele Werte des Skalars λ, für die (15.6) nichttriviale (nicht identisch verschwindende) Lösungen besitzt. Diese Werte

$$\lambda_k := k^2\pi^2, \quad k = 1, 2, 3, \ldots,$$

nennt man *Eigenwerte des Randwertproblems* (15.6). Die zugehörigen Funktionen

$$y_k(x) := \sin k\pi x, \quad k = 1, 2, 3, \ldots,$$

werden als die *Eigenfunktionen* von (15.6) bezeichnet. Verallgemeinert man (15.6) durch eine zusätzliche positive Funktion c, also

$$-y'' = \lambda c y, \qquad y(0) = 0, \quad y(1) = 0, \tag{15.7}$$

so ist es im allgemeinen nicht mehr möglich, Eigenwerte und Eigenfunktionen von (15.7) in geschlossener Form anzugeben – man ist zu deren numerischer Berechnung gezwungen. Unterteilt man zu diesem Zweck das Intervall $[0, 1]$ durch die Gitterpunkte

$$x_0 := 0,\ x_1 := h,\ x_2 := 2h, \ldots, x_{n+1} := 1 \quad \text{mit} \quad h := 1/(n+1),$$

so kann man mit $c_i := c(x_i)$, $y_0 = y_{n+1} = 0$, und $y_i \approx y(x_i)$ das Randwertproblem (15.7) in folgender Form diskretisieren:

$$(-y_{i+1} + 2y_i - y_{i-1})/h^2 = \lambda c_i y_i, \quad i = 1, 2, \ldots, n. \tag{15.8}$$

Man erhält auf diese Art ein allgemeines Matrix-Eigenwertproblem

$$Ay = \lambda B y \tag{15.9}$$

mit

$$A = \begin{pmatrix} 2 & -1 & & & 0 \\ -1 & 2 & \ddots & & \\ & \ddots & \ddots & & \\ & & & 2 & -1 \\ 0 & & & -1 & 2 \end{pmatrix}$$

und $B := \operatorname{diag}(h^2 c_1, h^2 c_2, \ldots, h^2 c_n)$. Auf Grund der Voraussetzung $c(x) > 0$ könnte man aus (15.9) ein Standard-Eigenwertproblem machen:

$$B^{-1}Ay = \lambda y \quad \text{mit} \quad B^{-1} = \operatorname{diag}(h^{-2}/c_1, \ldots, h^{-2}/c_n).$$

Man sollte, selbst wenn es möglich wäre (was eine reguläre Matrix B voraussetzt), zur praktischen Lösung von (15.5) die Transformation

$$Ax = \lambda B x \qquad \longmapsto \qquad B^{-1}Ay = \lambda y \tag{15.10}$$

nicht ausführen, sondern besser spezielle Lösungsalgorithmen und -software für das ursprünglich gegebene allgemeine Eigenwertproblem verwenden. Vor allem dann, wenn B schlecht konditioniert ist oder wenn A und B symmetrisch sind, sollte man den Übergang (15.10) vermeiden. Aus der Symmetrie von A und B folgt nämlich im allgemeinen *nicht* die Symmetrie von $B^{-1}A$. Nur im Spezialfall einer symmetrischen positiv definiten Matrix B kann man mit den Cholesky-Faktoren von $B = LL^\top$ ein symmetrisches Standard-Eigenwertproblem erhalten:

$$Cy = \lambda y \quad \text{mit} \quad C := L^{-1}AL^{-\top} \quad \text{und} \quad y := L^\top x.$$

15.1 Mathematische Grundlagen

Schreibt man das spezielle bzw. das allgemeine Eigenwertproblem in der Form

$$(A-\lambda I)x=0 \quad \text{bzw.} \quad (A-\lambda B)x=0, \tag{15.11}$$

so erkennt man, daß (15.1) und (15.5) lineare homogene Gleichungssysteme für die n unbekannten Komponenten des Vektors x sind, soferne ein Wert $\lambda \in \mathbb{R}$ oder ein $\lambda \in \mathbb{C}$ vorgegeben ist. Wäre die Matrix $A-\lambda I$ bzw. $A-\lambda B$ von (15.11) regulär, so gäbe es nur die triviale Lösung $x=0$.

15.1.1 Das charakteristische Polynom

Nichttriviale Lösungen der speziellen und der allgemeinen Eigenwertprobleme gibt es dann und nur dann, wenn die Koeffizientenmatrix der Gleichungssysteme (15.11) singulär ist. Diese Bedingung wird verwendet, um die Eigenwerte zu charakterisieren.

Definition 15.1.1 (Charakteristische Gleichung) *Die Gleichung*

$$P_n(z;A) := \det(A-zI)=0$$

bzw.

$$P_n(z;A,B) := \det(A-zB)=0$$

heißt charakteristische Gleichung der Matrix A bzw. der Matrizen A und B. Die Funktion P_n ist ein Polynom vom Grad n in z, das charakteristische Polynom der Matrix A bzw. der Matrizen A und B.

Die Eigenwerte der Matrix A sind die Nullstellen des charakteristischen Polynoms $P_n(z;A)$. Als Polynom vom Grad n hat dieses nach dem Fundamentalsatz der Algebra genau n reelle oder komplexe Nullstellen $\lambda_1,\dots,\lambda_n$. Mehrfach auftretende Eigenwerte werden dabei entsprechend ihrer Vielfachheit auch mehrfach gezählt.

Definition 15.1.2 (Spektrum einer Matrix) *Die Menge der $k \le n$ paarweise verschiedenen Eigenwerte,*

$$\lambda(A) := \{\lambda_1,\dots,\lambda_k\} = \{z \in \mathbb{C} : \det(A-zI)=0\},$$

bezeichnet man als das Spektrum von A.

Mit $\lambda(A)$ ist folgende Linearfaktorendarstellung des Polynoms $P_n(z;A)$ möglich:

$$P_n(z;A) = \prod_{i=1}^{k} (z-\lambda_i)^{n_i}.$$

Definition 15.1.3 (Algebraische Vielfachheit) *Die natürliche Zahl n_i nennt man die algebraische Vielfachheit des Eigenwertes λ_i. Im Fall $n_i = 1$ spricht man von einem einfachen Eigenwert.*

Theoretisch ist das Problem der Bestimmung der Eigenwerte gelöst, wenn man das charakteristische Polynom aufstellt und seine Nullstellen ermittelt. Die Kondition von Polynomnullstellen, speziell im Fall $n_i > 1$, ist aber oft deutlich schlechter als die des ursprünglichen Eigenwertproblems. Außer in Sonderfällen (z. B. bei Tridiagonalmatrizen) wird daher zur algorithmisch-numerischen Berechnung der Eigenwerte *nicht* auf das charakteristische Polynom zurückgegriffen.

In Spezialfällen, vor allem dann, wenn sich die Determinante einfach berechnen läßt, kann man die Eigenwerte wirklich als die Nullstellen der charakteristischen Gleichung erhalten. So kann man z. B. das Spektrum von Dreiecksmatrizen,

$$L := \begin{pmatrix} l_{11} & & 0 \\ \vdots & \ddots & \\ l_{n1} & \cdots & l_{nn} \end{pmatrix} \quad \text{bzw.} \quad R := \begin{pmatrix} r_{11} & \cdots & r_{1n} \\ & \ddots & \vdots \\ 0 & & r_{nn} \end{pmatrix},$$

sofort angeben:

$$\lambda(L) = \{l_{11}, l_{22}, \ldots, l_{nn}\} \quad \text{bzw.} \quad \lambda(R) = \{r_{11}, r_{22}, \ldots, r_{nn}\}.$$

Satz 15.1.1 *Für eine obere Block-Dreiecksmatrix*

$$T = \begin{pmatrix} T_{11} & T_{12} \\ 0 & T_{22} \end{pmatrix} \qquad \textit{mit} \quad T_{11} \in \mathbb{C}^{p\times p},\ T_{12} \in \mathbb{C}^{p\times q},\ T_{22} \in \mathbb{C}^{q\times q}$$

gilt $\lambda(T) = \lambda(T_{11}) \cup \lambda(T_{22})$.

Beweis: Golub, Van Loan [48].

Dieser Satz ist eine Verallgemeinerung der Tatsache, daß die Diagonalelemente $r_{11}, \ldots, r_{nn}$ einer oberen Dreiecksmatrix R deren Eigenwerte sind.

15.1.2 Ähnlichkeit

Führt man mit einer regulären $n \times n$-Matrix P im linearen Gleichungssystem $Ax = b$ die Substitution

$$y := Px, \quad c := Pb$$

durch, so erhält man das transformierte Gleichungssystem

$$AP^{-1}y = P^{-1}c \qquad \text{bzw.} \qquad PAP^{-1}y = c,$$

dessen Koeffizientenmatrix PAP^{-1} ist.

Definition 15.1.4 (Ähnliche Matrizen) *Zwei $n\times n$-Matrizen A und B, die mittels einer nichtsingulären $n\times n$-Matrix X durch*

$$B = X^{-1}AX$$

verknüpft sind, heißen ähnlich. Die Transformation $A \mapsto X^{-1}AX$ nennt man Ähnlichkeitstransformation.

Die Darstellung einer linearen Abbildung F als Matrix ändert sich beim Übergang von einer Basis des Vektorraums zu einer anderen. Ist A die Matrix der linearen Abbildung bezüglich *einer* Basis, so erhält man die Menge *aller* Matrizen, die *auch* Darstellungen dieser Abbildung sind, durch

$$\{X^{-1}AX : X \text{ ist eine } \textit{reguläre } n\times n\text{-Matrix}\}, \tag{15.12}$$

also genau durch die Menge aller Matrizen, die *ähnlich* zur Matrix A sind.

Ähnliche Matrizen stellen denselben linearen Operator dar, nur bezogen auf verschiedene Basen. Jeder linearen Abbildung entspricht auf diese Weise eine ganze Äquivalenzklasse von Matrizen, da Ähnlichkeit eine Äquivalenzrelation ist.

Bestimmte Eigenschaften eines linearen Operators sind unabhängig von seiner Basisdarstellung, solche Eigenschaften sind daher invariant unter Ähnlichkeitstransformationen, sie gelten für die ganze Äquivalenzklasse (15.12). Es gilt z. B. die im Zusammenhang mit Eigenwertproblemen bemerkenswerte Aussage:

Satz 15.1.2 *Sind A und B zwei ähnliche Matrizen, so haben sie das gleiche charakteristische Polynom:*

$$P_n(z; A) \equiv P_n(z; B).$$

Beweis: Horn, Johnson [56].

Daraus folgt, daß ähnliche Matrizen auch die gleichen Eigenwerte mit gleicher Vielfachheit besitzen. Diese Invarianz der Eigenwerte einer Matrix unter Ähnlichkeitstransformationen ist die Grundlage vieler Algorithmen zur numerischen Lösung von Eigenwertproblemen.

Im Gegensatz zu den invarianten Eigenwerten stimmen die Eigen*vektoren* ähnlicher Matrizen A und $B = X^{-1}AX$ *nicht* überein. Es besteht allerdings der folgende einfache Zusammenhang: Ist y ein Eigenvektor von B zu $\lambda_i \in \lambda(B)$, dann ist $x := Xy$ ein Eigenvektor von A zu λ_i.

Diagonalisierbarkeit

Wegen ihrer einfachen Struktur sind Diagonalmatrizen von besonderer Wichtigkeit. Es stellt sich daher die Frage, welche Matrizen eine Diagonalmatrix in ihrer Äquivalenzklasse haben.

Definition 15.1.5 (Diagonalisierbarkeit) *Wenn eine Matrix A zu einer Diagonalmatrix ähnlich ist, so nennt man sie diagonalisierbar.*

Satz 15.1.3 *Eine Matrix A ist dann und nur dann diagonalisierbar, wenn es eine Menge $\{x_1, \dots, x_n\}$ von n linear unabhängigen Vektoren gibt, von denen jeder Eigenvektor von A ist.*

Beweis: Horn, Johnson [56].

Wenn man eine Matrix A durch eine Ähnlichkeitstransformation diagonalisieren kann, dann sind die Diagonalelemente jeder auf diese Weise erhaltenen, zu A ähnlichen Diagonalmatrix die Eigenwerte von A. Die Spaltenvektoren der Transformationsmatrix sind Eigenvektoren von A.

Satz 15.1.4 *Sind bei einer $n \times n$-Matrix A alle n Eigenwerte voneinander verschieden, dann ist A diagonalisierbar.*

Beweis: Horn, Johnson [56].

Aus diesem Satz kann man folgenden Umkehrschluß ziehen: Besitzt eine $n \times n$-Matrix *nicht* n linear unabhängige Eigenvektoren, dann hat sie notwendigerweise mehrfache Eigenwerte. Man beachte aber, daß eine Matrix n linear unabhängige Eigenvektoren besitzen kann, auch wenn sie mehrfache Eigenwerte hat (ein einfaches Beispiel dafür ist die Einheitsmatrix).

15.1.3 Eigenvektoren

Zu jedem Eigenwert λ_i gehört mindestens ein Eigenvektor, da das homogene Gleichungssystem $(A - \lambda_i I)x = 0$ wegen $\det(A - \lambda_i I) = 0$ eine singuläre Matrix und daher nichttriviale Lösungen besitzt.

Jeder Eigenvektor x definiert einen eindimensionalen Teilraum des $\mathbb{R}^n$, da mit x auch jedes Vielfache cx Eigenvektor von A ist. Dieser Teilraum ist invariant gegenüber einer Multiplikation (von links) mit A.

Definition 15.1.6 (Invarianter Teilraum) *Einen Teilraum $S \subseteq \mathbb{C}^n$ mit der Eigenschaft*

$$x \in S \quad \Rightarrow \quad Ax \in S$$

bezeichnet man als invariant bezüglich A.

Gilt

$$AX = XB, \qquad A, B, X \in \mathbb{C}^{n \times n}, \tag{15.13}$$

dann ist der von den Spaltenvektoren von X aufgespannte Raum invariant bezüglich A, und es gilt

$$By = \lambda y \quad \Rightarrow \quad A(Xy) = \lambda(Xy).$$

Ist X eine reguläre Matrix, für die (15.13) gilt, so folgt $\lambda(A) = \lambda(B)$: Das Spektrum ähnlicher Matrizen A und B stimmt überein. Aus Satz 15.1.2 folgt, daß auch die Vielfachheiten der Eigenwerte übereinstimmen.

Mehrfache Eigenwerte können auch mehrere linear unabhängige Eigenvektoren besitzen.

Definition 15.1.7 (Eigenraum) *Für einen Eigenwert $\lambda_i \in \lambda(A)$ ist*

$$\{x \in \mathbb{C}^n : Ax = \lambda_i x\}$$

ein bezüglich A invarianter Teilraum des $\mathbb{C}^n$, den man als den λ_i zugehörigen Eigenraum von A bezeichnet.

Die Anzahl m_i der zu einem Eigenwert $\lambda_i \in \lambda(A)$ gehörenden linear unabhängigen Eigenvektoren ist gleich der Dimension des zu λ_i gehörenden Eigenraumes.

Definition 15.1.8 (Geometrische Vielfachheit) *Die Dimension*

$$m_i := \dim(\mathcal{N}(A - \lambda_i I)) = n - \operatorname{rang}(A - \lambda_i I)$$

heißt geometrische Vielfachheit des Eigenwertes λ_i.

Terminologie (Vielfachheit) Wenn der Ausdruck „Vielfachheit" ohne genauere Spezifikation verwendet wird, so ist damit im allgemeinen die *algebraische* Vielfachheit gemeint.

Zwischen geometrischer Vielfachheit m_i und algebraischer Vielfachheit n_i jedes Eigenwertes $\lambda_i \in \lambda(A)$ gilt die Beziehung

$$1 \le m_i \le n_i.$$

Stimmen geometrische und algebraische Vielfachheit aller Eigenwerte einer Matrix $A \in \mathbb{C}^{n\times n}$ überein, so bilden die Eigenvektoren von A eine Basis des $\mathbb{C}^n$. Man spricht in diesem Fall von einem *vollständigen System von Eigenvektoren.*

Definition 15.1.9 (Defekter Eigenwert) *Wenn die geometrische Vielfachheit eines Eigenwertes kleiner ist als dessen algebraische Vielfachheit, gilt also*

$$m_i < n_i \qquad \text{für ein} \quad \lambda_i \in \lambda(A),$$

so bezeichnet man λ_i als defekten Eigenwert. Eine Matrix mit mindestens einem defekten Eigenwert nennt man defekte Matrix.

Wegen Satz 15.1.3 ist eine $n\times n$-Matrix A dann und nur dann nicht-defekt, besitzt also ein vollständiges System von Eigenvektoren, wenn sie diagonalisierbar ist.

Ist λ_i ein defekter Eigenwert, so kann man die „fehlenden" $n_i - m_i$ Eigenvektoren durch Hauptvektoren ersetzen.

Definition 15.1.10 (Hauptvektor) *Einen Vektor $x \neq 0$ nennt man Hauptvektor m_i-ter Stufe zum Eigenwert λ_i, wenn er folgende m_i Gleichungen erfüllt:*

$$(A - \lambda_i I)^m x = 0, \qquad m = 1, 2, \ldots, m_i.$$

Jeder Eigenvektor $\lambda_i \in \lambda(A)$ ist also auch Hauptvektor erster Stufe. Ist $x_{m_i} := x$ ein Hauptvektor m_i-ter Stufe zum Eigenwert λ_i, so sind die Vektoren der *Hauptvektorkette*

$$\begin{aligned}
x_{m_i-1} &:= (A - \lambda_i I)x_{m_i} \\
x_{m_i-2} &:= (A - \lambda_i I)x_{m_i-1} \\
\vdots \quad & \quad\quad \vdots \\
x_1 &:= (A - \lambda_i I)x_2
\end{aligned}$$

linear unabhängig. Sie spannen den *Hauptvektorunterraum* von $\lambda_i \in \lambda(A)$ auf.

Eigen- oder Hauptvektoren, die zu verschiedenen Eigenwerten gehören, sind linear unabhängig. Der gesamte Raum $\mathbb{C}^n$ kann also in die direkte Summe der Haupt- und Eigenvektorunterräume einer Matrix $A \in \mathbb{C}^{n\times n}$ zerlegt werden. Die Menge aller linear unabhängigen Eigen- oder Hauptvektoren einer $n \times n$-Matrix bildet eine *Eigenvektor-* oder *Hauptvektorbasis* des $\mathbb{C}^n$.

15.1.4 Unitär-Ähnlichkeit

Im Abschnitt 15.1.2 wurden Ähnlichkeitstransformationen

$$B = X^{-1}AX \tag{15.14}$$

mit allgemeinen regulären Matrizen X eingeführt. Für die stabile numerische Lösung von Eigenwertproblemen sind aber Ähnlichkeitstransformationen

$$B = Q^{-1}AQ \tag{15.15}$$

mit unitären bzw. orthogonalen Matrizen (vgl. Definition 13.5.1 bzw. Definition 13.5.2) von wesentlich größerer Bedeutung als der allgemeine Fall (15.14). Im Spezialfall einer unitären bzw. orthogonalen Ähnlichkeitstransformation (15.15) ergibt sich nämlich Q^{-1} ohne weiteren Rechenaufwand durch

$$Q^{-1} = Q^H \qquad \text{bzw.} \qquad Q^{-1} = Q^\top.$$

Definition 15.1.11 (Unitär-/Orthogonal-ähnliche Matrizen) *Zwei Matrizen $A, B \in \mathbb{C}^{n\times n}$ bzw. $A, B \in \mathbb{R}^{n\times n}$, die mittels einer unitären bzw. orthogonalen Matrix Q durch*

$$B = Q^H AQ \qquad \textit{bzw.} \qquad B = Q^\top AQ$$

verknüpft sind, heißen unitär-ähnlich bzw. orthogonal-ähnlich.

Multiplikation mit einer unitären Matrix ($y = Qx$) läßt die Euklidische Länge eines Vektors invariant:

$$\|y\|_2 = \sqrt{\langle y, y\rangle} = \sqrt{y^H y} = \sqrt{x^H Q^H Q x} = \sqrt{x^H I x} = \sqrt{x^H x} = \sqrt{\langle x, x\rangle} = \|x\|_2.$$

Auch die Frobenius-Norm einer Matrix

$$\|A\|_F = \sum_{i=1}^{n}\sum_{j=1}^{n} |a_{ij}|^2$$

ist invariant unter jeder unitären Ähnlichkeitstransformation:

Satz 15.1.5 *Für zwei unitär-ähnliche Matrizen $A, B \in \mathbb{C}^{n\times n}$ gilt:*

$$\|A\|_F = \|B\|_F.$$

Beweis: Horn, Johnson [56].

Einer unitären Ähnlichkeitstransformation entspricht, wie auch jeder anderen Ähnlichkeitstransformation, der Wechsel von einer Basisdarstellung des zugrundeliegenden linearen Operators zu einer anderen. Hier handelt es sich aber im speziellen um den Übergang von einer orthonormalen Basis zu einer anderen.

Die einfachsten unitären bzw. orthogonalen Ähnlichkeitstransformationen sind Drehungen und Spiegelungen. Viele numerisch stabile Verfahren zur Lösung von Eigenwertproblemen beruhen auf der sukzessiven Anwendung derartiger Transformationen.

Ebene Drehungen

Aus der analytischen Geometrie der Ebene ist bekannt, daß die Koordinaten eines Punktes bei Drehung der Koordinatenachsen um den Winkel φ (siehe Abb. 15.1) folgendermaßen transformiert werden:

$$\begin{pmatrix} x_i \\ x_j \end{pmatrix} = \begin{pmatrix} \cos\varphi & -\sin\varphi \\ \sin\varphi & \cos\varphi \end{pmatrix} \cdot \begin{pmatrix} \hat{x}_i \\ \hat{x}_j \end{pmatrix}, \qquad \begin{pmatrix} \hat{x}_i \\ \hat{x}_j \end{pmatrix} = \begin{pmatrix} \cos\varphi & \sin\varphi \\ -\sin\varphi & \cos\varphi \end{pmatrix} \cdot \begin{pmatrix} x_i \\ x_j \end{pmatrix}.$$

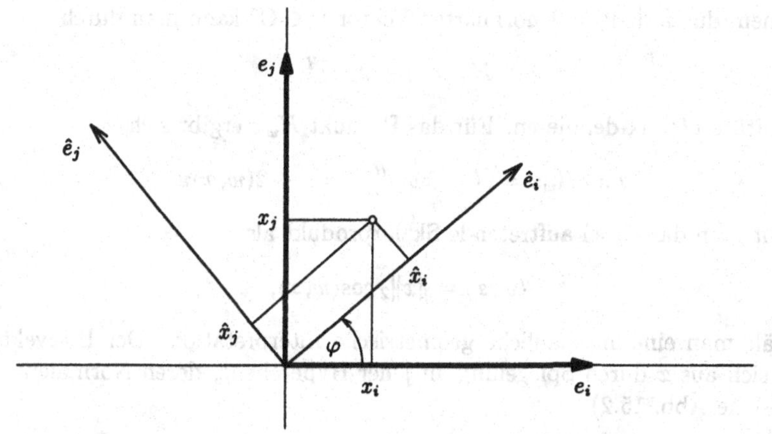

Abb. 15.1: Ebene Drehung (in der i-j-Ebene) um den Winkel φ

Im $\mathbb{R}^n$ läßt sich eine Drehung in den von den Einheitsvektoren e_i und e_j aufgespannten i-j-Ebene durch Linksmultiplikation mit der Transponierten der *Drehungsmatrix* (*Givens-Matrix*, *Jacobi-Matrix*) $G(\varphi; i, j)$ realisieren. $G(\varphi; i, j)$ erhält man ausgehend von der Einheitsmatrix, wenn man

$$g_{ii} := g_{jj} := \cos\varphi, \quad -g_{ij} := g_{ji} := \sin\varphi \qquad \text{mit} \quad |\varphi| \leq \pi$$

setzt:

$$G(\varphi; i, j) := \begin{pmatrix} 1 & & & & & & & & & & \\ & \ddots & & & & & & & & 0 & \\ & & 1 & & & & & & & & \\ & & & \cos\varphi & & & & -\sin\varphi & & & \\ & & & & 1 & & & & & & \\ & & & & & \ddots & & & & & \\ & & & & & & 1 & & & & \\ & & & \sin\varphi & & & & \cos\varphi & & & \\ & & & & & & & & 1 & & \\ & 0 & & & & & & & & \ddots & \\ & & & & & & & & & & 1 \end{pmatrix}.$$

Eine ebene Drehung $G^\top(\varphi; i, j)\cdot A$ wirkt sich nur auf die i-te und j-te Zeile von A aus. Eine Rechtsmultiplikation $A \cdot G(\varphi; i, j)$ wirkt sich hingegen nur auf die i-te und j-te Spalte von A aus. Die ähnlichen Matrizen A und

$$B := G^\top(\varphi; i, j) \cdot A \cdot G(\varphi; i, j)$$

unterscheiden sich daher nur in den i-ten und j-ten Zeilen und Spalten.

Householder-Spiegelungen

Mit einem durch $\|w\|_2 = 1$ normierten Vektor $w \in \mathbb{C}^n$ kann man durch

$$H_w := I - 2ww^H$$

eine unitäre Matrix definieren. Für das Produkt $H_w x$ ergibt sich

$$y := H_w x = (I - 2ww^H)x = x - 2\langle w, x\rangle w.$$

Schreibt man das dabei auftretende Skalarprodukt als

$$\langle w, x\rangle = \|x\|_2 \cos\langle w, x\rangle,$$

so erhält man eine anschauliche geometrische Interpretation: Der Bildvektor y ergibt sich aus x durch Spiegelung an jener Hyperebene, deren Normalenvektor w ist (siehe Abb. 15.2).

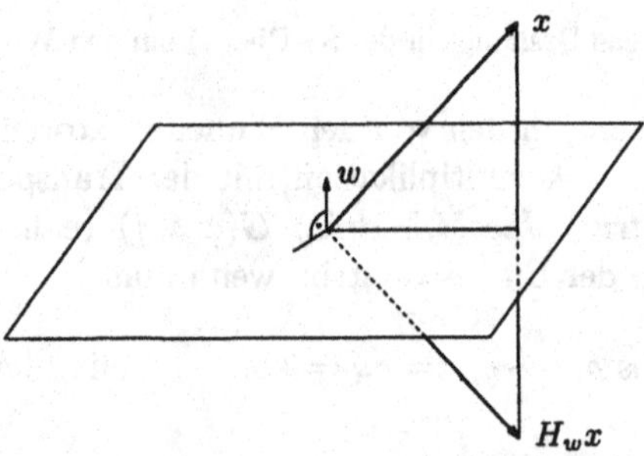

Abb. 15.2: Spiegelung eines Vektors x an der Ebene, deren Normalenvektor w ist.

Unitär-Ähnlichkeit zu Dreiecksmatrizen

Eines der für die Behandlung von Eigenwertproblemen wichtigsten Resultate der Matrixtheorie ist der Satz von Schur, demzufolge jede Matrix $A \in \mathbb{C}^{n\times n}$ zu einer oberen Dreiecksmatrix unitär-ähnlich ist. Die Diagonalelemente einer solchen Dreiecksmatrix sind selbstverständlich die Eigenwerte von A.

Satz 15.1.6 (Schur-Faktorisierung) *Für jede Matrix $A \in \mathbb{C}^{n\times n}$ existiert eine unitäre Matrix $Q \in \mathbb{C}^{n\times n}$, mit der die Ähnlichkeitstransformation*

$$Q^H AQ = T = \operatorname{diag}(\lambda_1, \lambda_2, \ldots, \lambda_n) + N \qquad (15.16)$$

möglich ist, wobei N eine strikte obere Dreiecksmatrix ist. Q kann so gewählt werden, daß die Eigenwerte λ_i in beliebiger Reihenfolge in der Diagonalmatrix auftreten.

Beweis: Golub, Van Loan [48].

Die Schur-Faktorisierung (15.16) ist *nicht* eindeutig. Damit ist nicht nur die Reihenfolge der Eigenwerte in der Diagonale der Dreiecksmatrix gemeint. Auch die Elemente oberhalb der Diagonale, die in der Matrix N zusammengefaßt sind, können sich wesentlich voneinander unterscheiden, wie folgendes Beispiel zeigt:

Beispiel (Unitär-ähnliche Dreiecksmatrizen) Die beiden Dreiecksmatrizen

$$T_1 := \begin{pmatrix} 1 & 1 & 4 \\ 0 & 2 & 2 \\ 0 & 0 & 3 \end{pmatrix} \quad \text{und} \quad T_2 := \begin{pmatrix} 2 & -1 & 3\sqrt{2} \\ 0 & 1 & \sqrt{2} \\ 0 & 0 & 3 \end{pmatrix}$$

sind unitär-ähnlich.

Die im Satz 15.1.6 formulierte Unitär-Ähnlichkeit jeder Matrix zu *oberen* Dreiecksmatrizen gilt analog für unitäre Ähnlichkeit zu *unteren* Dreiecksmatrizen (mit anderen unitären Transformationsmatrizen).

Die Spaltenvektoren $q_1, \ldots, q_n$ der unitären Matrix Q einer Schur-Faktorisierung nennt man *Schur-Vektoren*. Vergleicht man die Matrixgleichung $AQ = QT$ spaltenweise, dann erhält man

$$Aq_i = \lambda_i q_i + \sum_{j=1}^{i-1} n_{ji} q_j, \qquad i = 1, 2, \ldots, n. \tag{15.17}$$

Daraus folgt, daß die Teilräume

$$S_k := \operatorname{span}\{q_1, \ldots, q_k\}, \qquad k = 1, 2, \ldots, n$$

invariant bezüglich A sind. Da nach Satz 15.1.6 die Eigenwerte in (15.16) beliebig angeordnet werden können, gibt es daher mindestens einen k-dimensionalen invarianten Teilraum zu jeder Menge von k Eigenwerten.

Die Beziehung (15.17) zeigt, daß der Schur-Vektor q_i genau dann ein Eigenvektor von A ist, wenn alle Elemente der i-ten Spalte von N Null sind. Für alle Spalten von N ist das genau dann der Fall, wenn $A^H A = AA^H$ gilt.

Definition 15.1.12 (Normale Matrizen) *Komplexe bzw. reelle quadratische Matrizen mit der Eigenschaft*

$$A^H A = AA^H \qquad bzw. \qquad A^\top A = AA^\top$$

heißen normal.

Speziell sind also Hermitesche bzw. symmetrische Matrizen normal.

Orthogonal-Ähnlichkeit zu (Quasi-) Dreiecksmatrizen

Besitzt eine Matrix $A \in \mathbb{R}^{n\times n}$ nur reelle Eigenwerte, dann ist ihre Schur-Faktorisierung mit einer orthogonalen Matrix $Q \in \mathbb{R}^{n\times n}$ möglich:

$$Q^\top AQ = T = \operatorname{diag}(\lambda_1, \lambda_2, \ldots, \lambda_n) + N$$

Ist darüber hinaus A normal (oder sogar symmetrisch), so gilt auch $N = 0$, also

$$Q^\top AQ = \operatorname{diag}(\lambda_1, \lambda_2, \ldots, \lambda_n).$$

Hat eine Matrix $A \in \mathbb{R}^{n\times n}$ nicht nur reelle, sondern auch konjugiert komplexe Eigenwerte, dann ist eine orthogonale Ähnlichkeitstransformation auf eine reelle Dreiecksmatrix nicht möglich (eine unitäre Ähnlichkeitstransformation auf eine komplexe Dreiecksmatrix ist selbstverständlich auch in diesem Fall durch Satz 15.1.6 sichergestellt). Jede reelle Matrix A ist aber orthogonal-ähnlich zu einer reellen Hessenberg-Matrix:

Satz 15.1.7 (Reelle Schur-Faktorisierung) *Für jede Matrix $A \in \mathbb{R}^{n\times n}$ existiert eine orthogonale Matrix $Q \in \mathbb{R}^{n\times n}$, mit der die Ähnlichkeitstransformation*

$$Q^\top AQ = \begin{pmatrix} R_{11} & R_{12} & \cdots & R_{1k} \\ 0 & R_{22} & \cdots & R_{2k} \\ \vdots & \vdots & \ddots & \vdots \\ 0 & 0 & \cdots & R_{kk} \end{pmatrix} \tag{15.18}$$

möglich ist, wobei jeder Diagonalblock R_{ii} entweder eine reelle 1×1-Matrix oder eine reelle 2×2-Matrix mit konjugiert komplexen Eigenwerten von A ist. Q kann so gewählt werden, daß die Diagonalblöcke in beliebiger Reihenfolge auftreten.

Beweis: Golub, Van Loan [48].

Mit der Faktorisierung (15.18) kommt man einer reellen Dreiecksmatrix so nahe wie möglich. Eine Hessenberg-Matrix mit der speziellen Gestalt (15.18) nennt man *Quasi-Dreiecksmatrix*.

Unitär-Ähnlichkeit zu Diagonalmatrizen

Diagonalmatrizen in der Äquivalenzklasse einer Matrix sind wegen ihrer einfachen Struktur von besonderem Interesse. Dabei gilt:

Satz 15.1.8 *Eine Matrix $A \in \mathbb{C}^{n\times n}$ ist genau dann unitär-ähnlich zu einer Diagonalmatrix,*

$$Q^H AQ = \operatorname{diag}(\lambda_1, \lambda_2, \ldots, \lambda_n),$$

wenn sie normal ist, also wenn $A^H A = AA^H$ gilt.

Beweis: Golub, Van Loan [48].

Die Matrix N der Schur-Faktorisierung (15.16) ist also genau dann die Nullmatrix, wenn A normal ist. Die Größe $\Delta(A) := \|N\|_F$, die von Q unabhängig ist, bildet daher ein Maß für die Abweichung der Matrix A von der Normalität:

$$\Delta^2(A) = \|N\|_F^2 = \|A\|_F^2 - \sum_{i=1}^{n} |\lambda_i|^2.$$

Im reellen Fall gilt:

Satz 15.1.9 *Eine Matrix $A \in \mathbb{R}^{n\times n}$ ist genau dann orthogonal-ähnlich zu einer Quasi-Diagonalmatrix,*

$$Q^\top AQ = \operatorname{diag}(D_{11}, D_{22}, \ldots, D_{kk}),$$

wenn sie normal ist, d. h., wenn $A^\top A = AA^\top$ gilt. Jede Matrix D_{ii} ist dabei entweder eine reelle 1×1-Matrix oder eine reelle 2×2-Matrix der Form

$$D_{ii} := \begin{pmatrix} \alpha_i & \beta_i \\ -\beta_i & \alpha_i \end{pmatrix}.$$

Beweis: Horn, Johnson [56]

Ist $A \in \mathbb{R}^{n\times n}$ nicht nur normal, sondern auch symmetrisch ($A^\top = A$), dann ist A sogar zu einer Diagonalmatrix orthogonal-ähnlich.

Satz 15.1.10 (Symmetrische reelle Schur-Faktorisierung) *Für jede symmetrische Matrix $A \in \mathbb{R}^{n\times n}$ existiert eine orthogonale Matrix $Q \in \mathbb{R}^{n\times n}$, mit der folgende Ähnlichkeitstransformation möglich ist:*

$$Q^\top AQ = \operatorname{diag}(\lambda_1, \lambda_2, \ldots, \lambda_n).$$

Beweis: Golub, Van Loan [48]

15.1.5 Ähnlichkeit zu (Quasi-) Diagonalmatrizen

Will man eine *nicht*-normale Matrix durch Ähnlichkeitstransformation so weit wie möglich auf Diagonalform bringen, so muß man dafür *nicht*-unitäre Matrizen heranziehen.

Satz 15.1.11 (Block-Diagonalform) *Für jede Matrix $A \in \mathbb{C}^{n\times n}$ existiert eine reguläre Matrix $X \in \mathbb{C}^{n\times n}$, mit der die Ähnlichkeitstransformation*

$$X^{-1}AX = \operatorname{diag}(T_{11}, T_{22}, \ldots, T_{kk}) \tag{15.19}$$

möglich ist. Jede Matrix $T_{ii} \in \mathbb{C}^{n_i\times n_i}$ ist eine obere Dreiecksmatrix mit λ_i in der Hauptdiagonale, deren Ordnung n_i durch die algebraische Vielfachheit von λ_i gegeben ist.

Beweis: Horn, Johnson [56].

Zerlegt man die Matrix X aus (15.19) in

$$X = [X_1, X_2, \ldots, X_k] \qquad \text{mit} \quad X_i \in \mathbb{C}^{n \times n_i},$$

so kann man den Raum $\mathbb{C}^n$ als direkte Summe invarianter Unterräume darstellen:

$$\mathbb{C}^n = \operatorname{span}(X_1) \oplus \operatorname{span}(X_2) \oplus \cdots \oplus \operatorname{span}(X_k). \tag{15.20}$$

Wenn man für die Unterräume in (15.20) geeignete Basen wählt, ist es möglich, $X^{-1}AX$ auf Quasi-Diagonalform zu bringen:

Satz 15.1.12 (Jordansche Normalform) *Für jede Matrix $A \in \mathbb{C}^{n \times n}$ existiert eine reguläre Matrix $X \in \mathbb{C}^{n \times n}$, mit der die Ähnlichkeitstransformation*

$$X^{-1}AX = \operatorname{diag}(J_1, J_2, \ldots, J_l)$$

möglich ist, wobei die Jordan-Blöcke J_j quadratische Bidiagonalmatrizen folgender spezieller Gestalt sind:

$$J_j := \begin{pmatrix} \lambda_j & 1 & 0 & \cdots & 0 & 0 \\ 0 & \lambda_j & 1 & \cdots & 0 & 0 \\ \vdots & \vdots & \vdots & & \vdots & \vdots \\ 0 & 0 & 0 & \cdots & \lambda_j & 1 \\ 0 & 0 & 0 & \cdots & 0 & \lambda_j \end{pmatrix}.$$

Die Bidiagonalmatrix $\operatorname{diag}(J_1, J_2, \ldots, J_l)$ *ist bis auf die Reihenfolge ihrer Untermatrizen durch A eindeutig bestimmt.*

Beweis: Horn, Johnson [56].

Die Matrizen $J_1, \ldots, J_l$ werden als *Jordan-Blöcke* bezeichnet. Mit jedem Eigenwert ist mindestens ein Jordan-Block assoziiert. Im Fall eines einfachen Eigenwertes ist dieser eine 1×1-Matrix

$$J_j = (\lambda_i) \in \mathbb{C}^{1 \times 1}.$$

Bei einem nichtdefekten Eigenwert λ_i mit der Vielfachheit $n_i = m_i$ treten n_i Jordan-Blöcke der Dimension 1 auf, die alle λ_i enthalten. Die Anzahl der Jordan-Blöcke, die ein und denselben Eigenwert λ_i enthalten, ist gleich der Anzahl der linear unabhängigen, zu λ_i gehörenden Eigenvektoren.

Die Spaltenvektoren der Matrix X in (15.19) sind Eigen- bzw. Hauptvektoren zu den Eigenwerten in der Hauptdiagonale der zugehörigen Jordan-Blöcke.

Trotz ihrer für theoretische Untersuchungen wichtigen Eigenschaften hat die Jordansche Normalform nur eine geringe praktische Bedeutung. Die Gründe dafür liegen in der schlechten Kondition nicht-unitärer Ähnlichkeitstransformationen und den Schwierigkeiten, die mit der numerischen Ermittlung der Jordan-Blöcke verbunden sind. Die numerisch instabilen Rangbestimmungen, die dafür erforderlich sind, beeinflussen in kritischer Weise das Resultat.

Im Vergleich zur Jordan-Zerlegung kann die Schur-Faktorisierung einer Matrix mit numerisch stabilen Algorithmen ermittelt werden. Dies ist auch der Grund, warum im LAPACK (siehe Abschnitt 15.7) und in den mathematischen Softwarebibliotheken nur Programme für die Schur-Faktorisierung enthalten sind.

15.1.6 Eigenwert-Abschätzungen

In manchen Anwendungsfällen benötigt man keine numerischen Näherungen für die Eigenwerte von A, sondern findet mit qualitativen Aussagen über die Lage der Eigenwerte das Auslangen.

Beispiel (Asymptotische Stabilität) Wenn für das System gewöhnlicher Differentialgleichungen

$$y' = Ay, \qquad A \in \mathbb{R}^{n\times n} \tag{15.21}$$

alle Lösungen für $t \to +\infty$ gegen Null streben, so nennt man das System 15.21 *asymptotisch stabil.* Diese Eigenschaft liegt genau dann vor (Coppel [146]), wenn

$$\mathrm{Re}(\lambda_i) < 0 \quad \text{für alle} \quad \lambda_i \in \lambda(A)$$

gilt, also alle Eigenwerte von A in der linken Hälfte der komplexen Zahlenebene liegen.

Beispiel (B-Konvergenz) Bei Konvergenzuntersuchungen von numerischen Verfahren zur Lösung sehr allgemeiner Klassen von Anfangswertproblemen gewöhnlicher Differentialgleichungen $y' = f(t,y)$ spielt die *einseitige Lipschitz-Konstante*

$$m := \max\{\mu(f_y(t,y)) : (t,y) \in B\} \qquad \text{mit} \quad \mu(A) := \lambda_{\max}((A + A^{\mathsf{T}})/2)$$

eine wichtige Rolle zur Charakterisierung des Problemtyps (Frank, Schneid, Überhuber [200], [201], [202]). Auch in diesem Fall genügen oft qualitative Aussagen über $\mu(A)$.

Beispiel (Konvergenz iterativer Verfahren) Ein Iterationsverfahren der Form

$$x^{(k+1)} := Ax^{(k)} + c, \quad k = 0, 1, 2 \ldots$$

konvergiert genau dann gegen den Fixpunkt x^*, wenn

$$|\lambda_i| < 1 \quad \text{für alle} \quad \lambda_i \in \lambda(A)$$

gilt. Um für beliebige Startvektoren $x^{(0)}$ Konvergenz sicherzustellen, genügt der Nachweis, daß der *Spektralradius* $\varrho(A) < 1$ erfüllt.

Aus der Eigenwertdefiniton $Ax = \lambda x$ folgt unmittelbar folgende Abschätzung:

Satz 15.1.13 *Jede p-Norm von A ist eine Betragsschranke für ihre Eigenwerte:*

$$|\lambda_i| \le \|A\|_p, \qquad i = 1, 2, \ldots, n.$$

Alle Eigenwerte der Matrix A liegen also in einem Kreis

$$K := \{z : |z| \le \|A\|_p\}$$

mit dem Mittelpunkt 0 *und dem Radius* $\|A\|_p$.

Einige Algorithmen zur Eigenwertbestimmung beruhen darauf, eine Folge von Ähnlichkeitstransformationen

$$X_1^{-1}AX_1, \quad X_2^{1-}AX_2, \quad X_3^{-1}AX_3, \ldots$$

durchzuführen, deren Ergebnisse sich zunehmend einer Diagonalform nähern.

Um die Frage zu beantworten, wie gut die Diagonalelemente einer Matrix deren Eigenwerte approximieren, kann man folgendermaßen vorgehen: Man definiert n Kreise in der komplexen Zahlenebene mit den Mittelpunkten $a_{11}, \ldots, a_{nn}$ und den Radien

$$r_i := |a_{i1}| + |a_{i2}| + \cdots + |a_{i,i-1}| + |a_{i,i+1}| + \cdots + |a_{in}| \qquad i = 1, 2, \ldots, n.$$

Die Kreise

$$K_i := \{z \in \mathbb{C} : |z - a_{ii}| \leq r_i\}, \qquad i = 1, 2, \ldots, n \tag{15.22}$$

stehen zu den Eigenwerten von A in folgender Beziehung:

Satz 15.1.14 (Gerschgorin) *Alle Eigenwerte einer Matrix A liegen in der Vereinigungsmenge der Kreise K_i*

$$\lambda(A) \subseteq \bigcup_{i=1}^{n} K_i. \tag{15.23}$$

Wenn die Vereinigungsmenge von k dieser Kreise von den restlichen $n - k$ Kreisen separiert ist (mit diesen einen leeren Durchschnitt hat), so enthält sie genau k Eigenwerte von A. Dabei sind mehrfache Eigenwerte entsprechend ihrer algebraischen Vielfachheit mehrfach zu zählen.

Beweis: Ortega [316].

Die Kreise (15.22) werden oft als *Gerschgorin-Kreise* bezeichnet, ihre Vereinigungsmenge (15.23) als *Gerschgorin-Bereich.*

Verfügt man über zusätzliche Information betreffend die Matrix A, dann kann man oft die Aussage von Satz 15.1.14 noch weiter präzisieren. Wenn z. B. A eine Hermitesche Matrix ist, müssen alle ihre Eigenwerte reell sein, also in der Vereinigungsmenge der reellen abgeschlossenen Intervalle $\mathbb{R} \cap K_i$ liegen.

Nachdem A und $A^\top$ dieselben Eigenwerte haben, kann man einen zu Satz 15.1.14 analogen Satz erhalten, wenn man Gerschgorin-Kreise

$$K_i' := \{z \in \mathbb{C} : |z - a_{ii}| \leq r_i'\}, \qquad i = 1, 2, \ldots, n$$

über die Spaltensummen definiert:

$$r_j' := |a_{1j}| + |a_{2j}| + \cdots + |a_{j-1,j}| + |a_{j+1,j}| + \cdots + |a_{nj}| \qquad j = 1, 2, \ldots, n.$$

Man erhält durch

$$\lambda(A) \subseteq \left(\bigcup_{i=1}^{n} K_i\right) \cap \left(\bigcup_{i=1}^{n} K_i'\right)$$

oft bessere Eigenwert-Abschätzungen als durch (15.23).

Da die Eigenwerte ähnlicher Matrizen übereinstimmen, kann man versuchen, durch eine Ähnlichkeitstransformation $X^{-1}AX$ die Gerschgorin-Radien zu verkleinern. Im einfachsten Fall ist

$$X := D := \operatorname{diag}(d_1, d_2, \ldots, d_n) \quad \text{mit} \quad d_i > 0,\ i = 1, 2, \ldots, n,$$

woraus sich die Ähnlichkeitstransformation

$$D^{-1}AD = (d_j a_{ij}/d_i)$$

ergibt. Wendet man nun den Satz 15.1.14 auf $D^{-1}AD$ und $(D^{-1}AD)^{\mathrm{T}}$ an, so erhält man die Gerschgorin-Bereiche

$$\lambda(A) \subseteq \bigcup_{i=1}^{n} \{z \in \mathbb{C} : |z - a_{ii}| \leq \frac{1}{d_i} \sum_{\substack{j=1 \\ j \neq i}}^{n} d_j |a_{ij}|\}$$

und

$$\lambda(A) \subseteq \bigcup_{j=1}^{n} \{z \in \mathbb{C} : |z - a_{jj}| \leq \frac{1}{d_j} \sum_{\substack{i=1 \\ i \neq j}}^{n} d_i |a_{ij}|\}.$$

15.2 Kondition des Eigenwertproblems

Für diagonalisierbare Matrizen liefert der folgende Satz eine Konditionszahl für jeden Eigenwert:

Satz 15.2.1 *Für $A \in \mathbb{C}^{n \times n}$ gelte*

$$X^{-1}AX = \mathrm{diag}(\lambda_1, \lambda_2, \ldots, \lambda_n).$$

Ist μ ein Eigenwert der durch $E \in \mathbb{C}^{n \times n}$ gestörten Matrix $A + E$, dann gilt die Abschätzung

$$\min\{|\lambda_i - \mu| : \lambda_i \in \lambda(A)\} \leq \kappa_p(X) \cdot \|E\|_p, \tag{15.24}$$

wobei $p \in [1, \infty]$ beliebig gewählt werden kann.

Beweis: Bauer, Fike [107].

Dieser Satz zeigt, daß die absolute Kondition der Eigenwerte einer diagonalisierbaren Matrix von der Konditionszahl

$$\kappa_p(X) = \|X\|_p \|X^{-1}\|_p$$

der Transformationsmatrix X und nicht von der Konditionszahl $\kappa_p(A)$ der Matrix des ursprünglichen Eigenwertproblems abhängt.

Die Spalten von X sind die Eigenvektoren von A. Diese sind aber bei einfachen Eigenwerten nur bis auf einen Faktor eindeutig bestimmt. Bei mehrfachen Eigenwerten können sie sogar aus einem invarianten Unterraum weitgehend beliebig gewählt werden. Dementsprechend ist

$$\min\{\kappa_p(X) : X^{-1}AX = \mathrm{diag}(\lambda_1, \ldots, \lambda_n)\}$$

die Konditionszahl des Eigenwertproblems einer diagonalisierbaren Matrix.

Für normale Matrizen, die durch unitäre Transformationsmatrizen X mit

$$\|X\|_2 = \|X^{-1}\|_2 = 1 \qquad \text{und} \qquad \kappa_2(X) = 1,$$

auf Diagonalform gebracht werden können, ist das Eigenwertproblem stets optimal konditioniert. Nach (15.24) sind für normale Matrizen – und damit speziell auch für symmetrische Matrizen – die Störungen der Eigenwerte von derselben Größenordnung wie die Störungen der Matrix:

$$\min\{|\lambda_i - \mu| : \lambda_i \in \lambda(A)\} \leq \|E\|_2.$$

Wenn A nicht diagonalisierbar ist, gibt es keine so günstigen Konditionsaussagen wie (15.24). Aus der Nicht-Normalität einer Matrix folgt aber nicht automatisch die schlechte Konditionierung *aller* Eigenwerte; oft treten sowohl gut als auch schlecht konditionierte Eigenwerte auf. Aus diesem Grund ist es vorteilhaft, die Kondition eines *einzelnen* Eigenwerts anzugeben.

Um für einen einfachen Eigenwert $\lambda_i \in \lambda(A)$ (mit der algebraischen Vielfachheit $n_i = 1$) mit einem normierten rechten und linken Eigenvektor

$$Ax = \lambda_i x \quad \text{und} \quad y^H A = \lambda_i y^H \qquad \text{mit} \quad \|x\|_2 = \|y\|_2 = 1$$

zu einer Konditionsaussage zu gelangen, setzt man durch

$$\tilde{A}(t) := A + tE, \qquad \|E\|_2 = 1$$

eine differenzierbar parametrisierte Störung von A voraus. Dann gibt es in einer Umgebung von $t = 0$ differenzierbare Funktionen $x(t)$ und $\lambda_i(t)$ mit

$$(A + tE) \cdot x(t) = \lambda_i(t) \cdot x(t) \qquad \|x(t)\|_2 \equiv 1$$

und $\lambda_i(0) = \lambda_i$ sowie $x(0) = x$. Durch Differentiation nach t erhält man für $t = 0$:

$$Ex + A\dot{x}(0) = \dot{\lambda}_i(0)x + \lambda_i \dot{x}(0)$$

Multiplikation mit y^H von links ergibt

$$y^H Ex = \dot{\lambda}_i(0) y^H x$$

und weiters

$$|\dot{\lambda}_i(0)| = \left| \frac{y^H Ex}{y^H x} \right| \leq \frac{1}{|y^H x|}.$$

Die Grenzkondition eines einfachen Eigenwerts $\lambda_i \in \lambda(A)$ ist also durch den Reziprokwert von

$$s := |y^H x|$$

gegeben. Damit ist auch die optimale Eigenwertkondition im Fall normaler Matrizen bestätigt: Wegen $y^H x = 1$ gilt $s = 1$. Gilt hingegen $0 < s \ll 1$, so ist λ_i schlecht konditioniert. In diesem Fall genügen kleine Störungen, um aus der Matrix A mit dem einfachen Eigenwert λ_i eine Matrix $\tilde{A}$ mit einem *mehrfachen*

Eigenwert zu machen. Mehrfache Eigenwerte einer Matrix sind im allgemeinen sehr schlecht konditioniert.

Alle bisherigen Konditionsbetrachtungen waren A-priori-Abschätzungen, die sich nicht auf numerisch berechnete Eigenwert- und/oder Eigenvektornäherungen stützen. Kennt man einen näherungsweisen Eigenvektor $\tilde{x} \neq 0$ und den zugehörigen Eigenwert $\tilde{\lambda}$, so kann man genauere Fehlerabschätzungen erhalten, als wenn man über diese Information nicht verfügt.

Satz 15.2.2 *Sei $A \in \mathbb{C}^{n\times n}$ eine diagonalisierbare Matrix mit*

$$X^{-1}AX = \operatorname{diag}(\lambda_1, \lambda_2, \ldots, \lambda_n),$$

dann gibt es für $\tilde{\lambda} \in \mathbb{C}$ und $\tilde{x} \in \mathbb{C}^n$ mit $\tilde{x} \neq 0$ einen Eigenwert $\lambda_i \in \lambda(A)$, dessen Abstand von $\tilde{\lambda}$ man durch

$$|\tilde{\lambda} - \lambda_i| \leq \|X\|\,\|X^{-1}\|\frac{\|A\tilde{x} - \tilde{\lambda}\tilde{x}\|}{\|\tilde{x}\|} = \kappa(X)\frac{\|r\|}{\|\tilde{x}\|}$$

abschätzen kann. Ist A normal, dann gibt es einen Eigenwert $\lambda_i \in \lambda(A)$ mit

$$|\tilde{\lambda} - \lambda_i| \leq \frac{\|r\|_2}{\|\tilde{x}\|_2}. \tag{15.25}$$

Beweis: Horn, Johnson [56].

Bemerkenswert an der Abschätzung (15.25) ist, daß in den wichtigen Fällen Hermitescher bzw. symmetrischer Matrizen, ein kleines Residuum r eines numerisch bestimmten Eigenpaares - unabhängig von der Kondition $\kappa(X)$ - einen kleinen absoluten Fehler des Eigenwertes garantiert. Diese Tatsache ist auch deshalb so beachtenswert, weil bei linearen Gleichungssystemen ein kleines Residuum nicht automatisch auch einen kleinen absoluten Fehler bedeutet.

Kondition von Eigenvektoren

Im Gegensatz zur guten Kondition der Eigen*werte* diagonalisierbarer Matrizen sind die Eigen*vektoren* solcher Matrizen oft sehr schlecht konditioniert.

Beispiel (Kleine Störung der Matrix) Für

$$A := \begin{pmatrix} 1 & 0 \\ 0 & 1 \end{pmatrix} \quad \text{und} \quad E := \begin{pmatrix} e_{11} & e_{12} \\ 0 & 0 \end{pmatrix} \quad \text{mit} \quad e_{11}, e_{12} \neq 0$$

gilt $\lambda(A + E) = \{1, 1 + e_{11}\}$, und die zugehörigen normierten Eigenvektoren sind

$$x_1 = \frac{1}{\sqrt{e_{11}^2 + e_{12}^2}}\begin{pmatrix} -e_{12} \\ e_{11} \end{pmatrix} \quad \text{und} \quad x_2 = \begin{pmatrix} 1 \\ 0 \end{pmatrix}.$$

Durch geeignete Wahl von e_{11} und e_{12} kann man dem Eigenvektor x_1 jede beliebige Richtung geben, auch wenn die Beträge der Störungen e_{11} und e_{12} noch so klein sind.

Setzt man $e_{11} = 0$, dann hat der Eigenraum der gestörten Matrix $A + E$ nur die Dimension 1, während A zwei linear unabhängige Eigenvektoren besitzt.

Auch ein kleines Residuum eines numerisch berechneten Eigenpaares $\tilde{\lambda}$, $\tilde{x}$ kann nicht garantieren, daß $\tilde{x}$ eine gute Näherung für einen Eigenvektor x von A ist.

Beispiel (Kleines Residuum) Die Matrix

$$A = \begin{pmatrix} 1 & \varepsilon \\ \varepsilon & 1 \end{pmatrix}$$

hat für alle $\varepsilon > 0$ die Eigenvektoren

$$x_1 = \begin{pmatrix} 1 \\ 1 \end{pmatrix} \quad \text{und} \quad x_2 = \begin{pmatrix} 1 \\ -1 \end{pmatrix}.$$

Das Paar

$$\tilde{\lambda} = 1 \quad \text{und} \quad \tilde{x} = \begin{pmatrix} 1 \\ 0 \end{pmatrix}$$

hat das Residuum

$$r = A\tilde{x} - \tilde{\lambda}\tilde{x} = \begin{pmatrix} 0 \\ \varepsilon \end{pmatrix}. \tag{15.26}$$

Je kleiner man $\varepsilon > 0$ wählt, desto kleiner kann man das Residuum (15.26) machen. Der Vektor $\tilde{x}$ ist aber auch für noch so kleine Werte von ε keine gute Näherung für einen der beiden Eigenvektoren x_1 und x_2.

Die schlechte Kondition der Eigenvektoren zu mehrfachen nichtdefekten Eigenwerten hat ihre Ursache in der Tatsache, daß es in diesem Fall unendlich viele verschiedene Eigenvektorbasen für den zugehörigen invarianten Teilraum gibt.

15.3 Vektoriteration

Das einfachste Verfahren zur Bestimmung des betragsmäßig größten Eigenwertes und eines zugehörigen Eigenvektors einer Matrix ist die sogenannte *Potenzmethode*. Ausgehend von einem Startvektor $x^{(0)} \in \mathbb{C}^n$ wird dabei die Folge

$$x^{(k)} := Ax^{(k-1)}, \qquad k = 1, 2, 3, \ldots$$

gebildet. Es ist dann

$$x^{(k)} = A^k x^{(0)}, \qquad k = 1, 2, 3, \ldots .$$

Für die Untersuchung der Konvergenzeigenschaften dieser Iteration soll der Einfachheit halber angenommen werden, daß die Matrix A diagonalisierbar ist, also

$$X^{-1}AX = \operatorname{diag}(\lambda_1, \lambda_2, \ldots, \lambda_n),$$

und einen *dominanten Eigenwert* besitzt, d. i. ein Eigenwert, der betragsmäßig größer als alle übrigen Eigenwerte ist:

$$|\lambda_1| > |\lambda_2| \geq |\lambda_3| \geq \cdots \geq |\lambda_n| \geq 0 \tag{15.27}$$

Die Spaltenvektoren $x_1, \ldots, x_n$ von X sind linear unabhängige Eigenvektoren von A und bilden somit eine Basis des $\mathbb{C}^n$. $x^{(0)}$ läßt sich daher darstellen als

$$x^{(0)} = \alpha_1 x_1 + \alpha_2 x_2 + \cdots + \alpha_n x_n.$$

Weiters gilt

$$\begin{aligned} x^{(k)} = A^k x^{(0)} &= \alpha_1 A^k x_1 + \alpha_2 A^k x_2 + \cdots + \alpha_n A^k x_n = \\ &= \alpha_1 \lambda_1^k x_1 + \alpha_2 \lambda_2^k x_2 + \cdots + \alpha_n \lambda_n^k x_n = \\ &= \alpha_1 \lambda_1^k \left(x_1 + \frac{\alpha_2}{\alpha_1} \left(\frac{\lambda_2}{\lambda_1} \right)^k x_2 + \cdots + \frac{\alpha_n}{\alpha_1} \left(\frac{\lambda_n}{\lambda_1} \right)^k x_n \right), \end{aligned} \tag{15.28}$$

soferne $\alpha_1 \neq 0$ ist. Wegen (15.27) gilt

$$\left| \frac{\lambda_i}{\lambda_1} \right| < 1 \qquad \text{für} \quad i = 2, 3, \ldots, n,$$

und (15.28) wird für $k \to \infty$ durch $\alpha_1 \lambda_1^k x_1$ qualitativ beschrieben:

$$\lim_{k \to \infty} \left(\frac{A^k x^{(0)}}{\lambda_1^k} - \alpha_1 x_1 \right) = 0. \tag{15.29}$$

Die Folge $\{x^{(k)}\}$ konvergiert gegen 0, wenn $|\lambda_1| < 1$ ist, und divergiert im Fall $|\lambda_1| > 1$. Die Beziehung (15.29) kann zur Berechnung des Eigenvektors x_1 benutzt werden, wenn man durch Skalierung dafür sorgt, daß der Grenzwert endlich und ungleich Null ist. Für die durch

```
do  k = 1, 2, 3, ...
    x^(k) := A x^(k-1)
    x^(k) := x^(k) / ||x^(k)||
    λ^(k) := [x^(k)]^H A x^(k)
end do
```

definierten Folgen $\{x^{(k)}\}$ und $\{\lambda^{(k)}\}$ gilt[1]

$$\begin{aligned} \operatorname{dist}\left(\operatorname{span}\{x^{(k)}\}, \operatorname{span}\{x_1\}\right) &= O\left(\left| \frac{\lambda_2}{\lambda_1} \right|^k \right), \\ |\lambda^{(k)} - \lambda_1| &= O\left(\left| \frac{\lambda_2}{\lambda_1} \right|^k \right). \end{aligned}$$

Die Konvergenzgeschwindigkeit und damit die Effizienz der Potenzmethode hängt wesentlich vom Verhältnis zwischen $|\lambda_1|$ und $|\lambda_2|$ ab. Sind die Beträge von λ_1 und λ_2 nicht ausreichend verschieden, so sind sehr viele Iterationsschritte zum

[1] Für diese Aussage muß eine Distanzfunktion für Unterräume geeignet definiert werden (siehe z. B. Golub, Van Loan [48]).

Erreichen der gewünschten Genauigkeit notwendig. Im Fall $|\lambda_2|/|\lambda_1| = 0.9$ sind mehr als 22 Iterationsschritte erforderlich, um die Genauigkeit der Näherungen für x_1 und λ_1 um eine einzige Dezimalstelle zu verbessern.

Für Probleme mit $|\lambda_2|/|\lambda_1| \ll 1$ ist die Potenzmethode ein effizienter Algorithmus zur Bestimmung des dominanten Eigenwertes und eines zugehörigen Eigenvektors. Sie hat vor allem bei großen schwach besetzten Matrizen den Vorteil, daß eine Speicherung von A in einem $n \times n$-Feld nicht erforderlich ist: es genügt, das Matrix-Vektorprodukt Ax auszuwerten.

15.3.1 Inverse Iteration

Sind alle Eigenwerte $\lambda(A)$ von Null verschieden, so existiert die Inverse A^{-1} und hat das Spektrum

$$\lambda(A^{-1}) = \{1/\lambda_1, 1/\lambda_2, \ldots, 1/\lambda_n\}.$$

Die Eigenvektoren von A und A^{-1} stimmen überein. Ist $1/\lambda_n$ dominanter Eigenwert von A^{-1},

$$1/|\lambda_n| > 1/|\lambda_{n-1}| \geq \cdots \geq 1/|\lambda_1| > 0,$$

so kann man die Potenzmethode auf A^{-1} anwenden und so den Kehrwert des betrags*kleinsten* Eigenwerts von A bestimmen.

Spektralverschiebung

Die inverse Vektoriteration konvergiert dann besonders rasch, wenn $|\lambda_n|$ sehr viel kleiner als alle übrigen Eigenwertbeträge ist. Eine solche Situation liegt z. B. dann vor, wenn man für einen einfachen reellen Eigenwert bereits eine Näherung μ kennt und diese Näherung zu einer *Spektralverschiebung* verwendet:

$$\lambda(A - \mu I) = \{\lambda_1 - \mu, \lambda_2 - \mu, \ldots, \lambda_n - \mu\}.$$

Die Matrix $A - \mu I$ hat dann einen fast verschwindenden Eigenwert, und die Potenzmethode – in diesem Fall die inverse Iteration – konvergiert für $(A - \mu I)^{-1}$ besonders rasch.

Bei der praktischen Ausführung von

do $k = 1, 2, 3, \ldots$
  solve $(A - \mu I)x^{(k)} = x^{(k-1)}$ (15.30)
  $x^{(k)} := x^{(k)}/\|x^{(k)}\|$
  $x^{(k)} := [x^{(k)}]^H A x^{(k)}$
end do

wird man nicht in jedem Schritt das lineare Gleichungssystem (15.30) mit einem $O(n^3)$-Aufwand lösen, sondern vor der Schleife eine LU-Zerlegung oder im symmetrischen Fall eine Cholesky-Faktorisierung durchführen. Der Rechenaufwand pro Schritt wird dann nur mehr vom $O(n^2)$-Aufwand der Rücksubstitution in

(15.30) bestimmt und ist daher von derselben Größenordnung wie bei der Potenzmethode. Dazu kommt der einmalige Aufwand für die LU-Faktorisierung von $A - \mu I$ vor der Schleife.

Stimmt μ mit einem Eigenwert von A bereits sehr gut überein, so hat die Matrix $A - \mu I$ mit $\lambda_i - \mu$ einen fast verschwindenden Eigenwert, ist also fast singulär. Da jeder Schritt der inversen Vektoriteration aus der Lösung eines linearen Gleichungssystems mit der Matrix $A - \mu I$ besteht, ergeben sich ernste Zweifel an der Stabilität des Verfahrens. Man kann aber zeigen, daß die inverse Iteration trotz der Fast-Singularität von $A - \mu I$ vernünftige Werte liefert (Parlett [324]).

15.3.2 Inverse Iteration mit Spektralverschiebungen

Die Konvergenzgeschwindigkeit der inversen Iteration kann man beträchtlich steigern, wenn man den Verschiebungsparameter μ nach jedem Schritt auf die jeweils aktuellste Eigenwertnäherung $\lambda^{(k)}$ setzt. Damit steigt aber der Rechenaufwand sehr stark an, da die LU-Zerlegung in jedem Schritt neu ausgeführt werden muß.

Die Konvergenzordnung des so erhaltenen Verfahrens – das auch als *Rayleigh-Quotienten-Iteration* bezeichnet wird – ist quadratisch, während die inverse Iteration nur lineare Konvergenzordnung besitzt. Im Fall einer symmetrischen Matrix konvergiert die Rayleigh-Quotienten-Iteration sogar kubisch.

15.4 QR-Algorithmus

Durch Ähnlichkeitstransformationen wird das Spektrum einer Matrix nicht verändert:

$$\lambda(X^{-1}AX) = \lambda(A).$$

Man kann deshalb versuchen, die Ausgangsmatrix A auf eine ähnliche Matrix einfacherer Gestalt zurückzuführen, aus der man die Eigenwerte unmittelbar ablesen kann oder mit geringem zusätzlichen Aufwand erhält.

Für die Ähnlichkeitstransformationen sind orthogonale bzw. im komplexen Fall unitäre Matrizen besonders gut geeignet, weil sich deren Inverse sofort angeben läßt:

$$Q^{-1} = Q^{\top} \quad \text{bzw.} \quad Q^{-1} = Q^{H}.$$

Um zu einer unitär-ähnlichen Matrix zu kommen, kann man zunächst A durch QR-Faktorisierung (siehe Abschnitt 13.14.2) in das Produkt einer unitären Matrix Q und einer Rechtsdreiecksmatrix (oberen Dreiecksmatrix) R zerlegen:

$$A = QR.$$

Anschließend multipliziert man diese Faktoren in umgekehrter Reihenfolge:

$$A_1 := RQ.$$

Wegen

$$A = QR = QRQQ^{-1} = QA_1Q^{-1}$$

ist A_1 ähnlich zu A und hat demnach die selben Eigenwerte. Diese Vorgangsweise kann man iterativ wiederholen:

$$
\begin{array}{ll}
A_0 := A & \\
\textbf{do}\ \ k = 1,2,3,\ldots & \\
\quad \textbf{factorize}\ A_{k-1} = Q_k R_k \qquad (\textit{QR-Faktorisierung}) & \qquad (15.31)\\
\quad A_k := R_k Q_k & \\
\textbf{end do} &
\end{array}
$$

Aus

$$A_k = R_k Q_k = Q_k^H (Q_k R_k) Q_k = Q_k^H A_{k-1} Q_k$$

folgt induktiv

$$A_k = (Q_1 Q_2 \cdots Q_k)^H A_0 (Q_1 Q_2 \cdots Q_k).$$

Die Produkte der unitären Matrizen kann man zu (ebenfalls unitären) Matrizen

$$U_k := Q_1 Q_2 \cdots Q_k$$

zusammenfassen. Damit gilt

$$A_k = U_k^H A_0 U_k = U_k^H A U_k. \qquad (15.32)$$

Die Matrizen $A_1, A_2, A_3, \ldots$ sind also alle unitär-ähnlich zu A. Wesentlich weniger offensichtlich sind die Konvergenzeigenschaften dieser Matrixfolge: Unter sehr wenig einschränkenden Voraussetzungen konvergiert die Folge $\{A_k\}$ gegen eine Dreiecksmatrix, die Zerlegung (15.32) nähert sich also immer mehr der Schur-Faktorisierung von A (Stoer, Bulirsch [73]).

15.4.1 QR-Algorithmus mit Spektralverschiebungen

Die Geschwindigkeit, mit der die Matrixelemente unterhalb der Hauptdiagonale gegen Null konvergieren, kann für den Fall betragsmäßig verschiedener Eigenwerte $|\lambda_1| > |\lambda_2| > \cdots > |\lambda_n|$ durch

$$a_{ij}^{(k)} = O\left(\frac{|\lambda_i|^k}{|\lambda_j|^k}\right) \qquad \text{für} \quad k \to \infty$$

charakterisiert werden (Stoer, Bulirsch [73]). Für betragsmäßig nahe beieinanderliegende Eigenwerte $|\lambda_i| \approx |\lambda_j|$ kann die Konvergenz sehr langsam sein. Ebenso wie bei der inversen Vektoriteration (siehe Abschnitt 15.3.2) kann durch eine Spektralverschiebung, die man in jedem Schritt durchführt, die Konvergenzgeschwindigkeit deutlich gesteigert werden. Man ersetzt dabei die Faktorisierung (15.31) durch

$$\textbf{factorize}\ (\overline{A}_{k-1} - \mu_{k-1} I) = \overline{Q}_k \overline{R}_k \qquad (15.33)$$

und erreicht damit, daß die Konvergenzgeschwindigkeit nun durch

$$a_{ij}^{(k)} = O\left(\frac{|\lambda_i - \mu_k|^k}{|\lambda_j - \mu_k|^k}\right) \qquad \text{für} \quad k \to \infty$$

charakterisiert wird. Bei geeigneter Wahl der Verschiebungsparameter μ_k kann mit Spektralverschiebungen sogar kubische Konvergenz des QR-Verfahrens erreicht werden.

15.4.2 Aufwandsreduktion bei QR-Algorithmen

Die soeben beschriebenen Formen des QR-Algorithmus sind für den praktischen Einsatz viel zu ineffizient, weil jede Faktorisierung (15.31) bzw. (15.33), die pro Schritt durchgeführt wird, einen $O(n^3)$-Aufwand erfordert. Soferne A_{k-1} bzw. $\overline{A}_{k-1}$ jedoch eine Hessenberg-Matrix ist, erfordert deren QR-Zerlegung nur einen $O(n^2)$-Aufwand; für den Fall einer Tridiagonalmatrix wird überhaupt nur ein $O(n)$-Aufwand benötigt. Nun hat aber der QR-Algorithmus die vorteilhafte Eigenschaft, daß die Matrizen

$$A_1, A_2, A_3, \ldots \qquad \text{oder} \qquad \overline{A}_1, \overline{A}_2, \overline{A}_3, \ldots$$

wieder Hessenberg-Gestalt bzw. Tridiagonalform besitzen, wenn A von dieser Besetztheitsstruktur ist (Golub, Van Loan [48]). Bei der praktischen Durchführung des QR-Algorithmus wird daher stets ein Vorverarbeitungsschritt ausgeführt, der die gegebene vollbesetzte Matrix durch Ähnlichkeitstransformationen auf Hessenberg- bzw. Tridiagonalform bringt (siehe Abschnitt 15.6).

Die vielen Aspekte, die bei einer effizienten Implementierung des QR-Algorithmus zu berücksichtigen sind, würden den Rahmen des vorliegenden Buches sprengen. Ausführliche Diskussionen findet man in den Büchern von Wilkinson [78], Stewart [71], Parlett [324] und Golub, Van Loan [48].

15.5 Transformation auf Diagonalform

Die Orthogonal-Ähnlichkeit einer reellen symmetrischen Matrix A zu einer Diagonalmatrix mit den Eigenwerten von A,

$$Q^\top A Q = \operatorname{diag}(\lambda_1, \lambda_2, \ldots, \lambda_n),$$

ist die Grundlage einer Klasse von Algorithmen, welche die Diagonalform durch sukzessive orthogonale Ähnlichkeitstransformationen anstreben und so alle Eigenwerte einer symmetrischen Matrix simultan bestimmen.

Jacobi-Verfahren

Die Idee des Jacobi-Verfahrens besteht darin, durch ebene Drehungen die Nicht-Diagonalelemente systematisch zum Verschwinden zu bringen:

$$\operatorname{ND}(A) := \sum_{i=1}^{n} \sum_{\substack{j \neq i \\ j=1}}^{n} a_{ij}^2 \quad \to \quad 0.$$

Die Anzahl der dafür benötigten Drehungen ist im allgemeinen unendlich, da die Eigenwerte als Nullstellen des charakteristischen Polynoms von A nicht durch einen endlichen Prozeß bestimmt werden können. Bei der praktischen Durchführung des Jacobi-Verfahrens wird die Iteration abgebrochen, sobald der Wert von $\operatorname{ND}(A)$ unter einer vorgegebenen Schranke liegt.

In der klassischen Form des Jacobi-Algorithmus wird das momentan betragsgrößte Nicht-Diagonalelement durch ebene Drehung zum Verschwinden gebracht. Bei den nachfolgenden Drehungen wird allerdings das an dieser Stelle erzeugte Nullelement wieder zerstört.

Angenommen, a_{pq} mit $1 \le p < q \le n$ wäre das zu eliminierende Nicht-Diagonalelement. Die Elimination von a_{pq} ist gleichbedeutend mit der Schur-Faktorisierung einer symmetrischen 2×2-Matrix:

$$\begin{pmatrix} \cos\varphi & \sin\varphi \\ -\sin\varphi & \cos\varphi \end{pmatrix}^{\mathsf{T}} \begin{pmatrix} a_{pp} & a_{pq} \\ a_{qp} & a_{qq} \end{pmatrix} \begin{pmatrix} \cos\varphi & \sin\varphi \\ -\sin\varphi & \cos\varphi \end{pmatrix} = \begin{pmatrix} b_{pp} & b_{pq} \\ b_{qp} & b_{qq} \end{pmatrix}.$$

Aus der Forderung $b_{qp} = b_{pq} = 0$ ergibt sich die trigonometrische Gleichung für den Drehwinkel φ

$$\cot 2\varphi = \frac{a_{qq} - a_{pp}}{2a_{pq}}.$$

Auf Grund der Unitär-Invarianz der Frobenius-Norm ergibt sich

$$\mathrm{ND}(G^{\mathsf{T}}(\varphi; p, q) \cdot A \cdot G(\varphi; p, q)) = \mathrm{ND}(A) - 2a_{pq}^2.$$

Unter Ausnutzung der speziellen Eigenschaft, daß a_{pq} das *betragsgrößte* Nichtdiagonalelement ist, erhält man nach k Schritten (Golub, Van Loan [48]):

$$\mathrm{ND}(A^{(k)}) \le \left(1 - \frac{2}{n(n-1)}\right)^k \mathrm{ND}(A^{(0)}).$$

Diese Abschätzung, aus der die lineare Konvergenz des Jacobi-Verfahrens folgt, gilt für allgemeine symmetrische Matrizen und alle $k = 1, 2, 3, \ldots$. Für speziellere Matrixtypen und ab einer bestimmten Anzahl von Iterationen konvergiert das Jacobi-Verfahren *quadratisch*.

15.6 Transformation auf Hessenberg-Form

Während bei der orthogonalen Transformation auf Diagonalform eine unendliche Matrixfolge $A, A^{(1)}, A^{(2)}, \ldots$ abgebrochen werden muß (da man die Eigenwerte in endlich vielen Schritten nicht exakt bestimmen kann), kann die Transformation auf Hessenberg- bzw. im Hermiteschen/symmetrischen Fall auf Tridiagonalform durch eine *endliche* Anzahl von unitären/orthogonalen Ähnlichkeitstransformationen bewerkstelligt werden. Im Anschluß daran lassen sich alle oder auch nur einzelne Eigenwerte numerisch berechnen.

15.6.1 Givens-Verfahren

Beim Givens-Verfahren werden Ähnlichkeitstransformationen durch ebene Drehungen (Givens-Rotationen) so ausgeführt, daß die Nichtdiagonalelemente unterhalb (oder oberhalb) der Hauptdiagonale zeilenweise eliminiert werden. Durch die Drehung $G(\varphi; i, j)$ wird das Matrixelement an der Stelle $(i-1, j)$ eliminiert. Im Gegensatz zum Jacobi-Verfahren werden dadurch einmal eliminierte Nichtdiagonalelemente nicht wieder zu Nicht-Nullelementen. Durch $(n-1)(n-2)/2$ Drehungen läßt sich daher jede quadratische Matrix in eine Hessenberg-Matrix transformieren.

15.6.2 Householder-Verfahren

Statt mit ebenen Drehungen kann man jede quadratische Matrix auch mit Householder-Spiegelungen auf Hessenberg- bzw. Tridiagonalform transformieren. In jedem Schritt werden dabei ganze Zeilen und Spalten in die gewünschte Form gebracht.

15.7 LAPACK-Programme

Das Programmpaket LAPACK (siehe Abschnitt 13.15) ist nicht nur für die numerische Lösung linearer Gleichungssysteme der De-facto-Standard, sondern auch für Eigenwert- und Eigenvektorprobleme.

Wie bei den LAPACK-Programmen für lineare Gleichungssysteme gibt es bei Eigenwert- und Eigenvektorproblemen ebenfalls zwei Programmkategorien:

Black-box-Programme oder **Treiberprogramme** sind für die einfache und komfortable Problemlösung gedacht. Sie haben relativ kurze Parameterlisten, was die Handhabung erleichtert. Andererseits können speziellere Problemstellungen damit im allgemeinen nicht gelöst werden.

Rechenprogramme sind Implementierungen von (Teil-) Algorithmen. Sie ermöglichen die viel weitergehende Beeinflussung der algorithmischen Abläufe als die Treiberprogramme, die *Front-ends* der Rechenprogramme darstellen.

15.7.1 Symmetrische Eigenprobleme

Die LAPACK-Programme für reelle *symmetrische Eigenwertprobleme*

$$Ax = \lambda x \qquad \text{mit} \quad A = A^{\top} \in \mathbb{R}^{n \times n} \tag{15.34}$$

dienen der Berechnung von allen oder einigen *Eigenwerten* $\lambda_i \in \lambda(A)$ und den dazugehörigen *Eigenvektoren* $x \neq 0$. Für das komplexe *Hermitesche Eigenwertproblem* gilt dies analog für

$$A \in \mathbb{C}^{n \times n} \qquad \text{mit} \quad A = A^H. \tag{15.35}$$

Jede symmetrische bzw. Hermitesche Matrix ist orthogonal-ähnlich bzw. unitär-ähnlich zu einer reellen Diagonalmatrix. Daraus folgt, daß symmetrische und Hermitesche Eigenwertprobleme nur *reelle* Eigenwerte besitzen. Die Matrix A aus (15.35) hat ein orthonormales System von Eigenvektoren.

Standard-Treiberprogramme für (15.34) bzw. (15.35) sind **LAPACK/*s*ev** bzw. **LAPACK/*h*ev**. Sie berechnen *alle* Eigenwerte und (optional) die zugehörigen Eigenvektoren einer symmetrischen bzw. Hermiteschen Matrix.

Spezial-Treiberprogramme **LAPACK/*s*evx** bzw. **LAPACK/*h*evx** berechnen alle oder *nur bestimmte* Eigenwerte und die entsprechenden Eigenvektoren (siehe Tabelle 15.1).

Tabelle 15.1: LAPACK-Black-box-Programme für symmetrische Eigenwertprobleme

Matrixtyp (Speicherung)	*driver*	REAL	COMPLEX
symmetrische/Hermitesche Matrix	*simple* *expert*	**ssyev** **ssyevx**	**cheev** **cheevx**
symmetrische/Hermitesche Matrix (gepackte Speicherung)	*simple* *expert*	**sspev** **sspevx**	**chpev** **chpevx**
symmetrische/Hermitesche Bandmatrix	*simple* *expert*	**ssbev** **ssbevx**	**chbev** **chbevx**
symmetrische/Hermitesche Tridiagonalmatrix	*simple* *expert*	**sstev** **sstevx**	

Algorithmen und Rechenprogramme

Die Berechnung der Eigenwerte und zugehöriger Eigenvektoren erfolgt in folgenden Schritten:

1. Die reelle symmetrische bzw. komplexe Hermitesche Matrix A wird in entsprechenden LAPACK-Rechenprogrammen (siehe Tabelle 15.2) durch orthogonale bzw. unitäre Ähnlichkeitstransformationen auf eine reelle symmetrische Tridiagonalmatrix T reduziert (siehe Abschnitt 15.6):

$$A = QTQ^{\mathrm{T}} \qquad \text{bzw.} \qquad A = QTQ^{H}.$$

Tabelle 15.2: LAPACK-Rechenprogramme zur Reduktion auf Tridiagonalform

Matrixtyp (Speicherung)	REAL	COMPLEX
symmetrische/Hermitesche Matrix	**ssytrd**	**chetrd**
symmetrische/Hermitesche Matrix (gepackte Speicherung)	**ssptrd**	**chptrd**
symmetrische/Hermitesche Bandmatrix	**ssbtrd**	**chbtrd**

Ist die Matrix A reell, so kann Q explizit mit **LAPACK/*qrgtr** berechnet werden. Für Multiplikationen von Q mit anderen Matrizen (ohne explizites Berechnen von Q) steht das Programm **LAPACK/*qrmtr** zur Verfügung. Für eine komplexe Matrix stehen **LAPACK/*ungtr** und **LAPACK/*unmtr** zur Verfügung.

2. Die reelle symmetrische Tridiagonalmatrix T wird faktorisiert in

$$T = PDP^{\mathrm{T}},$$

wobei P orthogonal und D eine Diagonalmatrix ist. Die Diagonalelemente von D sind die Eigenwerte von T und die Spalten von P sind die Eigenvektoren von T. Die Eigenvektoren von A sind die Spalten von QP.

Für die Diagonalisierung einer symmetrischen Tridiagonalmatrix $T = PDP^{\mathrm{T}}$ stehen im LAPACK mehrere Rechenprogramme zur Verfügung, abhängig davon, ob man alle oder nur bestimmte Eigenwerte und/oder Eigenvektoren benötigt (siehe Tabelle 15.3).

Tabelle 15.3: LAPACK-Rechenprogramme zur Diagonalisierung von Tridiagonalmatrizen

Matrixtyp (Speicherung)	Operation	REAL	COMPLEX
symmetrische Tridiagonalmatrix	Eigenwerte/-vektoren	`ssteqr`	`csteqr`
	Eigenwerte mit wurzelfreiem QR	`ssterf`	
	Eigenwerte mit Bisektion	`sstebz`	
	Eigenvektoren mit inverser Iteration	`sstein`	`cstein`
symmetrische positiv definite Tridiagonalmatrix	Eigenwerte/-vektoren	`spteqr`	`cpteqr`

LAPACK/*steqr implementiert einen speziellen Algorithmus von Wilkinson, der zwischen QR- und QL-Variante wechselt, um große Matrizen effizienter verarbeiten zu können, als dies die einfache QL-Variante ermöglicht (Greenbaum, Dongarra [220]).

LAPACK/*sterf implementiert eine effiziente Variante des QR-Algorithmus, die ohne Quadratwurzeln auskommt (Greenbaum, Dongarra [220]). Sie kann nur *alle* Eigenwerte einer symmetrischen Tridiagonalmatrix berechnen.

LAPACK/*pteqr ist nur auf symmetrische *positiv definite* Tridiagonalmatrizen anwendbar. Es benutzt eine Kombination aus Cholesky-Faktorisierung und bidiagonaler QR-Iteration (siehe **LAPACK/*bdsqr**) und liefert signifikant bessere Ergebnisse als die anderen Programme.

LAPACK/*stebz implementiert den Bisektionsalgorithmus zur Berechnung bestimmter oder aller Eigenwerte. Alle Eigenwerte in einem reellen Intervall oder alle Eigenwerte vom i-ten bis zum j-ten werden mit sehr hoher Genauigkeit berechnet. Die Geschwindigkeit dieses Programms kann durch Herabsetzen der Genauigkeitsanforderung erhöht werden.

LAPACK/*stein benutzt inverse Iteration um aus gegebenen Eigenwerten bestimmte oder auch alle Eigenvektoren zu berechnen.

Die Berechnung aller Eigenwerte einer kleinen bis mittleren Matrix ist mit dem Programm **LAPACK/*sterf** am schnellsten. Wenn zusätzlich die Eigenvektoren benötigt werden, so sind **LAPACK/*steqr** und auch **LAPACK/*pteqr** zu bevorzugen. Bei größeren Matrizen sind **LAPACK/*stebz** und **LAPACK/*stein** schneller. Wenn nur wenige Eigenwerte und/oder Eigenvektoren benötigt werden, sind meistens **LAPACK/*stsbz** und **LAPACK/*stein** am effizientesten.

15.7.2 Nichtsymmetrische Eigenprobleme

Die LAPACK-Programme für *nichtsymmetrische Eigenwertprobleme* berechnen *Eigenwerte* $\lambda_i \in \lambda(A)$ und dazugehörige *Eigenvektoren* $x \neq 0$, wobei

$$A \neq A^{\mathsf{T}} \quad \text{bzw.} \quad A \neq A^H \tag{15.36}$$

nicht ausgeschlossen wird. Dieses Problem wird durch *Schur-Faktorisierung* von A gelöst. Im reellen Fall ist dies die Faktorisierung

$$A = QTQ^{\mathsf{T}},$$

wobei Q eine orthogonale Matrix und T eine untere Quasi-Dreiecksmatrix mit Hauptdiagonalblöcken der Ordnung 1 oder 2 ist. Die Zweierblöcke entsprechen dabei den konjugiert komplexen Paaren von Eigenwerten der Matrix A. Im komplexen Fall ist die Schur-Faktorisierung

$$A = QTQ^H$$

mit einer unteren Dreiecksmatrix T und einer unitären Matrix Q möglich.

Für jedes $k \in \{1, 2, \ldots, n\}$ bilden die ersten k Spaltenvektoren der Matrix Q, die man als *Schur-Vektoren* bezeichnet, eine orthonormale Basis für jenen Teilraum, der den ersten k Eigenwerten (in der Hauptdiagonale von T) entspricht. Da diese aus den Schur-Vektoren bestehende Basis orthonormal ist, sind in vielen Anwendungen die Schur-Vektoren den Eigenvektoren vorzuziehen.

Treiberprogramme

Zwei Arten von Treiberprogrammen stehen zur Lösung des Problems (15.36) zur Verfügung: eines zur Schur-Faktorisierung, das andere zur Berechnung der Eigenwerte und Eigenvektoren von A (siehe Tabelle 15.4).

LAPACK/*gees ist ein Standard-Treiberprogramm zur vollständigen oder teilweisen Berechnung der Schur-Faktorisierung einer nichtsymmetrischen Matrix A mit optionalem Ordnen der Eigenwerte.

LAPACK/*geesx ist ein Spezial-Treiberprogramm, das zusätzlich Konditionszahlen für Eigenwerte und die ihnen entsprechenden rechtsinvarianten Teilräume berechnen kann.

LAPACK/*geev ist ein Standard-Treiberprogramm zur Berechnung aller Eigenwerte und (optional) der dazugehörigen linken oder rechten Eigenvektoren.

LAPACK/*geevx ist ein Spezial-Treiberprogramm, welches zusätzlich die Faktorisierung so steuern kann, daß die Eigenwerte und Eigenvektoren eine möglichst gute Kondition besitzen.

Tabelle 15.4: LAPACK-Black-box-Programme für nichtsymmetrische Eigenwertprobleme

Matrixtyp	Funktion	*driver*	REAL	COMPLEX
allgemeine Matrix	Schur-Faktorisierung	*simple* *expert*	**sgees** **sgeesx**	**cgees** **cgeesx**
	Eigenwerte/-vektoren	*simple* *expert*	**sgeev** **sgeevx**	**cgeev** **cgeevx**

Algorithmen und Rechenprogramme

Zur Berechnung von Eigenwerten, Eigenvektoren, Schur-Vektoren, Konditionszahlen etc. gibt es LAPACK-Rechenprogramme für eine Reihe verschiedener Matrixtypen (siehe Tabelle 15.5).

Tabelle 15.5: LAPACK-Rechenprogramme für nichtsymmetrische Eigenprobleme

Matrixtyp	Operation	REAL	COMPLEX
allgemeine Matrix	Hessenberg-Reduktion Skalierung Rücktransformierung	**sgehrd** **sgebal** **sgebak**	**cgehrd** **cgebal** **cgebak**
Hessenberg-Matrix	Schur-Faktorisierung Eigenvektoren durch Inverse Iteration	**shseqr** **shsein**	**chseqr** **chsein**
(Quasi-) Dreiecksmatrix	Eigenvektoren Umordnen der Eigenwerte Sylvester-Gleichung Konditionszahl der Eigenwerte/vektoren Konditionszahl der invarianten Teilräume	**strevc** **strexc** **strsyl** **strsna** **strsen**	**ctrevc** **ctrexc** **ctrsyl** **ctrsna** **ctrsen**

Die numerische Lösung nichtsymmetrischer Eigenwertprobleme wird in folgenden Schritten durchgeführt:

1. Die allgemeine Matrix A wird in einem Vorverarbeitungsschritt zunächst in eine obere Hessenberg-Matrix H transformiert. Bei reellem A entspricht dem die Faktorisierung $A = QHQ^{\top}$ mit orthogonaler Matrix Q, bei komplexem

A erhält man $A = QHQ^H$ mit einer unitären Matrix Q. Diese Hessenberg-Faktorisierung wird von dem Programm **LAPACK/*gehrd** durchgeführt, wobei Q in faktorisierter Form geliefert wird.

Bei reeller Matrix A kann die Matrix Q entweder mit Hilfe des Programms **LAPACK/*orghr** explizit berechnet werden oder mittels **LAPACK/*ormhr** mit einer anderen Matrix multipliziert werden, ohne Q explizit zu berechnen. Im komplexen Fall stehen analog die Programme **LAPACK/*unghr** und **LAPACK/*unmhr** zur Verfügung.

2. Die obere Hessenberg-Matrix H wird auf die Schur-Form $H = PTP^\top$ (für reelles H) oder $H = PTP^H$ (für komplexes H) reduziert. Die Matrix P kann optional berechnet werden. Die Eigenwerte erhält man mit dem Programm **LAPACK/*hesqr** aus den Diagonalelementen von T.

3. Bei gegebenen Eigenwerten können zugehörige Eigenvektoren auf zwei verschiedenen Wegen berechnet werden. **LAPACK/*hsein** berechnet die Eigenvektoren von H durch inverse Iteration, während **LAPACK/*trevc** die Eigenvektoren von T berechnet. Durch Multiplikation mit Q (oder mit QP) kann man die rechten Eigenvektoren von H (oder von T) in die rechten Eigenvektoren der ursprünglichen Matrix A transformieren. Analoges gilt für die linken Eigenvektoren.

Für die *Skalierung* einer Matrix steht das Programm **LAPACK/*gebal** zur Verfügung. Es versucht, durch Anwendung von Permutationsmatrizen die Matrix A auf eine möglichst dreiecksähnliche Form zu bringen und gleichzeitig durch diagonalähnliche Transformationen alle Normen der Zeilen- und Spaltenvektoren der Matrix A einander anzugleichen. Diese Transformationen erhöhen die Konvergenzgeschwindigkeit und in manchen Fällen auch die Genauigkeit weiterer Berechnungen. **LAPACK/*gebal** führt die Skalierung und **LAPACK/*gebak** die Rücktransformation der Eigenvektoren der durch **LAPACK/*gebal** transformierten Matrix durch.

Zusätzlich zu diesen Programmen stehen vier weiter Programme für spezielle Aufgabenstellungen zur Verfügung.

LAPACK/*trexc dient zum Vertauschen der Positionen der Eigenwerte in der Hauptdiagonale der Schur-Form. Damit kann die Reihenfolge der Eigenwerte in der Schur-Normalform festgelegt werden.

LAPACK/*trsyl löst die *Sylvester-Gleichung* $BX + XC = D$ nach X bei gegebenen Matrizen B, C und D, wobei B und C (Quasi-) Dreiecksmatrizen sind. Dieses Programm wird von den beiden nächsten Programmen benötigt, ist aber auch unabhängig davon von Interesse.

LAPACK/*trsna berechnet die Konditionszahlen der Eigenwerte und/oder der rechten Eigenvektoren einer Matrix T in Schur-Form. Diese sind dieselben wie die Konditionszahlen der Eigenwerte und rechten Eigenvektoren der ursprünglichen Matrix A, aus der T berechnet wurde. Die Konditionszahlen können für alle Eigenwert-Eigenvektorpaare oder eine ausgewählte Teilmenge davon berechnet werden (Bai, Demmel, McKenney [97]).

LAPACK/*trsen setzt eine ausgewählte Teilmenge von Eigenwerten der Matrix T in Schur-Form auf die ersten Plätze der Matrix T und berechnet die Konditionszahlen ihres Durchschnittswertes und ihres rechtsinvarianten Teilraumes. Diese sind dieselben wie die Konditionszahlen des durchschnittlichen Eigenwertes und des rechtsinvarianten Teilraumes der ursprünglichen Matrix A, aus der die Matrix T berechnet wurde (Bai, Demmel, McKenney [97]).

15.7.3 Singulärwertzerlegung (SVD)

Im LAPACK gibt es Programme zur *Singulärwertzerlegung* (*singular value decomposition*, kurz SVD) einer $m \times n$-Matrix

$$A = USV^\top \quad \text{im reellen bzw.} \quad A = USV^H \quad \text{im komplexen Fall.} \tag{15.37}$$

U und V sind orthogonale (bzw. unitäre) $m \times m$- bzw. $n \times n$-Matrizen, und S ist eine $m \times n$-Diagonalmatrix mit reellen Diagonalelementen

$$\sigma_1 \geq \sigma_2 \geq \ldots \sigma_{\min(m,n)} \geq 0.$$

Die σ_i sind die *Singulärwerte* von A, und die ersten $\min(m,n)$ Spaltenvektoren von U und V sind die *linken* und *rechten Singulärvektoren* der Matrix A. Die Singulärwerte von A sind die Wurzeln der Eigenwerte von $A^\top A$:

$$\sigma_i = \sqrt{\lambda_i}, \qquad \lambda_i \in \lambda(A^\top A), \qquad i = 1, 2, \ldots, \min(m,n).$$

Man könnte daher die Singulärwerte von A über die Eigenwerte der symmetrischen Matrix $A^\top A$ berechnen. Es ist aber wesentlich vorteilhafter, Algorithmen zu verwenden, die eine Singulärwertzerlegung nur mit Hilfe der Matrix A (und nicht mit $A^\top A$) berechnen.

Die Treiberprogramme LAPACK/*gesvd berechnen die Singulärwertzerlegung allgemeiner nichtsymmetrischer Matrizen.

Algorithmen und Rechenprogramme

Die in Tabelle 15.6 angeführten LAPACK-Programme dienen der Ermittlung der Zerlegung (15.37). Die Berechnung erfolgt in zwei Schritten:

1. Die Matrix A wird zunächst mit Householder-Transformationen auf Bidiagonalform gebracht:

$$A = U_1 B V_1^\top \qquad \text{bzw.} \qquad A = U_1 B V_1^H.$$

Dabei sind U_1 und V_1 orthogonale (unitäre) Matrizen, und B ist eine reelle Bidiagonalmatrix. Das Programm LAPACK/*gebrd führt die dafür erforderlichen

Berechnungen aus, wobei U_1 und V_1 in faktorisierter Form gespeichert werden. Bei reeller Matrix A können die Matrizen U_1 und V_1 mit dem Programm `LAPACK/*orgbr` explizit berechnet werden oder mittels `LAPACK/*ormbr` mit anderen Matrizen multipliziert werden, ohne sie explizit zu berechnen. Bei komplexer Matrix A stehen analog `LAPACK/*ungbr` und `LAPACK/*unmbr` zur Verfügung.

2. Die Singulärwertzerlegung

$$B = U_2 S V_2^\top$$

der Bidiagonalmatrix B wird mit Hilfe des QR-Algorithmus berechnet. Hier sind U_2 und V_2 orthogonale Matrizen und S eine Diagonalmatrix. Die Singulärvektoren von A sind dann $U = U_1U_2$ und $V = V_1V_2$. Die erforderlichen Berechnungen erfolgen durch das Programm `LAPACK/*bdsqr`. Dieses bietet zusätzlich die Option, eine weitere Matrix mit den transponierten rechten Singulärvektoren zu multiplizieren. Diese Möglichkeit ist besonders bei linearen Ausgleichsproblemen von Vorteil.

Tabelle 15.6: LAPACK-Rechenprogramme für die Singulärwertzerlegung

Matrixtyp	Operation	REAL	COMPLEX
allgemeine Matrix	bidiagonale Reduktion	sgebrd	cgebrd
orthogonale/ unitäre Matrix	Generiere Matrix nach bidiagonaler Reduktion	sorgbr	cungbr
	Multipliziere Matrix nach bidiagonaler Reduktion	sormbr	cunmbr
bidiagonale Matrix	Singulärwerte/-vektoren	sbdsqr	cbdsqr

15.7.4 Allgemeine symmetrische Eigenprobleme

Im LAPACK gibt es Programme zur numerischen Lösung von *allgemeinen symmetrisch-definiten Eigenproblemen*

$$Ax = \lambda Bx, \qquad ABx = \lambda x, \qquad BAx = \lambda x. \tag{15.38}$$

A und B sind dabei symmetrische bzw. Hermitesche Matrizen, und B ist zusätzlich positiv-definit. Die im LAPACK für diesen Problemtyp zur Verfügung stehenden Treiberprogramme (und auch jene für *nicht*-symmetrische allgemeine Eigenprobleme) sind in Tabelle 15.7 aufgelistet.

Algorithmen und Rechenprogramme

Jedes der allgemeinen Probleme (15.38) kann nach einer Faktorisierung von B in $LL^\top$ oder $U^\top U$ auf ein symmetrisches Eigenwertproblem reduziert werden. Mit $B = LL^\top$ erhält man

$$Ax = \lambda Bx \quad \Rightarrow \quad (L^{-1}AL^{-\top})(L^\top x) = \lambda(L^\top x).$$

Tabelle 15.7: LAPACK-Black-box-Programme für allgemeine Eigenwertprobleme

Matrixtyp (Speicherung)	Funktion	*driver*	REAL	COMPLEX
allgemeine Matrizen	Schur-Faktorisierung Eigenwerte/-vektoren	*simple* *simple*	sgegs sgegv	cgegs cgegv
symmetrische/ Hermitesche Matrizen	Schur-Faktorisierung Eigenwerte/-vektoren	*simple*	ssygv	chegv
symmetrische/ Hermitesche Matrizen (gepackte Speicherung)	Schur-Faktorisierung Eigenwerte/-vektoren	*simple*	sspgv	chpgv

Daher sind die Eigenwerte von $Ax = \lambda Bx$ jene von $Cy = \lambda y$, wobei C die symmetrische Matrix $C := L^{-1}AL^{-\mathsf{T}}$ und $y := L^{\mathsf{T}}x$ bezeichnen.

Auf ähnliche Weise erhält man

$$ABx = \lambda x \quad \Rightarrow \quad (L^{\mathsf{T}}AL)(L^{\mathsf{T}}x) = \lambda(L^{\mathsf{T}}x)$$

und

$$BAx = \lambda x \quad \Rightarrow \quad (L^{\mathsf{T}}AL)(L^{-1}x) = \lambda(L^{-1}x).$$

Analog erhält man mit $B = U^{\mathsf{T}}U$

$$Ax = \lambda Bx \quad \Rightarrow \quad (U^{-\mathsf{T}}AU^{-1})(Ux) = \lambda(Ux),$$

$$ABx = \lambda x \quad \Rightarrow \quad (UAU^{\mathsf{T}})(Ux) = \lambda(Ux)$$

und

$$BAx = \lambda x \quad \Rightarrow \quad (UAU^{\mathsf{T}})(U^{-\mathsf{T}}x) = \lambda(U^{-\mathsf{T}}x).$$

Bei gegebener Matrix A und einer Cholesky-Faktorisierung von B überschreiben die Rechenprogramme `LAPACK/*gst` die Matrix A mit der Matrix C des korrespondierenden Standardproblems $Cy = \lambda y$. Zur Berechnung der Eigenvektoren x des allgemeinen Problems aus den Eigenvektoren y des Standardproblems werden keine speziellen Programme benötigt, da alle derartigen Berechnungen einfache Anwendungen der BLAS-2- und BLAS-3-Programme sind.

15.7.5 Allgemeine nichtsymmetrische Eigenprobleme

Für *allgemeine nichtsymmetrische Eigenprobleme*

$$Ax = \lambda Bx \qquad \text{oder} \qquad \mu Ay = By \tag{15.39}$$

mit allgemeinen (nichtsymmetrischen) quadratischen Matrizen A und B gibt es im LAPACK Programme zur numerischen Berechnung der Eigenwerte λ und der dazugehörigen Eigenvektoren $x \neq 0$ bzw. der Eigenwerte μ und der dazugehörigen Eigenvektoren $y \neq 0$. Beide Problemstellungen in (15.39) sind äquivalent mit $\mu = 1/\lambda$ und $x = y$, soferne weder $\lambda = 0$ noch $\mu = 0$ gilt.

Ist B singulär, so kann der Fall $Bx = 0$ und damit der *unendliche Eigenwert* $\lambda = \infty$ auftreten. Auf der anderen Seite entspricht bei nichtsingulärer Matrix A dem äquivalenten Problem $\mu Ax = Bx$ der unendliche Eigenwert $\mu = 0$. Um auch diese Eigenwerte handhaben zu können, liefern die entsprechenden LAPACK-Programme für jeden Eigenwert λ zwei Werte α und β mit $\lambda = \alpha/\beta$ und $\mu = \beta/\alpha$. Die erste Hauptaufgabe dieser Programme ist die Berechnung aller n Paare (α, β) und der dazugehörigen Eigenvektoren.

Wenn die Determinante von $A - zB$ für alle Werte von $z \in \mathbb{C}$ verschwindet, so nennt man das allgemeine Eigenwertproblem *singulär*, gekennzeichnet durch $\alpha = \beta = 0$ (wegen unvermeidlichen Rundungsfehler können die berechneten Werte von α und β auch sehr klein sein). In diesem Fall ist das Eigenwertproblem sehr schlecht konditioniert (Stewart [374], Wilkinson [397], Demmel, Kågström [159]).

Treiberprogramme

Zwei Standard-Treiberprogramme stehen für das nichtsymmetrische Problem $Ax = \lambda Bx$ zur Verfügung (siehe Tabelle 15.7):

LAPACK/*gegs: berechnet die gesamte verallgemeinerte Schur-Faktorisierung von $A - \lambda B$ oder auch nur Teile davon;

LAPACK/*gegv: berechnet die verallgemeinerten Eigenwerte und (optional) die linken oder rechten Eigenvektoren (oder beide).

Algorithmen und Rechenprogramme

Die Hauptaufgabe beim nichtsymmetrischen allgemeinen Eigenwertproblem ist die Berechnung der *allgemeinen Schur-Zerlegung* der Matrizen A und B. Wenn A und B komplex sind, dann ist ihre allgemeine Schur-Zerlegung

$$A = QSZ^H, \quad B = QPZ^H,$$

wobei Q und Z unitär und S und P obere Dreiecksmatrizen sind. Die LAPACK-Programme normalisieren die Matrix P dahingehend, daß alle Diagonalelemente nichtnegativ sind. In der Form $\lambda_i = s_{ii}/p_{ii}$ ergeben sich die Eigenwerte direkt aus den Diagonalelementen von S und P. Die LAPACK-Programme liefern $\alpha_i = s_{ii}$ und $\beta_i = p_{ii}$.

Wenn A und B reell sind, dann ist ihre allgemeine Schur-Zerlegung

$$A = QSZ^\top, \quad B = QPZ^\top,$$

wobei Q und Z orthogonal, P eine obere Dreiecksmatrix und S eine obere Quasi-Dreiecksmatrix mit Diagonalblöcken der Ordnung 1 und 2 sind. Die Blöcke der Ordnung 1 entsprechen den reellen Paaren von allgemeinen Eigenwerten, die Blöcke der Ordnung 2 den konjugiert komplexen Eigenwerten. In diesem Fall wird P derart normalisiert, daß die Diagonalelemente von P, die den Blöcken der Ordnung 1 entsprechen, nichtnegativ sind, während die Diagonalblöcke von P, die den Blöcken der Ordnung 2 entsprechen, auf Diagonalform gebracht werden. Daher können auch in diesem Fall die Eigenwerte leicht aus den Diagonalelementen von S und P berechnet werden.

Die Spaltenvektoren von Q und Z sind *allgemeine Schur-Vektoren*, die jeweils Paare von *deflationären Teilräumen* von A und B aufspannen (Stewart [375]). Deflationäre Teilräume sind eine Verallgemeinerung von invarianten Teilräumen: die ersten k Spalten von Z spannen einen rechts-deflationären Teilraum auf, der sowohl durch A als auch durch B in den von den ersten k Spalten von Q aufgespannten links-deflationären Teilraum abgebildet wird. Dieses Paar deflationärer Teilräume entspricht den ersten k Eigenwerten von S und P.

Tabelle 15.8: LAPACK-Rechenprogramme für allgemeine nichtsymmetrische Eigenprobleme

Matrixtyp	Operation	REAL	COMPLEX
allgemein	Hessenberg-Reduktion Skalierung Rücktransformierung	**sgghrd** **sggbal** **sggbak**	**cgghrd** **cggbal** **cggbak**
Hessenberg	Schur-Faktorisierung	**shgeqz**	**chgeqz**
(Quasi) Dreiecksmatrix	Eigenvektoren	**stgevc**	**ctgevc**

Die Berechnung erfolgt in folgenden Schritten (siehe Tabelle 15.8):

1. Das Paar A, B wird zu einer *allgemeinen oberen Hessenberg-Form* reduziert. Bei reellen A und B ist diese Zerlegung
$$A = UHV^\top, \quad B = UTV^\top,$$
wobei H eine obere Hessenberg-Matrix, T eine obere Dreiecksmatrix und U sowie V orthogonale Matrizen sind. Bei komplexen A und B ist die Zerlegung
$$A = UHV^H, \quad B = UTV^H,$$
wobei U sowie V unitär und H, T wie zuvor sind. Diese Zerlegung wird von dem Programm **LAPACK/*gghrd** ausgeführt, die H und T und optional U und/oder V berechnet. **LAPACK/*gehrd** berechnet – im Gegensatz zum entsprechenden Programm für den Standardfall des nichtsymmetrischen Eigenwertproblems – die Matrizen U und V nicht in faktorisierter Form.

2. Das Paar H, T wird mit dem Programm **LAPACK/*hgeqz** auf verallgemeinerte Schur-Form reduziert: $H = QSZ^\top$, $T = QPZ^\top$ (für reelle H und T) oder $H = QSZ^H$, $T = QPZ^H$ (für komplexe H und T). Die Werte von α und β werden ebenfalls berechnet. Die Matrizen Z und Q werden nur optional berechnet.

3. Die linken und/oder rechten Eigenvektoren von S und P werden mit **LAPACK/*tgevc** berechnet. Man kann optional die rechten Eigenvektoren von S und P in die rechten Eigenvektoren von A und B (oder auch von H und T) transformieren.

Zusätzlich existieren auch hier Programme zur Skalierung der Matrizen A und B bei der Reduktion auf die allgemeine Hessenberg-Form. Dabei werden die Matrizen A und B zunächst von links und dann von rechts mit einer Permutationsmatrix multipliziert, um sie möglichst dreiecksähnlich zu machen. Beim anschließenden Skalieren wird versucht, durch Multiplikation mit Diagonalmatrizen die Normen der Zeilen und Spalten der Matrizen A und B möglichst nahe an 1 heranzubringen. Diese Transformationen können die Ausführungsgeschwindigkeit und die Genauigkeit weiterer Berechnungen in vielen Fällen erhöhen. In manchen Fällen verschlechtert sich allerdings durch den Skalierungsschritt das Verhalten des Problems, auf alle Fälle erhält man aber dadurch eine andere Schur-Form. `LAPACK/*ggbal` führt die Skalierung (*balancing*) durch, `LAPACK/*ggbak` dient der Rücktransformation von Eigenvektoren der skalierten Matrizen.

Kapitel 16

Große schwach besetzte Systeme

Wer sich zuviel mit Kleinigkeiten befaßt,
wird unfähig zum Großen.

LA ROCHEFOUCAULD

Bei vielen mathematischen Modellen ist es, um das dargestellte System hinreichend genau beschreiben zu können, notwendig, eine sehr große Anzahl von Zustandsvariablen einzuführen. Dabei sind aber häufig die darzustellenden Wechselwirkungen von „lokaler" Art, betreffen also immer nur einige wenige Zustandsvariablen, die in einem gewissen „Nachbarschaftsverhältnis" stehen.

Für die mathematische Beschreibung bedeutet dies, daß zwar einerseits sehr viele Unbekannte und sehr viele Gleichungen vorliegen, in jeder einzelnen Gleichung aber nur sehr wenige der Unbekannten auftreten.[1] Nur für diese Unbekannten gibt es in der Koeffizientenmatrix des entsprechenden linearen (linearisierten) Gleichungssystems Nichtnullelemente. Man spricht in diesem Fall von einer *schwach, dünn* oder *spärlich besetzten Matrix* (engl. *sparse matrix*).

Am stärksten ausgeprägt ist diese Struktur bei Gleichungssystemen, die durch Diskretisierung von gewöhnlichen oder partiellen Differentialgleichungen entstehen. Hier bezeichnen die Unbekannten im allgemeinen die Werte einer oder mehrerer Zustandsvariablen an verschiedenen Stellen (und/oder zu verschiedenen Zeiten), und für eine hinreichend feine Diskretisierung ist eine große Anzahl von Stellen notwendig. Andererseits bringt aber eine Differentialgleichung einen rein lokalen Sachverhalt zum Ausdruck; sie beschreibt einen Zusammenhang zwischen den Werten und den Ableitungen von Zustandsgrößen jeweils an einer bestimmten Stelle. Bei der Diskretisierung durch die Methode der finiten Differenzen (FDM) werden die Ableitungen durch Differenzenquotienten benachbarter Werte approximiert. Dadurch entsteht eine Gleichung, die nur Werte an Nachbarstellen verknüpft. Die Anzahl der in einer Gleichung auftretenden Unbekannten ist dabei unabhängig von der Feinheit der Diskretisierung, d. h. von der Gesamtanzahl der Unbekannten.

Beispiel (Diskretisierung von Differentialgleichungen) Bei einer partiellen Differentialgleichung zweiter Ordnung für eine Funktion u der beiden unabhängigen Veränderlichen x und y über einem rechteckigen Grundbereich werden die Werte von u an den Punkten eines Gitters als Unbekannte eingeführt. Die Diskretisierung der Differentialgleichung in dem in Abb. 16.1 mit $\circ$ bezeichneten Gitterpunkt liefert dann – bei Verwendung eines einfachen Diskretisierungsverfahrens – eine Beziehung zwischen den Werten von u an den mit $\times$ bezeichneten Nachbarpunkten des Gitters und dem Wert von u an der Bezugsstelle $\circ$ selbst. Für jeden inneren Gitterpunkt ergibt sich so eine Gleichung mit 9 Unbekannten.

[1] Im folgenden wird vorausgesetzt, daß das gesamte System *nicht* in unabhängige Teilsysteme zerfällt, da diese separat gelöst werden könnten.

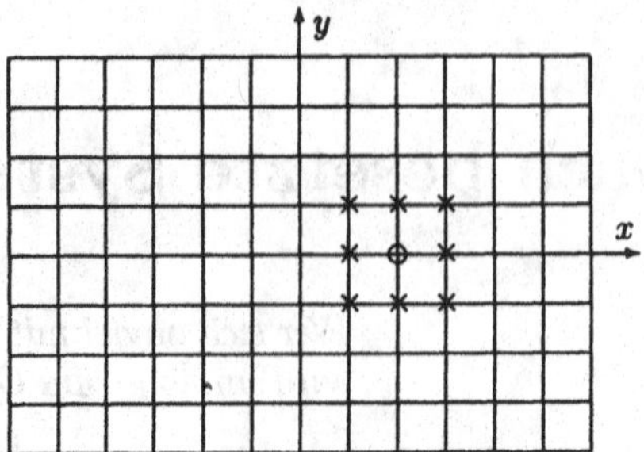

Abb. 16.1: Diskretisierung einer partiellen Differentialgleichung auf einem rechteckigen Gitter

Nimmt man an, daß die Werte von u in den Randpunkten des Bereiches vorgegeben sind, und numeriert man die unbekannten Werte an den inneren Gitterpunkten von links oben nach rechts unten „zeilenweise", dann erhält man ein lineares Gleichungssystem, dessen Matrix die in Abb. 16.2 dargestellte Struktur bezüglich des Auftretens der Nichtnullelemente aufweist. Offenbar ist dies eine spezielle Bandstruktur (vgl. Abschnitt 13.12), bei der auch innerhalb des Bandes sehr viele Koeffizienten verschwinden.

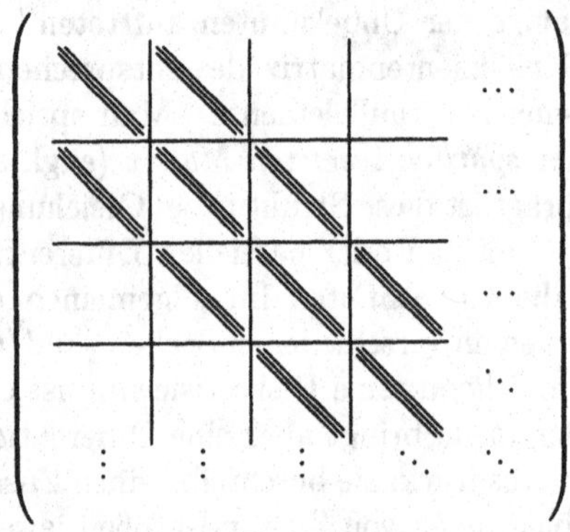

Abb. 16.2: Block-Tridiagonalmatrix einer diskretisierten partiellen Differentialgleichung

Bei einer komplizierteren geometrischen Form des Grundbereichs ergeben sich entsprechende Abweichungen von der Bandstruktur. Noch unübersichtlicher wird die Struktur, wenn man zur Diskretisierung die Finite-Elemente-Methode (FEM) verwendet; aber auch hier kommen in jeder Gleichung nur sehr wenige Unbekannte vor.

In typischen Fällen weist ein schwach besetztes System (*sparse system*) etwa 10^3 bis 10^5 Gleichungen und Unbekannte auf. Von den n^2 – also 10^6 bis 10^{10} (!) – möglichen Koeffizienten sind aber nur wenige Prozent, bei sehr großen Systemen sogar ein noch geringerer Anteil, von Null verschieden.

Beispiel (Automobil-Karosserie) Die aus Karosserie-Festigkeitsberechnungen im Automobilbau stammende Matrix BCSSTK32 der Harwell-Boeing *Sparse Matrix Collection* [181] hat die Dimension $n = 44\,609$, also ca. $2 \cdot 10^9$ Elemente, aber nur 1 029 655 Nichtnullelemente. Die Matrix hat also einen Besetztheitsgrad von nur 0.05 %.

Würde man zur Lösung derartig großer Systeme den unmodifizierten Gauß-Algorithmus mit einem Speicherbedarf von n^2 Gleitpunktzahlen und einem Rechenaufwand von mehr als $2n^3/3$ Gleitpunktoperationen verwenden, so wären die Leistungsgrenzen eines Computers sehr bald erreicht. Auf modernen Workstations kann man auf diese Art günstigstenfalls Gleichungssysteme mit einigen Tausend Unbekannten lösen. Ein System mit $n = 100\,000$ Unbekannten ist ohne Berücksichtigung der schwachen Besetztheit der Koeffizientenmatrix auch auf den derzeit leistungsfähigsten Supercomputern praktisch nicht lösbar.

Nur wenn solche Systeme unter Ausnutzung ihrer besonderen Struktur mit speziellen Algorithmen und Softwareprodukten besonders effizient gelöst werden (Dongarra, Van der Vorst [175]), ist es möglich, die entsprechenden komplexen Anwendungsprobleme sinnvoll zu modellieren und zu lösen. Insbesondere bei dreidimensionalen Problemen, eventuell noch mit einer Zeitabhängigkeit als vierter Dimension, führt schon eine recht grobe Darstellung der geometrischen und physikalischen Zusammenhänge zur Einführung von extrem vielen Gitterpunkten. Gerade an der Untersuchung solcher Probleme, die *nicht* (z. B. durch Ausnutzung von Symmetrien) auf niedriger-dimensionale reduziert werden können, ist man aber besonders interessiert.

Speicherung schwach besetzter Matrizen

Offenbar muß man bei der Speicherung der Koeffizienten einer schwach besetzten Matrix danach trachten, nur die von Null verschiedenen Koeffizienten zu speichern. Gleichzeitig muß aber Information über die Position der gespeicherten Koeffizientenwerte aufgezeichnet werden.

Im Fall einer *Band-Matrix*, bei der innerhalb eines Bandes nur wenige Koeffizienten verschwinden, kann man zu einer kompakten Speicherung auf einem rechteckigen Feld kommen, indem man z. B. die Diagonalen als Zeilen des Feldes aufzeichnet und die Spalten beibehält (siehe Abschnitt 13.19.3):

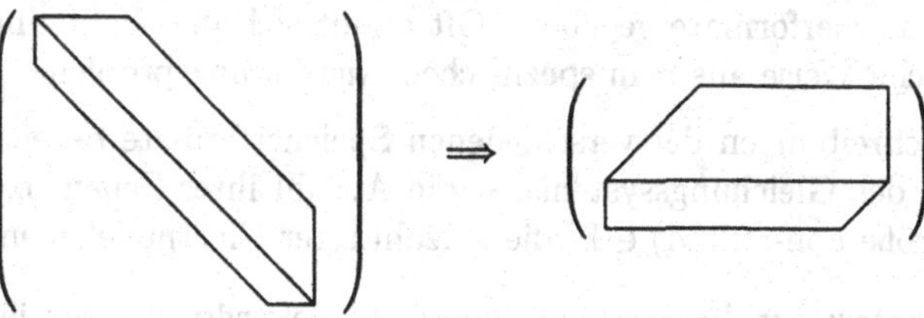

Bei schwach besetzten Matrizen mit allgemeiner Besetztheitsstruktur (siehe Abb. 16.3) kann man nur so vorgehen, daß man die Werte der nicht-verschwindenden Elemente in einer geeigneten Reihenfolge aufzeichnet und die Position jedes Elementes separat festhält. Welche konkrete Speichertechnik für eine spezielle Prozedur gewählt wird, hängt natürlich sehr stark von dem für die Verarbeitung gewählten Algorithmus ab.

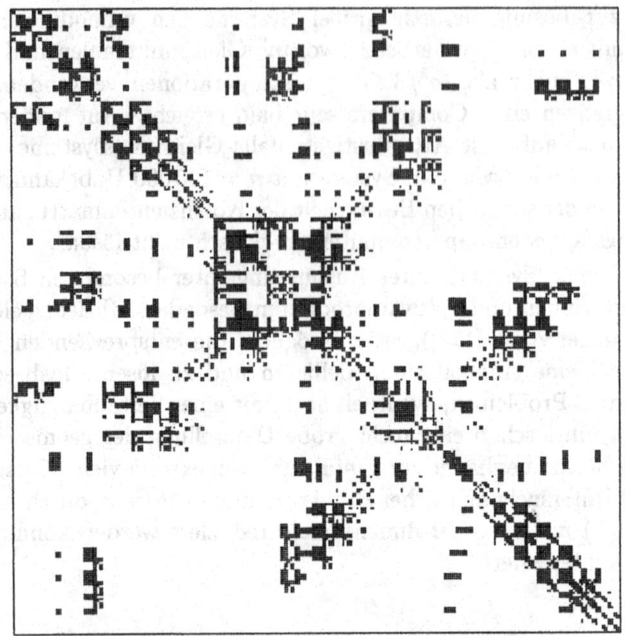

Abb. 16.3: Besetztheitsstruktur einer schwach besetzten Matrix

16.1 Speicherung für iterative Verfahren

Zur Lösung linearer Gleichungssysteme mit sehr großen und schwach besetzten Matrizen werden oft iterative Verfahren eingesetzt (Axelsson [93]). Die Effizienz jeder iterativen Methode ist indirekt – vor allem wegen ihres Einflusses auf die Bildung von Matrix-Vektor-Produkten (siehe Abschnitt 16.11) – von der Art der Speicherung der Systemmatrix und der vorkonditionierenden Matrix (siehe Abschnitt 16.10) abhängig. In den folgenden Abschnitten wird ein Überblick über mögliche Speicherformate gegeben. Oft ergibt sich die Wahl eines der Formate auf natürliche Weise aus dem spezifischen Anwendungsproblem.

In den Beschreibungen der verschiedenen Speicherformate bezeichnet $A \in \mathbb{R}^{n \times n}$ die Matrix des Gleichungssystems, n die Anzahl ihrer Zeilen bzw. Spalten und die Kenngröße non-null$(A) \in \mathbb{N}$ die Anzahl ihrer Nichtnullelemente.

Beispiel (Matrix zur Veranschaulichung) Die folgenden Beispiele illustrieren die verschiedenen Speichertechniken anhand von

$$A := \begin{pmatrix} 11 & 12 & 0 & 14 & 0 & 0 \\ 0 & 22 & 23 & 0 & 0 & 0 \\ 31 & 0 & 33 & 34 & 0 & 0 \\ 0 & 42 & 0 & 44 & 45 & 46 \\ 0 & 0 & 0 & 0 & 55 & 56 \\ 0 & 0 & 0 & 0 & 65 & 66 \end{pmatrix}, \tag{16.1}$$

einer „überschaubaren" nichtsymmetrischen 6×6-Matrix mit einem Besetztheitsgrad von 44 %:

$$\text{non-null}(A) = 16.$$

Diese Matrix mit den Nichtnullelementen $a_{ij} := 10i + j$ dient ausschließlich der Veranschaulichung von speziellen Speicherformaten. Man sollte sich in der Praxis nicht dazu verleiten lassen, bei Matrizen dieser Größenordnung oder derartig hohen Besetztheitsgraden Speicherschemata für schwach besetzte Matrizen zu verwenden.

16.1.1 COO-Format: Koordinatenformat

Das Koordinatenformat ist das einfachste Speicherformat für schwach besetzte Matrizen. Es benötigt drei eindimensionale Felder der Länge non-null(A):

1. ein REAL-Feld `wert`, das die Werte der Nichtnullelemente von A in beliebiger Reihenfolge aufnimmt,

2. ein INTEGER-Feld `row_index` für die betreffenden Zeilenindizes sowie

3. ein INTEGER-Feld `col_index` für die entsprechenden Spaltenindizes.

Der Speicheraufwand beträgt somit $3 \cdot \text{non-null}(A)$. Das COO-Format ist zwar bezüglich des erforderlichen Speicherplatzes relativ ineffizient (z. B. im Vergleich mit dem CRS-Format), es wird aber wegen seiner Einfachheit trotzdem häufig verwendet.

Beispiel (COO-Format) Die Matrix (16.1) kann im Koordinatenformat z. B. durch die folgenden drei Felder repräsentiert werden. Die völlig ungeordnete Reihung der Einträge soll auf die beliebige Reihenfolge der Matrixelemente bei der Speicherung in diesem Format besonders hinweisen.

`wert`	65	56	46	34	44	45	22	66	11	12	31	55	23	33	14	42
`row_index`	6	5	4	3	4	4	2	6	1	1	3	5	2	3	1	4
`col_index`	5	6	6	4	4	5	2	6	1	2	1	5	3	3	4	2

Modifiziertes COO-Format

Bei der modifizierten Variante des COO-Formats benötigt man nur *ein* ganzzahliges Indexfeld, in dem die Werte $(i-1)n+j$ zu den zugehörigen Nichtnullelementen a_{ij} gespeichert werden. Diese (eindeutige) Darstellung hat jedoch neben dem Vorteil des geringeren Speicheraufwands auch zwei Nachteile. Erstens sind einige Rechenschritte notwendig, um den ursprünglichen Zeilen- und Spaltenindex eines Elements zu rekonstruieren. Zweitens kann es bei sehr großen Matrizen zu einer Bereichsüberschreitung des INTEGER-Zahlenbereichs $[i_{\min}, i_{\max}]$, also einem *integer overflow*, kommen, weil die größten Werte von $(i-1)n+j$ bis zu n^2 gehen. Aus diesen Gründen wird das modifizierte COO-Format in der Praxis eher selten verwendet.

16.1.2 CRS-Format: Komprimierte Zeilenspeicherung

Komprimierte Spalten- (siehe Abschnitt 16.1.4) und Zeilenspeicherformate machen ebenso wie das COO-Format keinerlei Annahmen über die Struktur der schwach besetzten Matrix und speichern nur das Minimum an erforderlicher Information. In manchen Programmpaketen, z. B. dem SPARSKIT (Saad [348]), wird das CRS-Format als Basisformat verwendet.

Terminologie (CRS=CSR) Das komprimierte Zeilenspeicherformat CRS (*compressed row storage*) wird in manchen Literaturstellen und Softwaredokumenten (z. B. in den SPARSKIT-Dokumenten) auch als CSR-Format bezeichnet. Analog wird auch die Bezeichnung CSC-Format synonym mit CCS-Format verwendet.

Beim CRS-Format werden *zeilenweise* aufeinanderfolgende Nichtnullelemente der Matrix A in benachbarten Elementen eines eindimensionalen REAL-Feldes `wert` der Länge non-null(A) gespeichert. Das INTEGER-Feld `col_index` der Länge non-null(A) enthält die Spaltenindizes dieser Elemente, d. h. für `wert(k)` $= a_{ij}$ ist `col_index(k)` $= j$. Auf einem zusätzlichen INTEGER-Feld `row_pointer` der Länge $n+1$ werden jene Positionen des Feldes `wert` gespeichert, bei denen eine neue Zeile von A beginnt:

$$\texttt{wert(k)} = a_{ij} \quad \Rightarrow \quad \texttt{row\_pointer(i)} \leq k < \texttt{row\_pointer(i+1)}.$$

Zusätzlich definiert man `row_pointer(n + 1)` $:=$ non-null$(A) + 1$.

Die Ersparnis an Speicheraufwand ist signifikant: Es sind nur

$$2 \cdot \text{non-null}(A) + n + 1$$

Speicherplätze notwendig. Im Fall einer symmetrischen Matrix ist überhaupt nur die Speicherung des oberen (oder unteren) Dreiecksanteils erforderlich. Der Zugriff auf die Daten erfolgt dann aber nach einem etwas komplizierteren Schema.

Beispiel (CRS-Format) Speicherung der Matrix (16.1) mit dem CRS-Format:

wert	11	12	14	22	23	31	33	34	42	44	45	46	55	56	65	66
col_index	1	2	4	2	3	1	3	4	2	4	5	6	5	6	5	6

row_pointer	1	4	6	9	13	15	17

16.1.3 MRS-Format: Modifiziertes CRS-Format

Die Modifikation gegenüber dem CRS-Format besteht in der separaten Behandlung der Hauptdiagonale von A. Auf den ersten n Elementen des REAL-Feldes `wert` werden nunmehr der Reihe nach die Diagonalelemente von A gespeichert. Das $(n+1)$-te Element bleibt frei, und ab dem $(n+2)$-ten Element von `wert` werden die restlichen Matrixelemente (unter Auslassung der Diagonale) wie beim CRS-Format zeilenweise durchlaufen. In einem INTEGER-Feld `index` werden ab der Stelle $n+2$ jeweils die zugehörigen Spaltenindizes festgehalten, während an den ersten $n+1$ Positionen die Pointer auf den Beginn einer neuen Zeile in der Darstellung der Nichtdiagonalelemente Platz finden, weil die Positionen der Diagonalelemente ohnehin festgelegt sind. Da in der Praxis viele Matrizen vollbesetzte Hauptdiagonalen

$$(a_{11}, a_{22}, \ldots, a_{nn}) \qquad \text{mit} \quad a_{11} \neq 0,\, a_{22} \neq 0,\, \ldots,\, a_{nn} \neq 0,$$

besitzen, ist dieses Format allgemein in Gebrauch.

Beispiel (MRS-Format) Bei der Speicherung der Matrix (16.1) im MRS-Format sind jetzt nur mehr zwei Felder nötig:

`wert`	11	22	33	44	55	66		12	14	23	31	34	42	45	46	56	65
`index`	8	10	11	13	16	17	18	2	4	3	1	4	2	5	6	6	5

16.1.4 CCS-Format: Komprimierte Spaltenspeicherung

Das CCS-Format (auch als *Harwell-Boeing*-Format [180] bezeichnet) ist analog aufgebaut wie das CRS-Format, nur daß hier die Spalten statt der Zeilen von A durchlaufen werden. Mit den entsprechend angepaßten Speichervektoren `wert`, `row_index` und `col_pointer` stellt das CCS-Format somit ein CRS-Format für die transponierte Matrix $A^{\top}$ dar.

16.1.5 BCRS-Format: Blockweises CRS-Format

Besteht die Matrix A aus dicht besetzten quadratischen Blöcken, die in einem einigermaßen regelmäßigen Muster verteilt sind, so kann man diese spezielle Struktur mit dem blockweisen CRS-Format, dem BCRS-Format, bzw. dem blockweisen CCS-Format, dem BCCS-Format, ausnutzen.

Blockmatrizen entstehen z. B. bei der Diskretisierung partieller Differentialgleichungen, bei der mehrere Freiheitsgrade mit einem Gitterpunkt verbunden werden. Die Matrix wird in kleine Blöcke aufgeteilt, deren Größe der Anzahl der Freiheitsgrade entspricht. Jeder der Blöcke wird dann als dicht besetzte Matrix behandelt, auch wenn er einige Nullen enthält.

Ist die Dimension der einzelnen Blöcke n_b und non-null-block(A) die Anzahl der Blöcke mit Nichtnullelementen der $n \times n$-Matrix A, so ist der gesamte Speicheraufwand non-null-block$(A) \cdot n_b^2$. Die sogenannte *Blockdimension* von A definiert man als $n_d := n/n_b$.

Ähnlich wie beim CRS-Format sind drei Felder erforderlich. Ein Gleitpunktzahlenfeld `wert`(1 : non-null-block(A), $1:n_b$, $1:n_b$) für die Elemente der Matrix, in dem die Blöcke mit Nichtnullelementen zeilenweise angelegt werden, ein ganzzahliges Feld `col_index`(1 : non-null-block(A)) mit den tatsächlichen Spaltennummern der $(1,1)$-Elemente der Blöcke und ein Pointer-Feld `row_block`$(1 : n_d+1)$, dessen Elemente auf den Anfang jeder Blockzeile in `wert(:,:,:)` und `col_index` zeigen. Der Gewinn gegenüber dem herkömmlichen CRS-Format ist umso größer, je größer n_b ist.

16.1.6 CDS-Format: Komprimiertes Diagonalenformat

Ist A eine Bandmatrix mit weitgehend konstanter Bandbreite in den verschiedenen Zeilen, so ist eine Speicherung der Nebendiagonalen der Matrix auf aufeinanderfolgenden Plätzen vorteilhaft. Es wird dabei nicht nur der Vektor `row_index` (bzw. `col_index`) eingespart, sondern auch eine effizientere Berechnung von Matrix-Vektor-Produkten gewährleistet.

Für eine Bandmatrix A mit linker und rechter Bandbreite p und q kann man ein Feld `wert(1:n,-p:q)` anlegen. Die Deklaration mit vertauschten Dimensionen `(-p:q,n)` geht auf das Speicherformat im Programmpaket LINPACK [12] zurück. Gewöhnlich werden bei Bandformaten einige Nullen mitgespeichert oder sogar Elemente (meist Nullen) hinzugefügt, die mit A nichts zu tun haben (weil sie eigentlich „außerhalb" von A liegen).

Beispiel (CDS-Format) Man sieht am Beispiel der Matrix (16.1), daß bei großen Bandbreiten von A der Speichergewinn durch das CDS-Format nur gering ausfällt oder überhaupt nicht vorhanden ist. Das CDS-Format sollte man daher nur für Bandmatrizen mit möglichst geringer Bandbreite einsetzen.

`wert(:,-2)`	0	0	31	42	0	0
`wert(:,-1)`	0	0	0	0	0	65
`wert(:,0)`	11	22	33	44	55	66
`wert(:,1)`	12	23	34	45	56	0
`wert(:,2)`	0	0	0	46	0	0
`wert(:,3)`	14	0	0	0	0	0

Eine Verallgemeinerung des CDS-Formats, die für variierende Bandbreiten besser geeignet ist, stammt von Melhem [301]. Er verwendet streifenweise Datenstrukturen zur Speicherung. Ein Nachteil dieses Formats ist die Verkomplizierung des Matrix-Vektor-Produkts durch eine weitere Zugriffsoperation.

Beispiel (Verallgemeinertes CDS-Format) Die Verallgemeinerung des CDS-Formats (Melhem [301]) ist auch für Matrizen mit größeren Bandbreiten brauchbar:

`row` = 6

`wert(:,-1)`	0	0	31	42	0	65
`wert(:,0)`	11	22	33	44	55	66
`wert(:,1)`	0	12	23	34	45	56
`wert(:,2)`	0	14	0	0	46	0

16.1.7 BND- bzw. LAPACK-Format für Bandmatrizen

Für die spezielle Struktur von Bandmatrizen wurde mit dem CDS-Format bereits eine geeignete Speicherform angeführt. Im Programmpaket LAPACK wird eine weitere Möglichkeit, das BND-Format (*band storage*), verwendet.

Die Nichtnullelemente der j-ten Spalte von A speichert man in der j-ten Spalte eines rechteckigen Feldes `wert`. Wenn p die Anzahl der Diagonalen unter und q jene der Diagonalen über der Hauptdiagonale ist, die Elemente ungleich Null enthalten, so hat `wert` mindestens $p+q+1$ Zeilen. Zusätzlich braucht man noch einen ganzzahligen Parameter `row`, der anzeigt, welche Zeile von `wert` die unterste Diagonale enthält.

Beispiel (BND-Format) Man sieht an diesem Beispiel, daß bei großen Bandbreiten der Speichergewinn durch das BND-Format nur gering ausfällt oder überhaupt nicht vorhanden ist. Die 6×6-Matrix (16.1) hat 6 Diagonalen mit Nichtnullelementen. Ihre Speicherung im BND-Format bringt gegenüber der konventionellen Speicherung überhaupt keinen Gewinn. Das BND-Format sollte man daher nur für Bandmatrizen mit kleiner Bandbreite einsetzen.

`row` = 6

`wert(:,1)`	0	0	0	14	0	0
`wert(:,2)`	0	0	0	0	0	46
`wert(:,3)`	0	12	23	34	45	56
`wert(:,4)`	11	22	33	44	55	66
`wert(:,5)`	0	0	0	0	65	0
`wert(:,6)`	31	42	0	0	0	0

16.1.8 JDS-Format: Verschobenes Diagonalenformat

Das JDS-Format ist günstig für die Implementierung von Algorithmen der linearen Algebra auf Parallel- und Vektorprozessoren (Saad [347]). Wie beim CDS-Format ergibt sich eine Vektorlänge bei den Rechenoperationen, die der Dimension der Matrix entspricht. Es wird im Vergleich zum CDS-Format mehr Platz eingespart, allerdings um den Preis zusätzlicher Operationen beim Zugriff auf die Daten.

Eine vereinfachte Variante des JDS-Formats ist das **ITPACK**-Format, das auch als *Purdue-Speicherung* bezeichnet wird. Dabei werden zunächst in jeder Zeile die Elemente ungleich Null nach links verschoben und die rechts davon verbleibenden Stellen der Zeile mit Nullen gefüllt. Dann erfolgt die spaltenweise Speicherung der Matrixelemente im Feld `wert(:,:)` und ihrer Spaltenindizes in der ursprünglichen Matrix A in `col_index(:,:)`.

Beispiel (ITPACK-Format, vereinfachtes JDS-Format) Durch Linksverschiebung der Nichtnullelemente entsteht aus der ursprünglichen 6×6-Matrix A eine 6×4-Matrix:

$$\begin{pmatrix} 11 & 12 & 0 & 14 & 0 & 0 \\ 0 & 22 & 23 & 0 & 0 & 0 \\ 31 & 0 & 33 & 34 & 0 & 0 \\ 0 & 42 & 0 & 44 & 45 & 46 \\ 0 & 0 & 0 & 0 & 55 & 56 \\ 0 & 0 & 0 & 0 & 65 & 66 \end{pmatrix} \longrightarrow \begin{pmatrix} 11 & 12 & 14 & 0 \\ 22 & 23 & 0 & 0 \\ 31 & 33 & 34 & 0 \\ 42 & 44 & 45 & 46 \\ 55 & 56 & 0 & 0 \\ 65 & 66 & 0 & 0 \end{pmatrix}.$$

Spaltenweise Speicherung der Werte und Indizes liefert:

`wert(:,1)`	11	22	31	42	55	65
`wert(:,2)`	12	23	33	44	56	66
`wert(:,3)`	14	0	34	45	0	0
`wert(:,4)`	0	0	0	46	0	0

`col_index(:,1)`	1	2	1	2	5	5
`col_index(:,2)`	2	3	3	4	6	6
`col_index(:,3)`	4	0	4	5	0	0
`col_index(:,4)`	0	0	0	6	0	0

Die Nullen, die die modifizierte Matrix auffüllen, können vor allem bei stark variierender Bandbreite ein Nachteil sein. Daher werden beim JDS-Format die Zeilen nach der Anzahl ihrer Nullen geordnet, sodaß die erste Zeile die meisten, die letzte Zeile die wenigsten Nullen aufweist. Die so komprimierten und permutierten Zeilen werden in einem linearen Feld gespeichert.

Die resultierende Speicherung besteht nunmehr aus einem Permutationsfeld `perm(1:n)`, einem Feld aus Gleitpunktzahlen `jdiag(:)` mit den geordneten verschobenen Zeilen, einem ganzzahligen Feld `col_index(:)` mit den zugehörigen Spaltenindizes und einem Pointerarray `jd_pointer(:)`, dessen Elemente auf den Anfang jeder Zeile zeigen.

16.1.9 SKS-Format: Skyline-Speicherung

Dieses Format für die Speicherung von *Skyline-Matrizen* (auch *variable Bandmatrizen* oder *Profilmatrizen* genannt; Duff, Erisman, Reid [179]) wurde speziell für direkte Lösungsmethoden entwickelt. Es kann aber auch zur Speicherung diagonaler Blöcke bei der Faktorisierung blockdiagonaler Matrizen nützlich sein.

Beim SKS-Format werden alle Zeilen (geordnet) in einem Feld `wert(:)` aus Gleitpunktzahlen plaziert und ein ganzzahliges Feld `row_pointer(:)` angelegt, dessen Elemente auf den Anfang jeder Zeile verweisen. Die Spaltennummern der in `wert(:)` gespeicherten Nichtnullelemente sind leicht zu ermitteln und werden nicht gespeichert.

Bei symmetrischen Matrizen speichert man nur den unteren Dreiecksteil. Dagegen wird im nichtsymmetrischen Fall zusätzlich der obere Dreiecksteil in einem spaltenorientierten SKS-Format gespeichert. Die beiden Teile können dann auf verschiedene Weise miteinander verbunden werden (Saad [348]).

Beispiel (SKS-Format) **Zur Illustration dieses Speicherformates wird nicht die Matrix (16.1), sondern eine *symmetrische* 6×6-Matrix herangezogen:**

$$A = \begin{pmatrix} 11 & 0 & 31 & 0 & 0 & 0 \\ 0 & 22 & 0 & 42 & 0 & 0 \\ 31 & 0 & 33 & 43 & 0 & 0 \\ 0 & 42 & 43 & 44 & 0 & 0 \\ 0 & 0 & 0 & 0 & 55 & 65 \\ 0 & 0 & 0 & 0 & 65 & 66 \end{pmatrix}. \tag{16.2}$$

Es wird nur die untere Dreiecksmatrix (inklusive Diagonale) zeilenweise vom ersten Nichtnullelement bis zur Diagonale gespeichert.

wert	11	22	31	0	33	42	43	44	55	65	66

row_pointer	1	2	3	6	9	10	12

16.2 Speicherung symmetrischer Matrizen

Für symmetrische Matrizen gilt

$$\text{non-null}(L_A + D_A) = \frac{\text{non-null}(A) + \text{non-null}(D_A)}{2}, \tag{16.3}$$

wobei L_A die strikte untere Dreiecksmatrix und D_A die Diagonale der Matrix A ist. Da es genügt, die untere (bzw. obere) Dreiecksmatrix (inklusive der Diagonale) zu speichern, liegt die Vermutung nahe, daß der Speicheraufwand für die einzelnen Formate sich auch annähernd halbieren wird. Doch nicht alle Speicherformate erreichen diese Reduktion.

Beim COO-Format richtet sich der Speicheraufwand nur nach der Größe von non-null(A). Daher wird bei der Speicherung von Dreiecksmatrizen eine erhebliche Reduktion des benötigten Speichers erreicht, denn die Länge der drei Felder sinkt von non-null(A) auf non-null($L_A + D_A$). Außerdem ist die Handhabung sehr einfach, denn die beiden INTEGER-Felder, die die Positionen der Elemente speichern, können wechselweise als Spalten- und Zeilenindizes interpretiert werden, sodaß kaum ein Unterschied zur Behandlung von nichtsymmetrischen Matrizen auftritt.

Auch das CRS-Format senkt den Speicheraufwand bei Anwendung auf Dreiecksmatrizen. Die Längen der Felder `wert` und `col_index` reduzieren sich wiederum auf non-null($L_A + D_A$), nur das Feld `row_pointer` bleibt gleich groß. Um nun die gesamte Matrix leicht rekonstruieren zu können, interpretiert man die gespeicherten Felder einmal durch das CRS-Format und einmal durch das CCS-Format. Dies wird erreicht, indem man das Feld `col_index` als `row_index` und das Feld `row_pointer` als `col_pointer` benutzt. Auf diese Weise erhält man sowohl die untere als auch die obere Dreiecksmatrix.

Die CCS-, MRS- und MCS-Formate werden analog behandelt. Falls eine Blockmatrix vorliegt, die symmetrisch bezüglich dieser Blöcke ist, kann man auch beim BCRS- und BCCS-Format dieselbe Methode anwenden.

Das CDS-Format bietet eine noch einfachere Handhabung für symmetrische Matrizen. Da die rechten und linken Nebendiagonalen paarweise gleich sind, wird jede von ihnen nur einmal abgespeichert. Man benötigt daher für Matrizen der Bandbreite p ein Feld `wert(1:n,0:p)` und spart damit p Zeilen des Feldes `wert` gegenüber der vollständigen Matrix ein. Das eindimensionale Feld `wert(:,k)` enthält dann die k-te und $(-k)$-te Nebendiagonale.

Das BND-Format unterscheidet sich im Fall von Dreiecksmatrizen nicht vom CDS-Format. Es ist lediglich zu beachten, daß die j-te Spalte des Feldes `wert` der j-ten Spalte der jeweiligen Dreiecksmatrix entspricht und daher beim Lesen der nicht in der Dreiecksmatrix enthaltenen Nebendiagonalen die Werte dementsprechend verschoben werden müssen.

Die Reduktion des Speicheraufwandes beim ITPACK-Format ist stark von der Struktur der Matrix abhängig. Die Größe des benötigten Feldes ergibt sich aus der am stärksten besetzten Zeile. Nun kann aber der maximale Besetztheitsgrad der einzelnen Zeilen beim Übergang von der vollständigen Matrix zur Dreiecksmatrix beinahe gleich bleiben oder auch fast verschwinden, sodaß im allgemeinen Fall keine Aussage über die Speicherreduktion gemacht werden kann. Zur Rekonstruktion der Matrix ist lediglich eine wechselweise Interpretation der Spalten- und Zeilenindizes nötig.

Das SKS-Format für die Speicherung symmetrischer Matrizen wurde schon im Abschnitt 16.1.9 behandelt.

16.3 Speicherung für direkte Verfahren

Bei der Verwendung direkter Verfahren – Eliminationsalgorithmen mit Spaltenpivotsuche (siehe Abschnitt 16.5) – muß die Abarbeitung und Verknüpfung von Elementen in der gleichen Spalte effizient möglich sein, ebenso das Einfügen von bei der Bildung von Linearkombinationen neu entstehenden Nichtnullelementen.

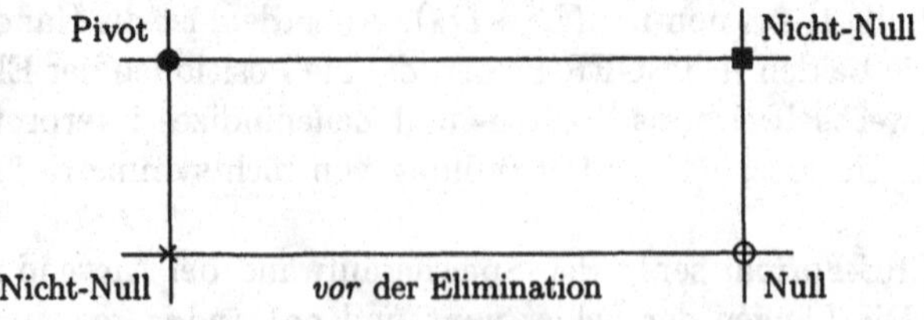

Abb. 16.4: Auffüllung an der Stelle ○ durch einen Eliminationsschritt

Jedesmal, wenn das in Abb. 16.4 dargestellte Besetztheitsschema vorliegt, wird ja bei der Elimination des mit × markierten Elements mit Hilfe des Pivotelements

(Markierung •) an der vorher mit Null besetzten Stelle ○ ein neues Nichtnullelement ■ generiert (Auffüllung, *Fill-in*).

16.3.1 Bandformat

Wendet man die Gauß-Elimination mit Spaltenpivotsuche auf Bandmatrizen an, so kennt man schon im voraus die Positionen, an denen Auffüllung entstehen wird (siehe Abschnitt 16.5.2). Man behandelt daher diese Stellen gleich so, als ob sie schon besetzt wären.

Die $n \times n$-Matrix wird in einem $(2p+q+1) \times n$-Feld gespeichert, wobei p die linke und q die rechte Bandbreite ist. Die Diagonalen werden der Reihe nach, von unten beginnend, in dieses Feld eingetragen. Es stehen immer Elemente der gleichen Spalte der ursprünglichen Matrix auch im Feld in einer Spalte. Die obersten p Zeilen bleiben frei. Sie können während der Durchführung des Algorithmus durch neue Nichtnullelemente besetzt werden.

Beispiel (Bandformat) **Für dieses sowie für die nächsten Beispiele wird folgende 6×6-Matrix verwendet:**

$$A = \begin{pmatrix} 11 & 12 & 0 & 0 & 0 & 0 \\ 0 & 22 & 0 & 24 & 0 & 0 \\ 0 & 32 & 33 & 34 & 0 & 0 \\ 0 & 0 & 43 & 44 & 0 & 46 \\ 0 & 0 & 0 & 54 & 55 & 0 \\ 0 & 0 & 0 & 0 & 65 & 66 \end{pmatrix}. \tag{16.4}$$

Diese Matrix wird in dem 5×6-Feld `wert` folgendermaßen gespeichert:

`wert(1,:)`	—	—	—	0	0	0
`wert(2,:)`	—	—	0	24	0	46
`wert(3,:)`	—	12	0	34	0	0
`wert(4,:)`	11	22	33	44	55	66
`wert(5,:)`	0	32	43	54	65	—

Die mit — gekennzeichneten Felder werden nicht genutzt.

Die Zeilen der ursprünglichen Matrix stehen in den Diagonalen des Feldes von links unten nach rechts oben. So können Zeilenvertauschungen und andere Operationen, die bei der Gauß-Elimination auftreten, sehr einfach durchgeführt werden. Das Bandformat ermöglicht auch eine sehr einfache Implementierung des Matrix-Vektor-Produkts. Eine Platzeinsparung gegenüber der Speicherung in einem $n \times n$-Feld kann aber nur dann erreicht werden, wenn $2p+q+1$ wesentlich kleiner als n ist.

16.3.2 Allgemeine Speicherformate

Das einfachste Format für Matrizen von allgemeiner Struktur, das sich für direkte Verfahren eignet, ist das COO-Format (siehe Abschnitt 16.1.1). Neu entstehende Nichtnullelemente (Fill-in) können ganz einfach angehängt werden. Jedoch kostet es viel Zeit, um z. B. alle Elemente einer Zeile oder einer Spalte zu finden, denn es muß zumeist das gesamte Feld durchsucht werden.

In diesem Sinn wäre es günstiger, das CRS-Format (siehe Abschnitt 16.1.2) zu verwenden, bei dem man sofort Zugriff auf alle Elemente einer Zeile hat. Entstehen während der Faktorisierung neue Nichtnullelemente, so müssen diese richtig eingeordnet werden. Wenn man zusätzlich eine Spaltenpivotstrategie anwendet, muß trotzdem das gesamte Feld durchsucht werden, um alle Spaltenelemente zu finden. Aus diesem Grund ist auch das CRS-Format für direkte Verfahren nicht gut geeignet.

Verkettete Listen

Für den Einsatz bei direkten Verfahren kann man das CRS-Format durch ein INTEGER-Feld `row_list` der Länge non-null(A) erweitern. In diesem Feld werden die Elemente einer Zeile nicht mehr hintereinander, sondern verkettet gespeichert. In `row_list` wird für jedes Element des Feldes `wert` der Index des nächsten Elements derselben Zeile gespeichert. Gibt es in dieser Zeile kein weiteres Element mehr, so ist der Eintrag Null. Neu hinzukommende Elemente können nun am Ende des Feldes eingetragen werden. Danach muß das Feld `row_list` aktualisiert werden, sodaß auch die neuen Elemente mit der zugehörigen Zeile verkettet sind.

Um aber auch einen schnellen Zugriff auf alle Elemente einer Spalte zu haben, kann man ein zweites Feld `col_list` verwenden, das die Elemente spaltenweise verkettet.

Beispiel (CRS-Format mit Zeilen- und Spaltenverkettung) Die Matrix (16.4) wird zunächst ohne das Element $a_{46} = 46$ gespeichert. Dann wird dieses Element hinzugefügt und die zwei Felder `row_list` und `col_list` aktualisiert:

	1	2	3	4	5	6	7	8	9	10	11	12	13	14
`wert`	11	12	22	24	32	33	34	43	44	54	55	65	66	46
`col_index`	1	2	2	4	2	3	4	3	4	4	5	5	6	6
`row_pointer`	1	3	5	8	10	12								
`row_list`	2	0	4	0	6	7	0	9	14	11	0	13	0	0
`col_list`	0	3	5	7	0	8	9	0	10	0	12	0	14	0

Sucht man nun z. B. nach dem Element a_{45}, so sucht man das erste Element der vierten Zeile. Dieses ist durch `row_pointer(4)` = 8 gegeben. Da aber in `col_index(8)` nicht der richtige Wert steht, sucht man nach dem nächsten Element. Die Position liest man aus `row_list(8)` = 9. Da das Element auch dort nicht eingetragen ist, sucht man weiter, bis das Element gefunden wird oder der Eintrag in `row_list` Null ist.

Dieses adaptierte CRS-Format erfordert mehr Speicherplatz als nötig, denn es werden Informationen über die Spaltenindizes mehrfach gespeichert.

Zyklisch verkettete Listen

Die folgende Methode verwendet *zyklisch* verkettete Listen, bei denen diese redundante Information nicht mehr gespeichert wird. Der erforderliche Speicherplatz ist daher deutlich geringer.

Man speichert die Nichtnullelemente der Matrix in einem eindimensionalen Feld `wert` der Länge $n+\text{non-null}(A)$, wobei die ersten n Positionen nicht benutzt werden. Die Reihenfolge der Speicherung ist irrelevant. Zusätzlich benötigt man zwei INTEGER-Felder `row` und `col` der gleichen Länge.

An die ersten n Stellen des Feldes `row` werden jeweils Zeiger auf ein Element dieser Zeile gesetzt. An der entsprechenden Stelle für dieses Element steht entweder ein Verweis auf das nächste Element in dieser Zeile oder, falls es das letzte Element ist, der Index dieser Zeile. So entstehen in dem Feld Kreise, die jeweils eine Zeile repräsentieren. Sind die Werte korrekt eingetragen, so enthält das Feld eine Permutation der Zahlen von 1 bis $n+\text{non-null}(A)$. Mit dem Feld `col` verfährt man analog bezüglich der Spalten.

Beispiel (Zyklisch verkettet Listen) Für die Matrix (16.4) ergibt sich für die drei Felder folgende Möglichkeit:

	1	2	3	4	5	6	7	8	9	10
`wert`	0	0	0	0	0	0	32	12	55	43
`row`	11	17	18	20	16	19	3	1	5	4
`col`	11	17	13	20	12	19	2	7	5	3

	11	12	13	14	15	16	17	18	19	20
`wert`	11	65	33	46	24	54	22	34	66	44
`row`	8	6	7	10	2	9	15	13	12	14
`col`	1	9	10	6	4	15	8	16	14	18

Diese Anordnung ist aber nicht eindeutig, da ja die Reihenfolge der Elemente im Feld `wert` beliebig ist.

Mit diesem Format ist es möglich, rasch ganze Zeilen oder Spalten zu lesen. Beim Einfügen neuer Elemente werden diese einfach am Ende des Feldes `wert` angehängt und die Felder `row` und `col` durch zwei Umspeicherungen aktualisiert.

16.4 Vergleich der Speicherformate

Zur Untersuchung des Speicheraufwandes der verschiedenen Formate wurden vier Matrizen der *Harwell-Boeing-Collection* (siehe Abschnitt 16.15.1) herangezogen:

BCSSTM07: Diese Matrix stammt von einem Eigenwertproblem, das bei statischen Berechnungen auftrat. Sie ist relativ klein und mit 4.11 % Nichtnullelementen verhältnismäßig stark besetzt.

BCSSTK14: Diese Matrix stammt von einem linearen Gleichungssystem, das bei statischen Berechnungen des *Omni Coliseums* in Atlanta auftrat.

CIRPHYS ist eine unsymmetrische Matrix aus einer Computersimulation eines physikalischen Modells.

WATT1 ist eine unsymmetrische Matrix mit Bandstruktur aus einem Anwendungsproblem der Erdölgewinnung.

Bei der Anwendung der Speicherformate wurden die symmetrischen Matrizen nur als untere Dreiecksmatrizen gespeichert. Beim Skyline-Format wurden die unsymmetrischen Matrizen zweigeteilt als untere Dreiecksmatrizen (zeilenweise) und als obere Dreiecksmatrizen (spaltenweise) gespeichert. Der Speicheraufwand wird in Tabelle 16.1 für jedes Format durch die Anzahl der benötigten REAL- und INTEGER-Worte angegeben. Man erkennt aus den Werten dieser Tabelle die hohe Speichereffizienz des CRS- und des MRS-Formats, aber auch die noch immer brauchbaren Speicherwerte des COO- und des ITPACK-Formats.

Tabelle 16.1: Vergleich verschiedener Speicherformate für vier *Harwell-Boeing*-Matrizen

		BCSSTM07	BCSSTK14	CIRPHYS	WATT1
Dimension		420 × 420	1 806 × 1 806	991 × 991	1 856 × 1 856
Elemente		176 400	3 261 636	982 081	3 444 736
Nichtnullelemente		7 252	63 454	6 027	11 360
Besetztheitsgrad		4.11 %	1.95 %	0.61 %	0.33 %
Symmetrie		ja	ja	nein	nein
Bandbreite		47	161	197/197	64/64
Format		*Speicherbedarf*			
COO	REAL	3 836	32 630	6 027	11 360
	INTEGER	7 672	65 260	12 054	22 720
CRS	REAL	3 836	32 630	6 027	11 360
	INTEGER	4 257	34 437	7 019	13 217
MRS	REAL	3 837	32 631	6 028	11 361
	INTEGER	3 837	32 631	6 028	11 361
BND	REAL	20 160	292 572	391 445	239 424
	INTEGER	1	1	1	1
ITPACK	REAL	6 720	54 180	15 856	12 992
	INTEGER	6 720	54 180	15 856	12 992
SKS	REAL	15 111	197 529	155 393	225 351
	INTEGER	421	1 807	1 984	3 714

16.5 Direkte Verfahren

Allein aus der momentanen Besetzungsstruktur der Matrix läßt sich durch eine Analyse feststellen, wieviele Leerstellen bei der Wahl eines bestimmten Elements zum Pivot-Element durch Auffüllung („Fill-in") verlorengehen. Es liegt also nahe, die Auswahl des nächsten Pivot-Elements so zu treffen, daß beim nächsten Eliminationsdurchgang eine möglichst geringe Auffüllung stattfindet. Dabei wird man *alle* Elemente, deren Spalte und Zeile noch kein Pivot-Element geliefert hat, als Kandidaten heranziehen. Es ist zwar im allgemeinen nicht richtig, daß eine solche Strategie, die immer die Auffüllung im nächsten Schritt berücksichtigt, auch global die geringste Auffüllung liefert, jedoch erhält man im allgemeinen eine gute Annäherung an das globale Optimum.

Allerdings steht der unkontrollierten Durchführung dieser Pivot-Strategie, deren Implementierung keinen hohen Speicheraufwand erfordert (die Besetzungsstruktur kann in Bitmuster-Matrizen kompakt gespeichert werden), ein gewichtiger Grund entgegen: In Abschnitt 13.11 war eine Abweichung von der trivialen systematischen Pivotfolge gefordert worden, um eine numerische Instabilität des Eliminationsalgorithmus zu vermeiden. Wenn jetzt bei der Pivotwahl die Größe der Elemente außer acht bleibt, ist somit eine solche Instabilität zu befürchten.

Man behilft sich deshalb in der Praxis mit einem Kompromiß: Das die Auffüllung minimierende Pivotelement a^*_{ij} wird daraufhin getestet, ob es unter den Konkurrenten in seiner Spalte wenigstens zu den „größeren" gehört (z. B. $\geq 25\,\%$ des Elements mit dem Maximalbetrag). Nur wenn diese Bedingung erfüllt ist, wird a^*_{ij} zur Elimination verwendet, andernfalls das bezüglich der Auffüllung nächstbeste Element getestet. Auf diese Weise bleibt im allgemeinen die Gesamt-Auffüllung erträglich, und gleichzeitig wird die numerische Stabilität des Algorithmus nicht wesentlich verschlechtert.

Der Entwurf von effizienten Algorithmen zur Faktorisierung allgemeiner schwach besetzter (sehr großer) Matrizen ist offenbar wesentlich aufwendiger als bei mäßig großen, voll besetzten Matrizen; es müssen auch heuristische Überlegungen einfließen.

16.5.1 Gauß-Elimination für schwach besetzte Systeme

Um schwach besetzte Systeme effizient bearbeiten zu können, versucht man durch spezielle Speichertechniken die Operationen mit den Nullelementen der Matrix so weit wie möglich zu minimieren. Es werden daher im wesentlichen nur die Nichtnullelemente und die Informationen über ihre Position in der Matrix gespeichert.

Benützt man nun für die Lösung solcher Systeme die herkömmliche Gauß-Elimination, so können während der Durchführung des Algorithmus neue Nichtnullelemente an Stellen entstehen, die vorher nicht besetzt waren (*Auffüllung*). Das Eintragen dieser neuen Elemente kann aber auf Grund der speziellen Speicherung der Matrix sehr aufwendig sein. Daher möchte man den Algorithmus der Gauß-Elimination so adaptieren, daß die Anzahl der Auffüllungen möglichst klein gehalten wird (Sherman [363]).

Matrizen mit spezieller Struktur

Steht Information über die spezielle Struktur der Matrix zur Verfügung, so kann man diese nutzen, indem man etwa schon im voraus jene Stellen, an denen Auffüllung stattfinden wird, bestimmt und bei der Speicherung berücksichtigt.

In vielen Fällen kann man auch durch Umordnung der Gleichungen und der Unbekannten die zu erwartende Auffüllung erheblich reduzieren. So können z. B. die beiden „Block-Pfeilmatrizen" (*block arrowhead matrices*)

$$A_{\nwarrow} := \begin{pmatrix} A_1 & B_2 & \cdots & B_r \\ C_2 & A_2 & & \\ \vdots & & \ddots & \\ C_r & & & A_r \end{pmatrix} \qquad A_{\searrow} := \begin{pmatrix} \hat{A}_1 & & & \hat{B}_1 \\ & \ddots & & \vdots \\ & & \hat{A}_{r-1} & \hat{B}_{r-1} \\ \hat{C}_1 & \cdots & \hat{C}_{r-1} & \hat{A}_r \end{pmatrix}$$

durch einfache Umkehrung der Spalten- und Zeilenreihenfolge ineinander übergeführt werden. Wendet man auf beide Matrizen die LU-Faktorisierung an, so wird im Fall von $A_{\nwarrow}$ fast die gesamte Matrix aufgefüllt, während im Fall von $A_{\searrow}$ keine Auffüllung außerhalb der Blöcke stattfindet.

16.5.2 Bandmatrizen

Ein sehr vorteilhaftes Verhalten zeigen Bandmatrizen (siehe Abschnitt 13.6.6) bei Anwendung der Gauß-Elimination ohne Pivotsuche. In diesem Fall entsteht bei der Faktorisierung kein neues Nichtnullelement außerhalb der ursprünglichen Bandbreite. Jedoch kann der Algorithmus instabil werden, da ja keine Pivotsuche erfolgt (siehe Abschnitt 13.11.3).

Beispiel (LU-Faktorisierung von Bandmatrizen) Bei Bandmatrizen mit einer linken Bandbreite p und einer rechten Bandbreite q

$$A = \begin{pmatrix} * & * & * & & \mathbf{0} \\ * & * & * & * & \\ & \ddots & \ddots & \ddots & \ddots \\ & & * & * & * & * \\ & & & * & * & * \\ \mathbf{0} & & & & * & * \end{pmatrix} \tag{16.5}$$

ergibt die LU-Faktorisierung ohne Pivotsuche Matrizen mit den Strukturen

$$L = \begin{pmatrix} 1 & & & & \mathbf{0} \\ * & 1 & & & \\ & \ddots & \ddots & & \\ & & * & 1 & \\ & & & * & 1 \\ \mathbf{0} & & & & * & 1 \end{pmatrix} \qquad U = \begin{pmatrix} * & * & * & & \mathbf{0} \\ & * & * & * & \\ & & \ddots & \ddots & \ddots \\ & & & * & * & * \\ & & & & * & * \\ \mathbf{0} & & & & & * \end{pmatrix}.$$

Die Dreiecksmatrix L hat eine linke Bandbreite p und U eine rechte Bandbreite q.

Um eine mögliche Instabilität des Algorithmus zu vermeiden, kann man eine Spaltenpivotsuche durchführen. Jedoch können in diesem Fall neue Nichtnullelemente in den Nebendiagonalen der oberen Dreiecksmatrix entstehen, die nicht weiter als die Summe der rechten und linken Bandbreite von der Hauptdiagonale entfernt sind.

Beispiel (Pivotsuche bei Bandmatrizen) Die LU-Faktorisierung mit Spaltenpivotsuche einer Bandmatrix (16.5) liefert für U eine obere Dreiecksmatrix, deren rechte Bandbreite maximal $p+q$ ist:

$$U = \begin{pmatrix} * & * & * & \diamond & & \mathbf{0} \\ & * & * & * & \ddots & \\ & & \ddots & \ddots & \ddots & \diamond \\ & & & * & * & * \\ & & & & * & * \\ \mathbf{0} & & & & & * \end{pmatrix}.$$

An den mit $\diamond$ gekennzeichneten Stellen kann Auffüllung entstehen. Die Matrix L behält ihre Struktur, hat aber andere Werte als bei der LU-Faktorisierung *ohne* Pivotstrategie.

Diese A-priori-Information über die Auffüllung kann genutzt werden, indem man von Haus aus genügend Speicher für die eventuell neu entstehenden Nebendiagonalen bereithält.

16.5.3 Poisson-Matrizen

Die Poissonsche Differentialgleichung lautet im zweidimensionalen Fall

$$u_{xx} + u_{yy} = f(x, y), \tag{16.6}$$

wobei $f : G \subset \mathbb{R}^2 \to \mathbb{R}$ eine gegebene Funktion ist und u die Randbedingung

$$u(x, y) = g(x, y) \qquad \text{für alle} \quad (x, y) \in \text{Rand}(G)$$

erfüllt. Rand(G) ist dabei der Rand des Gebietes G, auf dem die Lösung u gesucht wird. Ist das Gebiet z. B. das Einheitsquadrat $G := [0,1] \times [0,1]$ und wählt man dort eine äquidistante Diskretisierung mit der Schrittweite $h := 1/(N+1)$ in x- und y-Richtung, so erhält man folgende Gitterpunkte im Inneren von G:

$$(x_i, y_j) = \left(\frac{i}{N+1}, \frac{j}{N+1}\right), \qquad i, j \in \{1, \ldots, N\}.$$

An diesen Stellen approximiert man die zweiten partiellen Ableitungen von $u(x, y)$ durch folgende Differenzenquotienten:

$$\begin{aligned} u_{xx}(x_i, y_j) &\approx \frac{1}{h^2}\Big(u(x_{i-1}, y_j) - 2u(x_i, y_j) + u(x_{i+1} y_j)\Big) \\ u_{yy}(x_i, y_j) &\approx \frac{1}{h^2}\Big(u(x_i, y_{j-1}) - 2u(x_i, y_j) + u(x_j, y_{j+1})\Big). \end{aligned}$$

Setzt man diese Näherungswerte in die Poisson-Gleichung (16.6) ein, so erhält man (mit der Bezeichnung $u_{ij} := u(x_i, y_j)$ etc.) die algebraischen Gleichungen:

$$4u_{ij} - u_{i-1,j} - u_{i+1,j} - u_{i,j-1} - u_{i,j+1} = -h^2 f_{ij}, \qquad i, j \in \{1, \ldots, N\}, \tag{16.7}$$

und am Rand von G:

$$u_{0,j} = g(0, y_j), \quad u_{N+1,j} = g(1, y_j), \quad u_{i,0} = g(x_i, 0), \quad u_{i,N+1} = g(x_i, 1).$$

Man erhält also ein lineares Gleichungssystem mit N^2 Unbekannten und ebensovielen Gleichungen. Löst man dieses System, so erhält man an den Gitterpunkten Approximationen u_{ij} für die Lösungsfunktion $u(x_i, y_i)$ der Differentialgleichung.

Numeriert man die Gitterpunkte zeilenweise von 1 bis N^2 und ordnet die Gleichungen und Unbekannten entsprechend um, so ergibt sich folgende Block-Tridiagonalmatrix (vgl. Abb. 16.2 auf Seite 392), die *Poisson-Matrix* genannt wird:

$$A := \begin{pmatrix} T & -I & & 0 \\ -I & T & \ddots & \\ & \ddots & \ddots & -I \\ 0 & & -I & T \end{pmatrix} \quad \text{mit} \quad T := \begin{pmatrix} 4 & -1 & & 0 \\ -1 & 4 & \ddots & \\ & \ddots & \ddots & -1 \\ 0 & & -1 & 4 \end{pmatrix}. \tag{16.8}$$

Die Poisson-Matrix hat nur 5 Diagonalen mit Nichtnullelementen, allerdings ist ihre Bandbreite sehr groß – linke und rechte Bandbreite sind jeweils N. Das Innere dieses Bandes wird bei der LU-Faktorisierung im allgemeinen weitgehend aufgefüllt.

Um diese Auffüllung zu vermeiden, kann man die Besetztheitsstruktur der Koeffizientenmatrix durch Umnumerieren der Gitterpunkte entsprechend verändern. Eine günstige Struktur für die Reduktion der Auffüllung bei der LU-Faktorisierung erreicht man durch die Teilung der Gitterpunkte in kleine Bereiche, die jeweils durch Schichten von Gitterpunkten (*Trennmengen*) voneinander getrennt sind. In den einzelnen Teilbereichen numeriert man die Gitterpunkte in üblicher Weise. Die Gitterpunkte in den Trennmengen werden zuletzt mit Nummern versehen. Auf diese Weise erhält man in jedem Teilbereich eine kleine Poisson-Matrix A_i mit entsprechend kleinerer Bandbreite. Die Elemente in den Teilbereichen sind nur untereinander und mit den Elementen der angrenzenden Trennmengen verbunden (und haben große Indexwerte). Durch die Bereichsunterteilung (*domain decomposition*) entsteht eine „Pfeilmatrix" $A_{\searrow}$, die bezüglich der Auffüllung sehr vorteilhaft ist:

$$A = \begin{pmatrix} A_1 & & & & B_1^\top \\ & A_2 & & & B_2^\top \\ & & \ddots & & \vdots \\ & & & A_{r-1} & B_{r-1}^\top \\ B_1 & B_2 & \cdots & B_{r-1} & A_r \end{pmatrix}. \tag{16.9}$$

Beispiel (Umordnung einer Poisson-Matrix) Um die Auswirkungen der Bereichsunterteilung auf die Struktur der Poisson-Matrix zu demonstrieren, wird ein rechteckiges Gitter mit 22 inneren Punkten herangezogen (Golub, Ortega [47]). Dieses Gitter wird in drei Bereiche D_1, D_2 und D_3 unterteilt. Dazwischen liegen die beiden Trennmengen S_1 und S_2. Die Punkte werden entsprechend der obigen Vorgangsweise numeriert:

• 4	• 5	• 6	• 20	• 10	• 11	• 12	• 22	• 16	• 17	• 18
• 1	• 2	• 3	• 19	• 7	• 8	• 9	• 21	• 13	• 14	• 15
D_1			S_1	D_2			S_2	D_3		

Ordnet man nun die Gleichungen und Unbekannten entsprechend ihrer Numerierung, so erhält man eine Koeffizientenmatrix mit der gewünschten Struktur (siehe Abb. 16.5).

$$A = \left(\begin{array}{cccccccccccccccccccccc}
4 & -1 & & -1 & & & & & & & & & & & & & & & & & & \\
-1 & 4 & -1 & \diamond & -1 & & & & & & & & & & & & & & & & & \\
 & -1 & 4 & \diamond & \diamond & -1 & & & & & & & & & & & & & -1 & & & \\
-1 & \diamond & \diamond & 4 & -1 & \diamond & & & & & & & & & & & & & \diamond & & & \\
 & -1 & \diamond & -1 & 4 & -1 & & & & & & & & & & & & & \diamond & & & \\
 & & -1 & \diamond & -1 & 4 & & & & & & & & & & & & & \diamond & -1 & & \\
 & & & & & & 4 & -1 & & -1 & & & & & & & & & -1 & & & \\
 & & & & & & -1 & 4 & -1 & \diamond & -1 & & & & & & & & \diamond & & & \\
 & & & & & & & -1 & 4 & \diamond & \diamond & -1 & & & & & & & \diamond & & -1 & \\
 & & & & & & -1 & \diamond & \diamond & 4 & -1 & \diamond & & & & & & & \diamond & -1 & \diamond & \\
 & & & & & & & -1 & \diamond & -1 & 4 & -1 & & & & & & & \diamond & \diamond & \diamond & \\
 & & & & & & & & -1 & \diamond & -1 & 4 & & & & & & & \diamond & \diamond & \diamond & -1 \\
 & & & & & & & & & & & & 4 & -1 & & -1 & & & & & -1 & \\
 & & & & & & & & & & & & -1 & 4 & -1 & \diamond & -1 & & & & \diamond & \\
 & & & & & & & & & & & & & -1 & 4 & \diamond & \diamond & -1 & & & \diamond & \\
 & & & & & & & & & & & & -1 & \diamond & \diamond & 4 & -1 & \diamond & & & \diamond & -1 \\
 & & & & & & & & & & & & & -1 & \diamond & -1 & 4 & -1 & & & \diamond & \diamond \\
 & & & & & & & & & & & & & & -1 & \diamond & -1 & 4 & & & \diamond & \diamond \\
 & & -1 & \diamond & \diamond & \diamond & -1 & \diamond & \diamond & \diamond & \diamond & \diamond & & & & & & & 4 & -1 & \diamond & \diamond \\
 & & & & & -1 & & & & -1 & \diamond & \diamond & & & & & & & -1 & 4 & \diamond & \diamond \\
 & & & & & & & & -1 & \diamond & \diamond & \diamond & -1 & \diamond & \diamond & \diamond & \diamond & \diamond & \diamond & \diamond & 4 & -1 \\
 & & & & & & & & & & & -1 & & & & -1 & \diamond & \diamond & \diamond & \diamond & -1 & 4
\end{array}\right)$$

Abb. 16.5: Neustrukturierte Poisson-Matrix und Schema der Auffüllung

An dieser Abbildung erkennt man auch, daß Auffüllung (durch $\diamond$ gekennzeichnet) nur innerhalb der Bandgrenzen und in den letzten Spalten und Zeilen auftritt. Die neustrukturierte Poisson-Matrix hat nur eine Auffüllung von 72 Elementen gegenüber den 182 Nichtnullelementen, die bei der Gauß-Elimination der Poisson-Matrix mit „natürlicher" Numerierung neu entstehen.

16.5.4 Matrizen mit allgemeiner Struktur

Da man für Matrizen mit allgemeiner Besetztheitsstruktur nur schwer vorhersagen kann, wo bei der Elimination neue Nichtnullelemente entstehen werden, versucht man, die gesamte Auffüllung durch Minimierung der *lokalen* Auffüllung (Auffüllung bei einem Eliminationsschritt) zu reduzieren. Bei dieser Vorgangsweise erreicht man meist nicht das Minimum für die gesamte Auffüllung, aber oft eine deutliche Verringerung des Auffüllungsgrades.

Die lokale Auffüllung beim k-ten Eliminationsschritt läßt sich in Abhängigkeit von der Wahl des Pivotelements aus der Besetztheitsstruktur der noch nicht reduzierten rechten unteren $(n-k+1)\times(n-k+1)$-Hauptuntermatrix ermitteln.

Die dabei benötigte Besetztheitsstruktur wird durch eine Adjazenzmatrix B_k wiedergegeben, die an jeder Position, an der in der ursprünglichen Matrix ein Nichtnullelement steht, den Wert Eins hat. Der Rest ist mit Nullen aufgefüllt.

Beispiel (Adjazenzmatrizen) Zur Veranschaulichung wird die 5×5-Matrix

$$A := \begin{pmatrix} 3 & 4 & 0 & 0 & 2 \\ 0 & 6 & 3 & 1 & 0 \\ 1 & 0 & 1 & 0 & 0 \\ 0 & 2 & 0 & 0 & 1 \\ 0 & 0 & 2 & 3 & 0 \end{pmatrix} \tag{16.10}$$

verwendet. Die Adjazenzmatrix B_1 enthält die Struktur der nichtreduzierten Matrix A:

$$B_1 := \begin{pmatrix} 1 & 1 & 0 & 0 & 1 \\ 0 & 1 & 1 & 1 & 0 \\ 1 & 0 & 1 & 0 & 0 \\ 0 & 1 & 0 & 0 & 1 \\ 0 & 0 & 1 & 1 & 0 \end{pmatrix}.$$

Führt man nun die ersten zwei Eliminationsschritte mit Spaltenpivotsuche durch, so erhält man folgende Adjazenzmatrizen:

$$B_2 := \begin{pmatrix} 1 & 1 & 1 & 0 \\ 1 & 1 & 0 & 1 \\ 1 & 0 & 0 & 1 \\ 0 & 1 & 1 & 0 \end{pmatrix}, \qquad B_3 := \begin{pmatrix} 1 & 1 & 1 \\ 1 & 1 & 1 \\ 1 & 1 & 0 \end{pmatrix}.$$

Die Positionen der neu entstandenen Nichtnullelemente sind mit „1" gekennzeichnet.

Satz 16.5.1 (Lokale Auffüllung) *Beim k-ten Eliminationsschritt des Gauß-Verfahrens und bei der Wahl des Elements $a_{ij}^{(k-1)}$ der Matrix $A^{(k-1)}$ als Pivotelement ist die lokale Auffüllung gegeben durch das $(i+1-k,\ j+1-k)$-Element der Matrix*

$$C_k = B_k(E - B_k)^\top B_k,$$

wobei B_k die Adjazenzmatrix der $(n-k+1)\times(n-k+1)$-Hauptuntermatrix von $A^{(k-1)}$ und E eine Matrix gleicher Dimension mit $e_{ij} = 1$ ist.

Mit Hilfe dieses Satzes kann nun in jedem Schritt jenes Element als Pivotelement ausgesucht werden, das die kleinste lokale Auffüllung erzeugt.

Beispiel (Minimierung der lokalen Auffüllung) Für die Matrix (16.10) berechnet man:

$$C_1 = B_1(E - B_1)^\top B_1 = \begin{pmatrix} 2 & 3 & 7 & 5 & 1 \\ 4 & 4 & 3 & 1 & 4 \\ 1 & 4 & 2 & 2 & 3 \\ 2 & 1 & 5 & 3 & 0 \\ 3 & 4 & 1 & 0 & 4 \end{pmatrix}.$$

Nun ergibt sich, daß bei der Wahl des Elements a_{54} oder a_{45} als Pivotelement keine Auffüllung entsteht. Wählt man a_{54}, so erhält man für B_2:

$$B_2 = \begin{pmatrix} 1 & 1 & 0 & 0 \\ 0 & 1 & 1 & 0 \\ 1 & 0 & 0 & 1 \\ 1 & 0 & 1 & 1 \end{pmatrix}.$$

Und daraus ergibt sich für den nächsten Eliminationsschritt, daß

$$C_2 = \begin{pmatrix} 2 & 1 & 2 & 2 \\ 4 & 1 & 1 & 3 \\ 1 & 3 & 2 & 0 \\ 3 & 4 & 2 & 1 \end{pmatrix}$$

gilt und somit $a_{45}^{(1)}$ als Pivotelement keine Auffüllung erzeugt.

Dieses Verfahren findet aber in der Praxis kaum Anwendung, weil die Berechnung der C_k mit zu großem Aufwand verbunden ist. Man begnügt sich meist mit einer Abschätzung der lokalen Auffüllung durch die sogenannten *Markowitz-Kosten*:

Satz 16.5.2 (Markowitz-Kosten) *Wird beim k-ten Schritt der Gauß-Elimination das Element $a_{ij}^{(k-1)}$ als Pivotelement gewählt, so sind die Markowitz-Kosten* MK *dieses Elements*

$$\mathrm{MK}(a_{ij}^{(k-1)}) = \left(\text{non-null}(z_{i+1-k}^{(k-1)}) - 1\right) \cdot \left(\text{non-null}(s_{j+1-k}^{(k-1)}) - 1\right)$$

eine obere Schranke für die lokale Auffüllung. Dabei bezeichnet $z_i^{(k-1)}$ die i-te Zeile und $s_j^{(k-1)}$ die j-te Spalte der Matrix B_k.

Beispiel (Markowitz-Kosten) **Bei der Matrix (16.10) ergeben sich im ersten Eliminationsschritt nur für die Elemente a_{54} und a_{45} minimale Werte der Markowitz-Kosten ($\mathrm{MK}(a_{45}) = \mathrm{MK}(a_{54}) = 1$). Im zweiten Eliminationsschritt sind die Markowitz-Kosten von $a_{34}^{(1)}$ gleich jenen von $a_{45}^{(1)}$.**

Wird die Auswahl des Pivotelements nur auf Grund der Markowitz-Kosten getroffen, so geht unter Umständen die numerische Stabilität des Algorithmus verloren. Es werden daher in der Praxis noch weitere Bedingungen an die Wahl des Pivotelements geknüpft. So verhindert z. B. die Zusatzbedingung

$$|a_{ij}^{(k-1)}| \geq \rho \max\left\{|a_{lj}^{(k-1)}| : l = k,\, k+1, \ldots, n\right\}$$

ein zu starkes Anwachsen der Rundungsfehler, falls $\rho \in (0, 1]$ passend gewählt wird. Je kleiner der Wert von ρ ist, desto stärker wirken sich die Rechenfehler auf das Ergebnis aus, gleichzeitig erweitert sich aber der Freiraum für die Wahl des Pivotelements und somit auch die Möglichkeiten zur Reduktion der Auffüllung.

16.6 Iterative Verfahren

Bei den iterativen Verfahren zur Lösung linearer Gleichungssysteme wird – wie bei der algorithmischen Lösung nichtlinearer Gleichungen (siehe Kapitel 14) – ausgehend von einem Startwert $x^{(0)}$ oder mehreren Startwerten

$$x^{(-s)}, x^{(-s+1)}, \ldots, x^{(0)} \in \mathbb{R}^n$$

eine Folge $\{x^{(k)} : k = 1,2,3,\dots\}$ erzeugt, deren Elemente möglichst gegen den gesuchten Lösungsvektor x^* von $Ax = b$ konvergieren sollen. Im allgemeinsten Fall ist die Folge $\{x^{(k)}\}$ durch

$$x^{(k+1)} := T_k(x^{(k)}, x^{(k-1)}, \dots, x^{(k-s)}), \quad k = 0,1,2,\dots, \tag{16.11}$$

definiert. Man spricht dann von einem instationären $(s+1)$-Schritt-Verfahren. Wichtige Spezialfälle der iterativen Verfahren (16.11) sind die instationären bzw. stationären Einschrittverfahren:

$$x^{(k+1)} := T_k(x^{(k)}) \quad \text{bzw.} \quad x^{(k+1)} := T(x^{(k)}), \qquad k = 0,1,2,\dots. \tag{16.12}$$

Durch (16.11) bzw. (16.12) wird eine *unendliche* Folge definiert. Um auf der Grundlage einer Iterationsvorschrift T_k oder T einen Algorithmus zur Lösung linearer Gleichungssysteme zu definieren, muß man die Folge $\{x^{(k)}\}$ nach endlich vielen Schritten abbrechen. Damit tritt – im Gegensatz zu den direkten Lösungsmethoden – stets ein Verfahrensfehler, der

$$\textit{Finitisierungsfehler} \quad x^{(\mathrm{stop})} - x^*,$$

auf. Das unvermeidliche Auftreten dieses Verfahrensfehlers ist kein grundsätzlicher Mangel der iterativen Verfahren, da bei den meisten großen, schwach besetzten Systemen ohnehin Datenfehler auftreten, deren Größe weit über dem Rundungsfehlerniveau liegt. Ist das lineare Gleichungssystem z. B. durch die Diskretisierung partieller Differentialgleichungen zustandegekommen, so sind sowohl die Matrix A als auch die rechte Seite b mit Fehlern behaftet. In diesem Fall wäre es sinnlos, eine Lösung von $Ax = b$ zu suchen, die wesentlich genauer ist, als es dem Niveau der Diskretisierungsfehler der Differentialgleichung entspricht.

Man muß also eine dem Problem angepaßte Entscheidung treffen, wann das Verfahren abgebrochen werden soll. Ein gutes Abbruchkriterium sollte

1. die Iteration stoppen, wenn der Fehler $e^{(k)} := x^{(k)} - x^*$ ausreichend klein ist,
2. abbrechen, wenn der Fehler nicht mehr oder zu langsam kleiner wird, und
3. den maximalen Rechen- bzw. Zeitaufwand für die Iteration limitieren.

Für den Meta-Algorithmus

do $k = 1,2,3,\dots$
    Berechnung von $x^{(k)}$
    Berechnung von $r^{(k)} := Ax^{(k)} - b$
    Berechnung von $\|r^{(k)}\|$ und $\|x^{(k)}\|$
    if $k \ge \mathit{maxit}$ **or**
    $\|r^{(k)}\| \le \mathit{stop\_tol} \cdot (\mathit{norm\_A} \cdot \|x^{(k)}\| + \mathit{norm\_b})$ **then exit**
end do

muß der Benutzer die Größen *maxit*, *norm_A*, *norm_b* und *stop_tol* festlegen:

- Die natürliche Zahl *maxit* ist die höchste erlaubte Anzahl an Iterationsschritten.
- Die reelle Zahl *norm_A* ist ein Näherungswert für $\|A\|$. Oft reicht der Absolutwert des größten Matrixelements aus.
- Die reelle Zahl *norm_b* ist ein Näherungswert für $\|b\|$. Auch hier reicht eine ähnlich grobe Approximation wie für *norm_A*.
- Die reelle Zahl *stop_tol* ist eine Maßzahl für die geforderte Größe („Kleinheit") des Residuums $r^{(k)} = Ax^{(k)} - b$. Eine Möglichkeit, *stop_tol* zu wählen, ergibt sich durch die relativen Datenfehler von A und b. Für Datenfehler in A von der Größenordnung $\pm 10^{-4} \cdot \|b\|$ sollte man $stop\_tol \geq 10^{-4}$ wählen. Dies ist sinnvoll, da eine Weiterführung der Iteration ohnehin keine Genauigkeitsverbesserung mehr ermöglichen würde. Allgemein sollte immer gelten:

$$eps < stop\_tol < 1.$$

Es ist zu beachten, daß bei sehr geringer Veränderung der $x^{(k)}$ (in der Nähe der Lösung) $\|x^{(k)}\|$ nicht jeweils neu berechnet werden muß. Ist $\|A\|$ nicht verfügbar, kann die Bedingung an die Residuumsnorm auf $\|r^{(k)}\| \leq stop\_tol \cdot \|b\|$ modifiziert werden. In jedem Fall ergibt sich die Fehlergrenze zu $\|e^{(k)}\| \leq \|A^{-1}\| \cdot \|r^{(k)}\|$.

16.7 Minimierungsverfahren

Viele Algorithmen zur iterativen Lösung linearer Gleichungssysteme gehen auf die Minimierung einer quadratischen Funktion, die ein Maß für das Residuum $Ax - b$ ist, zurück. Wenn $A \in \mathbb{R}^{n \times n}$ eine symmetrische und positiv definite Matrix ist, dann ist die Bestimmung des Lösungsvektors $x^* \in \mathbb{R}^n$ des linearen Gleichungssystems

$$Ax = b \tag{16.13}$$

gleichbedeutend mit der Aufgabe, das Minimum der quadratischen Funktion

$$f : \mathbb{R}^n \to \mathbb{R} \qquad \text{mit} \quad f(x) := \tfrac{1}{2}\langle Ax, x\rangle - \langle b, x\rangle \tag{16.14}$$

zu bestimmen. Die quadratische Form

$$\langle Ax, x\rangle = \sum_{i=1}^{n}\sum_{j=1}^{n} a_{ij}x_i x_j$$

ist laut Voraussetzung positiv definit, und f besitzt daher ein eindeutiges Minimum x^*, das mit der Lösung von (16.13) übereinstimmt, was sich aus

$$\nabla f(x^*) = Ax^* - b = 0$$

ergibt. Diese Übereinstimmung ist die Grundlage verschiedener iterativer Algorithmen zur numerischen Lösung des Gleichungssystems (16.13).

Ausgehend von einem Startvektor $x^{(0)} \in \mathbb{R}^n$ wählt man einen vom Nullvektor verschiedenen Richtungsvektor $p \in \mathbb{R}^n$ und bestimmt die Schrittweite $\alpha \in \mathbb{R}$ in

$$x^{(1)} := x^{(0)} + \alpha p$$

so, daß $f(x^{(0)} + \alpha p)$ als Funktion des Parameters α so klein wie möglich wird. Wegen

$$\begin{aligned} f(x^{(0)} + \alpha p) &= \tfrac{1}{2}\langle A(x^{(0)} + \alpha p), (x^{(0)} + \alpha p)\rangle - \langle b, (x^{(0)} + \alpha p)\rangle = \\ &= \tfrac{1}{2}\langle Ax^{(0)}, x^{(0)}\rangle + \alpha\langle Ax^{(0)}, p\rangle + \tfrac{1}{2}\alpha^2\langle Ap, p\rangle - \langle b, x^{(0)}\rangle - \alpha\langle b, p\rangle \end{aligned}$$

ist

$$\frac{\mathrm{d}f(x^{(0)} + \alpha p)}{\mathrm{d}\alpha} = \alpha\langle Ap, p\rangle + \langle Ax^{(0)} - b, p\rangle = 0 \qquad (16.15)$$

eine notwendige Bedingung für das Vorliegen des gesuchten Minimums. Aus (16.15) erhält man die *optimale* Schrittweite

$$\alpha_{\min} := -\frac{\langle r^{(0)}, p\rangle}{\langle Ap, p\rangle} \qquad \text{mit} \quad r^{(0)} := Ax^{(0)} - b.$$

Daß man mit dieser Wahl von α in der Richtung p wirklich ein Minimum findet, folgt aus

$$\frac{\mathrm{d}^2 f(x^{(0)} + \alpha p)}{\mathrm{d}\alpha^2} = \langle Ap, p\rangle > 0 \qquad \text{für alle} \quad p \neq 0.$$

Die Abnahme der quadratischen Funktion f – ihre größtmögliche Verkleinerung in Richtung p – beim Übergang von $x^{(0)}$ zu

$$x^{(1)} := x^{(0)} + \alpha_{\min} \cdot p$$

ist

$$f(x^{(0)}) - f(x^{(1)}) = \frac{1}{2}\frac{\langle r^{(0)}, p\rangle^2}{\langle Ap, p\rangle} > 0 \qquad \text{für} \quad \langle r^{(0)}, p\rangle \neq 0. \qquad (16.16)$$

Der Richtungsvektor p darf nicht orthogonal zum Residuenvektor $r^{(0)}$ gewählt werden, sonst ergibt sich $x^{(1)} = x^{(0)}$ wegen $\alpha_{\min} = 0$.

Im zweidimensionalen Fall kann man sich das Minimierungsverfahren geometrisch verdeutlichen (siehe Abb. 16.6). Die Höhenlinien

$$\{x \in \mathbb{R}^2 \,:\, f(x) = \text{const.} > f(x^*)\}$$

sind ähnliche koaxiale Ellipsen, deren gemeinsamer Mittelpunkt die gesuchte Lösung x^* ist. Im Startpunkt $x^{(0)}$ steht der Residuenvektor $r^{(0)}$ als Gradient

$$\nabla f(x^{(0)}) = Ax^{(0)} - b = r^{(0)}$$

orthogonal auf der Höhenlinie durch $x^{(0)}$. Ein Minimierungsschritt in Richtung p geht bis $x^{(1)}$, wo $f(x^{(0)} + \alpha p)$ minimal ist. Hier steht $r^{(1)}$ senkrecht auf p; $x^{(1)}$ ist daher der Berührungspunkt der Minimierungsrichtung mit einer Höhenlinie.

Mit dem Minimierungsprinzip lassen sich verschiedene iterative Algorithmen zur Lösung linearer Gleichungssysteme mit symmetrischer, positiv definiter Matrix konstruieren, die sich durch die Wahl von

$$p^{(1)}, p^{(2)}, p^{(3)}, \ldots \qquad \text{und} \qquad \alpha_1, \alpha_2, \alpha_3, \ldots$$

unterscheiden.

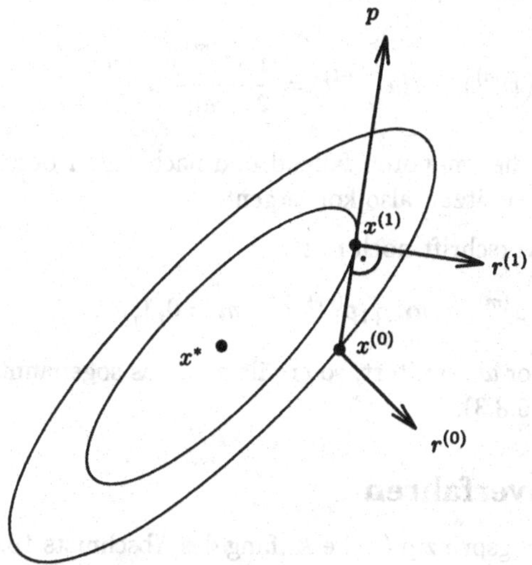

Abb. 16.6: Minimierungsverfahren zur Bestimmung der Nullstelle x^* eines linearen Gleichungssystems mit symmetrischer, positiv definiter Matrix.

16.7.1 Einzelschritt- (Gauß-Seidel-) Verfahren

Wählt man als Richtungen für die Minimierung (ohne Rücksicht auf die Residuen zu nehmen) zyklisch die Koordinatenrichtungen

$$p^{(1)} = e_1, \; p^{(2)} = e_2, \; \dots, p^{(n)} = e_n, \; p^{(n+1)} = e_1, \; \dots,$$

so erhält man

$$\begin{aligned} \alpha_{m+1} &:= -\frac{\langle r^{(m)}, p^{(m+1)} \rangle}{\langle Ap^{(m+1)}, p^{(m+1)} \rangle} = -\frac{\langle r^{(m)}, e_i \rangle}{\langle Ae_i, e_i \rangle} = -\frac{r_i^{(m)}}{a_{ii}} \\ x^{(m+1)} &:= x^{(m)} - \frac{r_i^{(m)}}{a_{ii}} e_i \qquad \text{mit} \quad i := m \,(\mathrm{mod}\, n) + 1. \end{aligned} \tag{16.17}$$

Im Minimierungsschritt (16.17) wird nur die i-te Komponente des Vektors $x^{(m)}$ verändert:

$$\begin{aligned} x_i^{(m+1)} &:= x_i^{(m)} - \Big(\sum_{j=1}^{n} a_{ij} x_j^{(m)} - b_i\Big)/a_{ii} = \\ &= \Big(b_i - \sum_{j=1}^{i-1} a_{ij} x_j^{(m)} - \sum_{j=i+1}^{n} a_{ij} x_j^{(m)}\Big)/a_{ii}. \end{aligned}$$

Faßt man die n Komponenten, die das Resultat eines Zyklus sind, in einem Vektor $x^{(k)}$ zusammen, so erhält man die Methode (16.33), die als *Einzelschrittverfahren* oder *Gauß-Seidel-Verfahren* bezeichnet wird (siehe Abschnitt 16.8.2).

Die Abnahme von f bei Schritt (16.17) ist durch (16.16) gegeben:

$$f(x^{(m)}) - f(x^{(m+1)}) = \frac{1}{2}\frac{\left(r_i^{(m)}\right)^2}{a_{ii}}.$$

Die Folge $\{f(x^{(m)})\}$ ist daher monoton fallend und nach unten beschränkt (weil f ein endliches Minimum besitzt), also konvergent.

Wenn man die Iterationsvorschrift noch mit

$$x^{(m+1)} := x^{(m)} + \omega\alpha_{m+1}p^{(m+1)}, \quad m = 0, 1, 2, \dots,$$

um einen Relaxationsfaktor ω erweitert, so erhält man das sogenannte *SOR-Verfahren* (siehe Abschnitt 16.8.3).

16.7.2 Gradientenverfahren

Das allgemeine Minimierungsprinzip (siehe Anfang des Abschnitts 16.7) läßt noch die Wahl der Richtungsvektoren $p^{(1)}, p^{(2)}, p^{(3)}, \dots$ frei, wobei nur Richtungen $p^{(k+1)}$ orthogonal zum Residuum $r^{(k)}$ zu vermeiden sind.

Der Residuenvektor $r^{(k)}$ als Gradient der zu minimierenden quadratischen Funktion f gibt an der Stelle $x^{(k)}$ jene Richtung an, in welcher f lokal am stärksten zunimmt. Es ist daher naheliegend, als Minimierungsrichtungen

$$p^{(k+1)} := -r^{(k)}, \quad k = 0, 1, 2, \dots,$$

zu definieren, also jeweils die Richtung des (lokal) *stärksten* Abstiegs zu verwenden:

$$x^{(k+1)} := x^{(k)} - \frac{\langle r^{(k)}, r^{(k)}\rangle}{\langle Ar^{(k)}, r^{(k)}\rangle} r^{(k)}, \quad k = 0, 1, 2, \dots.$$

In der Praxis zeigt sich, daß trotz der lokal besten Minimierungsrichtung (mit der größtmöglichen Verkleinerung von f) das Konvergenzverhalten der Methode des steilsten Abstiegs nicht gut ist. Man benötigt oft sehr viele Iterationsschritte, um in die Nähe der Lösung x^* zu kommen.

16.7.3 Gesamtschritt- (Jacobi-) Verfahren

Nimmt man den Gradienten $-r^{(k)}$ als Iterationsrichtung, wählt aber konstant

$$\alpha_1 = \alpha_2 = \alpha_3 = \dots = 1, \tag{16.18}$$

geht also *nicht* zum Minimalpunkt von f, so erhält man die als *Gesamtschrittverfahren* oder *Jacobi-Verfahren* bezeichnete Methode

$$x^{(k+1)} := x^{(k)} - r^{(k)}, \quad k = 0, 1, 2, \dots,$$

bei der man jede Komponente $x_i^{(k)}$ so verändert, daß das Residuum der i-ten Gleichung Null wird. Die Änderungen $-r_1^{(k)}, -r_2^{(k)}, \dots, -r_n^{(k)}$ werden alle gemeinsam zur Korrektur verwendet, woraus sich die Bezeichnung Gesamtschrittverfahren ableitet.

Die problemunabhängige konstante Schrittweitenwahl (16.18) ist die Ursache für das schlechtere Konvergenzverhalten des Gesamtschrittverfahrens im Vergleich zum Einzelschrittverfahren.

16.7.4 Verfahren der konjugierten Gradienten

Ist die quadratische Funktion (16.14) in Hauptachsenform gegeben, nämlich

$$f(x) = \tfrac{1}{2}\langle Dx, x\rangle - \langle b, x\rangle = \tfrac{1}{2}\sum_{i=1}^{n} \lambda_i x_i^2 - \sum_{i=1}^{n} b_i x_i \quad \text{mit } D = \operatorname{diag}(\lambda_1, \lambda_2, \ldots, \lambda_n),$$

dann führen (maximal) n Minimierungsschritte entlang der Koordinatenrichtungen $e_1, \ldots, e_n$ zum gesuchten Minimum x^*.

Durch die Substitution $x := Py$ kann man eine quadratische Funktion von (16.14) in die Hauptachsenform

$$\begin{aligned} f(x) &= \tfrac{1}{2}\langle Ax, x\rangle - \langle b, x\rangle = \tfrac{1}{2}x^{\mathsf{T}}Ax - b^{\mathsf{T}}x = \\ &= \tfrac{1}{2}y^{\mathsf{T}}P^{\mathsf{T}}APy - b^{\mathsf{T}}Py = \tfrac{1}{2}\langle Dy, y\rangle - \langle \bar{b}, y\rangle \end{aligned}$$

bringen, soferne die Spaltenvektoren $p_1, \ldots, p_n$ von P eine konjugierte Basis bezüglich A bilden.

Definition 16.7.1 (Konjugierte Basis) *Zwei Vektoren $p, q \in \mathbb{R}^n$ nennt man konjugiert bezüglich einer symmetrischen, positiv definiten Matrix $A \in \mathbb{R}^{n\times n}$, falls sie die Orthogonalitätsrelation*

$$\langle Ap, q\rangle = \langle p, Aq\rangle = \langle p, q\rangle_A = 0$$

erfüllen. Linear unabhängige Vektoren $p_1, \ldots, p_n$ mit der Eigenschaft

$$\langle p_i, Ap_j\rangle = \langle p_i, p_j\rangle_A = 0 \qquad \text{für alle} \quad i \neq j$$

bezeichnet man als konjugierte Basis des $\mathbb{R}^n$ (bezüglich A).

Wählt man die Vektoren einer konjugierten Basis als Minimierungsrichtungen, so erreicht man das gesuchte Minimum x^* in (maximal) n Iterationsschritten.

Eine naheliegende konjugierte Basis bilden die Eigenvektoren $x_1, \ldots, x_n$ der Matrix A, da sie

$$\langle x_i, x_j\rangle_A = \langle x_i, Ax_j\rangle = x_i^{\mathsf{T}}Ax_j = \lambda_j x_i^{\mathsf{T}}x_j = 0$$

für alle $i \neq j$ erfüllen. Die Lösung des vollständigen Eigenwertproblems für A ist aber eine Aufgabenstellung, deren Lösung einen höheren Aufwand erfordert als die Behandlung des linearen Gleichungssystems. Die Bestimmung der Eigenvektorbasis scheidet demnach aus, ebenso wie Orthogonalisierungsverfahren, die ebenfalls einen zu großen Aufwand erfordern würden. Die Schwierigkeit bei der

Anwendung dieses an sich so überzeugenden Konzepts besteht daher im Aufsuchen der konjugierten Basis, wenn man dafür keinen großen Rechenaufwand in Kauf nehmen möchte.

Die Methode der *konjugierten Gradienten* – das CG-Verfahren – beginnt wie das Gradientenverfahren damit, für den ersten Richtungsvektor $p^{(1)}$ den Gradientenvektor $p^{(1)} := -r^{(0)}$ zu wählen und in dieser Richtung das Minimum von f zu suchen:

$$x^{(1)} := x^{(0)} - \alpha_0 r^{(0)} \qquad \text{mit} \quad \alpha_0 := -\frac{\langle r^{(0)}, p^{(1)}\rangle}{\langle Ap^{(1)}, p^{(1)}\rangle} = \frac{\langle r^{(0)}, r^{(0)}\rangle}{\langle Ar^{(0)}, r^{(0)}\rangle}.$$

Der zweite und alle folgenden Richtungsvektoren werden als Linearkombinationen von $r^{(k-1)}$ und $p^{(k-1)}$ gebildet:

$$p^{(k)} := -r^{(k-1)} - \beta_{k-1} p^{(k-1)}, \quad k = 2, 3, 4, \ldots. \tag{16.19}$$

Der Koeffizient β_{k-1} wird dabei so gewählt, daß $p^{(k)}$ und $p^{(k-1)}$ bezüglich A konjugiert sind:

$$\langle Ap^{(k)}, p^{(k-1)}\rangle = \langle p^{(k)}, Ap^{(k-1)}\rangle = 0. \tag{16.20}$$

Aus (16.19), (16.20) und der Orthogonalität $\langle r^{(k-1)}, p^{(k-1)}\rangle = 0$ (siehe Golub, Van Loan [48]) ergibt sich:

$$\beta_{k-1} = -\frac{\langle r^{(k-1)}, Ap^{(k-1)}\rangle}{\langle p^{(k-1)}, Ap^{(k-1)}\rangle} = \frac{\langle r^{(k-1)}, r^{(k-1)}\rangle}{\langle r^{(k-2)}, r^{(k-2)}\rangle}, \quad k = 2, 3, 4, \ldots.$$

In der so festgelegten Richtung $p^{(k)}$ wird f minimiert:

$$x^{(k+1)} := x^{(k-1)} + \alpha_k p^{(k)} \qquad \text{mit} \quad \alpha_k := -\frac{\langle r^{(k-1)}, p^{(k)}\rangle}{\langle Ap^{(k)}, p^{(k)}\rangle} = \frac{\langle r^{(k-1)}, r^{(k-1)}\rangle}{\langle p^{(k)}, Ap^{(k)}\rangle}.$$

Den neuen Residuenvektor $r^{(k)}$ erhält man durch

$$r^{(k)} = Ax^{(k)} - b = Ax^{(k-1)} + \alpha_k Ap^{(k)} - b = r^{(k-1)} + \alpha_k Ap^{(k)}.$$

Diese Rekursionsformel ermöglicht eine Reduktion des Rechenaufwandes, weil das Matrix-Vektor-Produkt $Ap^{(k)}$ schon vorliegt, da es für die Ermittlung von α_k benötigt wurde.

Zusammenfassend ergibt sich somit der folgende **CG-Algorithmus**:

Wahl eines Startwertes $x^{(0)}$
$r^{(0)} := Ax^{(0)} - b$
do $k = 1, 2, 3, \ldots$
  if $k = 1$ **then**
    $p^{(1)} := -r^{(0)}$
  else
    $\beta_{k-1} := \dfrac{\langle r^{(k-1)}, r^{(k-1)}\rangle}{\langle r^{(k-2)}, r^{(k-2)}\rangle}$

$$p^{(k)} := -r^{(k-1)} - \beta_{k-1}p^{(k-1)} \tag{16.21}$$

end if

$$\alpha_k := \frac{\langle r^{(k-1)}, r^{(k-1)}\rangle}{\langle p^{(k)}, Ap^{(k)}\rangle}$$

$$x^{(k)} := x^{(k-1)} + \alpha_k p^{(k)}$$

$$r^{(k)} := r^{(k-1)} + \alpha_k Ap^{(k)} \tag{16.22}$$

end do

Das CG-Verfahren liefert für jedes lineare Gleichungssystem mit positiv definiter, symmetrischer Matrix – wenn keine Rundungsfehler auftreten – nach höchstens n Schritten die Lösung. Das CG-Verfahren ist also, im Gegensatz zu den anderen Minimierungsverfahren, ein *direktes* Verfahren zur Lösung linearer Gleichungssysteme. Bei der praktischen Ausführung am Computer geht diese Eigenschaft allerdings verloren, da die Konjugiertheit der Richtungsvektoren und Orthogonalität der Residuenvektoren auf Grund von Rechenfehlereffekten nicht exakt eingehalten werden kann. Als Folge davon ist $r^{(n)}$ vom Nullvektor verschieden, und man setzt dementsprechend die Berechnung in iterativer Weise noch weiter fort. Diese Vorgangsweise ist gerechtfertigt, weil das CG-Verfahren ein Minimierungsverfahren ist, das den Wert der quadratischen Funktion f auch nach dem n-ten Rechenschritt noch weiter verringert.

16.7.5 Krylov-Verfahren

Beim CG-Verfahren wird $x^{(k)}$ als Linearkombination der Richtungsvektoren und des Startvektors konstruiert:

$$x^{(k)} = \alpha_k p^{(k)} + \alpha_{k-1}p^{(k-1)} + \cdots + \alpha_1 p^{(1)} + x^{(0)};$$

es gilt also

$$x^{(k)} \in x^{(0)} + \text{span}\,\{p^{(1)}, p^{(2)}, \ldots, p^{(k)}\},$$

wobei die quadratische Funktion (16.14) durch den konstruierten Vektor $x^{(k)}$ minimiert wird. Aus den Formeln (16.21) und (16.22) erkennt man, daß

$$p^{(k)} \in \text{span}\,\{r^{(0)}, Ar^{(0)}, A^2r^{(0)}, \ldots, A^{k-1}r^{(0)}\}$$

gilt.

Definition 16.7.2 (Krylov-Raum) *Für einen Vektor $r \in \mathbb{R}^n$ und eine beliebige Matrix $B \in \mathbb{R}^{n\times n}$ wird durch*

$$\mathcal{K}_i(r, B) := \text{span}\,\{r,\ Br,\ B^2r, \ldots, B^{i-1}r\}$$

ein Teilraum des Vektorraums $\mathbb{R}^n$ definiert. Dieser wird als der durch r und B erzeugte i-te Krylov-Raum bezeichnet.

Die Elemente des i-ten Krylov-Raums sind die Werte *aller* Matrixpolynome

$$P_{i-1}(B) := c_0 + c_1 B + c_2 B^2 + \cdots + c_{i-1} B^{i-1}$$

vom Grad $i-1$ angewendet auf den Vektor r, also

$$\mathcal{K}_i(r; B) = \{P_{i-1}(B)\, r : P_{i-1} \in \mathbb{P}_{i-1}\}.$$

Alle iterativen Verfahren mit

$$x^{(i)} \in x^{(0)} + \mathcal{K}_i(r^{(0)}, A)$$

bezeichnet man daher auch als *Krylov-* oder als *Polynom-Verfahren*. Den Residuenvektor $r^{(i)}$ eines solchen Verfahrens kann man durch ein Polynom

$$R_i \in \mathbb{P}_i \qquad \text{mit} \qquad R_i(0) = 1 \tag{16.23}$$

ausdrücken:

$$r^{(i)} = Ax^{(i)} - b = R_i(A) r^{(0)}. \tag{16.24}$$

Jedes Polynom mit der Eigenschaft (16.23) bezeichnet man als *Residuenpolynom*.

Wie man der Gleichung (16.24) entnehmen kann, ist es das Ziel jeder Krylov-Methode, die Residuenpolynome $R_1, R_2, \ldots$ so zu wählen, daß die Residuenvektoren $r^{(1)}, r^{(2)}, \ldots$ in einem noch zu definierenden Sinn „möglichst klein" werden. Ein Weg zu dieser Minimaleigenschaft führt direkt über die Minimierung einer Norm des Residuums:

$$\begin{aligned} \|r^{(i)}\| &= \min\{\|Ax - b\| : x \in x^{(0)} + \mathcal{K}_i(r^{(0)}, A)\} = \\ &= \min\{\|R_i(A) r^{(0)}\| : R_i \in \mathbb{P}_i,\ R_i(0) = 1\}. \end{aligned} \tag{16.25}$$

$\|\cdot\|$ ist dabei eine Vektornorm des $\mathbb{R}^n$, die sogar in jedem Iterationsschritt anders gewählt werden kann, wie dies z. B. beim QMR-Verfahren (siehe Abschnitt 16.9.6) der Fall ist. Wählt man die durch

$$\|y\|_A := \sqrt{\langle y, y \rangle_A} = \sqrt{\langle y, Ay \rangle}$$

definierte A-Norm, so erhält man das CG-Verfahren (ohne Vorkonditionierung). Alle Verfahren, die auf (16.25) beruhen, werden *Minimalresiduen-* oder kurz *MR-Verfahren* genannt.

Ein anderer Weg zu der oben geforderten Minimaleigenschaft führt über die Orthogonalität des Residuums zu einem Teilraum des $S_i \subseteq \mathbb{R}^n$ (siehe Abb. 16.7):

$$\langle r^{(i)}, s \rangle = 0 \qquad \text{für alle} \quad s \in S_i. \tag{16.26}$$

Im Gegensatz zu einer durch (16.25) definierten Folge $x^{(1)}, x^{(2)}, \ldots$ ist durch die Forderung (16.26) unter Umständen nicht für jedes i eine neue Näherung $x^{(i)}$ definiert. Alle Verfahren, die auf (16.26) beruhen, werden *Orthogonalresiduen-* oder kurz *OR-Verfahren* genannt.

Sowohl bei den MR- als auch bei den OR-Verfahren wird der nächste Schritt $p^{(i)}$ ausschließlich aus einer Basis des Krylov-Raumes $\mathcal{K}_i(r^{(0)}, A)$ bzw. des Teilraumes S_i bestimmt, ohne daß sonstige Iterationsparameter a priori bekannt sein müßten.

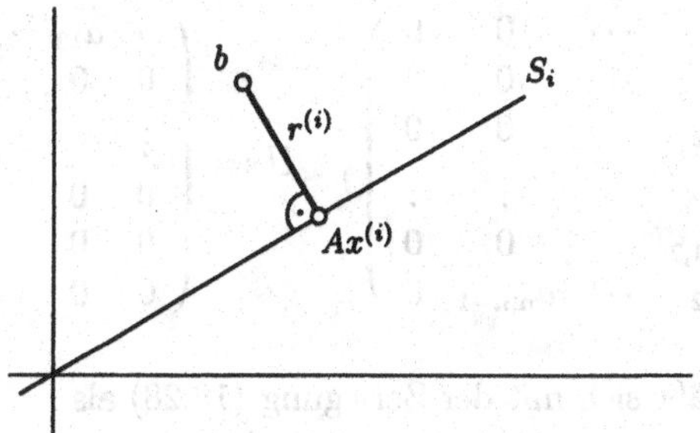

Abb. 16.7: Minimierung des Residuums $r^{(i)}$ durch Orthogonalität zum Raum S_i

16.8 Stationäre iterative Verfahren

Im Abschnitt 16.7 wurden iterative Methoden zur Lösung linearer Gleichungssysteme als Minimierungsverfahren für quadratische Funktionen hergeleitet. Dieser Zugang ist für Gleichungssysteme mit symmetrischer, positiv definiter Koeffizientenmatrix auch der natürlichste und anschaulichste. Iterative Verfahren für Systeme mit *allgemeinen* (nichtsymmetrischen und/oder nicht-definiten) Matrizen erhält man besser durch Spezialisierung der in Abschnitt 14.1 eingeführten iterativen Methoden für nichtlineare Gleichungssysteme (Operatorgleichungen).

Um ein Gleichungssystem iterativ zu lösen, das in *Fixpunktform*

$$x = T(x)$$

gegeben ist, wählt man einen Startvektor $x^{(0)} \in \mathbb{R}^n$ und setzt die jeweils letzte Näherung in $T(\cdot)$ ein:

$$x^{(k)} := T(x^{(k-1)}), \quad k = 1, 2, 3, \ldots .$$

Definition 16.8.1 (Stationäre Iteration) *Eine Iteration $x^{(k+1)} := T(x^{(k)})$ nennt man stationär, wenn die Iterationsvorschrift T unabhängig vom aktuellen Iterationsschritt definiert ist.*

Die Grundform stationärer Iterationsverfahren zur Lösung linearer Gleichungssysteme ist von der Bauart

$$x^{(k)} := Bx^{(k-1)} + c, \quad k = 1, 2, 3, \ldots, \tag{16.27}$$

wobei $B \in \mathbb{R}^{n \times n}$ und $c \in \mathbb{R}^n$ von k unabhängig sind. Um ein lineares Gleichungssystem $Ax = b$ in eine iterierfähige Form zu bringen, kann man z. B. die Koeffizientenmatrix additiv in

$$A = L + D + U \tag{16.28}$$

aufspalten. Die Summanden sind $D = \operatorname{diag}(a_{11}, \ldots, a_{nn})$, die *strikte* untere Dreiecksmatrix L und ihr „Gegenstück“ U:

$$L := \begin{pmatrix} 0 & 0 & \cdots & 0 & 0 \\ a_{21} & 0 & \cdots & 0 & 0 \\ a_{31} & a_{32} & \cdots & 0 & 0 \\ \vdots & \vdots & & \vdots & \vdots \\ a_{n-1,1} & a_{n-1,2} & \cdots & 0 & 0 \\ a_{n1} & a_{n2} & \cdots & a_{n,n-1} & 0 \end{pmatrix}, \quad U := \begin{pmatrix} 0 & a_{12} & \cdots & a_{1n} \\ 0 & 0 & \cdots & a_{2n} \\ \vdots & \vdots & & \vdots \\ 0 & 0 & \cdots & a_{n-2,n} \\ 0 & 0 & \cdots & a_{n-1,n} \\ 0 & 0 & \cdots & 0 \end{pmatrix}.$$

Das Ausgangssystem läßt sich mit der Zerlegung (16.28) als

$$Dx = b - Lx - Ux \tag{16.29}$$

schreiben. Wenn A nichtsingulär ist, läßt sich – gegebenfalls nach Zeilen- und Spaltenvertauschungen – stets erreichen, daß D nichtsingulär ist, also alle a_{ii} von Null verschieden sind. (16.29) kann man daher umformen:

$$x = D^{-1}b - D^{-1}(L+U)x.$$

Mit $B := -D^{-1}(L+U)$ und $c := D^{-1}b$ erhält man daraus die Fixpunktform

$$x = T(x) := Bx + c.$$

Das entsprechende stationäre Iterationsverfahren (16.27) ist das *Jacobi-Verfahren* (vgl. Abschnitt 16.7.3). Andere Zerlegungen der Matrix A führen auf andere Iterationsverfahren.

Zu den stationären iterativen Lösungsmethoden linearer Gleichungssysteme zählen in erster Linie folgende Verfahren:

Jacobi-Verfahren: Ein Iterationsschritt des Jacobi- oder Gesamtschrittverfahrens (vgl. Abschnitt 16.7.3) entspricht der lokalen Lösung für eine Variable. Die Methode ist leicht implementierbar, konvergiert aber oft nur sehr langsam.

Gauß-Seidel-Verfahren: Im Unterschied zum Jacobi-Verfahren werden beim Gauß-Seidel- oder Einzelschrittverfahren (vgl. Abschnitt 16.7.1) die erhaltenen Näherungswerte sofort nach ihrer Berechnung weiterverwendet. Die Konvergenzgeschwindigkeit erhöht sich dadurch, bleibt aber meist immer noch verhältnismäßig gering.

SOR-Verfahren werden aus dem Gauß-Seidel-Verfahren unter Einführung eines Extrapolationsparameters ω abgeleitet. Bei (fast) optimaler Wahl von ω kann eine wesentliche Konvergenzbeschleunigung erreicht werden.

SSOR-Verfahren, die symmetrischen SOR-Verfahren, erreichen im Vergleich zu den SOR-Verfahren keine weitere Effizienzsteigerung. Sie werden vor allem zur Vorkonditionierung und Konvergenzbeschleunigung nichtstationärer Methoden eingesetzt (siehe Abschnitt 16.10.2).

16.8.1 Jacobi-Verfahren

Löst man unter der Annahme, daß die Werte $x_1, \ldots, x_{i-1}, x_{i+1}, \ldots, x_n$ gegeben sind, nur die i-te Gleichung des Systems $Ax = b$ nach x_i, der i-ten Komponente von x, auf, so erhält man

$$x_i^{(k)} = (b_i - \sum_{j \neq i} a_{ij} x_j^{(k-1)})/a_{ii},$$

soferne $a_{ii} \neq 0$ gilt. Dies führt zu folgender Iteration – dem *Jacobi-Verfahren*:

do $k = 1, 2, 3, \ldots$
  do for $i \in \{1, 2, \ldots, n\}$

$$x_i^{(k)} := (b_i - \sum_{j=1}^{i-1} a_{ij} x_j^{(k-1)} - \sum_{j=i+1}^{n} a_{ij} x_j^{(k-1)})/a_{ii} \tag{16.30}$$

  end do
  if *Abbruchkriterium erfüllt* **then exit**
end do

Die Reihenfolge der Gleichungsauflösungen ist irrelevant. Sie können sogar simultan erfolgen, was in der FORALL-Schleife für i zum Ausdruck kommt, weswegen das Verfahren auch *Gesamtschrittverfahren* genannt wird. In Matrixschreibweise hat (16.30) die folgende Gestalt:

$$x^{(k)} = -D^{-1}(L + U)x^{(k-1)} + D^{-1}b, \qquad k = 1, 2, 3, \ldots.$$

D, L und U sind dabei die Diagonale, die strikte obere und die strikte untere Teil-Dreiecksmatrix von A.

Konvergenzverhalten

Im Abschnitt 14.1 wurde die Konvergenz der Iteration

$$x^{(k)} := T(x^{(k-1)}), \quad k = 1, 2, 3, \ldots,$$

gegen eine Lösung x^* der Fixpunktgleichung $x = T(x)$ durch den Kontraktionssatz 14.1.1 und damit durch die Kontraktivität der Abbildung T charakterisiert. Im Fall einer affinen Abbildung

$$T(x) := Bx + c \tag{16.31}$$

ist wegen

$$\|T(x) - T(y)\| = \|Bx - By\| = \|B(x - y)\| \leq \|B\| \cdot \|x - y\|$$

die Lipschitz-Konstante von T durch $L = \|B\|$ gegeben. Die Abbildung (16.31) ist daher genau dann kontrahierend, wenn es eine Matrixnorm $\|\cdot\|$ gibt, für die

$$\|B\| < 1$$

gilt.

Ist die Systemmatrix A *strikt diagonaldominant*, gilt also

$$|a_{ii}| > \sum_{j=1}^{i-1} |a_{ij}| + \sum_{j=i+1}^{n} |a_{ij}| \qquad \text{für alle} \quad i = 1, 2, \ldots, n,$$

so erfüllt die Zeilensummennorm $\|\cdot\|_\infty$ der Iterationsmatrix $B_J = -D^{-1}(L+U)$ des Jacobi-Verfahrens das Konvergenzkriterium

$$\|B_J\|_\infty < 1.$$

Bei beliebiger Wahl des Startvektors $x^{(0)}$ konvergiert daher das Jacobi-Verfahren stets gegen die Lösung derartiger Gleichungssysteme.

Die Bedingung $\|B\| < 1$ ist sehr eng mit dem Spektralradius

$$\rho(B) := \max\{|\lambda_i| : \lambda_i \in \lambda(B),\ i = 1, 2, \ldots, n\}$$

der Iterationsmatrix B verbunden.

Satz 16.8.1 *Für jedes $\varepsilon > 0$ gibt es eine Matrixnorm mit der Eigenschaft*

$$\|B\| \le \rho(B) + \varepsilon \qquad \textit{für alle} \quad B \in \mathbb{R}^{n\times n}.$$

Beweis: Ortega, Rheinboldt [64].

Aus diesem Satz folgt, daß die Abbildung (16.31) kontrahierend ist, wenn die Bedingung $\rho(B) < 1$ erfüllt ist.

Gibt es andererseits einen Eigenwert λ_i mit $|\lambda_i| \ge 1$, so gilt für einen zu λ_i gehörenden Eigenvektor $x \ne 0$

$$B^k x = \lambda_i^k x, \quad k = 1, 2, 3, \ldots,$$

und (16.31) kann daher keine kontrahierende Abbildung sein. $\rho(B) < 1$ ist also eine notwendige und hinreichende Bedingung für die Kontraktivität von (16.31).

Die Konvergenzgeschwindigkeit eines stationären Iterationsverfahrens wird sehr stark durch die Größe (den Zahlenwert) von $\|B\|$ bzw. $\rho(B)$ beeinflußt. Wie im nichtlinearen Fall (Kapitel 14) ist die Maximalanzahl der Schritte $k_{\max}$, die zum Erreichen der Genauigkeit

$$\|x - x^{(k)}\| \le \varepsilon_{\text{abs}}$$

erforderlich sind, durch

$$k_{\max} = \left\lceil \frac{\log\left(\varepsilon_{\text{abs}} \cdot (1 - \|B\|)/\|x^{(1)} - x^{(0)}\|\right)}{\log \|B\|} \right\rceil$$

gegeben. Je stärker also z. B. beim Jacobi-Verfahren die Diagonalelemente der Matrix A die Nicht-Diagonal-Elemente dominieren, desto kleiner ist $\|B\|$ und desto rascher dementsprechend die Konvergenz.

Bei allen iterativen Verfahren ist die Konvergenzgeschwindigkeit ein wichtiges Effizienzkriterium. Bei voll besetzter Matrix A ist die Anzahl der bei einem Iterationsverfahren insgesamt auszuführenden Gleitpunktoperationen nur dann kleiner als bei einem direkten Verfahren, wenn $k_{max} < n/3$ bzw. bei symmetrischen Matrizen sogar $k_{max} < n/6$ gilt. Außer bei sehr geringen Genauigkeitsanforderungen und/oder sehr speziellen Matrixeigenschaften ist diese Forderung bei den meisten praktisch auftretenden Problemen *nicht* erfüllt.

Beispiel (Diskretisierung von Differentialgleichungen) Die Konvergenz einfacher iterativer Methoden kann anhand von diskretisierten gewöhnlichen oder partiellen Differentialgleichungen, auf die derartige Verfahren häufig angewendet werden, untersucht werden. Ein Beispiel dafür ist das Zwei-Punkt-Randwertproblem der Form

$$\begin{aligned} -y''(x) &= f(x), & x &\in [0,1] \\ y(0) &= \alpha, & \alpha &\in \mathbb{R} \\ y(1) &= \beta, & \beta &\in \mathbb{R} \end{aligned}$$

(vgl. das Beispiel auf Seite 207). Durch Diskretisierung (mit konstanter Schrittweite h) kommt man auf ein lineares Gleichungssystem mit der Matrix

$$A_h := \frac{1}{h^2}\begin{pmatrix} 2 & -1 & & 0 \\ -1 & 2 & \ddots & \\ & \ddots & \ddots & -1 \\ 0 & & -1 & 2 \end{pmatrix}. \tag{16.32}$$

Die Eigenwerte von A_h sind

$$\lambda_{h,k} = \frac{1}{h^2}\left(2 - 2\cos\left(\frac{k\pi}{N+1}\right)\right) = \frac{4}{h^2}\sin^2\left(\frac{k\pi}{2N+2}\right), \quad k = 1,2,\ldots,N,$$

wobei der zweite Teil der Gleichung aus der Identität $1 - \cos 2\varphi = 2\sin^2\varphi$ folgt (Golub, Ortega [47]). Die Iterationsmatrix des Jacobi-Verfahrens hat die Eigenwerte

$$\mu_{h,k} = \cos\left(\frac{k\pi}{N+1}\right), \qquad k = 1,2,\ldots,N,$$

und dieselben Eigenvektoren wie (16.32), nämlich

$$v_{h,k} = \left(\sin\left(\frac{k\pi}{N+1}\right), \sin\left(\frac{2k\pi}{N+1}\right), \ldots, \sin\left(\frac{Nk\pi}{N+1}\right)\right)^{\top}, \qquad k = 1,2,\ldots,N.$$

Je größer k ist, desto stärker oszilliert die Funktion $\sin(k\pi x)$, aus deren diskreten Werten sich der k-te Eigenvektor zusammensetzt. Man spricht daher für kleine Werte von k von den „glatten" Eigenvektoren und für große Werte von k von den „oszillierenden" Eigenvektoren (wobei es keine scharfe Grenze zwischen „glatt" und „oszillierend" gibt). Die „mittleren" Eigenvektoren, die zu den betragskleinsten Eigenwerten gehören, werden vom Jacobi-Verfahren am stärksten gedämpft. Durch eine speziell modifizierte Jacobi-Iteration erreicht man, daß die am stärksten oszillierenden Eigenvektoren bei der Iteration am schnellsten verschwinden (Golub, Ortega [47]).

Mehrgitter-Verfahren

Die Tatsache, daß einfache iterative Verfahren wie das modifizierte Jacobi-Verfahren die Fehler in den Komponenten mit hohen Frequenzen am schnellsten dämpfen, hat zur Entwicklung neuer Methoden aus folgendem heuristischen Ansatz heraus geführt:

1. Durchführung einiger Schritte des Basis-Verfahrens (z. B. des Jacobi-Verfahrens) zur Glättung des Fehlers.
2. Beschränkung des dann vorliegenden Problems auf eine Teilmenge der Gitterpunkte (*grobes Gitter*) und Lösung des resultierenden projizierten Problems.
3. Interpolation der Lösung am groben Gitter zurück auf das Gesamtgitter und erneute Anwendung einiger Schritte des Basis-Verfahrens.

Die Schritte 1 und 3 kann man mit *Vor-* bzw. *Nachglättung* bezeichnen; die rekursive Anwendung dieser Glättungen auf Schritt 2 heißt Mehrgitter-Verfahren (*multigrid method*). Die Erzeugung immer gröberer Gitter wird abgebrochen, sobald man eine Lösung des linearen Systems mit direkten Verfahren effizient berechnen kann.

16.8.2 Gauß-Seidel-Verfahren

Die einzelnen Gleichungen des Systems $Ax = b$ kann man auch geordnet auflösen, wobei man bereits berechnete Werte sofort im nächsten Rechenschritt verwendet:

do $k = 1, 2, 3, \ldots$
  do $i = 1, 2, \ldots, n$

$$x_i^{(k)} := \Big(b_i - \sum_{j=1}^{i-1} a_{ij} x_j^{(k)} - \sum_{j=i+1}^{n} a_{ij} x_j^{(k-1)}\Big) / a_{ii} \qquad (16.33)$$

  end do
  if *Abbruchkriterium erfüllt* **then exit**
end do

In diesem Fall müssen die Berechnungen seriell ausgeführt werden, da jede Komponente der neuen Iteration von allen zuvor berechneten Komponenten abhängt. Der Vektor $x^{(k)}$ ist von der Reihenfolge der Gleichungsauflösungen abhängig; bei Änderung der Reihenfolge ergeben sich andere Werte der Komponenten, weshalb das Verfahren auch den Namen *Einzelschrittverfahren* trägt.

Ist A eine schwach besetzte Matrix, so ist es möglich, daß die vielen Nullen den Einfluß vorhergehender Komponenten bei der Berechnung bestimmter Komponenten(gruppen) verschwinden lassen. Durch geschickte Auswahl der Reihenfolge ist es dann möglich, einige Aktualisierungen parallel durchzuführen, was im Idealfall eine weit höhere Konvergenzgeschwindigkeit bringt. Allerdings kann eine ungünstige Auswahl die Konvergenz auch stark verschlechtern.

In Matrixschreibweise (mit den Bezeichnungen wie beim Jacobi-Verfahren) stellt sich das Gauß-Seidel-Verfahren wie folgt dar:

$$\begin{aligned} x^{(k)} &:= (D+L)^{-1}(b - Ux^{(k-1)}) = \\ &= x^{(k-1)} - (D+L)^{-1}(Ax^{(k-1)} - b), \qquad k = 1, 2, 3, \ldots \end{aligned} \qquad (16.34)$$

Konvergenzverhalten

Durch die Verwendung der jeweils aktuellsten Näherungswerte in (16.33) sollte man annehmen, daß das Gauß-Seidel-Verfahren rascher konvergiert als das Jacobi-Verfahren. In Spezialfällen trifft diese Vermutung auch zu:

Satz 16.8.2 *Ist $A \in \mathbb{R}^{n\times n}$ eine reguläre, strikt diagonaldominante Matrix, so konvergiert das Gauß-Seidel-Verfahren für jeden Startvektor $x^{(0)}$. Die Konvergenzgeschwindigkeit ist dabei größer oder zumindest gleich groß wie beim Jacobi-Verfahren.*

Beweis: Hämmerlin, Hoffman [50].

Unter noch stärkeren Einschränkungen der Klasse der Matrizen des linearen Gleichungssystems gilt sogar, daß das Einzelschrittverfahren doppelt so rasch konvergiert wie das Gesamtschrittverfahren (Ortega [316]).

Die schnellere Konvergenz des Einzelschrittverfahrens läßt sich *nicht* generell beobachten. Es gibt sogar Fälle, bei denen das Gauß-Seidel-Verfahren divergiert, obwohl das Jacobi-Verfahren konvergiert.

Konvergenz kann aber für die in der Praxis häufig auftretenden symmetrischen und positiv definiten Matrizen garantiert werden:

Satz 16.8.3 *Ist $A \in \mathbb{R}^{n\times n}$ eine symmetrische und positiv definite Matrix, so konvergiert das Gauß-Seidel-Verfahren für jeden Startvektor $x^{(0)}$.*

Beweis: Golub, Van Loan [48].

Beispiel (Diskretisierung von Differentialgleichungen) Die Tridiagonalmatrix (16.32) tritt bei der Lösung von Randwertproblemen gewöhnlicher Differentialgleichungen auf, wenn man den zweiten zentralen Differenzenquotienten

$$(y_{i+1} - 2y_i + y_{i-1})/h^2 \approx y''(x_i)$$

zur Diskretisierung verwendet. Die Matrix A ist symmetrisch und positiv definit. Das Gauß-Seidel-Verfahren kann also zur Lösung von Gleichungssystemen $Ax = b$ herangezogen werden.

16.8.3 Überrelaxationsverfahren (SOR-Verfahren)

Durch komponentenweise Extrapolation in Form eines gewichteten Durchschnitts zwischen dem Resultatvektor der vorhergehenden Iteration und dem neuen Gauß-Seidel-Wert erhält man die *sukzessive Überrelaxation*, das SOR-Verfahren:

do $k = 1, 2, 3, \ldots$
  do $i = 1, 2, \ldots, n$

$$x_i^{(k)} := \omega \cdot (b_i - \sum_{j=1}^{i-1} a_{ij}x_j^{(k)} - \sum_{j=i+1}^{n} a_{ij}x_j^{(k-1)})/a_{ii} + (1-\omega)\cdot x_i^{(k-1)}$$

  end do
  if *Abbruchkriterium erfüllt* **then exit**
end do

oder in Matrixschreibweise

$$\begin{aligned} x^{(k)} &= (D+\omega L)^{-1}[(1-\omega)D-\omega U]x^{(k-1)} + \omega(D+\omega L)^{-1}b = \\ &= x^{(k-1)} - \omega(D+\omega L)^{-1}(Ax^{(k-1)}-b), \qquad k=1,2,3,\ldots. \end{aligned} \tag{16.35}$$

Für $\omega = 1$ ist das SOR-Verfahren (16.35) offenbar mit dem Gauß-Seidel-Verfahren (16.34) identisch.

Da meist $\omega > 1$ gewählt wird, spricht man von Überrelaxation (*overrelaxation*). Der Überrelaxationsfaktor ω soll die Konvergenz möglichst stark beschleunigen.

Wahl des Relaxationsfaktors

Im allgemeinen Fall ist es unmöglich, günstige Werte von ω im voraus zu ermitteln. Alle SOR-Implementierungen enthalten daher Schätzmechanismen für einen möglichst vorteilhaften Wert von ω. Manchmal kann man heuristische Schätzwerte verwenden.

Beispiel (Diskretisierung von Differentialgleichungen) Bei Matrizen, die beim Diskretisieren gewöhnlicher oder partieller Differentialgleichungen auftreten, wird oft der heuristische Wert

$$\omega := 2 - O(h) \qquad \text{für} \quad h \to 0$$

verwendet, wobei h die Feinheit der Diskretisierung charakterisiert.

Eine Einschränkung bei der Wahl von ω ergibt sich durch folgenden Satz:

Satz 16.8.4 (Kahan) *Der Spektralradius der Iterationsmatrix B_ω des SOR-Verfahrens genügt der Ungleichung*

$$\rho(B_\omega) \geq |\omega - 1| \qquad \textit{für alle} \quad \omega \in \mathbb{R}.$$

Beweis: Hämmerlin, Hoffmann [50].

Daraus folgt, daß $\rho(B_\omega) < 1$ nur gelten kann, wenn $\omega \in (0,2)$ gewählt wird. Unter zusätzlichen Voraussetzungen ist damit auch die Konvergenz des SOR-Verfahrens gewährleistet.

Satz 16.8.5 (Ostrowski, Reich) *Ist $A \in \mathbb{R}^{n\times n}$ eine symmetrische und positiv definite Matrix, so konvergiert das SOR-Verfahren für jedes $\omega \in (0,2)$ und jeden Startvektor $x^{(0)}$.*

Beweis: Ortega [316].

Die Konvergenz ist damit für alle $\omega \in (0,2)$ gesichert, obwohl die Konvergenzgeschwindigkeit sehr unterschiedlich sein kann.

Für eine spezielle Klasse von Matrizen (die z. B. von der Gestalt einer tridiagonalen Blockmatrix sind, deren Diagonalblöcke selbst Diagonalmatrizen sind) kann der Spektralradius $\rho(B_J)$ der Jacobi-Iterationsmatrix B_J zur Berechnung des optimalen Überrelaxationsfaktors herangezogen werden:

$$\omega_{\text{opt}} = \frac{2}{1+\sqrt{1-\rho(B_J)^2}}.$$

ω_{opt} wird aber wegen des zu großen Aufwands bei der Berechnung von $\rho(B_J)$ in der Praxis durch grobe, dafür aber schnelle Abschätzungen des Spektralradius ersetzt, die durchaus brauchbare Näherungen $\omega \approx \omega_{\text{opt}}$ liefern.

16.8.4 Symmetrisches SOR-Verfahren (SSOR-Verfahren)

Ist A *symmetrisch*, so kombiniert das symmetrische Überrelaxationsverfahren (SSOR-Verfahren) zwei SOR-Ansätze derart, daß die resultierende Iterationsmatrix einer symmetrischen Matrix ähnlich ist. Genauer gesagt entspricht die erste Matrixmultiplikation exakt (16.35), während im zweiten Schritt die Unbekannten in gestürzter Reihenfolge aktualisiert werden. Die Ähnlichkeit der Iterationsmatrix zu einer symmetrischen Matrix ist die Hauptmotivation für die Verwendung des SSOR-Verfahrens als vorkonditionierendes Verfahren für nichtstationäre iterative Verfahren (siehe Abschnitt 16.10.2). Die Bedeutung des SSOR-Algorithmus als eigenständiges Lösungsverfahren ist hingegen gering, da seine Konvergenzrate in der Regel schlechter ist als jene von optimierten SOR-Verfahren.

Die SSOR-Iteration ist in Matrixschreibweise durch

$$x^{(k)} := B_1 B_2 x^{(k-1)} + \omega(2-\omega)(D+\omega U)^{-1} D (D+\omega L)^{-1} b$$

mit

$$\begin{aligned} B_1 &:= (D+\omega U)^{-1}[(1-\omega)D - \omega L], \\ B_2 &:= (D+\omega L)^{-1}[(1-\omega)D - \omega U] \end{aligned}$$

gegeben. B_2 ist die SOR-Iterationsmatrix aus (16.35), und bei der Matrix B_1 übernimmt L die Rolle von U (und umgekehrt).

16.9 Nichtstationäre iterative Verfahren

Der Unterschied zu den stationären Verfahren liegt in der Verwendung von *bei jedem Iterationsschritt veränderter* Information zur Berechnung verbesserter Näherungslösungen. Diese laufend aktualisierte Information besteht meist aus inneren Produkten von Residuen oder anderen aus dem Verfahren stammenden Vektoren.

Definition 16.9.1 (Nichtstationäre Iteration) *Eine Iteration*

$$x^{(k+1)} := T_k(x^{(k)}), \quad k = 0, 1, 2, \dots ,$$

ist nichtstationär, wenn die Iterationsvorschrift T_k vom jeweiligen Iterationsschritt abhängt.

Zu den nichtstationären iterativen Lösungsmethoden linearer Gleichungssysteme zählen unter anderem folgende Verfahren:

CG-Verfahren: Es wird eine Folge konjugierter Vektoren, die sich als Residuen der Iterationsvektoren ergeben, erzeugt (vgl. Abschnitt 16.7.4). Die konjugierten Vektoren sind Gradienten eines quadratischen Funktionals, dessen Minimierung äquivalent zur Lösung des linearen Gleichungssystems ist. Ist die Koeffizientenmatrix positiv definit, so sind CG-Verfahren höchst effektiv.

MINRES- und SYMMLQ-Verfahren sind Alternativen zu den CG-Verfahren, falls die Koeffizientenmatrix symmetrisch, aber nicht notwendigerweise positiv definit ist. Bei positiv definiten Matrizen liefern die SYMMLQ-Verfahren dieselbe Lösung wie die CG-Verfahren.

CGNE- und CGNR-Verfahren sind spezielle CG-Verfahren für Probleme, deren Koeffizientenmatrix A nichtsymmetrisch und nichtsingulär ist. Sie beruhen darauf, daß die Matrizen $AA^\top$ und $A^\top A$ stets symmetrisch und positiv definit sind. Das CGNE-Verfahren berechnet y aus $(AA^\top)y = b$ und anschließend $x = A^\top y$. Das CGNR-Verfahren löst $(A^\top A)x = \bar{b}$, mit $\bar{b} = A^\top b$. Wegen des für CG-Verfahren ungünstigeren Spektrums der Normalgleichungsmatrizen $A^\top A$ und $AA^\top$ kann die Konvergenz dieser beiden Verfahren unter Umständen sehr langsam sein.

GMRES-Verfahren: Wie beim MINRES-Verfahren wird eine Folge orthogonaler Vektoren erzeugt, die durch Lösung und Aktualisierung mit der Methode der kleinsten Quadrate kombiniert werden. Da in jedem Iterationsschritt die gesamte bisher ermittelte Folge benötigt wird, ist der Speicheraufwand weit höher als beim MINRES-Verfahren. Daher empfiehlt es sich, das GMRES-Verfahren nur für Gleichungssysteme mit allgemeinen nichtsymmetrischen Matrizen einzusetzen.

BiCG-Verfahren: Es werden zwei Vektorfolgen generiert, eine für die Matrix A und eine für die Matrix $A^\top$, die wechselseitig orthogonalisiert („biorthogonalisiert") werden. Das Verfahren ist im Fall nichtsymmetrischer, nichtsingulärer Matrizen von Nutzen.

Das **QMR-Verfahren** wendet auf die BiCG-Residuenvektoren die Methode der kleinsten Quadrate an, wodurch unregelmäßige Konvergenz und die Möglichkeit eines Versagens weitgehend vermieden werden.

Das **CGS-Verfahren** ist eine Variante des BiCG-Verfahrens, bei der die zur A- bzw. $A^\top$-Folge gehörigen Operationen auf dieselben Vektoren angewendet werden. Dem Vorteil der Einsparung der Multiplikation mit $A^\top$ steht jedoch in der Praxis ein schwer überschaubares Konvergenzverhalten gegenüber.

Das **BiCGSTAB-Verfahren** ist wie das CGS-Verfahren eine Variante des BiCG-Verfahrens. Allerdings werden hier für die $A^\top$-Folge andere Aktualisierungen (*updates*) vorgenommen, um die Konvergenz regelmäßiger zu machen.

Tschebyscheff-Iteration: Bei dieser Methode werden rekursiv Polynome bestimmt, deren Koeffizienten so gewählt sind, daß die Norm der Residuenvektoren im „Minimax-Sinn" minimiert wird. A muß positiv definit sein, und Information über die extremalen Eigenwerte ist erforderlich. Ein Vorteil dieses Verfahrens ist, daß keine inneren Produkte gebildet werden müssen.

16.9.1 Verfahren der konjugierten Gradienten (CG-Verfahren)

Verfahren der konjugierten Gradienten (*CG-Verfahren*) sind effiziente Lösungsalgorithmen für symmetrische, positiv definite Systeme (vgl. Abschnitt 16.7.4). Sie basieren auf der Verwendung von „Korrekturrichtungen" bei der Aktualisierung der Iterationen und Residuen. Dabei muß jeweils nur eine geringe Anzahl von Vektoren gespeichert werden.

Damit bestimmte Orthogonalitätsbedingungen der Vektorfolgen erfüllt bleiben, werden bei jeder Iteration zwei innere Produkte zur Berechnung von skalaren Korrekturgrößen gebildet. Bei symmetrischen, positiv definiten linearen Systemen bewirken diese Bedingungen, daß der Abstand zur exakten Lösung in der verwendeten Norm minimiert wird.

Die Iterationsvektoren werden in jedem Schritt um den α_i-fachen Korrekturvektor $p^{(i)}$ verändert:

$$x^{(i)} := x^{(i-1)} + \alpha_i p^{(i)}.$$

Dementsprechend werden die Residuen $r^{(i)} = Ax^{(i)} - b$ aktualisiert:

$$r^{(i)} := r^{(i-1)} + \alpha q^{(i)} \qquad \text{mit} \qquad q^{(i)} := Ap^{(i)}. \tag{16.36}$$

Die Parameterwahl

$$\alpha = \alpha_i = \frac{r^{(i-1)^\top} r^{(i-1)}}{p^{(i)^\top} A p^{(i)}}$$

minimiert $r^{(i)^\top} A^{-1} r^{(i)}$ über alle α in (16.36). Die Korrekturrichtung wird unter der Verwendung der Residuen modifiziert:

$$p^{(i)} := -r^{(i-1)} - \beta_{i-1} p^{(i-1)}. \tag{16.37}$$

Dabei sichert die Wahl

$$\beta_{i-1} = \frac{r^{(i-1)^\top} r^{(i-1)}}{r^{(i-2)^\top} r^{(i-2)}},$$

daß $p^{(i)}$ und $Ap^{(i-1)}$ und damit auch $r^{(i)}$ und $r^{(i-1)}$ orthogonal sind. Man kann sogar zeigen, daß auf diese Art die Orthogonalität von $p^{(i)}$ bzw. $r^{(i)}$ zu *allen* vorhergehenden $Ap^{(j)}$ bzw. $r^{(j)}$ gewährleistet ist.

Theorie

CG-Verfahren ohne Vorkonditionierung konstruieren $x^{(i)}$ als Element des um den Startvektor $x^{(0)}$ verschobenen Krylov-Raums $\mathcal{K}_i(r^{(0)}, A)$,

$$x^{(i)} \in x^{(0)} + \text{span}\{r^{(0)}, Ar^{(0)}, \ldots, A^{i-1}r^{(0)}\}, \tag{16.38}$$

sodaß

$$f(x) = (x - x^*)^{\mathsf{T}} A(x - x^*)$$

durch $x^{(i)}$ minimiert wird, wobei x^* die exakte Lösung von $Ax = b$ bezeichnet. Die *Existenz* des Minimums

$$x^{(i)} \in x^{(0)} + \mathcal{K}_i(r^{(0)}, A), \quad i = 1, 2, 3, \ldots,$$

ist aber nur für symmetrische und positiv definite Matrizen A gesichert.

Konvergenzverhalten

Wie im Abschnitt 16.7 festgestellt wurde, liefert das CG-Verfahren – soferne keine Rundungsfehlereffekte auftreten – in maximal n Schritten die exakte Lösung x^* eines linearen Gleichungssystems mit symmetrischer und positiv definiter Matrix. Da aber in der Praxis Rundungsfehler nicht zu vermeiden sind, verwendet man das CG-Verfahren nicht als direktes, sondern als iteratives Verfahren, dessen Konvergenzgeschwindigkeit durch

$$\begin{aligned} \|x^{(i)} - x^*\|_A &\le 2\gamma^i \|x^{(0)} - x^*\|_A \quad \text{bzw.} \\ \|x^{(i)} - x^*\|_2 &\le 2\sqrt{\kappa_2(A)} \cdot \gamma^i \|x^{(0)} - x^*\|_2 \end{aligned} \tag{16.39}$$

mit

$$\gamma := \frac{\sqrt{\kappa_2(A)} - 1}{\sqrt{\kappa_2(A)} + 1} \qquad \text{und} \qquad \|y\|_A := \sqrt{\langle y, Ay \rangle}$$

charakterisiert ist (Deuflhard, Hohmann [41], Golub, Ortega [47]).

Vorkonditionierung

Die Konvergenzgeschwindigkeit des CG-Verfahrens hängt von der Kondition der Matrix A ab. Für eine Matrix mit der optimalen Kondition $\kappa_2(A) = 1$ ist $\gamma = 0$, und für $\kappa_2(A) \to \infty$ gilt $\gamma \to 1$. Je schlechter das Gleichungssystem konditioniert ist, desto langsamer wird also die Konvergenz des CG-Verfahrens. Die Idee der *Vorkonditionierung* beruht nun darauf, von dem ursprünglich gegebenen Gleichungssystem mit Hilfe einer regulären Matrix M zu einem äquivalenten System überzugehen:

$$Ax = b \qquad \Longleftrightarrow \qquad M^{-1}Ax = M^{-1}b.$$

Je besser M die Matrix A approximiert, desto kleiner wird $\kappa_2(M^{-1}A)$ und desto rascher konvergiert das CG-Verfahren, wenn man es auf das neue Gleichungssystem anwendet. Für $M = A$ gilt $\kappa_2(M^{-1}A) = 1$, nur ist diese Wahl sinnlos, da sie ebenfalls die Lösung eines linearen Gleichungssystem erfordert. Eine praktisch brauchbare Vorkonditionierung darf keinen unzulässig hohen Aufwand erfordern, muß aber eine signifikante Konvergenzbeschleunigung erzielen. Eine ausführliche Diskussion praktisch erprobter Methoden zur Vorkonditionierung findet sich in Abschnitt 16.10.

Das **CG-Verfahren mit Vorkonditionierung** hat folgende Grundform:

Wahl eines Startwertes $x^{(0)}$
$r^{(0)} := Ax^{(0)} - b$
do $k = 1, 2, 3, \ldots$
  solve $Mz^{(k-1)} = r^{(k-1)}$
  $\varrho_{k-1} := \langle r^{(k-1)}, z^{(k-1)} \rangle$
  if $k = 1$ **then**
    $p^{(1)} := -z^{(0)}$
  else
    $\beta_{k-1} := \varrho_{k-1} / \varrho_{k-2}$
    $p^{(k)} := -z^{(k-1)} - \beta_{k-1} p^{(k-1)}$
  end if
  $q^{(k)} := Ap^{(k)}$
  $\alpha_k := \dfrac{\varrho_{k-1}}{\langle p^{(k)}, q^{(k)} \rangle}$
  $x^{(k)} := x^{(k-1)} + \alpha_k p^{(k)}$
  $r^{(k)} := r^{(k-1)} + \alpha_k q^{(k)}$
end do

Aus der Abschätzung (16.39) erkennt man, daß die Anzahl der Iterationen zur relativen Reduktion des Fehlers um ε proportional zu $\sqrt{\kappa_2}$ ist, also *lineare* Konvergenz des CG-Verfahrens vorliegt.

Besitzen größter und kleinster Eigenwert der Matrix $M^{-1}A$ sehr unterschiedliche Größe, so ist häufig sogar *überlineare* Konvergenz feststellbar: die Konvergenzrate wächst pro Iteration. Dieses Phänomen ist dadurch erklärbar, daß CG-Verfahren dazu tendieren, zuerst Fehlerkomponenten zu reduzieren, die in der Richtung der zu den extremen Eigenwerten gehörigen Eigenvektoren liegen. Sind diese eliminiert, setzt sich das Verfahren so fort, als ob diese Eigenwerte nicht existierten, wodurch die Konvergenzrate von einem reduzierten System mit (viel) kleinerer Konditionszahl abhängt. Genaue Analysen dieses Phänomens findet man bei Van der Sluis, Van der Vorst [384].

16.9.2 CG-Verfahren für Normalgleichungen

Den CG-Verfahren liegt das Prinzip der Minimierung der quadratischen Funktion

$$f(x) := \tfrac{1}{2} x^\top A x - b^\top x \tag{16.40}$$

zugrunde, das nur auf Gleichungssysteme mit symmetrischer, positiv definiter Matrix A anwendbar ist. Ist diese Voraussetzung nicht erfüllt, kann man das

Minimierungsprinzip auf das Residuum

$$r(x) := Ax - b$$

anwenden. Minimiert man z. B. die Funktion

$$f_R(x) := \|r(x)\|_2^2 = (Ax - b)^\top (Ax - b) = x^\top A^\top Ax - 2b^\top Ax + b^\top b$$

durch Anwendung eines CG-Verfahrens, so ist diese Vorgangsweise äquivalent zur Lösung des Systems der *Normalgleichungen*

$$A^\top Ax = A^\top b$$

mit Hilfe dieses CG-Verfahrens. Man spricht von **CGNR-Verfahren**. Das N steht dabei für die Normalgleichungen und das R für die Residuumsminimierung.

Minimiert man anstelle des Residuums den Fehler

$$e(x) := x - A^{-1}b$$

bzw. die Funktion

$$f_E(x) := \|e(x)\|_2^2 = x^\top x - 2b^\top A^{-\top} x + b^\top A^{-\top} A^{-1} b, \tag{16.41}$$

so erhält man ein anderes iteratives Verfahren. Durch die Substitution $x := A^\top y$ geht (16.41) in

$$f_E(y) = y^\top AA^\top y - 2b^\top y + b^\top A^{-\top} A^{-1} b$$

über. Die Anwendung eines CG-Verfahrens zur Minimierung von f_E ist daher äquivalent zur Lösung des Systems

$$AA^\top y = b$$

mit Hilfe dieses CG-Verfahrens. Man nennt das resultierende Verfahren daher **CGNE-Verfahren**, wobei der Buchstabe E die Fehler- (*error*-) Funktion und N wieder die Normalgleichungen zum Ausdruck bringt.

Die CGNE- und CGNR-Verfahren sind die einfachsten Methoden für nichtsymmetrische oder indefinite Systeme. Da andere Verfahren für solche Systeme oft weitaus komplizierter und daher schwerer zu handhaben sind als CG-Verfahren, ist die Transformation in ein symmetrisches, definites System und die darauffolgende Anwendung von CG-Verfahren oft sinnvoll.

Nun ist dieser Zugang zwar einfach zu verstehen und zu codieren, die Konvergenzgeschwindigkeit ist aber von $(\kappa(A))^2$, dem *Quadrat* der Konditionszahl von A abhängig, wodurch die Konvergenz in den meisten Fällen nur sehr langsam ist (Nachtigal, Reddy, Trefethen [306]). Der Rechenaufwand dieser Verfahren ist aber nicht nur durch eine oft sehr große Anzahl erforderlicher Iterationsschritte, sondern auch durch verdoppelten Aufwand in jedem einzelnen Schritt gekennzeichnet. Da bei großen schwach besetzten Systemen $A^\top A$ oder $AA^\top$ nicht explizit gebildet wird, erfordert jeder Iterationsschritt *zwei* Matrix-Vektor-Multiplikationen.

16.9.3 Residuenminimierung (MINRES-Verfahren) und symmetrisches LQ-Verfahren

Das Verfahren der Residuenminimierung und das symmetrische LQ-Verfahren – kurz MINRES- und SYMMLQ-Verfahren genannt – sind Lösungsmethoden für symmetrische, aber *indefinite* Systeme. Bei derartigen Gleichungssystemen ist beim CG-Verfahren ein Versagen nicht ausgeschlossen.

Das MINRES-Verfahren ist ein Krylov-Verfahren, das auf dem Prinzip der Minimierung des Residuums (16.25) beruht und die Euklidische Norm zur Quantifizierung der Größe des Residuums verwendet. Das SYMMLQ-Verfahren ist hingegen ein Orthogonalresiduen-Verfahren, bei dem keine explizite Minimierung erfolgt (die Orthogonalität des jeweiligen Residuums zu allen vorhergehenden bleibt erhalten). Beide genannten Verfahren sind CG-Varianten, bei denen eine LU-Zerlegung vermieden wird.

16.9.4 Verallgemeinerte Minimierung des Residuums (GMRES-Verfahren)

Die verallgemeinerte Methode der Minimierung des Residuums – das GMRES-Verfahren – ist eine Erweiterung des MINRES-Verfahrens auf *nichtsymmetrische* Systeme (Saad, Schultz [349]). Beim GMRES-Verfahren wird eine Orthogonalbasis des Krylov-Raums

$$\operatorname{span}\{r^{(0)}, Ar^{(0)}, A^2r^{(0)}, \ldots\}$$

explizit gebildet:

$w^{(i)} := Av^{(i)}$
do $k = 1, 2, \ldots, i$
  $w^{(i)} := w^{(i)} - \langle w^{(i)}, v^{(k)}\rangle v^{(k)}$
end do
$v^{(i+1)} := w^{(i)}/\|w^{(i)}\|$

Es erfolgt also eine modifizierte Schmidt-Orthogonalisierung der Krylov-Folge $\{A^k r^{(0)}\}$; man spricht auch von der *Arnoldi-Methode* (Arnoldi [90]).

Der GMRES-Algorithmus hat den Vorteil, daß die Norm der Residuen berechnet werden kann, ohne daß die Iterationen gebildet werden. Daher kann die im folgenden beschriebene aufwendige Bildung der Iterationen aufgeschoben werden, bis die Residuennorm für klein genug erachtet wird.

Die Konstruktion der $x^{(i)}$ erfolgt mit Koeffizienten y_k, durch die $\|b - Ax^{(i)}\|$ minimiert wird:

$$x^{(i)} = x^{(0)} + y_1 v^{(1)} + \ldots + y_i v^{(i)}.$$

Die am häufigsten verwendete Form des GMRES-Verfahrens basiert auf der obigen Orthogonalisierungsmethode und verwendet Neustarts, um die Speichererfordernisse unter Kontrolle zu halten. Werden keine Neustarts verwendet, so konvergieren GMRES-Verfahren in höchstens n (Ordnung von A) Schritten, was auf

Grund der Speicher- und Rechenzeiterfordernisse von keinem praktischen Nutzen für große Werte von n ist. Es gibt jedoch Beispiele, bei denen das GMRES-Verfahren stagniert und Konvergenz tatsächlich erst im n-ten Schritt eintritt. Der Zeitpunkt $m < n$ des Neustarts ist das entscheidende Element für die Effizienz des GMRES(m)-Codes (TEMPLATES [3]).

Implementierung

Der größte Nachteil des GMRES-Verfahrens ist der lineare Anstieg der benötigten Arbeit und der erforderlichen Speicherkapazität je Iterationsschritt mit der Anzahl der Iterationen. In dieser Hinsicht stellt auch das GMRES(m)-Verfahren keine befriedigende Lösung dar, da es bisher keine allgemein anwendbaren Regeln für die Auswahl des effizienz-kritischen Neustart-Parameters m gibt.

16.9.5 Bikonjugiertes Gradientenverfahren (BiCG-Verfahren)

CG-Verfahren sind für *nicht*symmetrische Systeme nicht geeignet, weil die Orthogonalisierung der Residuenvektoren nicht mit kurzen Rekursionen möglich ist. Bei GMRES-Verfahren wird das Erreichen der Orthogonalität mit großem Mehraufwand erkauft (siehe Abschnitt 16.9.4). Beim BiCG-Verfahren wird nun die Folge orthogonaler Residuen durch zwei wechselseitig orthogonale Folgen ersetzt – um den Preis, daß keine Minimierung des Residuums mehr erreicht wird.

Die Beziehungen der CG-Verfahren werden bei BiCG-Verfahren durch ähnliche, jedoch auf $A^\top$ beruhende Festlegungen erweitert. Aktualisiert werden also zwei Folgen von Residuen

$$r^{(i)} := r^{(i-1)} + \alpha_i A p^{(i)}, \qquad \tilde{r}^{(i)} := \tilde{r}^{(i-1)} + \alpha_i A^\top \tilde{p}^{(i)}$$

und zwei Folgen von Korrekturrichtungen

$$p^{(i)} := -r^{(i-1)} - \beta_{i-1} p^{(i-1)}, \qquad \tilde{p}^{(i)} := -\tilde{r}^{(i-1)} - \beta_{i-1} \tilde{p}^{(i-1)}.$$

Dabei garantiert die Parameterwahl

$$\alpha_i := \frac{\tilde{r}^{(i-1)\top} r^{(i-1)}}{\tilde{p}^{(i)\top} A p^{(i)}}, \qquad \beta_i := \frac{\tilde{r}^{(i)\top} r^{(i)}}{\tilde{r}^{(i-1)\top} r^{(i-1)}}$$

die *Biorthogonalität*

$$\tilde{r}^{(i)\top} r^{(j)} = \tilde{p}^{(i)\top} A p^{(j)} = 0 \qquad \text{für} \quad i \neq j.$$

Konvergenzverhalten

Es gibt nur wenige theoretische Analysen der BiCG-Verfahren. Für symmetrische und positiv definite Systeme liefern sie dieselben Ergebnisse wie die CG-Verfahren, allerdings bei doppeltem Aufwand pro Iteration (bedingt durch die

Matrix-Vektor-Multiplikationen mit A *und* $A^\top$). Für nichtsymmetrische Matrizen sind sie in jenen Phasen des iterativen Prozesses, wo eine signifikante Reduktion der Residuumsnorm eintritt, mit den GMRES-Verfahren ohne Neustart vergleichbar. In der Praxis kann das Konvergenzverhalten der BiCG-Verfahren ziemlich unregelmäßig sein; es kann sogar zu einem völligen Versagen kommen.

Implementierung

BiCG-Verfahren erfordern die Berechnung von *zwei* Matrix-Vektor-Produkten: $Ap^{(k)}$ und $A^\top\tilde{p}^{(k)}$. In manchen Anwendungen ist es unmöglich, das zweite Produkt zu bilden, zum Beispiel, wenn A nicht explizit gegeben ist und nur eine Implementierung der Matrix-Vektor-Operation Ax vorliegt.

Es ist schwierig, einen Vergleich zwischen GMRES- und BiCG-Verfahren anzustellen, der sowohl das Kriterium der Zuverlässigkeit als auch jenes der Effizienz berücksichtigt. Bei GMRES-Verfahren wird z. B. die Minimierung des Residuums um den Preis eines sehr hohen Speicheraufwands erkauft. Die Genauigkeit der BiCG-Verfahren ist trotz fehlender Residuumsminimierung oft mit jener der GMRES-Verfahren vergleichbar, erfordert aber die doppelte Anzahl von Matrix-Vektor-Operationen pro Iterationsschritt. Varianten des BiCG-Verfahrens (CGS, BiCGSTAB), die unter bestimmten Voraussetzungen eine Effizienzsteigerung bewirken, werden in der Folge noch vorgestellt (siehe Abschnitte 16.9.7 und 16.9.8).

16.9.6 Quasi-Residuenminimierung (QMR-Verfahren)

Freund und Nachtigal [205], [206] haben mit dem von ihnen entwickelten QMR-Verfahren versucht, die unregelmäßige Konvergenz und die Möglichkeit des Versagens des BiCG-Algorithmus zu vermeiden. Ihr Verfahren beruht auf der Methode der kleinsten Quadrate, ähnlich wie das GMRES-Verfahren. Beim QMR-Verfahren wird aber eine *biorthogonale* Basis für den Krylov-Unterraum konstruiert. Daher wird der erhaltenen Lösung nur ein „quasiminimales" Residuum zugeschrieben, was den Namen des Verfahrens erklärt. Zusätzlich werden Prognose-(*look-ahead*-) Techniken zur Verbesserung des Konvergenzverhaltens verwendet, wodurch die QMR-Verfahren eine größere Robustheit als die BiCG-Verfahren besitzen. Auch das Konvergenzverhalten ist charakteristischerweise viel günstiger (gleichmäßiger und schneller) als jenes der BiCG-Verfahren. QMR-Verfahren konvergieren etwa so schnell wie GMRES-Verfahren.

16.9.7 Quadriertes CG-Verfahren (CGS-Verfahren)

Beim BiCG-Verfahren ist der Residuenvektor $r^{(i)}$ der Wert eines Matrixpolynoms i-ten Grads $P_i(A)$ angewendet auf $r^{(0)}$:

$$r^{(i)} = P_i(A)r^{(0)}.$$

Mit dem gleichen Polynom gilt $\tilde{r}^{(i)} = P_i(A^\top)\tilde{r}^{(0)}$, sodaß man

$$\rho_i := (\tilde{r}^{(i)}, r^{(i)}) = (P_i(A^\top)\tilde{r}^{(0)}, P_i(A)r^{(0)}) = (\tilde{r}^{(0)}, P_i^2(A)r^{(0)}) \tag{16.42}$$

erhält. Wenn $P_i(A)$ das Residuum $r^{(0)}$ auf einen kleineren Vektor $r^{(i)}$ reduziert, ist es daher naheliegend, diesen Kontraktionsoperator gleich zweimal anzuwenden und $P_i^2(A)r^{(0)}$ zu berechnen. Dieser Zugang führt auf das von Sonneveld [371] stammende CGS-Verfahren, das *quadrierte* CG-Verfahren.

Das CGS-Verfahren erfordert etwa gleich viele Operationen pro Iteration wie das BiCG-Verfahren, enthält aber keine Berechnungen mit $A^\top$, wodurch es sich für jene Fälle empfiehlt, bei denen die Berechnung von $A^\top p$ nicht möglich ist (z. B. wenn A nicht explizit gegeben ist).

Konvergenzverhalten

Häufig kann bei CGS-Verfahren eine etwa doppelt so hohe Konvergenzgeschwindigkeit wie bei BiCG-Verfahren beobachtet werden, was mit der zweimaligen Anwendung desselben Kontraktionsoperators zusammenhängt. Das Konvergenzverhalten der CGS-Verfahren ist aber durch starke Unregelmäßigkeiten beeinträchtigt. Bei der CGS-Methode kann sogar dann Divergenz eintreten, wenn der Startvektor bereits nahe bei der Lösung liegt.

16.9.8 Bikonjugiertes stabilisiertes Gradientenverfahren (BiCGSTAB-Verfahren)

Das bikonjugierte *stabilisierte* Gradientenverfahren – kurz als BiCGSTAB-Verfahren bezeichnet – wurde zur Lösung nichtsymmetrischer linearer Gleichungssysteme mit dem Ziel entwickelt, das unregelmäßige Konvergenzverhalten des CGS-Verfahrens zu vermeiden (Van der Vorst [385]). Anstelle der CGS-Folge wird beim BiCGSTAB-Verfahren die Folge $\{Q_i(A)P_i(A)r^{(0)}\}$ berechnet, wobei Q_i ein Matrixpolynom i-ten Grades ist, welches die Aktualisierung mit der größten Fehlerreduktion (*steepest descent update*) bewirkt.

Ein BiCGSTAB-Schritt erfordert zwei Matrix-Vektor-Produkte und vier innere Produkte, also zwei innere Produkte mehr als BiCG- und CGS-Verfahren.

Konvergenzverhalten

Das BiCGSTAB-Verfahren konvergiert im Großteil der Fälle ähnlich schnell wie das CGS-Verfahren. Es kann als Kombination des BiCG-Verfahrens mit der wiederholten Anwendung des GMRES(1)-Verfahrens interpretiert werden. Zumindest lokal wird ein Residuenvektor minimiert, was die Konvergenz wesentlich glättet. Andererseits versagt das Verfahren, wenn der Iterationsschritt des GMRES(1)-Verfahrens stagniert, da dann der Krylov-Unterraum nicht erweitert wird. Dieses Versagen kann durch Kombination von BiCGSTAB-Verfahren mit anderen Methoden vermieden werden (wie etwa beim BiCGSTAB-2-Verfahren von Gutknecht [223]).

16.9.9 Tschebyscheff-Iteration

Das Tschebyscheff-Verfahren ist eine nichtstationäre iterative Methode zur Lösung linearer Gleichungssysteme mit nichtsymmetrischer Matrix, die im Gegensatz zu den anderen nichtstationären Verfahren keine Berechnung von inneren Produkten erfordert (Golub, Van Loan [48]). Dies ist dann von Vorteil, wenn für eine spezielle Speicherarchitektur die inneren Produkte einen Engpaß bezüglich der Gleitpunktleistung darstellen. Die Umgehung der inneren Produkte ohne Effizienzverlust erfordert andererseits aber viel Wissen über das Spektrum von A. Diese Schwierigkeit kann mit Hilfe einer von Manteuffel [292] entwickelten Algorithmusvariante überwunden werden.

Vergleich mit anderen Verfahren

Ein Vergleich der Pseudocodes der Tschebyscheff-Iteration (TEMPLATES [3]) und des CG-Verfahrens zeigt eine starke Ähnlichkeit bis auf das Fehlen der inneren Produkte bei der Tschebyscheff-Iteration.

Gegenüber dem GMRES-Verfahren hat das Tschebyscheff-Verfahren den Vorteil, daß nur kurze Rekursionen nötig sind und damit weniger Speicherplatz erforderlich ist. Andererseits garantiert das GMRES-Verfahren das kleinste Residuum über dem jeweiligen Suchraum. Alles in allem sind GMRES- und BiCG-Verfahren in der Praxis wegen ihres überlinearen Konvergenzverhaltens effizienter als Tschebyscheff-Methoden.

Ist die Bildung von inneren Produkten sehr ungünstig für die Effizienz, kann es vorteilhaft sein, mit einem CG-Verfahren zu beginnen und aus den Koeffizienten dieses Verfahrens Schätzungen der extremen Eigenwerte von A zu ermitteln. Bei ausreichend genauer Approximation dieser Eigenwerte kann man dann zur Tschebyscheff-Iteration übergehen. Auf ähnliche Art kann man auch GMRES- oder BiCG-Varianten mit der Tschebyscheff-Iteration verbinden.

Konvergenzverhalten

Wenn die Verfahrensparameter aus den (exakten) extremen Eigenwerten berechnet werden, hat die Tschebyscheff-Iteration im symmetrischen Fall die gleiche Fehlerschranke wie das CG-Verfahren. Eine Über- oder Unterschätzung der Eigenwerte hat allerdings schwerwiegende Folgen. Wird beispielsweise im symmetrischen Fall $\lambda_{\max}$ unterschätzt, kann die Tschebyscheff-Methode divergieren, während Überschätzung die Konvergenz stark bremsen kann. Ähnliches gilt auch im nichtsymmetrischen Fall, woraus folgt, daß man sehr viel genauere Abgrenzungen des Spektrums von A braucht als bei den CG- oder GMRES-Verfahren.

16.10 Vorkonditionierung

Eine Matrix M nennt man *vorkonditionierend*, wenn sie die Transformation eines linearen Systems in ein äquivalentes System (mit gleicher Lösung) mit vorteilhafteren Spektraleigenschaften bewirkt:

$$Ax = b \iff M^{-1}Ax = M^{-1}b.$$

Als sinnvolle Möglichkeiten für M bieten sich solche Matrizen an, die A – dies entspricht der Mehrheit der verwendeten vorkonditionierenden Methoden – oder A^{-1} – siehe dazu Abschnitt 16.10.6 – approximieren.

Es muß bei der Verwendung vorkonditionierender Methoden eine Abwägung zwischen zusätzlichem Aufwand und der Steigerung der Konvergenzgeschwindigkeit getroffen werden. Die meisten Methoden bewirken in ihrer Anwendung einen Arbeitsaufwand proportional zur Variablenanzahl n, vergrößern also die Arbeit pro Iteration mit einem konstanten multiplikativen Faktor. Demgegenüber wird die Anzahl der Iterationen durch die Vorkonditionierung gewöhnlich nur um einen konstanten, von der Systemgröße unabhängigen Wert verbessert.

In der Praxis wird die Matrix M in $M = M_1M_2$ faktorisiert und das Gleichungssystem wie folgt transformiert:

$$M_1^{-1}AM_2^{-1}(M_2x) = M_1^{-1}b. \tag{16.43}$$

Die Matrizen M_1 und M_2 werden *links-* bzw. *rechtsvorkonditionierend* genannt. Ein iteratives Verfahren wird mit M_1 und M_2 nach folgendem Schema vorkonditioniert:

1. Transformation der rechten Seite: $b \longmapsto M_1^{-1}b$.
2. Anwendung des ursprünglichen Iterationsverfahrens auf das Gleichungssystem mit der modifizierten Koeffizientenmatrix $M_1^{-1}AM_2^{-1}$.
3. Berechnung von $x = M_2^{-1}y$ aus der von Schritt 2 resultierenden Lösung y.

Da Symmetrie und positive Definitheit für den Erfolg mancher iterativer Methoden entscheidend sind, ist die Transformation (16.43) dem simpleren Ansatz $M^{-1}A$ vorzuziehen, weil $M_1^{-1}AM_2^{-1}$ diese Eigenschaften für $M_1 = M_2^{\top}$ erhält.

16.10.1 Jacobi-Vorkonditionierung

Bei der *Jacobi-* oder *Punkt-Vorkonditionierung* besteht die Matrix M nur aus der Diagonale von A:

$$M := \operatorname{diag}(a_{11}, a_{22}, \dots, a_{nn}).$$

Obwohl theoretisch keine zusätzliche Speicherung notwendig ist, wird in der Praxis separater Speicherplatz für die Reziprokwerte der Diagonaleinträge angelegt, um mehrmalige (unnötige) Divisionen zu vermeiden.

Wird die Indexmenge $J := \{1, \dots, n\}$ in paarweise disjunkte Teilmengen J_i zerlegt, so erhält man eine vorkonditionierende Matrix in Blockdiagonalform:

$$m_{ij} := \begin{cases} a_{ij}, & \text{falls } i, j \in J_k \\ 0 & \text{sonst.} \end{cases}$$

Man spricht in diesem Fall von einer *Jacobi-Block-Vorkonditionierung.*

Vorteile beider Jacobiansätze sind deren geringer Speicheraufwand und die einfache Implementierung (auch auf Parallelrechnern); ihr Nachteil ist die gegenüber aufwendigeren Methoden geringere Konvergenzbeschleunigung.

16.10.2 SSOR-Vorkonditionierung

Legt man für die symmetrische Systemmatrix die Zerlegung $A = D + L + L^{\mathrm{T}}$ zugrunde, so ist die *SSOR-Matrix* als

$$M := (D + L)D^{-1}(D + L)^{\mathrm{T}}$$

oder, parametrisiert mit ω, als

$$M_\omega := \frac{1}{2-\omega}(\tfrac{1}{\omega}D + L)(\tfrac{1}{\omega}D)^{-1}(\tfrac{1}{\omega}D + L)^{\mathrm{T}}$$

definiert. Die optimale Wahl von ω bewirkt eine starke Reduktion der erforderlichen Iterationsschritte, ist aber in der Praxis schwierig zu bestimmen. Da M in faktorisierter Form gegeben ist, gibt es viele Ähnlichkeiten mit den im folgenden beschriebenen, auf unvollständiger Faktorisierung von A beruhenden Verfahren. Bei der SSOR-Vorkonditionierung ist die Zerlegung *a priori* gegeben, wodurch ein Versagen in der Konstruktionsphase ausgeschlossen ist.

16.10.3 Unvollständige Faktorisierung

Eine Faktorisierung heißt *unvollständig*, wenn im Zerlegungsprozeß bestimmte Auffüllelemente – das sind Nichtnullelemente der Faktormatrizen L und U an Positionen, an denen A Nullen hat – ignoriert werden. Dann ist die Matrix M durch $M := \tilde{L}\tilde{U}$ gegeben, und ihre Wirksamkeit für die Konvergenzbeschleunigung ist von ihrer „Approximationsqualität" $\tilde{L}\tilde{U} - LU$ abhängig.

Durchführung einer unvollständigen Faktorisierung

Die Berechnung einer unvollständigen Faktorisierung kann unter Umständen zu einem Abbruch (Division durch Null als Pivotelement) oder auf indefinite Matrizen führen (negatives Pivotelement). Die Existenz einer unvollständigen Faktorisierung ist aber in vielen Fällen gesichert, wenn die ursprüngliche Matrix A bestimmte Eigenschaften besitzt (Meijerink, Van der Vorst [300]).

Bei der Vorkonditionierung iterativer Verfahren ist sehr auf den Rechenaufwand des Faktorisierungsprozesses Bedacht zu nehmen. Dieser amortisiert sich nur dann, wenn das iterative Verfahren ohne Vorkonditionierung sehr viele Schritte benötigt oder die gleiche Matrix M für mehrere lineare Systeme verwendet werden kann, wie dies z. B. beim Newton-Verfahren für große nichtlineare Systeme mit schwach besetzter Funktionalmatrix der Fall ist.

16.10.4 Unvollständige Blockfaktorisierung

Ausgangspunkt der unvollständigen Blockfaktorisierung ist eine Partitionierung der Systemmatrix. Es wird mit A eine übliche unvollständige Faktorisierung durchgeführt, bei der aber die Teilblöcke der Matrix als Basiseinheiten verwendet werden. Der wichtigste Unterschied zu vorher besprochenen Methoden ergibt sich bei der Inversion der Pivotblöcke. Hier treten zwei Probleme auf, die beim einfachen Invertieren von Skalaren wegfallen: Erstens ist die Bildung von Blockinversen häufig ein aufwendiger Vorgang. Zweitens soll die meist schwachbesetzte oder bandartige Struktur aller ursprünglichen Diagonalblöcke der Matrix erhalten bleiben. Daraus ergibt sich die Notwendigkeit zur Approximation der Inversen.

Approximation der Inversen

Die Forderung nach leichter und rascher Berechnung schließt die Berechnung der vollen Inversen und Herausnahme der entsprechenden Bandmatrix von vornherein aus. Die einfachste Approximation der Inversen A^{-1} einer Bandmatrix A stellt die Diagonalmatrix, bestehend aus den Reziprokwerten der Elemente der Hauptdiagonale von A, dar. Andere Möglichkeiten der Approximation von A^{-1} werden z. B. in Axelsson, Eijkhout [94] sowie Axelsson, Polman [95] vorgestellt.

Ihre theoretische Berechtigung erhalten solche Approximationen vor allem bei ihrer Anwendung auf partielle Differentialgleichungen, bei denen die Diagonalblöcke der Koeffizientenmatrix gewöhnlich stark diagonaldominant sind.

Block-Tridiagonalmatrizen

Für die in der Praxis sehr häufig auftretenden Block-Tridiagonalmatrizen ergeben sich alle gewünschten Eigenschaften aus der Behandlung der Pivotblöcke, weil außerhalb der Diagonalblöcke A_{ii} keine Auffüllung eintreten kann. Mit der (blockindizierten) Koeffizientenmatrix A, der Pivotfolge $\{X_i : i = 1, 2, \ldots, n\}$ und der Folge von Approximationen der Pivotinversen $\{Y_i : i = 1, 2, \ldots, n\}$ ergibt sich das folgende Algorithmus-Schema für die Berechnung der approximativen Pivotinversen:

$X_1 := A_{11}$
do $i = 1, 2, 3, \ldots$
  berechne $Y_i :\approx X_i^{-1}$
  $X_{i+1} := A_{i+1,i+1} - A_{i+1,i} Y_i A_{i,i+1}$
end do

Parallele unvollständige Blockfaktorisierung

Ein Grund für das Interesse an Blockmethoden ist auch deren Eignung für Vektor- und Parallelrechner. Ausgehend von

$$A = (D + L)D^{-1}(D + U) = (D + L)(I + D^{-1}U)$$

(D ist die Block-Diagonalmatrix aus den Pivotblöcken) kann man auf zwei Wegen zu einer unvollständigen Faktorisierung übergehen:

1. Das Ersetzen von D durch $X := \operatorname{diag}(X_i)$ liefert
$$C := (X + L)(I + X^{-1}U).$$
2. Das Ersetzen von D durch $Y := \operatorname{diag}(Y_i)$ ergibt
$$C := (Y^{-1} + L)(I + YU).$$

Man erkennt, daß für den ersten Fall die Lösung des Gesamtsystems die Lösung kleinerer Teilsysteme mit den X_i-Matrizen bedeutet. Im zweiten Fall steht dagegen die *Multiplikation* mit den Y_i-Blöcken im Vordergrund, was große Vorteile auf Vektorrechnern bringt.

16.10.5 Unvollständige LQ-Faktorisierung

Anstelle einer unvollständigen LU-Zerlegung ist auch die Konstruktion einer unvollständigen LQ-Faktorisierung allgemeiner schwach besetzter Matrizen möglich (Saad [346]). Man geht dabei von der Orthogonalisierung der Zeilen mit dem Schmidtschen Verfahren aus. Es zeigt sich, daß man mit dem Faktor L der unvollständigen LQ-Zerlegung der Matrix A die unvollständige Cholesky-Zerlegung von $AA^\top$ erhält. Experimente zeigen, daß die Verwendung von L in einem CG-Prozeß für $L^{-1}AA^\top L^{-\top}y = b$ bei einigen relevanten Problemen zufriedenstellende Effizienz ermöglicht.

16.10.6 Polynomiale Vorkonditionierung

Es wurde bereits darauf hingewiesen, daß es auch den Typ von vorkonditionierenden Matrizen gibt, mit denen A^{-1} approximiert wird; *polynomiale* Ansätze gehören zu dieser Klasse. Angenommen, A kann in der Form $A = I - B$ dargestellt werden, wobei der Spektralradius von B kleiner als 1 ist. Unter Verwendung der Neumann-Reihe kann man die Inverse von A dann als unendliche Reihe
$$A^{-1} = I + B + B^2 + B^3 + \cdots$$
schreiben und eine Näherung für A^{-1} durch Abbrechen dieser Reihe erreichen.

Dubois, Greenbaum und Rodrigue [178] untersuchten das Verhältnis zwischen einer einfachen Vorkonditionierung beruhend auf der Zerlegung $A = M - N$ und einer polynomial vorkonditionierten Methode mit
$$M_p^{-1} = \Big(\sum_{i=0}^{p-1}(I - M^{-1}A)^i\Big)M^{-1}.$$

Das Hauptresultat der Studie war, daß für „klassische“ Iterationsverfahren k Schritte der polynomialen Vorkonditionierung exakt äquivalent zu kp Schritten der ursprünglichen Methode sind. Für beschleunigte Verfahren, speziell die

Tschebyscheff-Iteration, kann man daher mit der vorkonditionierten Variante die Anzahl der Iterationen maximal um den Faktor p verringern. Die Anzahl der Matrix-Vektor-Produkte kann also nicht verringert werden. Da aber ein großer Teil der inneren Produkte und der Aktualisierungsoperationen eliminiert wird, kann durch das Verfahren der polynomialen Vorkonditionierung dennoch oft eine signifikante Effizienzsteigerung erreicht werden.

Abstrakter kann man M als ein Matrixpolynom $M = P_n(A)$ mit der Normalisierung $P(0) = 1$ definieren. Das günstigste Polynom ist dabei jenes, das $\|I - M^{-1}A\|$ minimiert. Bei Verwendung der Maximumnorm ergeben sich auf diese Weise Tschebyscheff-Polynome, die eine Spektrumsabschätzung erfordern, die man aus einer CG-Iteration berechnen kann.

16.11 Matrix-Vektor-Produkte

Die Grundoperationen aller effizienten iterativen Verfahren zur Lösung linearer Gleichungssysteme sind die Matrix-Vektor-Produkte

$$y = Ax \quad \text{und} \quad y = A^{\mathsf{T}}x.$$

Für das CRS-Format (siehe Abschnitt 16.1.2) und das CDS-Format (siehe Abschnitt 16.1.6) gibt es zur Berechnung dieser Produkte speziell angepaßte Algorithmen.

16.11.1 Matrix-Vektor-Produkt im CRS-Format

Beim CRS-Format wird $y = Ax$ wie üblich elementweise als

$$y_i := y_i + a_{ij}x_j, \qquad i,j = 1,2,\ldots,n,$$

ausgedrückt. Für $A \in \mathbb{R}^{n \times n}$ ist der Algorithmus daher

```
do i = 1,2,...,n
   y(i) := 0
   do j = row_pointer(i),...,row_pointer(i+1) - 1
      y(i) := y(i) + wert(j) · x(col_index(j))
   end do
end do
```

In diesem Algorithmus werden nur Nichtnullelemente der Matrix multipliziert, was für schwach besetzte Matrizen A eine große Ersparnis an Rechenoperationen gegenüber der „üblichen“ Durchführung bringt: $2 \cdot \text{non-null}(A)$ statt $2n^2$.

Da das Durchlaufen der Spalten von A beim CRS-Format ein höchst ineffizienter Vorgang wäre, werden für die Produktbildung $y = A^{\mathsf{T}}x$ die Schleifen verändert:

$$y_i := y_i + a_{ij}x_j \qquad i,j = 1,2,\ldots,n. \tag{16.44}$$

Dann ist der Algorithmus gegeben durch

```
do i = 1,2,...,n
   y(i) := 0
end do
do j = 1,2,...,n
   do i = row_pointer(j),...,row_pointer(j+1) - 1
      y(col_index(i)) := y(col_index(i)) + wert(i) · x(j)
   end do
end do
```

16.11.2 Matrix-Vektor-Produkt im CDS-Format

Um aus dem CDS-Format Vorteile für die Matrix-Vektor-Produktbildung zu erzielen, ersetzt man vorerst j durch $i+j$ und erhält aus (16.44) statt $y_i := y_i + a_{ij}x_j$

$$y_i := y_i + a_{i,i+j}x_{i+j}, \qquad i = 1,2,\dots,n, \quad i+j = 1,2,\dots,n.$$

Am Index i in der inneren Schleife des Algorithmus erkennt man, daß sich $a_{i,i+j}$ auf die j-te Diagonale (wenn die Hauptdiagonale die Nummer 0 hat) bezieht. Der Algorithmus hat dann eine Schleifenschachtelung, deren äußerer Teil die Diagonalen zwischen der am weitesten linken und der am weitesten rechten Nebendiagonale von A durchläuft. Die Grenzen der inneren Schleife entsprechen den Forderungen $1 \le i \le n$ und $1 \le i+j \le n$.

```
do i = 1,2,...,n
   y(i) := 0
end do
do diag = -diag_left, ..., diag_right
   do loc = max(1, 1 - diag),...,min(n, n - diag)
      y(loc) := y(loc) + wert(loc, diag) · x(loc + diag)
   end do
end do
```

Unter Verwendung der Aktualisierungsformel

$$y_i := y_i + a_{i+j,i}x_j = y_i + a_{i+j,i+j-j}x_{i+j} \qquad i = 1,2,\dots,n, \quad i+j = 1,2,\dots,n,$$

erhält man folgenden Algorithmus für $y = A^{\top}x$:

```
do i = 1,2,...,n
   y(i) := 0
end do
do diag = -diag_left, ..., diag_right
   do loc = max(1, 1 - diag),...,min(n, n - diag)
      y(loc) := y(loc) + wert(loc + diag, -diag) · x(loc+diag)
   end do
end do
```

Dabei erfolgen keine indirekten Aufrufe wie beim CRS-Format. Iterative Verfahren für lineare Gleichungssysteme, die auf dem CDS-Format beruhen, sind daher vektorisierbar mit der Länge $n - |\text{diag}| \approx n$, der Dimension der Matrix A.

16.12 Parallelisierung

Die Beschleunigung iterativer Verfahren durch die möglichst effiziente Parallelisierung der zeitaufwendigen Operationen ist bei großen Systemen oft die Grundvoraussetzung für die Einsetzbarkeit einer Lösungsmethode.

Innere Produkte zweier Vektoren sind leicht zu parallelisieren, indem jeder Prozessor das innere Produkt jeweils korrespondierender Segmente der Vektoren berechnet. Man spricht in diesem Fall von der Berechnung *lokaler innerer Produkte*.

Matrix-Vektor-Produkte auf Parallelrechnern mit gemeinsamem Speicher erfordern eine Zerlegung der Matrix in Streifen, die auf die oben erwähnte Unterteilung der Vektoren abgestimmt sein muß. Jeder Prozessor berechnet dann das Matrix-Vektor Produkt eines Streifens.

Für Rechner mit verteiltem Speicher können Probleme auftreten, wenn jeder Prozessor nur einen Teil des Vektors in seinem Speicher hat, was zu Engpässen bei der Kommunikation führen kann.

Vorkonditionierung ist oft das größte Problem bei der effizienten Parallelisierung iterativer Lösungsverfahren für lineare Gleichungssysteme.

Eine genauere Übersicht über die Probleme und Lösungsansätze, die es im Zusammenhang mit der Parallelisierung iterativer Verfahren zur Lösung linearer Gleichungssysteme gibt, findet man in TEMPLATES [3].

16.13 Auswahl eines iterativen Verfahrens

Generell ist bezüglich der Genauigkeit der Resultate zu bemerken, daß iterative Methoden bei schwach besetzten Systemen im allgemeinen Ergebnisse mit geringerer Genauigkeit erzielen als direkte Verfahren bei voll besetzten Systemen. Diese Eigenschaft darf man nicht als Nachteil sehen, da das Abbrechen des iterativen Prozesses beim Erreichen der gewünschten Genauigkeit ein wirksames Mittel zur Aufwandsreduktion und damit zur Rechenzeitverkürzung ist.

Die spezielle Struktur schwach besetzter Matrizen erschwert die Wiederverwendung von Daten, und der indirekte Zugriff über komprimierende Speicherschemata verringert die praktisch erreichbare Gleitpunktleistung und führt damit zu einer Erhöhung der Rechenzeit.

16.13.1 Eigenschaften iterativer Verfahren

In diesem Abschnitt werden für die wichtigsten iterativen Verfahren folgende Charakteristika überblicksartig dargestellt:

Anwendungsgebiet: Es funktioniert nicht jede Methode für jede Problemstellung, daher ist die Kenntnis der relevanten Problemeigenschaften das Hauptkriterium für die Auswahl eines iterativen Verfahrens.

Effizienz: Die Verfahren unterscheiden sich hinsichtlich der Art und Anzahl der durchgeführten Rechenoperationen. Die Tatsache, daß ein Verfahren mehr Operationen benötigt, ist nicht notwendigerweise ein Grund, es nicht zu verwenden.

Jacobi-Verfahren

- Besonders einfach in der Verwendung, aber nur langsam konvergierend. Außer bei starker Diagonaldominanz von A ist das Jacobi-Verfahren nur als vorkonditionierendes Verfahren für nichtstationäre Methoden zu empfehlen.
- Parallelisierung ist sehr einfach durchzuführen.

Gauß-Seidel-Verfahren

- Schnellere Konvergenz als beim Jacobi-Verfahren, aber trotzdem in vielen Fällen nicht konkurrenzfähig gegenüber den nichtstationären Verfahren.
- Anwendbar auf strikt diagonaldominante oder symmetrische positiv definite Matrizen.
- Eignung zur Parallelisierung ist von der Struktur von A abhängig. Unterschiedliche Anordnungen der Unbekannten bewirken verschiedene Grade der Parallelisierbarkeit.

Überrelaxationsverfahren (SOR-Verfahren)

- Beschleunigt die Gauß-Seidel-Konvergenz bei $\omega > 1$ (*Über*relaxation) bzw. kann bei $0<\omega<1$ (*Unter*relaxation) das Versagen des Gauß-Seidel-Verfahrens vermeiden und Konvergenz ermöglichen.
- Konvergenzgeschwindigkeit ist stark von einer günstigen Wahl des Parameters ω abhängig; der optimale Wert ω_{opt} kann unter Umständen mit dem Spektralradius der Jacobi-Iterationsmatrix abgeschätzt werden.
- Parallelisierung wie beim Gauß-Seidel-Verfahren von der Struktur von A abhängig.

Verfahren der konjugierten Gradienten (CG-Verfahren)

- Anwendbar nur auf symmetrische, positiv definite Systeme.
- Konvergenzverhalten von der Konditionszahl $\kappa(A)$ abhängig; bei bestimmten Eigenwertkonstellationen kann überlineares Konvergenzverhalten eintreten.
- Parallelisierbarkeit ist weitgehend von A unabhängig, hängt aber stark von der vorkonditionierenden Matrix ab.

Verallgemeinerte Residuenminimierung (GMRES-Verfahren)

- Anwendbar auf nichtsymmetrische Matrizen.
- Das kleinste Residuum wird in einer festen Anzahl von Schritten erreicht, die Iterationsschritte werden aber immer rechenaufwendiger.
- Neustarts sind nötig, um den wachsenden Speicherbedarf und den Rechenaufwand in Grenzen zu halten. Die Wahl des richtigen Zeitpunkts für diesen Eingriff hängt von A und der Vorkonditionierung ab und verlangt vom Anwender Erfahrung und Wissen.

Bikonjugiertes Gradientenverfahren (BiCG-Verfahren)

- Anwendbar auf nichtsymmetrische Matrizen.
- Erfordert Matrix-Vektor-Produkte mit A *und* $A^\top$. Das schließt die Methode für den Fall einer nicht explizit gegebenen Systemmatrix aus.
- Parallelisierung ähnlich wie bei CG-Verfahren; die beiden Matrix-Vektor-Produkte sind unabhängig voneinander und können parallel berechnet werden.

Quasi-Residuenminimierung (QMR-Verfahren)

- Anwendbar auf nichtsymmetrische Matrizen.
- Regelmäßigere und raschere Konvergenz als beim BiCG-Verfahren.
- Der Rechenaufwand ist etwas höher als beim BiCG-Verfahren.
- Parallelisierung wie beim BiCG-Verfahren.

Quadriertes CG-Verfahren (CGS-Verfahren)

- Anwendbar auf nichtsymmetrische Matrizen.
- Konvergiert (divergiert andernfalls aber auch) meist doppelt so schnell wie das BiCG-Verfahren. Die Konvergenz ist oft ziemlich unregelmäßig, was zu einem Verlust an Genauigkeit führen kann. Neigt zur Divergenz für Startwerte nahe der Lösung.
- Rechenaufwand ähnlich wie beim BiCG-Verfahren, aber $A^\top$ nicht erforderlich.

Bikonjugiertes stabilisiertes Gradientenverfahren (BiCGSTAB-Verfahren)

- Anwendbar auf nichtsymmetrische Matrizen.
- Rechenaufwand ähnlich wie beim BiCG- und beim CGS-Verfahren; $A^\top$ wird nicht benötigt.
- Stellt eine Alternative zum CGS-Verfahren dar; führt zu regelmäßigerer Konvergenz bei nahezu gleicher Konvergenzgeschwindigkeit.

Tschebyscheff-Iteration

- Anwendbar auf nichtsymmetrische Matrizen.
- Explizite Information über das Spektrum ist notwendig; im symmetrischen Fall sind die Parameter der Iteration leicht aus den extremalen Eigenwerten herzuleiten. Die Eigenwerte können entweder direkt aus der Matrix oder durch einige Iterationsschritte des CG-Verfahrens abgeschätzt werden.
- Die angepaßte Tschebyscheff-Methode kann in Kombination mit CG- oder GMRES-Verfahren verwendet werden, indem die Iteration mit ihr fortgesetzt wird, sobald passende Information über das Spektrum von A verfügbar ist.

Die Auswahl der „besten" Lösungsmethode für eine gegebene Klasse von Problemen setzt nicht nur Kenntnisse des theoretischen Hintergrunds voraus (siehe z. B. Freund, Golub, Nachtigal [204]), sondern ist auch eine Frage von Versuchen und Erfahrung. Sie ist auch vom verfügbaren Speicherplatz (GMRES-Verfahren), von der Verfügbarkeit von A^{T} (BiCG-, QMR-Verfahren) und vom Aufwand für Matrix-Vektor-Produkte im Vergleich zu inneren Produkten abhängig.

16.13.2 Fallstudie: Vergleich iterativer Verfahren

Um verschiedene iterative Verfahren experimentell zu vergleichen, wurden die TEMPLATES-Programme (siehe Abschnitt 16.16.2) so modifiziert, daß sie auch große Matrizen im CRS-Format verarbeiten können. Für die Matrix-Operationen wurden SPARSKIT-Programme (siehe Abschnitt 16.15.3) verwendet.

Als Testdaten dienten die Matrizen BCSSTK14 und WATT1 der *Harwell-Boeing-Collection* (siehe Abschnitt 16.15.1), die schon beim Vergleich der Speicherformate im Abschnitt 16.4 verwendet wurden. Dort befindet sich auch eine Beschreibung dieser Matrizen.

Durchführung der Tests

Zuerst wurde das Produkt der Matrix mit dem Vektor $u = (1\ 1\ 1\ \ldots\ 1)^{\mathsf{T}}$ gebildet. Das Ergebnis dieser Multiplikation wurde dann als rechte Seite b des Gleichungssystems verwendet.

Die numerischen Lösungen der einzelnen Programme wurden mit dem Vektor u verglichen. Die Beträge der maximalen Abweichungen stehen in den Tabellen auf Seite 452 in der Spalte „Fehler".

Die Tests wurden alle auf einer typischen HP-Workstation mit einer Maximalleistung von 50 Mflop/s durchgeführt. Die Zeitangaben in den Tabellen 16.2 und 16.3 stellen sicher nicht die optimalen Werte dar, die auf diesem Rechner möglich wären, sondern dienen lediglich dem Vergleich der Verfahren untereinander.

Generell kann gesagt werden, daß die Verwendung der einfachen Jacobi-Vorkonditionierung oft zu einer Effizienzsteigerung, in manchen Fällen sogar zur Konvergenz eines divergenten Verfahrens führte.

Tabelle 16.2: Testresultate für die symmetrische und positiv definite Matrix **BCSSTK14**

Verfahren	Vorkonditionierung	Iterationsschritte	Fehler	Laufzeit gesamt	Laufzeit pro Schritt
Gauß-Seidel		3000	$6.30 \cdot 10^{-2}$	88.6 s	26 ms
SOR $\omega = 1.3$		3000	$1.09 \cdot 10^{-2}$	88.5 s	26 ms
$\omega = 0.7$		3000	$2.11 \cdot 10^{-1}$	88.5 s	26 ms
CG	—	1000	> 1	23.8 s	24 ms
	Jacobi	625	$3.58 \cdot 10^{-11}$	14.9 s	24 ms
CGS	—	1000	> 1	47.7 s	48 ms
	Jacobi	463	$1.16 \cdot 10^{-9}$	22.1 s	48 ms
BiCG	—	1000	> 1	46.7 s	47 ms
	Jacobi	625	$3.58 \cdot 10^{-11}$	29.2 s	47 ms
BiCGSTAB	—	1000	> 1	48.1 s	48 ms
	Jacobi	455	$4.16 \cdot 10^{-10}$	21.9 s	48 ms
GMRES	—	1000	> 1	28.2 s	28 ms
	Jacobi	457	$9.16 \cdot 10^{-2}$	12.9 s	28 ms

Tabelle 16.3: Testresultate für die unsymmetrische Matrix **WATT1**

Verfahren	Vorkonditionierung	Iterationsschritte	Fehler	Laufzeit gesamt	Laufzeit pro Schritt
Gauß-Seidel		3000	$5.19 \cdot 10^{-4}$	25.2 s	8.4 ms
SOR $\omega = 1.3$		3000	$6.24 \cdot 10^{-7}$	25.2 s	8.4 ms
$\omega = 0.7$		3000	$1.92 \cdot 10^{-2}$	25.2 s	8.4 ms
CG	—	495	$1.80 \cdot 10^{-7}$	3.6 s	7.2 ms
	Jacobi	146	$3.55 \cdot 10^{-8}$	1.1 s	7.3 ms
CGS	—	500	$5.32 \cdot 10^{-4}$	6.8 s	13.5 ms
	Jacobi	91	$1.95 \cdot 10^{-7}$	1.3 s	13.8 ms
BiCG	—	377	$1.37 \cdot 10^{-7}$	4.9 s	12.9 ms
	Jacobi	148	$3.01 \cdot 10^{-9}$	1.9 s	13.1 ms
BiCGSTAB	—	500	$7.06 \cdot 10^{-6}$	7.5 s	14.9 ms
	Jacobi	103	$2.09 \cdot 10^{-7}$	1.6 s	15.0 ms
GMRES	—	1000	$2.47 \cdot 10^{-1}$	8.7 s	8.7 ms
	Jacobi	823	$2.93 \cdot 1_0^{-8}$	7.1 s	8.7 ms

16.14 Software für schwach besetzte Systeme

Wie für lineare Systeme mit voll besetzter Matrix gibt es auch für große schwach besetzte Systeme kommerzielle Softwareprodukte sowie *Public-domain*-Software, die neben den Speicherungs- und elementaren Verarbeitungsmöglichkeiten auch Lösungsmethoden zu verschiedenen mathematischen Problemen (linearen Gleichungssystemen, Eigenwertproblemen etc.) in diesem Zusammenhang bietet.

Der Softwaresektor im Bereich der Linearen Algebra mit schwach besetzten Matrizen unterscheidet sich von der Software-Situation in den anderen in diesem Buch behandelten Problembereichen insoferne, als hier eine weitgehende Standardisierung von Schnittstellen und Funktionsmerkmalen der Software-Module noch nicht eingetreten ist. Dieser Umstand ist auf die Problemabhängigkeit der Datenstrukturen zur Matrixdarstellung und der Verfahren zur effizienten Problemlösung zurückzuführen.

Lineare Gleichungssysteme

Für die Lösung linearer Gleichungssysteme mit großen schwach besetzten Koeffizientenmatrizen stehen zahlreiche Softwareprodukte zur Verfügung.

Bei der Auswahl eines Programms muß vom Anwender eine Entscheidung zwischen *direkten* und *iterativen* Lösungsverfahren getroffen werden. Der folgende überblicksartige Vergleich soll Hinweise liefern, welche Verfahrensklasse in welchen Anwendungsfällen vorzuziehen ist:

	direkte Verfahren	**iterative Verfahren**
Genauigkeit	nicht beeinflußbar	wählbar
Rechenaufwand	vorhersagbar	meist nicht vorhersagbar, aber oft kleiner
neue rechte Seiten	rasch	keine Zeitersparnis
Speicherbedarf	größer	kleiner
Startwert-Vorgabe	nicht erforderlich	meist vorteilhaft
Algorithmus-Parameter	nicht erforderlich	müssen gesetzt werden
Black-box-Verwendung	möglich	oft nicht möglich
Robustheit	ja	nein

Bei manchen Problemklassen, speziell bei sehr großen Problemen (z. B. bei 3-D-Problemen aus dem Bereich der Hydrodynamik), kann der Geschwindigkeitsgewinn durch die Verwendung iterativer Verfahren so groß sein (Faktor 10 – 100), daß direkte Verfahren aus Effizienzgründen überhaupt nicht in Frage kommen.

In den folgenden Software-Abschnitten wurde aus Platz- und Übersichtlichkeitsgründen keine Auflistung von Einzelprogrammen vorgenommen; nur ganze Programmpakete und Abschnitte wichtiger Programmbibliotheken haben Aufnahme gefunden. In Fortran geschriebene Einzelprogramme findet der interessierte Leser z. B. in `NETLIB/LINALG`, C-Programme in `NETLIB/C`.

Weitgehend ausgespart wurden auch alle Softwareprodukte, die nur für spezielle Matrixtypen (z. B. Töplitz-Matrizen) geeignet sind.

Eigenwertprobleme, Ausgleichsprobleme etc.

Eine Erörterung der theoretischen Grundlagen der Lösung von Eigenwert- und Singulärwertproblemen sowie linearer Ausgleichsprobleme für schwach besetzte Matrizen hätte den Platz- und Zeitrahmen dieses Buches gänzlich gesprengt. Daher wurden auch die entsprechenden Softwareprodukte nicht einbezogen.

Die in Kapitel 7 gegebenen Hinweise sollten den Leser aber in die Lage versetzen, sich selbst – etwa mit Hilfe der GAMS-Datenbank (siehe Abschnitt 7.3.8) – einen Überblick über die vorhandenen Programme zu verschaffen.

16.15 Elementare Software

16.15.1 Harwell-Boeing-Collection

Die *Harwell-Boeing-Collection* ist eine Sammlung großer schwach besetzter Matrizen aus verschiedenen Anwendungsgebieten (vorwiegend Physik und Technik). Zur Speicherung dieser Matrizen wurde ein eigenes Format entwickelt: das *Harwell-Boeing*-Format. Es entspricht im wesentlichen einem erweiterten CRS-Format, bei dem aber noch zusätzliche Informationen (Dimension, Anzahl der Nichtnullelemente etc.) gespeichert werden. Das *Harwell-Boeing*-Format bietet die Möglichkeit, nur die Besetztheitsstruktur einer Matrix (d. h. nur die Positionen der Nichtnullelemente, aber nicht deren Werte) oder eine vollständige Matrix inklusive einer oder mehrerer rechter Seiten (und auch Vektoren, die entweder eine Lösung oder einen möglichen Startvektor für ein iteratives Lösungsverfahren darstellen) zu speichern.

Die Matrizen der *Harwell-Boeing-Collection* sind mit Hilfe von anonymous-FTP (`orion.cerfacs.fr`) erhältlich. Die Daten befinden sich im Verzeichnis `pub/harwell_boeing` in komprimierter Form. Daher sollte der binäre Übertragungsmodus gewählt werden. Die Namen der Datenfiles sind `*.data.z`, wobei `*` den Namen der jeweiligen Matrizensammlung symbolisiert.

Es steht auch ein ausführliches Benutzerhandbuch im POSTSCRIPT-Format zur Verfügung, das eine genaue Beschreibung des *Harwell-Boeing*-Formates und aller in der Sammlung verfügbaren Matrizen enthält.

16.15.2 SPARSE-BLAS

Analog zur Definition der BLAS (für voll besetzte Vektoren und Matrizen) ist auch im Bereich der Linearen Algebra mit schwach besetzten Datenstrukturen der Versuch unternommen worden, die Schnittstellen elementarer Operationen einer (Defacto-) Normung zu unterziehen. Ein erster Definitionsvorschlag, der allerdings nur Vektor-Operationen (keine Matrix-Vektor- oder Matrix-Matrix-Operationen) berücksichtigt, wurde 1991 veröffentlicht (Dodson, Grimes, Lewis [164]).

Speicherformate

In den SPARSE-BLAS können schwach besetzte Vektoren entweder in komprimierter oder unkomprimierter Form verarbeitet werden. Bei der unkomprimierten Speicherung entspricht einem schwach besetzten Vektor v der Dimension n ein eindimensionales Feld `v` der gleichen Länge `n`, das *alle* Komponenten (auch Nullen) des Vektors enthält, sowie ein Indexfeld **`index`** der Länge `nn`, wobei `nn` die Anzahl der Nichtnullelemente des Vektors bezeichnet. Das Feld **`index`** enthält die Indizes der Nichtnullelemente von `v`. Für $i = 1, 2, \ldots,$ `nn` durchläuft man also mit `v(index(`i`))` alle Nichtnullelemente von `v`.

Bei der komprimierten Speicherform entspricht einem schwach besetzten Vektor ein eindimensionales Feld `v` der Länge `nn`, das jetzt nur die *Nichtnullelemente* des Vektors enthält, sowie ein Indexfeld **`index`** gleicher Länge. Im Feld **`index`** ist die gleiche Information enthalten wie bei der unkomprimierten Speicherform.

Unterprogramme

Sämtliche BLAS-1-Routinen können natürlich unmittelbar auf schwach besetzte Vektoren, die in unkomprimierter Form gespeichert sind, angewendet werden. Allerdings entsteht dabei ein Rechenaufwand der Größenordnung $O(n)$, während – wenn nur die Nichtnullelemente bei den Berechnungen berücksichtigt werden – lediglich $O($`nn`$)$ Rechenoperationen erforderlich sind.

Eine Reihe von BLAS-1-Routinen (z. B. jene zur Berechnung der Euklidischen Norm eines Vektors) können aber auch unmittelbar auf schwach besetzte Vektoren angewendet werden, wenn diese in komprimierter Form vorliegen. Dabei wird einfach das Feld `v` als Vektor und `nn` als Vektorlänge übergeben. Der Rechenaufwand ist in diesem Fall auch nur $O($`nn`$)$.

Die SPARSE-BLAS-Unterprogramme sind daher nur als Ergänzung zu den bereits existierenden BLAS-1-Programmen für jene Operationen zu verstehen, bei denen die BLAS-1-Programme nicht unmittelbar auf schwach besetzte Vektoren in komprimierter Speicherform angewendet werden können. Es handelt sich dabei um die Routinen `BLAS/*dot`, `BLAS/*axpy` und `BLAS/*rot` (zur Givens-Rotation eines Vektors). In den SPARSE-BLAS wurden daher die Programme `*doti`, `*axpyi` und `*roti` definiert, die die entsprechenden Operationen für schwach besetzte Vektoren durchführen. Wichtig ist dabei im Falle von `*doti` und `*axpyi`, daß genau einer der Vektor-Operanden in komprimierter, der andere immer in unkomprimierter Speicherform vorliegen muß, da diese Operationen sonst nicht mit einem Aufwand von $O($`nn`$)$ implementiert werden können.

Es gibt auch SPARSE-BLAS-Unterprogramme zur Konversion zwischen komprimierter und unkomprimierter Speicherform. Die Routine `*sctr` (*scatter*) dient der Transformation des komprimierten in das unkomprimierte Speicherformat, `*gthr` (*gather*) bzw. `*gthrz` (*gather and zero*) der inversen Operation. Im Falle von `*gthrz` werden die Nichtnullelemente der unkomprimierten Darstellung im Zuge der Konversion explizit auf Null gesetzt.

Ob in Zukunft die SPARSE-BLAS für Algorithmen mit schwach besetzten Matrizen die gleiche Bedeutung erlangen werden wie sie die BLAS für voll besetzte

Matrizen besitzen, ist noch offen. Insbesondere ist es fraglich, ob sich mit den Programmen der SPARSE-BLAS tatsächlich eine befriedigende Rechenleistung auf modernen Computersystemen erzielen läßt. Mit den auf der gleichen Stufe wie die SPARSE-BLAS stehenden BLAS-1-Programmen läßt sich dies nämlich im allgemeinen *nicht* erreichen. Weiters war es für den Erfolg und die weitgehende Verbreitung der BLAS ausschlaggebend, daß deren Erstellung mit der Entwicklung der außerordentlich wichtigen Pakete LINPACK und LAPACK Hand in Hand ging. Im Bereich der schwach besetzten Matrizen ist eine derartige Situation aber nicht gegeben.

Eine in Fortran 77 geschriebene portable Implementierung der SPARSE-BLAS findet man in der NETLIB im Verzeichnis `sparse-blas`.

16.15.3 SPARSKIT

SPARSKIT ist ein Fortran 77-Programmpaket, das alle grundlegenden Routinen enthält, die zum Arbeiten mit großen schwach besetzten Matrizen notwendig sind. Als Basisformat wird das CRS-Format verwendet.

Das Paket SPARSKIT enthält:

Ein- und Ausgaberoutinen: Es können Matrizen im *Harwell-Boeing*-Format (siehe Abschnitt 16.15.1) eingelesen und gespeichert werden. Außerdem gibt es Möglichkeiten zur graphischen Darstellung der Besetztheitsstruktur von schwach besetzten Matrizen.

Formatkonvertierungen: Zahlreiche Programme zur Umwandlung in das jeweils gewünschte Format erlauben die Behandlung von Matrizen verschiedenster Herkunft. Es werden alle gängigen Speicherformate (COO, CRS, CCS, MRS, BCRS, BND, CDS, JDS, SKS; siehe Abschnitt 16.1) unterstützt.

Unäre Matrixoperationen: Dieser Teil umfaßt Routinen, die Matrizen transponieren, Teilmatrizen extrahieren oder spezielle Informationen über die Struktur einer schwach besetzten Matrix liefern.

Binäre Matrixoperationen: Hier stehen (bisher) nur Programme zur Matrizenmultiplikation und -addition in verschiedenen Varianten zur Verfügung.

Matrix-Vektor-Operationen: Neben dem für iterative Lösungsverfahren besonders wichtigen Matrix-Vektor-Produkt bietet auch dieser Teil (vorerst) wenige Möglichkeiten.

Erzeugung von Matrizen: Es können schwach besetzte Matrizen bestimmter Bauart in beliebiger Größe erzeugt werden.

Das **Informationsprogramm** ist ein Programm, das Daten (Besetztheitsgrad etc.) über Matrizen liefert, die im *Harwell-Boeing*-Format gespeichert sind.

Dokumentation: Eine etwa 30-seitige Broschüre bietet Informationen über das Paket SPARSKIT. Die einzelnen Programme sind sehr gut dokumentiert, sodaß deren Verwendung keine Probleme bereiten sollte.

Das Paket SPARSKIT ist über das Internet frei verfügbar (*public domain*). Es ist auf `ftp.cs.umn.edu` im Verzeichnis `/dept/sparse` als Datei `SPARSKIT2.tar.Z` über anonymous-FTP erhältlich.

16.16 Softwarepakete für Gleichungssysteme

16.16.1 ITPACK

Die zum überwiegenden Teil an der Universität von Texas in Austin entwickelten ITPACK-Softwarepakete bildeten ursprünglich den Hauptteil der Softwarekomponenten zur iterativen Lösung linearer Gleichungssysteme im ELLPACK (vgl. Abschnitt 7.6.2). ITPACK besteht (derzeit) aus fünf voneinander unabhängigen Softwarepaketen, von denen drei – ITPACK 2C, ITPACK 2D und NSPCG – in der NETLIB im Verzeichnis `itpack` zu finden sind. Nähere Informationen über die in diesem Verzeichnis enthaltenen Dateien erhält man aus der Dokumentation `info.tex`. Dort ist auch beschrieben, wie man die übrigen zwei Softwarepakete – ITPACK 3A und ITPACK 3B – erhalten kann.

ITPACK 2C

ITPACK 2C ist ein aus sieben Modulen bestehendes Programmpaket zur iterativen Lösung linearer Gleichungssystem mit positiv definiter, symmetrischer Koeffizientenmatrix. Für die Speicherung der Systemmatrix wird dabei generell das CRS-Format verwendet. Als Iterationsverfahren wird neben dem Jacobi-, SOR- und SSOR-Verfahren auch die sogenannte *Richardson-Iteration* verwendet. Die Konvergenzrate dieser Basisverfahren wird mit Hilfe von Beschleunigungsverfahren erhöht. Für die näherungsweise optimale Bestimmung von Algorithmusparametern (z. B. des Relaxationsfaktors ω) sind adaptive Methoden implementiert, die diese Parameter dynamisch an das beobachtete Iterationsverhalten anpassen.

Einzelheiten zu den in ITPACK 2C wie auch den anderen ITPACK-Paketen verwendeten Algorithmen findet man in Hageman, Young [51].

ITPACK 2D

ITPACK 2D entspricht in seiner algorithmischen Struktur vollständig dem Paket ITPACK 2C, unterscheidet sich von diesem aber in seiner Implementierung. Insbesondere wurde zur Speicherung der Matrizen das vereinfachte JDS-Format (das daher auch ITPACK-Format genannt wird) verwendet, wodurch sich eine bessere Vektorisierbarkeit des Codes ergibt.

ITPACK 3A

ITPACK 3A stellt eine Erweiterung von ITPACK 2C für allgemeine (auch *nicht*-symmetrische) Koeffizientenmatrizen dar. Insbesondere wurden zusätzliche Konvergenzbeschleunigungsverfahren implementiert.

ITPACK 3B

Im ITPACK 3B wurde ITPACK 3A um einen ELLPACK-ähnlichen Präprozessor erweitert, der die Beschreibung des linearen Gleichungssystems und der zu verwendenden Lösungsmethode in einer Anwendersprache erlaubt.

NSPCG

NSPCG ist eine Erweiterung der Pakete ITPACK 2C und ITPACK 3A. Insbesondere wurde eine Reihe zusätzlicher Matrix-Speicherformate aufgenommen sowie die Möglichkeit vorgesehen, daß der Benutzer die Koeffizientenmatrix nicht explizit bereitstellen muß, sondern implizit durch Übergabe von Unterprogrammen zur Berechnung von Matrix-Vektor-Produkten spezifizieren kann.

NSPCG ist das flexibelste unter den ITPACK-Paketen. Sollte nicht aus Speicherplatzgründen die Installation von NSPCG unmöglich sein (zur Installation von NSPCG ist ca. 1 MByte freier Speicherplatz notwendig), so sollte man NSPCG den Vorzug vor den anderen Produkten der „ITPACK-Familie“ geben.

16.16.2 TEMPLATES

Die in den TEMPLATES [3] beschriebenen iterativen Lösungsmethoden für lineare Gleichungssysteme sind als *Public-domain*-Software in der NETLIB verfügbar (siehe Abschnitt 7.3.6). Die Programme sind in der Bibliothek `linalg` beziehungsweise im gleichnamigen Verzeichnis zu finden.

Zur Auswahl stehen fünf Pakete, die jeweils in einer großen Datei zusammengefaßt sind. Diese sind herkömmliche UNIX-*shell-scripts*, die sich bei der Ausführung selbständig entpacken. Es sind Routinen für die Jacobi-, SOR-, CG-, CGS-, GMRES-, BiCG-, BiCGSTAB-, QMR- und Tschebyscheff-Methode sowie auch ein Testprogramm vorhanden.

Dateiname	**Inhalt der Datei**
`sctemplates.shar`	C-Routinen, einfache Genauigkeit
`dctemplates.shar`	C-Routinen, doppelte Genauigkeit
`sftemplates.shar`	Fortran 77-Routinen, einfache Genauigkeit
`dftemplates.shar`	Fortran 77-Routinen, doppelte Genauigkeit
`mltemplates.shar`	MATLAB-Routinen

16.16.3 SLAP

SLAP ist ein am Lawrence Livermore National Laboratory (LLNL) entwickeltes Programmpaket zur iterativen Lösung linearer Gleichungssysteme.

Im Paket SLAP sind eine Reihe instationärer Verfahren, namentlich das CG-, CGNE-, BiCG-, CGS- und GMRES-Verfahren sowie das Jacobi- und Gauß-Seidel-Verfahren implementiert. Der Benutzer kann dabei die Systemmatrix entweder direkt im COO- oder MCS-Format spezifizieren oder auch indirekt durch Übergabe eines Unterprogramms festlegen, das die Matrix-Vektor-Multiplikation Ax implementiert. Für iterative Verfahren, die auch die Multiplikation $A^\top x$ mit der transponierten Systemmatrix beinhalten, muß auch hiefür ein entsprechendes Unterprogramm bereitgestellt werden.

Soferne der Benutzer die Systemmatrix explizit im COO- oder MCS-Format spezifiziert, können die verschiedenen Iterationsverfahren auch in vorkonditionierter Form durchgeführt werden. Zur Verfügung stehen dabei die Jacobi-Vorkonditionierung und die Vorkonditionierung mittels unvollständiger LU-Zerlegung bzw. (im Falle positiv definiter, symmetrischer Matrizen) unvollständiger Cholesky-Zerlegung. Gibt der Benutzer die Systemmatrix hingegen nur implizit in Form des entsprechenden Matrix-Vektor-Multiplikationsprogramms vor, so muß er – soferne er eine Vorkonditionierung wünscht – diese selbst implementieren. In diesem Fall ist den SLAP-Routinen ein Unterprogramm zu übergeben, von dem das Gleichungssystem $Mz = r$ (gegebenenfalls auch $M^\top z = r$) gelöst wird.

Erhältlich ist SLAP im Verzeichnis `slap` der NETLIB; es ist auch in der SLATEC-Bibliothek enthalten.

16.16.4 Y12M

Y12M ist ein aus fünf Unterprogrammen bestehendes Paket zur Lösung schwach besetzter Gleichungssysteme mittels speziell adaptierter Gauß-Elimination. Dabei steht in Form von **y12ma** ein leicht zu benützendes Black-box-Unterprogramm zur Verfügung, das sich auf drei Unterprogramme stützt:

y12mb konvertiert die vom Benutzer im COO-Format vorgegebene Koeffizientenmatrix in das intern verwendete Speicherformat.

y12mc führt eine LU-Zerlegung der Systemmatrix durch. Dabei läßt sich über entsprechende Parameter die Wahl der verwendeten Pivotelemente weitgehend steuern, und somit kann z. B. die numerische Stabilität und das Auffüllungsverhalten der Zerlegung beeinflußt werden. Es kann aber auch eine bereits gewonnene Pivotfolge auf eine Matrix mit gleicher Besetztheitsstruktur angewendet werden.

y12md löst für die ermittelte LU-Zerlegung der Koeffizientenmatrix und für eine vorgegebene rechte Seite das entsprechende Gleichungssystem.

Die Hauptaufgabe von **y12ma** besteht darin, diese drei Unterprogramme mit geeigneten Parametern aufzurufen. Gleiches gilt auch für das Unterprogramm **y12mf**, das aber zusätzlich noch eine Nachiteration durchführt.

Y12M kann aus dem gleichnamigen Verzeichnis der NETLIB bezogen werden.

16.16.5 UMFPACK

UMFPACK ist ein Programmpaket zur Lösung unsymmetrischer schwach besetzter Gleichungssysteme mittels LU-Zerlegung. Es enthält Unterprogramme zur Lösung aller bei direkten Verfahren auftretenden Standardaufgaben: Konstruktion von „guten" Pivotfolgen, symbolische und numerische LU-Zerlegung, Berechnung der Lösung (Rücksubstitution) bei gegebener LU-Zerlegung. Die Koeffizientenmatrix ist dabei im COO-Format vorzugeben.

Was UMFPACK von anderen einschlägigen Softwareprodukten abhebt, ist die Verwendung von Algorithmen, die eine weitgehende Vektorisierung bzw. Parallelisierung der Unterprogramme ermöglichen. Ältere[2] Varianten direkter Verfahren haben sich in dieser Hinsicht als nicht zufriedenstellend erwiesen. Eine genaue Beschreibung der verwendeten Algorithmen findet man in Davis, Duff [153].

UMFPACK ist in der NETLIB im Verzeichnis `linalg` als Datei `umfpack.shar` erhältlich. UMFPACK ist auch Teil der Harwell-Bibliothek.

16.16.6 PIM

Im Paket PIM (*Parallel Iterative Methods*) sind eine Reihe von instationären Iterationsverfahren (z. B. CG, BiCG, CGS, BiCGSTAB, GMRES, CGNR, CGNE) so implementiert, daß sie sowohl auf sequentiellen als auch auf parallelen Computersystemen lauffähig sind. Das ist so zu verstehen, daß im Sinne des SPMD (*Single Program Multiple Data*) Programmierparadigmas mehrere Kopien ein und desselben Unterprogramms auf mehreren Prozessoren gleichzeitig laufen können und dabei die zur Durchführung des Iterationsverfahrens notwendigen Rechenoperationen auf die einzelnen Prozessoren verteilt werden. Wird das Unterprogramm aber auf einem sequentiellen Computersystem ausgeführt, so exekutiert dessen einzige Kopie sämtliche Rechenoperationen des Verfahrens.

Das Paket PIM selbst enthält allerdings keinerlei parallele Sprachkonstrukte. Vielmehr muß der Benutzer Unterprogramme zur parallelen Berechnung von Matrix-Vektor-Produkten und von globalen Reduktionsoperationen gemäß dem SPMD-Prinzip implementieren und den PIM-Routinen übergeben. Bei Vorkonditionierung muß auch noch ein SPMD-Unterprogramm zur Lösung von $Mz = r$ geschrieben werden. Ferner ist auch die zu Anfang notwendige Verteilung der Daten auf die einzelnen Prozessoren vom Benutzer selbst zu bewerkstelligen.

Erhältlich ist das Paket PIM auf `unix.hensa.ac.uk` im Verzeichnis `misc/netlib` als Datei `pim/pim.tar.Z`.

---

[2]Die Version 1.1 des Paketes UMFPACK stammt vom Jänner 1995.

16.17 Programme aus Softwarebibliotheken

In diesem Abschnitt wird auf jene Teile der großen numerischen Programmbibliotheken eingegangen, die der Lösung linearer Gleichungssysteme mit schwach besetzter Koeffizientenmatrix gewidmet sind.

16.17.1 IMSL-Softwarebibliotheken

Allgemeine Matrizen

In der IMSL-Fortran-Bibliothek gibt es drei Unterprogramme zur Lösung linearer Gleichungssysteme, deren Koeffizientenmatrix schwach besetzt ist und allgemeine Besetztheitsstruktur aufweist. Dabei ist vom Benutzer die Koeffizientenmatrix im COO-Format zu spezifizieren.

`IMSL/MATH-LIBRARY/lftxg` führt eine LU-Faktorisierung der Systemmatrix A aus; zur Lösung des Gleichungssystems muß nach Erhalt der Faktormatrizen L und U das Unterprogramm `IMSL/MATH-LIBRARY/lfsxg` aufgerufen werden. `IMSL/MATH-LIBRARY/lslxg` löst bei vorgegebener Systemmatrix A und rechter Seite b das entsprechende Gleichungssystem, indem es die beiden zuvor genannten Unterprogramme aufruft.

In `IMSL/MATH-LIBRARY/lftxg` wird ein direktes Verfahren angewendet, bei dem die lokale Auffüllung durch die Markowitz-Kosten abgeschätzt wird. Der Benutzer kann durch Setzen verschiedener Parameter auf die numerische Stabilität des Verfahrens und dessen Auffüllungseigenschaften Einfluß nehmen. Das Programm bietet auch die Möglichkeit, durch Nachiteration die erhaltene Lösung zu verbessern (vgl. Abschnitt 13.13.3).

Für schwach besetzte *komplexe* Matrizen steht ein analoger Satz von Unterprogrammen mit identischen Parameterlisten zur Verfügung. Die Namen dieser Unterprogramme unterscheiden sich von denen für reelle Matrizen nur durch die Verwendung des Buchstabens `z` statt `x`.

Positiv definite, symmetrische Matrizen

Zur Lösung linearer Gleichungssysteme mit positiv definiter, symmetrischer Systemmatrix steht in der IMSL-Fortran-Bibliothek ein direktes Verfahren zur Verfügung, das auf der Cholesky-Zerlegung beruht.

In `IMSL/MATH-LIBRARY/lscxd` wird eine *symbolische* Cholesky-Faktorisierung der (im COO-Format für die untere Dreiecksmatrix) vorgegebenen Matrix durchgeführt. Dabei werden zunächst – gemäß einer durch den Benutzer über einen Parameter steuerbaren – Strategie die Zeilen und Spalten der Matrix symmetrisch permutiert. Anschließend wird die Adjazenzmatrix des Cholesky-Faktors L ermittelt und die zur Speicherung einer Matrix mit der soeben berechneten Besetztheitsstruktur notwendige Datenstruktur aufgebaut. Dadurch, daß diese Datenstruktur die Speicherung sämtlicher bei der Cholesky-Faktorisierung auftretender Nichtnullelemente erlaubt, kann die *numerische* Faktorisierung der Systemmatrix – durch Aufruf von `IMSL/MATH-LIBRARY/lnfxd` – besonders effizient durchgeführt werden. Insbesondere wird für verschiedene Matrizen mit derselben Besetztheitsstruktur nur eine einzige symbolische Faktorisierung benötigt.

Mit den Cholesky-Faktoren und einer gegebenen rechten Seite berechnet das Unterprogramm `IMSL/MATH-LIBRARY/lfsxd` die Lösung des Gleichungssystems. Das Unterprogramm `IMSL/MATH-LIBRARY/lslxd` führt für eine vorgegebene Systemmatrix und eine rechte Seite alle zur Lösung des entsprechenden Gleichungssystems notwendigen Unterprogrammaufrufe durch.

Ein ähnlicher Satz von Unterprogrammen steht auch zur direkten Lösung (mittels Cholesky-Faktorisierung) von Gleichungssystemen mit *Hermitescher* Koeffizientenmatrix zur Verfügung.

Für positiv definite symmetrische Matrizen ist in der IMSL-Fortran-Bibliothek außerdem noch das Unterprogramm `IMSL/MATH-LIBRARY/pcgrc` enthalten, welches ein vorkonditioniertes CG-Verfahren implementiert. Die Schnittstelle zu dem Programm `IMSL/MATH-LIBRARY/pcgrc` ist insoferne ungewöhnlich, als die vorkonditionierende Matrix M *nicht* als Parameter (auch nicht als Unterprogramm, das das Gleichungssystem $Mz = r$ löst) übergeben wird. Stattdessen wird vom Unterprogramm bei jedem Iterationsschritt die Kontrolle an das aufrufende Programm zur Lösung von $Mz^{(k-1)} = r^{(k-1)}$ zurückgeben. Diese ziemlich mühsame Verwendungsweise fällt beim Unterprogramm `IMSL/MATH-LIBRARY/jcgrc` weg, da dieses automatisch eine Jacobi-Vorkonditionierung anwendet.

16.17.2 NAG-Softwarebibliotheken

Allgemeine Matrizen

Die NAG-Fortran-Bibliothek enthält wie die IMSL-Fortran-Bibliothek zunächst Unterprogramme zur Lösung schwach besetzter linearer Gleichungssysteme, die auf direkten Verfahren beruhen. `NAG/f01brf` führt eine LU-Zerlegung einer im COO-Format gegebenen Matrix aus. Der Benutzer kann durch Setzen geeigneter Parameter die numerische Stabilität des Verfahrens beeinflussen.

Die bei einem Aufruf von `NAG/f01brf` ermittelte Pivotfolge kann im Unterprogramm `NAG/f01bsf` zur Faktorisierung von Matrizen mit gleicher Besetztheitsstruktur wiederverwendet werden. Mit der erhaltenen LU-Faktorisierung kann man durch Aufruf von `NAG/f04axf` das lineare Gleichungssystem für eine einzelne rechte Seite b lösen.

Zur iterativen Gleichungslösung steht in der NAG-Fortran-Bibliothek das Programm `NAG/f04qaf` zur Verfügung, welches auf dem *Lanczos-Algorithmus* (Golub, Van Loan [48]) in der Implementierung `NETLIB/TOMS/583` von Paige und Saunders [319] beruht. Dieses Programm kann auch zur Lösung linearer Ausgleichsprobleme herangezogen werden. Die Systemmatrix A wird vom Benutzer nicht direkt vorgegeben; vielmehr muß der Benutzer ein Unterprogramm bereitstellen, das die Matrix-Vektor-Multiplikationen Ax und $A^\top x$ implementiert.

Positiv definite, symmetrische Matrizen

Für Gleichungssysteme mit symmetrischer und positiv definiter Matrix ist in der NAG-Fortran-Bibliothek ein iterativer, auf dem vorkonditionierten CG-Verfahren beruhender Lösungsweg vorgesehen. Das Unterprogramm `NAG/f01maf` berechnet für eine vorgegebene Matrix A eine unvollständige Cholesky-Zerlegung. Dabei kann die Schranke, ab der die Auffüllung zu ignorieren ist, vorgegeben werden, wobei das Unterprogramm durch symmetrische Permutation der Systemmatrix die mögliche Auffüllung ohnedies zu minimieren trachtet. Die berechneten unvollständigen Cholesky-Faktormatrizen werden dann als links- bzw. rechtsvorkonditionierende Matrizen im Unterprogramm `NAG/f04maf` verwendet, das ein CG-Verfahren implementiert.

Symmetrische Matrizen

Für symmetrische, aber nicht notwendigerweise definite Matrizen steht in der NAG-Fortran-Bibliothek ein SYMMLQ-Verfahren in Form des Unterprogramms `NAG/f04mbf` zur Verfügung. Der Benutzer kann dabei eine vorkonditionierende Matrix M durch ein Unterprogramm, das die Gleichung $Mz = r$ löst, vorgeben. Auch die Systemmatrix A ist in Form eines Unterprogramms für das Matrix-Vektor-Produkt Ax zu spezifizieren.

16.17.3 Harwell-Bibliothek

Die Harwell-Bibliothek enthält eine Reihe von sehr effizienten Unterprogrammen zur direkten Lösung linearer Gleichungssysteme mit schwach besetzter Koeffizientenmatrix. Die für die Harwell-Bibliothek (vor allem von I. S. Duff) entwickelten Algorithmen und Programme waren oft richtungsweisend für andere Bibliotheken und wurden meist direkt in diese übernommen. Findet man daher mit den direkten Verfahren anderer Bibliotheken nicht das Auslangen, so sollte man eine Anschaffung (von Teilen) der Harwell-Bibliothek in Betracht ziehen.

In der Harwell-Bibliothek sind Unterprogramme zur Lösung linearer Gleichungssysteme mit positiv definiter oder indefiniter, symmetrischer oder unsymmetrischer Koeffizientenmatrix sowie zur Lösung linearer Ausgleichsprobleme vorhanden. Auch die Fälle mehrerer rechter Seiten sowie komplexer Matrizen sind abgedeckt. Die Lösungsverfahren verwenden eine Pivotwahl zur Minimierung der Auffüllung bei gleichzeitiger Erhaltung der numerischen Stabilität; auch Nachiteration und Blockzerlegung sind vorgesehen.

Die mathematischen und algorithmischen Grundlagen der in der Harwell-Bibliothek implementierten Methoden werden von Duff, Erisman und Reid [179] ausführlich beschrieben. Eine vollständige Aufzählung aller einschlägigen Unterprogramme zusammen mit einer kurzen Charakterisierung findet man im Katalog der Harwell-Bibliothek, ausführliche Programmbeschreibungen in der zugehörigen Dokumentation. Fragen und Bestellungen zur Harwell-Bibliothek richtet man am besten an `libby.thick@aea.orgn.uk`.

In der NETLIB sind im Verzeichnis `harwell` einige Unterprogramme aus älteren Versionen der Harwell-Bibliothek frei erhältlich. Man beachte jedoch, daß diese in der neuesten Version der Harwell-Bibliothek bereits durch bessere Algorithmen ersetzt wurden.

Teil V

Stochastische Modelle

Kapitel 17

Zufallszahlen

Ist das Unscharfe nicht oft gerade das, was wir brauchen?

LUDWIG WITTGENSTEIN

Um stochastische Algorithmen in Computerprogrammen implementieren zu können, z. B. um die Monte-Carlo-Methode anzuwenden, benötigt man Zahlenfolgen, die sich wie Stichproben unabhängiger Zufallsvariablen verhalten. Die Konstruktion derartiger Zahlenfolgen wird als das *Erzeugen* (*Generieren*) *von Zufallszahlen* bezeichnet.

Was ist nun eine Zufallszahl? Ob z. B. die mit einem Würfel erzeugte Zahl 6 eine Zufallszahl ist, läßt sich anhand nur dieser einen Zahl nicht beantworten. Sie ist auch nicht relevant. Bedeutsam ist hingegen die Frage, ob das k-Tupel

$$(4,1,4,3,3,6,3,1,1,5,3,5,4,2,3,4,3)$$

Zufallszahlen verkörpert. Nicht der Entstehungsprozeß einzelner Zahlen, sondern die Eigenschaften von Zahlen*folgen* sind von Bedeutung.

Definition 17.0.1 (Zufallszahlen) *Ein k-Tupel von Zahlen, das mit der statistischen Hypothese in Einklang steht, eine Realisierung eines zufälligen Vektors mit unabhängigen, identisch nach einer Verteilungsfunktion F verteilten Komponenten zu sein, nennt man ein k-Tupel von nach F verteilten Zufallszahlen.*

17.1 Zufallszahlengeneratoren

Die Definition 17.0.1 liefert die Grundlage zur Erzeugung von Zufallszahlen auf einem Computer: Die Zahlenfolgen können von einem determinierten Algorithmus stammen, wenn sie nur das gleiche Verhalten zeigen wie Stichproben einer Zufallsgröße. Dementsprechend hat man eine Reihe von Algorithmen entwickelt, welche Zahlenfolgen erzeugen, die möglichst viele Eigenschaften von Zufallszahlen besitzen. Derartige Algorithmen werden *Zufallszahlengeneratoren* genannt.

Da Zufallszahlengeneratoren auf deterministischen, also *vorhersagbaren* Rechenvorgängen beruhen, kann die Zahlenfolge prinzipiell nicht zufällig sein. Man spricht daher in diesem Zusammenhang auch von *Pseudo*-Zufallszahlen.

Eine wichtige Unterscheidung ist die zwischen *gleichverteilten* und *nichtgleichverteilten* Zufallszahlen. Gleichverteilte Zufallszahlen werden im allgemeinen gemäß der stetigen Gleichverteilung auf $[0,1]^n$ erzeugt, während nicht-gleichverteilte Zufallszahlen entweder einer von der Gleichverteilung verschiedenen Verteilung entsprechen und/oder auf einem von dem Würfel $[0,1]^n$ verschiedenen Bereich B definiert sind.

17.2 Erzeugung gleichverteilter Zufallszahlen

In diesem Abschnitt werden die Grundlagen der Erzeugung gleichverteilter Zufallszahlen beschrieben. Die Behandlung nicht-gleichverteilter Zufallszahlen folgt in Abschnitt 17.3. Ausführliche Darstellungen des gesamten Themas findet man z. B. in Dagpunar [37], Knuth [263] sowie Kalos und Whitlock [59].

Ausgangspunkt aller Generatoren für gleichverteilte Zufallszahlen ist eine auf einer *endlichen* Zahlenmenge Z (meist den INTEGER-Zahlen des verwendeten Computers) definierte Funktion $f : Z \to Z$, mit der eine Folge $\{z_i\}$ rekursiv definiert wird:

$$z_i := f(z_{i-1}, \ldots, z_{i-k}), \quad i = k+1,\, k+2,\, k+3, \ldots$$

Die Werte $z_1, \ldots, z_k$ sind als Startwerte vorzugeben.

17.2.1 Lineare Kongruenzgeneratoren

Die bei weitem wichtigste Methode zur Erzeugung gleichverteilter Zufallszahlen ist die *lineare Kongruenzmethode.* Jeder Zufallszahlengenerator dieser Verfahrensklasse ist durch drei natürliche Zahlen charakterisiert: m ist eine große positive ganze Zahl und $a \in \{1, 2, \ldots, m-1\}$ eine zu m relativ prime natürliche Zahl. m wird als *Modul* und a als *Multiplikator* bezeichnet. Die *Verschiebung* (das *Inkrement*) $c \in \{0, 1, \ldots, m-1\}$ ist eine beliebige ganze Zahl. Im Fall $c=0$ spricht man auch von einem *multiplikativen* Zufallszahlengenerator.

Für einen beliebigen Startwert $z_1 \in \{0, 1, \ldots, m-1\}$ (bzw. $z_1 \in \{1, 2, \ldots, m-1\}$ für $c = 0$) wird durch

$$z_{i+1} := a \cdot z_i + c \mod m, \qquad i = 1, 2, 3, \ldots, \tag{17.1}$$

eine Folge von Zahlen $\{z_i\} \subset \mathbb{Z}$ definiert. Die lineare Kongruenzmethode definiert daraus eine Folge von gleichverteilten Zufallszahlen durch

$$x_i := z_i / m, \qquad i = 1, 2, 3, \ldots .$$

Offensichtlich ist jede durch (17.1) definierte Folge $\{z_i\}$ – und daher auch die entsprechende Folge $\{x_i\}$ – *periodisch* mit einer Periodenlänge $T \le m$.

Beispiel (Periode von Kongruenzgeneratoren) Die zwei Zufallszahlengeneratoren

$$\begin{aligned} z_{i+1} &:= 69\,069 \cdot z_i && \mod 2^{32} \\ z_{i+1} &:= (69\,069 \cdot z_i + 1) && \mod 2^{32} \end{aligned}$$

haben Periodenlängen von $T = 2^{31} = 2.15 \cdot 10^9$ bzw. $T = 2^{32} = 4.29 \cdot 10^9$, falls die Startwerte aus folgenden Mengen gewählt werden:

$$\begin{aligned} z_1 &\in \{1, 3, 5, 7, \ldots, 2^{32} - 1\} \quad \text{bzw.} \\ z_1 &\in \{0, 1, 2, 3, \ldots, 2^{32} - 1\}. \end{aligned}$$

Bei manchen Monte-Carlo-Studien (vor allem bei mehrdimensionalen Problemen) ist eine Periodenlänge von $4.29 \cdot 10^9$ unakzeptabel kurz. Um zu einer längeren Periode zu kommen, kann man von

$$z_{i+1} := f(z_i) \qquad \text{auf} \qquad z_{i+1} := \overline{f}(z_i, z_{i-1})$$

übergehen. Die maximal erreichbare Periodenlänge steigt damit von m auf m^2.

Beispiel (Erweiterter Kongruenzgenerator) Mit

$$z_{i+1} := 1999 \cdot z_i + 4444 \cdot z_{i-1} \bmod 2^{31} - 1$$

erreicht man die – in vielen Fällen akzeptable – Periodenlänge $T = 2^{62} = 4.61 \cdot 10^{18}$.

Die Periodizitätseigenschaft könnte Anlaß geben, an der Eignung der linearen Kongruenzmethode für die Erzeugung von praktisch brauchbaren Zufallszahlen zu zweifeln. Trotz der Periodizität können endliche Teilfolgen $\{x_i, x_{i+1}, \dots, x_j\}$ mit der Länge $j - i + 1 < T$ sehr viele Eigenschaften einer zufälligen Folge aufweisen, soferne die Parameter m, a und c geeignet gewählt werden. Günstige Parameterwerte kann man nur durch theoretische Überlegungen und umfangreiche Testreihen ermitteln.

Die lineare Kongruenzmethode ist trotz ihrer Periodizität und anderer Nachteile (Niederreiter [310]) auf Grund ihrer besonderen Einfachheit in der Praxis weit verbreitet.

17.2.2 Fibonacci-Generatoren

Die eigentliche *Fibonacci-Rekursion*

$$z_{i+1} := z_i + z_{i-1} \mod m, \qquad i = 1, 2, 3, \dots$$

liefert eine sehr schlechte Zufallszahlenfolge, die man allenfalls nachträglich verbessern kann (siehe Abschnitt 17.2.5).

Die *modifizierten (verzögerten) Fibonacci-Generatoren* (mit den Parametern $r, s \in \mathbb{N}$, $r > s$)

$$z_{i+1} := z_{i-r} - z_{i-s} \mod m, \qquad i = 1, 2, 3, \dots, \tag{17.2}$$

die $r+1$ Startwerte $z_1, z_0, z_{-1}, \dots, z_{-r+1}$ erfordern, liefern auch ohne Verbesserungstechniken zufriedenstellende Folgen von Zufallszahlen.

Beispiel (Modifizierte Fibonacci-Generatoren) Die Zufallszahlengeneratoren

$$\begin{aligned} z_{i+1} &:= z_{i-16} - z_{i-4} && \bmod 2^{32} \\ z_{i+1} &:= z_{i-54} - z_{i-23} && \bmod 2^{32} \\ z_{i+1} &:= z_{i-606} - z_{i-273} && \bmod 2^{32} \end{aligned}$$

haben Periodenlängen von $2.8 \cdot 10^{14}$, $7.7 \cdot 10^{25}$ bzw. 10^{192}.

17.2.3 Subtraktionsgeneratoren mit Übertrag

Noch größere Periodenlängen als mit den Generatoren (17.2) erhält man durch Einbeziehen eines „Übertrags“

$$z_{i+1} := z_{i-s} - z_{i-r} - c \mod m, \qquad i = 1, 2, 3, \dots .$$

Das Übertragsbit $c \in \{0, 1\}$ wird durch folgenden Algorithmus definiert:

```
do  i = 1, 2, 3, ...
    t := z_{i-r} - z_{i-s} - c   mod m
    if  t ≥ 0 then
        z_i := t;    c := 0
    else
        z_i := t + m;    c := 1
    end if
end do
```

Beispiel (Subtraktionsgenerator mit Übertrag) Der Generator

$$z_{i+1} := z_{i-23} - z_{i-36} - c \mod 2^{32}$$

hat eine Periodenlänge von $4.1 \cdot 10^{354}$.

In der einschlägigen Literatur findet man auch noch eine Vielzahl anderer Methoden zum Erzeugen gleichverteilter Zufallszahlen (siehe z. B. Niederreiter [310]).

17.2.4 Mehrdimensionale gleichverteilte Zufallsvektoren

n-dimensionale gleichverteilte Zufallsvektoren können unmittelbar mit Hilfe eindimensionaler gleichverteilter Zufallszahlen erzeugt werden, indem man jeweils n aufeinanderfolgende Folgenelemente in n-dimensionale Vektoren zusammenfaßt: Für eine eindimensionale zufällige Folge $\{x_i\}$ ist die entsprechende Folge von n-dimensionalen Zufallsvektoren $\{y_i\}$ durch

$$y_i := (x_{(i-1)n+1}, \dots, x_{in})^\top, \qquad i = 1, 2, 3, \dots, \tag{17.3}$$

definiert. Mit Hilfe der *Matrix-Kongruenzmethode* (Grothe [222])

$$y_{i+1} := Ay_i \mod m, \qquad A \in \mathbb{R}^{n \times n}, \quad y_i \in \mathbb{R}^n, \quad i = 1, 2, 3, \dots,$$

die eine direkte Verallgemeinerung der linearen Kongruenzmethode ist, lassen sich n-dimensionale Zufallsvektoren direkt erzeugen.

17.2.5 Verbesserung von Zufallszahlengeneratoren

Wenn man mit linearen Kongruenzgeneratoren n-dimensionale Zufallszahlen (17.3) erzeugt, die auf $[0, 1]^n$ stetig gleichverteilt sein sollen, so treten die Nachteile der Erzeugung durch die Kongruenzmethode (17.1) besonders deutlich in

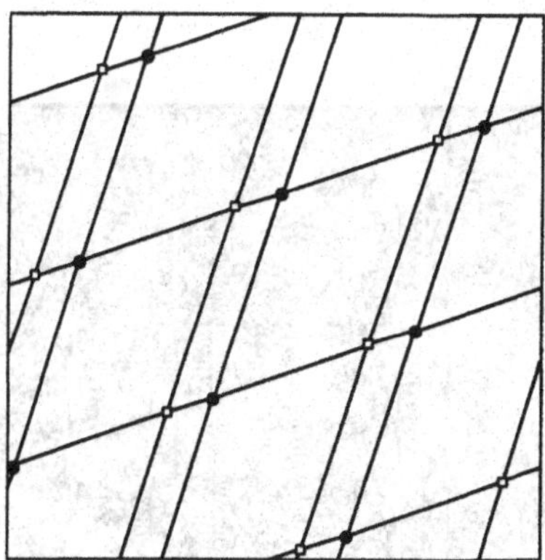

Abb. 17.1: Resultate des Generators $x_{i+1} = 11x_i \bmod 64$ mit $x_0 = 1$ zur Erzeugung von 2D-Zufallszahlen $(x_0, x_1), (x_2, x_3), \ldots$ (Symbol •) bzw. $(x_1, x_2), (x_3, x_4), \ldots$ (Symbol □)

Erscheinung: Die n-Tupel $y_1, y_2, y_3, \ldots$ liegen auf wenigen, zueinander parallelen Hyperebenen des $\mathbb{R}^n$ (siehe Abb. 17.1).

Zur nachträglichen Verbesserung der Folge $\{x_i\}$ gibt es verschiedene Methoden. Eine der einfachsten Möglichkeiten, die nahezu keinen zusätzlichen Zeitaufwand erfordert, beruht auf der Permutation der Folge $\{x_i\}$ durch sich selbst. Dabei geht man folgendermaßen vor: Zunächst wird ein Feld $F(1)$, $F(2)$, ..., $F(k)$, wobei $k \approx 100$ ist, mit den ersten k Werten einer Zufallszahlenfolge initialisiert. Dann wird aus der jeweils letzten Zahl x_i ein Index

$$j := \lfloor kx_i \rfloor + 1$$

berechnet und die Zahl $F(j)$ als neue Zufallszahl verwendet. Die Zahl x_i wird nun stattdessen in $F(j)$ abgespeichert.

Beispiel (Turbo C) Der in Turbo C standardmäßig verfügbare Zufallszahlengenerator weist störende Abhängigkeiten auf (siehe Abb. 17.2). Erst durch nachträgliche Verbesserung mit der Permutationsmethode (Methode von McLaren und Marsaglia) erhält man brauchbare Zufallszahlen (siehe Abb. 17.3).

17.3 Erzeugung nicht-gleichverteilter Zufallszahlen

Nicht-gleichverteilte Zufallszahlen, die gemäß einer Wahrscheinlichkeitsverteilung P auf einem Bereich $B \subseteq \mathbb{R}^n$ verteilt sind, werden im allgemeinen dadurch erzeugt, daß man von einer Folge gleichverteilter Zufallszahlen in $[0, 1]^n$ ausgeht und diese Folge gemäß der Verteilung P transformiert. In diesem Abschnitt werden die Grundlagen der dabei in der Praxis verwendeten Transformationen dargelegt. Eine ausführliche Behandlung dieses Themas liefert Devroye [163]. Für eine Reihe von statistischen Standardverteilungen stehen spezielle Methoden und entsprechende Software zur Erzeugung von zugehörigen Zufallszahlenfolgen zur Verfügung (siehe Abschnitte 17.5.2 und 17.5.3).

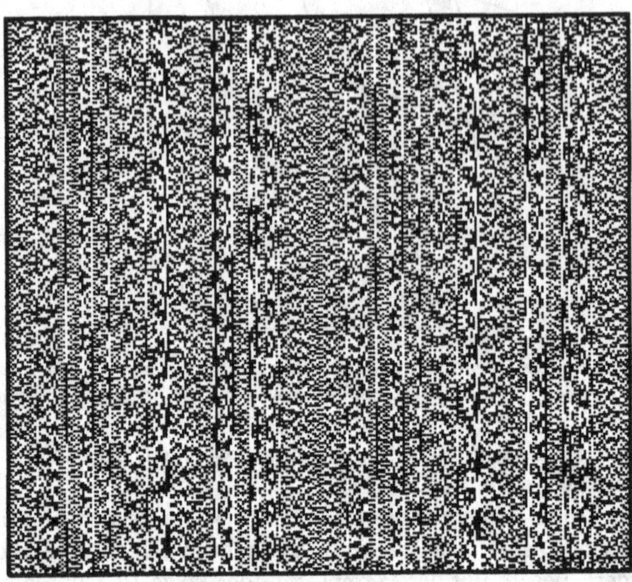

Abb. 17.2: Bitfolge generiert mit dem Zufallszahlengenerator von Turbo C

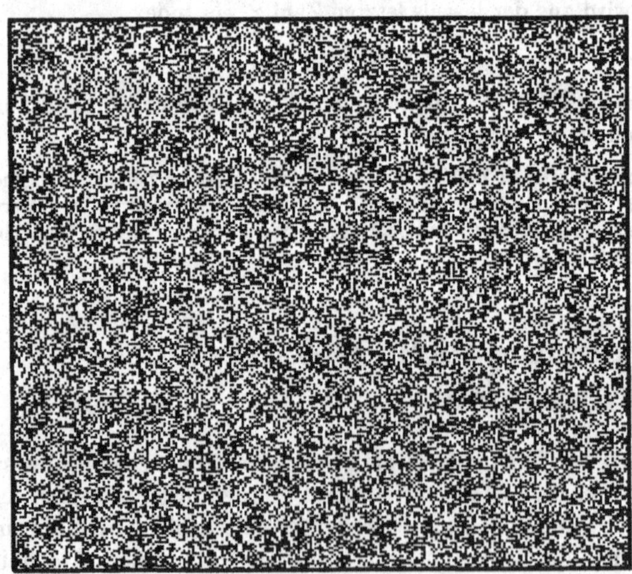

Abb. 17.3: Bitfolge des Zufallszahlengenerators von Turbo C nach Verbesserung mit der Permutationsmethode (Methode von McLaren und Marsaglia)

17.3.1 Inversionsmethode für univariate Verteilungen

Hat eine eindimensionale Zufallsgröße eine stetige, streng monotone Verteilungsfunktion F, dann existiert die auf $[0,1]$ definierte inverse Funktion F^{-1}. Für eine Folge $X_1, X_2, \ldots$ von unabhängigen, gemäß einer stetigen Gleichverteilung auf $[0,1]$ verteilten univariaten Zufallsvariablen sind die transformierten Zufallsvariablen $F^{-1}(X_1)$, $F^{-1}(X_2), \ldots$ gemäß F verteilt (Devroye [163]).

Für eine entsprechend verallgemeinerte Umkehrfunktion F^{-1} gilt diese Aussage auch dann, wenn F nicht stetig und/oder nicht streng monoton wachsend ist. Falls F z. B. einen konstanten Abschnitt aufweist, kann man durch beliebige Festlegung eines x-Wertes aus diesem Intervall eine Umkehrfunktion definieren. Da die Werte aus diesem Intervall mit der Wahrscheinlichkeit Null angenommen werden, ist diese Festlegung problemlos möglich.

Beispiel (Cauchy-Verteilung) Eine Cauchy-verteilte Zufallsgröße besitzt die Wahrscheinlichkeitsdichte

$$v_C(x) := \frac{C}{\pi} \frac{1}{C^2 + x^2} \tag{17.4}$$

mit dem Parameter $C \in \mathbb{R}_+$. Daraus ergibt sich unmittelbar die Verteilungsfunktion

$$F_C(x) = \frac{1}{\pi} \arctan\left(\frac{x}{C}\right) - \frac{1}{2},$$

deren Inverse durch

$$F_C^{-1}(y) = C \cdot \tan\left(\pi \cdot \left(y + \frac{1}{2}\right)\right)$$

gegeben ist. Erzeugt man nun eine Folge von in $[0,1]$ gleichverteilten Zufallszahlen $y_1, y_2, \ldots$, so ist $x_1 := F_C^{-1}(y_1), x_2 := F_C^{-1}(y_2), \ldots$ eine Folge von Zufallszahlen mit der Dichte v_C.

Zwar können theoretisch mittels der Inversionsmethode für jede beliebige univariate Verteilung entsprechende Zufallszahlen erzeugt werden, in der Praxis ergeben sich jedoch Schwierigkeiten daraus, daß die Umkehrfunktion F^{-1} oft nicht in analytischer Form vorliegt, wodurch die Berechnung der transformierten Folge $F^{-1}(X_i)$, $i = 1, 2, 3, \ldots$, erschwert wird.

Beispiel (Normalverteilung) Weder für die Verteilungsfunktion

$$\Phi(x) := \frac{1}{\sqrt{2\pi}} \int_{-\infty}^{x} e^{-t^2/2}\, dt \qquad \textit{(Gaußsches Fehlerintegral)}$$

der eindimensionalen standardisierten Normalverteilung $N(0,1)$ noch für deren Inverse Φ^{-1} existiert ein geschlossener Formelausdruck. Für Φ^{-1} gibt es aber viele Approximationen durch Polynome oder rationale Funktionen (Abramowitz, Stegun [1]), die man zum Erzeugen von $N(0,1)$-verteilten Zufallszahlen verwenden kann, soferne keine besonderen Effizienzanforderungen bestehen.

Für die effiziente Erzeugung von normalverteilten Zufallszahlen auf Hochleistungsrechnern gibt es spezielle Approximationen von Φ^{-1} (Marsaglia [294]).

17.3.2 Ablehnungsmethode

In ihrer einfachsten Form ermöglicht die Ablehnungsmethode (Verwerfungsmethode) die Erzeugung von Zufallsvariablen gemäß der stetigen Gleichverteilung auf einer Menge B unter der Voraussetzung, daß Zufallsvariablen gemäß der stetigen Gleichverteilung auf einer Übermenge $B' \supset B$ verfügbar sind.

Satz 17.3.1 *Sei $X_1, X_2, \ldots$ eine Folge von unabhängigen, identisch gemäß der stetigen Gleichverteilung auf $B' \subseteq \mathbb{R}^n$ verteilten Zufallsvariablen. Für $B \subset B'$ sei $i_{\min}$ durch*

$$i_{\min} := \min\{\, i \;:\; X_i \in B \,\}$$

definiert. Dann ist die Zufallsvariable $Y := X_{i_{\min}}$ auf B gleichverteilt.

Beweis: Devroye [163].

Sind $x_1, x_2, \ldots$ Stichproben unabhängiger, gemäß der stetigen Gleichverteilung auf B' verteilter Zufallsvariablen, dann sind – laut Satz 17.3.1 – die Werte $x_{i_1}, x_{i_2}, \ldots, i_1 < i_2 < \cdots$, die man aus $x_1, x_2, \ldots$ dadurch erhält, daß man alle Stichproben $x_i \notin B$ *ablehnt* (d. h. aus der Folge entfernt), Stichproben unabhängiger Zufallsvariablen, die auf B gleichverteilt sind. In der Praxis wird der Bereich B zunächst in $\overline{B} \subset [0,1]^n$ transformiert, sodaß B' als $B' = [0,1]^n$ gewählt werden kann. Die Folge $x_1, x_2, \ldots$ wird mit Hilfe eines im Abschnitt 17.2 beschriebenen Generators für gleichverteilte Zufallszahlen erzeugt.

Der folgende Satz ist die Grundlage einer erweiterten Ablehnungsmethode, mit deren Hilfe es möglich ist, Zufallszahlen für beliebige Wahrscheinlichkeitsdichten zu erzeugen.

Satz 17.3.2 *Sei X eine Zufallsvariable mit Dichte v auf $B \subseteq \mathbb{R}^n$ und U eine von X unabhängige, auf $[0,1]$ gleichverteilte Zufallsvariable. Dann ist für eine beliebige Konstante $c > 0$ die Zufallsvariable $(X,\, c \cdot U \cdot v(X))$ gleichverteilt auf*

$$H := \{\, (x,u) \in \mathbb{R}^{n+1} \;:\; x \in B,\; u \in [0, c \cdot v(x)] \,\}.$$

Wenn umgekehrt eine Zufallsvariable (X,V) auf H gleichverteilt ist, dann ist X gemäß der Dichte v auf B verteilt.

Beweis: Devroye [163].

Es sei nun w eine Wahrscheinlichkeitsdichte auf B mit

$$w(x) \leq c \cdot v(x) \qquad \text{für alle} \quad x \in B. \tag{17.5}$$

Ferner sei $X_1, X_2, \ldots$ eine Folge von unabhängigen, identisch verteilten Zufallsvariablen mit Dichte v und $U_1, U_2, \ldots$ eine Folge von auf $[0,1]$ gleichverteilten, unabhängigen Zufallsvariablen.

Wenn man Satz 17.3.2 auf $X := X_i$ und $U := U_i$ anwendet, so ergibt sich, daß die Zufallsvariablen $(X_i, c \cdot U_i \cdot v(X_i))$, $i = 1, 2, \ldots$, auf

$$H = \{\, (x,u) \in \mathbb{R}^{N+1} \;:\; x \in B,\; u \in [0, c \cdot v(x)] \,\}$$

gleichverteilt sind. $(X_{i_j}, c \cdot U_{i_j} \cdot v(X_{i_j}))$, $j = 1, 2, \ldots$, sei die Folge von Zufallsvariablen, die man als Teilfolge von $(X_i, c \cdot U_i \cdot v(X_i))$, $i = 1, 2, \ldots$, durch Weglassen jener Elemente gewinnt, für die

$$(X_i, c \cdot U_i \cdot v(X_i)) \notin H' := \{ (x, u) \in \mathbb{R}^{N+1} \ : \ x \in B, \, u \in [0, w(x)] \},$$

d. h.

$$c \cdot U_i \cdot v(X_i) > w(X_i) \quad \Longleftrightarrow \quad c \cdot U_i \frac{v(X_i)}{w(X_i)} > 1,$$

gilt. Gemäß Satz 17.3.1 ist die Folge $(X_{i_j}, c \cdot U_{i_j} \cdot v(X_{i_j}))$, $j = 1, 2, \ldots$, auf H' gleichverteilt, woraus sich nach Satz 17.3.2 ergibt, daß die X_{i_j}, $j = 1, 2, \ldots$, auf B mit der Dichte w verteilt sind.

Die bisher dargestellte Vorgangsweise ermöglicht die Erzeugung von Zufallszahlen für die Dichte w auf B, vorausgesetzt, daß Zufallszahlen für eine Dichte v auf B erzeugt werden können, die mit einer geeigneten Konstante $c > 0$ die Bedingung (17.5) erfüllt. In der Praxis besteht die größte Schwierigkeit darin, eine geeignete Dichte v zu finden.

Beispiel (Ablehnungsmethode) Die Erzeugung von normalverteilten Zufallszahlen kann etwa mit Hilfe von Cauchy-verteilten Zufallszahlen bewerkstelligt werden. Der Quotient zwischen der Dichte

$$w(x) := \frac{1}{\sqrt{2\pi}} \exp\left(-\frac{x^2}{2}\right)$$

der Standard-Normalverteilung und der Dichte $v = v_1$ (17.4) der Cauchy-Verteilung mit dem Parameter $C = 1$ besitzt das globale Maximum $\sqrt{2\pi/e} \approx 1.520$. Für die Konstante c in der Beziehung (17.5) kann daher jeder Wert $c \geq \sqrt{2\pi/e}$ gewählt werden.

Geht man nun von einer in $[0, 1]$ gleichverteilten Folge $u_1, u_2, u_3 \ldots$ von Zufallszahlen sowie einer davon unabhängigen Folge $x_1, x_2, x_3 \ldots$ von (mit dem Parameter $C = 1$) Cauchy-verteilten Zufallszahlen aus, so besitzt jene Teilfolge $x_{i_1}, x_{i_2}, x_{i_3}, \ldots$, die man aus $x_1, x_2, x_3 \ldots$ erhält, indem man jene x_i mit

$$c \cdot u_i \frac{v(x_i)}{w(x_i)} > 1$$

eliminiert, eine standardisierte Normalverteilung $N(0, 1)$.

17.3.3 Zusammensetzungsmethode

Eine besondere Situation liegt vor, wenn sich die Dichte w einer Wahrscheinlichkeitsverteilung auf B in der Form

$$w(x) = \sum_{j=1}^{J} p_j w_j(x) \qquad \text{für alle} \quad x \in B$$

zerlegen läßt, wobei

$$\sum_{j=1}^{J} p_j = 1 \quad \text{und} \quad p_j \geq 0, \quad j = 1, 2, \ldots, J,$$

gilt und $w_1, \ldots, w_J$ Wahrscheinlichkeitsdichten auf B sind: Wenn $Z_1, Z_2, \ldots$ eine Folge von unabhängigen diskreten Zufallsvariablen ist, die auf $\{1, 2, \ldots, J\}$ gemäß

$$P(\{j\}) = p_j, \quad j = 1, 2, \ldots, J,$$

verteilt sind, und $X_1, X_2, X_3, \ldots$ eine Folge von unabhängigen Zufallsvariablen mit den Dichten $w_{Z_1}, w_{Z_2}, w_{Z_3}, \ldots$ auf B ist, dann sind die Zufallsvariablen $\{X_i\}$ gemäß der Dichte w auf B verteilt.

In der Praxis verwendet man diese Methode z. B. in Situationen, in denen ein mehrdimensionaler Bereich B zu kompliziert ist, um direkt behandelt zu werden. In diesem Fall wird B in einfachere Bereiche $B_1, \ldots, B_J$ zerlegt:

$$B = B_1 \cup B_2 \cup \cdots \cup B_J, \qquad B_j \cap B_k = \emptyset \quad \text{für} \quad j \neq k.$$

Die Dichten $w_1, \ldots, w_J$ definiert man dann durch

$$w_j := \frac{c_{B_j} w}{\int_{B_j} w(x)\,dx}, \quad j = 1, 2, \ldots, J.$$

Beispiel (Zusammensetzungsmethode) Zur Erzeugung von in einem polygonalen, d. h. von einem Polygon berandeten Bereich B der Ebene gleichverteilten Zufallszahlen wird der Bereich B zunächst trianguliert, d. h. in eine endliche Menge von paarweise disjunkten Dreiecken $B_1, B_2, \ldots, B_J$ zerlegt. Die Dichten $w_1, w_2, \ldots, w_J$ und die diskrete Wahrscheinlichkeitsverteilung $(p_1, p_2, \ldots, p_J)$ sind dann durch

$$w_j := \mathrm{vol}(B_j)^{-1} c_{B_j}, \quad p_j := \frac{\mathrm{vol}(B_j)}{\mathrm{vol}(B)}, \quad j = 1, 2, \ldots, J,$$

gegeben. Somit kann man ausgehend von einer Methode zur Erzeugung von gleichverteilten Zufallszahlen in Dreiecken mit Hilfe der Zusammensetzungsmethode eine Methode zur Erzeugung von gleichverteilten Zufallszahlen in beliebigen polygonalen Gebieten erhalten.

17.4 Testen von Zufallszahlen

Die Brauchbarkeit von Zufallszahlengeneratoren wird danach beurteilt, ob die erhaltenen Werte unabhängig gemäß der geforderten Verteilungsfunktion F verteilt sind. Unbrauchbare Generatoren können auf sehr unterschiedliche Art von der Unabhängigkeits- und der Verteilungsforderung abweichen. In Abb. 17.4 sind einige Formen der Abweichung vom idealen Verhalten eines Generators für stetig gleichverteilte Zufallszahlen in besonders deutlicher Weise dargestellt.

Es gibt zwei Arten von Tests, die verwendet werden, um diese Art von Unbrauchbarkeit auszuschließen:

Verteilungstests (Anpassungstests), mit denen eine Stichprobe von Zufallszahlen $X_1, \ldots, X_n$ überprüft wird, ob sie mit der Hypothese „Die Zahlen $X_1, \ldots, X_n$ sind gemäß der Verteilungsfunktion F verteilt" im Einklang sind. Die zwei wichtigsten Tests dieser Art sind der Chi-Quadrat-Test und der Kolmogorov-Smirnov-Test, für die es sowohl in der IMSL- als auch in der NAG-Bibliothek Programme gibt.

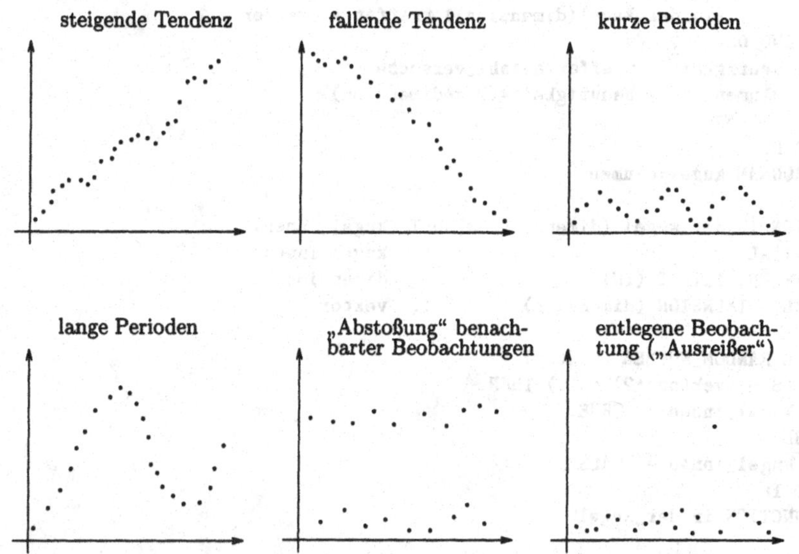

Abb. 17.4: Verschiedener Formen von „Nichtunabhängigkeit“ und „Nichtgleichverteilung“

Tests auf Unabhängigkeit beruhen auf Prüfgrößen, deren Verteilung man bestimmen kann, wenn man die stochastische Unabhängigkeit der gemäß F verteilten Zufallszahlen voraussetzt. Auch für diese Tests gibt es Programme in der IMSL- und der NAG-Bibliothek.

17.5 Software für die Zufallszahlenerzeugung

17.5.1 Programmiersprachen

Viele Programmiersprachen verfügen über vordefinierte Unterprogramme zur Erzeugung von Pseudo-Zufallszahlen: In Fortran 90 liefert RANDOM_NUMBER Zufallszahlen, die im Intervall $[0, 1)$ gleichverteilt sind (Überhuber, Meditz [76]).

Beispiel (Volumsbestimmung) Um das Volumen der n-dimensionalen Einheitskugel $\{x \in \mathbb{R}^n : \|x\|_2 \leq 1\}$ näherungsweise zu berechnen, kann man sich eines Monte-Carlo-Verfahrens bedienen. Dabei werden Zufallspunkte aus dem Würfel $\{x \in \mathbb{R}^n : \|x\|_\infty \leq 1\}$ erzeugt. Das Verhältnis der Gesamtzahl der Punkte zur Anzahl der „Treffer“ (Punkte in der Kugel) liefert einen Näherungswert für das Verhältnis des Würfelvolumens 2^n zum Kugelvolumen.

```
PROGRAM kugelvolumen
   INTEGER, PARAMETER :: anzahl_versuche = 10000
   INTEGER, PARAMETER :: max_dimension   =    11
   INTEGER            :: dimension, versuch
   REAL               :: treffer, haeufigkeit, volumen

   DO dimension = 2, max_dimension
      treffer = 0.
      DO versuch = 1, anzahl_versuche
```

```
         IF (in_der_kugel(dimension)) treffer = treffer + 1.
      END DO
      haeufigkeit = treffer/anzahl_versuche
      volumen     = haeufigkeit*(2.**dimension)
      ...
   END DO
END PROGRAM kugelvolumen

FUNCTION in_der_kugel (dimension) RESULT (kugel_innen)
   LOGICAL                              :: kugel_innen
   INTEGER, INTENT (IN)                 :: dimension
   REAL, DIMENSION (dimension)          :: vektor

   CALL RANDOM_NUMBER (vektor)
   IF (SUM (vektor**2) < 1.) THEN
      kugel_innen = .TRUE.
   ELSE
      kugel_innen = .FALSE.
   END IF
END FUNCTION in_der_kugel
```

Bei Ausführung dieses Programms erhält man die in der folgenden Tabelle zusammengestellten Resultate. Es zeichnet sich bei diesen Werten bereits das Verhalten *Kugelvolumen*$\to$ 0 für $n \to \infty$ ab.

n	2	3	4	5	6	7	8	9	10	11
volumen	3.15	4.18	4.97	5.24	4.98	4.77	4.04	3.33	2.25	1.67

Ausgehend von gleichverteilten Zufallszahlen lassen sich durch Transformation oder durch spezielle, auf den Grenzwertsätzen der Wahrscheinlichkeitstheorie beruhende Methoden nach beliebigen Verteilungsfunktionen verteilte Zufallszahlen – insbesondere auch normalverteilte – gewinnen (siehe Abschnitt 17.3).

Beispiel (Normalverteilung) Zum Erzeugen von annähernd normalverteilten Zufallszahlen mit dem Mittelwert `mittel` und der Streuung `streuung` kann z. B. folgende einfache Fortran 90-Funktion verwendet werden:

```
FUNCTION random_normal (mittel, streuung) RESULT (normal)
   REAL, INTENT (IN)      :: mittel, streuung
   REAL                   :: normal
   REAL, DIMENSION (12)   :: random_gleich

   CALL RANDOM_NUMBER (random_gleich)
   normal = mittel + streuung*(SUM (random_gleich) - 6.)
END FUNCTION random_normal
```

Startwerte

Die Wahl der Startwerte $x_1, \ldots, x_k$ jener Zufallszahlengeneratoren, die in den technisch-naturwissenschaftlichen Programmiersprachen als vordefinierte Unterprogramme enthalten sind, kann man entweder dem System überlassen oder als

Benutzer selbst übernehmen. Letztere Möglichkeit ist z. B. dann von Vorteil, wenn man in der Testphase eines Simulationsprogramms eine reproduzierbare Folge von Zufallszahlen erzeugen möchte. Man kann sonst die Auswirkungen von Programmänderungen nur schwer von den Auswirkungen einer neuen Folge von Zufallszahlen trennen.

Beispiel (Fortran 90) Mit Hilfe des vordefinierten Unterprogramms RANDOM_SEED kann man sich über die Anzahl k der verwendeten Startwerte des systeminternen Zufallsgenerators informieren:

```
CALL RANDOM_SEED (SIZE = k)
```

Der Aufruf

```
INTEGER, DIMENSION (k)  ::   startwerte
...
CALL RANDOM_SEED (PUT = startwerte)
```

sorgt dafür, daß die INTEGER-Zahlen

```
startwerte(1),..., startwerte(k)
```

als Startwerte verwendet werden. Mit

```
CALL RANDOM_SEED (GET = startwerte)
```

können die aktuellen (vom Benutzerprogramm oder vom System gesetzten) Startwerte abgefragt und im Feld `startwerte` gespeichert werden. Will man veranlassen, daß das System eine Neu-Initialisierung der Folge $\{x_i\}$ vornimmt, so kann man dies mit

```
CALL RANDOM_SEED
```

(ohne Parameterliste) veranlassen.

17.5.2 IMSL

Im *Statistical-Analysis*-Teil der IMSL-Bibliothek gibt es ca. 50 Unterprogramme, die unter anderem folgenden Funktionen gewidmet sind:

Univariate stetige Verteilungen: Es gibt Zufallszahlengeneratoren für die stetige Gleichverteilung, Normalverteilung, logarithmische Normalverteilung, Exponentialverteilung, Cauchy-Verteilung, Betaverteilung, Gammaverteilung, χ^2-Verteilung, t-Verteilung, Weibull-Verteilung etc.

Univariate diskrete Verteilungen: Es gibt Zufallszahlengeneratoren für die diskrete Gleichverteilung, Binomialverteilung, geometrische und hypergeometrische Verteilung, Poisson-Verteilung etc.

Multivariate Verteilungen: Es werden Zufallszahlen gemäß multivariaten Normalverteilungen, stetiger Gleichverteilung in der Einheitskugel und auf der Einheitssphäre etc. erzeugt.

Stochastische Prozesse (ARMA- und nichthomogener Poisson-Prozeß) werden simuliert.

Zufallspermutationen und -stichproben werden ermöglicht.

Darüber hinaus gibt es für den Anwender die Möglichkeit, sowohl stetige als auch diskrete Verteilungsfunktionen selbst vorzugeben, nach denen Zufallszahlen erzeugt werden können.

17.5.3 NAG

Die NAG-Bibliothek enthält ca. 40 Unterprogramme für folgende Bereiche:

Univariate stetige Verteilungen: Es gibt Zufallszahlengeneratoren für die stetige Gleichverteilung, Normalverteilung, logarithmische Normalverteilung, Exponentialverteilung, Cauchy-Verteilung, Betaverteilung, Gammaverteilung, χ^2-Verteilung, t-Verteilung, F-Verteilung, Weibull-Verteilung etc.

Univariate diskrete Verteilungen: Es gibt Zufallszahlengeneratoren für die diskrete Gleichverteilung, Binomialverteilung, hypergeometrische Verteilung, Poisson-Verteilung etc.

Multivariate Verteilungen: Es werden multivariat normalverteilte Zufallszahlen erzeugt.

Stochastische Prozesse (ARMA- und VARMA-Prozesse) werden simuliert.

Zufallspermutationen und -stichproben werden ermöglicht.

Symbolverzeichnis

$M_1 \backslash M_2$	Mengendifferenz (M_1 minus M_2)
$M_1 \times M_2$	Kartesisches Produkt der Mengen M_1 und M_2
M^n	n-faches kartesisches Produkt der Menge M
$M^\perp$	orthogonales Komplement
$\{x, y, z, \dots\}$	Menge der Elemente x, y, z, ...
$\{x_i\}$	Folge (Menge) der x_i, $i \in I \subseteq \mathbb{Z}$
(a, b)	Intervall von a bis b *ohne* die Endpunkte
$[a, b]$	Intervall von a bis b *einschließlich* der Endpunkte
$f : M_1 \to M_2$	Abbildung (Funktion) von M_1 in M_2
$f^{(m)}$	m-te Ableitung der Funktion f
$S := A$	Definition: S wird definiert durch A
$\approx$	ungefähre Gleichheit
$\sim$	asymptotische Äquivalenz
$\equiv$	Identität
$\doteq$	„entspricht"
$\lvert \cdot \rvert$	Absolutbetrag
$\lVert \cdot \rVert_F$	Frobenius-Norm
$\lVert \cdot \rVert_1$	Betragssummennorm
$\lVert \cdot \rVert_2$	Euklidische Norm
$\lVert \cdot \rVert_\infty$	Maximumnorm
$\lVert \cdot \rVert_p$	l_p- oder L_p-Norm
$\lVert \cdot \rVert_{p,w}$	l_p- oder L_p-Norm gewichtet mit w
$\langle u, v \rangle$	inneres Produkt (Skalarprodukt) der Vektoren u und v
$\oplus$	Direkte Summe von Räumen *oder* Summe modulo 2
$\circ : \mathbb{R} \times \mathbb{R} \to \mathbb{R}$	zweistellige (arithmetische) Operation
$\square : \mathbb{R} \to \mathbb{F}$	Rundungsfunktion
$\boxplus \; \boxminus \; \boxdot \; \boxplus$	Gleitpunkt-Addition, Gleitpunkt-Subtraktion etc.
$\boxed{\circ}$	Gleitpunkt-Operation, allgemein
$\lceil x \rceil$	kleinste ganze Zahl größer oder gleich x
$\lfloor x \rfloor$	größte ganze Zahl kleiner oder gleich x
$\Delta_k g$	diskretisierte Funktion g (an k Punkten)
$\kappa_p(A)$	Konditionszahl $\lVert A \rVert_p \lVert A^+ \rVert_p$
$\lambda_i(x; K)$	Lebesgue-Funktion zur i-ten Zeile der Knotenmatrix K
$\lambda(A)$	Spektrum (Eigenwerte) der Matrix A
$\rho(A)$	Spektralradius der Matrix A
ρ_A, ρ_b	relativer Fehler der Matrix A, des Vektors b
μs	Mikrosekunden (10^{-6} s)
∇	Gradient
$\varphi_{d,i}$, $\sigma_{d,i}$	Basisfunktion (Spline)
Φ	Gaußsches Fehlerintegral
τ	geforderte Genauigkeit (Toleranz)
$\int_a^b f(x)\,dx$	bestimmtes Integral von a bis b über f
$\sum_{j=m}^{k} f(j)$	Summe $f(m) + f(m+1) + \cdots + f(k)$
$\sum'$	Summe mit Strich: Halbierung des ersten Summanden
$\sum''$	zweigestrichene Summe: Halbierung des ersten und letzten Summanden

ω_c	Nyquist-Frequenz
$A^\top$, $v^\top$	Transponierte der Matrix A, des Vektors b
A^H	konjugiert Transponierte von A
A^{-1}	Inverse der Matrix A
$A^{-\top}$	Inverse der Matrix $A^\top$
A^+	verallgemeinerte Inverse (Pseudoinverse) der Matrix A
$b_{d,i}$	Bernstein-Polynom
$\mathbb{C}$	Menge aller komplexen Zahlen
$\mathbb{C}^{m\times n}$	Menge aller komplexen $m\times n$-Matrizen
$C(\Omega)$, C	Menge aller stetigen Funktionen auf Ω bzw. $\mathbb{R}$ oder $\mathbb{R}^n$
$C^m(\Omega)$, C^m	Menge aller m-mal stetig differenzierbaren Funktionen auf Ω bzw. $\mathbb{R}$ oder $\mathbb{R}^n$
c^*	Parametervektor einer bestapproximierenden Funktion
$\mathrm{cond}_p(A)$	Konditionszahl $\|A\|_p\|A^+\|_p$ der Matrix A
$D(\cdot,\cdot)$	Abstandsfunktion
$D_{p,w}(\cdot,\cdot)$	Abstandsfunktion zur Norm $\|\cdot\|_{p,w}$
$\mathcal{D}$	Datenmenge
$\tilde{\mathcal{D}}$	geänderte (gestörte) Datenmenge
d	Grad (*degree*)
$\det(A)$	Determinate der Matrix A
$\mathrm{diag}(a_{11},\ldots,a_{nn})$	Diagonalmatrix
$\mathrm{diam}(M)$	Durchmesser einer Menge M
dim	Dimension eines Raumes
$\mathrm{dist}(\cdot,\cdot)$	Abstandsfunktion, allgemein
div	Divergenz eines Vektorfeldes
$E_d(t;a_0,\ldots,a_d,\alpha_1,\ldots,\alpha_d)$	Exponentialsumme $a_0+a_1e^{\alpha_1 t}+\cdots+a_de^{\alpha_d t}$
eps	relative Maschinengenauigkeit
$\mathcal{F}$	Funktionenklasse
$\mathbb{F}$	Menge aller Gleitpunktzahlen
$\mathbb{F}_D$	Menge aller *denormalisierten* Gleitpunktzahlen
$\mathbb{F}_N$	Menge aller *normalisierten* Gleitpunktzahlen
flop	Gleitpunktoperation (*floating point operation*)
$\mathcal{G}$, $\mathcal{G}_k$	Funktionenklasse (k-parametrig)
g^*	bestapproximierende Funktion
grad	Gradient
H_f	Hessesche Matrix $\nabla^2 f=(\mathrm{grad} f)'$
$\mathrm{I}(f;a,b)$	bestimmtes Integral von a bis b über $f:\mathbb{R}\to\mathbb{R}$
$\mathrm{I}(f;B)$	bestimmtes Integral auf $B\subseteq\mathbb{R}^n$ über $f:\mathbb{R}^n\to\mathbb{R}$
$K_{\text{ä}}$	Knotenmatrix, äquidistant
K_c	Konditionszahl bzgl. der Koeffizienten
K_f	Konditionszahl bzgl. der Funktionswerte
$k_{F\leftarrow x}$	absolute (Grenz-) Konditionszahl
$K_{F\leftarrow x}$	relative (Grenz-) Konditionszahl
K_T	Knotenmatrix, Tschebyscheff-Nullstellen
K_U	Knotenmatrix, Tschebyscheff-Extrema
$\mathcal{K}_i(r,B)$	Krylov-Raum
$l_i:\mathcal{F}\to\mathbb{R}$	lineares Funktional
l_p	Menge aller unendlichen Folgen reeller Zahlen $\{a_i\}$, für die $\sum_{i=1}^{\infty}\|a_i\|^p$ konvergiert
$L^p[a,b]$, L^p	Menge aller Funktionen f, für die $\mathrm{I}(\|f\|^p;a,b)$ bzw. $\mathrm{I}(\|f\|^p;-\infty,\infty)$ existiert
$\mathrm{Lip}(F,B)$	Lipschitz-Norm von F auf B

ln	natürlicher Logarithmus (Basis e)
log, $\log_b$	Logarithmus (Basis b)
$\max M$	Maximum der Elemente von M
$\min M$	Minimum der Elemente von M
MK	Markowitz-Kosten
mod	Modulofunktion
ms	Millisekunden (10^{-3} s)
$\mathcal{N}(F)$	Nullraum (Defekt) der Abbildung F
$\mathbb{N}$	Menge aller natürlichen (positiven ganzen) Zahlen
$\mathbb{N}_0$	Menge aller natürlichen Zahlen *und* Null
ND(A)	Quadratsumme der Nichtdiagonalelemente der Matrix A
non-null(A)	Anzahl der Nichtnullelemente der Matrix A
non-null-block(B)	Anzahl der Nichtnullelemente der Blockmatrix B
ns	Nanosekunden (10^{-9} s)
$O(\cdot)$	Landausches Symbol
n	Dimension
$n_{1/2}$	Vektorlänge für $r_\infty/2$
$N^a(\cdot)$	adaptive Information
$N^{na}(\cdot)$	nichtadaptive Information
$N_{d,i}$	B-Splinefunktion
$\mathbb{P}$, $\mathbb{P}_d$	Menge aller univariaten Polynome (vom Maximalgrad d)
$\mathbb{P}^n$, $\mathbb{P}^n_d$	Menge aller n-variaten Polynome (vom Maximalgrad d)
$P_d(x; c_0, \ldots, c_d)$	Polynom $c_0 + c_1x + c_2x^2 + \cdots + c_dx^d$
P_d^*	bestapproximierendes Polynom vom Maximalgrad d
P_F	Gleitpunktleistung [flop/s]
P_I	Instruktionenleistung
r_∞	asymptotische Ergebnisrate
$\mathbb{R}$	Menge aller reellen Zahlen
$\mathbb{R}_+$	Menge aller positiven reellen Zahlen
$\mathbb{R}^0_+$	Menge aller nichtnegativen reellen Zahlen
$\mathbb{R}^{m\times n}$	Menge aller reellen $m\times n$-Matrizen
$\mathbb{R}_D$	Menge aller von $\mathbb{F}_D$ überdeckten reellen Zahlen
$\mathbb{R}_N$	Menge aller von $\mathbb{F}_N$ überdeckten reellen Zahlen
$\mathbb{R}_{\text{overflow}}$	Menge aller von $\mathbb{F}$ *nicht* überdeckten reellen Zahlen
$\mathcal{R}(F)$	Bildraum der Abbildung F
rang(A)	Rang der Matrix A
$S_d(x; a_0, \ldots, a_d, b_1, \ldots, b_d)$	trigonometrische Summe $a_0/2 + \sum_{j=1}^d (a_j \cos jx + b_j \sin jx)$
span	lineare Hülle (Menge aller Linearkombinationen)
$T_d \in \mathbb{P}_d$	Tschebyscheff-Polynom vom Grad d
$w(\cdot)$	Gewichtsfunktion
w_i	i-tes Integrationsgewicht
$\mathbb{Z}$	Menge aller ganzen Zahlen
$zz\cdots z_2$, $zz\cdots z_{10}$, $zz\cdots z_{16}$	Zahl in Binär-, Dezimal- bzw. Hexadezimaldarstellung

Literatur

Nachschlagewerke

[1] M. Abramowitz, I. A. Stegun: *Handbook of Mathematical Functions*, 10th ed. National Bureau of Standards, Appl. Math. Ser. No. 55, U. S. Government Printing Office, 1972.

[2] E. Anderson, Z. Bai, C. Bischof, J. Demmel, J. J. Dongarra, J. Du Croz, A. Greenbaum, S. Hammarling, A. McKenney, S. Ostrouchov, D. C. Sorensen: LAPACK *User's Guide*. SIAM Press, Philadelphia 1992.

[3] R. Barrett, M. Berry, T. Chan, J. Demmel, J. Donato, J. J. Dongarra, V. Eijkhout, R. Pozo, C. Romine, H. A. Van der Vorst: TEMPLATES *for the Solution of Linear Systems – Building Blocks for Iterative Methods*. SIAM Press, Philadelphia 1993.

[4] I. N. Bronstein, K. A. Semendjajew, G. Musiol, H. Mühlig: *Taschenbuch der Mathematik*. Harri Deutsch, Frankfurt am Main 1993.

[5] J. A. Brytschkow, O. I. Maritschew, A. P. Prudnikow: *Tabellen unbestimmter Integrale*. Harri Deutsch, Frankfurt am Main 1992.

[6] B. W. Char, K. O. Geddes, G. H. Gonnet, B. L. Leong, M. B. Monagan, S. M. Watt: MAPLE *Language Reference Manual*. Springer-Verlag, Berlin Heidelberg New York Tokyo 1991.

[7] J. Choi, J. J. Dongarra, D. W. Walker: PB-BLAS *Reference Manual*. Technical Report TM-12469, Mathematical Sciences Section, Oak Ridge National Laboratory, 1994.

[8] J. Choi, J. J. Dongarra, D. W. Walker, SCALAPACK *Reference Manual – Parallel Factorization Routines (LU, QR, and Cholesky), and Parallel Reduction Routines (HRD, TRD, and BRD)*. Technical Report TM-12471, Mathematical Sciences Section, Oak Ridge National Laboratory, 1994.

[9] W. J. Cody, W. Waite: *Software Manual for the Elementary Functions*. Prentice-Hall, Englewood Cliffs 1981.

[10] T. F. Coleman, C. Van Loan: *Handbook for Matrix Computations*. SIAM Press, Philadelphia 1988.

[11] W. R. Cowell (Ed.): *Sources and Development of Mathematical Software*. Prentice-Hall, Englewood Cliffs 1984.

[12] J. J. Dongarra, J. R. Bunch, C. B. Moler, G. W. Stewart: LINPACK *User's Guide*. SIAM Press, Philadelphia 1979.

[13] J. J. Dongarra, R. A. Van de Geijn, R. C. Whaley: *A User's Guide to the* BLACS. Technical Report, University of Tennessee, 1993, Preprint.

[14] H. Engesser (Hrsg.), V. Claus, A. Schwill (Bearbeiter): *Duden „Informatik" – Sachlexikon für Studium und Praxis*, 2. Aufl. Dudenverlag, Mannheim Leipzig Wien Zürich 1993.

[15] B. S. Garbow, J. M. Boyle, J. J. Dongarra, C. B. Moler: *Matrix Eigensystem Routines –* EISPACK *Guide Extension*. Lecture Notes in Computer Science Vol. 51, Springer-Verlag, Berlin Heidelberg New York Tokyo 1977.

[16] J. F. Hart et al.: *Computer Approximations*. Wiley, New York 1968.

[17] High Performance Fortran Forum (HPFF): *High Performance Fortran Language Specification*. Version 1.0, 1993.

[18] IMSL Inc.: IMSL MATH/LIBRARY – *User's Manual*, Version 2.0, Houston 1991.

[19] IMSL Inc.: IMSL STAT/LIBRARY – *User's Manual*, Version 2.0, Houston 1991.

[20] E. Krol: *The Whole Internet – User's Guide and Catalog*. O'Reilly, Sebastopol 1992.

[21] J. J. Moré, S. J. Wright: *Optimization Software Guide*. SIAM Press, Philadelphia 1993.

[22] NAG Ltd.: *NAG Fortran Library Manual – Mark 16.* Oxford 1994.

[23] R. Piessens, E. de Doncker, C. W. Ueberhuber, D. K. Kahaner: QUADPACK – *A Subroutine Package for Automatic Integration.* Springer-Verlag, Berlin Heidelberg New York Tokyo 1983.

[24] S. Pittner, J. Schneid, C. W. Ueberhuber: *Wavelet Literature Survey.* Technical University Vienna, Wien 1993.

[25] W. H. Press, B. P. Flannery, S. A. Teukolsky, W. T. Vetterling: *Numerical Recipes in Fortran – The Art of Scientific Computing,* 2nd edn. Cambridge University Press, Cambridge 1992.

[26] W. H. Press, B. P. Flannery, S. A. Teukolsky, W. T. Vetterling: *Numerical Recipes in C – The Art of Scientific Computing,* 2nd edn. Cambridge University Press, Cambridge 1992.

[27] W. H. Press, B. P. Flannery, S. A. Teukolsky, W. T. Vetterling: *Numerical Recipes in Fortran – Example Book,* 2nd edn. Cambridge University Press, Cambridge 1992.

[28] W. H. Press, B. P. Flannery, S. A. Teukolsky, W. T. Vetterling: *Numerical Recipes in C – Example Book,* 2nd edn. Cambridge University Press, Cambridge 1992.

[29] J. R. Rice, R. F. Boisvert: *Solving Elliptic Problems Using* ELLPACK. Springer-Verlag, Berlin Heidelberg New York Tokyo 1985.

[30] B. T. Smith, J. M. Boyle, J. J. Dongarra, B. S. Garbow, Y. Ikebe, V. C. Klema, C. B. Moler: *Matrix Eigensystem Routines –* EISPACK *Guide.* Lecture Notes in Computer Science, Vol. 6, 2nd ed. Springer-Verlag, Berlin Heidelberg New York Tokyo 1976.

[31] S. Wolfram: MATHEMATICA. Addison-Wesley, Reading 1991.

Lehrbücher

[32] H.-J. Appelrath, J. Ludewig: *Skriptum Informatik – eine konventionelle Einführung.* Teubner, Stuttgart 1991.

[33] D. P. Bertsekas, J. N. Tsitsiklis: *Parallel and Distributed Computation – Numerical Methods.* Prentice-Hall, Englewood Cliffs 1989.

[34] H. D. Brunk: *An Introduction to Mathematical Statistics,* 2nd ed. Blaisdell, New York 1965.

[35] E. W. Cheney: *Introduction to Approximation Theory.* McGraw-Hill, New York 1966.

[36] J. B. Conway: *A Course in Functional Analysis.* Springer-Verlag, Berlin Heidelberg New York Tokyo 1985.

[37] J. Dagpunar: *Principles of Random Variate Generation.* Clarendon Press, Oxford 1988.

[38] P. J. Davis: *Interpolation and Approximation.* Blaisdell, New York 1963.

[39] P. J. Davis, P. Rabinowitz: *Methods of Numerical Integration,* 2nd ed. Academic Press, New York 1984.

[40] C. de Boor: *A Practical Guide to Splines.* Springer-Verlag, Berlin Heidelberg New York Tokyo 1978.

[41] P. Deuflhard, A. Hohmann: *Numerische Mathematik – Eine algorithmisch orientierte Einführung.* de Gruyter, Berlin New York 1991.

[42] K. Dowd: *High Performance Computing.* O'Reilly & Associates, Sebastopol 1993.

[43] H. Engels: *Numerical Quadrature and Cubature.* Academic Press, New York 1980.

[44] G. Evans: *Practical Numerical Integration.* Wiley, Chichester 1993.

[45] W. K. Giloi: *Rechnerarchitektur,* 2. Aufl. Springer-Verlag, Berlin Heidelberg New York Tokyo 1993.

[46] G. H. Golub, J. M. Ortega: *Scientific Computing and Differential Equations.* Academic Press, New York 1991.

[47] G.H. Golub, J.M. Ortega: *Scientific Computing – An Introduction with Parallel Computing*. Academic Press, New York 1993.

[48] G.H. Golub, C.F. Van Loan: *Matrix Computations*, 2nd ed. Johns Hopkins University Press, Baltimore 1989.

[49] W. Hackbusch: *Theorie und Numerik elliptischer Differentialgleichungen*. Teubner, Stuttgart 1986.

[50] G. Hämmerlin, K.H. Hoffman: *Numerische Mathematik*. Springer-Verlag, Berlin Heidelberg New York Tokyo 1989.

[51] L.A. Hageman, D.M. Young: *Applied Iterative Methods*. Academic Press, New York London 1981.

[52] R.W. Hamming: *Numerical Methods for Scientists and Engineers*. McGraw-Hill, New York 1962.

[53] J.L. Hennessy, D.A. Patterson: *Computer Architecture – A Quantitative Approach*. Morgan Kaufmann, San Mateo 1990.

[54] P. Henrici: *Elements of Numerical Analysis*. Wiley, New York 1964.

[55] F.B. Hildebrand: *Introduction to Numerical Analysis*. McGraw-Hill, New York 1974.

[56] R.A. Horn, C.R. Johnson: *Matrix Analysis*. Cambridge University Press, Cambridge 1985.

[57] R.A. Horn, C.R. Johnson: *Topics in Matrix Analysis*. Cambridge University Press, Cambridge 1991.

[58] E. Isaacson, H.B. Keller: *Analysis of Numerical Methods*. Wiley, New York 1966.

[59] M.H. Kalos, P.A. Whitlock: *Monte Carlo Methods*. Wiley, New York 1986.

[60] C.L. Lawson, R.J. Hanson: *Solving Least Squares Problems*. Prentice-Hall, Englewood Cliffs 1974.

[61] P. Linz: *Theoretical Numerical Analysis*. Wiley, New York 1979.

[62] F. Locher: *Numerische Mathematik für Informatiker*, 2. Aufl. Springer-Verlag, Berlin Heidelberg New York Tokyo 1993.

[63] G. Maess: *Vorlesungen über numerische Mathematik – I. Lineare Algebra*. Birkhäuser, Basel Boston Stuttgart 1985.

[64] J.M. Ortega, W.C. Rheinboldt: *Iterative Solution of Nonlinear Equations in Several Variables*. Academic Press, New York London 1970.

[65] D.A. Patterson, J.L. Hennessy: *Computer Organization and Design – The Hardware / Software Interface*. Morgan Kaufmann, San Mateo 1994.

[66] C.S. Rees, S.M. Shah, C.V. Stanojevic: *Theory and Applications of Fourier Analysis*. Marcel Dekker, New York Basel 1981.

[67] J.R. Rice: *Matrix Computations and Mathematical Software*. McGraw-Hill, New York 1981.

[68] H.R. Schwarz: *Numerische Mathematik*. Teubner, Stuttgart 1988.

[69] H. Schwetlick: *Numerische Lösung nichtlinearer Gleichungen*. Oldenbourg, München Wien 1979.

[70] H. Schwetlick, H. Kretzschmar: *Numerische Verfahren für Naturwissenschaftler und Ingenieure*. Fachbuchverlag, Leipzig 1991.

[71] G.W. Stewart: *Introduction to Matrix Computations*. Academic Press, New York 1974.

[72] J. Stoer: *Einführung in die Numerische Mathematik I*, 6. Aufl. Springer-Verlag, Berlin Heidelberg New York Tokyo 1993.

[73] J. Stoer, R. Bulirsch: *Einführung in die Numerische Mathematik II*, 3. Aufl. Springer-Verlag, Berlin Heidelberg New York Tokyo 1990.

[74] G. Strang: *Linear Algebra and its Applications*, 3rd ed. Academic Press, New York 1988.

[75] A.H. Stroud: *Numerical Quadrature and Solution of Ordinary Differential Equations*. Springer-Verlag, Berlin Heidelberg New York Tokyo 1974.

[76] C. W. Überhuber, P. Meditz: *Software-Entwicklung in Fortran 90*. Springer-Verlag, Wien New York 1993.

[77] H. Werner, R. Schaback: *Praktische Mathematik II*. Springer-Verlag, Berlin Heidelberg New York Tokyo 1979.

[78] J. H. Wilkinson: *The Algebraic Eigenvalue Problem*. Oxford University Press, London 1965.

Spezialliteratur

[79] D. Achilles: *Die Fourier-Transformation in der Signalverarbeitung*. Springer-Verlag, Berlin Heidelberg New York Tokyo 1978.

[80] C. A. Addison, J. Allwright, N. Binsted, N. Bishop, B. Carpenter, P. Dalloz, J. D. Gee, V. Getov, T. Hey, R. W. Hockney, M. Lemke, J. Merlin, M. Pinches, C. Scott, I. Wolton: *The Genesis Distributed-Memory Benchmarks. Part 1 – Methodology and General Relativity Benchmark with Results for the SUPRENUM Computer*. Concurrency – Practice and Experience 5-1 (1993), pp. 1–22.

[81] A. V. Aho, J. E. Hopcroft, J. D. Ullman: *Data Structures and Algorithms*. Addison-Wesley, Reading 1983.

[82] H. Akima: *A New Method of Interpolation and Smooth Curve Fitting Based on Local Procedures*. J. ACM 17 (1970), pp. 589–602.

[83] H. Akima: *A Method of Bivariate Interpolation and Smooth Surface Fitting for Irregularly Distributed Data Points*. ACM Trans. Math. Softw. 4 (1978), pp. 148–159.

[84] E. L. Allgower, K. Georg: *Numerical Continuation – An Introduction*. Springer-Verlag, Berlin Heidelberg New York Tokyo 1990.

[85] G. S. Almasi, A. Gottlieb: *Highly Parallel Computing*. Benjamin/Cummings, Redwood City 1989.

[86] L. Ammann, J. Van Ness: *A Routine for Converting Regression Algorithms into Corresponding Orthogonal Regression Algorithms*. ACM Trans. Math. Softw. 14 (1988), pp. 76–87.

[87] L.-E. Andersson, T. Elfving: *An Algorithm for Constrained Interpolation*. SIAM J. Sci. Stat. Comp. 8 (1987), pp. 1012–1025.

[88] M. A. Arbib, J. A. Robinson: *Natural and Artificial Parallel Computation*. MIT Press, Cambridge 1990.

[89] M. Arioli, J. Demmel, I. S. Duff: *Solving Sparse Linear Systems with Sparse Backward Error*. SIAM J. Matrix Anal. Appl. 10 (1989), pp. 165–190.

[90] W. Arnoldi: *The Principle of Minimized Iterations in the Solution of the Matrix Eigenvalue Problem*. Quart. Appl. Math. 9 (1951), pp. 165–190.

[91] K. Atkinson: *The Numerical Solution of Laplace's Equation in Three Dimensions*. SIAM J. Num. Anal. 19 (1982), pp. 263-274.

[92] P. Autognetti, G. Massobrio: *Semiconductor Device Modelling with* SPICE. McGraw-Hill, New York 1987.

[93] O. Axelsson: *Iterative Solution Methods*. Cambridge University Press, Cambridge 1994.

[94] O. Axelsson, V. Eijkhout: *Vectorizable Preconditioners for Elliptic Difference Equations in Three Space Dimensions*. J. Comput. Appl. Math. 27 (1989), pp. 299–321.

[95] O. Axelsson, B. Polman: *On Approximate Factorization Methods for Block Matrices Suitable for Vector and Parallel Processors*. Linear Algebra Appl. 77 (1986), pp. 3–26.

[96] L. Bacchelli-Montefusco, G. Casciola: *C^1 Surface Interpolation*. ACM Trans. Math. Softw. 15 (1989), pp. 365–374.

[97] Z. Bai, J. Demmel, A. McKenney: *On the Conditioning of the Nonsymmetric Eigenproblem*. Technical Report CS-89-86, Computer Science Dept., University of Tennessee, 1989.

[98] D. H. Bailey: *Extra High Speed Matrix Multiplication on the Cray-2*. SIAM J. Sci. Stat. Comput. 9 (1988), pp. 603–607.

[99] D. H. Bailey: MPFUN – *A Portable High Performance Multiprecision Package*. NASA Ames Tech. Report RNR-90-022, 1990.

[100] D. H. Bailey: *Automatic Translation of Fortran Programs to Multiprecision*. NASA Ames Tech. Report RNR-91-025, 1991.

[101] D. H. Bailey: *A Fortran-90 Based Multiprecision System*. NASA Ames Tech. Report RNR-94-013, 1994.

[102] D. H. Bailey, H. D. Simon, J. T. Barton, M. J. Fouts: *Floating Point Arithmetic in Future Supercomputers*. Int. J. Supercomput. Appl. 3-3 (1989), pp. 86–90.

[103] C. T. H. Baker: *On the Nature of Certain Quadrature Formulas and their Errors*. SIAM J. Numer. Anal. 5 (1968), pp. 783–804.

[104] H. Balzert: *Die Entwicklung von Software-Systemen*. B. I.-Wissenschaftsverlag, Mannheim Wien Zürich 1982.

[105] R. E. Bank: PLTMG – *A Software Package for Solving Elliptic Partial Differential Equations – User's Guide 7.0*. SIAM Press, Philadelphia 1994.

[106] B. A. Barsky: *Exponential and Polynomial Methods for Applying Tension to an Interpolating Spline Curve*. Comput. Vision Graph. Image Process. 1 (1984), pp. 1–18.

[107] F. L. Bauer, C. F. Fike: *Norms and Exclusion Theorems*. Numer. Math. 2 (1960), pp. 123–144.

[108] F. L. Bauer, H. Rutishauser, E. Stiefel: *New Aspects in Numerical Quadrature*. Proceedings of Symposia in Applied Mathematics, Amer. Math. Soc. 15 (1963), pp. 199–219.

[109] R. K. Beatson: *On the Convergence of Some Cubic Spline Interpolation Schemes*. SIAM J. Numer. Anal. 23 (1986), pp. 903–912.

[110] M. Beckers, R. Cools: *A Relation between Cubature Formulae of Trigonometric Degree and Lattice Rules*. Report TW 181, Department of Computer Science, Katholieke Universiteit Leuven, 1992.

[111] M. Beckers, A. Haegemans: *Transformation of Integrands for Lattice Rules*, in „Numerical Integration – Recent Developments, Software and Applications" (T. O. Espelid, A. Genz, Eds.). Kluwer, Dordrecht 1992, pp. 329–340.

[112] J. Berntsen, T. O. Espelid: DCUTRI – *An Algorithm for Adaptive Cubature over a Collection of Triangles*. ACM Trans. Math. Softw. 18 (1992), pp. 329–342.

[113] J. Berntsen, T. O. Espelid, A. Genz: *An Adaptive Algorithm for the Approximate Calculation of Multiple Integrals*. ACM Trans. Math. Softw. 17 (1991), pp. 437–451.

[114] S. Bershader, T. Kraay, J. Holland: *The Giant Fourier Transform*, in „Scientific Applications of the Connection Machine" (H. D. Simon, Ed.). World Scientific, Singapore New Jersey London Hong Kong 1989.

[115] C. Bischof: LAPACK – *Portable lineare Algebra-Software für Supercomputer*. Informationstechnik 34 (1992), pp. 44–49.

[116] C. Bischof, P. T. P. Tang: *Generalized Incremental Condition Estimation*. Technical Report CS-91-132, Computer Science Dept., University of Tennessee, 1991.

[117] C. Bischof, P. T. P. Tang: *Robust Incremental Condition Estimation*. Technical Report CS-91-133, Computer Science Dept., University of Tennessee, 1991.

[118] G. E. Blelloch: *Vector Models for Data-Parallel Computing*. MIT Press, Cambridge London 1990.

[119] J. L. Blue: *A Portable Fortran Program to Find the Euclidean Norm*. ACM Trans. Math. Softw. 4 (1978), pp. 15–23.

[120] A. Bode: *Architektur von RISC-Rechnern*, in „RISC-Architekturen", 2. Aufl. (A. Bode, Ed.). B. I.-Wissenschaftsverlag, Mannheim Wien Zürich 1990, pp. 37–79.

[121] P. T. Boggs, R. H. Byrd and R. B. Schnabel: *A Stable and Efficient Algorithm for Nonlinear Orthogonal Distance Regression.* SIAM J. Sci. Stat. Comput. 8 (1987), pp. 1052–1078.

[122] R. F. Boisvert: *A Fourth-Order-Accurate Fourier Method for the Helmholtz Equation in Three Dimensions.* ACM Trans. Math. Softw. 13 (1987), pp. 221–234.

[123] R. F. Boisvert, S. E. Howe, D. K. Kahaner: GAMS – *A Framework for the Management of Scientific Software.* ACM Trans. Math. Softw. 11 (1985), pp. 313–356.

[124] P. Bolzern, G. Fronza, E. Runca, C. W. Überhuber: *Statistical Analysis of Winter Sulphur Dioxide Concentration Data in Vienna.* Atmospheric Environment 16 (1982), pp. 1899–1906.

[125] M. Bourdeau, A. Pitre: *Tables of Good Lattices in Four and Five Dimensions.* Numer. Math. 47 (1985), pp. 39–43.

[126] H. Braß: *Quadraturverfahren.* Vandenhoeck und Ruprecht, Göttingen 1977.

[127] R. P. Brent: *An Algorithm with Guaranteed Convergence for Finding a Zero of a Function.* Computer J. 14 (1971), pp. 422–425.

[128] R. P. Brent: *A Fortran Multiple-Precision Arithmetic Package.* ACM Trans. Math. Softw. 4 (1978), pp. 57–70.

[129] R. P. Brent: *Algorithm 524 – A Fortran Multiple-Precision Arithmetic Package.* ACM Trans. Math. Softw. 4 (1978), pp. 71–81.

[130] E. O. Brigham: *The Fast Fourier Transform.* Prentice-Hall, Englewood Cliffs 1974.

[131] K. W. Brodlie: *Methods for Drawing Curves,* in „Fundamental Algorithms for Computer Graphics" (R. A. Earnshaw, Ed.). Springer-Verlag, Berlin Heidelberg New York Tokyo 1985, pp. 303–323.

[132] M. Bronstein: *Integration of Elementary Functions.* J. Symbolic Computation 9 (1990), pp. 117–173.

[133] C. G. Broyden: *A Class of Methods for Solving Nonlinear Simultaneous Equations.* Math. Comp. 19 (1965), pp. 577–593.

[134] J. C. P. Bus, T. J. Dekker: *Two Efficient Algorithms with Guaranteed Convergence for Finding a Zero of a Function.* ACM Trans. Math. Softw. 1 (1975), pp. 330–345.

[135] K. R. Butterfield: *The Computation of all Derivatives of a B-Spline Basis.* J. Inst. Math. Appl. 17 (1976), pp. 15–25.

[136] P. L. Butzer, R. L. Stens: *Sampling Theory for Not Necessarily Band-Limited Functions – A Historical Overview.* SIAM Review 34 (1992), pp. 40–53.

[137] G. D. Byrne, C. A. Hall (Eds.): *Numerical Solution of Systems of Nonlinear Algebraic Equations.* Academic Press, New York London 1973.

[138] S. Cambanis, E. Masry: *Trapezoidal Stratified Monte Carlo Integration.* SIAM J. Numer. Anal. 29 (1992), pp. 284–301.

[139] R. Carter: *Y-MP Floating Point and Cholesky Factorization.* International Journal of High Speed Computing 3 (1991), pp. 215–222.

[140] J. Choi, J. J. Dongarra, D. W. Walker: *A Set of Parallel Block Basic Linear Algebra Subprograms.* Technical Report TM-12468, Mathematical Sciences Section, Oak Ridge National Laboratory, 1994.

[141] J. Choi, J. J. Dongarra, D. W. Walker: SCALAPACK I – *Parallel Factorization Routines (LU, QR, and Cholesky).* Technical Report TM-12470, Oak Ridge National Laboratory, Mathematical Sciences Section, 1994.

[142] W. J. Cody: *The* FUNPACK *Package of Special Function Subroutines.* ACM Trans. Math. Softw. 1 (1975), pp. 13–25.

[143] J. W. Cooley, J. W. Tukey: *An Algorithm for the Machine Calculation of Complex Fourier Series.* Math. Comp. 19 (1965), pp. 297–301.

[144] R. Cools: *A Survey of Methods for Constructing Cubature Formulae*, in „Numerical Integration – Recent Developments, Software and Applications" (T. O. Espelid, A. Genz, Eds.). Kluwer, Dordrecht 1992, pp. 1–24.

[145] R. Cools, P. Rabinowitz: *Monomial Cubature Rules Since „Stroud" – A Compilation.* Report TW 161, Department of Computer Science, Katholieke Universiteit Leuven, 1991.

[146] W. A. Coppel: *Stability and Asymptotic Behavior of Differential Equations.* Heath, Boston, 1965.

[147] P. Costantini: *Co-monotone Interpolating Splines of Arbitrary Degree – a Local Approach.* SIAM J. Sci. Stat. Comp. 8 (1987), pp. 1026–1034.

[148] W. R. Cowell (Ed.): *Portability of Mathematical Software.* Lecture Notes in Computer Science, Vol. 57, Springer-Verlag, New York 1977.

[149] M. G. Cox: *The Numerical Evaluation of B-Splines.* J. Inst. Math. Appl. 10 (1972), pp. 134–149.

[150] J. H. Davenport: *On the Integration of Algebraic Functions.* Lecture Notes in Computer Science, Vol. 102, Springer-Verlag, Berlin Heidelberg New York Tokyo 1981.

[151] J. H. Davenport: *Integration – Formal and Numeric Approaches*, in „Tools, Methods and Languages for Scientific and Engineering Computation" (B. Ford, J. C. Rault, F. Thomasset, Eds.). North-Holland, Amsterdam New York Oxford 1984, pp. 417–426.

[152] J. H. Davenport, Y. Siret, E. Tournier: *Computer Algebra – Systems and Algorithms for Algebraic Computation*, 2nd ed. Academic Press, New York 1993.

[153] T. A. Davis, I. S. Duff: *An Unsymmetric-Pattern Multifrontal Method for Sparse LU Factorization.* Technical Report TR-94-038, Computer and Information Science Dept., University of Florida, 1994.

[154] C. de Boor: CADRE – *An Algorithm for Numerical Quadrature*, in „Mathematical Software" (J. R. Rice, Ed.). Academic Press, New York 1971, pp. 417–449.

[155] C. de Boor: *On Calculating with B-Splines.* J. Approx. Theory 6 (1972), pp. 50–62.

[156] C. de Boor, A. Pinkus: *Proof of the Conjecture of Bernstein and Erdös concerning the Optimal Nodes for Polynomial Interpolation.* J. Approx. Theory 24 (1978), pp. 289–303.

[157] E. de Doncker: *Asymptotic Expansions and Their Application in Numerical Integration*, in „Numerical Integration – Recent Developments, Software and Applications" (P. Keast, G. Fairweather, Eds.). Reidel, Dordrecht 1987, pp. 141–151.

[158] T. J. Dekker: *A Floating-point Technique for Extending the Available Precision.* Numer. Math. 18 (1971), pp. 224-242.

[159] J. Demmel, B. Kågström: *Computing Stable Eigendecompositions of Matrix Pencils.* Lin. Alg. Appl. 88/89-4 (1987), pp. 139–186.

[160] J. E. Dennis Jr., J. J. Moré: *Quasi-Newton Methods, Motivation and Theory.* SIAM Review 19 (1977), pp. 46–89.

[161] J. E. Dennis Jr., R. B. Schnabel: *Numerical Methods for Unconstrained Optimization and Nonlinear Equations.* Prentice-Hall, Englewood Cliffs 1983.

[162] R. A. De Vore, G. G. Lorentz: *Constructive Approximation.* Springer-Verlag, Berlin Heidelberg, New York Tokyo 1993.

[163] L. Devroye: *Non-Uniform Random Variate Generation.* Springer-Verlag, Berlin Heidelberg New York Tokyo 1986.

[164] D. S. Dodson, R. G. Grimes, J. G. Lewis: *Sparse Extensions to the Fortran Basic Linear Algebra Subprogramms.* ACM Trans. Math. Softw. 17 (1991), pp. 253–263, 264–272.

[165] J. J. Dongarra: *The* LINPACK *Benchmark – An Explanation*, in „Evaluating Supercomputers" (A. J. Van der Steen, Ed.). Chapman and Hall, London 1990, pp. 1–21.

[166] J. J. Dongarra, J. Du Croz, I. S. Duff, S. Hammarling: *A Set of Level 3 Basic Linear Algebra Subprograms.* ACM Trans. Math. Softw. 16 (1990), pp. 1–17, 18–28.

[167] J. J. Dongarra: *Performance of Various Computers Using Standard Linear Equations Software.* Technical Report CS-89-85, Computer Science Dept., University of Tennessee, 1994.

[168] J. J. Dongarra, J. Du Croz, S. Hammarling, R. J. Hanson: *An Extended Set of Fortran Basic Linear Algebra Subprograms.* ACM Trans. Math. Softw. 14 (1988), pp. 1–17, 18–32.

[169] J. J. Dongarra, I. S. Duff, D. C. Sorensen, H. A. Van der Vorst: *Solving Linear Systems on Vector and Shared Memory Computers.* SIAM Press, Philadelphia 1991.

[170] J. J. Dongarra, E. Grosse: *Distribution of Mathematical Software via Electronic Mail.* Comm. ACM 30 (1987), pp. 403–407.

[171] J. J. Dongarra, F. G. Gustavson, A. Karp: *Implementing Linear Algebra Algorithms for Dense Matrices on a Vector Pipeline Machine.* SIAM Review 26 (1984), pp. 91–112.

[172] J. J. Dongarra, P. Mayes, G. Radicati: *The IBM RISC System/6000 and Linear Algebra Operations.* Technical Report CS-90-12, Computer Science Dept., University of Tennessee, 1990.

[173] J. J. Dongarra, R. Pozo, D. W. Walker: LAPACK++ *V. 1.0 – Users' Guide.* University of Tennessee, Knoxville, 1994.

[174] J. J. Dongarra, R. Pozo, D. W. Walker: LAPACK++ *– A Design Overview of Object-Oriented Extensions for High Performace Linear Algebra.* Computer Science Report, University of Tennessee, 1993.

[175] J. J. Dongarra, H. A. Van der Vorst: *Performance of Various Computers Using Standard Sparse Linear Equations Solving Techniques,* in „Computer Benchmarks" (J. J. Dongarra, W. Gentzsch, Eds.). Elsevier, New York 1993, pp. 177–188.

[176] C. C. Douglas, M. Heroux, G. Slishman, R. M. Smith: GEMMW *– A Portable Level 3 BLAS Winograd Variant of Strassen's Matrix-Matrix Multiply Algorithm.* J. Computational Physics 110 (1994), pp. 1–10.

[177] Z. Drezner: *Computation of the Multivariate Normal Integral.* ACM Trans. Math. Softw. 18 (1992), pp. 470–480.

[178] D. Dubois, A. Greenbaum, G. Rodrigue: *Approximating the Inverse of a Matrix for Use in Iterative Algorithms on Vector Processors.* Computing 22 (1979), pp. 257–268.

[179] I. S. Duff, A. Erisman, J. Reid: *Direct Methods for Sparse Matrices.* Oxford University Press, Oxford 1986.

[180] I. S. Duff, R. G. Grimes, J. G. Lewis: *Sparse Matrix Test Problems.* ACM Trans. Math. Softw. 15 (1989), pp. 1–14.

[181] I. S. Duff, R. G. Grimes, J. G. Lewis: *User's Guide for the Harwell-Boeing Sparse Matrix Collection* (Release I). CERFACS-Report TR/PA/92/86, Toulouse, 1992. Erhältlich über anonymous-FTP: `orion.cerfacs.fr`.

[182] R. A. Earnshaw (Ed.): *Fundamental Algorithms for Computer Graphics.* Springer-Verlag, Berlin Heidelberg New York Tokyo 1985.

[183] H. Ekblom: *L_p-Methods for Robust Regression.* BIT 14 (1974), pp. 22–32.

[184] D. F. Elliot, K. R. Rao: *Fast Transforms: – Algorithms, Analyses, Applications.* Academic Press, New York 1982.

[185] T. M. R. Ellis, D. H. McLain: *Algorithm 514 – A New Method of Cubic Curve Fitting Using Local Data.* ACM Trans. Math. Softw. 3 (1977), pp. 175–178.

[186] M. P. Epstein: *On the Influence of Parameterization in Parametric Interpolation.* SIAM J. Numer. Anal. 13 (1976), pp. 261–268.

[187] P. Erdös: *Problems and Results on the Theory of Interpolation.* Acta Math. Acad. Sci. Hungar., 12 (1961), pp. 235–244.

[188] P. Erdös, P. Vértesi: *On the Almost Everywhere Divergence of Lagrange Interpolatory Polynomials for Arbitrary Systems of Nodes.* Acta Math. Acad. Sci. Hungar. 36 (1980), pp. 71–89.

[189] T. O. Espelid: DQAINT – *An Algorithm for Adaptive Quadrature (of a Vector Function) over a Collection of Finite Intervals*, in „Numerical Integration – Recent Developments, Software and Applications“ (T. O. Espelid, A. Genz, Eds.). Kluwer, Dordrecht 1992, pp. 341–342.

[190] G. Farin: *Splines in CAD/CAM.* Surveys on Mathematics for Industry 1 (1991), pp. 39–73.

[191] H. Faure: *Discrépances de suites associées à un système de numération (en dimension s).* Acta Arith. 41 (1982), pp. 337–351.

[192] L. Fejér: *Mechanische Quadraturen mit positiven Cotes'schen Zahlen.* Math. Z. 37 (1933), pp. 287–310.

[193] S.I. Feldman, D.M. Gay, M.W. Maimone, N.L. Schryer: *A Fortran-to-C Converter.* Technical Report No. 149, AT&T Bell Laboratories, 1993.

[194] A. Ferscha: *Modellierung und Leistungsanalyse paralleler Systeme mit dem PRM-Netz Modell.* Dissertation, Universität Wien, 1990.

[195] R. Fletcher, J.A. Grant, M.D. Hebden: *The Calculation of Linear Best L_p-Approximations.* Computer J. 14 (1971), pp. 276–279.

[196] R. Fletcher, C. Reeves: *Function Minimization by Conjugate Gradients.* Computer Journal 7 (1964), pp. 149–154.

[197] T.A. Foley: *Interpolation with Interval and Point Tension Controls Using Cubic Weighted ν-Splines.* ACM Trans. Math. Softw. 13 (1987), pp. 68–96.

[198] B. Ford, F. Chatelin (Eds.): *Problem Solving Environments for Scientific Computing.* North-Holland, Amsterdam 1987.

[199] L. Fox, I.B. Parker: *Chebyshev Polynomials in Numerical Analysis.* Oxford University Press, London 1968.

[200] R. Frank, J. Schneid, C.W. Ueberhuber: *The Concept of B-Convergence.* SIAM J. Numer. Anal. 18 (1981), pp. 753–780.

[201] R. Frank, J. Schneid, C.W. Ueberhuber: *Stability Properties of Implicit Runge-Kutta Methods.* SIAM J. Numer. Anal. 22 (1985), pp. 497–515.

[202] R. Frank, J. Schneid, C.W. Ueberhuber: *Order Results for Implicit Runge-Kutta Methods Applied to Stiff Systems.* SIAM J. Numer. Anal. 22 (1985), pp. 515–534.

[203] R. Franke, G. Nielson: *Smooth Interpolation of Large Sets of Scattered Data.* Int. J. Numer. Methods Eng. 15 (1980), pp. 1691–1704.

[204] R. Freund, G.H. Golub, N. Nachtigal: *Iterative Solution of Linear Systems.* Acta Numerica 1, 1992, pp. 57–100.

[205] R. Freund, N. Nachtigal: *QMR – A Quasi-Minimal Residual Method for Non-Hermitian Linear Systems.* Numer. Math. 60 (1991), pp. 315–339.

[206] R. Freund, N. Nachtigal: *An Implementation of the QMR Method Based on Two Coupled Two-Term Recurrences.* Tech. Report 92.15, RIACS, NASA Ames, 1992.

[207] F.N. Fritsch, J. Butland: *A Method for Constructing Local Monotone Piecewise Cubic Interpolants.* SIAM J. Sci. Stat. Comp. 5 (1984), pp. 300–304.

[208] F.N. Fritsch, R.E. Carlson: *Monotone Piecewise Cubic Interpolation.* SIAM J. Numer. Anal. 17 (1980), pp. 238–246.

[209] F.N. Fritsch, D.K. Kahaner, J.N. Lyness: *Double Integration Using One-Dimensional Adaptive Quadrature Routines – a Software Interface Problem.* ACM Trans. Math. Softw. 7 (1981), pp. 46–75.

[210] K. Frühauf, J. Ludewig, H. Sandmayr: *Software-Prüfung – Eine Fibel.* Teubner, Stuttgart 1991.

[211] P.W. Gaffney, C.A. Addison, B. Anderson, S. Bjornestead, R.E. England, P.M. Hanson, R. Pickering, M.G. Thomason: NEXUS – *Towards a Problem Solving Environment for Scientific Computing.* ACM SIGNUM Newsletter 21 (1986), pp. 13–24.

[212] P. W. Gaffney, J. W. Wooten, K. A. Kessel, W. R. McKinney: NITPACK – *An Interactive Tree Package*. ACM Trans. Math. Softw. 9 (1983), pp. 395–417.

[213] E. Gallopoulos, E. N. Houstis, J. R. Rice: *Problem Solving Environments for Computational Science*. Computational Science and Engineering Nr. 2 Vol. 1 (1994), pp. 11–23.

[214] K. O. Geddes, S. R. Szapor, G. Labahn: *Algorithms for Computer Algebra*. Kluwer, Dordrecht 1992.

[215] J. D. Gee, M. D. Hill, D. Pnevmatikatos, A. J. Smith: *Cache Performance of the SPEC92 Benchmark Suite*. IEEE Micro 13 (1993), pp. 17–27.

[216] W. M. Gentleman: *Implementing Clenshaw-Curtis Quadrature*. Comm. ACM 15 (1972), pp. 337–342, 343–346.

[217] A. Genz: *Statistics Applications of Subregion Adaptive Multiple Numerical Integration*, in „Numerical Integration – Recent Developments, Software and Applications" (T. O. Espelid, A. Genz, Eds.). Kluwer, Dordrecht 1992, pp. 267–280.

[218] D. Goldberg: *What Every Computer Scientist Should Know About Floating-Point Arithmetic*. ACM Computing Surveys 23 (1991), pp. 5–48.

[219] G. H. Golub, V. Pereyra: *Differentiation of Pseudo-Inverses and Nonlinear Least Squares Problems Whose Variables Separate*. SIAM J. Numer. Anal. 10 (1973), pp. 413–432.

[220] A. Greenbaum, J. J. Dongarra: *Experiments with QL/QR Methods for the Symmetric Tridiagonal Eigenproblem*. Technical Report CS-89-92, Computer Science Dept., University of Tennessee, 1989.

[221] E. Grosse: *A Catalogue of Algorithms for Approximation*, in „Algorithms for Approximation II" (J. C. Mason, M. G. Cox, Eds.). Chapman and Hall, London New York 1990, pp. 479–514.

[222] H. Grothe: *Matrixgeneratoren zur Erzeugung gleichverteilter Zufallsvektoren*, in „Zufallszahlen und Simulationen" (L. Afflerbach, J. Lehn, Eds.). Teubner, Stuttgart 1986, pp. 29–34.

[223] M. H. Gutknecht: *Variants of Bi-CGSTAB for Matrices with Complex Spectrum*. Tech. Report 91-14, IPS ETH, Zürich 1991.

[224] S. Haber: *A Modified Monte Carlo Quadrature*. Math. Comp. 20 (1966), pp. 361–368.

[225] S. Haber: *A Modified Monte Carlo Quadrature II*. Math. Comp. 21 (1967), pp. 388–397.

[226] H. Hancock: *Elliptic Integrals*. Dover Publication, New York 1917.

[227] J. Handy: *The Cache Memory Book*. Academic Press, San Diego 1993.

[228] J. G. Hayes: *The Optimal Hull Form Parameters*. Proc. NATO Seminar on Numerical Methods Applied to Ship Building, Oslo 1964.

[229] J. G. Hayes: *Numerical Approximation to Functions and Data*. Athlone Press, London 1970.

[230] N. Higham: *Efficient Algorithms for Computing the Condition Number of a Tridiagonal Matrix*. SIAM J. Sci. Stat. Comput. 7 (1986), pp. 82–109.

[231] N. Higham: *A Survey of Condition Number Estimates for Triangular Matrices*. SIAM Review 29 (1987), pp. 575–596.

[232] N. Higham: *Fortran 77 Codes for Estimating the One-Norm of a Real or Complex Matrix, with Applications to Condition Estimation*. ACM Trans. Math. Softw. 14 (1988), pp. 381–396.

[233] N. Higham: *The Accuracy of Floating Point Summation*. SIAM J. Sci. Comput. 14 (1993), pp. 783–799.

[234] D. R. Hill, C. B. Moler: *Experiments in Computational Matrix Algebra*. Birkhäuser, Basel 1988.

[235] E. Hlawka: *Funktionen von beschränkter Variation in der Theorie der Gleichverteilung*. Ann. Math. Pur. Appl. 54 (1961), pp. 325–333.

[236] R. W. Hockney, C. R. Jesshope: *Parallel Computers 2*. Adam Hilger, Bristol 1988.

[237] A. S. Householder: *The Numerical Treatment of a Single Nonlinear Equation.* McGraw-Hill, New York 1970.

[238] E. N. Houstis, J. R. Rice, T. Papatheodorou: PARALLEL ELLPACK – *An Expert System for Parallel Processing of Partial Differential Equations.* Purdue University, Report CSD-TR-831, 1988.

[239] E. N. Houstis, J. R. Rice, R. Vichnevetsky (Eds.): *Intelligent Mathematical Software Systems.* North-Holland, Amsterdam 1990.

[240] L. K. Hua, Y. Wang: *Applications of Number Theory to Numerical Analysis.* Springer-Verlag, Berlin Heidelberg New York Tokyo 1981.

[241] P. J. Huber: *Robust Regression – Asymptotics, Conjectures and Monte Carlo.* Anals. of Statistics 1 (1973), pp. 799–821.

[242] P. J. Huber: *Robust Statistics.* Wiley, New York 1981.

[243] J. M. Hyman: *Accurate Monotonicity Preserving Cubic Interpolation.* SIAM J. on Scientific and Statistical Computation 4 (1983), pp. 645–654.

[244] J. P. Imhof: *On the Method for Numerical Integration of Clenshaw and Curtis.* Numer. Math. 5 (1963), pp. 138–141.

[245] M. Iri, S. Moriguti, Y. Takasawa: *On a Certain Quadrature Formula* (japan.), Kokyuroku of the Research Institute for Mathematical Sciences, Kyoto University, 91 (1970), pp. 82–118.

[246] L. D. Irvine, S. P. Marin, P. W. Smith: *Constrained Interpolation and Smoothing.* Constructive Approximation 2 (1986) pp. 129–151.

[247] ISO/IEC DIS 10967-1:1993: *Draft International Standard – Information Technology – Language Independent Arithmetic – Part 1 – Integer and Floating Point Arithmetic.* 1993.

[248] R. Jain: *Techniques for Experimental Design, Measurement and Simulation – The Art of Computer Systems Performance Analysis.* Wiley, New York 1990.

[249] M. A. Jenkins: *Algorithm 493 – Zeroes of a Real Polynomial.* ACM Trans. Math. Softw. 1 (1975), pp. 178–189.

[250] M. A. Jenkins, J. F. Traub: *A Three-Stage Algorithm for Real Polynomials Using Quadratic Iteration.* SIAM J. Numer. Anal. 7 (1970), pp. 545–566.

[251] A. J. Jerri: *The Shannon Sampling – its Various Extensions and Applications – a Tutorial Review.* Proc. IEEE 65 (1977), pp. 1565–1596.

[252] S. Joe, I. H. Sloan: *Imbedded Lattice Rules for Multidimensional Integration.* SIAM J. Numer. Anal. 29 (1992), pp. 1119–1135.

[253] D. S. Johnson, M. R. Garey: *A 71/60 Theorem for Bin Packing.* J. Complexity 1 (1985), pp. 65–106.

[254] D. W. Juedes: *A Taxonomy of Automatic Differentiation Tools,* in „Automatic Differentiation of Algorithms – Theory, Implementation and Application“ (A. Griewank, F. Corliss, Eds.). SIAM Press, Philadelphia 1991, pp. 315–329.

[255] D. K. Kahaner: *Numerical Quadrature by the ε-Algorithm.* Math. Comp. 26 (1972), pp. 689–693.

[256] N. Karmarkar, R. M. Karp: *An Efficient Approximation Scheme for the One Dimensional Bin Packing Problem.* 23rd Annu. Symp. Found. Comput. Sci., IEEE Computer Society, 1982, pp. 312–320.

[257] L. Kaufmann: *A Variable Projection Method for Solving Separable Nonlinear Least Squares Problems.* BIT 15 (1975), pp. 49–57.

[258] G. Kedem, S. K. Zaremba: *A Table of Good Lattice Points in Three Dimensions.* Numer. Math. 23 (1974), pp. 175–180.

[259] H. L. Keng, W. Yuan: *Applications of Number Theory to Numerical Analysis.* Springer-Verlag, Berlin Heidelberg New York Tokyo 1981.

[260] T. King: *Dynamic Data Structures – Theory and Application.* Academic Press, San Diego 1992.

[261] R. Kirnbauer: *Zur Ermittlung von Bemessungshochwässern im Wasserbau.* Wiener Mitteilungen – Wasser, Abwasser, Gewässer 42, Institut für Hydraulik, Gewässerkunde und Wasserwirtschaft, Technische Universität Wien, 1981.

[262] M. Klerer, F. Grossman: *Error Rates in Tables of Indefinite Intergrals.* Indust. Math. 18 (1968), pp. 31–62.

[263] D. E. Knuth: *The Art of Computer Programming.* Vol. 2 – *Seminumerical Algorithms.* Addison-Wesley, Reading 1969.

[264] P. Kogge: *The Architecture of Pipelined Computers.* McGraw-Hill, New York 1981.

[265] A. R. Krommer, C. W. Ueberhuber: *Architecture Adaptive Algorithms.* Parallel Computing 19 (1993), pp. 409–435.

[266] A. R. Krommer, C. W. Ueberhuber: *Lattice Rules for High-Dimensional Integration.* Technical Report SciPaC/TR 93-3, Scientific Parallel Computation Group, Technical University Vienna, Wien 1993.

[267] A. R. Krommer, C. W. Ueberhuber: *Numerical Integration on Advanced Computer Systems.* Lecture Notes in Computer Science, Vol. 848, Springer-Verlag, Berlin Heidelberg New York Tokyo 1994.

[268] A. S. Kronrod: *Nodes and Weights of Quadrature Formulas.* Consultants Bureau, New York 1965.

[269] V. I. Krylov: *Approximate Calculation of Integrals.* Macmillan, New York London 1962.

[270] U. W. Kulisch, W. L. Miranker: *The Arithmetic of the Digital Computer – A New Approach.* SIAM Review 28 (1986), pp. 1–40.

[271] U. W. Kulisch, W. L. Miranker: *Computer Arithmetic in Theory and Practice.* Academic Press, New York 1981.

[272] J. Laderman, V. Pan, X.-H. Sha: *On Practical Acceleration of Matrix Multiplication.* Linear Algebra Appl. 162–164 (1992), pp. 557–588.

[273] M. S. Lam, E. E. Rothberg, M. E. Wolf: *The Cache Performance and Optimizations of Blocked Algorithms.* Computer Architecture News 21 (1993), pp. 63–74.

[274] C. Lanczos: *Discourse on Fourier Series.* Oliver and Boyd, Edinburgh London 1966.

[275] C. L. Lawson, R. J. Hanson, D. Kincaid, F. T. Krogh: *Basic Linear Algebra Subprograms for Fortran Usage.* ACM Trans. Math. Softw. 5 (1979), pp. 308–323.

[276] A. R. Lebeck, D. A. Wood: *Cache Profiling and the SPEC Benchmarks – A Case Study.* IEEE Computer, October 1994, pp. 15–26.

[277] P. Ling: *A Set of High Performance Level 3* BLAS *Structured and Tuned for the IBM 3090 VF and Implemented in Fortran 77.* Journal of Supercomputing 7 (1993), pp. 323–355.

[278] P. R. Lipow, F. Stenger: *How Slowly Can Quadrature Formulas Converge.* Math. Comp. 26 (1972), pp. 917–922.

[279] D. B. Loveman: *High Performance Fortran.* IEEE Parallel and Distributed Technology 2 (1993), pp. 25–42.

[280] A. L. Luft: *Zur Bedeutung von Modellen und Modellierungsschritten in der Softwaretechnik.* Angew. Informatik 5 (1984), pp. 189–196.

[281] J. Lund, K. L. Bowers: *Sinc Methods for Quadrature and Differential Equations.* SIAM Press, Philadelphia 1992.

[282] T. Lyche: *Discrete Cubic Spline Interpolation.* BIT 16 (1976), pp. 281–290.

[283] J. N. Lyness: *An Introduction to Lattice Rules and their Generator Matrices.* IMA J. Numer. Anal. 9 (1989), pp. 405–419.

[284] J. N. Lyness, J. J. Kaganove: *Comments on the Nature of Automatic Quadrature Routines.* ACM Trans. Math. Softw. 2 (1976), pp. 65–81.

[285] J. N. Lyness, B. W. Ninham: *Numerical Quadrature and Asymptotic Expansions.* Math. Comp. 21 (1967), pp. 162–178.

[286] J. N. Lyness, I. H. Sloan: *Some Properties of Rank-2 Lattice Rules.* Math. Comp. 53 (1989), pp. 627–637.

[287] J. N. Lyness, T. Soerevik: *A Search Program for Finding Optimal Integration Lattices.* Computing 47 (1991), pp. 103–120.

[288] J. N. Lyness, T. Soerevik: *An Algorithm for Finding Optimal Integration Lattices of Composite Order.* BIT 32 (1992), pp. 665–675.

[289] T. Macdonald: *C for Numerical Computing.* J. Supercomput. 5 (1991), pp. 31–48.

[290] D. Maisonneuve: *Recherche et utilisation des „bons treillis"*, in „Applications of Number Theory to Numerical Analysis" (S. K. Zaremba, Ed.). Academic Press, New York 1972, pp. 121–201.

[291] M. Malcolm, R. Simpson: *Local Versus Global Strategies for Adaptive Quadrature.* ACM Trans. Math. Softw. 1 (1975), pp. 129–146.

[292] T. Manteuffel: *The Tchebychev Iteration for Nonsymmetric Linear Systems.* Numer. Math. 28 (1977), pp. 307–327.

[293] D. W. Marquardt: *An Algorithm for Least Squares Estimation of Nonlinear Parameters.* J. SIAM 11 (1963), pp. 431–441.

[294] G. Marsaglia: *Normal (Gaussian) Random Variables for Supercomputers.* J. Supercomput. 5 (1991), pp. 49–55.

[295] J. C. Mason, M. G. Cox: *Scientific Software Systems.* Chapman and Hall, London New York 1990.

[296] E. Masry, S. Cambanis: *Trapezoidal Monte Carlo Integration.* SIAM J. Numer. Anal. 27 (1990), pp. 225–246.

[297] P. Mayes: *Benchmarking and Evaluation of Portable Numerical Software*, in „Evaluating Supercomputers" (A. J. van der Steen, Ed.). Chapman and Hall, London New York Tokyo Melbourne Madras 1990, pp. 69–79.

[298] E. W. Mayr: *Theoretical Aspects of Parallel Computation*, in „VLSI and Parallel Computation" (R. Suaya, G. Birtwistle, Eds.). Morgan Kaufmann, San Mateo 1990, pp. 85–139.

[299] G. P. McKeown: *Iterated Interpolation Using a Systolic Array.* ACM Trans. Math. Softw. 12 (1986), pp. 162–170.

[300] J. Meijerink, H. A. Van der Vorst: *An Iterative Solution Method for Linear Systems of Which the Coefficient Matrix is a Symmetric M-matrix.* Math. Comp. 31 (1977), pp. 148–162.

[301] R. Melhem: *Toward Efficient Implementation of Preconditioned Conjugate Gradient Methods on Vector Supercomputers.* Internat. J. Supercomp. Appl. 1 (1987), pp. 77–98.

[302] J. P. Mesirov (Ed.): *Very Large Scale Computation in the 21st Century.* SIAM Press, Philadelphia 1991.

[303] W. F. Mitchell: *Optimal Multilevel Iterative Methods for Adaptive Grids.* SIAM J. Sci. Statist. Comput. 13 (1992), pp. 146–167.

[304] J. J. Moré, M. Y. Cosnard: *Numerical Solution of Nonlinear Equations.* ACM Trans. Math. Softw. 5 (1979), pp. 64–85.

[305] D. E. Müller: *A Method for Solving Algebraic Equations Using an Automatic Computer.* Math. Tables Aids Comput. 10 (1956), pp. 208–215.

[306] N. Nachtigal, S. Reddy, L. Trefethen: *How Fast are Nonsymmetric Matrix Iterations?* SIAM J. Mat. Anal. Appl. 13 (1992), pp. 778–795.

[307] P. Naur: *Machine Dependent Programming in Common Languages.* BIT 7 (1967), pp. 123–131.

[308] J. A. Nelder, R. Mead: *A Simplex Method for Function Minimization.* Computer Journal 7 (1965), pp. 308–313.

[309] H. Niederreiter: *Quasi-Monte Carlo Methods and Pseudorandom Numbers.* Bull. Amer. Math. Soc. 84 (1978), pp. 957–1041.

[310] H. Niederreiter: *Random Number Generation and Quasi-Monte Carlo Methods.* SIAM Press, Philadelphia 1992.

[311] G. M. Nielson: *Some Piecewise Polynomial Alternatives to Splines Under Tension*, in „Computer Aided Geometric Design" (R. E. Barnhill, R. F. Riesenfeld, Eds.). Academic Press, New York San Francisco London 1974.

[312] G. M. Nielson, B. D. Shriver: *Visualization in Scientific Computing.* IEEE Press, Los Alamitos 1990.

[313] H. J. Nussbaumer: *Fast Fourier Transform and Convolution Algorithms.* Springer-Verlag, Berlin Heidelberg New York Tokyo 1981.

[314] D. P. O'Leary, O. Widlund: *Capacitance Matrix Methods for the Helmholtz Equation on General 3-Dimensional Regions.* Math. Comp. 33 (1979), pp. 849–880.

[315] T. I. Ören: *Concepts for Advanced Computer Assisted Modelling*, in „Methodology in Systems Modelling and Simulation" (B. P. Zeigler, M. S. Elzas, G. J. Klir, T. I. Ören, Eds.). North-Holland, Amsterdam New York Oxford 1979.

[316] J. M. Ortega: *Numerical Analysis – A Second Course.* SIAM Press, Philadelphia 1990.

[317] T. O'Shea, J. Self: *Lernen und Lehren mit Computern.* Birkhäuser, Basel Boston Stuttgart 1986.

[318] A. M. Ostrowski: *On Two Problems in Abstract Algebra Connected with Horner's Rule.* Studies in Math. and Mech. presented to Richard von Mises, Academic Press, New York 1954, pp. 40–68.

[319] C. C. Page, M. A. Saunders: *LSQR: An Algorithm for Sparse Linear Equations and Sparse Least-Squares.* ACM Trans. Math. Software 8 (1982), pp. 43–71.

[320] V. Pan: *Methods of Computing Values of Polynomials.* Russian Math. Surveys 21 (1966), pp. 105–136.

[321] V. Pan: *How Can We Speed Up Matrix Multiplication?* SIAM Rev. 26 (1984), pp. 393–415.

[322] V. Pan: *Complexity of Computations with Matrices and Polynomials.* SIAM Rev. 34 (1992), pp. 225–262.

[323] H. Parkus: *Mechanik der festen Körper.* Springer-Verlag, Berlin Heidelberg New York Tokyo 1960.

[324] B. N. Parlett: *The Symmetric Eigenvalue Problem.* Prentice Hall, Englewood Cliffs, 1980.

[325] T. N. L. Patterson: *The Optimum Addition of Points to Quadrature Formulae.* Math. Comp. 22 (1968), pp. 847–856.

[326] R. Piessens: *Modified Clenshaw-Curtis Integration and Applications to Numerical Computation of Integral Tranforms*, in „Numerical Integration – Recent Developments, Software and Applications" (P. Keast, G. Fairweather, Eds.). Reidel, Dordrecht 1987, pp. 35–41.

[327] R. Piessens, M. Branders: *A Note on the Optimal Addition of Abscissas to Quadrature Formulas of Gauss and Lobatto Type.* Math. Comp. 28 (1974), pp. 135–140, 344–347.

[328] D. R. Powell, J. R. Macdonald: *A Rapidly Converging Iterative Method for the Solution of the Generalised Nonlinear Least Squares Problem.* Computer J. 15 (1972), pp. 148–155.

[329] M. J. D. Powell: *A Hybrid Method for Nonlinear Equations*, in „Numerical Methods for Nonlinear Algebraic Equations" (P. Rabinowitz, Ed.). Gordon and Breach, London 1970.

[330] M. J. D. Powell, P. L. Toint: *On the Estimation of Sparse Hessian Matrices.* SIAM J. Numer. Anal. 16 (1979), pp. 1060–1074.

[331] J. G. Proakis, D. G. Manolakis: *Digital Signal Processing*, 2nd ed. Macmillan, New York 1992.

[332] J. S. Quarterman, S. Carl-Mitchell: *The Internet Connection – System Connectivity and Configuration.* Addison-Wesley, Reading 1994.

[333] R. J. Renka: *Multivariate Interpolation of Large Sets of Scattered Data.* ACM Trans. Math. Softw. 14 (1988), pp. 139–148.

[334] R. J. Renka, A. K. Cline: *A Triangle-Based C^1 Interpolation Method.* Rocky Mt. J. Math. 14 (1984), pp. 223–237.

[335] R. F. Reisenfeld: *Homogeneous Coordinates and Projective Planes in Computer Graphics.* IEEE Computer Graphics and Applications 1 (1981), pp. 50–56.

[336] W. C. Rheinboldt: *Numerical Analysis of Parametrized Nonlinear Equations.* Wiley, New York 1986.

[337] J. R. Rice: *Parallel Algorithms for Adaptive Quadrature II – Metalgorithm Correctness.* Acta Informat. 5 (1975), pp. 273–285.

[338] J. R. Rice (Ed.): *Mathematical Aspects of Scientific Software.* Springer-Verlag, Berlin Heidelberg New York Tokyo 1988.

[339] A. Riddle: *Mathematical Power Tools.* IEEE Spectrum Nov. 1994, pp. 35–47.

[340] R. Rivest: *Cryptography* in "Handbook of Theoretical Computer Science" (J. van Leeuwen, Ed.). North Holland, Amsterdam, 1990.

[341] T. J. Rivlin: *The Chebyshev Polynomials.* Wiley, New York 1974.

[342] Y. Robert: *The Impact of Vector and Parallel Architectures on the Gaussian Elimination Algorithm.* Manchester University Press, New York Brisbane Toronto 1990.

[343] M. Rosenlicht: *Integration in Finite Terms.* Amer. Math. Monthly 79 (1972), pp. 963–972.

[344] A. Ruhe: *Fitting Empirical Data by Positive Sums of Exponentials.* SIAM J. Sci. Stat. Comp. 1 (1980), pp. 481–498.

[345] C. Runge: *Über empirische Funktionen und die Interpolation zwischen äquidistanten Ordinaten.* Z. Math. u. Physik 46 (1901), pp. 224–243.

[346] Y. Saad: *Preconditioning Techniques for Indefinite and Nonsymmetric Linear Systems.* J. Comput. Appl. Math. 24 (1988), pp. 89–105.

[347] Y. Saad: *Krylov Subspace Methods on Supercomputers.* SIAM J. Sci. Statist. Comput. 10 (1989), pp. 1200–1232.

[348] Y. Saad: SPARSKIT – *A Basic Tool Kit for Sparse Matrix Computation.* Tech. Report CSRD TR 1029, CSRD, University of Illinois, Urbana 1990.

[349] Y. Saad, M. Schultz: *GMRES – A Generalized Minimal Residual Algorithm for Solving Nonsymmetric Linear Systems.* SIAM J. Sci. Statist. Comput. 7 (1986), pp. 856–869.

[350] T. W. Sag, G. Szekeres: *Numerical Evaluation of High-Dimensional Integrals.* Math. Comp. 18 (1964), pp. 245–253.

[351] K. Salkauskas, *C^1 Splines for Interpolation of Rapidly Varying Data.* Rocky Mt. J. Math. 14 (1984), pp. 239–250.

[352] R. Salmon, M. Slater: *Computer Graphics – Systems and Concepts.* Addison-Wesley, Wokingham 1987.

[353] B. Schmidt: *Informatik und allgemeine Modelltheorie – eine Einführung.* Angew. Informatik 1 (1982), pp. 35–42.

[354] W. M. Schmidt: *Irregularities of Distribution.* Acta Arith. 21 (1972), pp. 45–50.

[355] R. Schüler, G. Harnisch: *Absolute Schweremessungen mit Reversionspendeln in Potsdam.* Veröff. Zentralinst. Physik der Erde Nr. 10, Potsdam 1971.

[356] K. Schulze, C. W. Cryer: NAXPERT – *A Prototype Expert System for Numerical Software.* SIAM J. Sci. Stat. Comput. 9 (1988), pp. 503–515.

[357] H. W. Schüssler: *Netzwerke, Signale und Systeme; Band 1 – Systemtheorie linearer elektrischer Netzwerke.* Springer-Verlag, Berlin Heidelberg New York Tokyo 1981.

[358] D. G. Schweikert: *An Interpolation Curve Using a Spline in Tension.* J. Math. & Physics 45 (1966), pp. 312–317.

[359] T. I. Seidman, R. J. Korsan: *Endpoint Formulas for Interpolatory Cubic Splines.* Math. Comp. 26 (1972), pp. 897–900.

[360] Z. Sekera: *Vectorization and Parallelization on High Performance Computers.* Computer Physics Communications 73 (1992), pp. 113–138.

[361] S. Selberherr: *Analysis and Simulation of Semiconductor Devices.* Springer-Verlag, Berlin Heidelberg New York Tokyo 1984.

[362] D. Shanks: *Non-linear Transformation of Divergent and Slowly Convergent Sequences.* J. Math. Phys. 34 (1955), pp. 1–42.

[363] A. H. Sherman: *Algorithms for Sparse Gauss Elimination with Partial Pivoting.* ACM Trans. Math. Softw. 4 (1978), pp. 330–338.

[364] L. L. Shumaker: *On Shape Preserving Quadratic Spline Interpolation.* SIAM J. Numer. Anal. 20 (1983), pp. 854–864.

[365] K. Sikorski: *Bisection is Optimal.* Numer. Math. 40 (1982), pp. 111–117.

[366] I. H. Sloan: *Numerical Integration in High Dimensions – The Lattice Rule Approach,* in „Numerical Integration – Recent Developments, Software and Applications“ (T. O. Espelid, A. Genz, Eds.). Kluwer, Dordrecht 1992, pp. 55–69.

[367] I. H. Sloan, P. J. Kachoyan: *Lattice Methods for Multiple Integration – Theory, Error Analysis and Examples.* SIAM J. Numer. Anal. 24 (1987), pp. 116–128.

[368] D. M. Smith: *A Fortran Package for Floating-Point Multiple-Precision Arithmetic.* ACM Trans. Math. Softw. 17 (1991), pp. 273–283.

[369] B. T. Smith, J. M. Boyle, J. J. Dongarra, B. S. Garbow, Y. Ikebe, V. C. Klema, C. B. Moler: *Matrix Eigensystem Routines – EISPACK Guide,* 2nd ed. Springer-Verlag, Berlin Heidelberg New York Tokyo 1976.

[370] I. M. Sobol: *The Distribution of Points in a Cube and the Approximate Evaluation of Integrals.* Zh. Vychisl. Mat. i Math. Fiz. 7 (1967), pp. 784–802.

[371] P. Sonneveld: *CGS, a Fast Lanczos-type Solver for Nonsymmetric Linear Systems.* SIAM J. Sci. Statist. Comput. 10 (1989), pp. 36–52.

[372] D. C. Sorensen: *Newton's Method with a Model Trust Region Modification.* SIAM J. Numer. Anal. 19 (1982), pp. 409–426.

[373] W. Stegmüller: *Unvollständigkeit und Unbeweisbarkeit* (2. Aufl.). Springer Verlag, Berlin Heidelberg New York, Tokyo, 1970.

[374] G. W. Stewart: *On the Sensitivity of the Eigenvalue Problem $Ax = \lambda Bx$.* SIAM J. Num. Anal. 9-4 (1972), pp. 669–686.

[375] G. W. Stewart: *Error and Perturbation Bounds for Subspaces Associated with Certain Eigenvalue Problems.* SIAM Review 15-10 (1973), pp. 727–764.

[376] V. Strassen: *Gaussian Elimination Is not Optimal.* Numer. Math. 13 (1969), pp. 354–356.

[377] A. H. Stroud: *Approximate Calculation of Multiple Integrals.* Prentice-Hall, Englewood Cliffs 1971.

[378] E. E. Swartzlander (Ed.): *Computer Arithmetic – I, II.* IEEE Computer Society Press, Los Alamitos 1991.

[379] G. Tomas, C. W. Ueberhuber: *Visualization of Scientific Parallel Programs.* Lecture Notes in Computer Science, Vol. 771, Springer-Verlag, Berlin Heidelberg New York Tokyo 1994.

[380] J. F. Traub: *Complexity of Approximately Solved Problems.* J. Complexity 1 (1985), pp. 3–10.

[381] J. F. Traub, H. Wozniakowski: *A General Theory of Optimal Algorithms.* Academic Press, New York 1980.

[382] J. F. Traub, H. Wozniakowski: *Information and Computation,* in „Advances in Computers, Vol. 23“ (M. C. Yovits, Ed.). Academic Press, New York London 1984, pp. 35–92.

[383] J. F. Traub, H. Wozniakowski: *On the Optimal Solution of Large Linear Systems.* J. Assoc. Comput. Mach. 31 (1984), pp. 545–559.

[384] A. Van der Sluis, H. A. Van der Vorst: *The Rate of Convergence of Conjugate Gradients.* Numer. Math. 48 (1986) pp. 543–560.

[385] H. A. Van der Vorst: *Bi-CGSTAB – A Fast and Smoothly Converging Variant of Bi-CG for the Solution of Nonsymmetric Linear Systems.* SIAM J. Sci. Statist. Comput. 13 (1992), pp. 631–644.

[386] S. Van Huffel, J. Vandewalle: *The Total Least Square Problem – Computational Aspects and Analysis.* SIAM Press, Philadelphia 1991.

[387] G. W. Wasilkowski: *Average Case Optimality.* J. Complexity 1 (1985), pp. 107–117.

[388] G. W. Wasilkowski, F. Gao: *On the Power of Adaptive Information for Functions with Singularities.* Math. Comp. 58 (1992), pp. 285–304.

[389] A. B. Watson: *Image Compression Using the Discrete Cosine Transform.* Mathematica Journal 4 (1994), Issue 1, pp. 81–88.

[390] L. T. Watson, S. C. Billups, A. P. Morgan: HOMPACK – *A Suite of Codes for Globally Convergent Homotopy Algorithms.* ACM Trans. Math. Softw. 13 (1987), pp. 281–310.

[391] P.-Å. Wedin: *Perturbation Theory for Pseudo-Inverses.* BIT 13 (1973), pp. 217–232.

[392] R. P. Weicker: *Dhrystone – A Synthetic Systems Programming Benchmark.* Commun. ACM 27-10 (1984), pp. 1013–1030.

[393] R. P. Weicker: *Leistungsmessung für RISCs,* in „RISC-Architekturen", 2. Aufl. (A. Bode, Ed.). B.I.-Wissenschaftsverlag, Mannheim Wien Zürich 1990, pp. 145–183.

[394] S. Weiss, J. E. Smith: *POWER and PowerPC.* Morgan Kaufmann, San Francisco 1994.

[395] R. C. Whaley: *Basic Linear Algebra Communication Subprograms – Analysis and Implementation Across Multiple Parallel Architectures.* LAPACK Working Note 73, Technical Report, University of Tennessee, 1994.

[396] J. H. Wilkinson: *Rounding Errors in Algebraic Processes.* Prentice-Hall, Englewood Cliffs 1963.

[397] J. H. Wilkinson: *Kronecker's Canonical Form and the QZ Algorithm.* Lin. Alg. Appl. 28 (1979), pp. 285–303.

[398] H. Wozniakowski: *A Survey of Information-Based Complexity.* J. Complexity 1 (1985), pp. 11–44.

[399] P. Wynn: *On a Device for Computing the* $e_m(S_n)$ *Transformation.* Mathematical Tables and Aids to Computing 10 (1956), pp. 91–96.

[400] P. Wynn: *On the Convergence and Stability of the Epsilon Algorithm.* SIAM J. Numer. Anal. 3 (1966), pp. 91–122.

[401] A. Zygmund: *Trigonometric Series.* Cambridge University Press, Cambridge 1959.

Autoren

Index

C. Überhuber, P. Meditz

Software-Entwicklung in Fortran 90

1993. XIV, 426 S. 27 Abb.
Brosch. **DM 60,-**; öS 468,-; sFr 58,-
ISBN 3-211-82450-2

Teil 1 des Buches behandelt die Grundlagen der Numerischen Datenverarbeitung. Teil 2 ist der Programmiersprache Fortran 90 gewidmet. Im Zentrum der Darstellung stehen die modernen Sprachkonstrukte.
Das Buch stellt eine Verbindung aus Lehrbuch und Nachschlagewerk dar, die sowohl den Einstieg in eine neue Programmiersprache ermöglicht als auch eine Grundlage für die Entwicklung neuer Software bildet.

A.R. Krommer, C.W. Ueberhuber (Eds.)

Numerical Integration
on Advanced Computer Systems

1994. XIII, 341 pp. (Lecture Notes in Computer Science, Vol. 848) Softcover **DM 72,-**;
öS 561,60; sFr 69,50 ISBN 3-540-58410-2

This book is a comprehensive treatment of the theoretical and computational aspects of numerical integration. It gives an overview of the topic by bringing into line many recent research results not yet presented coherently. Particular emphasis is given to the potential parallelism of numerical integration problems and to utilizing it by means of dynamic load distribution techniques.

G. Tomas, C.W. Ueberhuber

Visualization of Scientific Parallel Programs

1994. XI, 310 pp. (Lecture Notes in Computer Science, Vol. 771) Softcover **DM 66,-**; öS 514,80; sFr 63,50 ISBN 3-540-57738-6

The authors describe recent developments in parallel program visualization techniques and tools and demonstrate the application of specific visualization techniques and software tools to scientific parallel programs. The solution of initial value problems of ordinary differential equations, and numerical integration are treated in detail as two important examples.

R. Hammer, M. Hocks, U. Kulisch, D. Ratz

Numerical Toolbox for Verified Computing
Volume 1: Basic Numerical Problems. Theory, Algorithms, and Pascal-XSC Programs

1993. XV, 339 pp. 28 figs., 7 tabs.
(Springer Series in Computational Mathematics, Vol. 21) Hardcover **DM 128,-**;
öS 998,40; sFr 123,- ISBN 3-540-57118-3

This book presents an extensive set of sophisticated tools to solve numerical problems with a verification of the results using the features of the scientific computer language PASCAL-XSC. Its overriding concern is reliability offering a general discussion on arithmetic and computational reliability, analytical mathematics and verification techniques, algorithms, and actual implementations in the form of working computer routines.

Preisänderungen vorbehalten

Tm.BA95.03.17b

A. Visintin

Differential Models of Hysteresis

1994. XI, 407 pp. 46 figs. (Applied Mathematical Sciences, Vol. 111) Hardcover **DM 94,-**; öS 733,20; sFr 90,50 ISBN 3-540-54793-2

The author provides a self-contained and comprehensive introduction to the analysis of hysteresis models and illustrates new results. He formulates and studies classical models of Prandtl, Ishlinskii, Preisach and Duhem, using the concept of "hysteresis operator", introduces a new model of discontinuous hysteresis, and studies several partial differential equations containing hysteresis operators in the framework of Sobolev spaces.

L. Sirovich (Ed.)

Trends and Perspectives in Applied Mathematics

1994. XII, 336 pp. 78 figs. (Applied Mathematical Sciences, Vol. 100) Hardcover **DM 98,-**; öS 764,40; sFr 94,50 ISBN 3-540-94201-7

The articles that are presented by ten leading figures in the field bear testimony to both the vitality and diversity of the subject. They cover such topics as: – mathematical problems in classical physics, – geometric and analytic studies in turbulence, – viscous and viscoelastic potential flow, – difference methods for time dependent partial differential equations, – geometric mechanics, – stability and control.

A.R. Conn, G.I.M. Gould, P.L. Toint

Lancelot

A Fortran Package for Large-Scale Nonlinear Optimization (Release A)

1992. XIX, 330 pp. 38 figs., 24 tabs. (Springer Series in Computational Mathematics, Vol. 17) Hardcover **DM 133,-**; öS 1037,40; sFr 128,- ISBN 3-540-55470-X

This book which is concerned with algorithms for solving large-scale non-linear optimization problems is a complete source of documentation for the software package Lancelot and will mainly be used as a manual in conjunction with the software package. However, it is not only a reference to the input format, but also to the underlying algorithms.

A.A. Gonchar, E.B. Saff (Eds.)

Progress in Approximation Theory

An International Perspective

1992. XVIII, 451 pp. 9 figs. (Springer Series in Computational Mathematics, Vol. 19) Hardcover **DM 143,-**; öS 1115,40; sFr 137,50 ISBN 3-540-97901-8

Designed to give an international survey of research activities in approximation theory and special functions, the book brings together the work of approximation theorists from North America, Western Europe, Asia, Russia, the Ukraine, and several other former Soviet countries.

Preisänderungen vorbehalten

Tm.BA95.03.17b

Yu.V. Egorov, M.A. Shubin (Eds.)

Partial Differential Equations I

Foundations of the Classical Theory

With contributions by Yu.V. Egorov, M.A. Shubin
Translated from the Russian by R. Cooke

1991. V, 259 pp. 4 figs. (Encyclopaedia of Mathematical Sciences, Vol. 30)
Hardcover **DM 144,-**; öS 1123,20; sFr 138,50
ISBN 3-540-52002-3

This EMS volume presents an introduction to the classical theory emphasizing along the way physical methods and physical interpretations. Every topic considered is placed in its context in mathematical research, yet the book never loses sight of the nonspecialist reader with an interest in physical applications.

Yu.V. Egorov, M.A. Shubin (Eds.)

Partial Differential Equations II

Elements of the Modern Theory. Equations with Constant Coefficients

With contributions by Yu.V. Egorov, A.I. Komech, M.A. Shubin
Translated from the Russian by P.C. Sinha

1994. VII, 263 pp. 5 figs. (Encyclopaedia of Mathematical Sciences, Vol. 31)
Hardcover **DM 148,-**; öS 1154,40; sFr 142,50
ISBN 3-540-52001-5

The book contains a survey of the modern theory of general linear partial differential equations and a detailed review of equations with constant coefficients. It gives an introduction to microlocal analysis and its applications.

Contents: – Linear Partial Differential Equations. Elements of Modern Theory. – Linear Partial Differential Equations with Constant Coefficients.

Yu.V. Egorov, M.A. Shubin (Eds.)

Partial Differential Equations III

The Cauchy Problem. Qualitative Theory of Partial Differential Equations

With contributions by S.G. Gindikin, V.A. Kondrat'ev, E.M. Landis, L.R. Volevich
Translated from the Russian by M. Grinfeld

1991. VII, 197 pp. (Encyclopaedia of Mathematical Sciences, Vol. 32) Hardcover **DM 144,-**; öS 1123,20; sFr 138,50 ISBN 3-540-52003-1

The authors address the Cauchy problem and its attendant question of well-posedness in the context of PDEs with constant coefficients and more general convolution equations and extend a number of these results to equations with variable coefficients. The qualitative theory of second order linear PDEs, in particular, elliptic and parabolic equations, is explored primarily with a look at the behavior of solutions of these equations.

V.V. Jikov, S.M. Kozlov, O.A. Oleinik

Homogenization of Differential Operators and Integral Functionals

Translated from the Russian by G.A. Yosifian

1994. XI, 570 pp. 13 figs. Hardcover DM **178,-**; öS 1388,40; sFr 168,- ISBN 3-540-54809-2

This is an extensive study of the theory of homogenization of partial differential equations. It contains new methods to study homogenization problems which arise in mathematics, science, and engineering providing the basis for new research devoted to these problems.

Preisänderungen vorbehalten

Tm.BA95.03.17b

Springer-Verlag und Umwelt

Als internationaler wissenschaftlicher Verlag sind wir uns unserer besonderen Verpflichtung der Umwelt gegenüber bewußt und beziehen umweltorientierte Grundsätze in Unternehmensentscheidungen mit ein.

Von unseren Geschäftspartnern (Druckereien, Papierfabriken, Verpackungsherstellern usw.) verlangen wir, daß sie sowohl beim Herstellungsprozeß selbst als auch beim Einsatz der zur Verwendung kommenden Materialien ökologische Gesichtspunkte berücksichtigen.

Das für dieses Buch verwendete Papier ist aus chlorfrei bzw. chlorarm hergestelltem Zellstoff gefertigt und im pH-Wert neutral.